V 1420. porté
4

V 1490/4

8686

ESSAI sur L'HORLOGERIE;

Dans lequel on traite de cet Art relativement à l'usage civil, à l'Astronomie & à la Navigation, en établissant des Principes confirmés par l'expérience.

Dédié aux Artistes & aux Amateurs.

Par M. FERDINAND BERTHOUD, Horloger à Paris. *

Deux Volumes, *in-quarto*, de chacun 450 pages environ, sans compter les Tables, le Discours Préliminaire & le Plan du Livre; avec trente-huit Planches en taille-douce, gravées avec beaucoup de soin.

Se débitera à Paris au commencement de Janvier 1763, chez C. A. JOMBERT, Libraire, rue Dauphine, à la belle Image; PANKOUCKE, Libraire, rue & près la Comédie Françoise; & MUSIER fils, Libraire, quai des Augustins.

Le prix sera de vingt-sept livres (argent de France) relié en deux volumes.

L'ART de l'Horlogerie si long-temps ignoré a acquis de nos jours un très-grand degré de perfection du côté de la main-d'œuvre; mais on n'avoit pas encore tenté de réduire cette science en principes. Les Auteurs qui en ont écrit jusqu'à présent, se sont contentés de décrire les pieces d'Horlogerie les plus en usage, & de traiter chacun à sa maniere de quelques soins de pratique. Delà est venue la variété que l'on s'est permise dans la fabrication des Pendules & des Montres. Ce n'est cependant qu'après des principes bien établis, que l'on peut parvenir au point de construire & d'exécuter ces Machines, pour les mettre en état de mesurer le temps avec la plus grande précision.

C'est pour répondre au desir des amateurs de cet Art, & au besoin des fabricateurs d'Horlogerie que l'Auteur de cet Ouvrage s'est déterminé à faire part au Public de tout ce qu'il est parvenu à découvrir sur cette science par un travail constant & désintéressé qui l'occupe depuis plus de dix ans, & par l'étude particuliere qu'il a faite des principes de méchanique, & surtout par un grand nombre d'expériences tendantes à vérifier ces principes.

Cet Ouvrage est donc le fruit d'une étude longue & pénible, & l'Auteur n'y fait mystere d'aucune des choses qu'il a apprises: il y expose les principes sur lesquels il est parvenu à composer non-seulement des Horloges à pendule, qui ne varient ni par le chaud ni par le froid; des Horloges Marines pour servir aux longitudes, &c; mais encore à établir une théorie sur les Montres, vérifiée par l'expérience, & au moyen de laquelle il construit aussi des Montres qui ne varient point par les différentes températures; chose à laquelle on n'avoit osé penser jusqu'à présent.

Le but de l'Auteur étant d'instruire les Artistes & les Amateurs, il ne se contente pas de les guider par des principes mis à leur portée, il entre encore dans tous les détails de pratique sur les Pendules & les Montres; ensorte qu'avec un peu de réflexion une personne qui n'auroit même aucune teinture de l'Art, pourroit parvenir à exécuter des Pendules & des Montres qui marcheroient avec justesse.

L'Ouvrage entier est divisé en deux Parties qui forment chacune un volume. La premiere Partie comprend XXXVI Chapitres, qui traitent principalement des descriptions des Machines ordinaires d'Horlogerie, comme Pendule à secondes, sonnerie d'un an, Horloges à répétition, à équation, &c. Des Montres; Montres à réveil, à répétition, à équation, à 4 parties, & plusieurs instruments & outils les plus essentiels, &c; de tous les détails de main-d'œuvre d'une Répétition en Pendule. Dix-neuf Planches jointes au premier Volume, sont relatives à l'objet de cette Partie.

La seconde Partie est divisée en XLVII Chap. qui traitent particulierement des principes & de la théorie de l'art, de la mesure du temps; grand nombre d'expériences & de machines faites pour vérifier ces principes; la construction qu'il faut donner aux machines qui mesurent le temps, tant dans les Horloges astronomiques, que dans les Montres & les Horloges Marines, &c. Dix-neuf Planches gravées en taille-douce, sont relatives aux matieres traitées dans ce Volume. Nous allons parcourir la totalité de cet Ouvrage, pour donner une notice de ce qu'il contient.

PREMIERE PARTIE. Le Chap. I, traite de la division du temps, qui est mesuré par les révolutions du soleil: on fait voir que le soleil varie, & l'on explique les causes de ces écarts: Chap. II. Pour parvenir à faire concevoir parfaitement les divers effets de cette partie d'une Horloge qui mesure le temps, l'Auteur suppose, qu'n'ayant aucune notion des machines qui mesurent le temps, on veut en composer une. Pour cet effet, il passe des idées les plus simples & par gradation, au point de former la machine; & l'on acquiert par cette méthode des idées générales, nettes & justes de chaque partie des Horloges: Au Chap.

---

* Cet Auteur est déja connu par les Articles d'Horlogerie qu'il a fait pour l'Encyclopédie; par différents Ouvrages de son invention, présentés à l'Académie Royale des Sciences; par le Livre de l'Art de conduire & de régler les Pendules & les Montres, &c.

† On trouvera aussi chez les mêmes Libraires le Livre de l'Art de conduire & de régler les Pendules & les Montres.

III, Description d'une Pendule à secondes, à sonnerie : Chap. IV & V, sur les sonneries. Description d'une sonnerie d'un an. Chap. VI & VII, Notion générale des répétitions, avec la description de ce méchanisme. Pour parvenir à donner des notions nettes des Montres, l'Auteur suppose que l'on ne connoit point le méchanisme de ces ingénieuses machines, & que l'on veut en composer une ; il fait voir par gradation, comment on pourroit y parvenir ; c'est l'objet du Chap. VIII. Le IX est la descriptions d'une Montre ordinaire : Chap. X, Description d'une Montre à répétition : Chap. XI, Description d'une Montre à réveil : Chap. XII, de l'Équation ; ses effets. Les Chap. XIII, XIV, XV, XVI, XVII & XVIII, contiennent des descripzion de différentes sortes d'Équation pour les Pendules & pour les Montres : Montres d'un mois sans monter à répétition, secondes, équation, &c. Chap. XIX, on entre dans les détails d'exécution de ces machines ; Chap. XX, de l'usage des Tables d'équation jointes à ce Livre. Les Chap. XXI, XXII, XXIII & XXIV, sont des descriptions d'échappements pour les Pendules ou pour les Montres : Chap. XXV, de la machine à fendre les roues : Chap. XXVI, de l'outil à tailler les fusées. Les Chap. XXVII, XXVIII & XXIX, sont des descriptions des outils les plus essentiels qui servent à la pratique de l'Art : Chap. XXX, Description d'une Montre à trois parties : Chap XXXI, de quelques soins de construction & d'exécution des Montres. Chap. XXXII & XXXIII, Examen des causes d'arrêts & de variations des Montres & des Pendules : Chap. XXXIV, sur les nouvelles productions d'Horlogerie : Chapitre XXXV, des Baromètres & Thermomètres à aiguille. Enfin, on termine cette première Partie par tous les détails de main-d'œuvre pour l'entière exécution d'une Pendule à répétition : cela forme le Chapitre XXXVI qui est de 260 pages.

II. PARTIE.

POUR parvenir à établir une théorie sur les machines qui mesurent le temps, objet de la seconde Partie, l'Auteur commence dans le premier Chapitre par démontrer les loix de l'équilibre dans le simple levier. Ce principe établi, il l'employe à faire entendre comment les roues, qui ne sont que des composés de leviers, agissent les unes sur les autres : c'est le but du Chapitre II. Dans le III, on donne des regles générales pour mesurer la force transmise par le moteur à la derniere roue d'un rouage. On examine dans le Chapitre IV les effets des mauvais engrenages. Au Chap. V, on démontre les courbes que doivent avoir les dents des roues & pignons. Les Chapitres VI, VII & VIII, traitent du calcul des rouages, soit pour trouver les nombres des dents des roues & pignons, quand on compose une Pendule ; ou, cette machine ou Pendule étant faite, pour savoir les révolutions que les roues font, & pour trouver le nombre de dents des rochets relativement à la longueur d'un pendule donné. Les Chapitres IX & X traitent des loix du pendule simple & de ses propriétés. On recherche dans le Chap. XI, la meilleure maniere de suspendre un pendule ; & dans le XII, comment doit être la lentille pour éprouver une moindre résistance de l'air. Chap. XIII, Expériences sur les résistances de l'air. Chapitres XIV & XV, calcul de la force requise pour entretenir en mouvement un pendule : ce qui conduit à la meilleure maniere de régulateur. L'Auteur traite dans les Chapitres XVI & XVII des pendules qui sont mus par l'action inégale des ressorts ; des effets des échappemens ; & de la machine qu'il a construite pour faire des expériences sur cette matiere, &c. Il traite dans le Chap. XVIII, de la dilatation & contraction des métaux par le chaud & le froid : Chap. XIX, du Pyromètre qu'il a composé pour mesurer les effets des métaux ; & Chap. XX, il donne le précis des expériences qu'il a faites là-dessus. Chap. XXI, des écarts que la différence de la température causent aux Horloges à pendule. L'Auteur traite dans les Chap. XXII & XXIII, de la construction de plusieurs verges composées pour compenser les effets du chaud & du froid : Chapitre XXIV, Description d'une Horloge astronomique, à secondes concentriques, allant un an : Sonnerie de secondes pour faciliter les observations pour les Astronomes.

Après avoir traité des parties les plus essentielles des Horloges à pendule, l'Auteur a entrepris de parcourir tout ce qui peut contribuer à la justesse des Horloges portatives, & à établir une théorie sur les Montres. Pour cet effet, il examine dans le Chapitre XXV, le Balancier simple ; & Chap. XXVI, les propriétés du Spiral : Chap. XXVII, les conditions du meilleur régulateur de Montre. Il démontre dans le Chapitre XXVIII, tout ce qui est relatif au Balancier, poids, grandeurs, vitesses, &c : Chap. XXIX, l'Auteur traite des frottemens, de leurs effets ; des huiles, &c. Il donne dans le Chap. XXX, deux propositions qui servent de base à la théorie qu'il établit pour les compensations du chaud & du froid sur les Montres. Le Chap. XXXI contient plusieurs expériences qui confirment cette théorie : Chap. XXXII, des effets des échappemens dans les Montres, leurs propriétés, &c. Il donne dans le Chapitre XXXIII, des principes sur la force de mouvement des Balanciers, & on en fait l'application dans le Chap. XXXIV, pour trouver les pesanteurs des Balanciers, forces de ressorts, étendue de vibration, &c : Chap. XXXV, l'Auteur y établit quelques principes sur les Ressorts : on trouve dans le Chap. XXXVI, la description d'une Montre à secondes concentriques de sa façon ; & Chap. XXXVII, la description d'une Montre à 8 jours à secondes, régulateur à deux balanciers.

L'Horloge astronomique décrite dans le Chap. XXIV, n'ayant pas autant approché de la perfection que l'Auteur le desiroit, il a travaillé à une nouvelle Horloge, dans la construction de laquelle il a rassemblé tout ce que l'étude & l'expérience ont pu lui apprendre ; aussi a-t-elle parfaitement réussi : cette Horloge fait l'objet des Chap. XXXVIII & XXXIX.

Après avoir travaillé avec succès à la perfection des Horloges astronomiques & des Montres, l'Auteur a formé le projet de construire une Horloge Marine pour servir aux longitudes : c'est l'objet de quatre Chapitres. Pour parvenir au but qu'il se propose, il donne dans le Chap. XL, une notion des longitudes & de leur utilité en mer ; de l'usage de l'Horlogerie pour parvenir à leur découverte. Le Chap. XLI traite des principes qu'il a suivis pour la composition de son Horloge Marine, laquelle est décrite Chap. XLII ; & d'après l'exécution qu'il en a faite, il donne dans le Chap. XLIII les détails de main-d'œuvre, & les expériences faites avec cette machine. Il propose dans le Chap. XLIV, la construction d'une Horloge Marine plus simple & moins coûteuse que celle qu'il a exécutée : il donne aussi le plan de cette machine : ce Chapitre est terminé par la description d'une troisième Horloge qu'il croit préférable aux précédentes : il ne l'a pas exécutée, mais il en donne le plan.

Le Chap. XLV contient quelques additions & expériences relatives à la perfection des Horloges astronomiques. Le Chap. XLVI contient des additions à plusieurs parties des Montres, sur les frottemens, compensation du chaud & du froid, &c ; on y trouvera la description de plusieurs instrumens essentiels à la perfection des Montres, & entr'autres une machine à fendre & à tailler les roues de cylindre & roues de rencontres enaibrées, de l'exécution de l'échappement à cylindre, &c. Enfin, pour terminer cet Ouvrage, l'Auteur traite dans le Chapitre XLVII, de la construction & de l'exécution d'une bonne Montre ; & il fait concourir tout ce qui peut la porter à la plus grande perfection ; il entre dans tous les détails de sa construction & dans les plus essentiels de son exécution.

ESSAI
SUR
L'HORLOGERIE.

TOME PREMIER.

ESSAI
SUR
L'HORLOGERIE;

DANS LEQUEL ON TRAITE DE CET ART

RELATIVEMENT A L'USAGE CIVIL,

A L'ASTRONOMIE ET A LA NAVIGATION,

EN ÉTABLISSANT DES PRINCIPES CONFIRMÉS PAR L'EXPÉRIENCE.

Dédié aux Artistes & aux Amateurs.

Par M. FERDINAND BERTHOUD, *Horloger.*

TOME PREMIER.

Avec Figures en Taille-douce.

A PARIS,

Chez { J. CL. JOMBERT, Libraire, rue Dauphine, à la belle Image.
MUSIER, Libraire, quai des Augustins.
CH. J. PANCKOUCKE, Libraire, rue & près la Comédie Françoise.

M. DCC. LXIII.
Avec Approbation & Privilege du Roi.

PLAN
DE CET OUVRAGE.

Le titre du Livre que je publie, annonce que je ne prétends point le donner pour un Traité d'Horlogerie. J'ai toujours été fort éloigné d'y penser, lors même que je commençai cet Essai; & aujourdhui que l'étude & l'expérience m'ont instruit, je vois combien il manque à mon Ouvrage pour remplir ce Titre. Un Traité d'Horlogerie, tel que je le conçois, exigeroit qu'un homme de génie, physicien, & qui joignant à une heureuse disposition de la nature pour les méchaniques, l'étude, l'expérience, la pratique de l'art, & une fortune honnête, pût sacrifier tout son temps à le composer: & la vie d'un homme seroit à peine suffisante, sur-tout s'il vouloit embrasser les détails presque infinis de la main d'œuvre. Mais si je n'ai pû faire un Traité d'Horlogerie complet, je puis au moins me flatter de publier un grand nombre d'Expériences & des Principes que je ne sache pas avoir été donnés avant moi. Ce sont des matériaux qui serviront en passant par d'autres mains; & s'il m'est arrivé de me tromper, j'aurai obligation à ceux qui me prouveront, par de bons raisonnements, la fausseté du principe que j'aurai établi, content de découvrir la vérité à ce prix.

C'est aux difficultés que j'ai été forcé de surmonter pour m'instruire de l'Art de l'Horlogerie, que l'on doit cet Essai, d'abord fait pour mon usage. Je n'ai point trouvé de Livres qui m'aient prescrit les regles que l'on doit suivre pour faire de bonnes machines pour la mesure du temps ; car les ouvrages que nous avons sur l'Horlogerie, contiennent des descriptions de machines & fort peu de principes; ensorte que j'ai travaillé à découvrir des principes, comme si jusques ici il n'eût pas été question de machines à mesurer le temps.

Si nous devons beaucoup aux Artistes célebres qui ont perfectionné la pratique de l'Horlogerie, il n'en est pas moins vrai que jusques ici on n'avoit établi aucuns principes fixes sur les régulateurs des pendules des Montres: on n'avoit ni dit ni prouvé si les balanciers, par exemple, doivent être grands ou petits ; légers ou pesants ; faire des vibrations lentes ou promptes ; avoir une grande ou petite quantité de mouvement; de quoi dépend la justesse d'une Montre. On n'a point expliqué les causes de leurs différentes variations, ni comment on peut les corriger ; en un mot, on n'a point encore traité des principes de construction de ces machines; ensorte qu'il est arrivé delà que les Ouvriers, dont l'intelligence est la plus bornée, se sont fait des principes arbitraires & à leur mode.

Je ne crois cependant pas que tous ceux qui ont fait de bonnes machines propres à mesurer le temps, y aient absolument été conduits par le hazard, & qu'ils n'aient eu aucunes regles ; mais s'il y en a qui ayent acquis quelques lumieres, ils les ont si soigneusement gardées par devers eux, qu'elles n'ont point été connues ; & même, à juger des principes des Artistes qui ont eu le plus de réputation; par le changement continuel de construction, on peut assurer qu'ils n'avoient aucunes regles fixes, & qu'ils ne connoissoient nullement les loix du mouvement & celles de méchanique qui auroient dû les diriger; car ces principes sont très-invariables. Je crois donc que l'on me saura quelque gré, si je donne aux Artistes un exemple qui aidera à perfectionner cet Art ; c'est de publier ce que l'on est parvenu à découvrir. De cette maniere, nos recherches ne demeure-

PLAN DE CET OUVRAGE.

ront pas enfevelies; elles deviendront par-là utiles à ceux qui defirent s'inftruire; & en applaniffant la route, elles aideront ceux qui ont du génie à perfectionner l'Art. Il feroit à fouhaiter que tous ceux qui ont acquis quelques connoiffances jufqu'alors ignorées, aimaffent affez leur état pour communiquer leurs découvertes; mais on craint d'ordinaire de les rendre publiques, de peur que d'autres Artiftes n'en profitent; ce qui prouve bien le peu de génie & de reffources de ceux qui penfent ainfi.

Quant à cet Ouvrage, il eft le fruit d'une longue & pénible étude, & d'expériences fuivies. Je n'ai épargné ni peines, ni foins, ni dépenfes pour m'inftruire; & je ne fais myftere d'aucune des chofes que j'ai apprifes: j'efpere qu'en cela il fera autant utile aux Horlogers qu'aux Amateurs de l'Art.

Cet Ouvrage n'étant qu'un Effai, on ne doit pas s'attendre à y trouver un plan régulier & fuivi méthodiquement; cependant pour y mettre quelque ordre, je l'ai divifé en deux Parties. La premiere comprend XXXVI Chapitres, qui donnent principalement des defcriptions des machines ordinaires d'Horlogerie: Horloges à pendule, à fecondes, à fonnerie, à répétition: des Montres à répétition, à équation, à réveil, &c: dix-neuf Planches en taille-douce jointes à cette premiere Partie, repréfentent les machines dont il y eft fait mention. La feconde Partie eft divifée en XLVII Chapitres, qui traitent particuliérement des principes & de la théorie de l'Art de la mefure du temps. On y verra grand nombre d'expériences faites pour établir folidement ces principes; des machines que j'ai compofées pour faire ces expériences, &c; la conftruction qu'il faut donner aux machines pour mefurer le temps, foit dans les Horloges aftronomiques, foit dans les Montres ou Horloges marines, &c: XIX Planches gravées en taille-douce font relatives à la matiere traitée dans cette Partie.

PREMIERE PARTIE.

Le Chapitre I traite de la division du temps, qui est mesuré par les révolutions du soleil: On fait voir que le soleil varie: définition du temps vrai & du temps moyen. On explique ensuite les causes de variation du soleil.

Chap. II. Pour parvenir à faire concevoir parfaitement les divers effets de cette partie d'une Horloge qui mesure le temps, j'ai supposé que n'ayant aucune notion d'une machine propre à mesurer le temps, on cherche le moyen d'en composer une. Pour cet effet, prenant un poids que l'on attache à une verge, on suspend ce *Pendule* par un fil: les vibrations * qu'il fait, lorsqu'on l'a écarté de la verticale, servent à mesurer le temps; mais comme il faudroit compter tous les battements ou vibrations, on imagine un compteur placé auprès de ce pendule: une roue dentée portant une aiguille, en opère l'effet, en entourant l'axe de cette roue d'une corde à laquelle on suspend un poids. Cette roue entraînée par le poids, communique avec une piece portant deux bras, qui est attachée au pendule; de sorte qu'à chaque vibration du pendule, la roue avance d'une dent, y étant entraînée par le poids; & la roue restitue en même temps au pendule la force que la résistance de l'air & de la suspension lui font perdre à chaque vibration; c'est ce qui forme l'*échappement* de la machine dont le pendule est le régulateur, le poids le moteur ou agent, & la roue le compteur; parce que son axe porte une aiguille qui marque les parties du temps sur un cercle gradué. Ces premiers effets bien conçus, on aura une idée générale de toutes les machines qui mesurent le temps; car quelles que soient leurs constructions, elles se

---

*Pour les termes de sciences & de l'art que l'on n'entendra pas, on peut avoir recours à la Table des matieres (placée à la fin du second volume) où ces termes sont définis & expliqués; & ceux qui ne le sont pas dans la Table, l'ayant été dans le corps de l'Ouvrage, cette Table en indique le numéro.

rapportent à ces premiers principes. Il est donc essentiel de commencer par donner des idées bien nettes des effets de cette machine ; & c'est ce que j'ai essayé de faire. Je fais ensuite sentir la nécessité de rendre cette Horloge à pendule parfaitement fixe, & la difficulté d'adapter le pendule pour régulateur d'une Horloge portative : le poids éprouve les mêmes difficultés lorsqu'on veut l'employer pour moteur d'une machine portative.

Dans le CHAP. III, on verra la description d'une Horloge à pendule, qui est à secondes *concentriques*, & qui sonne les heures & demies.

Le CHAP. IV contient des réflexions sur les machines que l'on emploie pour faire sonner aux Horloges les heures, & les moyens de les simplifier : c'est ce que j'indique dans le CHAP. V où je donne la description d'une sonnerie très-simple que j'ai composée & exécutée ; elle n'a que trois roues, & elle marche un an sans remonter, avec un poids de 10 livres, dont la descente est de trois pieds.

Je donne dans le CHAP. VI une notion générale de la répétition ; & j'en explique les principaux effets.

Dans le CHAP. VII, je décris toutes les parties d'une Pendule à répétition.

Après avoir expliqué, le plus clairement qu'il m'a été possible, les parties principales des Horloges à pendule ; savoir, 1°, la partie qui mesure le temps ; 2°, les secondes ; la partie qui sonne l'heure & la demie ; & enfin la répétition, je passe aux Horloges portatives qu'on appelle *Montres* : c'est l'objet du CHAP. VIII. Pour parvenir à donner de ces ingénieuses machines des idées bien nettes, je suppose, ainsi que je l'ai fait pour les Horloges à pendule, que l'on n'a jamais vu de Montre, & que l'on cherche les moyens d'en construire une qui ne soit pas susceptible de dérangement par les agitations qu'elle éprouve lorsqu'on la porte sur soi. Pour cet effet, j'imagine que sur un axe terminé par deux pivots, eſt attaché un anneau circulaire, également pefant dans toutes les parties de fa circonférence ; cet anneau que j'appelle *Balancier*, (fuppofé placé dans une cage, dans les trous de laquelle roulent les pivots de fon axe), a la propriété de continuer le mouvement qu'on lui a imprimé, fans que les cahotages le troublent fenfiblement : ce balancier devient le régulateur que je choifis pour modérer la vîteffe des roues de la machine portative ; car en attachant fur l'axe du balancier deux bras qui communiquent à une roue entraînée par un agent qui ait la propriété d'agir, quelle que foit la pofition de la machine (cet agent eft un reffort plié en fpiral) ; ces bras, dis-je, de l'axe de balancier formeront, avec cette roue, un échappement qui fera faire des vibrations au balancier : cette roue marquera les parties du temps divifé par le balancier. Voilà en gros la marche que j'ai fuivie dans ce Chapitre, où je définis toutes les parties effentielles d'une machine portative. On y obferve que, dans les Horloges à pendule, la force motrice ne doit être que fuffifante pour reftituer au pendule (d'abord mis en mouvement), celle que le frottement de l'air & de la fufpenfion lui font perdre ; mais dans les Montres, la force motrice doit être capable de donner le mouvement au régulateur, fans quoi la Montre pourroit être arrêtée par de certaines fecouffes.

Ces premieres notions des Horloges portatives, bien entendues, je paffe à la defcription d'une Montre ordinaire ; & je détaille toutes les parties de cette machine : c'eft l'objet du Chap. IX.

Le Chap. X eft une defcription d'une Montre à répétition.

Le Chap. XI contient la defcription d'une Montre à réveil.

Le Chap. XII expofe comment on fait marquer l'équation du temps aux Horloges.

Le temps mefuré par les Horloges eft uniforme par fa nature, (on l'appelle le *Temps moyen*) : celui qui eft indiqué par le fo-

PLAN DE CET OUVRAGE.

leil eſt variable (on l'appelle *Temps vrai*); cependant on ſe ſert des révolutions du ſoleil, pour meſurer le temps; on a donc cherché les moyens de faire ſuivre aux Horloges les variations du ſoleil: c'eſt l'objet de l'*équation* que l'on ajoute à ces machines. On en explique dans ce Chapitre le méchaniſme qui conſiſte en une aiguille des minutes qui avance & retarde comme le ſoleil, tandis qu'une autre aiguille ſe meut uniformément, & marque le temps moyen. Les variations du ſoleil ont été calculées par les Aſtronomes, qui en ont dreſſé des *Tables d'équation*: on ſe ſert de ces Tables pour régler le mouvement de l'aiguille du temps vrai. Pour faire varier cette aiguille, il y a un rouage particulier qui conduit l'aiguille; une eſpece d'ellipſe agit ſur ce rouage pour en accélérer, ou retarder le mouvement, ſelon que le ſoleil varie; cette ellipſe eſt portée par une roue qui fait ſa révolution en un an: cette roue eſt graduée pour marquer les jours du mois & les mois de l'année. J'explique enſuite le méchaniſme que j'ai imaginé pour faire marquer les années biſſextiles à cette machine; & pour que la même roue faſſe pendant trois ans de ſuite ſa révolution en 365 jours, & la 4e année en 366 pour l'année biſſextile.

Le CHAP. XIII traite des Horloges d'équation à cercles mobiles.

L'équation décrite dans le Chapitre XII, eſt produite par la variation d'une aiguille; ce qui exige un méchaniſme aſſez compliqué & d'une difficile exécution. Je décris dans le Chapitre (XIII) une équation beaucoup plus ſimple & infiniment préférable. Elle conſiſte uniquement dans une roue qui fait ſa révolution en un an: cette roue porte une ellipſe ſur laquelle appuie un levier portant une portion de roue dentée qui fait mouvoir un cercle mobile au centre du grand cadran; ce cercle eſt gradué en 60 parties ou minutes: l'aiguille des minutes porte un index fixé avec elle, qui marque ſur le cadran mobile les minutes du temps vrai: ce cercle mobile va & revient fur lui-même, y étant obligé par l'ellipfe : fon mouvement eft réglé felon les Tables d'équation. Ainfi, tandis que l'index ou aiguille du temps vrai, fixée à l'oppofite de celle du temps moyen, fe meut d'un mouvement uniforme, elle indique cependant un temps variable, à caufe que le cercle gradué varie comme le foleil. La premiere invention de cette forte d'équation appartient à M. le Bon : je l'ai reconftruite à ma maniere. Je décris dans le CHAP. XIV, une Montre d'équation à fecondes concentriques, qui marque les mois & leurs quantiemes. Le méchanifme de l'équation eft le même que celui décrit dans le Chapitre XIII. J'ai préfenté cette Montre à l'Académie en 1754. On verra dans le CHAP. XV, la defcription d'une Horloge à équation par deux aiguilles : elle eft de ma compofition. Je l'ai préfentée auffi à l'Académie en 1752. Cette Horloge marque les mois de l'année, leurs quantiemes & les années biffextiles : je donne des regles pour l'exécution de cette équation. Les années biffextiles font produites par un méchanifme particulier. Quoique le méchanifme de cette équation paroiffe fimple, comme il eft d'une difficile exécution, je ne confeille pas d'en faire ufage: celui à cercle mobile eft préférable.

Les CHAP. XVI & XVII comprennent des defcriptions de deux conftructions d'équation imaginées par M. Rivaz. Je donne à la fin du Chapitre XVII, une notion d'une forte d'équation du Pere Alexandre, Auteur d'un Traité d'Horlogerie. Cette équation eft produite par une ellipfe ou courbe qui alonge & raccourcit le pendule, pour le faire varier comme le foleil. Je fais fentir les défauts de cette conftruction.

Dans le CHAP. XVIII, j'entre dans tous les détails de conftruction des Montres à équation que j'exécute. J'y traite, 1°, de celles qui étant à répétition & à fecondes d'un feul battement,

vont

PLAN DE CET OUVRAGE. ix

vont 8 jours sans remonter, & qui marquent les mois de l'année : j'en donne un plan exact dessiné d'après la Montre & de la même grandeur. Je donne ensuite le calibre d'une répétition à équation, à secondes concentriques de deux battements, qui marche 30 heures sans remonter; ces sortes de Montres marquent les mois de l'année & leurs quantiemes : je donne encore le calibre d'une Montre d'équation à secondes d'un seul battement, allant un mois sans remonter, qui marque les mois de l'année : je décris enfin la maniere de faire marquer le quantieme du mois à ces sortes de Montres.

J'entre, dans le Chap. XIX, dans tous les détails de pratique dont je me sers pour tailler, aussi parfaitement qu'il est possible, les courbes d'équation d'une Montre ou d'une Pendule; ensuite de quoi je traite de l'utilité des Montres à équation.

Dans le Chap. XX, il est question de l'usage des Tables d'équation que j'ai placées à la fin du premier Volume : ces Tables sont tirées des Ephémérides des Mouvements célestes de M. l'Abbé de la Caille. Il y a quatre Tables qui peuvent servir, sans erreur sensible, pour plus d'un siecle pour les années communes & bissextiles. M. l'Abbé de la Caille s'est donné la peine de corriger & de vérifier ces Tables; & il m'a donné une Table des corrections qu'il faudra faire au bout de cent ans. J'explique dans ce Chapitre l'usage de ces Tables pour régler les Horloges & les Montres; comme aussi la maniere de régler une Horloge astronomique par les étoiles fixes.

Les Chap. XXI, XXII, XXIII & XXIV sont des descriptions des échappements à repos (pour les Pendules & pour les Montres), à ancre, à roue de rencontre, & à double levier.

Il est question dans le Chap. XXV, de la machine à fendre les roues de Montres & de Pendules. Comme il ne suffit pas de faire entendre la construction des machines qui mesurent le temps, il est nécessaire d'expliquer comment on parvient à exé-

I. Partie. b

cuter ces machines. Pour cet effet, il falloit décrire les outils que les Artistes ont imaginés, soit pour abréger les opérations, soit pour les rendre plus parfaites; car c'est principalement à l'invention de ces instruments que l'Horlogerie est redevable de la perfection de la main-d'œuvre. C'est pour cette raison que nous avons fait dessiner les instruments les plus essentiels que l'on a imaginés jusqu'à présent; & j'y ai été d'autant plus obligé que, contre ma premiere intention, je me suis déterminé à entrer dans les détails de pratique des Pendules & des Montres. Pour parvenir donc à ce but, je donne dans ce Chapitre la construction de la meilleure machine à fendre les roues qui soit à ma connoissance.

Je traite dans le Chap. XXVI, des propriétés de la fusée. Je donne le plan & la description de la meilleure machine à tailler les fusées que je connoisse. J'indique la maniere de tailler les fusées; & enfin comment on les égalise.

Dans le Chap. XXVII, on verra la description de différents outils d'Horlogerie.

Je décris dans le Chap. XXVIII, un instrument que j'ai composé pour mesurer la force des ressorts de Montre, & pour pouvoir déterminer la pesanteur des balanciers: j'y traite aussi de l'exécution de cette espece de levier à égaliser les fusées.

Il est question dans le Chap. XXIX de l'outil d'engrenage, de la maniere de déterminer exactement la grosseur des pignons; j'y donne les regles dont se servent les Ouvriers pour prendre la grosseur des pignons; c'est-à-dire, pour donner au pignon le diametre convenable, pour que son engrenage avec la roue qui le mene soit bon.

Je décris dans le Chap. XXX, une Montre qui sonne les heures & les quarts; qui répete d'elle-même les heures & les quarts à chaque quart; l'on peut aussi faire sonner à cette Montre les simples quarts aux quarts quand on veut, &c; c'est ce qu'on appelle une Montre à trois parties. Il y a fort long-temps que l'on a imaginé ces fortes de cadratures; mais elles étoient trop compliquées. Celle-ci, qui eft de ma conftruction, eft plus fimple; mais comme elle n'a point encore été exécutée, je ne puis décider fi elle eft préférable à celles dont on fait ufage, & dont on trouve la defcription dans le Traité d'Horlogerie de M. Thiouft.

Je traite dans le CHAP. XXXI, de quelques foins de conftruction qu'exige l'exécution d'une Montre. Cet objet eft traité dans toute fon étendue dans la feconde Partie de cet ouvrage.

On verra dans le CHAP. XXXII, l'examen des caufes qui font arrêter ou varier les Montres. J'entre auffi dans quelques détails fur la maniere de réparer les défauts d'une Montre.

J'examine dans le CHAP. XXXIII, les caufes de variation, &c, des Horloges à Pendule.

Je préfente dans le CHAP. XXXIV, quelques refléxions fur la maniere d'eftimer les nouvelles productions des Artiftes Horlogers.

Je donne dans le CHAP. XXXV, la conftruction des Barometres & Thermometres à aiguille.

Le CHAP. XXXVI traite des opérations de la main-d'œuvre pour l'exécution des pieces d'Horlogerie.

Ce Chapitre qui eft le dernier de la premiere Partie, occupe lui feul plus de la moitié du premier Volume. J'y entre dans tous les détails d'exécution d'une Horloge à répétition, prife dans la matiere brute; & je la conduis au point d'être entiérement finie. Je ne me fuis pas contenté de détailler toutes les opérations requifes pour la fabrication du mouvement d'une Horloge: j'ai auffi traité des opérations néceffaires pour l'exécution du cadran, du reffort moteur, &c: la divifion que je donne ici de ce Chapitre (qui auroit dû faire une troifieme Partie du Livre) indiquera en gros les objets qu'il comprend.

PLAN DE CET OUVRAGE.

Division du Chapitre XXXVI.

I. Du plan du mouvement de l'Horloge.

Il est question dans cette premiere Division de tracer le plan ou calibre du mouvement : on indique les précautions à prendre ; & l'on donne des regles pour trouver les nombres de dents des roues & des pignons du rouage.

II. De l'exécution du rouage de l'Horloge à répétition.

1°, Maniere de monter la cage. 2°, Maniere d'exécuter les roues : on explique dans cette Section, les dimensions à donner aux roues ; la maniere de les tourner, de les fendre & de les croiser. 3°, Maniere de monter le barillet, & faire l'encliquetage du mouvement. 4°, De l'exécution des pignons, & de la maniere d'assembler le rouage. 5°, Des dentures ; de la maniere de former les engrenages sur l'outil, & de mettre les roues en cage.

III. Des dispositions requises pour tracer le plan de la cadrature & des autres pieces de la répétition.

IV. De la main-d'œuvre de la cadrature & autres parties de la répétition.

V. De l'emboîtage du mouvement.

VI. Opérations requises pour exécuter un cadran d'émail.

1°, Faire la plaque du cadran. 2°, De l'émail ; maniere de le préparer pour l'employer. 3°, Préparation de la plaque du cadran avant de la charger d'émail, & comment on place l'émail, &c. 4°, Du fourneau pour passer le cadran au feu. 5°, De l'arrangement du charbon & de la moufle. On explique, dans cette Section, comment il faut passer le cadran au feu, le peindre & le finir.

VII. Ajuster les aiguilles.

1°, Maniere de dorer les aiguilles en or moulu. 2°, Préparation de l'or. 3°, Préparation des aiguilles pour y appliquer l'or, & comment on acheve la dorure.

VIII. De l'ajustement du timbre & des marteaux.

IX. De l'exécution du ressort moteur de l'Horloge.

1°, De l'acier que l'on employe pour faire les ressorts de Pendules :

PLAN DE CET OUVRAGE.

de la maniere de forger ces reſſorts. 2°, Forger le reſſort à froid. 3°, Préparation pour la trempe du reſſort ; maniere de le tremper & de le faire revenir ; de le planer & de le viſiter pour égaliſer la lame ; de le dreſſer & polir, de le bleuir, &c. 4°, Plier le reſſort en ſpiral. 5°, Faire les crochets de l'arbre & du barillet pour le reſſort. 6°, Éprouver le reſſort.

X. De l'échappement de l'Horloge.

De la maniere de l'exécuter pour le rendre iſochrone. Du régulateur. 1°, Faire la tige d'échappement qui porte l'ancre ; le coq d'échappement, & l'avance ou retard. Remarque ſur la longueur à donner à la fourchette. 2°, Fendre la roue d'échappement, en achever les dents & finir les croiſées. 3°, Tracer l'ancre pour former l'échappement. 4°, De l'exécution de l'ancre d'échappement. 5°, De l'exécution du pendule.

XI. Faire marcher en blanc le mouvement de l'Horloge, & la régler.

Examen du rapport de la peſanteur du régulateur à la force motrice : l'Horloge ainſi réglée en blanc, on en démonte le mouvement pour le polir ; & on le remonte ſelon les méthodes & précautions que j'ai indiquées.

XII. De l'exécution de l'échappement à repos, applicable à une Horloge à pendule.

Je ne me ſuis pas contenté dans ce Chapitre d'entrer dans les plus petits détails de pratique & de conſtruction, j'ai marqué toutes les dimenſions de chaque partie de la machine : c'eſt en faveur des Amateurs de l'Horlogerie que j'ai principalement écrit ce Chapitre ; il pourra encore être utile à certains Ouvriers.

Ce Chapitre eſt ſuivi de quatre Tables d'équation pour les années moyennes & biſſextiles ; d'une cinquieme Table de l'accélération des étoiles fixes ; & enfin d'une Table des Planches, qui indique le numéro du Livre, dans lequel les figures de ces Planches ſont expliquées.

SECONDE PARTIE.

Pour parvenir à établir une théorie ſur les machines qui meſurent le temps, objet de ma ſeconde Partie, je commence dans le CHAP. I, par démontrer les loix de l'équilibre dans un simple levier. Ce principe établi, je m'en sers pour entendre comment les roues qui ne sont que des composés de leviers, agissant les unes sur les autres, se transmettent la force de l'agent qui les meut ; & quelle est la loi de leurs révolutions. C'est le but du CHAP. II. J'y considere le même levier en action sur un second levier. On estime les vîtesses qu'ils tendent à parcourir par un mouvement imprimé, &c ; quelles sont leurs forces ; on fait voir qu'en traçant des cercles par les points de contact, & en imaginant plusieurs dents ou rayons, ces cercles deviennent des roues & pignons, d'où il suit : 1°, que les révolutions du pignon sont à celles de la roue, comme la longueur du levier de la roue est à la longueur du levier ou dent de pignon ; ou, ce qui revient au même, comme la circonférence de la roue est à la circonférence du pignon : 2°, que pour l'équilibre, les masses appliquées aux roues & pignons, doivent être en raison inverse des vîtesses : 3°, on fait voir que le nombre de révolutions pour une de la roue qui le mene, étant donné, on peut faire indifféremment le pignon de 4, 8, 12, 15 dents, pourvu que le nombre des dents de la roue soit toujours à celui du pignon, comme le nombre des révolutions du pignon est à celui de la roue ; alors les vîtesses étant les mêmes, les forces communiquées ne changeront pas.

Dans le CHAP. III, je donne, d'après les principes établis dans les deux premiers Chapitres, des regles pour mesurer d'une maniere générale, les forces transmises par une roue d'un rouage quelconque à une autre roue du même rouage.

Je fais voir dans le CHAP. IV, la nécessité de faire transmettre d'une maniere uniforme, la force du moteur à la derniere roue qui communique au régulateur. Cela me conduit à l'examen des conditions requises, pour qu'une roue qui mene un pignon le fasse d'une maniere uniforme. C'est l'objet du CHAP. V, dans lequel je démontre par une nouvelle méthode les courbures des dents, des roues & pignons : je donne ensuite des regles pour tracer ces courbes.

Je présente dans le CHAP. VI, une méthode facile pour calculer des roues ou rouages quelconques, sans employer les fractions, & pour trouver le nombres de dents que l'on doit mettre aux roues d'échappement, relativement à la longueur du pendule. J'ai vu très-souvent des Ouvriers embarraffés pour ces fortes de calculs, tout fimples qu'ils font ; & c'eft en leur faveur que je donne les CHAP. VI & VII : ce dernier a le même objet, mais c'eft par les fractions.

Comme il ne fuffit pas de pouvoir calculer les rouages qui font faits, il eft effentiel de donner des méthodes propres à trouver facilement les nombres de dents qu'il faut donner aux roues & pignons d'un rouage que l'on veut exécuter, & dont les effets font donnés : c'eft l'objet du CHAP. VIII.

Le CHAP. IX traite des loix du pendule fimple : j'y donne la réfolution de deux problêmes : le premier pour trouver le nombre de vibrations qu'un pendule donné fait par heure ; le fecond, pour que le nombre de vibrations étant donné, on puiffe trouver la longueur du pendule : j'en ai fait ufage pour calculer la Table des longueurs des pendules que j'ai placée à la fin du fecond Volume. J'explique encore dans ce Chapitre l'ufage de cette Table.

Le CHAP. X traite des propriétés du pendule fimple.

Le pendule eft le plus parfait régulateur que l'on ait pu jufques ici adapter à une Horloge ; cependant il éprouve divers obftacles qui dérangent l'ifochronifme de fes vibrations. Car, 1°, le point qui fufpend le pendule éprouve un frottement qui altere la vîteffe de fes vibrations, & par conféquent l'ifochronifme ; 2°, la lentille eft obligée de déplacer à chaque vibration l'air qui l'environne ; ce qui produit une réfiftance qui varie comme la pefanteur de l'air. 3°, Tous les corps font fufceptibles d'extenfion par la chaleur, & de contraction par le froid ; ainfi la verge qui fupporte la lentille d'un pendule changeant de longueur, les vibrations de ce pendule en font accélérées ou retardées. 4°, Un pendule qui décrit de plus grands ou de plus petits arcs, ne fait pas fes vibrations dans le même temps. Si donc la force qui entretient le mouvement du pendule n'eft pas conftante, l'Horloge où ce régulateur eft appliqué, varie par l'inégalité de cette force. Enfin l'échappement eft encore un obftacle à l'ifochronifme des vibrations du régulateur; car on n'a pas encore pu parvenir à avoir un échappement qui eût la propriété de rendre ifochrones fes vibrations, enforte que l'Horloge avance ou retarde par l'augmentation de la force motrice, & felon la nature de l'échappement; & quand même on parviendroit pour le moment actuel à avoir un échappement ifochrone, il ne conferveroit une telle propriété, qu'autant de temps que fon frottement refteroit le même. Pour parvenir à réduire, autant qu'il eft poffible, ces différents obftacles, qui s'oppofent à l'ifochronifme des vibrations du régulateur, je me fuis arrêté fur chacune de ces parties, après avoir parlé des propriétés du pendule fimple; propriétés qui font détruites dès que le pendule eft appliqué à l'Horloge. Il a donc fallu avoir recours aux expériences pour fixer les limites de la théorie. Ces détails font l'objet de plufieurs Chapitres.

CHAP. XI. De la maniere la plus avantageufe de fufpendre un pendule pour lui faire conferver long-temps le mouvement imprimé. Defcription de la machine dont je me fuis fervi pour ces Expériences, & pour celles de la réfiftance de l'air.

En partant d'après ces Expériences, j'ai trouvé la fufpenfion à couteau préférable à celle à reffort. J'entre enfuite dans les détails d'exécution de cette fufpenfion.

Je démontre dans le CHAP. XII, que plus une lentille fera pefante

PLAN DE CET OUVRAGE.

pefante & mince, & plus la réfiftance de l'air fera petite.

On verra dans le CHAP. XIII, le détail des expériences que j'ai faites avec un pendule libre qui fe meut dans l'air.

J'ai fait vibrer librement un pendule ayant une lentille mince; & enfuite le même pendule avec une boule de même poids que la lentille : celle-ci a confervé fon mouvement plus de temps que la boule : l'expérience eft d'accord avec le raifonnement. Je fais voir les limites d'une lentille pefante à caufe de l'affaiffement qu'elle produit à la fufpenfion.

Je me fers des expériences rapportées dans ce Chapitre fur les réfiftances de l'air, pour calculer dans les Chapitres XIV & XV la quantité de force requife pour entretenir le mouvement d'un pendule, foit qu'il décrive de grands ou petits arcs : je fais la comparaifon des quantités de mouvements du pendule lorfqu'il décrit de grands ou de petits arcs; j'en conclus la préférence que l'on doit donner aux petits arcs, j'en tire des regles applicables à des régulateurs quelconques, & j'établis des limites pour les petits arcs. Je tire de-là cette regle générale applicable à un régulateur quelconque ; c'eft que, plus la quantité de mouvement fera grande, relativement à la force requife pour en entretenir le mouvement, & plus ce régulateur fera capable de rendre nuls les effets de l'air, des frottements, &c.

Le CHAP. XVI traite des pendules qui font mus par l'action inégale d'un reffort. Je fais voir comment les ofcillations du pendule libre different de celles du pendule appliqué à l'Horloge ; & comment les ofcillations, dans ce dernier cas, font accélérées ou retardées par une force motrice, variable felon la nature de l'échappement: ceux à repos font retardés par l'augmentation de force motrice; & le contraire arrive à ceux qui ont beaucoup de recul.

Je décris dans le Chapitre XVII une machine, que j'ai conftruite pour faire des expériences fur les échappements ; &

I. Partie.

je rapporte plufieurs expériences qui confirment le raifonnement que j'ai établi fur cette matiere dans le Chap. XVI.

J'ai exécuté un échappement qui a la propriété de rendre ifochrones les ofcillations du pendule ; mais, felon la remarque du Chap. XVI, la courbe d'un échappement doit varier (pour avoir cette propriété) , felon la pefanteur de la lentille, l'étendue des arcs, &c.

MM. Saurin & Julien le Roy ont traité cette matiere des échappements dans les Mémoires de l'Académie (année 1720). Enderlin (Traité d'Horlogerie de M. Thiout), en a auffi écrit. Dans le temps que je faifois mes expériences, je ne connoiffois pas le travail de ces MM. auffi nos recherches n'ont-elles autre chofe de commun que l'objet que nous nous propofions.

Je traite dans le Chap. XVIII, de la dilatation & de la contraction des métaux par le chaud & par le froid ; je fais voir les effets que cela produit dans les Horloges à pendule.

Je donne dans le Chap. XIX la defcription d'un inftrument que j'ai compofé pour faire des expériences fur la dilatation & la contraction des métaux : (cet inftrument s'appelle *Pyrometre*).

Je rapporte dans le Chap. XX, le précis des expériences que j'ai faites pour mefurer la dilatation des métaux par un même degré de chaleur. J'y ai ajouté une Table de leur dilatation. Les métaux fe dilatent différemment, lorfqu'ils ne font pas chargés de poids.

Après être parvenu à connoître les effets du chaud & du froid fur ces métaux, j'ai pu eftimer les écarts que la température caufe aux Horloges à pendule : c'eft ce qu'on verra dans le Chap. XXI. Je démontre que les écarts produits par la même différence de température font les mêmes dans des Horloges qui ont de longs ou de courts pendules.

Je traite dans les Chap. XXII & XXIII, de la conftruction de plufieurs fortes de verges compofées pour compenfer les effets du chaud & du froid ; & je donne les calculs néceffaires pour parvenir à déterminer les dimenfions de ces fortes de verges, pour que la compenfation ait lieu. J'expofe enfuite les obftacles que la pefanteur de la lentille oppofe à la compenfation ; & je parle enfin des moyens de les prévenir.

Après avoir fait diverfes expériences fur le pendule, j'ai cru être en état de travailler à l'exécution d'une bonne Horloge aftronomique. J'en ai conftruit une dont je donne la defcription dans le CHAP. XXIV ; cette Horloge va un an fans remonter. J'ai employé, pour doubler fa marche, un moyen affez fimple, dont j'ai fait voir la conftruction à l'Académie Royale des Sciences en 1752. Cette Horloge a une fonnerie particuliere que j'ai imaginée pour faire fonner les fecondes, afin que l'Obfervateur ayant l'œil à l'inftrument, puiffe compter exactement l'inftant du paffage de l'aftre, fans être obligé de regarder l'Horloge. Ce méchanifme eft indépendant du mouvement de l'Horloge dont il ne peut troubler la marche. Pour réduire les frottements du rouage de cette Horloge autant qu'il a été poffible, j'ai fait de fort petites roues légeres, dont les pivots font petits, & qui roulent fur leurs pointes, pour éviter le frottement des portées.

Après avoir traité des parties les plus effentielles des Horloges à pendule, j'ai entrepris de parcourir tout ce qui peut contribuer à la juftesse des Horloges portatives, & à établir une théorie fur les Montres. Pour cet effet, je commence dans le CHAP. XXV, par examiner le balancier fimple fans fpiral ; & je fais voir que, comme il n'a par lui-même aucune tendance à fe mouvoir, il eft fufceptible de toutes les impreffions de l'agent qui le meut.

Je pofe dans le CHAP. XXVI, plufieurs propofitions fur le reffort fpiral ; & je fais voir, qu'après avoir été adapté au balancier, malgré la tendance qu'a le fimple fpiral à faire des oscillations isochrones, lorsqu'il est appliqué au balancier, il se meut cependant avec une vîtesse composée de l'inertie du balancier & de sa force; ensorte que les grandes ou petites oscillations du balancier ne sont point isochrones, &c.

Je fais voir dans le Chap. XXVII, que, de même que dans les Horloges à pendule, plus le balancier simple reglé par le spiral, qui aura été mis en mouvement, conservera long-temps ce mouvement, & plus il aura la propriété de régulateur.

Les principes & les propositions que je démontre dans le Chap. XXVIII, servent à établir la théorie du régulateur des Montres : j'y traite du poids des balanciers, de leurs diametres, du nombre de vibrations, &c.

Je parle des frottements des pivots dans le Chap. XXIX; des effets de l'huile que l'on met à ces pivots pour en adoucir le frottement. Je fais voir que les frottements changent, selon la mobilité de l'huile, soit par le chaud, soit par le froid, soit autrement. Je prouve aussi que la force détruite par l'action du froid sur l'huile est d'autant plus grande, que la force de mouvement d'un balancier ou d'une roue est petite; d'où il suit que les montres qui vont un mois sont plus susceptibles de variation par le chaud & le froid. Je fais voir que ce n'est pas la quantité absolue des frottements qui est le plus à craindre dans une Horloge, mais bien les frottements qui varient; enfin j'indique comment on peut parvenir à rendre les frottements constants.

J'établis deux propositions dans le Chap. XXX, qui me servent à rendre raison de tous les écarts des Montres par le chaud & par le froid; la nouvelle théorie que j'ai établie à l'aide d'une analyse très-délicate, m'a conduit à trouver le moyen de compenser tellement les effets du chaud & du froid sur une Montre, que je puis réduire à zéro les écarts de ces machines. Je fais voir que les Montres doivent toute leur justesse aux frottements; & que c'est un vice de la machine mis en opposition à un autre vice, qui en fait la compensation.

Je rapporte dans le CHAP. XXXI, plufieurs expériences que j'ai faites pour vérifier les principes que j'ai établis fur les effets du chaud & du froid fur les Montres; j'entre dans beaucoup de détails fur cette matiere qui eft intéreffante & nouvelle.

Dans le CHAP. XXXII, je traite des effets des échappements à répos & à roue de rencontre pour les Montres. L'échappement à repos ne corrige nullement les inégalités de la force motrice; fon frottement eft très-nuifible; la Montre varie felon ce frottement, qui eft un obftacle à la compenfation du chaud & du froid.

On verra dans le CHAP. XXXIII, des principes fur les forces de mouvement des balanciers.

Je donne dans le CHAP. XXXIV, la maniere de calculer la pefanteur que doit avoir un balancier, & les arcs qu'il doit décrire, pour qu'il foit dans le rapport convenable avec le moteur; ou fi le régulateur eft donné, le moyen de trouver la force du moteur, &c.

Je traite du reffort moteur d'une Montre dans le CHAP. XXXV. Je fais voir que plus les refforts employent de temps à fe débander, & plus ils perdent de leur force.

Je donne dans le CHAP. XXXVI, la defcription d'une Montre à fecondes concentriques, qui eft de ma façon.

Le CHAP. XXXVII contient la defcription d'une Montre à huit jours, & à deux balanciers.

L'Horloge aftronomique décrite CHAP. XXIV, n'ayant pas approché auffi près que je le defirois du but que je m'étois propofé, j'ai travaillé à en conftruire une nouvelle dans laquelle j'ai raffemblé tout ce que l'étude & l'expérience ont pu m'apprendre jufqu'à ce jour; auffi puis-je me flatter qu'elle eft portée à un point de perfection très-fupérieure à tout ce que j'ai exécuté & compofé dans ce genre.

Cette Horloge eft l'objet des CHAP. XXXVIII & XXXIX; j'entre dans le détail de plufieurs expériences que j'ai faites pour conduire le pendule & sa suspension aussi près du but qu'il m'a été possible : j'y ai joint la sonnerie des secondes, dont le principe est le même que celui de la sonnerie de ma premiere Horloge astronomique ; mais elle est perfectionnée.

Je fais voir dans le Chap. XL, de quelle utilité est l'Horlogerie pour la Marine.

Après avoir travaillé avec quelques succès à la perfection des Horloges astronomiques & à celle des Montres, j'ai été encouragé à former le projet de faire servir cet art au progrès de la navigation ; projet que j'avois conçu long-temps avant d'être en état de le mettre en exécution ; car j'ai déposé à l'Académie Royale des Sciences dès 1755, le plan cacheté d'une Horloge de mer : il est resté ainsi sous le cachet, ne l'ayant pas fait ouvrir : j'avois fait un nouveau plan depuis fort long-temps, & j'ai commencé à le mettre en exécution dès la fin de 1760 ; & j'en ai terminé l'exécution au commencement de l'année suivante : mais j'y ai fait depuis plusieurs corrections ; & après des peines infinies, je me flatte de l'avoir amené à un degré de perfection, qu'à peine pouvois-je espérer d'atteindre. Une pareille machine peut être d'une trop grande utilité à la navigation pour ne devoir pas être rendue publique. Et quand même elle ne rempliroit pas le but que je m'étois proposé, elle peut du moins servir à fournir des idées sur une matiere aussi essentielle, & à laquelle plusieurs Nations ont attaché des récompenses, & sur-tout la nation Angloise *. Quant à moi la récompense la plus agréable seroit d'avoir rempli mon objet, & d'être par-là utile à l'humanité. Je n'attends, pour en faire l'essai en mer, que des circonstances plus favorables.

Mes travaux sur les Horloges marines font l'objet de quatre Chapitres.

* Mon Horloge marine étoit déja exécutée, lorsque j'ai appris qu'un Horloger de Londres travailloit depuis longtemps sur le même objet. J'ignore par quelle voie il a tenté ces recherches. Quant à moi, je n'ai suivi, dans tous mes travaux, qu'une impulsion naturelle. Je puis m'être rencontré avec d'autres Artistes ; mais je n'ai jamais cherché à copier qui que ce soit pour m'en attribuer l'honneur

PLAN DE CET OUVRAGE. xxiij

Dans le CHAP. XL, je donne, d'après M. Bouguer, une notion des longitudes & de leur utilité en mer; de l'usage de l'Horlogerie pour découvrir les longitudes. Pour donner une notion plus étendue des moyens que l'on peut employer à la recherche des longitudes, j'ai transcrit dans le même Chapitre un article des Mémoires de l'Académie Royale des Sciences de 1722, qui est l'extrait d'un écrit plus étendu de M. Cassini.

Le CHAP. XLI traite des principes que j'ai suivis pour la composition d'une Horloge marine. Ce Chapitre contient encore le plan de toute cette machine. J'entre dans tous les détails qui ont précédé l'exécution de l'Horloge : ce plan est aussi déposé au Secretariat de l'Académie.

Cette Horloge marine est décrite dans le CHAP. XLII.

Le CHAP. XLIII contient des détails de main-d'œuvre, & des expériences faites avec l'Horloge marine.

Je propose dans le CHAP. XLIV, la construction d'une Horloge marine plus simple & moins coûteuse que celle que j'ai exécutée. Je suis parvenu à trouver le moyen d'appliquer un poids pour moteur de cette machine. Je décris toutes les parties essentielles de cette Horloge; je termine ce Chapitre par la description & le plan d'une troisieme construction d'Horloge marine, que je crois encore préférable à la seconde.

Le CHAP. XLV contient quelques observations & des expériences relatives aux Horloges Astronomiques; la description & les dimensions d'un pendule composé que j'ai construit; une méthode de prendre exactement l'heure du temps moyen par le passage du soleil au méridien.

J'ai réuni dans le CHAP. XLVI, en forme d'additions, plusieurs choses importantes concernant la construction des Montres: 1°, sur le calcul des pesanteurs du balancier : 2°, la description d'un compas propre à mesurer exactement les grosseurs des pivots : 3°, sur les résistances des huiles, pour la compensation du chaud & du froid sur le spiral : 4°, une proposition sur la compensation: 5°, les dimensions d'une Montre à demi-secondes, dont l'échappement est à cylindre : 6°, sur les frottements du cylindre : 7°, des remarques sur la maniere de rendre les frottements constants : 8°, description d'une machine à fendre toutes sortes de roues de Montres ; savoir, roues plates, rochet, roues de rencontre enarbrées, & pour tailler les roues de cylindre : 9°, sur l'exécution de l'échappement à cylindre, & sur un outil propre à égaliser les roues de rencontre.

Enfin, pour terminer cet Ouvrage, je traite dans le CHAPITRE XLVII & dernier, de la construction & de l'exécution d'une bonne Montre à roue de rencontre ; & je fais concourir tout ce qui peut la porter à son plus grand point de perfection. J'entre dans tous les détails de construction, & dans les plus essentiels de l'exécution. Après des observations préliminaires pour servir à la construction de la Montre, & pour tracer le plan ou calibre de cette machine, je donne la description de cette Montre, & je finis par les détails d'exécution.

On trouvera à la fin de la seconde Partie de mon Ouvrage, 1°, une Table des longueurs des Pendules, dont l'usage est expliqué, Chap. IX ; 2°, une Table générale des Matieres qui y sont contenues. Je donne dans cette Table la définition de quelques mots propres à l'Art, & qui ne se trouvent point dans le cours du Livre ; quant à ceux qui sont définis dans le texte, je renvoye aux Articles mêmes.

J'ai crû qu'il étoit convenable de donner une Table particuliere des figures des Planches : elle servira à indiquer les articles du Livre, relatifs à ces figures ; de sorte qu'en parcourant ces Planches, si l'on tombe sur des machines dont on voudroit dans le moment connoître l'usage, on pourra se satisfaire par ce moyen, parce qu'on trouvera dans cette Table le n°. du livre dans lequel il en est fait mention.

La position succinte & rapide que je viens de faire de mon

Ouvrage

Ouvrage, ne m'a pas permis d'entrer dans de plus grands détails fur tout ce qui y eſt contenu : j'invite le Lecteur à le parcourir avec attention avant d'en porter un jugement. J'ai fait tous mes efforts pour rendre mon Livre utile à cette partie des Arts. Il me reſte à dire deux mots fur la forme que j'ai donnée à ce Livre, & fur la maniere dont il eſt écrit.

On trouvera fans doute beaucoup de négligences, des longueurs, des répétitions, un ſtyle fort inégal ; ce qui ne peut manquer d'arriver à un Ouvrage continuellement interrompu par le travail & la diſtraction des affaires domeſtiques. Mais ſi d'ailleurs il a quelque merite, j'eſpere que l'on excuſera ces défauts. On doit fur-tout obſerver qu'un Artiſte doit avoir peu de temps à donner au travail du cabinet. Il ſuffit, me ſemble, qu'un Artiſte qui écrit puiſſe être entendu de ſon Lecteur. Je me ſuis perſuadé qu'il valoit encore mieux publier mon Livre, quoiqu'avec des défauts, que de le tenir renfermé pour mon ſeul uſage. Si quelques Mathématiciens trouvent que j'aurois pu ſupprimer beaucoup de détails, ils doivent faire attention que cet Ouvrage n'eſt pas fait pour ceux qui ſavent ; mais qu'il eſt uniquement deſtiné aux Artiſtes, aux Ouvriers & aux Amateurs : je ſais ce qui manque à ceux-ci, & de quelle néceſſité il eſt de les conduire par gradation dans le chemin de la perfection.

On trouvera peut-être auſſi, que pluſieurs des Planches de ce Livre ſont trop étroites pour le format que j'ai employé ; mais lorſque j'ai commencé à les faire graver, mon deſſein n'étoit que de faire un volume *in-*8°, dans lequel je me reſtreignois à donner les premieres notions des machines d'Horlogerie : je réſervois les matériaux que j'avois raſſemblés, pour faire un Livre qui devoit traiter des principes ; mais j'ai préféré de réunir le tout dans un ſeul ouvrage. J'eſpere qu'on paſſera ſur ce léger défaut des Planches, en faveur des ſoins que j'ai

PLAN DE CET OUVRAGE.

employés pour les faire deſſiner (*a*) & graver (*b*).

Cet Ouvrage doit beaucoup au célebre Aſtronome que nous venons de perdre. M. l'Abbé de la Caille a lu mon Manuſcrit. Il y a fait lui-même pluſieurs corrections, & m'en a indiqué beaucoup d'autres: je n'ai pas pu en marquer toute ma reconnoiſſance à cet homme reſpectable. Il obligeoit, ſans vouloir qu'on s'en apperçût: la mort qui l'a enlevé trop tôt pour le bien de la ſociété, ne me laiſſe que des regrets.

Je n'ai pas traité dans cet Ouvrage de la maniere de gouverner les Pendules & les Montres ordinaires ; parce que j'ai publié en 1759, un petit Livre ſur cette matiere. Il a pour titre: *l'Art de conduire & de régler les Pendules & les Montres, à l'uſage de ceux qui n'ont aucune connoiſſance d'Horlogerie.* Nous renvoyons à ce Livre (*c*), qui a été contrefait en Hollande.

(*a*) Tous les deſſeins de ce Livre ont été faits par M. Gouffier, un des Auteurs de l'Encyclopédie: cet Artiſte ne poſſede pas ſeulement le talent du Deſſein, il joint encore beaucoup de connoiſſances de Mathématiques, de Phyſique & des Arts, & une intelligence particuliere des Machines, Manufactures, &c. Il enſeigne auſſi les Mathématiques : je conſeille à ceux qui voudront s'inſtruire de ces différentes parties, de faire uſage des talents de cet habile homme.

(*b*) M. Choffard, qui a gravé les Planches de ce Livre, ne borne pas ſes talents à graver des machines, il excelle ſur-tout dans la partie de l'Architecture, de l'Ornement, &c.

(*c*) Ce petit Ouvrage eſt diviſé en XV Articles. On définit dans le premier ce qui concerne la meſure du temps; comment il eſt diviſé: on explique ce que c'eſt que le temps vrai & le temps moyen. Le ſecond contient l'explication du méchaniſme d'une Horloge à pendule, comment & par quels principes ces machines meſurent le temps. On explique dans le troiſieme Article le méchaniſme d'une Montre. On traite dans le IV Art. des cauſes de la juſteſſe des Pendules; du temps que ces machines meſurent; du degré de juſteſſe qu'on en peut eſperer. L'Art. V traite des cauſes de variations des Montres;

du degré de juſteſſe qu'on peut attendre de ces machines. On fait voir dans le VI Art. comment une Montre, qui n'eſt pas réglée, differe de celle qui varie. On fait connoître dans l'Art. VII, comment on peut vérifier la juſteſſe d'une Montre. On verra dans l'Art. VIII, qu'il eſt néceſſaire que chaque perſonne conduiſe ſa Montre, qu'il la regle, & la remette à l'heure tous les huit jours. On traite Art. IX, de l'uſage du ſpiral; comment on doit toucher à l'aiguille de roſette d'une Montre pour la régler. L'Art. X contient la maniere de régler les Pendules. L'Art. XI, comment il faut régler les Pendules & les Montres par le paſſage du Soleil au Méridien. L'Art. XII donne la maniere de tracer des lignes méridiennes propres à régler les Pendules & les Montres. L'Art. XIII fait connoître comment on peut acquérir de bonnes Pendules & Montres. On traite dans l'Art. XIV, des moyens de conſerver les Montres. Le dernier Article contient le précis des régles qu'il faut ſuivre pour conduire & regler les Pendules & les Montres. Ce Livre ſe vend à Paris, chez MICHEL LAMBERT, Libraire, à côté de la Comédie Françoiſe, chez J. Cl. JOMBERT, rue Dauphine, à la belle Image, chez MUSIER, fils, quai des Auguſtins, & chez L'AUTEUR, rue de Harlay.

DISCOURS PRÉLIMINAIRE
SUR L'HORLOGERIE,

Son origine, ses progrès, son état actuel, les talents requis, & les connoissances qu'il faut réunir pour posséder cette Science.

L'ART de mesurer le temps a dû faire l'objet des recherches des hommes dans les siecles les plus reculés, puisque cette connoissance est d'une si grande nécessité pour régler les actions de la vie.

Cependant il ne paroît pas que les Anciens ayent eu aucune connoissance de l'Horlogerie, à moins que l'on ne veuille appeller de ce nom l'art de tracer les Cadrans solaires, de faire des *Clepsydres* ou Horloges d'eau, des Sabliers, &c.

Il est vraisemblable que les premiers moyens que l'on a mis en usage pour mesurer le temps, ont été les revolutions journalieres du soleil : ainsi le temps qui s'écoule depuis le lever du soleil jusqu'à son coucher, fit une mesure qui fut appellée un *jour*; & le temps compris depuis le coucher du soleil jusqu'à son lever, fit la *nuit*. On dut bien-tôt s'appercevoir qu'une telle mesure étoit défectueuse, puisque les jours ainsi partagés se trouvoient plus longs en été qu'en hyver. Il paroît (*a*) que l'on s'est servi ensuite pour cette mesure, du temps qui s'écoule depuis le point de la plus grande élévation du soleil au-dessus de l'horizon (point du midi) jusqu'au retour de cet astre au même point. Mais comme les besoins des hommes augmenterent à mesure qu'ils devinrent plus instruits, cela les obligea à chercher des divisions du temps qui fussent plus petites. Ils diviserent (*b*) donc le temps qui s'écoule entre deux midis, c'est-à-dire, une revolution du soleil, en 24 parties ou heures. Delà l'origine des Cadrans solaires,

---

(*a*) Les Babyloniens ont compté d'un lever du soleil à l'autre; les Juifs & les Romains, &c, d'un coucher à l'autre.

(*b*) Les Romains avoient partagé la nuit en quatre parties égales appellées *veilles*; & le jour en 12 heures, &c.

dont les heures sont marquées par le passage de l'ombre du soleil sur des lignes. Voilà en gros l'origine de la mesure du temps par le mouvement du soleil. On voit que cette maniere étoit sujette à bien des difficultés : on ne pouvoit savoir l'heure pendant la nuit, ni lorsque le soleil étoit caché par des nuages. C'est ce qui a donné lieu à l'invention des Clepsydres ou Horloges d'eau, &c.

Cette derniere maniere de mesurer le temps, toute imparfaite qu'elle étoit, a servi aux hommes jusqu'à la fin du dixieme siecle, qui est l'époque de l'invention des Horloges, dont le mouvement est communiqué par des roues dentées, la vîtesse réglée par un balancier, l'impulsion donnée aux roues par un poids, & le temps indiqué sur un cadran divisé en 12 parties égales, par une aiguille portée par l'axe d'une roue. Cette aiguille fait un tour en 12 heures ; & deux tours depuis le midi d'un jour jusqu'au midi suivant.

Lorsque l'on fut ainsi parvenu à avoir de pareilles Horloges, dont les premieres construites furent placées aux clochers des Eglises, des Ouvriers adroits & intelligents enchérirent sur cette découverte, en y ajoutant un rouage, dont l'office est de faire frapper avec un marteau sur un timbre les heures indiquées sur le cadran ; de sorte que par le moyen de cette addition, on pouvoit savoir les heures de la nuit sans le secours de la lumiere, ce qui devint d'une grande utilité, principalement pour les Monasteres ; car il falloit, qu'avant l'invention des Horloges, les Religieux préposassent des gens pour observer les étoiles (*) pendant la nuit, afin d'être avertis des heures de leurs offices ; ce qui étoit très-incommode pour eux: aussi atttribue-t-on l'invention des Horloges à roues, à Gerbert, Moine de Fleury, qui fut ensuite Archevêque de Reims, puis de Ravenne, & enfin Pape, sous le nom de Silvestre II. On s'est servi jusqu'en 1650 de cette invention : (Voyez l'Histoire de France de M. le Président Hénault, Tome I. page 126).

Quand on fut parvenu à avoir des Horloges de gros volume, on en construisit de plus petites pour l'usage des appartements. Enfin d'habiles Ouvriers imaginerent de faire des Horloges portatives, auxquelles on a donné le nom de *Montres*. C'est à ce temps que remonte l'origine du ressort spiral, dont l'action entretient le mouvement de la machine, & qui tient lieu du poids dont on se sert pour les Horloges ; car le poids ne peut être appliqué à une machine portative, continuellement exposée à des mouvements en différents sens, qui troubleroient & en empêcheroient l'action. On fit aussi des Montres à sonnerie. C'est proprement à ces dernieres découvertes que commence l'Art de l'Horlogerie.

(*) Voyez le Traité des Horloges du P. Alexandre, page 15.

La justesse à laquelle on parvint pour mesurer le temps, en se servant des Horloges & des Montres, étoit infiniment au-dessus de la justesse des Sabliers & Horloges d'eau; aussi faut-il avouer que c'est une des belles découvertes de ces temps-là. Mais elle n'étoit rien en comparaison de la perfection que l'Horlogerie acquit en 1657. Huighens, Mathématicien célebre, créa de nouveau cet Art, par les belles découvertes dont il l'enrichit; je veux dire, par l'application qu'il fit du *Pendule* aux Horloges pour en régler le mouvement; & quelques années après il adapta aux balanciers des Montres, un ressort spiral qui produisoit sur le balancier le même effet que la pesanteur sur le *pendule*. La justesse de ces machines devint dès-lors si grande par ces deux additions, qu'elle surpasse autant celle des anciennes Horloges, que celles-ci étoient au-dessus des clepsidres & horloges d'eau.

Huighens, après avoir appliqué le pendule aux Horloges, s'apperçut que les vibrations par les grands arcs du pendule, étoient d'une plus grande durée que les vibrations par les petits arcs; & que par conséquent l'action du poids sur le pendule venant à diminuer lorsque les frottements des roues seroient augmentés & les huiles épaissies, il arriveroit nécessairement que l'Horloge avanceroit. Pour vaincre cette difficulté, il chercha les moyens de rendre les oscillations du pendule *isochrones*, c'est-à-dire égales, quelle que fût l'étendue des arcs.

Pour cet effet il s'appliqua à rechercher une courbe dont la propriété réparât ce défaut: il parvint à en découvrir une qui remplissoit cet objet: c'est celle qu'on appelle la *Cycloïde*, qui est telle, que si on laisse tomber un corps de différentes hauteurs, la descente du corps sur cette courbe se fait toujours dans le même temps. En conséquence, il appliqua à l'endroit où le fil qui suspend le pendule est attaché, deux lames pliées en cycloïdes, entre lesquelles le fil passoit; ensorte qu'à mesure que le pendule décrivoit de plus grands arcs, & qu'il auroit dû faire l'oscillation en un plus grand temps, à mesure aussi le pendule s'accourcissoit, & son mouvement devenoit plus accéléré, & tellement que, soit que le pendule décrivît de plus grands ou plus petits arcs, le temps des oscillations étoit toujours le même.

Le pendule circulaire que l'on appelle *à Pirouette*, est encore de l'invention du même Auteur. Ce pendule, au lieu de faire ses oscillations, dans un même plan, décrit au contraire un cône dont la base est horizontale: il tourne toujours du même côté, y étant obligé par l'action des roues. Ce pendule est composé de maniere qu'il peut parcourir de plus grands ou de plus petits arcs, selon que la force motrice agit plus ou moins; ensorte que les cônes que ce pendule trace dans l'air, ont des bafes plus grandes ou plus petites, felon l'inégalité de la force motrice. Mais, quoique ce pendule décrive ainfi des cônes inégaux, cela ne change point le temps des révolutions du pendule; car foit que la force motrice foit foible, & que la force centrifuge du pendule lui faffe décrire un petit cône; ou foit que la force motrice venant à augmenter, la force centrifuge du pendule lui faffe alors parcourir un plus grand cercle, le temps des révolutions eft toujours le même, ce qui dépend de la propriété d'une certaine courbe fur laquelle s'applique le fil qui porte le pendule. Cet *ifochronifme* des révolutions du pendule circulaire eft fondé fur une théorie qui m'a toujours parue admirable, ainfi que celle de la cycloïde; & quoique l'on ne faffe plus ufage de l'une ni de l'autre méthode, on ne doit pas moins effayer d'en fuivre l'efprit dans la compofition des machines qui mefurent le temps; toute leur jufteffe ne pouvant être fondée que fur l'ifochronifme des vibrations d'un régulateur quel qu'il foit.

Ces inventions furent conteftées à Huighens, comme il le dit lui-même au commencement de fon livre intitulé : *de Horologio ofcillatorio*. Je rapporterai fes propres paroles.

» Perfonne ne peut nier qu'il y a feize ans on n'avoit, foit par
» écrit, foit par tradition, aucune connoiffance de l'application du
» *pendule* aux Horloges, encore moins de la cycloïde dont je ne
» fache pas que perfonne me contefte l'addition. Or il y a feize ans
» actuellement (en 1658) que j'ai publié un Ouvrage fur cette ma-
» tiere, dont la date de l'impreffion differe de fept années celle
» des écrits où cette invention eft attribuée à d'autres. Quant à ceux
» qui cherchent à en atribuer l'honneur à Galilée, les uns difent
» qu'il paroît que ce grand homme avoit tourné fes recherches de ce
» côté; mais il font plus, ce me femble, pour moi que pour lui, en
» avouant tacitement qu'il a eu dans ces recherches moins de fuccès
» que moi; d'autres vont plus loin, & prétendent que Galilée ou
» fon fils, a effectivement appliqué ce pendule aux Horlóges. Mais
» quelle vraifemblance y a-t-il qu'une découverte auffi utile, non
» feulement n'eût point été publiée dans le temps même où elle a été
» faite, mais encore qu'on eût attendu pour la revendiquer huit ans
» après la publication de mon Ouvrage. Dira-t-on que Galilée pou-
» voit avoir quelque raifon particuliere pour garder le filence pen-
» dant quelque temps. Dans ce cas, il n'eft point de découverte qu'on
» ne puiffe contefter à fon Auteur.... »

L'application de la cycloïde aux Horloges, toute admirable qu'elle eft dans la théorie, n'a pas eu le fuccès que M. Huighens s'en étoit promis : la difficulté de tracer exactement une telle courbe a dû y contribuer. Mais la principale cause dépend de ce qu'elle exigeoit que le pendule fût suspendu par un fil flexible ; or ce fil étoit susceptible des effets de l'humidité & de la séchereffe ; & d'ailleurs il ne pouvoit supporter qu'une lentille légere, qui en parcourant de grands arcs, éprouvoit une grande réfiftance de l'air, les surfaces étant d'autant plus grandes que les corps font plus petits. Or par ces raisons, cette lentille devenoit sujette à causer des variations à l'Horloge, & d'autant plus, que la force motrice qui entretient le mouvement de la machine devenoit plus grande, & produifoit de grands frottements. Dailleurs toute la théorie de la cycloïde portoit sur les oscillations du pendule libre ; c'est-à-dire, qui pût faire ses oscillations indépendamment de l'action réitérée d'un rouage : or un tel pendule ne peut servir que pendant quelques heures à mesurer le temps ; & lorsqu'il est appliqué à l'Horloge, ses oscillations font troublées par la preffion de l'échappement qui en entretient le mouvement & felon la nature de l'échappement ; c'eft-à-dire, que selon que l'échappement eft à repos ou à recul, les oscillations se font plus vîte ou plus lentement, comme nous le ferons voir. Mais quoique l'on ait abandonné l'ufage de la cycloïde, la théorie que M. Huighens avoit établie n'en est pas moins admirable ; & nous lui devons la perfection actuelle de nos Horloges à pendule, puifque c'eft de cette théorie que nous avons appris que les petits arcs de cercle ne different pas fenfiblement des petites portions de cycloïde ; enforte qu'en faisant décrire au pendule de petits arcs, les oscillations en feroient ifochrones, quoique les arcs décrits par le pendule vinffent à augmenter ou à diminuer par le changement de la force motrice.

Le Docteur *Hook* fut le premier en Angleterre, felon *Derham*, qui fit ufage des petits arcs ; ce qui donna la facilité de faire en même temps ufage des lentilles pefantes.

Le fieur *Clement*, Horloger de Londres, fit dans le même temps des Horloges à pendule qui décrivoient des petits arcs avec des lentilles pefantes. Ce principe a été suivi depuis ce temps par tous les Horlogers qui fe font appliqués à faire de bonnes machines. M. *le Bon* à Paris, a été un des premiers qui en ait fait ufage ; il fit même des lentilles de 50 à 60 livres pefant : c'eft le même syftême qu'a fuivi de nos jours M. *de Rivaz*.

On peut juger de la perfection où l'on a porté la construction & l'exécution des Horloges aftronomiques, par l'état où elles étoient, lorfque Huighens les imagina. Les premieres Horloges à pendule qui furent faites sur ces principes, alloient 30 heures, avec un poids de 6 livres, dont la descente étoit de 5 pieds ; & l'on en fait aujourd'hui qui vont un an, avec un poids qui pefe 2 livres, dont la defcente eft de 5 pieds.

Au refte, la perfection que l'Horlogerie a acquife depuis cent ans, n'a rien changé aux principes fondamentaux de ces machines; car le le pendule eft encore le meilleur régulateur des Horloges, qu'on nomme auffi *Pendules*; & le balancier gouverné par le fpiral, eft le meilleur régulateur des Montres.

Jufqu'à Huighens, l'Horlogerie pouvoit être confidérée comme un Art méchanique, qui n'exigeoit que la main-d'œuvre; mais l'application qu'il fit de la Géométrie & de la Méchanique pour fes découvertes, ont fait de cet Art une fcience où la main-d'œuvre n'eft plus que l'acceffoire, & dont la partie principale eft la théorie du mouvement des corps, qui comprend ce que la Géométrie, le Calcul, la Méchanique & la Phyfique ont de plus fublime.

La grande précifion avec laquelle les Horloges à pendule divifent le temps, a facilité, & a donné lieu à d'excellentes obfervations; & c'eft ce qui a engagé à appliquer aux machines qui mefurent le temps les divifions dont fe fervent les Aftronomes dans leurs calculs. Par-là on a été en état d'affigner exactement & très-diftinctement les plus petites parties du temps; c'eft-à-dire, les minutes & les fecondes. Ainfi la revolution journaliere du foleil, d'abord divifée en 24 parties, l'eft maintenant en 86400 fecondes, que l'on peut compter avec facilité : ce fut donc feulement après l'invention du pendule que l'on parvint à faire de bonnes Horloges qui marquerent les minutes & les fecondes. Pour cet effet, on difpofa ces machines de maniere que, tandis que la roue qui porte l'aiguille des heures fait un tour, une autre roue fait un tour par heure; celle-ci porte une aiguille qui marque les minutes fur un cercle de cadran, divifé en 60 parties égales, dont chacune répond à une minute; & les 60 divifions à une heure. Enfin pour faire marquer les fecondes, on difpofa la machine de maniere qu'une de fes roues pût faire un tour en une minute : l'axe de cette roue porte une aiguille qui marque les fecondes fur un cercle divifé en 60 parties, dont chacune répond à une feconde, & les 60 à une minute. On ajouta de la même maniere ces fortes de divifions aux Montres.

Dès la premiere invention des Horloges à roues dentées, les Artiftes Horlogers imaginerent à l'envi différents méchanifmes : tels font les Horloges à reveil ; celles qui marquent les quantiemes du mois, les jours de la femaine, les années, les quantiemes & phafes de la lune, le coucher du foleil, les années biffextiles, &c. Mais parmi toutes les additions que l'on a faites aux Horloges & aux Montres, il y en a entr'autres deux qui sont très-ingénieuses & très-utiles : la premiere est la *Répétition*; cette machine, soit pour Montre, soit pour Pendule, au moyen de laquelle on peut savoir à chaque instant du jour ou de la nuit les heures & les quarts : la seconde est l'invention des Horloges & des Montres à *Equation*. Pour connoître le mérite de ces sortes d'ouvrages, il faut savoir que les Astronomes ont découvert, après bien des observations, que les révolutions journalieres du soleil, ne se font pas tous les jours dans le même temps ; c'est-à-dire, que le temps, compris depuis le midi d'un jour au midi suivant, n'est pas toujours le même ; mais qu'il est plus grand dans certains jours de l'année, & plus court en d'autres. Or le temps mesuré par les Horloges étant uniforme, il arrive que ces machines ne peuvent suivre naturellement les écarts du soleil. On a donc imaginé un méchanisme qui est tel, que tandis que l'aiguille des minutes de l'Horloge tourne d'un mouvement uniforme, une seconde aiguille des minutes suit les variations du soleil. Enfin les plus belles machines que l'Horlogerie ait produites jusqu'ici, sont les *Spheres mouvantes* & les *Planispheres*.

On appelle *Sphere mouvante* une machine tellement disposée, qu'elle indique & imite à chaque moment la situation des planetes dans le ciel, le lieu du soleil, le mouvement de la lune, les éclipses, en un mot qu'elle représente en petit le système de l'Univers. Ainsi, selon le dernier système reçu par les Astronomes, on place le soleil au centre de cette machine, qui représente la sphere du monde : autour du soleil tourne *Mercure*; ensuite sur un plus grand cercle on voit *Venus*; puis la terre avec la *Lune*; après elle *Mars*; ensuite *Jupiter* avec ses quatre satellites ; & enfin *Saturne* avec ses cinq satellites ou petites lunes. Chaque planete est portée par un cercle concentrique au soleil : ces différents cercles sont mis en mouvement par les roues d'une Horloge, & ces roues sont cachées dans l'intérieur de la machine. Chaque planete y emploie, & imite parfaitement le temps de la révolution que les Astronomes ont déterminé : en conséquence de quoi Mercure tourne autour du soleil en 88 jours ; Venus en 224 jours 7 heures ; la terre en 365 jours 5 heures 49 minutes, & environ 12 secondes ; la lune fait sa révolution autour de la terre en 29 jours 12^h 44 minutes 3 secondes ; Mars en un an 321 jours 18 heures ; Jupiter en onze ans 316 jours ; & Saturne en 29 ans 155 jours 13 heures.

La sphere mouvante n'est pas une invention moderne, puisque *Archimede* qui vivoit il y a deux mille ans, & *Possidonius* qui vivoit du temps de Ciceron, en avoient composé & construit qui imitoient les mouvements des astres. On a fait dans ces derniers temps plusieurs spheres mouvantes : la plus parfaite dont on ait connoissance, est celle qui a été placée à Versailles depuis quelques années : elle a été calculée par M. *Passement*, & exécutée sous sa direction par M. *Dauthiau*, Horloger.

On a aussi composé des Horloges qui marquent & qui indiquent le mouvement des planetes, comme le fait la sphere ; mais avec cette différence que dans les machines qu'on nomme *Planispheres*, les révolutions des planetes sont marquées sur un même plan, par des ouvertures faites au cadran, sous lesquelles tournent les roues qui représentent les mouvements célestes.

On a encore enrichi l'Horlogerie d'un grand nombre d'inventions qu'il seroit trop long de rapporter ici : on peut consulter quelques Ouvrages sur l'Horlogerie, qui ont été mis au jour ; par exemple, le Traité de M. *Thiout*; celui du Pere *Alexandre*, le livre de M. le *Paute*, & le Recueil des Machines présentées à l'Académie Royale des Sciences : on trouvera sur-tout, dans le livre de M. *Thiout*, un grand nombre de machines très-ingénieusement imaginées pour parvenir à exécuter aisément toutes les parties qui composent la main-d'œuvre ; il y a outre cela toutes sortes de pieces : cet ouvrage est proprement un recueil de machines servant à l'Horlogerie. Quant à la partie historique de l'Horlogerie, il faut consulter le Traité du P. *Alexandre*, le livre de *Derham*, &c.

On voit, par ce que nous avons dit jusqu'à présent, une partie des objets que l'Horlogerie embrasse : on peut juger par leur étendue, combien il faut réunir de connoissances pour posséder cette science.

L'Horlogerie étant la science de la mesure du temps, cet Art exige que ceux qui veulent le posséder connoissent les loix du mouvement des corps ; qu'ils soient bons Géometres, Mathématiciens, Physiciens ; qu'ils sachent le calcul, & qu'ils soient nés, non-seulement avec le génie propre à saisir l'esprit des principes, mais encore qu'ils soient pourvus du talent d'en faire une juste application.

Je n'entends donc pas ici par l'Horlogerie, ainsi qu'on le fait communément, le métier d'exécuter machinalement des Montres & des Pendules par une imitation servile, & sans savoir sur quoi ce méchanisme est fondé ; ce sont les fonctions du Manœuvre : mais j'entends que c'est l'art de disposer une machine d'après des principes, d'après les loix du mouvement, en employant les moyens les plus simples & les plus solides ; & c'est-là l'ouvrage de l'homme de génie. Lors donc que l'on voudra former un Artiste Horloger qui puisse devenir célebre, il faut premiérement sonder sa disposition naturelle, & lui apprendre ensuite les méchaniques, &c. Nous allons entrer dans le détail de ce qui nous paroît lui devoir servir de guide.

Dabord on lui fera voir quelques machines dont on lui expliquera les effets : comment, par exemple, on mesure le temps; comment les roues agissent les unes sur les autres; comment on multiplie les nombres de leurs révolutions. D'après ces premieres notions, on lui fera sentir la nécessité de savoir le calcul, pour pouvoir trouver les révolutions de chaque roue ; d'être Géometre, pour déterminer les courbures des dents ; Méchanicien, pour trouver les forces qu'il faut appliquer à la machine pour la faire mouvoir; enfin Artiste, pour mettre en exécution les principes & les regles que ces sciences prescrivent. D'après cela, on lui fera étudier les machines & les sciences qui y ont rapport, & qu'il devra connoître ; ayant attention de ne faire entrer dans ces connoissances, la main-d'œuvre, que comme l'accessoire.

Quand il sera question des régulateurs des Pendules & des Montres, il faudra lui en expliquer en gros les propriétés générales; comment on peut parvenir à les construire tels qu'ils puissent donner la plus grande justesse; de quoi cela dépend ; de la nécessité de connoître comment les fluides résistent aux corps en mouvement ; de l'obstacle qu'ils opposent à la justesse; comment on peut rendre cette justesse la plus grande possible; de l'étude sur les frottemens de l'air; comment on peut rendre cette résistance la moindre possible ; du frottement qui résulte du mouvement des corps qui se meuvent les uns sur les autres; quel effet il en résulte pour les machines; de la maniere de réduire ces frottemens à la moindre quantité possible : on lui fera remarquer les différentes propriétés des métaux ; les effets de la chaleur; comment elle tend à les dilater, & le froid à les condenser; de l'obstacle qui en résulte pour la justesse des machines qui mesurent le temps; des moyens de prévenir les écarts qu'ils occasionnent; de l'utilité de la Physique pour ces différentes choses, &c. Après l'avoir ainsi amené par gradation, on lui donnera une notion des machines qui imitent les effets des planetes; en lui faisant sentir la beauté de ces machines, on lui fera voir la nécessité d'avoir quelques notions d'astronomie ; c'est ainsi que les machines mêmes serviront à lui faire aimer cet Art, & que les sciences qu'il apprendra lui paroîtront d'autant moins pénibles, qu'il en connoîtra l'absolue nécessité, & celle de joindre à ces connoissances la main-d'œuvre, afin de pouvoir exécuter lui-même ces machines d'après les regles que prescrit la théorie.

Quant à l'exécution, il me paroît convenable qu'il commence par celle des Pendules, qui est plus facile à cause de la grandeur des pieces; ce qui permet encore l'avantage d'exécuter toutes sortes d'effets & de compositions. La grande variété que l'on se permet dans la consͭ truction des Horloges à pendule, accoutume l'esprit à voir les machines en grand; d'ailleurs, quant à la pratique même, il y a de certaines précisions que l'on ne connoît que dans la Pendule, & qui pourroient cependant s'appliquer aux Montres. Ainsi l'Eleve parvenu à l'intelligence des machines, aura des idées nettes de leurs principes; & lorsqu'il possédera l'exécution, il passera aisément à la pratique des Montres; & d'autant mieux, que le même esprit qui sert à composer & exécuter les Horloges à pendule, est également applicable aux Montres qui ne font en petit que ce que les Pendules font en grand.

Au reste, comme on ne parvient que par gradation à acquérir des lumieres pour la théorie, de même la main-d'œuvre ne se forme que par l'usage; mais cela s'acquiert d'autant plus vîte que l'on a dans la tête ce que l'on veut exécuter. C'est pour cette raison que je conseille de commencer par l'étude de la science, avant d'en venir à la main-d'œuvre, ou, tout au moins, de les faire marcher en même temps.

Quoiqu'il soit essentiel d'étudier les principes de l'Art, & de s'accoutumer à exécuter avec précision, cela ne suffit cependant pas encore: on ne possede pas l'Horlogerie pour en avoir les connoissances générales: les regles que l'on apprend par la lecture & par l'étude, peuvent être applicables dans une machine actuellement existante, ou dans d'autres qui seroient pareilles; mais imaginer des moyens qui n'ont pas été mis en usage, & composer des nouvelles machines, c'est à quoi ne parviendront jamais ceux qui ne possedent que des regles, & qui ne sont pas doués de cet heureux génie que l'on ne peut tenir que de la nature. Ce talent ne s'acquiert pas par l'étude, elle ne fait que le perfectionner & aider à le developper. Lorsqu'on joint aux dons de la nature celui de sciences, on ne peut que composer de très-bonnes choses.

On voit d'après ce tableau, que pour pouvoir posséder à fond l'Art de l'Horlogerie, il faut avoir la théorie de cette science; le talent de l'exécution; & un génie propre pour inventer: trois choses qui ne sont pas faciles à réunir dans la même personne; & d'autant moins, que jusques ici on a regardé l'exécution des pieces d'Horlogerie, comme la partie principale, au lieu qu'elle n'est que la derniere. Cela est si vrai, qu'une Montre ou une Pendule la mieux exécutée, fera de très-grands écarts, si elle n'est pas construite sur de bons principes; & au contraire cette machine médiocrement exécutée ne laissera pas que d'aller fort bien, si les principes dont on s'est servi pour la composer sont bons. Si la justesse des machines qui mesurent le temps dépend principalement des principes que l'on suit, il faut bien observer que si l'on veut avoir une machine parfaite, il faut joindre à la composition, la plus exacte & la plus scrupuleuse exécution : c'est à la théorie à diriger la main, & à placer à propos les opérations délicates.

Je ne prétends donc pas qu'on puisse négliger la main-d'œuvre, au contraire ; mais persuadé qu'elle ne doit être qu'en sous ordre, & que ce n'est que le mérite de l'Ouvrier, ce dont il n'est pas ici question, je souhaite qu'on apprécie le mérite de la main, & celui du génie, chacun selon sa valeur. Je crois être d'autant plus en droit de le dire, que je ne crains pas que l'on me soupçonne de dépriser ce que je ne possede pas : j'ai fait mes preuves en Montres & en Pendules, & en des parties très difficiles ; & je suis en état de convaincre les plus incrédules par des faits existants.

Je dois d'autant plus insister sur cela, que la plupart des personnes qui se mêlent de l'Horlogerie sont fort éloignées de penser qu'il faille savoir autre chose que tourner & limer : ce n'est pas uniquement leur faute ; cette erreur tire sa source de la maniere dont on forme ordinairement les Eleves. On place un enfant chez un Horloger pour y demeurer huit ans ; là on l'occupe à faire des commissions, & à ébaucher quelques pieces d'Horlogerie : s'il parvient au bout de ce temps à faire un mouvement, il est supposé fort habile. Il ignore cependant fort souvent l'usage de la machine qu'il a faite. Il se présente avec son prétendu savoir à la Maîtrise, il fait, ou fait exécuter par un autre le chef-d'œuvre qui lui est prescrit ; il est reçu Maître, prend boutique, vend des Montres & des Pendules, & se dit Horloger. On peut donc regarder comme un miracle, si un homme ainsi conduit devient jamais habile Artiste.

On appelle communément *Horlogers*, ceux qui exercent l'Horlogerie ; mais il est à propos de distinguer l'Horloger, comme on l'entend ici, de l'Artiste qui possede les principes de l'Art : ce sont deux personnes absolument différentes. Le premier pratique en général l'Horlogerie, sans en avoir les premieres notions, & se dit Horloger, parce qu'il travaille à une partie de cet Art.

Le second embrasse au contraire cette science dans toute son étendue : on pourroit l'appeller l'*Architecte méchaniste*. Un tel Artiste ne s'occupe pas d'une seule partie ; il fait les plans des Montres, des Pendules, ou des autres machines qu'il veut construire ; il détermine la position de chaque piece, leur direction, les forces qu'il faut employer, les dimensions, &c ; en un mot il construit l'édifice ; & quant à l'exécution, il fait choix des Ouvriers qui sont capables d'en exécuter chaque partie. C'est sous ce point de vue que l'on doit considérer l'Horlogerie, & que l'on peut espérer d'avoir de bonnes machines, ainsi que nous le ferons voir dans un moment. Nous allons maintenant parler de chaque ouvrier que l'on employe pour la fabrication des Montres & des Pendules; le nombre en est très-grand, car chaque partie est exécutée par des Ouvriers particuliers qui ne font toute leur vie que la même chose.

Ce qui concerne la pratique ou la main-d'œuvre se divise en trois branches, lesquelles comprennent tous les Ouvriers qui travaillent à l'Horlogerie.

1°. Les Ouvriers qui font des grosses Horloges des clochers, &c: on appelle ceux-ci *Horlogeurs* ou *Grossiers*.

2°. Les Ouvriers qui font les Pendules : on les appelles *Horlogers Penduliers*.

3°. Les Ouvriers qui font les *Montres* : on les appelle *Ouvriers en petit*.

Les Ouvriers qui fabriquent les grosses Horloges, font des especes de Serruriers machinistes : ils font eux-mêmes tout ce qui concerne ces Horloges ; ils forgent les montants dans lesquels doivent être placées les roues ; ils forgent aussi les roues qui sont de fer *, & leurs pignons d'acier ; ils font les dents des roues & des pignons à la lime, après les avoir divisées au nombre de parties convenables ; ouvrage très-long & bien pénible. Il faut être plus qu'un Ouvrier pour disposer à propos ces fortes d'ouvrages ; car il faut de l'intelligence pour distribuer avantageusement les rouages, proportionner les forces des roues aux efforts qu'elles ont à vaincre, sans cependant les rendre plus pesantes qu'il n'est besoin, ce qui augmenteroit les frottements mal à propos. Les constructions de ces machines varient selon les lieux où elles sont placées. Les conduites des aiguilles ne sont pas faciles à exécuter : la grandeur totale de la machine & des roues, &c, est relative à la grandeur des aiguilles qu'elle doit mouvoir, à la cloche qui doit être employée pour sonner les heures ; ce qui détermine la force du marteau, & celui-ci la force des roues. Pour composer avantageusement ces fortes de machines, il est nécessaire de posséder la théorie de l'Horlogerie : ces mêmes Ouvriers font aussi les Horloges pour les Châteaux, celles pour les escaliers, &c.

Voici l'énumération des Ouvriers pour les Pendules.

1°. Le premier ouvrage que l'on fait faire aux Ouvriers qui travaillent aux Pendules, est ce qu'on appelle le *Mouvement en blanc*, qui consiste dans les roues, les pignons & les détentes : ces Ouvriers que l'on appelle *Faiseurs de mouvements en blanc*, ne font qu'ébaucher l'ou-

---

* Ceux qui les font en cuivre font mieux.

vrage ; dont le mérite confifte dans la dureté des roues & des pignons : les dents des roues doivent être d'une égale groffeur, & diftantes entr'elles; elles doivent avoir les formes & les courbures requifes, &c*.

2°, Le *Finiffeur* eft celui qui termine les dents des roues; c'eft-à-dire, qui fait les courbures des dents, qui finit leurs pivots, qui fait les trous dans lefquels ils doivent tourner, les engrenages, l'échappement; il eft chargé de l'exécution des effets de la fonnerie, ou de la répétition, &c : il ajufte les aiguilles, le pendule ou lentille ; enfin il fait marcher l'Horloge. Refte au Méchanifte, c'eft-à-dire, à l'Horloger à revoir les effets de la machine : fi, par exemple, les engrenages font bien faits ainfi que les pivots des roues ; fi l'échappement fait parcourir au *pendule* l'arc convenable ; fi la pefanteur de la lentille & les arcs qu'elle décrit font relatifs à la force motrice, &c : il doit enfin examiner les effets de la fonnerie ou répétition, &c.

3°, La *Fendeufe* eft une Ouvriere qui fend les roues des Pendules; elle ne fait que cela.

4°, Le *Faifeur de refforts* fait les refforts des Pendules : il ne s'occupe uniquement qu'à cela. Ce que l'on peut exiger d'un Faifeur de refforts, c'eft qu'il les faffe fort longs & de bon acier trempé affez dur pour ne pas perdre fon élafticité, mais pas affez dur pour caffer : il faut que l'action du reffort, en fe *débandant*, foit la plus égale poffible, & que les lames ne fe frottent pas en fe développant.

5°, Les *Faifeurs de lentilles* de poids pour faire marcher les Pendules: ces mêmes Ouvriers font auffi les aiguilles d'acier des Pendules.

6°, Les *Graveurs* pour les aiguilles de cuivre.

7°, Le *Graveur* qui fait les cadrans de cuivre pour les Pendules à fecondes, &c.

8°, Le *Poliffeur* : celui-ci polit les pieces de cuivre du mouvement de la Pendule ; le Finiffeur termine & polit celles d'acier.

9°, Les *Emailleurs* ou Faifeurs de cadran des Pendules.

10°, Les *Ouvriers qui argentent* les cadrans de cuivre.

11°, Les *Cifeleurs* qui font les boîtes & cartels pour les Pendules.

12°, Les *Ebéniftes* qui font les boîtes de marqueterie & autres. Les Horlogers doivent diriger les Ebeniftes & les Cifeleurs pour le deffein des boîtes ; & comme ils ne font pas communément en état de le faire par eux-mêmes, il eft à propos qu'ils confultent des Architectes ou de bons Deffinateurs.

13°, Les *Doreurs* pour les bronzes des boîtes & des cartels , &c.

* Dans le Chapitre XXXVI de la premiere Partie, on verra tous les détails de pratique d'une Pendule à répétition.

14°, *Les Metteurs en couleur*: ceux-ci donnent la couleur aux bronzes des boîtes des Pendules, aux *cartels*, cadrans, &c. Cette couleur imite la dorure.

15°, Les *Fondeurs* pour les roues des Pendules, & de différentes pieces qui s'employent pour les mouvements.

16°, Les *Fondeurs* qui font les timbres, qui les tournent & les polissent.

Voilà en gros les Ouvriers qui travaillent aux Pendules ordinaires.

Les Pendules à équation ou autres machines composées, sont exécutées par différents Ouvriers *en blanc*, par des Finisseurs, &c, & sont conduites & composées par l'Horloger.

Les Ouvriers qui travaillent aux Montres sont les suivants:

1°, Le *Faiseur de mouvements en blanc*: il fait, ainsi que ceux des Pendules, les roues & les pignons, lesquels exigent à peu-près les mêmes précautions: ces Ouvriers n'exécutent que les mouvements des Montres simples.

2°, Le *Faiseur de rouages*: cet Ouvrier qui ne s'occupe qu'à faire les rouages des Montres ou répétitions.

3°, Les *Cadraturiers* sont ceux qui font cette partie de la répétition qui est sous le cadran, dont le méchanisme est tel que, lorsque l'on pousse le bouton ou poussoir de la Montre, cela fait répéter l'heure & le quart marqué par les aiguilles.

4°, Le *Finisseur* est l'Ouvrier qui termine l'ouvrage du Faiseur de mouvements. Il y a deux sortes de Finisseurs, celui qui finit le mouvement des Montres simples, & celui qui termine le rouage d'une Montre à répétition: l'un & l'autre finissent les pivots des roues, les engrenages. Quand les Montres sont à roues de rencontre, les Finisseurs font aussi les échappements: le Finisseur égalise la fusée avec son ressort; il ajuste le mouvement dans la boîte, remonte la Montre dorée, & la fait marcher. Il ne reste à l'Horloger qu'à la revoir, à examiner les engrenages, la grosseur des pivots, la liberté de leur mouvement dans leurs trous, les ajustements du spiral, l'échappement, le poids du balancier, l'égalité de la fusée, &c. L'Horloger doit retoucher lui-même les parties qui ne sont pas selon les regles, & donner ainsi l'ame à la machine; mais il faut premiérement qu'elle ait été construite sur des bons principes.

5°, Les *Faiseurs d'échappements* des Montres à cylindre. Ceux-ci ne font que les échappements, c'est-à-dire, la roue de cylindre, le cylindre même sur lequel ils fixent le balancier. Ils ajustent la coulisse, & le spiral: comme aucun des échappements connus en Montre, ne corrige ni ne doit corriger les inégalités de la force motrice, c'est aux Méchanistes, qui font faire des échappements, à prescrire la dispositon

&

& les dimensions qu'ils doivent avoir ; c'est-à-dire, que c'est à eux à fixer les nombres des vibrations, la grandeur des arcs qu'ils doivent faire parcourir, le poids du balancier relatif à la force du ressort ; puisque, comme nous le verrons, c'est sur ce rapport que roule toute la justesse des Montres.

6º, Les *Faiseurs de ressorts* des Montres: ceux-ci ne font que les petits ressorts.

7º, La *Faiseuse de chaînes* de Montre. On tire ordinairement ces chaînes toutes faites de Geneve ou de Londres.

8º, Les *Faiseuses de spiraux* : on tire aussi les spiraux de Geneve.

Un spiral exige beaucoup de soin pour être bon ; & sa bonté est très-essentielle dans une Montre. Il faut qu'un spiral soit du meilleur acier possible ; qu'il soit bien trempé, afin qu'il restitue toute la quantité de mouvement qu'il reçoit, ou du moins la plus approchante.

9º, L'*Emailleur* ou Faiseur de cadrans.

10º, Le *Faiseur d'aiguilles*.

11º, Les *Graveurs* qui font les ornements des coqs, des rosettes, &c.

12º, Les *Doreuses*: ces femmes ne font que dorer les platines, les coqs & autres parties des Montres. Il faut qu'elles usent de beaucoup de précaution, pour que le degré de chaleur qu'elles donnent à ces pieces ne les amolisse pas.

13º, Les *Polisseuses* sont occupées à polir les pieces de cuivre d'une Montre, telles que les roues, &c, qui ne se dorent pas.

14º, Les Ouvriers qui polissent les pieces d'acier, les marteaux, &c.

15º, Les *Fendeuses de roues*.

16º, Ceux qui *taillent les fusées* & les roues d'échappement. La justesse d'une roue d'échappement dépend sur-tout de la justesse de la machine qui sert à la tailler: elle dépend encore des soins de celui qui la fend. Il est donc essentiel d'y apporter des attentions, parce que cela contribue aussi à la justesse de la marche de la montre.

17º, Les *Monteurs de boîtes* des Montres, soit en or ou en argent.

18º, Les *Faiseurs d'étuis*.

19º, Les *Graveurs & Ciseleurs* que l'on employe pour orner les boîtes des Montres.

20º, Les *Emailleurs* qui peignent les figures & les fleurs dont on décore les boîtes: les Horlogers peuvent bien, sans préjudicier à la bonté de l'ouvrage intérieur, orner les boîtes de leurs Montres ; il faut pour cela qu'ils fassent choix d'habiles Artistes, Graveurs & Emailleurs.

21º, Les *Ouvriers* qui font les *chaînes d'or* pour les Montres, soit pour homme ou pour femme ; les Bijoutiers & les Horlogers sont également ces chaînes. Je ne parle pas ici d'un très-grand nombre d'Ouvriers, qui ne font uniquement que les outils & inftruments dont fe fervent les Horlogers : ce détail feroit long, & d'ailleurs il n'eft qu'acceffoire à la main-d'œuvre.

On voit par cette divifion de l'exécution des pieces de l'Horlogerie, qu'un habile Artifte Horloger ne doit être uniquement occupé,

1°, Qu'à étudier les principes de fon art, à faire des expériences, à conduire les Ouvriers qu'il employe, à revoir leur ouvrage à mefure qu'ils exécutent les pieces.

On voit 2°, que chaque partie d'une Pendule ou d'une Montre doit être parfaite, puifqu'elle eft exécutée par des Ouvriers qui ne font jamais occupés qu'à faire la même chofe ; ainfi ce qu'on doit exiger d'un habile homme, c'eft qu'il conftruife lui-même fes Montres & fes Pendules fur de bons principes appuyés de l'expérience ; d'employer de bons ouvriers, & de revoir chaque piece à mefure qu'on l'exécute ; d'en corriger les défauts ; enfin lorfque le tout eft exécuté, il doit raffembler les parties, & établir entr'elles l'harmonie qui fait l'ame de la machine. Il faut donc qu'un tel Artifte foit en état d'exécuter lui-même au befoin toutes les parties qui conftituent les Montres & les Pendules ; car il ne peut diriger & conduire les Ouvriers que dans ce cas, & encore moins pourroit-il corriger leurs ouvrages s'il ne favoit pas exécuter. Il eft aifé de voir qu'une machine d'abord bien conftruite par l'Artifte, & enfuite exécutée par différents Ouvriers, eft préférable à celle qui ne feroit faite que par un feul & même Artifte, puifqu'il n'eft pas poffible à un même homme de s'occuper de la recherche des principes, de faire des expériences, & d'exécuter en même temps avec la perfection dont eft capable l'Ouvrier qui borne toutes fes facultés à exécuter les pieces.

A juger du point de perfection de l'Horlogerie par celui de la main-d'œuvre, on imagineroit que cet Art eft parvenu à fon plus grand degré de perfection : en effet, on exécute aujourd'hui des pieces d'Horlogerie avec des foins & une délicateffe furprenante ; ce qui prouve fans doute l'adreffe de nos Ouvriers, & la beauté de la main-d'œuvre, mais nullement la perfection de la fcience ; puifque les principes n'en font pas encore déterminés, & que la main-d'œuvre feule ne donne pas la juftefse de la marche des Montres & des Pendules. Or cette juftefse eft le propre de l'Horlogerie. Il feroit donc à fouhaiter que l'on s'attachât davantage aux principes, & qu'on ne fît pas confifter le mérite d'une Montre, fimplement dans l'élégance de l'exécution, qui n'eft que l'effet de la main ; mais bien dans l'intelligence de la compofition, ce qui eft le fruit du génie.

L'Horlogerie ne se borne pas uniquement aux machines qui mesurent le temps; cet Art étant la science du mouvement, on voit que tout ce qui concerne les machines quelconques peut être de son ressort: aussi de la perfection de cet Art, dépend celle de différentes machines & instruments ; comme, par exemple, les instruments propres à l'Astronomie & à la Navigation, les instruments de Mathématique, les machines propres à faire les expériences de Physique, &c.

Le célébre *Graham*, Horloger Anglois, Membre de la Société Royale de Londres, n'a pas peu contribué à la perfection des instruments d'Astronomie ; & les connoissances qu'il possédoit dans les différents genres dont nous avons parlé, prouvent bien que la science de l'Horlogerie les réunit toutes. Il est vrai que cela est réservé à ceux qui sont doués d'un genie supérieur ; mais pour parvenir à ces connoissances, il suffiroit d'exciter l'émulation des Artistes, & les mettre un peu plus en honneur qu'on n'a fait jusqu'à présent.

Nous distinguerons trois sortes de personnes qui travaillent ou qui s'ingerent de travailler à l'Horlogerie: les premiers, dont le nombre est le plus considérable, sont ceux qui ont pris cet état sans goût, sans disposition ni talent, & qui le professent par routine, sans application, & sans chercher à sortir de leur médiocrité & même de leur ignorance : ceux-là travaillent simplement pour gagner de l'argent, le hazard seul ayant décidé du choix de leur état. Les seconds sont ceux qui par un desir très-louable de s'élever au-dessus du commun des Artistes, cherchent à acquérir les connoissances & les principes de l'Art ; mais aux efforts desquels la nature ingrate se refuse. Enfin le petit nombre renferme des Artistes intelligents qui, nés avec des dispositions particulieres, & possédant l'amour du travail & de l'Art, s'appliquent à découvrir des nouveaux principes, & à approfondir ceux qui sont déja établis.

Pour être un Artiste de ce genre, il ne suffit pas d'avoir un peu de théorie, quelques principes généraux des méchaniques, & d'y joindre l'habitude au travail ; il faut de plus une disposition particuliere, que l'on ne tient que de la nature ; cette disposition seule tient lieu de tout: lorsqu'on est né avec ce genie, on ne tarde pas à acquérir le reste; en faisant usage de ce don précieux, on acquiert bien-tôt la pratique ; & un Artiste tel que je le suppose, n'exécute rien dont il ne sente les effets, ou qu'il ne cherche à les analyser ; rien n'échappe à ses observations: & quel chemin ne fera-t-il pas dans son Art, s'il joint à ces dispositions l'étude de toutes les découvertes faites jusqu'à son temps? Il est rare sans doute de trouver des génies assez heureux pour réunir toutes ces parties essentielles ; mais on en trouve qui ont toutes les dispositions naturelles, à qui il ne manque que l'occasion d'en faire l'application, & qui se livreroient tout entiers à la perfection de leur Art, si leur émulation étoit récompensée : il ne faudroit, pour rendre un service essentiel à l'Horlogerie & à la Société, que piquer leur amour propre; faire une distinction de ceux qui sont vraiment Horlogers d'avec ceux qui ne sont simplement qu'Ouvriers, ou même Charlatans : il faudroit enfin confier l'administration du corps de l'Horlogerie aux plus intelligents ; faciliter l'admission à ceux qui ont des talents reconnus, & en exclure à jamais ces misérables Ouvriers qui, outre qu'ils arrêtent les progrès de l'Art, tendent encore à le détruire.

S'il est nécessaire de partir d'après des principes de méchanique pour composer des pieces d'Horlogerie, il n'est pas moins de les vérifier par des expériences; car quoique ces principes soient invariables, comme ils sont la plupart compliqués, & qu'on doit les appliquer à de très-petites machines, il en résulte des effets différents, & assez difficiles à analyser. Nous observerons qu'il y a deux manieres de procéder à ces expériences : les unes sont faites par des gens sans intelligence qui les exécutent pour s'éviter la peine de rechercher par une étude & une analyse pénible, que souvent ils ne soupçonnent pas, l'effet qui doit résulter d'un méchanisme composé sans regles, sans principes & sans vue ; ce sont des Ouvriers qui se conduisent par le tâtonnement, comme fait l'Aveugle avec son bâton : la seconde classe de personnes qui font des expériences, est composée d'Artistes instruits des principes de méchaniques, des loix du mouvement, des diverses actions des corps les uns sur les autres ; & qui, doués d'un génie qui sait décomposer les effets les plus délicats d'une machine, voyent des yeux de l'esprit, tout ce qui doit résulter de telle ou telle combinaison ; qui peuvent en faire le calcul d'avance, la construire de la maniere la plus avantageuse ; en-sorte que s'ils font des expériences, c'est moins pour apprendre ce qui doit en résulter, que pour voir la confirmation des principes qu'ils ont établis, & les effets qu'ils avoient analysés. J'avoue qu'une telle maniere de voir est très-pénible, & qu'il faut être doué d'un génie particulier; aussi apartient-t-il à fort peu de personnes de faire des expériences utiles, & qui aient un but marqué.

L'Horlogerie livrée à elle-même, sans encouragements, sans distinctions, sans récompenses, s'est élevée par ses propres forces au point où nous la voyons de nos jours : cela ne peut être atribué qu'à l'heureuse disposition de quelques Artistes, qui aimant assez leur Art pour en rechercher la perfection, ont excité entr'eux une émulation qui a produit des effets auſſi avantageux, que ſi on les eût encouragés par des récompenſes. Le germe de cet eſprit d'émulation eſt dû aux Artiſtes Anglois que l'on fit venir en France au temps de la Régence; entr'autres au célebre SULLY *, le plus habile de ceux qui s'établirent alors en France: Julien LE ROY éleve de le BON, fort habile Horloger étoit fort lié avec Sully: il profita de ſes lumiéres; ce qui joint à ſon mérite perſonnel, lui valut la réputation dont il a joui juſqu'à ſa mort. Celui-ci eut des émules, entr'autres ENDERLIN qui étoit doué d'un vrai génie pour les méchaniques; ce que l'on peut voir par pluſieurs bons Mémoires & pluſieurs Machines qui ont beaucoup enrichi le Traité d'Horlogerie de M. THIOUT. On ne doit pas oublier Jean-Baptiſte DUTERTRE, fort habile Horloger, GAUDRON, Pierre LE ROY, & THIOUT l'aîné, dont le Traité d'Horlogerie fait l'éloge. Nous devons à ces habiles Artiſtes grand nombre de recherches, & ſur-tout la perfection de la main-d'œuvre; mais quant à la théorie & aux principes de l'art de la meſure du temps, ils n'en ont point traité. Il n'eſt donc pas étonnant que l'on ait écrit de nos jours beaucoup d'abſurdités.

Le ſeul Ouvrage dans lequel il ſoit queſtion de principes, eſt un Mémoire de M. de RIVAZ, qui ſert de réponſe à un écrit anonyme contre ſes découvertes. C'eſt aux diſputes que les Horloges à un an ont excitées, & à ce Mémoire, que nous devons l'eſprit d'émulation qui animé nos Artiſtes modernes. Cette époque a été auſſi favorable à l'Horlogerie, que celle que nous devons à Sully.

Il ſeroit à ſouhaiter que M. de RIVAZ, ce ſavant Méchanicien, eût pratiqué & ſuivi l'Horlogerie: ſes connoiſſances en méchanique, & ſon heureux génie auroient beaucoup ſervi à perfectionner ce bel Art.

Il faut convenir que les Artiſtes qui ont enrichi l'Horlogerie de nouvelles découvertes, méritent tous nos éloges, puiſque leurs travaux pénibles n'ont eu pour objet que la perfection de l'Art, pour lequel ils ont ſacrifié leur fortune; car il eſt bon d'obſerver qu'il n'en eſt pas de l'Horlogerie, comme des autres Arts, tels que la Peinture, l'Architecture, ou la Sculpture: dans ceux-ci, l'Artiſte qui excelle, eſt non-ſeulement encouragé & récompenſé; mais comme il ſe trouve beaucoup d'amateurs en état de juger de leurs productions, la réputation & la fortune ſuivent ordinairement le mérite. Un excellent Artiſte Horloger peut au contraire paſſer ſa vie dans l'obſcurité, tandis que d'impudents Plagiaires, des Charlatans, & autres miſérables Marchands ou Ouvriers, jouiront de la fortune & des encoura-

---

* C'eſt à *Sully* que nous devons la *Regle artificielle du temps*: ouvrage excellent qui contient un très-bon Mémoire ſur les moyens de perfection d'une Montre.

gements dûs au seul mérite; car le nom que l'on se fait dans le monde, porte ordinairement moins sur le mérite réel de l'ouvrage, que sur la maniere dont il est annoncé. Il est aisé d'en imposer au public, qui se laisse facilement entraîner à croire un Charlatan sur sa parole, parce qu'il est dans l'impossibilité de vérifier & de juger par lui-même si on ne lui en impose pas.

On doit encore d'autant plus tenir compte aux Artistes Horlogers qui cherchent à étendre les limites de leur Art, que parmi le grand nombre d'Artistes qui travaillent à l'Horlogerie, il y en a un très-petit nombre en état de sentir le mérite de certaines recherches. Au reste, cela ne doit pas empêcher un Artiste de donner toute son application à son Art; car si dans le moment actuel les autres Artistes ne tirent pas tout le fruit de son travail, insensiblement ceux qui le méditeront, pourront non-seulement l'atteindre, mais encore le surpasser.

C'est à cet esprit d'émulation, que la Société des Arts, formée sous la protection de S. A. S. M. le COMTE DE CLERMONT, doit son origine. On ne peut que regretter qu'un établissement qui auroit pu devenir fort utile au public, ait été de si courte durée. On a cependant vu sortir de cette Société de très-bons Sujets qui illustrent aujourd'hui l'Académie des Sciences; & plusieurs Mémoires * fort bien faits sur l'Horlogerie.

De concert avec plusieurs habiles Horlogers, nous avions formé le projet de rétablir cette espece d'Académie, & proposé à feu MM. Julien LEROY, THIOUT l'aîné, & quelques autres Artistes intelligents: tous auroient fort désiré que ce projet eût réussi; mais un d'eux me dit formellement alors, qu'il ne vouloit pas y entrer si tel autre y étoit admis. Cette petitesse me fit connoître la cause de la chûte de la Société des Arts, & désesperer de la rétablir, à moins que le Ministere ne voulût s'y intéresser en favorisant cet établissement par des récompenses qui serviroient à dissiper ces basses jalousies. On me permettra de détailler ici quelques-uns des avantages d'une pareille Société ou Académie d'Horlogerie.

L'Horlogerie est parvenue à un point de perfection que je crois au-dessus de l'Horlogerie Angloise; ce que l'on doit attribuer au seul amour de quelques Artistes. Cependant, malgré cet avantage, elle est sur le point de retomber dans le mépris: le peu d'ordre que l'on observe pour ceux que l'on reçoit dans le Corps; &, plus que tout cela, le commerce que font les Marchands, les Ouvriers sans droit ni talents; quelques Domestiques & autres gens intriguants, qui trompent le

* De MM. Gaudron, & Leroy: *Voyez* Regle Artificielle du Temps.

Public avec des faux noms, & qui aviliffent l'Art; toutes ces chofes ôtent la confiance que l'on avoit aux Artiftes célebres: ceux-ci découragés & enfin entraînés par le torrent, feront obligés de faire comme les autres; ils cefferont d'être Artiftes, pour devenir Marchands.

L'Horlogerie, dans fon origine en France, paroiffoit être un objet de trop petite conféquence pour l'Etat, pour mériter l'attention du Gouvernement; on ne prévoyoit pas encore que cela pût former dans la fuite une branche de commerce auffi confidérable qu'elle peut l'être de nos jours: il n'eft donc pas étonnant que cet Art ait été abandonné à lui-même. Mais aujourd'hui l'Horlogerie eft abfolument différente de ce qu'elle étoit alors; elle a acquis un très-grand degré de perfection; nous poffédons au plus haut point l'art d'orner avec goût nos boîtes de Pendules & de Montres, dont la décoration eft fort au-deffus de celles des Etrangers, qui tâchent en vain de nous imiter. Il ne faut donc plus envifager l'Horlogerie comme un Art feulement utile à nous-mêmes; il faut maintenant la confidérer relativement au commerce qu'on en peut faire avec l'Etranger.

C'eft par l'établiffement d'une Société académique, que l'Art de l'Horlogerie pourroit acquérir le plus de confiance de la part de l'Etranger.

Car 1°, une telle Académie ferviroit à porter l'Horlogerie au plus haut point de perfection, par l'émulation qu'elle exciteroit parmi les Artiftes: les Arts ne fe font perfectionnés que par le concours de plufieurs perfonnes qui traitoient le même objet.

2°, Les regiftres de cette Société ferviroient comme d'archives, où les Artiftes iroient dépofer ce qu'ils auroient inventé; les Membres de ce Corps, plus éclairés, & plus intéreffés à ce qu'il ne fe commît aucune injuftice, arrêteroient les plagiats qui fe font tous les jours impunément. Avec le fecours des Mémoires que l'on raffembleroit, on parviendroit, avec le temps, à publier un Traité d'Horlogerie, plus utile que ceux qui ont été publiés jufqu'à préfent: c'eft par le manque de pareilles archives, que l'on voit reparoître de temps en temps, & avec fuccès, tant de conftructions profcrites; & c'eft ce qui continuera d'arriver, toutes les fois que l'amour de la nouveauté fera recevoir indiftinctement & fans examen toutes fortes de machines, nouvelles ou non: le Public fe perfuade alors que l'Art fe perfectionne, tandis qu'il ne fait que revenir fur fes pas, en tournant comme fur un cercle; ou l'on admet pour original tout ce que l'on n'a pas encore vu.

3°, L'émulation que donneroit une pareille Société académique, ferviroit à former des Artiftes, qui en partant du point où leurs prédécesseurs auroient laissé l'Art, le porteroit encore plus loin ; car pour être un membre utile d'un corps, il faudroit étudier, travailler, faire des expériences, ou se résoudre à être confondu avec la foule des mauvais Ouvriers.

4°, Enfin il en résulteroit un avantage pour chaque Membre ; car alors le Public instruit de ceux à qui il pourroit donner sa confiance, cesseroit d'acheter les ouvrages d'Horlogerie chez les Marchands qui souvent le trompent ; assuré de ne trouver chez l'Artiste connu que d'excellentes machines. Enfin, de ces différents avantages, il en résulteroit que la perfection où notre Horlogerie est portée, seroit plus connue de l'Etranger qui lui donneroit une entiere préférence sur celle de nos voisins.

TABLE
DES CHAPITRES
Contenus dans cette premiere Partie.

Plan de l'Ouvrage, Page j
Discours sur l'Horlogerie, xxvij
Essai sur l'Horlogerie, premiere Partie, Page 1
Chapitre I. *De la division du Temps : Du temps vrai ou apparent : Du temps moyen ou uniforme*, ibid
Chap. II. *Description d'une Machine propre à mesurer le temps, avec les définitions des principaux termes de l'Horlogerie*, 7
    Définitions ou explications des termes & des noms des principales pieces d'une Machine propre à mesurer le temps, 13
Chap. III. *Description d'une Pendule à secondes & à Sonnerie*, 18
    Description de la sonnerie, 24
Chap. IV. *Réflexions sur les Sonneries ordinaires & sur leurs inconvéniens. Idée des moyens qu'on peut proposer pour y remédier*, 27
Chap. V. *Description d'une Sonnerie d'heures & demies, propre à appliquer à une Horloge qui marche un an, sans avoir besoin d'être montée*, 29
Chap. VI. *Des Répétitions*, 33
Chap. VII. *Description d'une Pendule à répétition, avec l'échappement à ancre*, 36
Chap. VIII. *Des Montres ; premieres notions de ces Machines*, 41
Chap. IX. *Description d'une Montre à roue de rencontre*, 49
Chap. X. *Description d'une Montre à répétition dont l'échappement est à cylindre*, 54

TABLE DES CHAPITRES.

CHAP. XI. *Description d'une Montre à réveil*, 62

CHAP. XII. *Comment on fait marquer l'Equation du temps à une Machine : Description d'une Pendule d'équation*, 66

CHAP. XIII. *Des Pendules d'équation à cercles mobiles*, 72

CHAP. XIV. *Description d'une Montre d'équation à secondes concentriques, marquant les mois de l'année & leurs quantiemes*, 77

CHAP. XV. *Description d'une Pendule d'équation à deux aiguilles de minutes concentriques ; elle marque les mois de l'année, leurs quantiemes & les années bissextiles*, 79

CHAP. XVI. *Description d'une Equation à deux aiguilles & deux cadrans*, 86

CHAP. XVII. *Description d'une Cadrature d'équation, qui ne marque que le temps vrai*, 88

Des Pendules qui marquent les heures, les minutes & les secondes du temps vrai seulement, par les vibrations inégales d'un pendule qui s'alonge & se raccourcit, inventé par le P. Alexandre, 89

CHAP. XVIII. *Description d'une Montre d'équation à répétition, à secondes concentriques d'un seul battement*, 92

CHAP. XIX. *De la maniere de tracer les courbes de Pendules ou Montres à équation*, 102

1°. *Tailler la courbe d'une Pendule d'équation*, ibid
2°. *De la maniere de tailler les courbes des Montres & Pendules d'équation à cadrans mobiles*, 106
De l'utilité des Montres d'équation, 111

CHAP. XX. *De l'usage de la Table d'équation pour régler les ouvrages d'Horlogerie*, 112

Table de la correction qu'il faut faire au bout de cent ans Juliens, pour avoir le midi moyen au midi vrai, 115
Usage de la colonne des différences, 116
De la maniere de régler une Horloge astronomique par les étoiles fixes, 122

CHAP. XXI. *Description de l'Echappement à repos en Pendule*, 128
Remarque sur les échappements, 130

CHAP. XXII. *Description de l'échappement à cylindre*, 131
CHAP. XXIII. *Des échappements à recul*, 135
De l'échappement à roue de rencontre, 136

TABLE DES CHAPITRES.

CHAP. XXIV. *De l'échappement à double levier & à ancre*, 138
CHAP. XXV. *Description de la machine à fendre les dents des roues de Montres & de Pendules*, 141
   Description de la machine à centrer les roues d'échappements, 147
CHAP. XXVI. *De la Fusée & de ses propriétés*, 148
   Description de la machine à tailler les fusées, 150
   Maniere de tailler une fusée, 153
   De la maniere d'égaliser les fusées, 154
CHAP. XXVII. *Description de différents outils & instruments les plus utiles pour l'exécution des pieces d'Horlogerie*, 158
   Description de l'outil à placer les roues droites en cage, 165
CHAP. XXVIII. *Description de l'Instrument que j'ai construit pour mesurer la force des Ressorts de Montres, pour servir à déterminer la pesanteur des balanciers*, 166
CHAP. XXIX. *De l'outil d'Engrenage, & de la maniere de déterminer exactement les grosseurs des pignons & de faire de bons engrenages*, 169
   Maniere de prendre la grosseur des pignons, 171
CHAP. XXX. *Description d'une répétition de Montre à trois parties d'une nouvelle disposition*, 174
CHAP. XXXI. *Des soins d'exécution & de construction d'une Montre*, 177
   Du Régulateur, ibid
   Observations sur le Balancier d'une Montre, & sur la main-d'œuvre de ce régulateur, 179
   De l'Echappement, 180
   Remarque sur les échappements à roue de rencontre, 181
   Du Rouage de la Montre, 183
CHAP. XXXII. *Des causes qui font arrêter ou varier une Montre, avec la maniere de les reconnoître & d'y remédier*, 185
CHAP. XXXIII. *Examen des causes qui font arrêter & varier les Pendules*, 197
   Seconde Partie. *Des causes de variations des Pendules*, 202
   1°. *Des variations produites par la nature même de l'Horloge*, ibid
   2°. *Des causes de variations des Horloges, produites par la mauvaise construction & la vicieuse exécution*, 203

TABLE DES CHAPITRES.

CHAP. XXXIV. *De la maniere de juger des nouvelles productions en Horlogerie,* 205

CHAP. XXXV. *Des Barometres & Thermometres à aiguille,* 211

CHAP. XXXVI. *Des opérations de la main-d'œuvre, pour l'exécution des pieces d'Horlogerie,* 217

Division de ce Chapitre.

I. *De la disposition ou plan de la machine,* 218

II. *De l'exécution du Rouage de l'Horloge à répétition,* 225

   1°. *Monter la cage,* ibid

   2°. *Faire les roues,* 233

   3°. *Monter le barillet, & faire l'encliquetage du mouvement,* 242

   4°. *De l'exécution des pignons, & de la maniere d'assembler le rouage,* 266

   5°. *Faire les dentures, former les engrenages sur l'outil, & mettre les roues en cage,* 316

III. *Tracer le plan de la cadrature de répétition,* 332

IV. *De la main-d'œuvre de la cadrature & autres parties d'une répétition,* 338

V. *De l'emboîtage du mouvement,* 390

VI. *Opérations requises pour exécuter un cadran d'émail,* 397

   1°. *Faire la Plaque du cadran,* 398

   2°. *De l'Email, maniere de le préparer pour l'employer,* 400

   3°. *Préparation de la plaque du cadran avant de la charger d'émail,* 401

   4°. *Du Fourneau,* 403

   5°. *De l'arrangement du charbon & de la moufle,* 404

VII. *Ajuster les Aiguilles,* 409

   Dorer les aiguilles en or moulu, 418

   Préparation de l'or, ibid

   Préparation des aiguilles pour y appliquer l'or, & les dorer, 419

VIII. *De l'ajustement du Timbre & des Marteaux,* 420

IX. *De l'exécution du Ressort moteur de l'Horloge,* 426

   1°. *De l'Acier que l'on employe pour faire les ressorts de Pendule : de la maniere de forger ces ressorts,* 427

   2°. *Forger le ressort à froid,* 428

   3°. *Préparation pour la trempe du ressort,* 429

   4°. *Plier le ressort en spirale,* 434

TABLE DES CHAPITRES.

5°. *Faire les crochets de l'arbre & du barillet pour le reſſort*, 435
Éprouver le reſſort, 437

X. *De l'Echappement de l'Horloge ; de la maniere de l'exécuter pour le rendre iſochrone,* 438

1°. *Faire la tige d'échappement qui porte l'ancre, le Coq d'échappement, & l'avance ou retard,* 439
Remarque ſur la longueur à donner à la Fourchette, 443
2°. *Fendre la roue d'échappement, en achever les dents, & finir les croiſées,* 446
3°. *Tracer l'Ancre pour former l'échappement,* 449
4°. *De l'exécution de l'ancre d'échappement,* 453
Achever l'échappement, 456
5°. *De l'exécution du pendule,* 457

XI. *Faire marcher en blanc le mouvement de l'Horloge, & la régler,* 461
Examen du rapport de la peſanteur du régulateur à la force motrice, 466
Régler l'Horloge, 467

XII. *De l'exécution de l'échappement à repos, applicable à une Horloge à ſecondes,* 471

FIN de la Table des Chapitres de cette premiere Partie.

APPROBATION.

J'AI examiné par ordre de Monseigneur le Chancelier un manuscrit intitulé : *Essai sur l'Horlogerie* ; & je crois que les amateurs de cet Art en verront l'impression avec plaisir. A Paris ce 28 Mai 1761.

DEPARCIEUX.

PRIVILEGE DU ROI.

LOUIS par la grace de Dieu, Roi de France & de Navarre, à nos amés & féaux Conseillers les Gens tenant nos Cours de Parlement, Maîtres des Requêtes ordinaires de notre Hôtel, Grand-Conseil, Prévôt de Paris, Baillifs, Sénéchaux, leurs Lieutenants civils, & autres nos Justiciers qu'il appartiendra : Salut. Notre amé le Sieur FERDINAND BERTHOUD, Nous a fait exposer qu'il desireroit faire imprimer & donner au Public un Ouvrage de sa composition, qui a pour titre ; *Essai sur l'Horlogerie* ; s'il Nous plaisoit lui accorder nos Lettres de Privilege pour ce nécessaires : A ces causes, voulant favorablement traiter l'Exposant, Nous lui avons permis & permettons par ces Présentes, de faire imprimer ledit Ouvrage autant de fois que bon lui semblera, & de le faire vendre & débiter par tout notre Royaume, pendant le temps de douze années consécutives, à compter du jour de la date des Présentes. Faisons défenses à tous Imprimeurs, Libraires & autres personnes, de quelque qualité & condition qu'elles soient, d'en introduire d'impression étrangere dans aucun lieu de notre obéissance ; comme aussi d'imprimer ou faire imprimer, vendre, faire vendre, débiter, ni contrefaire ledit Ouvrage, ni d'en faire aucun extrait, sous quelque prétexte que ce puisse être, sans la permission expresse & par écrit dudit Exposant, ou de ceux qui auront droit de lui ; à peine de confiscation des exemplaires contrefaits, de trois mille livres d'amende contre chacun des contrevenants, dont un tiers à Nous, un tiers à l'Hôtel-Dieu de Paris, & l'autre tiers audit Exposant ou à celui qui aura droit de lui, & de tous dépens, dommages & intérêts. A la charge que ces Présentes seront enregistrées tout au long sur le Registre de la Communauté des Imprimeurs & Libraires de Paris, dans trois mois de la date d'icelles ; que l'impression dudit Ouvrage sera faite dans notre Royaume & non ailleurs, en bon papier & beaux caracteres, conformément à la feuille imprimée, attachée pour modele sous le contrescel des Présentes ; que l'Impétrant se conformera en tout aux Réglements de la Librairie, & notamment à celui du 10 Avril 1725 ; qu'avant de l'exposer en vente, le Manuscrit qui aura servi de copie à l'impression dudit Ouvrage, sera remis dans le même état où l'Approbation y aura été donnée, ès mains de notre très-cher & féal Chevalier Chancelier de France, le Sieur DE LAMOIGNON ; & qu'il en sera ensuite remis deux exemplaires dans notre Bibliothéque publique, un dans celle de notre Château du Louvre, un dans celle de notre très-cher & féal Chevalier Garde des Sceaux de France, le Sieur FEYDEAU DE BROU : le tout à peine de nullité des Présentes ; du contenu desquelles vous mandons & enjoignons de faire jouir ledit

Exposant & ses ayans cause, pleinement & paisiblement, sans souffrir qu'il leur soit fait aucun trouble ou empêchement. Voulons que la copie des Présentes, qui sera imprimée tout au long au commencement ou à la fin dudit Ouvrage, soit tenue pour duement signifiée, & qu'aux copies collationnées par l'un de nos amés & féaux Conseillers-Secretaires, foi soit ajoutée comme à l'Original. Commandons au premier notre Huissier ou Sergent sur ce requis, de faire pour l'exécution d'icelles, tous actes requis & nécessaires, sans demander autre permission, & nonobstant Clameur de Haro, Charte Normande, & Lettres à ce contraires. CAR tel est notre plaisir. Donné à Paris le cinquieme jour du mois d'Octobre l'an de grace mil sept cent soixante-deux, & de notre Regne le quarante-huitieme. Par le Roi en son Conseil.

Signé, LE BEGUE.

Regiftré sur le Regiftre XV de la Chambre Royale & Syndicale des Libraires & Imprimeurs de Paris, N°. 385, *folio* 344, *conformément au Réglement de* 1723, *qui fait défenses, Article* 41, *à toutes personnes de quelque qualité & condition qu'elles soient, autres que les Libraires & Imprimeurs, de vendre, débiter & faire afficher aucuns Livres pour les vendre en leurs noms, soit qu'ils s'en disent les Auteurs ou autrement, & à la charge de fournir à la susdite Chambre, neuf Exemplaires prescrits par l'article* 108 *du même Réglement. A Paris, ce* 27 *Octobre* 1762.

Signé, LE BRETON, *Syndic*

ESSAI

ESSAI
SUR
L'HORLOGERIE.

PREMIERE PARTIE.

CHAPITRE PREMIER.
De la division du Temps : Du Temps vrai, ou apparent : Du Temps moyen, ou uniforme.

1. L'Horlogerie est la science de la mesure du Temps ; les Pendules & les Montres sont les machines dont on se sert pour cette mesure. Il est donc à propos, avant que de passer au méchanisme des ouvrages d'Horlogerie, de donner une notion de la maniere dont le Temps est naturellement divisé.

2. Le mouvement du Soleil eft celui dont on fe fert communément pour mefurer le Temps, parce que ce mouvement eft celui que l'on obferve le plus facilement; nous allons expliquer comment on divife le Temps des révolutions du Soleil.

DÉFINITION.

3. L'INSTANT où le Soleil eft parvenu à fa plus grande hauteur au-deffus de l'horizon (par fa révolution journaliere,) eft celui que l'on appelle *Midi*. Le Temps qui s'écoule depuis le midi d'un jour au midi fuivant, eft ce que l'on appelle *Jour Aftronomique* (a) ou *folaire*. On divife le jour en 24 parties égales appellées *Heures*.

4. On divife l'heure en 60 parties appellées *Minutes*: la minute eft divifée en 60 parties que l'on nomme *Secondes*. (Les Aftronomes divifent la feconde en 60 parties qu'ils appellent *Tierces*: celles-ci en *Quartes*, &c.) Un jour eft donc de 1440 minutes ou de 86400 fecondes : l'heure de 3600 fecondes, &c.

5. Tous les jours de l'année ne font pas exactement de même durée ; car le Soleil emploie tantôt quelques fecondes de plus depuis le midi d'un jour au midi fuivant, & tantôt quelques fecondes de moins. Le mouvement du Soleil eft donc inégal, ainfi qu'il eft aifé de s'en convaincre : car fi l'on a une bonne Pendule à fecondes dont le mouvement foit uniforme, & qui foit tellement réglée, qu'après avoir été mife avec le Soleil un jour quelconque, elle marque tous les jours 24 heures, & qu'au bout d'un an à pareil jour le midi de la Pendule fe rencontre avec celui du Soleil, dans cette fuppofition il arrivera que dans les autres jours de l'année la Pendule aura marqué midi, tantôt avant & tantôt après le midi au Soleil. Or puifque le mouvement de la Pendule eft fuppofé uniforme, il faut néceffairement que la différence qui fe trouve entre les deux midis foit caufée par la variation du Soleil.

6. Si donc on a une Pendule telle que nous venons de le

---

a Dans l'ufage civil on compte un jour depuis minuit, ou douze heures de la nuit, jufqu'à minuit fuivant.

suppofer, & qu'on la mette le 23 Décembre au midi à l'inftant que le *Soleil* le marque, on verra que, pendant le cours de l'année, les deux midis différeront entr'eux felon les quantités que nous allons rapporter.

7. Le lendemain 24 Décembre le midi au Soleil retardera de 30 fecondes fur celui de la Pendule, & cet écart ira toujours en augmentant jufqu'au 11 Février, jour auquel le midi du Soleil retardera de 14 minutes 39 fecondes fur celui de la Pendule; depuis le 11 Février ce retard ira en diminuant jufqu'au 14 Avril que le midi au Soleil commencera d'avancer & continuera jufqu'au 15 Mai, jour où l'accéleration fera de 4 minutes une feconde. Le midi au Soleil fe rapprochera infenfiblement de celui de la Pendule; & le 15 Juin les deux midis feront de nouveau enfemble. Le 16 Juin le midi au Soleil commencera à retarder fur le midi de la Pendule, & il continuera ainfi jufqu'au 25 Juillet que le midi au foleil fera en retard de 6 minutes précifes fur celui de la Pendule: ce retard ira en diminuant jufqu'au 31 Août, jour où les deux midis feront d'accord. Enfin le 1 Septembre le midi au Soleil commencera d'avancer fur celui de la Pendule; il continuera d'avancer de plus en plus jufqu'au 1 Novembre: il avancera ce jour de 16 minutes 10 fecondes; dès-lors il commencera de fe rapprocher, de forte que les deux midis feront de nouveau d'accord le 23 Décembre.

8. Les différences que l'on aura apperçues entre le midi au Soleil & celui de la Pendule, prouvent donc l'inégalité des jours & des heures qui font mefurées par le Soleil. C'eft par cette raifon que les Aftronomes ont été obligés d'imaginer des jours tous égaux entr'eux, ou de 86400 fecondes: ils font moyens proportionnels entre le plus long & le plus court des jours folaires inégaux; ils font chacun exactement la 365e partie de la durée d'une année commune, au lieu que les jours folaires vrais, font tantôt d'un peu plus & tantôt d'un peu moins que cette 365e partie. Enfin les heures ou les 24e parties de ces jours, qu'on appelle *moyens*, font parfaitement égales entr'elles.

9. On appelle *Temps moyen* ou *égal* celui qui est ainsi réduit à l'égalité ; c'est le même qui est marqué par la Pendule comparée, comme nous venons de le dire.

10. Le Temps qui est marqué par les Méridiennes & par les Cadrans supposés bien construits, est le Temps *vrai*. On l'appelle aussi *apparent*, parce que c'est celui que le Soleil nous montre, en paroissant faire chaque jour un tour autour de la Terre, quoique ce soit réellement la terre qui, en tournant sur son axe, présente au Soleil successivement tous les points de sa surface.

11. On appelle *Equation du Temps* ou *des Horloges*, la différence qu'il y a entre le midi au Soleil & celui de la Pendule, c'est-à-dire, du temps vrai au temps moyen.

Nous allons expliquer d'après les Astronomes quelles sont les causes de la variation du Soleil.

12. Le jour naturel ou solaire n'est pas proprement mesuré par une révolution entière de la terre sur son axe, mais par le temps qui s'écoule, tandis que le plan d'un Méridien (a) qui a passé sous le Soleil, vient à y repasser une seconde fois par la révolution de la Terre. Or si la Terre n'avoit point d'autres mouvements que celui de sa rotation autour de son axe, tous les jours seroient exactement égaux les uns aux autres & auroient tous pour mesure le temps de la révolution de l'Equateur terrestre (b) ; mais cela n'est pas tout-à-fait ainsi. Car tandis que la Terre tourne autour de son axe, elle avance en même temps dans son orbite (c) ; de sorte que quand un Méridien qui a passé par le centre du Soleil, a fait une révolution entière, ce Méridien ne se retrouve pas précisément dirigé au Soleil.

13. Soit (*Planche I, fig.* 1) S le Soleil ; & soit *AB* une portion de l'Ecliptique. Supposons que la ligne *MD* représente

---

a On entend par Méridien un Plan qui coupe la terre par ses Poles, & qui continué, passe par le centre du Soleil lorsque cet astre est le plus élevé-dessus de l'horizon du lieu où l'on conçoit le Plan : chaque lieu de la Terre a son Méridien.

b L'Equateur est un grand cercle qui est également éloigné des deux Poles de la Terre qu'il divise en deux parties égales, son plan est perpendiculaire à l'axe de la Terre.

c L'orbite de la Terre est le chemin qu'elle trace dans le Ciel en tournant autour du Soleil par sa révolution annuelle. C'est la même chose que l'Ecliptique.

un Méridien quelconque dont le Plan prolongé passe par le centre du Soleil lorsque la Terre est en A. Imaginons ensuite que la Terre avance dans son orbite, & qu'en faisant une révolution autour de son axe elle arrive en B, le Méridien MD se trouvera dans une position md parallele à la premiere MD; par conséquent le Méridien dans ce nouvel état ne passera pas par le centre du Soleil, & les peuples qui y sont placés n'auront pas encore midi : il faut pour cela que le Méridien dm fasse encore un mouvement angulaire, & décrive l'angle dBf, afin que son Plan puisse passer par le Soleil. Les jours solaires sont donc plus longs que le temps d'une révolution de la Terre sur son axe.

14. Cependant si les Plans de tous les Méridiens étoient perpendiculaires au Plan de l'orbite terrestre, & si la Terre parcouroit son orbite avec un mouvement uniforme, l'angle dBf seroit égal à l'angle BSA, & les arcs df & AB seroient semblables; par conséquent l'intervalle d'un midi à l'autre seroit toujours le même, puisque l'arc AB & l'angle Bdf seroient toujours de la même quantité de degrés; tous les jours solaires seroient donc égaux, & le Temps moyen seroit le même que le Temps vrai.

15. Mais les choses sont bien autrement, car la Terre n'a point un mouvement uniforme dans son orbite; lorsqu'elle est plus distante du Soleil, elle décrit un plus petit arc, & lorsqu'elle en est plus près, elle décrit un plus grand arc (a) dans le même temps. D'ailleurs les plans des Méridiens ne sont point perpendiculaires à l'Ecliptique, mais à l'Equateur; & cette seule raison, indépendamment de l'inégalité du mouvement de la Terre, doit rendre les jours inégaux; car l'Ecliptique fait avec l'Equateur un angle d'environ 23 degrés $\frac{1}{2}$. Or si on divise l'Ecliptique en plusieurs arcs égaux qui représentent le chemin (supposé uniforme) du Soleil pendant chaque jour, & que par les poles du monde & par chacun des points de division on fasse passer des Méridiens célestes, les arcs de

---

[a] Cette inégalité du mouvement de la terre est causée par l'excentricité de l'orbite qu'elle décrit autour du Soleil.

l'Equateur compris entre les Méridiens ne feront point égaux entr'eux comme les arcs de l'Ecliptique ; par conséquent la distance entre le moment où le Soleil passe par un Méridien & le moment du jour suivant où il retourne à ce même Méridien, ne sera pas le même pour tous les jours de l'année.

16. Nous substituons ici au mouvement réel de la Terre le mouvement apparent du Soleil, qui produit le même effet, & qui rend la chose un peu plus facile à entendre.

17. Ainsi en supposant même que le Soleil eût un mouvement uniforme dans l'Ecliptique, le temps qui coule uniformément ne pourroit être représenté par l'intervalle entre le midi d'un jour & le midi d'un autre. Or le Soleil ne se meut pas uniformément dans son orbite ; ainsi cette cause jointe à celle de l'inclinaison de l'Equateur, forme les inégalités que l'on remarque dans le mouvement du Soleil : ce sont ces inégalités qui forment l'Equation du Temps.

18. Les Astronomes ont donc calculé des Tables d'Equations qui marquent pour tous les jours de l'année la différence du Temps vrai au Temps moyen. Elles sont d'un grand usage pour régler les Pendules & les Montres. On en trouvera à la fin de cet Ouvrage : la maniere de s'en servir est expliquée au Chapitre XX.

19. Je ne m'arrêterai pas à faire voir comment les Astronomes ont déterminé les écarts du Soleil, & calculé les Tables d'Equations ; cela n'entre pas dans le plan de mon Ouvrage : il suffit que l'on voye en gros l'origine de ces variations, & que l'on trouve le résultat des Calculs des Astronomes. Au reste ceux qui desireront mieux connoître cette matiere, peuvent consulter les *Institutions Astronomiques de Keill*, traduites par M. le Monier, & l'Article *Equation du Temps* du septieme volume de l'Encyclopédie. Cet article est de M. d'Alembert ; c'est d'après lui que j'ai expliqué les causes des variations du Soleil.

CHAPITRE II.

Description d'une Machine propre à mesurer le Temps, avec les définitions des principaux termes de l'Horlogerie.

20. Si l'on suspend un corps quelconque A (*Pl. I. fig.* 2) à un fil; qu'on l'éloigne de la verticale v, qu'on l'amene quelque part en x, & qu'on l'abandonne ensuite à lui-même, l'action de la pesanteur sur le corps le fera descendre en v, & par la vîtesse acquise il remontera du côté opposé à la même hauteur dont il étoit descendu ; ensuite il redescendra par sa pesanteur, & continuera ainsi à se mouvoir de droite à gauche & de gauche à droite, par l'action de la pesanteur jointe à la qualité que tout corps a de se conserver dans son état actuel, soit de repos, soit de mouvement.

21. On nomme *Pendule* un corps A ainsi suspendu & disposé à se mouvoir autour du point fixe du fil.

22. On nomme *Vibration* ou *Oscillation*, le mouvement que fait le Pendule pour aller de droite à gauche, ou pour revenir de gauche à droite.

23. Un Pendule ainsi mis en mouvement, iroit perpétuellement de la même maniere, s'il n'étoit rallenti petit à petit par la résistance de l'air, & par la roideur du fil au point de suspension. Si donc on compte un certain nombre de vibrations (a), on pourra s'en servir pour mesurer le Temps ;

---

[a] Nous supposons ici que l'on ne connoisse aucune machine qui puisse mesurer le Temps, & que l'on ignore quelle doit être la longueur d'un Pendule pour battre un nombre donné de vibrations en une heure. Or dans ce cas il faudroit effectivement compter les vibrations du Pendule, mais comme la théorie du Pendule est très-connue, on peut se dispenser d'une telle opération. Mon but étant principalement de faire concevoir l'effet des machines qui mesurent le Temps, en commençant par les notions les plus simples, j'ai pu faire cette supposition.

car s'il fait 100 vibrations par heure, il en fera 200 en deux heures, 2400 en 24 heures, & ainsi de suite : mais on voit que l'on ne pourroit connoître par ce moyen les parties du Temps, que dans le cas où on seroit toujours présent pour compter les vibrations. D'ailleurs l'expérience qui nous a appris que le mouvement du Pendule diminue sensiblement, nous a fait connoître aussi, que les vibrations se font en un moindre temps, à mesure qu'elles diminuent d'étendue, de sorte que l'on ne mesureroit pas exactement le Temps en comptant des vibrations inégales ; ainsi la méthode de mesurer le Temps par le nombre des vibrations d'un Pendule seul, seroit très-incommode & peu exacte. Il faudroit donc appliquer près de ce Pendule une puissance qui lui restituât à chaque vibration la même quantité de mouvement qu'il perd, de maniere que les vibrations fussent toujours de même étendue, & se fissent par conséquent dans le même temps. Enfin il faudroit ajouter près de ce Pendule des pieces qui communiquassent tellement avec lui, qu'elles fissent l'office de *Compteur*.

Nous allons faire voir comment on pourroit disposer très-simplement une machine pour produire à la fois ces deux effets.

24. Supposons donc maintenant que l'on attache sur une verge de fer *a b* (*Pl. I. fig.* 3) un corps *A*, & que la partie *B* de cette verge soit mobile sur l'angle du couteau *C* autour duquel le corps *A* peut se mouvoir de même que s'il étoit suspendu par un fil. Supposons de plus que l'on fixe en *B* une branche *B c d*, qui porte les deux talons *c d*, & que l'on place près de cette branche du Pendule une roue *C* (dentée comme on le voit) qui puisse tourner sur elle-même. Si dans cet état on suspend un poids à un fil enveloppé sur l'axe de la roue *C*, & qu'enfin cette roue communique tellement avec la piece *B c d*, qu'à chaque vibration du Pendule un des bras *d* ou *c* permette à une dent de la roue de s'échapper, celle-ci servira de *Compteur* ; car lorsque le Pendule monte en *z*, la branche *d* montera en *d* ; ensorte que la dent de la roue qu'elle retenoit s'échappera, la roue étant entraînée par l'action du poids, tandis que le bras *c* s'engagera dans l'intervalle d'une

dent

Premiere Partie, Chap. II.

dent inférieure; à chaque vibration, il n'échappera donc qu'une dent; & lorfque le Pendule redefcendra, la branche *d* s'engagera dans les dents de la roue, tandis que la branche *c* laiffera échapper une dent, & ainfi de fuite, à mefure que le Pendule fait fes vibrations.

25. Or on peut fe fervir en même temps de l'action du poids fur la roue, pour reftituer au Pendule la force qu'il perd à chaque vibration : pour cet effet il faut former fur les bras *d*, *c*, des plans inclinés fur lefquels agiront alternativement les dents de la roue, en forte que chaque dent tende à écarter les bras *c* & *d* avant de s'échapper.

26. Enfin fi l'on fuppofe que la roue *C* porte 60 dents, & que chaque vibration du Pendule fe faffe en une feconde, chaque révolution de la roue feroit de 120 vibrations du Pendule ; car lorfqu'une dent *c* a communiqué fa force au bras *c*, elle s'échappe, & elle continue à tourner à mefure que les autres dents agiffent fucceffivement fur chaque bras ; & lorfque cette dent *c* eft parvenue en *d*, elle agit fur le bras *d* ; le Pendule fait fa vibration, elle s'échappe ; & continuant de tourner, elle va de nouveau agir en *c*, en forte qu'à chaque tour de la roue, la même dent agit deux fois fur le Pendule. Or chaque dent de la roue produit le même effet ; le Pendule fait donc un nombre de vibrations double du nombre des dents de la roue : mais nous avons fuppofé que la roue a 60 dents ; le Pendule fait donc 120 vibrations pendant que la roue fait un tour. D'ailleurs chaque vibration étant d'une feconde, la roue refte 120 fecondes ou deux minutes à faire une révolution.

27. Si donc on place fur l'axe prolongé de cette roue une *aiguille* ou index *m*, qui tourne en même temps que la roue, & que l'on divife un cercle ou cadran *R* en 120 parties, cette aiguille marquera les fecondes par fon paffage fur chaque divifion, & la révolution de l'aiguille indiquera qu'il s'eft écoulé deux minutes. On auroit donc une machine qui entretiendroit le mouvement du Pendule, & qui ferviroit de Compteur. Mais comme la vîteffe des révolutions de la roue exige

roit que l'on renveloppât fort souvent le fil sur son axe, & qu'ainsi l'on ne pourroit connoître les parties du temps que de deux en deux minutes, à moins que l'on ne fût toujours présent pour compter le nombre des révolutions de la roue, il faudra donc ajouter quelques autres pieces pour éviter cet embarras [a].

28. On pourra donc ajouter une roue D qu'un poids tende à faire tourner, & dont les dents par conséquent agiront sur les dents d'une petite roue e que l'on fixera sur l'axe de la roue C: si on suppose que cette roue D porte 108 dents, qui est un nombre assez grand, & la petite roue e six dents, alors la roue D employera dix-huit fois plus de temps à faire un tour que la roue C; car chaque dent de la roue D fera avancer une dent de la petite roue e: ainsi, lorsqu'elle aura avancé de six dents, la petite roue e aura aussi avancé de ses six dents, & par conséquent elle aura fait un tour, aussi bien que la roue C à laquelle elle est fixée; & ainsi lorsque la roue D aura fait un tour, la roue C en aura fait 18, nombre qui exprime combien de fois 6, nombre des dents de la roue e, est contenu dans 108 nombre des dents de la roue D; mais la roue C reste deux minutes à faire un tour, la roue D reste donc 18 fois 2 minutes à faire une révolution, c'est-à-dire, 36 minutes.

29. On appelle *Pignons* les petites roues dont les dents engrennent dans celles d'une plus grande roue. Le pignon appartient à la roue sur l'axe de laquelle il est fixé. Ainsi la roue e s'appelle *le pignon de la roue* C.

30. L'addition de la roue D n'étant pas suffisante pour avoir une révolution assez lente pour marquer les heures, & d'ailleurs cette roue D tournant en sens contraire de la roue C, on ajoutera encore une roue E qui ait 120 dents, laquelle engrénera dans les dents d'un pignon f, que l'on fixera sur l'axe de la roue D: ce pignon f aura 6 dents; ainsi, selon ce que nous avons dit, il fera 20 révolutions pour une

[a] Il seroit bien possible de faire la roue C, de maniere qu'elle fît un tour par heure, mais ce moyen seroit très-défectueux; car cette roue qui devroit avoir 1800 dents, deviendroit fort grande & pesante.

de la roue *E*. Or la roue *D* reste 36 minutes à faire une révolution; la roue *E* restera vingt fois 36 minutes, ou 720 minutes, (qui font 12 heures,) à en faire une. Faisant donc porter par l'axe prolongé de cette roue *E* une aiguille *S*, & en traçant sur la plaque *GG*, autour de l'axe des cercles concentriques dont l'un soit divisé en 720 parties partagées de 60 en 60, & l'autre en 12 parties, le passage de l'aiguille sur les divisions du premier, indiquera les minutes, & son passage sur les divisions du second indiquera les heures.

31. Enfin en adaptant sur l'axe de la roue *E*, une poulie *H*, dont le fond soit hérissé de pointes pour arrêter la corde *I*, qui est enveloppée sur cette poulie, l'action du poids *P* sur cette corde, entraînera la poulie [a], & par conséquent la roue *E*; celle-ci communiquera à la petite roue *f* sa force qui sera transmise par le moyen des autres roues *D*, *e*, *C*, jusqu'au Pendule, en sorte que le Pendule une fois mis en mouvement, continuera à se mouvoir, & que les roues marqueront, par leurs révolutions, les parties du temps divisé par le Pendule.

32. L'on aura donc par ce moyen une machine propre à mesurer le temps, & qui pourra marquer les heures, les minutes & même les secondes.

33. Une telle machine sera donc une des plus simples que l'on puisse exécuter pour produire un tel effet, & la justesse de son mouvement sera très-grande. Car c'est une propriété du Pendule que ses vibrations de même étendue sont toujours de la même durée; or l'action du poids *P* est constamment la même, soit qu'il agisse lorsqu'il est monté jusqu'à la poulie, ou lorsqu'il est à 10 ou 20 pieds au-dessous; sa pesanteur est toujours la même; il imprime donc la même force aux roues, quelle que soit sa situation; il ne peut y avoir de différence que le poids de la corde, laquelle étant plus longue à mesure que le poids descend, augmente la pesanteur du poids; mais cette différence est si petite, qu'on ne doit pas en tenir compte:

---

[a] Car ce poids *P* n'est retenu que par le & seulement capable d'obliger la corde de contre-poids *p* qui est beaucoup plus léger, s'enfoncer dans les pointes de la poulie.

ainsi la roue *C* transmettra toujours sensiblement la même force ; le Pendule décrira les mêmes arcs ; ses vibrations seront donc de la même durée, &c.

34. Lorsque ce poids sera entiérement descendu, afin de le remonter facilement, on construira la poulie *H* de cette maniere : On attachera sur la roue *E* une piece *K* appellée *Cliquet*, avec une vis sur l'axe de laquelle il puisse tourner. On fixera à côté de la poulie & sur son axe une roue *L* dentée comme on le voit dans la figure. (Une roue taillée de cette sorte s'appelle un *Rochet*). L'on attachera aussi sur la roue *E* un ressort *M* qui, s'appuyant sur le cliquet *K*, l'obligera de s'engager en dedans des dents du rochet *L*, toutes les fois qu'en tournant elles s'échapperont de dessous le cliquet. (Ce méchanisme s'appelle *Encliquetage*.) Lors donc que l'on voudra remonter le poids *P*, on tirera en en-bas le contre-poids *p* dont la corde obligera la poulie de rétrograder, ce que le cliquet *K* lui permettra de faire ; car les côtés inclinés des dents du rochet *L* écarteront successivement le cliquet *K* que l'action du ressort *M* fera toujours retomber dans l'entre-deux ; & dès qu'on cessera de remonter le poids *P*, sa pesanteur entraînera la poulie *H* ; mais les côtés droits des dents du rochet *L* arcbouteront contre le cliquet *K*, ainsi la poulie ne pourra tourner sans entraîner avec elle la roue *E*.

35. Ayant ainsi déterminé la disposition de cette machine, on fixera sur la plaque *N O* le couteau qui doit porter le Pendule. Cette plaque pourra s'attacher contre un mur avec deux clous. On élevera à la distance d'environ deux pouces, la plaque ou cadran *G G*, au moyen des *piliers Q Q*, &c. ces deux plaques *N O*, *G G*, paralleles entr'elles, formeront ce qu'on appelle la *Cage*, dans laquelle on placera les roues *D*, *E*, *C*, & leurs pignons. Les axes de ces roues seront terminés par de plus petits axes qu'on appelle *Pivots*, lesquels entreront dans des trous faits aux deux plaques, en sorte que les roues tourneront librement sur elles-mêmes par le moyen de ces pivots.

Définitions ou Explications des termes & des noms des principales pieces d'une Machine propre à mesurer le Temps.

36. Le Pendule AB dont le mouvement regle la marche des roues, s'appelle le *Régulateur*, parce que l'égalité de la durée de ses vibrations réduit à un mouvement uniforme celui des roues que le poids moteur tend à rendre accéléré.

37. On appelle *vibrations* ou *oscillations isochrones*, celles qui sont d'une égale durée de temps. Elles sont alors de même étendue (33).

38. On appelle *Echappement* l'effet composé de la roue C sur les bras $c, d,$ pour imprimer au Pendule la force requise pour l'entretenir en mouvement, & de l'action réciproque des bras a, b sur les dents de la roue qui ne peuvent échapper que par les vibrations du Pendule (24).

39. La roue C s'appelle *Roue d'échappement* ou *Rochet d'échappement*. La piece Bcd s'appelle *Ancre* ou *Piece d'échappement*.

40. On nomme *Engrenage* l'action d'une roue sur un pignon pour le faire tourner. Les pignons sont ordinairement construits en acier, & les roues en cuivre.

41. On nomme *Rouage*, un assemblage de roues & de pignons pour produire un certain mouvement. Telles sont les roues $E, D, C,$ & leurs pignons e, f.

42. On appelle le *Moteur* un *Agent* quelconque, tel qu'un poids P, ou un ressort bandé, qui donne le mouvement à une machine.

43. Enfin une machine semblable à celle que nous venons de décrire, s'appelle une *Pendule* ou une *Horloge*.

44. On donne communément le nom d'*Horloge* aux Pendules qui sont placées dans les clochers & châteaux. Cependant nous employerons préférablement le mot *Horloge*, sur-tout lorsque nous aurons à parler du Pendule régulateur; afin que l'on ne confonde pas cette partie de la machine avec la machine même.

45. Pour que le corps *A* éprouve une moindre réſiſtance dans l'air, on le fait très-peſant, & on lui donne une forme *lenticulaire*. C'eſt par cette raiſon que l'on nomme *lentille* ce corps *A* : nous verrons dans la ſeconde Partie de cet Ouvrage tout ce qui concerne le régulateur d'une Horloge, & comment il doit être diſpoſé pour agir le plus avantageuſement.

46. Il nous reſte à faire obſerver que, pour ſavoir le temps qu'une telle machine peut marcher ſans être remontée, il faut meſurer la hauteur dont ce poids peut deſcendre, & la circonférence de la poulie. Je ſuppoſe donc que cette hauteur eſt de 6 pieds, & la circonférence de l'intérieur du canal de la poulie de trois pouces. A chaque tour de la poulie, le poids deſcendra d'une quantité égale à ſa circonférence ; ainſi le nombre de tours que la poulie fera, dépend du nombre de fois dont ſa circonférence eſt contenue dans la longueur de la deſcente du poids : dans cet exemple, c'eſt ſoixante-douze pouces qui contiennent trois pouces 24 fois. La poulie & la roue *E* feront donc 24 tours, pendant que le poids deſcendra : or chaque tour de la roue *E* ſe fait en 12 heures ; cette machine ira donc pendant 12 jours ſans être remontée.

47. Pour prolonger le temps de ſa marche, on pourra ajouter encore une roue ſur laquelle on adaptera l'encliquetage qui eſt ſur la roue *E* : on lui ſubſtituera un pignon que l'on fixera ſur l'axe de cette roue, pour s'engrener dans la roue ajoutée ; & ſelon que celle-ci aura un plus grand nombre de dents par rapport à celles du pignon, la durée du mouvement de la machine ſera augmentée.

48. On peut encore allonger le temps de la marche d'une Horloge, en fixant une poulie *A* (*figure* 4) ſur la premiere roue, & plaçant la poulie *H* & l'encliquetage derriere la plaque *GG* ; & faiſant paſſer la corde par les poulies *B*, *C*, dont l'une *C* portera le poids *P*, & l'autre *B* le contre-poids *p*, les deux bouts de la corde devront être joints, & de maniere à pouvoir paſſer alternativement ſur les quatre poulies *A*, *B*, *C*, *H* ; de cette maniere on double la longueur de la corde, & par conſéquent le temps de la marche de l'Horloge, ſans être

obligé de la placer plus haut ; mais auſſi il faut doubler la pe-ſanteur du poids *P*, parce que la poulie *H* qui ne contribue en rien au mouvement de l'Horloge, ſupporte la moitié du poids *P*, de ſorte qu'il n'y a que l'autre moitié qui faſſe l'office de moteur.

Remarque I.

49. Dans le deſſein de la machine que nous avons décrite, nous avons placé le Pendule à côté du rouage, afin d'en faire mieux voir tout le méchaniſme. On le place ordinairement derriere le rouage, quoique cela ſoit d'ailleurs aſſez indifférent.

50. Si l'on exécutoit la machine telle que nous venons de la décrire, elle auroit, quoique l'une des plus ſimples que l'on puiſſe employer pour la meſure du temps, quelques défauts que l'on a ſoin d'éviter dans les conſtructions que l'on met communément en uſage : le premier, c'eſt que l'aiguille des ſecondes faiſant un tour en deux minutes, les diviſions du cadran ſeroient trop petites, ou le cadran devroit être fort grand. Dans les Horloges ordinaires, on fait faire un tour par minute à cette aiguille.

51. Le ſecond, c'eſt que le cadran *GG* qui marque les heures en même temps que les minutes, devroit être très-grand, pour que les diviſions des minutes puſſent être apperçues ; or dans ce cas, il ſeroit incommode à placer : on employe donc communément une aiguille particuliere pour marquer les minutes. Cette aiguille fait un tour en une heure, en ſorte que l'aiguille qui, dans la machine que nous venons de décrire, fait un tour en douze heures, & marque en même temps les minutes, ne ſert, dans les Pendules ordinaires, qu'à marquer les heures.

52. Un troiſieme défaut, c'eſt qu'une telle machine iroit trop peu de temps ſans être remontée, à moins qu'on ne la ſuſpendît de maniere que le poids eût une fort grande deſcente.

53. Ces défauts sont une suite du trop petit nombre de roues que nous avons employées. Car dans les Pendules à secondes ordinaires, il y a huit roues, lorsque l'aiguille des secondes n'est pas concentrique avec celles des heures, & des minutes; & neuf, lorsque les aiguilles des heures, des minutes & des secondes ont le même centre de mouvement.

54. Nous n'avons présenté d'abord ce méchanisme que pour faire voir sous un seul aspect les pieces requises pour mesurer le Temps, & pour faire sentir la nécessité qu'il y a souvent de donner aux pieces d'une machine, une disposition différente de celle qu'elle doit avoir dans son état le plus simple; ce qui justifie la disposition actuelle des Pendules, telles qu'elles sont faites communément, & qui prouve qu'une bonne machine étant composée d'un certain nombre de pieces, on ne peut souvent les réduire sans en augmenter les défauts.

55. Il nous reste à observer que pour que la machine que nous avons décrite, produise son effet, il faut nécessairement supposer que la plaque *N O* sur laquelle le couteau qui supporte le Pendule est attaché, soit rendue fixe & invariable contre quelque point inébranlable comme un mur : car le moindre mouvement qu'il pourroit prendre de gauche à droite ou de droite à gauche, dérangeroit la vibration du Pendule, & même arrêteroit son mouvement, par l'engrénement trop considérable qui se feroit de l'un ou l'autre bras de la piece d'échappement avec les dents de la roue *C*, dont la force ne seroit plus alors suffisante pour l'en écarter; ceci sert à montrer que le Pendule ne peut servir de régulateur dans une machine sujette aux mouvements; il ne peut donc pas s'appliquer aux machines portatives, comme sont les montres. Nous dirons dans la suite quel est le régulateur qu'on lui a substitué.

56. Si le Pendule ne peut servir de régulateur à une machine portative, un poids ne peut, par la même raison, agir uniformément sur des roues que dans le cas où on suppose la machine fixe ou transportée toujours uniformément dans la même ligne droite, ou dans un même plan horizontal; car tout autre

autre mouvement imprimé au corps de la machine, tantôt augmenteroit, tantôt diminueroit, ou même détruiroit l'action du poids, selon que ce mouvement se feroit de bas en haut, ou de haut en bas, & selon les inégalités des différents degrés de vîtesse.

Nous dirons ci-après comment on a appliqué un moteur qui agit dans quelque sens que l'on pose la machine.

Remarque II.

57. On voit, par la nature de la machine, qu'à la fin de chaque vibration, le poids ou moteur est descendu d'une très-petite quantité, & qu'il s'arrête un instant; on voit aussi que les aiguilles tournent par petits sauts. On peut donc dire (en ne considérant que les instants de chaque vibration) que ni l'un ni l'autre mouvement n'est uniforme, puisqu'ils ont des instants de repos; mais cela ne fait rien à la justesse de la marche de la machine, parce que les vibrations du Pendule qui ont la même étendue, sont toujours isochrones ou d'égales durées.

58. On peut encore observer que le Pendule ne parcourt pas toutes les parties de l'arc qu'il décrit avec la même vîtesse; il suit en cela les loix des corps qui descendent & remontent sur des plans inclinés ; car il arrive que, lorsque le Pendule descend, il se meut d'abord avec peu de vitesse ; mais elle s'accélere insensiblement, de sorte que la lentille étant arrivée dans la verticale, elle a acquis sa plus grande vîtesse ; & lorsqu'elle remonte pour faire l'autre moitié de la vibration, elle diminue de vîtesse par les mêmes degrés, selon lesquelles elle l'avoit acquise, de sorte que lorsque l'action de la pesanteur a détruit entiérement cette vîtesse, le Pendule commence à redescendre d'un mouvement accéléré, & ainsi de suite : or , il suit de-là que si les arcs parcourus par le Pendule, sont tous de même grandeur, il faudra autant de temps à la pesanteur pour détruire la vîtesse acquise par la chûte du Pendule, qu'il en a été employé à la lui faire acquérir ; donc les temps des vibrations seront les mêmes ou isochrones.

I. Partie.

18 ESSAI SUR L'HORLOGERIE,

Passons maintenant à la maniere dont on construit les Pendules ordinaires.

CHAPITRE III.

Description d'une Pendule à secondes & à sonnerie.

PLANCHE II. fig. 2.

59. LES roues A, B, C, D, E sont celles du mouvement, ou qui servent à mesurer le temps. Sur l'axe de la roue A est fixé un cylindre [a] LL, sur lequel s'enveloppe la corde qui porte le moteur. *Pl. III. fig. 1.* représente le profil du cylindre, & on voit le poids suspendu à la corde qui s'enveloppe sur le tambour LL. Ce cylindre & son axe sont concentriques à la roue A, & peuvent tourner séparément de cette roue d'un côté seulement ; c'est pour remonter le poids ou moteur, sans faire rétrograder les roues : c'est l'effet de l'encliquetage que nous avons expliqué ci-devant (35), ce qui se fait ici de la maniere suivante.

60. Sur l'axe ou arbre sur lequel le cylindre est fixé, est

---

[a] On se sert d'un cylindre préférablement à une poulie, par la raison que l'on est assuré que le poids agit toujours avec la même puissance sur le rouage ; au lieu qu'avec une poulie la corde peut s'enfoncer plus ou moins sur les pointes, ce qui augmenteroit ou diminueroit l'action du poids : d'ailleurs avec une poulie, il faut se servir de cordes de soie, qui doivent être pénétrées par les pointes de la poulie. Ces pointes déchirent la corde, & causent un duvet qui peut faire arrêter ou varier la Pendule. On employe donc avec un cylindre une corde à boyau, dont un bout s'attache au cylindre, & l'autre porte le poids. Une telle corde dure très-long-temps, & ne cause aucun inconvénient ; mais il est bon de prévenir ici une objection que des gens peu instruits font assez souvent. Une corde à boyau (disent-ils) s'allonge par la sécheresse, & s'accourcit par l'humidité, cela ne doit-il pas changer la justesse de la machine ? Il est aisé de le désabuser, car nous avons fait voir page (33) que soit que le poids agisse lorsqu'il est remonté au haut, ou qu'il est descendu au bas de sa chûte, son action est toujours la même ; or, par une suite du même raisonnement, l'effet de la sécheresse se bornera à faire descendre le poids un peu plus bas, ce qui ne change en rien son action.

PREMIERE PARTIE CHAP. III. 19

aussi attaché le rochet R (*Pl. II*, *fig.* 2.) sur lequel agit le cliquet *o* porté par la roue *A*, ainsi que le petit ressort *r* qui presse continuellement ce cliquet contre le rochet *R*. Lorsqu'on fait tourner le cylindre *L* & son rochet de maniere à remonter le poids *P*, les plans inclinés des dents du rochet, éloignent le cliquet *o* qui pour lors obéit & s'éloigne du centre *R*; mais lorsqu'on tourne du sens contraire, les parties droites de ces dents arcboutent contre le bout du cliquet, ainsi le cylindre *L* ne peut tourner sans faire aussi tourner la roue *A*; lors donc qu'on a remonté le poids, & qu'on cesse de le suspendre, il agit sur le cylindre qui porte le rochet *R*, & fait tourner la roue *A*, ainsi que je viens de le dire.

61. La roue *A* a 84 dents; elle engrene dans le pignon *a* de 12 dents, qui porte la roue *B* ; celle-ci a 80 dents & engrendans le pignon *b* de 10 dents, sur lequel est fixée la roue *C* qui a 80 dents; celle-ci engrene dans un pignon *c* de 10 dents ; ce pignon porte la roue *D* qui a 75 dents ; celle-ci engrene dans le pignon *d* de dix dents ; sur ce pignon est fixé le *rochet* ou roue *E* d'échappement, laquelle fait un tour en une minute.

62. Les pivots des roues *A*, *B*, *C*, *D*, *E* entrent & roulent dans les trous de la cage *X z N N* représentée *Pl. III*, *fig.* 1. On voit ces roues en profil. 1 est le bout du pivot de la roue *E* d'échappement, c'est ce pivot prolongé qui porte l'aiguille des secondes.

63. Le pignon *c* de la roue *D* est assez long pour passer au travers de la platine *X z* (qu'on appelle la *Platine des piliers*) pour pouvoir engrener dans la roue *M* vue en perspective (*fig.* 2.) Le pivot de ce pignon entre dans le petit pont *P* qui tient lieu de platine. Ce pignon *c* engrene donc dans deux roues, dans celle *C* qui le mene, & dans celle *M* qu'il fait mouvoir ; cette roue *M* a 80 dents & le pignon *c* 10 : ce pignon fait donc huit tours, tandis que la roue *M* en fait un. Mais la roue *D* qui porte le pignon *c*, a 75, & le pignon *d* 10: elle fait donc faire $7\frac{1}{2}$ (28) à ce pignon ; or ce pignon fait un tour par minute. La roue *D* fait donc son tour en 7 minutes $\frac{1}{2}$: le pignon *c*, & par conséquent la roue *D* fait 8 tours pour

C ij

un de celle M; si donc on multiplie ces 8 tours par $7\frac{1}{2}$, on trouve que la roue E fait 60 tours pendant que la roue M en fait un, lequel s'acheve par conséquent en une heure.

64. La roue M (*fig.* 2.) se place à frottement sous la roue m; celle-ci est rivée sur un canon $n\,o$ qui sert à porter l'aiguille des *minutes*: le trou de ce canon $n\,o$ entre librement sur le canon u du pont P (*fig.* 2). Ce pont s'attache à la platine Xz (*fig.* 1) au moyen de trois vis. Il est percé d'un trou propre à laisser passer librement le pivot prolongé I de la roue d'échappement; de cette maniere les roues M & m (*fig.* 2.) ont le même centre de mouvement que la roue d'échappement; c'est ce qui rend les aiguilles concentriques : ces roues ainsi placées sur le pont & sur la platine Xz, la roue m engrene alors dans la roue n de *renvoi* qui a même diametre & même nombre que la roue m, & fait par conséquent aussi un tour par heure : sur cette roue n est fixé le pignon b qui tourne dans la petite cage formée par la platine & le pont K. Ce pignon b a six dents; il engrene dans la roue G de *cadran*; celle-ci à 72 dents; le pignon fait donc douze tours pour un de cette roue qui par conséquent reste douze heures à faire un tour : le canon sur lequel elle est rivée, porte l'aiguille des heures.

65. La partie n du canon $o\,n$ (*fig.* 2) entre juste dans le trou de la roue M, & ces deux roues M, m peuvent tourner séparément, elles sont retenues & pressées l'une contre l'autre par la *clavette* c, dont le trou alongé entre dans l'entaille faite au canon. Cette clavette fait faire par sa pression un frottement aux roues M, m; en sorte qu'elles ne tournent séparément que lorsqu'on tourne avec la main l'aiguille des minutes, laquelle s'ajuste sur le canon o. On voit que si la roue M eût été fixée sur ce canon, on n'auroit pas pu remettre l'aiguille des minutes à l'heure, sans faire tourner le pignon c & tout le rouage, ce qui n'auroit pu se faire; d'ailleurs par le moyen de ce frottement, lorsqu'on tourne l'aiguille, la roue m fait tourner aussi la roue de renvoi, & celle-ci la roue de cadran, ainsi que son aiguille, laquelle avance à proportion du chemin que fait l'aiguille des minutes.

66. Z m (*figure* 1) repréſente le pont ſur lequel le canon de la roue de cadran roule. Ce pont ſert à retenir la roue des minutes, & à l'empêcher de s'éloigner de la platine, ce qui ſe fait au moyen de l'aſſiette de la roue *m*, laquelle touche deſſous ce pont.

67. On appelle *Roues de Cadran* les roues ſituées en dehors de la platine des piliers *X z*. On leur donne ce nom, parce que le cadran eſt placé au-deſſus de ces roues parallelement à la platine *X z*.

68. La figure premiere de la ſeconde Planche, fait voir en plan la diſpoſition des roues de cadran, & du reſte de la *Quadrature*; c'eſt ainſi qu'on appelle l'aſſemblage des pieces qui ſont placées entre le cadran & le mouvement qui forme le corps de l'Horloge.

69. (Planche II, figure 2), *H y x* repréſente *l'ancre* ou *piece d'échappement*, ſur laquelle les dents de la roue d'échappement *E* agiſſent, comme nous l'avons expliqué (art. 24.) Cette piece *H* (*Pl. III, figure* 1 *& 3.*) entre à force ſur un quarré fait à la tige *T*. Un des pivots de cette tige entre dans le trou de la vis *V* attachée à la platine *X z* : le trou pratiqué dans cette vis pour recevoir le pivot, n'eſt point au centre de *V*, ce qui ſert à faciliter l'exécution de l'échappement, en rapprochant ou écartant du centre de la roue d'échappement celui de l'ancre. L'autre pivot entre dans un trou fait au coq *I Y*; on fixe ce coq ſur la platine *N N* par deux fortes vis; ſur cette tige *T* eſt encore fixée la fourchette *F* qui ſert à communiquer au Pendule *W* [a] (dont on ne voit ici qu'une partie de la verge) la force du rouage dont ce Pendule regle le mouvement. La partie *W* de la verge s'attache à la piece de ſuſpenſion *S*, au moyen d'une cheville qui ſuſpend la verge & ſa lentille. La piece de ſuſpenſion *S* (*fig.* 4) eſt formée par deux lames de reſſorts très-minces & déliées qui

---

[a] Pour que le Pendule batte les ſecondes, il faut que du point *S* de ſuſpenſion au centre de la lentille, il y ait 3 pieds 8 lignes $\frac{32}{100}$, ſi on ſuppoſe la verge ſans peſanteur & la lentille très-petite; mais comme cela n'eſt pas, il faut qu'l y ait environ 3 pieds un pouce de diſtance du centre de la lentille à celui de ſuſpenſion.

font prises entre 4 plaques 1, 2, attachées par des vis. A chaque bout des ressorts sont fixées par des chevilles les pieces *r*, *s*, *t*, *u*.

70. La piece *S* entre dans une fente *I* faite au coq *IY*, (*fig*. 3 ;) une vis sert à l'y attacher en la serrant, lorsque le le Pendule a pris son à plomb ; alors la piece *S* ne peut plus tourner, & les lames de ressorts agissent suivant que le Pendules les y obligent.

71. (*Pl. II, fig*. 2) Pendant qu'on remonte le poids *P*, la main le soutient de maniere qu'il n'agit plus sur le rouage, qui cesseroit de se mouvoir sans la piece *Æ G*, laquelle porte une cheville *Æ*, qui passe dans une entaille faite au cadran. Voici l'effet de cette piece ; avant de remonter le mouvement, on fait monter cette cheville dans son entaille, ce qui tend en même temps le ressort *z*, & fait engager le bras *g* dans les dents de la roue *D* ; ainsi ce bras entraîné par le ressort *z*, fait tourner la roue pendant tout le temps qu'on remonte le poids.

Remarque.

72. Lorsque l'on ne place pas l'aiguille des secondes au centre du cadran, mais qu'on lui donne un cadran particulier, la disposition des roues de cadrans en devient beaucoup plus simple : voici une idée de l'arrangement que l'on donne à la piece.

73. On place les roues *C*, *D*, *E* (*Pl. II, fig*. 2) sur une même ligne, comme cela se voit (*Pl. V, fig*. 1) la roue *D* est celle des minutes, c'est-à-dire qui fait un tour par heure ; celle-ci représentée dans la figure 4, porte un pivot prolongé au-delà de la platine des piliers. Ce pivot entre à frottement dans le canon (*fig*. 5) sur le bout *a* duquel s'ajuste l'aiguille des minutes : sur le bout inférieur est rivée la roue *m* vue en plan (*fig*. 3) : celle-ci engrene dans la roue de renvoi *S*, dont le pignon conduit la roue de cadran *C*, vue en perspective (*fig*. 7) : le canon de cette roue roule sur le canon du pont *a b*. Le canon de la roue *C* porte l'aiguille des heures.

Première Partie Chap. III.

74. Les roues C, D, E, (*Pl. I. fig. 1.*) indiquent assez bien la disposition des secondes excentriques; à cela près que la roue C doit faire un tour par minute ; & celle E en une heure.

75. On supprime donc par cette disposition la roue M (*Pl. III, fig. 1 & 2*;) la clavette c, le pont Pu; & le pignon c (*fig. 1*) ne devant plus passer à la cadrature, le petit pont P devient aussi inutile.

76. Le cadran des secondes placé de la sorte, n'apporte à l'Horloge que les changemens que nous venons d'indiquer; car d'ailleurs la disposition de l'échappement & des premieres roues reste la même.

77. La figure 7, Planche III, représente une piece que je substitue à la fourchette E, afin de pouvoir, par ce moyen, mettre facilement la Pendule d'échappement.

78. Le bout prolongé C doit porter un canon qui entre à frottement sur la tige T (*fig. 3.*) La tige B (*fig. 7*) vue de profil (*fig. 8,*) entre dans une fente faite à la verge du Pendule pour lui communiquer la force transmise par l'échappement. Cette tige B porte une *assiette* c qui s'applique sur la plaque (*fig. 9,*) de sorte que le bout prolongé b de la tige B, entre dans l'entaille b de la piece Cb : le trou de la plaque D entre sur la broche b ; celle-ci est percée d'un trou, dans lequel on fait entrer une goupille ou cheville qui sert à assembler ces trois pieces, de maniere que la tige B puisse simplement se mouvoir à frottement le long de l'ouverture b (*fig. 9*). On fait ainsi mouvoir cette tige au moyen de la vis de rappel A qui entre à vis dans le *piton* a, & dont le bout se termine par un pivot qui entre dans un trou fait à la tige b, après laquelle il est retenu par la petite virole d, & par une goupille qui traverse le pivot de la vis A : ainsi en tournant cette vis de côté ou d'autre, on fait aller ou revenir la tige B : or, cette tige étant entrée dans la fente faite à la verge du Pendule, elle restera immobile, tandis que le bout C se mouvra selon que l'on tournera la vis de rappel : c'est ce mouvement de la fourchette qui fera engrener plus ou moins l'ancre H d'échappement de l'un ou l'autre côté de la roue E, c'est-à-dire, qui aidera à

mettre la piece d'échappement ; en forte qu'à chaque vibration du Pendule, les bras de l'ancre s'engagent également dans les dents de la roue.

Description de la Sonnerie,

Planche II, fig. 2.

79. T, V, X, Y, Z, u, font les roues de la fonnerie, laquelle eft fuppofée mife en action par un reffort plié en fpirale femblable à celui *fig.* 5 *de la Pl. VII* ; ce reffort eft placé dans l'intérieur d'une efpece de tambour fixé avec la roue T ; le bout extérieur de ce reffort s'accroche à la circonférence intérieure du tambour ; le tambour ne forme qu'une même piece avec la roue T ; cet affemblage s'appelle le *Barillet*. Le barillet porte un couvercle qui fert à renfermer le reffort ; ce couvercle & la roue font percés de chacun un trou concentrique qui roule fort jufte fur un axe de fer ; à la partie de cet axe qui eft en dedans du barillet, eft un crochet fur lequel s'enveloppe le reffort ; & à fes deux bouts font des pivots qui entrent dans des trous faits aux platines : le pivot qui entre dans la platine antérieure (*fig.* 1) eft prolongé & limé quarrément en q : ce quarré paffe au cadran, & fert à remonter le reffort, ce qui fe fait au moyen de l'encliquetage RVc. Le rochet R entre quarrément fur le quarré de l'axe q, avec lequel il eft retenu par une goupille. c eft le cliquet, lequel, à mefure que l'on tourne l'axe q, & que par conféquent on tend le reffort qui eft dans le barillet, arrête l'effort de ce reffort : or, comme le rochet R ne peut retrograder non plus que l'axe q, il arrive néceffairement que le bout extérieur du reffort entraîne le barillet, & le fait tourner, ainfi que les roues dans lefquelles il engrene. Décrivons maintenant ces roues, & les effets de la fonnerie. La roue T engrene dans le pignon 13 fur l'axe duquel eft fixée la roue V ; celle-ci engrene dans le pignon 14, fur lequel eft fixée la roue X ; celle-ci engrene dans le pignon 15 qui porte

la

la roue Y, dont les dents engrenent dans le pignon 16 de la roue Z; enfin celle-ci engrene dans le pignon u qui porte le *volant*; ce volant eft formé par deux ailes larges & légeres qui fervent à retenir & modérer la vîteffe du rouage, afin de régler l'intervalle entre chaque coup de marteau que frappera la fonnerie : nous expliquerons cela plus au long dans le Chapitre fuivant. Venons aux effets de la fonnerie.

80. La roue X porte des chevilles placées autour de fa circonférence, lefquelles fervent à faire frapper le marteau M, à mefure que le rouage tourne.

81. Pour cet effet, au bout du manche du marteau & au même centre fur lequel il tourne, eft fixé un bras I fur lequel les chevilles placées fur le plan X, agiffent alternativement en éloignant ce bras du centre de cette roue, (& par conféquent en éloignant le marteau même du timbre fur lequel il doit frapper;) & lorfqu'une de ces chevilles eft parvenue à l'extrémité du bras I & qu'elle en eft échappée, alors le reffort r qui preffe continuellement le marteau, ramene le bras I fur la cheville fuivante, & en même temps fait frapper le marteau M fur le timbre. Pour déterminer le nombre de coups que doit frapper le marteau, & le régler fur les heures, l'axe prolongé de la roue V porte une roue QQ, qu'on appelle la *Roue de compte*, à la circonférence de laquelle font douze entailles inégales & proportionnées au nombre de coups que le marteau doit frapper à chaque fois que la fonnerie fera mife en jeu. Or pendant que la roue V & la roue de compte QQ font un tour, le marteau doit frapper 90 coups; (nombre requis pour une fonnerie d'heure & demie, pendant douze heures).

82. La roue de compte Q eft placée en dehors de la platine fur l'axe prolongé de la roue V: ef eft une *détente* qui fert à arrêter le rouage, & à régler à chaque fois le nombre des coups de marteau déterminé par les entailles de la roue de compte. Pour cet effet cette détente porte un bras t qui appuie fur le bord de la roue de compte, y étant obligé par un reffort : lorfque le bras t appuie fur le bord, le bout f de la détente laiffe

I. Partie.

passer la cheville de la roue Y, laquelle fait un tour pendant que le marteau frappe un coup ; mais lorsque la roue de compte présentera une de ses entailles, le bout *f* s'approchera de *o*, & la cheville de la roue Y viendra poser sur le bout *f* de la détente, ce qui arrêtera cette roue & le rouage. L'intervalle entre les entailles de la roue de compte Q augmente à proportion des heures que le marteau doit frapper : ainsi pour deux heures, l'intervalle est double de celui d'une heure : pour trois heures, l'intervalle est trois fois plus grand & ainsi de suite, en augmentant jusqu'à douze heures dont l'intervalle est douze fois plus grand que celui d'une heure ; or, pendant tout le temps que le bras *t* de la détente *e f*, pose sur la circonférence de la roue de compte, le marteau frappe sur le timbre ; & lorsque ce bras *t* a atteint le fond de l'entaille, la détente *f* arrête le rouage, comme nous venons de le voir.

83. Lorsque les sonneries doivent frapper les demi-heures, on rend les entailles de la roue de compte plus larges, de maniere que la détente *f* ne s'éloigne pas de *o*, & qu'elle reste immobile pendant que le marteau frappe un coup : voyons maintenant comment à chaque heure & demie on donne la liberté au rouage de tourner, & au marteau celle de frapper.

84. La roue *m* (*fig.* 1), dont le canon porte l'aiguille des minutes, & qui fait par conséquent un tour par heure, porte aussi 2 chevilles qui servent à élever à chaque heure & à chaque demie le *détentillon D* ; celui-ci, en s'élevant, fait mouvoir la piece *E*, laquelle est fixée sur le pivot prolongé de la détente *e f*, (*fig.* 2), ce qui éloigne la détente *f* de *o*, & dégage la cheville que porte cette roue, & permet ainsi au rouage de tourner ; mais il ne parcourt d'abord qu'un petit espace, la roue *Z* ne pouvant faire qu'un demi-tour, parce qu'elle porte une cheville qui vient s'arrêter sur un talon du détentillon *D* qui passe à travers l'entaille *K* ; ainsi ce rouage ne marche que lorsque ce détentillon abandonne la cheville de la roue *m* (*fig.* 1); pour lors il retombe par son propre poids, le rouage tourne & le marteau frappe l'heure déterminée par la roue de compte ; l'autre cheville de la roue *m* venant ensuite à élever de nouveau le déten-

tillon *D*, celui-ci produit le même effet, le marteau frappe la demie, & ainsi de suite.

85. Il faut observer ici par rapport à l'aiguille des minutes, que lorsqu'elle a passé les 60 ou 30 minutes, on ne peut la retrograder que fort peu, les chevilles de la roue *m* (*fig.* 2), y mettant un obstacle, en venant porter sur le bras du détentillon *D*. Il est donc à propos de ne jamais rétrograder les aiguilles d'une Pendule à sonnerie, on évitera par-là les accidents qui peuvent en résulter ; & d'ailleurs, si on les fait rétrograder avant que le détentillon soit tombé, on peut faire sonner l'heure, & la cheville ramenant de nouveau le détentillon le fera encore sonner ; ainsi on fera *mécompter* la sonnerie.

86. Nous venons de décrire une sonnerie ordinaire ; nous allons entrer dans un plus grand détail sur cette partie, & décrire la sonnerie que nous avons construite pour être la plus simple.

CHAPITRE IV.

Réflexions sur les Sonneries ordinaires & sur leurs inconvénients. Idées des moyens qu'on peut proposer pour y remédier.

87. Dans un rouage à sonnerie, il faut envisager, 1°, le marteau qui doit frapper sur le timbre ; 2°, l'intervalle entre chaque coup ; 3°, le nombre des coups que donne le marteau en douze heures.

88. Je suppose donc qu'on ait un marteau donné ; savoir, sa pesanteur, la force du ressort qui le presse, l'espace qu'il parcourt, le nombre des coups qu'il doit frapper, & enfin le temps qu'une telle machine doit frapper les heures sans remonter le ressort ou poids. Il n'est question après cela que de déterminer le nombre de roues dont doit être composé le rouage

qui doit faire mouvoir le marteau pendant le temps donné, & que d'affigner la quantité de force néceffaire pour cela. Pour le faire avec intelligence, il faut d'abord faire attention au nombre de coups feulement, fans envifager l'intervalle qui eft entre chacun : ainfi un marteau qui frappe chaque heure & demie, donne 90 coups en douze heures; donc une feule roue qui porteroit 90 chevilles, fuffiroit pour faire fonner les heures pendant 12 heures. Ainfi il faut que la roue des chevilles ait des entailles faites de maniere que la premiere divifion renferme une cheville pour une heure ; la feconde, deux chevilles pour deux heures ; la troifieme, trois chevilles pour trois heures, & ainfi de fuite en augmentant d'une heure jufqu'à douze. La force du moteur fe réduiroit donc à l'effet de lever 90 fois le marteau à chaque douze heures ; mais comme une roue feule qui feroit fimplement entraînée par une force motrice fuffifante pour lever le marteau, n'auroit rien qui déterminât fa vîteffe, puifque le moteur ayant élevé le marteau à fon plus haut point, n'étant plus retenu, entraîneroit la roue fans laiffer le temps au marteau de frapper fur le timbre, on feroit donc obligé d'affujettir cette roue à une efpece de régulateur, qui rendît les intervalles des coups égaux, & donnât le temps au marteau de frapper fur le timbre, & n'eût pas trop de vîteffe, afin de laiffer le temps de compter les coups.

89. Le premier moyen dont on s'eft fervi, a été de former un rouage compofé de plufieurs roues & pignons qui *amufent* la roue qui porte les chevilles. Dans la fuite on a adapté fur le dernier pignon de ce rouage, une piece qu'on nomme *volant*; c'eft une piece légere & mince, large d'environ 9 lignes aux fonneries ordinaires ; il eft régulateur de ce rouage ; en tournant il forme un cylindre dans l'air; & par l'effet de la réfiftance de l'air qu'il déplace, il va plus ou moins vîte, felon qu'il eft plus ou moins large : telle eft la fonnerie que nous venons de décrire.

90. On doit remarquer que le nombre des roues que l'on met ordinairement aux fonneries, multiplie l'ouvrage ; qu'ainfi ces fonneries exigent une force motrice beaucoup plus confi-

dérable; & que si le marteau est pesant & parcourt un grand espace, il faut, (outre la force nécessaire pour le faire frapper), celle de faire tourner ce rouage. De-là les frottements, l'usure & une quantité d'ouvrage superflu.

Cherchons donc un moyen d'éviter ces défauts, & revenons à la roue de 90 chevilles, (ou dents, ce qui est arbitraire).

91. Le premier qui se présente est de faire que la roue de 90 dents ou chevilles, donne le mouvement à un Pendule qui déterminera la distance d'un coup à l'autre : ainsi le Pendule sera le régulateur de cette roue. Le second est de produire le même effet par un balancier; & le troisieme par un grand volant, comme sont ceux qu'on employe aux carillons.

92. Enfin, le quatrieme est de se servir, comme on le fait, d'un petit volant. Nous allons voir dans le Chapitre suivant la description d'une sonnerie que nous avons composée, dont le régulateur est un Pendule : ce moyen nous paroît préférable aux volants ou balanciers.

CHAPITRE V.

Description d'une Sonnerie d'heures & demies propre à appliquer à une Horloge qui marche un an sans avoir besoin d'être remontée.

CETTE sonnerie n'est composée que de trois roues : le moteur est un poids de dix livres qui n'a que trois pieds de descente, & le dessein en est représenté dans la Pl. IV, fig. 1.

93. Les poids P, P sont les moteurs, & les roues A, B, R, le rouage; X, le marteau; & les pieces K, E, F, les détentes; & z, le petit bras du marteau sur lequel la roue R agit pour faire frapper le marteau.

94. La roue A est entraînée par le cylindre OO, sur lequel s'enveloppe la corde qui porte les poids P, P, par le

moyen de deux poulies moufflées. Cette roue A a 96 dents; elle engrene dans un pignon de 12, fur l'axe duquel eſt fixée la roue B qui a 96 dents, & qui engrene dans un pignon de 12 dents fur lequel eſt fixé le rochet R; celui-ci fait donc 64 tours pendant que la roue A en fait un. Le rochet R porte 90 dents employées à lever le marteau X, pour le faire frapper 90 fois fur le timbre T à chaque tour du rochet. Or ce nombre eſt celui des heures & demies qu'il doit frapper en 12 heures. Le rochet R reſte donc 12 heures à faire une révolution.

95. Pour régler l'intervalle entre les coups de marteau, le rochet R forme un *échappement* avec l'ancre a; celui-ci eſt fixé fur une tige, dont la fourchette agit fur la verge du Pendule L, qui fait deux vibrations pour chaque coup que frappe le marteau: & ce marteau X continue ainſi de frapper juſqu'à ce que le bras b de la détente E, entre dans une des entailles de la roue de compte C; pour lors l'extrémité d de la piece FG ſe préſente, & la lentille poſe fur le petit bras d, qui en arrête le mouvement & celui du rouage.

96. L'axe du rochet R paſſe à travers les platines, & porte quarrément la roue de compte C diviſée comme on l'a expliqué (82).

97. La lentille ayant fait deux vibrations remonte par l'impulſion du rouage au deſſus du bras d que porte la piece FG; ce bras d fléchit & fait un léger mouvement qui permet à la lentille de monter plus haut. Mais celle-ci, en deſcendant, porte fur le côté droit du bras d, lequel la retient juſqu'à ce que les détentes la dégagent: voyons maintenant comment cet effet eſt produit.

98. La plaque S eſt fixée fur l'axe prolongé d'une roue du mouvement des heures & minutes ([a]); cette plaque S fait un tour par heure. Elle porte deux chevilles qui ſervent à dégager la lentille L, & à faire, par ſon moyen, frapper ſucceſſivement les heures & demies.

[a] Je n'ai pas marqué ici les parties du mouvement; ainſi la figure 1, contient ſeulement les pieces relatives à la ſonnerie, laquelle peut s'adapter avec un mouvement ſimple quelconque. La plaque S repréſente donc ici la roue des minutes d'un mouvement, c'eſt-à-dire, celle qui tient lieu de la roue m, (*Pl. II, fig. 1*).

PREMIERE PARTIE, CHAP. V. 31

99. Lorsque l'aiguille des minutes approche de l'heure ou de la demie, une des chevilles 1 de la plaque *S* agit sur le détentillon *H K M* dont le bras *M* s'éloigne de la cheville *N* portée par le bras *E N* de la détente *b E D* ; & aussi-tôt que l'aiguille est parvenue à l'heure juste ou à la demie, le bras *H* du détentillon *H K M* abandonne la cheville 1, & le poids du bras *M* va frapper contre la cheville *N* du bras *N E* de la détente *b E D*, dont un bout communique à la piece *F G*. Ce mouvement dégage la lentille *L*, qui se met alors à vibrer, & pendant ce temps le marteau frappe, jusqu'à ce que le bras *b* de la détente *E* soit entré dans une des entailles de la roue de compte. Une demi-heure après l'autre cheville 2 agira sur le détentillon *H*, dégagera de nouveau la lentille *L*, & le marteau frappera l'heure actuelle.

100. Le ressort *f* sert à faire remonter le bras *M* lorsqu'il a dégagé la lentille ; le ressort *g* à faire frapper le marteau, & le ressort *h* à presser le bras *E b* de la détente *E*, contre la roue de compte ; ce qui ramene en même temps le bras *d* de la piece *F* pour retenir la lentille. Le mouvement de cette piece *FG* est produit par la cheville ou broche *n* que porte la détente *E* ; cette broche passe juste dans la fourchette ou fente que porte la piece *F*. Le bras *d* est mobile en *G*, sur une petite broche ou pivot que porte la piece *F G* ; le ressort *m* doit presser très-légérement sur la cheville du bras *d*, afin de faciliter à la lentille le mouvement qu'elle fait faire à ce bras, lorsqu'elle remonte pour s'arrêter ensuite sur le côté droit du bras *d*. On voit qu'elle est empêchée de redescendre par ce bras *d*, dont la grande partie est arrêtée par une cheville fixée à la piece *FG*. Cette détente *FG* est vue en perspective (*fig.* 4).

101. J'ai exécuté le jeu des détentes d'une autre maniere représentée dans la figure 5. *P* est la plaque qui fait son tour par heure. A la place des chevilles qu'on voit dans la premiere figure, j'ai substitué les courbes ou spirales *a, b, c, d, e, f*, qui élevent la détente d'une maniere uniforme, ce qui charge beaucoup moins le mouvement. Ces courbes sont formées de la maniere suivante :

Divisez la circonférence P en douze parties égales 1, 2, 3, &c; par ces points de divisions, tirez des rayons au centre; divisez l'espace 1 *a* que doit parcourir la détente en douze parties égales, par lesquelles vous ferez passer les circonférences qui, par les intersections *d*, *e*, *f*, &c, donneront les points par lesquels il faut faire passer la courbe.

102. Le bras *f* H est refendu dans son épaisseur vers H *h*, & y reçoit le bout d'une espece de *pied de biche d* H, qui peut tourner sur la cheville *g* qui traverse le bras *f* H. Ce pied de biche porte une cheville *h* mobile dans un trou ovale, & sur laquelle le ressort *f h* agit pour redresser ce pied de biche, lorsqu'ayant échappé la courbe en *e m* & étant tombé dans l'enfoncement *a b*, l'accélération de la chûte de la masse M lui fait recevoir un coup qui l'oblige de fléchir sur le point *h* : mais aussi-tôt que la masse M a éteint son mouvement après avoir frappé sur N (*fig.* 1), le ressort *f h* (*fig.* 5) redresse le pied de biche, le bras H *f* retourne un peu en arriere, & souleve la masse M qui cesse d'agir sur N (*fig.* 1), ce qui permet au bras E *b* d'obéir au ressort *h*, qui fait tomber le bout *b* dans l'entaille de la roue de compte, & de sorte que par le mouvement que le bout opposé *n* de cette détente E D imprime à la détente F G, l'extrémité *d* de celle-ci arrête le Pendule L, lorsque le nombre des coup nécessaire est sonné.

103. Nous avons vu que le rochet R fait un tour en 12 heures. Or, il fait 64 tours pour un de la roue A (94); celle-ci employe donc trente-deux jours à faire une révolution : ainsi la sonnerie marchera un an 19 jours sans être remontée, si la roue A fait 12 tours, ou si la corde qui porte les poids P P, s'enveloppe 12 fois sur le cylindre O O; celui-ci ayant 2 pouces de diametre, il faudroit qu'un seul poids descendît de 72 pouces ou de 6 pieds; mais si ce poids est *moufflé*, il descendra seulement de 36 pouces. Enfin en employant deux poids comme P P, les poids ne descendroient que de 18 pouces. Je me suis servi avec avantage de cette maniere de multiplier le temps, sans augmenter le nombre de dents de roues, & en employant peu de hauteur. Cette disposition des poids

est

eſt la même que celle que j'employai dans la Pendule à équation à un an, que je préſentai à l'Académie Royale des Sciences en 1754.

104. Je ne crois pas que perſonne ait exécuté avant moi une ſonnerie comme celle que je viens de décrire. J'en avois fait le plan il y a pluſieurs années; & je me ſuis enfin décidé à la donner & à la faire exécuter : on pourra juger de l'avantage des principes que j'ai employés, en la comparant avec la ſonnerie (*Pl. II. fig.* 2) laquelle eſt compoſée de 5 roues & d'un volant, & ne va que 15 jours. On voit que ſes frottements ſont réduits à la plus petite quantité poſſible; puiſqu'un poids de 10 livres, dont la deſcente eſt de trois pieds, eſt ſuffiſant pour la faire marcher un an ſans remonter, ce qui eſt une ſuite des propriétés du Pendule ſubſtitué aux roues de ſonnerie; car par la nature du Pendule, la lentille L, à la fin de ſa ſeconde vibration, remonte ſenſiblement au même point d'où elle eſt partie pour commencer la première; ainſi il n'y a de force motrice employée pour mouvoir le régulateur, que celle qui eſt néceſſaire pour le faire remonter un peu plus haut, afin de faciliter l'arrêt précis de la lentille & du rouage; tout le reſtant de la force motrice eſt uniquement employé à lever le marteau X. Une telle ſonnerie marche donc avec une force motrice de la moindre quantité poſſible pour un marteau donné.

CHAPITRE VI.

Des Répétitions.

105. Les Pendules à ſonnerie frappent d'elles-mêmes les heures & les demies, comme on vient de le voir ; mais celles qui ſont à répétition ne ſonnent ou frappent que lorſqu'on tire un cordon (ſi c'eſt une Pendule), ou qu'on pouſſe un bouton ou pouſſoir (ſi c'eſt une Montre) : pour lors, deux marteaux

frappent l'heure & les quarts que marquent les aiguilles fur le cadran : on va voir par la defcription d'une Pendule à répétition comment cet effet eft produit ; mais auparavant donnons en gros une idée de ce méchanifme ingénieux, qui eft à peu près le même pour une Pendule que pour une Montre.

106. Pour faire répéter l'heure à une Pendule (*Pl. V. fig.* 2), on tire un cordon qui enveloppe une poulie *P* qui tient à l'axe de la premiere roue d'un rouage particulier (a). L'axe de cette roue porte un crochet qui tient à un reffort ou moteur contenu dans le barillet *B* (*fig.* 3). Cet axe de la premiere roue porte une roue *G* (*fig.* 1,) qui a quinze chevilles, lefquelles fervent à lever les marteaux : douze de ces chevilles font pour les heures, & trois pour les quarts. Le nombre des coups que le marteau des heures frappe, dépend du plus ou du moins de chemin qu'on fait faire à la roue des chevilles en tirant le cordon ; & ce chemin dépend lui-même de l'heure que marquent les aiguilles fur le cadran : ainfi lorfqu'il eft midi trois quarts, & qu'on tire le cordon, on oblige la roue des chevilles à faire un tour entier ; pour lors le reffort ou moteur le ramene & fait frapper 12 coups au marteau des heures, & enfuite trois coups pour les quarts. Pour diftinguer les quarts des heures on ajoute un fecond marteau qui avec le premier, fait un double coup à chaque quart.

107. Maintenant il faut voir par quels moyens on regle le chemin que la roue des chevilles doit faire lorfqu'on tire le cordon, & comment on le proportionne à l'heure que marquent les aiguilles fur le cadran.

108. Une roue *S* de la cadrature (b) (*fig.* 3), porte par fa tige prolongée la piece *s h*, (*fig.* 2) dont la cheville *c* fait tourner l'étoile *E* qui refte douze heures à faire un tour ; celle-ci porte une piece *L* (qu'on appelle le *Limaçon des heures*), divifée en douze parties tendant au centre de l'étoile ; chacune

---

a La feule propriété de ce rouage eft de régler l'intervalle qui doit être entre chaque coup de marteau.

b On appelle *Roues de Cadrature* celles qui font pofées fous le cadran ; on donne auffi le nom de *Pieces de Cadrature* aux pieces de répétion, lors même qu'elles ne font point fous le cadran : telles font les pieces *T*, *R*, *C*, *D*, &c. de la figure 2.

de ces parties forme différents enfoncements, comme autant de degrés qui vont en se rapprochant du centre, & qui servent à régler le nombre d'heures que doit frapper le marteau ; pour cet effet, la poulie P porte un pignon a qui engrene dans une portion de roue C, (*fig.* 2) qu'on nomme *Rateau*. Lorsqu'on tire le cordon, & qu'on fait par conséquent avancer le rateau vers le limaçon, le bras b va s'arrêter sur celui des degrés du limaçon qui se trouve à son passage ; & selon l'enfoncement de ce degré, le marteau frappe plus ou moins de coups. Il ne frappera qu'une heure, si le bras b du rateau s'est arrêté sur le pas 1 le plus éloigné du centre ; car alors la roue des chevilles ne s'étant engagé que d'une cheville, le marteau ne frappe qu'un coup. Si au contraire le degré 12 qui est le plus enfoncé & le plus proche du centre, se trouve sur le passage du bras b, ce bras n'y arrivera que lorsque la roue des chevilles aura fait un tour, & alors le ressort du barillet le ramenant, fera frapper 12 coups au marteau.

109. Il reste à voir comment les quarts sont répétés. La piece s (*fig.* 2.) qui fait tourner l'étoile & qui est une heure à faire un tour, est portée par un autre limaçon h (qu'on appelle le *Limaçon des quarts*), formé par quatre divisions qui font trois enfoncements ou pas, sur l'un desquels (lorsqu'on tire le cordon) vient poser le bras Q d'une piece Q D qu'on appelle *le Doigt* : or selon que cet enfoncement est plus près ou plus loin du centre du limaçon, le bout D du doigt se trouve plus ou moins écarté du centre a de la poulie P, de sorte que le jeu du cordon étant fini, & la poulie retournant par la force du ressort du barillet, l'une de ses quatre chevilles vient agir sur ce doigt ; savoir celle qui se trouve à la distance du centre a qui répond à l'élévation du bras D, & c'est ce qui détermine les coups pour les quarts ; ainsi lorsque le doigt pose sur la cheville la plus près du centre de la poulie, le marteau des heures frappe seulement le nombre d'heures que le limaçon L & le rateau b ont déterminés. Si le doigt est posé sur la seconde cheville, il n'arrête la poulie qu'après que le marteau des heures a frappé l'heure, puis un

quart, & ainsi de suite pour les trois quarts.

Voilà une idée des parties essentielles d'une répétition : venons maintenant à la description particuliere d'une répétition complette.

CHAPITRE VII.

Description d'une Pendule à répétition avec l'échappement à ancre.

110. LES figures 1, 2 & 3 de la Planche V représentent toutes les parties d'une Pendule à répétition vue en plan. La premiere figure représente les roues & les pieces contenues dans la cage ou qui se mettent entre les deux platines, à l'exception de l'ancre A que j'ai placée comme on le voit, pour faire voir l'échappement.

111. Les roues B, C, D, E, F, sont celles du mouvement : B est le barillet qui contient le moteur ou ressort de l'Horloge ; C est la grande *roue moyenne* ; D, la roue des minutes ; E, la roue *de champ* ; F, le rochet ou roue d'échappement. La roue D des minutes fait un tour en une heure ; le pignon sur lequel cette roue est fixée, a son pivot prolongé qui passe à travers la platine des piliers (*fig.* 3) ; cette tige ou pivot (*fig.* 4) entre à frottement dans le canon de la roue de chauffée m vue en perspective (*fig.* 5), lequel fait aussi par ce moyen un tour par heure ; ce canon porte l'aiguille des minutes, & sa roue m engrene dans la roue de renvoi S, de même nombre de dents & de même diametre que la roue m ; le pignon de celle-ci fait 12 tours, tandis que la roue C en fait un. Cette roue C qui est celle de cadran emploie donc douze heures à faire une révolution : c'est celle qui porte l'aiguille des heures.

112. Il faut observer par rapport à ces trois roues C, m, S

Premiere Partie, Chap. VII.

qu'on nomme *Roues de Cadran*, qu'elles font toujours les mêmes, foit que la Pendule foit à fonnerie ou à répétition; leur effet étant de faire faire une révolution à la roue C de cadran dans l'efpace de 12 heures.

113. Les roues G, L, M, N (*fig.* 1) & le volant V forment le rouage de la répétition. La propriété de ce rouage eft, comme je l'ai dit, de régler l'intervalle qui doit être entre chaque coup de marteau. Le *rochet R* ou *d'encliquetage*, la premiere roue G qui eft celle des chevilles, le reffort r & le cliquet c font tous fixés fur la roue L.

114. Lorfqu'on tire le cordon qui entoure la poulie P (*fig.* 2), le rochet R (*fig.* 3) fixé fur le même axe que la poulie, rétrograde; & les plans inclinés des dents éloignent le cliquet O; enfuite le reffort ou moteur ramene le rochet dont les dents arcboutent contre la pointe du cliquet, ce qui entraîne la roue L & le rouage M, N, V: or, tandis que le rochet R entraîne ainfi la roue L, & que la roue G des chevilles & la poulie P de la figure 2 qui font fixées fur le même axe, tournent auffi, les chevilles de la roue G agiffent fur les pieces m, n (*fig.* 1.) dont les axes prolongés portent les marteaux m, m (*fig.* 2); chaque piece m, n eft preffée par un reffort pour renvoyer le marteau, après que les chevilles lui ont fait parcourir fon chemin. On ne voit que le reffort r qui agit fur la piece m; celui qui agit fur la piece n, eft placé fous la platine qui porte la cadrature (*fig.* 2.) La piece o fert à communiquer le mouvement de celle m à la tige ou piece n qui porte le marteau des heures.

La piece ou bafcule $m\,x$ (*fig.* 1) fe meut fur la tige qui porte le marteau des quarts: fur cette tige en deffous de $m\,x$, fe meut un bras comme celui m, fur lequel agiffent trois chevilles portées par le deffous de la roue G; ces trois chevilles fervent à lever le marteau des quarts fixé fur la tige qui porte la piece m: c'eft ce marteau que preffe le reffort r. Lorfqu'on tire le cordon, on fait retrograder la roue G dont les chevilles viennent agir fur le derriere du bras m, lequel obéit & vient de m en x; le petit bras qui eft deffous pour les quarts, fait le même mouvement ; & lorsque le grand ressort ou moteur ramene la roue G, un petit ressort qui agit sur ces pieces *m*, les oblige à s'engager dans l'intervalle des chevilles, & à préfenter les plans droits fur lesquelles agissent ces chevilles pour lever les marteaux.

115. La poulie P (*fig.* 2) porte le pignon *a* qui engrene dans le rateau *b* C, dont l'effet est, comme je l'ai dit, d'aller porter fa pointe *b* fur les pas du limaçon L, & de déterminer le nombre des coups que doit frapper le marteau des heures.

L'Etoile E & le limaçon L font fixés ensemble par deux vis. Cette étoile se meut fur une vis à tige V, attachée à la piece TR, mobile elle-même en T. Cette piece forme, avec la platine une petite cage, en dedans de laquelle tourne l'étoile E : un des rayons ou dents de l'Etoile porte fur le fautoir Y, lequel est pressé par le ressort *g*. Lorsque la cheville *c* du limaçon des quarts fait tourner l'étoile, le fautoir Y fe meut en s'éloignant du centre V de l'étoile jusqu'à ce que la dent de l'étoile soit parvenue à l'angle du fautoir ; ce qui arrive lorsqu'elle a fait la moitié du chemin qu'elle doit faire ; & lorsqu'elle a échappé cet angle, le plan incliné du fautoir la pousse comme par derriere, & lui fait achever précipitamment l'autre moitié ; de sorte qu'au changement d'une heure à l'autre, celui de l'étoile & du limaçon se fait en un instant : c'est lorsque l'aiguille des minutes est fur les 60' du cadran.

116. Le fautoir achevant ainsi de faire tourner l'étoile, chaque dent située en *c* vient poser fur le derriere de la cheville *c*, & fait avancer la *furprife s* à laquelle elle tient ; la furprife est une plaque ajustée fur le limaçon des quarts ; elle tourne avec lui au moyen de la cheville qui passe dans l'entaille de la furprife ; le chemin que fait faire l'étoile à la furprife *s*, fert à empêcher que le bras Q du doigt ne descende dans le pas 3, ce qui feroit répéter 3 quarts fur 60'. Aussi-tôt que l'étoile change d'heure, elle oblige donc la furprife d'avancer pour recevoir le bras Q : ainfi dans le moment où l'on tire le cordon, le marteau fonne l'heure précise.

Premiere Partie, Chap. VII.

Le bras Q & le doigt font mobiles fur le même centre; lorf-qu'on a tiré le cordon & que les chevilles de la poulie ont dégagé le doigt, pour lors le reffort p fait approcher le bras Q du limaçon des quarts, & le doigt D fe préfente à l'une ou l'autre des chevilles de la poulie; ces deux pieces peuvent tourner l'une fur l'autre & fe mouvoir féparément: cela fert dans le cas où le bras Q allant pofer fur le pas h du limaçon des quarts, & le doigt D étant engagé dans les chevilles de la poulie, ce bras fléchit & obéit aux chevilles de la poulie qu'on fait actuellement rétrograder; il faut que la cheville actuellement en prife, puiffe faire mouvoir le doigt féparément de la piece Q; le reffort B ramene le doigt D, dès que la cheville a rétrogradé, pour qu'il fe préfente à la cheville qui arrête pour l'heure feule, ou pour le quart fi le bras porte fur le pas 1, &c.

117. Nous avons vu les parties les plus effentielles de la répétition; il n'en refte qu'une dont il faut donner une idée, & que je vas tâcher de faire concevoir; c'eft le *tout ou rien*, dont la propriété eft que fi l'on ne tire pas tout-à-fait le cordon, & de maniere que le bras b du rateau C vienne preffer le limaçon L, le marteau ne frappera pas; en forte que par ce méchanifme ingénieux, la piece répétera l'heure jufte, finon elle ne la répétera pas du tout.

118. On a vu que, lorfque l'on tire le cordon, la roue des chevilles G (*figure* 1) renverfoit la piece m, & la faifoit venir en x; & que pour que le marteau frappe, il faut qu'un reffort ramene cette piece m, pour la mettre en prife avec les chevilles; après cela, il eft aifé de voir que fi, au lieu de laiffer reprendre à cette piece m fa fituation, on la fait encore renverfer davantage, le reffort ou moteur ramenant la roue des chevilles, le marteau ne frappera pas tout le temps que cette piece reftera renverfée; c'eft précifément l'effet que produit la piece TR (*fig.* 2) qu'on nomme pour cela *Tout ou rien*. Voici comment. La piece m (*fig.* 1) porte une cheville qui paffe à travers la platine par l'ouverture o (*fig.* 2): fi l'on tire le cordon, la roue des chevilles fait mouvoir la piece m, comme nous

venons de le voir ; la cheville qu'elle porte vient preſſer contre le bout *o* du tout ou rien, & l'écarte, enſorte que la cheville parvient à l'extrémité *o* qui eſt un peu inclinée : or le reſſort *d* tendant à ramener le bras *o*, le plan incliné oblige la cheville de parcourir encore un petit eſpace qui ôte le bras *m* (*fig.* 1) entiérement hors de priſe avec les chevilles, enſorte que le marteau ne frappera pas à moins que la cheville ne ſoit dégagée du bout du bras *o*; pour cet effet, il faut que le bras du rateau vienne poſer & preſſer le limaçon *L* qui ſe meut ſur la tige *V* fixée au tout ou rien *T R*. Or, en preſſant le limaçon, on fait écarter le bras *o* de la cheville, laquelle étant dégagée, donne la liberté au bras *m* de ſe préſenter aux chevilles de la roue *G*, & au marteau celle de frapper les heures & quarts donnés par la cadrature & par les aiguilles.

119. Le rochet *R* (*fig.* 3) eſt celui d'*encliquetage* du mouvement; *c*, eſt le *cliquet*; *r*, le reſſort. Le rochet *R* eſt mis en quarré ſur l'arbre de barillet; ce quarré prolongé ſert pour remonter le reſſort au moyen de la clef. *B* eſt le barillet dans lequel doit être le reſſort ou moteur de la répétition. *V* eſt une vis appellée *l'Excentrique* ou *Porte-pivot*: ſur la partie qui entre à frottement dans la platine, eſt percé un trou hors de l'axe de la vis; ce trou eſt celui du pivot de l'ancre *A*: en faiſant tourner cette vis, on approche ou l'on éloigne le pivot de l'ancre, & par conſéquent l'ancre lui-même, de ſorte que ſes pointes engrennent plus ou moins, ſelon le beſoin, dans les dents de la roue d'échappement.

120. (*fig.* 2), *A* eſt le coq d'échappement : il porte la ſoie à laquelle on ſuſpend le Pendule; un des bouts de la ſoie eſt attaché à la tige *e* qu'on appelle *Avance* ou *Retard*; l'autre bout de cette tige paſſe au cadran, & eſt quarré pour y faire entrer une petite clef, par le moyen de laquelle on fait tourner cette tige *e* de côté ou d'autre, pour faire allonger ou raccourcir la ſoie qui ſert à ſuſpendre le Pendule dont la longueur change par ce moyen.

121. L'ancre *A* (*fig.* 1) eſt fixé ſur une tige comme celui

PREMIERE PARTIE, CHAP. VII.   41

de la Pendule à secondes : cette tige porte la fourchette T qui fait mouvoir le pendule ; le pivot que porte cette tige du côté de la fourchette, entre dans un trou fait au coq A (*fig.* 2).

122. La figure 4 représente en perspective la roue D, dont la révolution est d'une heure ; c'est sa tige qui porte la roue m de la figure 3. Cette roue m est vue en perspective dans la figure 5 ; son canon a sert à porter l'aiguille des minutes.

123. La figure 6 représente en perspective la roue S de la figure 3 ; c'est la tige prolongée de cette roue qui passant à la cadrature porte le limaçon des quarts h (*fig.* 2) ; le pignon de cette roue S engrene dans la roue de cadran qui est vue en perspective dans la figure 7. Enfin c'est sur le canon de cette roue que s'ajuste l'aiguille des heures.

CHAPITRE VIII.

Des Montres.

DÉFINITION.

124. Si l'on a un anneau circulaire A A c (*Pl.* 1, *fig.* 5) dont la circonférence soit également pesante & concentrique à l'axe B, & à ses pivots a, b sur lesquels il puisse tourner librement, cet anneau restera en équilibre avec lui-même dans quelque position qu'on le place, & quelqu'espace qu'on lui ait fait parcourir ; ensorte que son *inertie* (a) tendra également à le faire rester en repos lorsqu'il y sera, & à le faire tourner uniformément lorsqu'on l'aura mis une fois en mouvement. Ceci est une suite de notre supposition ; car dès que chaque partie de la circonférence de cet anneau est également pesante, &

---

a On appelle *Inertie* cette propriété commune à tous les corps de rester en leur état, soit de repos ou de mouvement, à moins que quelques causes étrangeres ne les en fassent changer.

I. Partie.   E

également distante de l'axe de rotation ; elle est contre-balancée par la partie opposée, ce qui entretient le mouvement dans le même état. Nous appellerons *Balancier* un tel anneau.

125. Cela posé, si l'on imagine que l'axe du balancier (*fig*: 6) porte les deux parties saillantes ou *palettes c*, *d*, formant ensemble un angle droit, & que sur ces palettes on fasse agir la roue à couronne *C* ; il arrivera que si l'on fait tourner cette roue dans le sens *C e d C b e*, ses dents écarteront alternativement l'une des palettes dans un sens, & l'autre dans un sens opposé ; ensorte que le balancier ira & reviendra sur lui-même, & fera ainsi des vibrations (22).

126. La roue *C* fera donc avec ces palettes un échappement (38) qu'on peut appliquer à un mouvement d'Horloge, à la place du Pendule. Ainsi faisant rouler les pivots du balancier dans des trous d'une cage *D E F G* (*fig*. 7), & ceux de la roue *C* dans une seconde cage *H I* qui serve à maintenir l'axe de cette roue perpendiculairement à l'axe du balancier ; si l'on fait engrener son pignon *d* dans une roue *K*, en sorte que celle-ci communique par engrenage aux roues & pignons *c*, *L*, *b*, *M*, *a*, *N*, & qu'enfin l'axe de la roue *N* soit mis en mouvement par un ressort spiral *O P*, on aura une machine qui servira à mesurer le temps, dans quelque position que la cage *G D E F* soit placée ; car l'équilibre des parties du balancier lui fait continuer le mouvement alternatif qui lui est imprimé, indépendamment de la position qu'on lui donne ; & la nature du ressort lui fait exercer également son action, quelle que soit la situation & le mouvement de la piece qui le porte.

127. Sachant maintenant le nombre de dents des roues & pignons qui composent le rouage (*fig*. 7), on en conclud le nombre de vibrations du balancier, pendant que la roue qui contient le ressort en fait un. Ainsi, en comptant combien la roue *C* fait de tours en une heure, on saura la durée des révolutions des autres roues, & l'on pourra, par ce moyen, faire porter par l'axe prolongé d'une de ces roues, une aiguille qui indiquera sur un cadran les parties du temps.

Premiere Partie, Chap. VIII.

128. En examinant la nature du mouvement du balancier, on trouve aisément que sa vîtesse dans ses vibrations est d'autant plus grande, 1°, que la force du ressort moteur est plus grande ; 2°, que le balancier est plus léger ; 3°, que sa circonférence est plus petite, parce que dans ces deux cas la force du ressort est d'autant plus efficace pour communiquer de la vîtesse, que cette vîtesse doit se distribuer à moins de parties, & à des parties moins éloignées de l'axe du balancier ; 4°, que la force du ressort moteur fera d'autant plus d'effet sur le balancier, que les palettes seront frappées plus loin de l'axe : d'où il résulte que la vîtesse des vibrations d'un balancier dépend d'un grand nombre de circonstances ; & qu'il y a plusieurs moyens de la faire varier à volonté.

129. Le nombre de dents des roues N, M, L, K, C, & de leurs pignons a, b, c, d, étant donné, on peut assujettir la vîtesse de leurs révolutions à des temps donnés ; ainsi en supposant que pendant que la roue M fait un tour, la roue C en fasse 600, on pourra régler la vîtesse de ce rouage, de maniere que la roue M emploie une heure à faire une révolution, soit en augmentant ou en diminuant la force du ressort OP, soit en rendant le balancier plus léger ou plus pesant, soit enfin en le rendant plus grand ou plus petit ; donc en plaçant une aiguille au bout de l'axe de cette roue M, & divisant un cercle du cadran RS en 60 parties, le passage de l'aiguille sur chaque division, indiquera une minute de temps.

130. Au lieu de placer l'aiguille f directement sur l'axe de la roue M, on fait entrer cet axe dans un canon Q (qu'on appelle *une Chauffée*) ; un de ses bouts e est quarré pour recevoir l'aiguille f, & vers l'autre bout est un pignon Q qui engrene dans la roue T qui porte un pignon g qui engrene dans la roue V, laquelle est portée par un canon t qui s'emboîte sur la chauffée eQ. Si donc les nombres de dents des roues & pignons Q, T, g, V sont tels que pendant que la chauffée Q fait 12 tours, la roue V en fasse un, celle-ci restera douze heures à faire une révolution ; donc en faisant porter par son canon prolongé une aiguille ih, & divisant le cercle o en 12 parties, cette aiguille

marquera les heures. Ainſi on aura une machine portative aſſez ſimple, & qui ſervira à meſurer les heures & les minutes.

131. Le bout inférieur *q* de l'axe de la roue *N* porte un crochet qui entre dans un trou fait au bout intérieur du reſſort. Ainſi ce crochet entraîne le reſſort par ſon mouvement : le bout extérieur du reſſort eſt accroché en *p* avec le pilier; il reſte par conſéquent immobile. Si donc on fait entrer une clef ſur le bout quarré *o* de l'axe prolongé de la roue *N*, & qu'on faſſe tourner cet axe du ſens oppoſé à celui ſelon lequel le reſſort tend à ſe débander, la lame du reſſort *qP* ſe roulera ſur cet axe *q*, & le reſſort ſe tendra à proportion: auſſi-tôt que l'on aura ceſſé de le remonter, ſon élaſticité agira ſur la roue *N*, & celle-ci ſucceſſivement ſur les pignons & roues, ce qui donnera le mouvement au balancier. Les vibrations alternatives du balancier modéreront la vîteſſe du rouage, & par conſéquent celle de l'action du reſſort, qui ne ſe développera qu'à meſure que les roues tourneront. Ce reſſort eſt donc le moteur d'une telle machine; & le balancier en eſt le *Modérateur* ou le *Régulateur*.

132. Lorſqu'il faut remonter le reſſort, on tourne, comme j'ai dit, le bout de l'axe quarré *o* dans un ſens oppoſé. Il faut donc pour cela que cet axe puiſſe tourner dans ce ſens, indépendamment de la roue *N* : c'eſt l'effet de l'encliquetage porté par cette roue & du rochet *X* fixé ſur l'axe *oq* : les côtés inclinés des dents de ce rochet écartent le cliquet *m*, quand on remonte le reſſort; & lorſqu'on ceſſe de le remonter, les côtés droits de ces dents arcboutent contre le cliquet; ainſi le reſſort *OP* entraîne la roue *N*, &c. Nous avons déja expliqué les effets de l'encliquetage (art. 34).

133. La chauſſée *Q* entre à frottement ſur l'axe prolongé de la roue *M*; ainſi on peut la faire tourner pour mettre les aiguilles à l'heure, ſans rien changer au mouvement de la roue *M*.

134. La roue *T* ſe meut entre le cadran & la platine *FG*, ſur les deux pivots qui terminent l'axe *g*.

135. Lorſqu'une dent de la roue *C* a écarté la palette du

balancier, & lui a fait faire une vibration, elle s'échappe, & la dent opposée va agir sur l'autre palette pour ramener le balancier : c'est l'effet de la roue *C* sur les palettes pour faire vibrer le balancier, & celui du balancier pour suspendre & modérer la vîtesse de la roue, qu'on appelle l'*Echappement*.

136. La roue *C* s'appelle *Roue de rencontre* ; & l'échappement où l'on employe la construction que nous venons de décrire, s'appelle *Echappement à roue de rencontre*.

137. On appelle *Verge de Balancier*, la piece d'échappement *a b c d* (*fig. 6*)

138. Il faut observer, par rapport à l'échappement à roue de rencontre, que si après l'impulsion de la roue, on continuoit à faire aller le balancier du même côté, la palette feroit rétrograder la roue au point qu'elle abandonneroit la dent; & comme dans ce cas l'autre palette feroit éloignée de la dent opposée, il arriveroit que la roue de rencontre cesseroit d'agir sur les palettes, & tourneroit avec toute sa vîtesse, & sans être modérée par le balancier; c'est pour prévenir cet accident, (qu'on appelle *Renversement*) que l'on borne la révolution du balancier à 240 degrés ou à peu près. C'est à cet usage que sont destinées les chevilles 1, 2, portées par le balancier *A* (*fig.* 7) ; la cheville *s* s'oppose à leur passage avant que les palettes soient renversées & désengrenent de la roue d'échappement.

139. La roue *M* s'appelle *Roue de longues tiges* : on l'appelle aussi *Roue des minutes*.

140. La roue *L* s'appelle *la petite Roue moyenne*.

141. On nomme *Roue de champ* celle *K*.

142. Le ressort *O P* est le *moteur* de cette machine portative.

143. On appelle *Roue de cadran*, la roue *V* dont le canon prolongé porte l'aiguille des heures.

144. La roue *T* s'appelle *Roue de renvoi*; & son pignon *g Pignon de renvoi*.

145. On appelle *Roues de cadran* ou *Minuteries*, celles *V*, *T*, *Q*, *g*, placées entre la platine & le cadran, & qui servent à la conduite des aiguilles.

146. On appelle *Potence* la piece *I* dans laquelle roule le pivot *r* de la roue de rencontre *C* ; & *Contrepotence* la piece *H* dans laquelle roule l'autre pivot du pignon de rencontre *d*.

147. Voilà en gros la notion d'une machine portative propre à mefurer le temps, & telle à peu-près que les premieres montres ont été faites. Il faut maintenant parler des défauts qu'elles avoient, & dire la maniere dont on y a remédié ; enfin décrire la difpofition actuelle des Montres.

148. Nous avons fait obferver que le balancier n'avoit aucune tendance à fe mouvoir d'un côté plutôt que de l'autre, quoiqu'on le faffe tourner ; il n'a donc, par lui-même, aucun principe de juftelle ; il eft fufceptible de toutes les différentes impreffions du moteur ; & comme, par fa nature, le reffort change de force à mefure qu'il eft plus tendu, il fuit de-là qu'une machine, telle que nous l'avons décrite, feroit fufceptible de beaucoup d'inégalités.

149. Pour remédier aux défauts caufés par l'inégalité des forces du reffort, on a inventé le méchanifme fuivant. La chaîne *H* (*Pl. VII*, *fig.* 4) qui entoure le barillet *A*, & qui eft attachée à la poulie conique ou fpirale *G*, qu'on appelle la *Fufée*, tend par la force du reffort renfermé dans le barillet à faire tourner cette fufée, & par conféquent la roue *F* qui eft fixée fur fon axe ; or, par la nature des rouages, la force que la chaîne communique à la fufée a d'autant plus ou moins d'effet qu'elle atteint cette fufée plus loin ou plus près de fon axe. On peut donc tailler la fufée de forte qu'à mefure que la force du reffort devient plus petite en fe débandant, la chaîne atteigne la fufée dans des points de plus en plus éloignés de fon axe ; de forte qu'il en réfulte une égalité continuelle d'effet.

150. Enfin, pour obvier à prefque tous les inconvénients qui s'oppofent au mouvement uniforme de la machine, on a inventé le *reffort fpiral*, qui a donné au balancier toutes les propriétés d'un vrai régulateur.

151. On appelle *Spiral*, un reffort *u s* (*fig. 9*) plié felon une figure approchante de la fpirale des Géometres. Dans cet état, ce reffort tend par fa nature à reprendre cette figure

spirale, si par quelque effort on la lui fait perdre. Le bout intérieur du spiral est fixé à une virole traversée par l'axe du balancier sur lequel elle tient à frottement ; le bout extérieur *p* est arrêté sur la cage de la machine. Lors donc que l'on fait tourner le balancier, & qu'ainsi on l'écarte du point de repos où le laisse le spiral, ce ressort, contraint de changer de figure, en resserrant ou en étendant ses spires, tend à la reprendre avec d'autant plus de force que l'arc décrit par un point quelconque de la circonférence du balancier aura été d'un plus grand nombre de degrés : ainsi lorsqu'en cessant d'agir sur le balancier, on l'abandonnera à lui-même, le spiral reprenant sa figure, ramenera, par un mouvement accéléré, le balancier au point de repos d'où on l'a tiré ; mais lorsqu'il y sera parvenu, sa vîtesse acquise par l'accélération lui fera parcourir autant de chemin de l'autre côté qu'on lui en avoit fait faire en l'écartant. Ce passage au-delà du point de repos, se fera par un mouvement retardé, parce que le ressort spiral sera contraint de changer encore de figure, jusqu'à ce que la résistance que son élasticité y opposera, ait éteint le mouvement acquis ; alors le ressort reprenant sa figure, retournera sur ses pas par un mouvement accéléré jusqu'au premier point de repos, puis retardé en passant au-delà, comme dans la première vibration. Ainsi en allant & revenant continuellement sur lui-même, le balancier conserve l'isochronisme par l'action du spiral, comme le Pendule par celle de la pesanteur.

152. Or, sans le frottement que les pivots du balancier éprouvent tant par la pression que son poids cause, que par son mouvement, & sans la résistance de l'air, un balancier une fois mis en mouvement, continueroit à vibrer éternellement avec la même vîtesse, & en faisant des vibrations d'égales durées ; mais ces obstacles sont si considérables, que le mouvement imprimé au balancier cesseroit au bout de quelques minutes, s'il n'étoit renouvellé à chaque instant par une force motrice, qui doit être d'autant plus grande que le mouvement imprimé dureroit moins.

153. Nous avons vu (31) que dans les Pendules la force

motrice doit être seulement capable d'entretenir le mouvement imprimé d'abord à ce régulateur ; mais ce n'est pas la même chose dans les Montres qui sont exposées à toutes sortes de mouvements & de secousses. Si la force motrice n'étoit que suffisante pour entretenir le mouvement du balancier, il arriveroit qu'une secousse dans un sens contraire au mouvement du balancier, feroit arrêter la Montre, laquelle ne pourroit reprendre son mouvement, à moins qu'on ne le redonnât de nouveau au balancier ; défaut très-grand, qui rendroit une Montre inutile, puisqu'on ne seroit jamais assuré qu'elle eût marché deux heures de suite, sans avoir été arrêtée par quelques secousses, & remise en mouvement par d'autres après quelques moments de repos. Cette machine ainsi composée ne pourroit donc servir à la mesure du temps. Pour prévenir un tel obstacle, il est nécessaire que la force motrice soit assez grande pour pouvoir donner elle-même le mouvement au balancier, sans qu'il soit besoin de le mettre en vibration. De cette maniere, il n'y a pas d'agitations qui puissent arrêter la montre ; car elles ne pourront jamais empêcher que la force motrice qui domine sur le balancier, ne lui rende son mouvement immédiatement après l'action de la secousse qui tendoit à l'arrêter ; & quand même on parviendroit à composer un régulateur qui pût détruire par lui-même toutes les impressions des secousses, & de maniere que son mouvement n'en fût jamais interrompu, il seroit encore nécessaire que la force motrice fût assez grande pour donner à ce régulateur le mouvement de vibration, comme nous le ferons voir dans la seconde Partie.

Passons maintenant à la description d'une Montre de la construction actuellement la plus suivie.

CHAPITRE

CHAPITRE IX.

Description d'une Montre à Roue de rencontre.

154. Les Planches VI & VII repréfentent toutes les parties d'une Montre à échappement, à roue de rencontre.

PLANCHE VI.

155. La figure premiere fait voir la Montre toute montée, vue en perfpective.

156. La feconde repréfente l'intérieur de la montre, c'eft-à-dire, toutes les pieces qui fe pofent fur la platine des piliers, lorfqu'on veut les remettre en place après avoir démonté la Montre.

157. La troifieme fait voir l'autre côté de la même platine, avec les pieces qui font fous le cadran, & qui fervent à faire marcher les aiguilles.

158. Les figures 1 & 2 de la VIIe Planche repréfentent les côtés intérieurs des platines qui forment la cage dans laquelle on place le rouage de la Montre.

159. La figure 3 de la même Planche repréfente le cadran pofé fur la platine de la figure 3, Planche VI, avec les aiguilles ajuftées fur leurs canons.

160. Les figures 4, 5, 6, 7, de la Planche VI, & les figures 4, 5, 6, 7, 8, 9, de la Planche VII, font des développements des parties de la Montre. Venons à la defcription de chaque partie.

161. La figure 2 (*Planche VI*) repréfente, comme j'ai dit, l'intérieur de la montre. *A* eft le tambour ou barrillet dans lequel eft contenu le reffort ou moteur (*fig.* 5 *Pl. VII*). B eft la roue de fufée qui communique au barrillet par le moyen de la chaîne H r (149).

I. Partie.

162. La grande roue *B* ou roue de fusée engrene dans le pignon *a* qui porte la roue à longue tige *C*. Le pivot prolongé de ce pignon passe à travers la platine, & porte la chauffée (130) *C* (*fig.* 6). Le pignon *K* de cette chauffée (*fig.* 3), qui est le même vu, (*fig.* 6) engrene dans la roue de renvoi *E*; celle-ci porte un pignon *D* qui fait mouvoir la roue de cadran *F* (*fig.* 7). Le bout de la chauffée (*fig.* 6) porte l'aiguille des minutes; le bout du canon de la roue *F* de cadran (*fig.* 7) porte l'aiguille des heures. La roue de longue tige *C* (*fig.* 2) engrene dans le pignon *b* qui porte la petite roue moyenne *D*; celle-ci engrene dans le pignon *c* qui porte la roue de champ *E*, vue en perspective (*fig.* 1); cette roue engrene dans le pignon *e* de la roue de rencontre ou d'échappement (*fig.* 4 & 5), laquelle roule dans les trous des pieces portées par le dessous de la platine *MM* (*fig.* 1) : le dessous de cette platine est représenté (*Pl. VII, fig.* 1) portant la roue de rencontre *R*, dont les pivots roulent dans les trous de la potence *P* & de la contre-potence *A* : l'axe de cette roue est parallele à la platine.

163. Le balancier *B* se meut dans une espece de cage formée par le coq *CC* (*fig.* 1) & par la potence *P* portée par le dessous de la platine *MM*, comme cela se voit (*Pl. VII, fig.* 1).

Le pivot supérieur *a* du balancier (*Pl. VI, fig.* 4) tourne dans le trou *o* (*fig.* 1) du *coqueret p o* qui tient au coq *CC*, sous lequel tourne le balancier; & le pivot inférieur *b* (*fig.* 4 ou 5) tourne dans un trou fait en *o* à la potence *P* (*Pl. VII, fig.* 1) qui est développée dans la figure 7. La partie *q* de la potence *P* forme un petit hémisphere dont le trou du pivot est le centre; le sommet de cet hémisphere n'est séparé de la plaque *o p* que par un petit intervalle par lequel s'introduit l'huile qu'on met aux pivots, & qui ne s'extravase jamais du trou, étant attirée par la surface de la plaque & le sommet de l'hémisphere : cette disposition est très-essentielle pour conserver l'huile : le coqueret *o p* du coq du balancier (*fig.* 1) est arrangé de la même maniere.

Premiere Partie, Chap. IX.

164. La vis V sert à faire mouvoir le *lardon* L de la potence qui porte le trou où entre le pivot de la roue de rencontre ; ce mouvement du lardon L est pour servir à former l'échappement, & à rendre égales les chûtes de la roue de rencontre.

La piece op est une plaque d'acier qui s'attache à la potence pour recevoir le bout du pivot de la verge 2 (*fig.* 10).

165. La piece A (*figure* 1) est la contre-potence qui sert à porter le pivot inférieur r de la roue de rencontre R ; le bout du pivot roule sur une plaque d'acier que porte cette contrepotence à laquelle elle tient par le moyen d'une vis.

166. Les figures 9 & 10 (*Pl. VII*), représentent le balancier avec son spiral $as:p$ est le *piton* qui fixe le bout extérieur du spiral avec la platine. Rr (*fig.* 9) est le *rateau* dont le bras a est fendu pour contenir le ressort spiral : ce rateau Rr sert à déterminer la longueur du spiral, & par conséquent à régler la montre, selon qu'on approche la fente a, ou qu'on l'éloigne du piton p. Si on l'approche de p, pour lors le ressort spiral agira par une plus grande longueur (a) ; il sera par conséquent plus lent dans ses vibrations, & la Montre retardera. Si au contraire on éloigne la fente a du piton p, le ressort sera plus court, il aura par conséquent plus de vîtesse, & fera avancer la Montre.

167. Le rateau Rr s'ajuste sous la piece cc (*fig.* 6) qu'on appelle la *Coulisse*. La coulisse se fixe sur la platine au moyen de deux vis. Elle sert à contenir le rateau & à diriger son chemin autour du centre du balancier : le rateau est retenu sous la coulisse par une rainure faite comme on le voit dans la figure 6. On appelle *Coulisserie*, l'assemblage formé par le rateau & la coulisse.

168. L'anneau ou cercle BB du balancier porte en dessous une cheville qui détermine l'étendue de ses vibrations (n° 138). Pour cet effet cette cheville est arrêtée par les bouts cc de la coulisse (*fig.* 6).

---

[a] La longueur effective du spiral ne se mesure que depuis b au point où est fixé l'autre bout du spiral, puisque la fente du bras b empêche qu'il n'agisse de plus loin.

169. Pour faire mouvoir ce rateau R r (*fig. 9*), le quarré qui porte l'aiguille *t* qu'on appelle *l'Aiguille de Rosette*, porte aussi la roue *S*, laquelle engrene dans le rateau; & selon qu'on tourne cette aiguille, on fait avancer ou reculer le rateau, & par conséquent on fait avancer ou retarder la Montre, comme je viens de le dire. Le chemin de cette aiguille *t* est marqué par le cadran R (*Pl. VI, fig.* 1) : ce cadran qu'on appelle aussi la *Rosette*, porte des divisions qui indiquent la quantité dont on fait marcher l'aiguille.

170. La figure 8 Planche VII représente la fusée F & la roue B : voici la maniere dont elles s'ajustent ensemble. La roue *ff* qui est au-dessous de la fusée, est taillée en rochet, c'est-à-dire, que les dents sont droites d'un côté & inclinées de l'autre; son usage est le même que celui qu'on a vu dans les remontoirs des Pendules (n° 34).

171. La roue B est appliquée contre le rochet *ff* de la fusée par le moyen de la virole C laquelle entre à frottement sur l'axe de la fusée; ce qui l'empêche de s'en écarter, lui permettant seulement de tourner.

172. Lorsque l'on remonte les Montres, on sent un arrêt qui empêche de monter le ressort plus haut, & par conséquent de rien forcer : voici comment cet effet se produit. La platine *NN* (*fig.* 1) porte la piece ou bras *b* mobile sur le piton B. Ce bras peut seulement s'approcher ou s'éloigner de la platine : le ressort *r* tend continuellement à l'en éloigner. Lorsqu'on remonte la Montre, la chaîne H (*fig.* 4) qui actuellement entoure le tambour *A*, s'applique dans la rainure de la fusée F, en commençant par la base & finissant au sommet; pour lors la chaîne agit sur le bras *b*, & l'oblige de s'approcher de la platine; continuant à tourner la fusée, le crochet G qu'elle porte vient arcbouter contre le bout *b* du bras, ce qui arrête l'effort de la main, & avertit que la Montre est remontée au haut. Lorsque la fusée est entraînée par le ressort ou moteur, la chaîne s'applique de nouveau sur le barrillet *A*, & le ressort *r* éloigne le bras *b*, qui permet au crochet G de la fusée de passer entre lui & la platine. On

Premiere Partie, Chap. IX.

appelle *Garde-chaîne* les pieces *b* , *B r* , qui empêchent de trop remonter la Montre.

173. Le reſſort (*fig.* 5) fait voir le moteur d'une Montre dans ſon état naturel & développé : il ſe met dans le barrillet ou tambour *A*. Pour le faire entrer dans le barrillet, on ſe ſert d'un arbre portant un crochet qui agit ſur le bout intérieur du reſſort, lequel porte une ouverture pareille à celle *o* du bout extérieur. Ainſi tournant cet arbre, les ſpires du reſſort ſe reſſerrent & s'approchent ; & on leur fait occuper un petit volume capable d'entrer dans le barrillet *A*. Un bout de l'arbre *a* porte quarrément une roue *R* (*fig.* 4) qu'on appelle *Roue de vis ſans fin* ; elle doit être de l'autre côté du barrillet ; mais comme elle n'auroit pu être vue, je l'ai fait repréſenter deſſus, comme on voit, pour en mieux faire ſentir l'uſage ; les dents de cette roue entrent dans le pas de la vis ſans fin *V* (*fig.* 2) ; c'eſt au moyen de cette roue *R*, & de la vis *V*, que l'axe du barrillet reſte immobile, tandis que le barrillet tourne & que le reſſort ſe monte, ſelon que l'y oblige la fuſée, & qu'il ſe développe enſuite par ſa force naturelle qui tend à reprendre la premiere ſituation : pour cet effet un des bouts *r* du reſſort s'accroche à l'arbre immobile *a*, & l'autre tient au barrillet *A*, & par conſéquent celui-ci tourne, ſelon qu'il eſt entraîné par le reſſort ; ainſi les ſpires du reſſort s'enveloppent l'une ſur l'autre, lorſqu'avec la fuſée on fait tourner le barillet, & avec lui le bout *o*, & ainſi de ſuite, &c.

174. Le bout extérieur du reſſort eſt détrempé pour faire l'ouverture *o*, ce qui le rend ſujet à fléchir près de l'endroit où il eſt accroché, & à frotter contre les ſpires de ce reſſort. Pour y obvier, on ſe ſert d'une piece qu'on appelle *Barrette*. Cette piece traverſe le barrillet dans ſon épaiſſeur à ſoixante degrés environ du point de la circonférence intérieure du barrillet où eſt placé le crochet. Elle s'applique ſur la lame du reſſort à l'endroit où elle eſt trempée ; & c'eſt de ce point que l'on compte l'action du reſſort ; de même que celle du reſſort ſpiral du balancier des Montres ſe compte de la fente du rateau.

175. La vis sans fin *V* porte un bout quarré, au moyen duquel on peut faire tourner l'arbre du barrillet, & donner plus ou moins de tension au ressort.

CHAPITRE X.

Description d'une Montre à répétition, avec un échappement à Cylindre, selon la construction de GRAHAM.

176. Ce que j'ai dit sur les répétitions dans les Horloges à Pendules, & sur la Montre simple, étant une fois bien entendu, on concevra aisément le méchanisme d'une Montre à répétition, qui n'est en petit que ce qu'est une Pendule en grand.

177. La figure premiere de la Planche VIII représente le rouage du mouvement (a) & de la répétition, & toutes les pieces qui sont mises entre les deux platines.

178. Le ressort du mouvement est contenu dans le barrillet *A* : *B* est la grande roue ou la roue de fusée ; *C*, la grande roue moyenne dont le pivot prolongé porte la chaussée (162) sur laquelle s'ajuste l'aiguille des minutes ; *D* est la petite roue moyenne ; *E*, la roue de champ, & *F*, la roue *de cylindre* ou d'échappement. La fusée *I* est ajustée sur la grande roue *B* de la même maniere que nous l'avons vûe (171) ; pour celle de la montre, la chaîne l'entoure de même, & tient de même au barrillet : le crochet *O* sert à arrêter la main lorsqu'on a remonté la Montre au haut ; il arrête sur le bout du garde-chaîne *C* (*figure 2*) qui tient à l'autre platine;

---

a On distingue ici entre les roues, celles du mouvement ou qui servent à mesurer le temps, comme les roues *B*, *C*, *D*, *E*, *F*; & celles de la répétition qui servent à régler l'intervalle entre les coups de marteau; telles sont les roues, *a*, *b*, *c*, *d*, *e*, *f*, dont l'assemblage s'appelle le *Petit Rouage*.

Premiere Partie. Chap. X. 55

son effet se fait de même que celui de la Montre simple (172). La figure 3 représente le développement de l'échappement à cylindre, (dont on verra la description, chapitre XXII). B est le balancier fixé sur le cylindre; F est la roue de cylindre, laquelle est représentée comme tendant à agir sur le cylindre & à faire faire des vibrations au balancier: je n'ai pas fait mettre le spiral ni ce qu'on appelle *la Coulisserie* (167), & le dessus de la platine; (on appelle *Dessus de Platine*, les pieces qui se mettent sur la platine du balancier (*Pl. VI. fig.* 1), comme la *Rosette*, *le Coq & la Coulisserie*, toutes ces parties étant les mêmes que celles de la Montre à roue de rencontre, vue dans les figures 6 & 9 de la Planche VII, & décrite dans le Chapitre précédent.

179. Le rouage de la répétition est composé de cinq roues *a*, *b*, *c*, *d*, *e*, du pignon *f* & de quatre autres pignons. L'effet de ce rouage est de régler l'intervalle entre chaque coup de marteau (a).

180. La premiere roue *a* ou grande roue de sonnerie, porte un cliquet & un ressort sur lequel agit un petit rochet mis sous le rochet *R*, ce qui forme un encliquetage comme celui que l'on a vu à la premiere roue de répétition (*Pl. V, fig.* 1), dont l'usage est le même, c'est-à-dire, que quand on pousse le poussoir, le rochet *R* rétrograde, sans que la roue *a* tourne; & le ressort qui est dans le barillet B (*fig.* 2) ramenant le rochet *R*, dont l'axe *g* est accroché au ressort, le petit rochet arc-boute contre le cliquet, fait tourner la roue *a*, & le rochet *R* fait frapper le marteau *M*, dont le bras *m* est engagé dans les dents de ce rochet.

181. Le ressort *r* attaché à la platine (*fig.* 2) agit sur

---

a De sorte que si l'on fait la premiere roue *a* de 42 dents, la seconde *b* de 36, la troisieme *c* de 33, la quatrieme *d* de 30, & la cinquieme *e* de 25; si de plus tous les pignons où ces roues engrenent, ont 6 dents: pendant que la premiere *a* fera un tour, le pignon *f* en fera 4812 $\frac{1}{2}$: or le rochet *R* que porte la premiere roue *a*, est ordinairement divisé en 24 parties, dont on retranche ensuite la moitié, afin qu'il n'en reste que 12 pour frapper 12 coups pour les 12 heures. Si donc on divise 4812 par 24, on aura le nombre de tours que fait le cinquieme pignon pour chaque coup de marteau; cela donne 200 $\frac{5}{2}$ tours du pignon *f* pour une dent du rochet *R*.

56 ESSAI SUR L'HORLOGERIE,

la petite partie *n* du bras *m* (*fig.* 1) : l'effet de ce ressort est de presser le bras *m* contre les dents du rochet, de sorte que lorsqu'on fait répéter la Montre, le rochet *R* rétrograde & le ressort *r* ramene toujours le bras *m*, afin que les dents du rochet fassent frapper le marteau. Passons maintenant à la description de la Cadrature.

PLANCHE IX.

182. La figure premiere représente cette partie d'une répétition qu'on appelle *Cadrature*. Elle est vue dans l'instant où l'on vient de pousser le bouton pour la faire répéter (a). *P* est l'anneau auquel tient le poussoir ; il entre dans le canon *O* de la boîte, & s'y meut sur sa longueur, en tendant au centre ; il porte la piece *p* qui est d'acier, & fixée au poussoir ; elle est limée, plate par dessous ; une plaque qui tient à la boîte sert à l'empêcher de tourner, & lui permet seulement de se mouvoir sur sa longueur ; l'excédent de cette piece est pour retenir le poussoir de maniere qu'il ne puisse sortir du canon de la boîte.

183. Le bout de la piece *p* agit sur le talon *t* de la *crémaillere C C*, laquelle a son centre de mouvement en *y*, & dont l'extrémité *c* fixe un bout de la chaîne *s s*. L'autre bout tient à la circonférence d'une poulie *A* mise quarrément sur l'axe prolongé de la premiere roue du petit rouage. Cette chaîne passe sur une seconde poulie *B*.

184. Si donc on pousse le poussoir *P*, le bout *c* de la crémaillere parcourra un certain espace, & par le moyen de la chaîne *s s*, il fera tourner les poulies *A*, *B* ; ainsi le rochet *R* (b) (*fig.* 2) rétrogradera jusqu'à ce que le bras *b* de la

---

a En ôtant d'abord les aiguilles & ensuite la vis qui attache le cadran des répétitions, on verra le même méchanisme que présente cette figure ; c'est la disposition de cadrature la plus généralement suivie ; elle est solide, & d'une exécution facile.

b Pour mieux concevoir l'effet & la disposition de cette répétition, il ne faut que jetter un coup d'œil sur la figure 2 : on voit en perspective la *crémaillere y c*, le limaçon *L* des heures & l'étoile *E* ; les poulies *A* & *B*, le rochet *R*, la roue *a*, la levée *m n* & le grand marteau ; or ce sont les principales parties d'une répétition : elles sont dessinées comme si elles étoient actuellement en mouvement

crémaillere

crémaillere appuie sur le limaçon L ; pour lors le ressort moteur de la répétition ramenant le rochet & les pieces qu'il porte, le bras m se présentera aux dents de ce rochet, & le marteau M frappera les heures, dont la quantité dépend du pas du limaçon L qui se présente au bras b.

185. Le limaçon L est fixé à l'étoile E par le moyen de deux vis : ils tournent l'un & l'autre sur la tige de la vis V portée par le tout-ou-rien TR qui se meut sur son centre T; le tout-ou-rien forme avec la platine une cage où tournent l'étoile & le limaçon des heures. Voyons maintenant comment les quarts sont répétés.

186. Outre le marteau M des heures, il y en a un autre N (*Pl. VIII, fig.* 1), dont l'axe ou pivot passe dans la cadrature & porte la piece 5,6 (*Planche IX*) ; le pivot prolongé du grand marteau passe aussi dans la cadrature, & porte le petit bras q : ces pieces 5,6 & q servent à faire frapper les quarts à doubles coups. C'est là l'effet de la piece des quarts Q, laquelle porte en F & en G des dents qui agissent sur les pieces q, 6, & font frapper le marteau : cette piece Q est entraînée par le bras K que porte l'axe du rochet R au-dessus de la poulie A, de maniere que, lorsque les heures sont répétées, le bras K agit sur la cheville G fixée sur la piece des quarts, & l'oblige de tourner & de lever les bras q & 6, & par conséquent les marteaux.

187. Le nombre de quarts que doivent frapper les marteaux, est déterminé par le limaçon des quarts N, selon les enfoncements h, 1, 2 ou 3 qu'il présente ; la piece des quarts Q pressée par le ressort D, rétrograde ; & les dents s'engagent plus ou moins avec les bras q, 6, qui ont aussi un mouvement rétrograde, & sont ramenés par les ressorts 10 & 9 : le bras K ramenant la piece des quarts, le bras m que porte cette piece, agit sur l'extrémité R du tout-ou-rien TR, dont l'ouverture x, à travers de laquelle passe une branche fixée à la platine, permet que R parcoure un petit espace : le bras m étant parvenu à l'extrémité R ; celle-ci pressée par le ressort ix revient à son premier état, de maniere que le bras m

pose sur le bout R, & que la piece des quarts ne peut rétrograder sans qu'on éloigne le tout-ou-rien. Le bras *u* que porte la piece des quarts, sert à renverser la levée *m* (*fig.* 2) dont la partie 1 passe dans la cadrature ; ensorte que lorsque les heures & les quarts sont répétés, la piece des quarts continue encore à se mouvoir, & le bras *u* renverse la levée *m* de la Planche VIII, au moyen de la cheville 1 qui passe à la cadrature, & la met par ce moyen hors de prise du rochet R, pendant tout le temps que le tout-ou-rien *TR* ne laissera pas rétrograder la piece des quarts ; ce qui n'arrivera que dans le cas où ayant poussé le poussoir, le bras *b* de la crémaillere presse le limaçon, & fasse parcourir un petit espace à l'extrémité R du tout-ou-rien : alors la piece des quarts descendra & dégagera les levées, & les marteaux frapperont le nombre d'heures & de quarts que donnent les limaçons *L* & *N*.

188. Le grand marteau porte une cheville 3 qui passe dans la cadrature au travers de l'ouverture 3 : le ressort *r* agit sur cette cheville, & fait frapper le grand marteau : ce marteau porte une autre cheville 2 qui passe aussi dans la cadrature par l'ouverture 2 ; c'est sur celle-ci qu'agit le petit talon de la levée *q* pour lui faire frapper les coups pour les quarts : le petit marteau porte aussi une cheville qui passe dans la cadrature par l'ouverture 4 ; c'est sur cette cheville que presse le ressort 7. Pour faire frapper le marteau des quarts, le ressort *S* est le sautoir qui agit sur l'étoile *E*.

189. La figure 4 représente la chaussée & le limaçon *N* (*fig.* 1) vu en perspective. Le limaçon *N* des quarts est rivé sur le canon *c* de chaussée dont l'extrémité *D* porte l'aiguille des minutes : ce limaçon *N* porte la surprise *S* dont l'effet est le même qu'à celle de la répétition en Pendule ; c'est-à-dire que lorsque la cheville *O* de la surprise fait avancer l'étoile, & que le sautoir acheve de la faire tourner, une des dents de l'étoile vient toucher la cheville *O* qui porte la surprise, & fait avancer la partie *Z* (*fig.* 1) de cette surprise, en sorte que le bras *Q* de la piece des quarts porte dessus cette partie *Z*, & empêche la piece des quarts de descendre dans le pas 3 du

limaçon; ainsi la piece répete seulement l'heure. Ce changement d'une heure à l'autre se fait par ce moyen en un instant, & la piece frappe exactement les heures marquées par les aiguilles.

190. Le canon de la chauffée cD (*fig.* 4) est fendu, afin qu'il puisse faire ressort sur la tige de la grande roue moyenne sur laquelle il entre à frottement, assez doux pour pouvoir tourner aisément l'aiguille des minutes de côté & d'autre; & en avançant & reculant ainsi cette aiguille selon qu'il en est besoin, on met aussi à l'heure l'aiguille des heures.

191. Il est bon de détromper ici les personnes qui croient qu'on fait tort aux Montres en faisant tourner l'aiguille des minutes en arriere; pour se convaincre que cela n'y fait rien, il suffit de remarquer la position que doivent avoir les pieces d'une cadrature de répétition, lorsqu'elle a répété l'heure, & que le moteur a ramené & écarté toutes les pieces qui communiquent aux limaçons L, N; car pour lors il ne reste de communication entre les pieces du mouvement & celles de la cadrature, que celle de la cheville O du limaçon ou surprise, avec les dents de l'étoile E que rien n'empêche de rétrograder. Si donc on fait tourner l'aiguille des minutes d'un tour en arriere, la cheville O fera aussi rétrograder une dent de l'étoile; & si l'on fait répéter ensuite la Montre, elle frappera toujours juste les heures & quarts marqués par les aiguilles. Mais il est à observer que si l'on tournoit les aiguilles dans le temps même qu'on fait répéter la Montre, alors elles seroient empêchées: il faut donc, pour toucher aux aiguilles d'une Montre ou Pendule à répétition, attendre qu'elle ait répété l'heure, & que toutes les pieces ayent repris leurs situations naturelles.

192. Il est aisé de conclure de-là que, puisqu'à une montre à répétition on peut avancer & rétrograder, selon qu'il est besoin, l'aiguille des minutes, à plus forte raison cela est-il possible dans une Montre simple, où aucun obstacle ne s'y oppose.

193. Quant à l'aiguille des heures d'une Montre à répé-

tition, on ne doit la faire tourner, sans celle des minutes, que dans le cas seulement où la répétition ne frapperoit pas l'heure marquée par l'aiguille des heures ; pour lors il faudroit remettre cette aiguille à l'heure que frappe la répétition.

Lorsque la répétion se dérange d'elle-même d'avec l'aiguille des heures, c'est une preuve que le sautoir S ou la cheville O du limaçon ne produit pas bien son effet.

194. La roue de renvoi (*fig. 6*) se pose & tourne sur la broche 12 (*fig. 1*) : cette roue engrene dans le pignon de la chauffée N ; celui-ci a 12 dents ; la roue (*fig. 6*) en a 36 : la chauffée fait donc 3 tours pendant qu'elle en fait un ; celle-ci porte un pignon qui a 10 dents, qui engrene dans la roue de cadran (*fig. 5*) qui en a 40 : la roue (*fig. 6*) fait donc 4 tours pour un de la roue de cadran ; la chauffée fait par conséquent 12 tours pour un de la roue de cadran : or la chauffée fait un tour par heure ; la roue de cadran reste donc 12 heures à faire une révolution : c'est le canon de cette roue qui porte l'aiguille des heures. La levée m n (*fig. 2*) peut décrire un petit arc qui permet au rochet R de rétrograder; & dès que le moteur le ramene, le bras 1 de la levée entraîne le marteau M.

195. La figure 3 représente le dessous du tout-ou-rien avec deux broches, l'une u, sur laquelle il se meut, & l'autre x, sur laquelle tourne l'étoile & le limaçon vu (*fig. 7*) : le trou e de cette piece sert à laisser passer le quarré de la fusée du mouvement, lequel passe au cadran pour remonter la Montre.

196. W (*fig. 1*) est le ressort de cadran ; c'est lui qui empêche que le mouvement ne s'ouvre.

Y est un petit pont qui retient la crémaillere, & l'empêche de s'éloigner de la platine, lui permettant seulement de tourner sur elle-même.

197. Toutes les parties de la répétition que nous venons de décrire se logent sur la platine, & sont recouvertes par le cadran ; ainsi il faut qu'entre la platine (*fig. 1*) & le cadran, il y ait un intervalle qui permette le jeu de la cadrature : c'est à cet usage qu'est destinée une piece qui n'est pas ici repré-

fentée, & qu'on appelle la *Bâte*. Cette bâte eſt une eſpece de cercle ou virole qui s'emboîte ſur la circonférence de la platine avec laquelle elle eſt retenue au moyen des *clefs* 13 & 14 : la bâte eſt recouverte par le cadran; celui-ci ſe fixe après la bâte au moyen d'une vis.

Remarques.

198. Une répétition eſt faite pour frapper l'heure qu'il eſt au moment que l'on preſſe le pouſſoir; ainſi il faut diſpoſer la machine de maniere qu'elle ſoit facile à pouſſer, & que les coups de marteaux ſoient les plus forts poſſibles. Quant au premier, cela dépend de deux choſes (la force du reſſort étant donnée) de la longueur du pouſſoir, c'eſt-à-dire, de l'eſpace parcouru & de la maniere de faire agir le pouſſoir ſur la crémaillere : par rapport à ce dernier, il faut tellement placer la crémaillere que le point de contact du pouſſoir ſuive l'arc décrit par la crémaillere ; de cette maniere la force ne ſe décompoſera pas, ainſi l'action de la main ſur le pouſſoir agira entiérement ſur la crémaillere.

199. Par rapport au pouſſoir, ſa longueur dépend du point où il agit ſur les crémailleres, c'eſt-à-dire, ſelon qu'il agit plus ou moins près du centre de mouvement : on voit clairement que s'il agit près du centre, il faudra plus de force, mais qu'il parcourra un moindre eſpace ; & au contraire. Quant à la force du coup de marteau, elle eſt limitée par la force du reſſort moteur, & par la force que le petit rouage exige pour être mû ; car il eſt clair que ce n'eſt que l'excédent de cette force du reſſort ſur la réſiſtance du rouage, que l'on peut employer pour lever le marteau ; le nombre des coups de marteau pour une révolution du rochet, détermine encore la force du coup.

CHAPITRE XI.

Description d'une Montre à réveil.

200. Les Montres à réveil sont des machines disposées de manière qu'une heure quelconque étant donnée, un marteau frappe sur un timbre, & fait un bruit capable d'éveiller. Ce marteau est mis en mouvement par un petit rouage particulier sur lequel agit un ressort semblable à celui (*Pl. VI fig.* 5), mais qui est plus petit. Lorsqu'on veut que le réveil frappe, on fait tourner le cadran *A* (*fig.* 1) jusqu'à ce que l'heure à laquelle on veut s'éveiller se trouve sous la pointe *E* de l'aiguille des heures ; on remonte le ressort du reveil, & on laisse marcher la Montre : lorsque l'aiguille des heures est parvenue sur le grand cadran à l'heure marquée par l'aiguille sur le cadran *A*, une détente qui communique au cadran, donne la liberté au petit rouage de tourner & de faire frapper le marteau sur le timbre. Il y a différents moyens mis en usage pour faire des réveils ; mais celui de tous qui est le plus simple, le plus facile à exécuter, & qui (médiocrement fait) est le plus solide, est celui dont on va voir la description, & que représentent les figures 1, 2, 3, 4, (*Pl. X*).

Planche X, Figure 2.

201. *B* est le barillet ou tambour du mouvement ; *A*, la roue de fusée ; *F*, la fusée ; *S*, la chaine ; *G*, le crochet qui arrête contre le garde-chaîne ; *C*, la grande roue moyenne ; *D*, la petite roue moyenne ; *E*, la roue de champ ; & *R* (*fig.* 4) la roue de rencontre ou d'échappement.

202. Les roues *C* & *R* (*fig.* 3) sont les roues de cadran.

203. Voilà toutes les parties d'une montre ordinaire, semblable à celle que j'ai décrite Ch. IX. Il n'est donc pas be-

foin de répéter ici cette description ; je m'arrêterai simplement à ce qui regarde le réveil.

204. La roue G (*fig. 2*) est la premiere roue de réveil : elle est portée par l'axe *m*, sur lequel est fixé le rochet *N*, qui agit sur l'encliquetage porté par la roue G.

205. La platine (*fig. 4*) s'applique sur celle (*fig. 2*) qui porte les piliers ; ce qui forme la cage dans laquelle se meuvent les roues de la seconde figure : cette platine (*fig. 4*) ainsi mise, l'axe *m* passe dans le trou du barillet *B*, en sorte que son crochet *N* entre dans l'œil intérieur du ressort ou moteur du réveil contenu dans le barillet. Ainsi lorsqu'on remonte cet axe, le crochet qu'il porte tend le ressort dont le bout extérieur est attaché au bord extérieur du barillet ; & lorsque le ressort ramene le crochet ou axe *N* & le rochet *m*, celui-ci agit sur le cliquet porté par la roue G, & l'oblige de tourner, ainsi que la roue *n* portée par le pignon *g* dans lequel elle engrene, & fait par conséquent aussi tourner le pignon *f* : sur celui-ci est fixée la roue ou rochet *R* qui est posé sur l'autre côté de la platine (*fig. 3*), de même que la roue *n* : les pivots de ces deux roues tournent dans les trous du pont *H*.

206. Les dents du rochet *R* d'échappement (*fig. 3*) agissent alternativement sur les leviers *a*, *b* qui se communiquent le mouvement réciproquement au moyen des dents que ces leviers *a*, *b* portent. Le levier *a* est fixé & mis quarrément sur le pivot prolongé *p* du marteau du réveil *M* (*fig. 5*) ; ce marteau est mobile, & se pose en *I* (*fig. 2*) & passe sous le barillet *B* du mouvement ; l'autre levier *b* se meut sur une broche que porte la platine (*fig. 3*) : ces deux leviers *a* & *b* étant mis en mouvement par le rochet *R*, on voit que le marteau *M* (*fig. 2*) tournera, allant & venant alternativement de côté & d'autre ; & que si on place en *M* & *M* un corps sonore, comme par exemple un timbre, ce marteau le fera sonner avec une force relative à l'espace que le marteau parcourra, à la masse du marteau, à la force du moteur ou ressort, & enfin à la grandeur du timbre : le bruit que doit faire un réveil dépend donc de ces différentes choses, & de la maniere dont

la force du reſſort ſe communique au moteur, &c.

207. La piece *A* (*fig.* 3) eſt portée quarrément par le pivot prolongé de l'axe ou arbre *m* (*fig.* 2) : ce quarré ou pivot paſſe au cadran & ſert à remonter le réveil ; cette piece porte une dent dont l'uſage eſt de régler le nombre de tours dont on doit remonter le reſſort du reveil. La petite roue *F* porte 3 dents qui n'occupent qu'une moitié ou partie de la circonférence ; en ſorte que ſi l'on fait tourner la dent de la piece *A*, elle entrera alternativement dans les vuides des dents de la roue *F*, & cela juſqu'à ce que cette roue *F* préſente la partie où il n'y a pas de dents ; pour lors la dent de la piece *A* ne pourra plus tourner, & ce reſſort ſera remonté ; enfin lorſque le reſſort ſe développera, il ne tournera qu'au point où la dent de la piece *A* viendra poſer ſur le bord de la roue.

208. La roue *F* tourne ſur une broche ou vis portée par la platine : le reſſort ou piece *G* preſſe cette roue *F* de maniere qu'elle ne tourne qu'à frottement, lorſqu'elle y eſt obligée par la dent de la piece *A*. Voyons maintenant comment le rouage & le moteur ſont retenus lorſque le reſſort eſt monté, & par quel moyen le reveil part à une heure priſe à volonté.

209. Le levier *b* (*fig.* 3) porte la partie angulaire 1,2 dans laquelle entre l'angle *d* formé ſur le bras de la détente *d f* 4 mobile en *f* ; le bras *f* 4 vient poſer ſur une plaque *p* fixée ſur un canon qui entre à frottement ſur celui de la roue *C* de cadran : cette plaque *p* fait donc un tour en 12 heures.

210. Pendant tout le temps que le bras *f* 4 appuie ſur le bord de la plaque *p*, les leviers *a* & *b* étant retenus par l'angle *d* de cette détente, ne peuvent tourner, ni le marteau frapper. La plaque *p* a une entaille *o* laquelle étant parvenue à l'extrémité 4 de la détente *d f* 4, ſert à y laiſſer deſcendre le bras *f* 4, lequel preſſé par le reſſort *q*, ainſi que par le plan incliné de l'angle 1,2, ne tend qu'à entrer dans l'entaille *o*, dès qu'elle ſe préſente : pour lors le bras *d* s'éloigne de l'angle 1,2 du levier, celui-ci tourne par ce moyen de côté & d'autre, ſelon que

Première Partie, Chap. XI.

que l'y oblige le rochet R, ainsi le marteau frappe sur le timbre.

211. Le cadran A (*fig.* 1) est divisé en 12 parties : il se fixe quarrément sur le canon de la plaque p (*fig.* 3), laquelle tourne, comme je l'ai dit, avec la roue de cadran.

212. L'entaille o de la plaque p se présente au bras 4f, à l'instant que les 12 heures du petit cadran se trouvent dans la ligne de six heures du grand ; ainsi chaque fois que le cadran A fait un tour, si le réveil est monté, il marchera au moment que le chiffre 12 se trouvera à la ligne de six heures. Or si dans cette position on met la petite pointe de l'aiguille des heures (l'aiguille est diamétralement opposée à la grande aiguille) sur le chiffre 12 du cadran A, l'aiguille des heures marquera midi sur le grand cadran, tandis que les 12 heures du petit cadran seront diamétralement opposées à celle du grand; ainsi le réveil partira à midi, puisqu'à cet instant l'entaille o se présente au bras 4f.

213. Le réveil part, comme on vient de le voir, chaque fois que le chiffre 12 se trouve avec la ligne de six heures du grand cadran : ainsi l'heure à laquelle doit frapper le marteau dépend de l'intervalle qu'il y aura du chiffre 12 du cadran A à la pointe E de l'aiguille ; car on a vu qu'en mettant la pointe E de l'aiguille sur le chiffre 12, le réveil part, lorsque l'aiguille des heures arrive sur le midi : si donc on met la pointe E de l'aiguille sur le chiffre 1 du cadran A, cela rétrogradera d'une heure le cadran : ainsi lorsque l'aiguille des heures sera sur midi, la pointe de l'aiguille étant sur le chiffre 1 du cadran, il faudra que l'aiguille des heures parcoure une heure du grand cadran; pour lors le chiffre 12 du cadran A sera dans la ligne de six heures, & le réveil partira.

214. C'est par un semblable raisonnement qu'on verra que mettant la pointe E de l'aiguille sur le chiffre 3, lorsque l'aiguille des heures sera arrivée sur le midi, le cadran de réveil présentera le chiffre 3 à la ligne de six heures : il faudra donc que l'aiguille des heures & le cadran A parcourent encore trois heures, avant que le chiffre 12 soit parvenu à la ligne de six heures, & que le réveil frappe; celui-ci partira donc lorsque

I. Partie.

l'aiguille des heures arrivera fur trois heures, & ainfi de fuite pour toutes les autres heures, &c.

215. Dans les réveils à cadran, il fuffit donc de mettre le chiffre qui repréfente l'heure à laquelle on veut être éveillé, fous la pointe *E* de l'aiguille; pour lors la grande aiguille arrivée à l'heure en queftion, le reveil fonne.

216. Le bras *x* du levier *b* (*fig.* 3) fert à empêcher le marteau *M* d'approcher trop près du timbre; la fourchette *P* qui fait reffort, ramene le marteau dès qu'il a frappé fur le timbre; le reffort *h* eft celui de cadran; 5 eft un cliquet qui, avec le rochet *D*, tient lieu de la vis fans fin, qui s'employe communément pour fixer par l'arbre, le bout intérieur du reffort de mouvement, & pour lui donner le degré de tenfion dont il eft befoin: le reffort 3 preffe le cliquet contre le rochet *D*.

CHAPITRE XII.

Comment on fait marquer l'Équation du temps à une Machine.

DESCRIPTION D'UNE PENDULE A ÉQUATION.

217. LEs Pendules & les Montres ne pouvant divifer & indiquer naturellement que le temps uniforme ou moyen, & le Soleil étant le corps dont le mouvement, quoique variable (8), eft le plus facile à obferver, on a compofé des Pendules & Montres qui indiquent & fuivent à la fois le temps vrai ou apparent (10), & le temps moyen ou uniforme (9): c'eft cette efpece de machine qu'on nomme *Pendule à équation* ou *Montre à équation*. Ces fortes de pieces font difpofées de maniere qu'une aiguille des minutes marque le temps moyen ou uniforme divifé par le régulateur, & une feconde aiguille des minutes marque le temps vrai ou apparent: ainfi elles indiquent

à chaque inftant la différence du temps vrai au temps moyen marquée par la table d'équation; & fi l'aiguille du temps moyen eft réglée fur le temps uniforme ou moyen, l'aiguille des minutes du temps vrai fe rencontrera chaque jour à midi à l'inftant du paffage du Soleil par le méridien : or on a vu que le foleil varie, avançant dans des temps & retardant en d'autres : ainfi l'aiguille du temps vrai devra fuivre les variations du foleil, & s'éloigner & fe rapprocher de celle du temps moyen, felon les variations marquées par la table d'équation.

218. Pour concevoir cet effet, il faut imaginer une roue ordinaire des minutes, comme mm (*Pl. XI. fig.* 1), dont le canon porte l'aiguille M du temps moyen; & que fur le canon de cette roue, la roue vv peut tourner féparément; enfin il faut concevoir que cette roue vv eft fixée fur un canon, dont le bout porte l'aiguille V qui fera celle du temps vrai.

219. Il ne s'agit donc que de faire éloigner ou approcher chaque jour cette aiguille V de l'aiguille M, felon les quantités que marque la table d'équation pour tel jour; & par ce moyen on aura une Horloge à équation.

220. Pour y parvenir, on a difpofé (*fig.* 1) les roues n, o, p, q, de façon qu'elles engrenent les unes dans les autres, comme on le voit dans la figure; c'eft-à-dire, que la roue m du temps moyen engrene dans la roue n, qui a le double de dents & de diametre; celle-ci engrene dans la roue o qui n'a que la moitié du nombre de dents de la roue n, & qui fait par conféquent un tour par heure comme la roue m. Sur la roue o eft fixée la roue p qui engrene dans la roue q qui tourne fur l'axe de la roue n, mais féparément. Cette roue q engrene dans la roue vv du temps vrai; les roues p, q, v ont même nombre de dents; ainfi elles font chacune une révolution en une heure, tandis que la roue n refte deux heures à en faire une.

221. Les axes des roues o & p font placés fur la broche Il de la piece IH dont on voit le profil (*fig.* 2).; & cette piece IH fe meut autour de l'axe de la roue n, par le moyen du rateau RRR & de la roue H. Elle peut décrire plus d'un

demi-tour en emportant les roues *o*, *p*, qui peuvent par conféquent aller de *p* vers *z* ou vers *x*.

222. Or, lorfque la roue *o* eft ainfi entraînée, & qu'elle décrit une demi-circonférence, elle fait un tour (a) fur elle-même indépendamment de la roue *n* : la roue *p* fait auffi un tour fur elle-même, & par conféquent elle fait tourner les roues *q* & *vv* : ainfi tandis que la roue *m* du temps moyen refte immobile, la roue du temps vrai *v v* peut avancer ou reculer, felon le côté vers lequel on fait tourner la piece *I H*.

223. On peut donc, felon le mouvement que l'on donne à cette piece *I H*, faire avancer ou retarder plus ou moins l'aiguille du temps vrai, celle du temps moyen reftant immobile. Voici comment on regle le mouvement de cette piece.

224. La roue *A A* fait une révolution en une année jufte : elle porte fixément la *courbe* ou *ellipfe E* fur laquelle appuie la roulette *O* portée par le levier *Q L R*, dont le centre de mouvement eft en *L* ; or, felon les points où la roulette *O* porte fur la courbe, le rateau *R R* fait avancer ou reculer la piece *I H*, & par conféquent l'aiguille du temps vrai *V* fe rapproche ou s'éloigne de côté ou d'autre de l'aiguille du temps moyen *M*. Il faut donc former cette courbe ou ellipfe, de maniere, qu'à tel jour de l'année le temps vrai étant en avance ou retard d'un certain nombre de minutes à l'égard du temps moyen, la piece *I H* écarte d'autant l'aiguille *V* de l'aiguille *M* : on verra ci-après comment on doit tracer cette courbe ; mais d'abord il eft à propos d'achever la defcription des autres parties de cette machine.

225. La piece *I H* porte un *cuivrot*, ou une efpece de poulie *pp* (*fig*. 2), laquelle eft entourée par une corde *D* (*fig*. 1), dont un bout eft fixé à la poulie, & l'autre au reffort *F D*, ce qui fait appuyer continuellement la roulette *O* fur

---

a Il faut obferver que, quoique la roue *p* faffe un tour fur elle-même, elle ne fait cependant pas faire un tour à la roue *q*, mais feulement un demi-tour ; car il faut fouftraire du tour entier fait par la roue *o* ou *p*, la demi-circonférence qu'elle par- court concentriquement à la roue *n*. Ainfi lorfqu'on fait décrire à la piece *I H* ou aux roues *o*, *p* qu'elle porte, une demi-circonférence autour de l'axe de la roue *n*; la roue *v v* fait une demi-révolution.

Première Partie, Chap. XII.

l'ellipſe. Comme les engrenages des roues *m*, *n*, *o*, *p*, *q*, *vv* ont néceſſairement du jeu, & que cela forme un balotage qui produiroit une erreur pour l'équation, il faut placer entre les roues *m*, *v*, un reſſort ſpiral *S* qui preſſe continuellement l'aiguille *V* d'un même côté ; or pour rendre ce reſſort très-foible, il faut mettre l'aiguille *V* d'équilibre au moyen d'un poids oppoſé.

226. La piece *IH* (*fig.* 2) ſe meut ſur la platine autour du canon *vvh*, vu figure 7, dont le rebord *aa* ſert de pont. Ce canon eſt fixé à la platine au moyen des vis *vv* (*fig.* 2) ; il eſt placé *concentriquement* aux roues *q*, *n* (*fig.* 1) : pour cet effet le trou de ce canon eſt aſſez grand pour laiſſer paſſer librement les axes de ces roues. La roue *n* eſt rivée ſur un canon qui roule ſur la tige de la roue *q*.

227. La roue *q* eſt rivée ſur un pignon *t* lequel engrene dans la roue *c* de cadran.

228. *W* eſt un pont ou coq, qui forme une eſpece de cage avec la platine entre laquelle tournent les roues *q*, *n*. *B* eſt le pont de la roue de cadran.

229. S'il y a une ſonnerie à une telle Pendule, on peut lui faire ſonner le temps vrai ou le temps moyen. Si l'on veut faire ſonner le temps vrai, il faut que ce ſoit la roue *vv* qui porte les chevilles des détentes : ſi l'on veut qu'elle ſonne le temps moyen, ce ſera la roue *m*.

230. Nous obſerverons que dans une Horloge à équation de cette conſtruction, on peut placer l'aiguille des ſecondes au centre des autres aiguilles, ou hors du centre : ſi les aiguilles ſont *concentriques*, alors la roue des ſecondes devra paſſer à travers un pont *Pu* (*Pl.* 3, *figure* 2), ſur lequel roulera le canon *e* qui doit porter la roue *m* du temps moyen, dont l'ajuſtement eſt parfaitement ſemblable à celui de la Pendule à ſecondes concentriques, que nous avons décrite ch. III; & ſi les ſecondes ſont excentriques, alors la roue du temps moyen ſera portée immédiatement par la tige du mouvement, comme celle de la répétition (*Pl. V*) décrite chap. VII, (122).

231. Voici maintenant le moyen que j'ai imaginé pour

faire mouvoir la roue annuelle. Il eſt tel que, ſans employer pluſieurs roues, on n'eſt point obligé de toucher à la roue annuelle dans les années biſſextiles; ainſi elle fait une révolution exacte, & la Pendule marque juſte les quantiemes du mois & les années biſſextiles.

232. La roue annuelle *A* eſt fendue à rochet, & porte 366 dents; elle eſt maintenue par le ſautoir 3,4. L'axe prolongé d'une roue de la ſonnerie, (ou du mouvement) qui doit faire un tour en 24 heures, porte la palette *P* qui à chaque tour fait avancer une dent de la roue annuelle, qui par conſéquent employe 366 jours à faire une révolution, ce qui fait le nombre de jours des années biſſextiles; mais comme les années communes ne ſont que de 365 jours, il faut faire paſſer à chaque année de 365 jours, deux dents de la roue annuelle en un jour, ſavoir la nuit du 28 Février: voici comment cet effet eſt produit.

233. Tout près de la roue annuelle, ſe meut l'étoile *T*, entre la plaque du cadran & le coq *X*; cette étoile a 8 dents ou rayons, leſquels ſont maintenus par le ſautoir ou valet 3,4, ſur lequel agit le reſſort *f*. L'étoile porte un cadran *Y* ſur lequel eſt gravé: *Année biſſextile: premiere, ſeconde, & troiſieme année après la biſſextile*. Chacune de ces diviſions paroiſſent alternativement au travers de l'ouverture faite à la plaque du grand cadran des heures, & ſert à faire connoître l'année biſſextile ou les années communes.

234. La roue annuelle porte une cheville qui répond au premier Janvier; cette cheville ſert à faire avancer l'étoile *T* d'une dent; c'eſt-à-dire, que la nuit du 31 Décembre au premier Janvier, cette cheville agit ſur une dent de l'étoile, & l'oblige de tourner; (ſi c'eſt l'année biſſextile, le cadran *Y* marque l'année biſſextile.) La roue annuelle porte une ſeconde cheville qui répond au 28 Février; de ſorte que dans la nuit du 28 au 29 Février, cette cheville fait tourner une ſeconde dent de l'étoile.

235. La palette *P* qui fait tourner la roue annuelle ayant fait paſſer la dent qui répond au 29 Février, le rayon de l'étoile

Premiere Partie, Chap. XII.

qui se trouve actuellement en action avec le valet 3,4, étant parvenu à l'angle de ce sautoir, celui-ci en reprenant sa position acheve de faire parcourir un espace à l'étoile T, dont un rayon vient poser sur une troisieme cheville r de la roue annuelle, ce qui oblige celle-ci de se mouvoir d'une quantité égale à celle d'une dent ; ce qui répond au premier Mars. La dent de la roue annuelle qu'a fait passer la palette, & celle que le valet & l'étoile ont obligé d'avancer, sont les deux dents qui passent en un seul jour ; ce qui donne les années communes qui se succedent trois fois de suite ; & comme l'année bissextile doit avoir un jour de plus, le rayon de l'étoile qui répond à l'année bissextile est entaillé, comme on le voit dans la figure, en sorte que le valet produit son effet à l'ordinaire, mais le rayon n'agit pas sur la troisieme cheville ; les deux dents du 29 Février & premier Mars passent en deux jours. On voit que cet effet approche de celui de la surprise dans les Montres à répétition, & qu'il faut que le ressort f du valet 3, 4 soit assez fort pour surmonter la résistance du sautoir S, ce qui est très-aisé à faire : j'en ai exécuté plusieurs de cette maniere ; elles ont bien produit leur effet.

236. L'objection qu'on pourroit faire à cette maniere de faire mouvoir la roue annuelle, c'est qu'elle ne se meut pas continuement, & que par conséquent l'équation qui change d'heure en heure, reste la même les trois quarts du jour. J'en conviens ; mais comme la plus grande variation d'un jour à l'autre ne peut être que de 30 secondes, & cela seulement dans les derniers jours de Décembre, il arrive qu'alors à six heures du matin, l'équation differe de sept secondes $\frac{1}{2}$, à midi elle est juste, & à six heures du soir elle differe de la vraie équation de $7\frac{1}{2}$ secondes. Ainsi l'erreur qui résulte d'une construction d'équation dont la roue annuelle ne se meut pas continuement, doit être négligée ; elle ne pourroit même être apperçue dans les Horloges dont les cadrans ont dix pouces de diametre. Au reste on peut, sans rien changer à l'équation, employer une autre maniere de conduire la roue annuelle par un mouvement continu, en faisant porter trois ou quatre dents,

au lieu d'une, à l'axe qui fait mouvoir la roue annuelle, & en augmentant à proportion la durée de la révolution de l'axe ou roue qui les porte : on pourroit encore appliquer à la roue annuelle taillée en dents & non à rochet, une vis sans fin dont l'axe seroit fixé à une des roues qui feroit un tour par jour.

237. Enfin si l'on desire que la roue annuelle se meuve continuellement & par gradation insensible, & qu'elle fasse en outre une révolution astronomique, c'est-à-dire, en 365 jours 5 heures 49 minutes, on employera les roues suivantes (a). La roue de cadran ou de 12 heures portera un pignon de 4 dents, (au lieu de faire le pignon de 4, on peut le faire de 8, & la roue de 25 sera de 50) & engrenera dans une roue de 25 dents; celle-ci portera un pignon de 7 qui engrenera dans une roue de 69; celle-ci portera un pignon de 7 qui engrenera dans une roue de 83 qui sera la roue annuelle, laquelle restera 365 jours 5 heures 49 minutes à faire une révolution.

CHAPITRE XIII.

Des Pendules d'équation à cadrans mobiles.

PLANCHE XII, figure 1.

238. SI L'ON CONÇOIT qu'au centre du cadran AB d'une Pendule ordinaire, on ajoute un cercle ou cadran EE divisé en 60 parties, & gradué comme le cercle des minutes du grand cadran, & que ce cercle concentrique soit mobile, tandis que le grand cadran est fixé, & qu'enfin on attache sur l'aiguille du temps moyen, une autre aiguille ou index diamétralement opposé c, & de longueur propre à marquer

---

a Ceux qui desireront connoître les méthodes qu'on doit suivre pour calculer les révolutions du Soleil ou des Planetes, doivent consulter le Cours de Mathématique de M. Camus, le Traité d'Horlogerie du Pere Alexandre, le Traité de Hughens, intitulé : *Descriptio Automati Planetarii.*

sur le cercle mobile : on voit que selon que l'on fera tourner en avant ou arriere le cadran mobile, la petite aiguille, dont le mouvement est uniforme, pourra y indiquer le temps vrai ou apparent, & cela par un moyen très-simple, puisqu'il suffira de régler le chemin du cercle mobile d'après les tables de l'équation du temps.

239. Tel est le principe d'une Pendule & d'une Montre à équation, que je présentai à l'Académie Royale des Sciences en 1754. Nous allons décrire la Pendule; nous expliquerons dans les chapitres suivants la disposition de la Montre.

240. La premiere figure représente la face ou cadran de cette Pendule. *A B* est le cadran des heures & minutes : il est fixé par quatre vis sur la fausse plaque *CD*; celle-ci porte quatre faux piliers qui servent à arrêter la plaque & le cadran, avec la cage du mouvement; (cette disposition est la même que dans les Pendules ordinaires); *E E* est le cercle ou cadran mobile des minutes du temps vrai, il est concentrique au grand cadran : ce cadran mobile représenté de profil (*fig.* 3), est rivé sur un canon qui entre juste dans le trou de la fausse plaque, & qui peut y tourner librement; le bout inférieur de ce canon entre dans un pont *E* (*fig.* 2) attaché à l'autre côté de la fausse plaque; ce canon roule de cette maniere dans le trou de la fausse plaque & dans celui du pont, comme dans une cage. Sur ce canon entre à frottement le pignon *F* vu de profil (*fig.* 4); ce pignon s'arrête avec le canon au moyen d'une cheville qui entre à frottement dans l'épaisseur du pignon & du canon. Le pignon *F* ainsi fixé sur le canon du cercle mobile, empêche celui-ci de sortir, lui laissant seulement la liberté de rouler sur lui-même; le rateau *G I*, qui engrene dans le pignon *F*, porte le bras *H*, dont le bout porte une cheville qui pose sur la *Courbe* ou *Ellipse K K* attachée sur la roue *L* qui fait sa révolution en 365 jours.

241. L'usage de cette courbe est de produire la variation du cercle mobile, ce qu'il est aisé de voir; car ce cercle va & vient sur lui-même, selon que l'ellipse oblige le bras *H* de s'écarter ou de se rapprocher du centre de la roue annuelle :

I. Partie. K

or le bras *H* entraîne le rateau *G*, celui-ci le pignon *F* & le cadran mobile.

242. On taille l'ellipse de maniere que le cadran puisse parcourir un peu plus de sa demi-révolution, ce qui répond à l'écart total du temps vrai & du temps moyen. Cet écart est de 30 minutes 50 secondes : nous expliquerons dans la suite la maniere de former cette ellipse. (*Voyez chap. XIX.*)

243. Pour faire appuyer continuellement le bras *H* sur l'ellipse & ôter le jeu de l'engrenage, j'ai pratiqué sur le pignon *F* une rainure ou poulie, comme on le voit (*fig.* 4), laquelle est entourée par la corde *N* (*fig.* 2), dont un bout tient à la poulie, & l'autre est attaché au ressort *M N* : c'est l'action de ce ressort qui fait appuyer le bras *H* sur l'ellipse.

244. Le rateau *G* est mobile en *I* sur une broche attachée à la plaque.

245. La cinquieme figure représente le plan du mouvement. *A* est la grande roue qui porte le tambour ou cylindre lequel est entouré par la corde qui porte le poids qui fait marcher la Pendule : ce cylindre est vu en perspective (*fig.* 6).

246. La figure 7 représente la roue *A* vue en plan, avec le ressort de l'encliquetage que doit former le rochet *G* du tambour ou cylindre. Pour cet effet, l'axe du cylindre entre dans le trou qui est au centre de cette roue, & le bord du cylindre s'emboîte fort juste dans une rainure faite à la roue. Par le jeu de l'encliquetage, la roue & le cylindre peuvent tourner séparément l'un de l'autre lorsqu'on remonte le poids, comme on l'a déja expliqué. Nous n'avons représenté ici cette partie que pour en mieux faire voir la disposition. La figure 8 est ce qu'on appelle *la Clavette* : elle sert à retenir & assembler la roue & le cylindre.

247. La roue *A* (*fig.* 5) reste trois jours à faire une révolution, ce qu'il est aisé de voir par le nombre de dents de roues, dont la derniere *E* est celle d'échappement, & fait un tour par minute.

248. Les secondes sont concentriques au cadran : nous n'en représentons pas ici la disposition. *Voyez Chap. III & Pl. III.*

Première Partie, Chap. XIII.

249. Sur la roue *A* est fixée une petite roue *a*, qui a 24 dents ; celle-ci engrene dans la roue *F* de 96 dents, & qui reste par ce moyen douze jours à faire une révolution.

250. L'axe de cette roue *F* porte un pignon de 12, lequel engrene dans la roue annuelle *L* (*fig.* 2) : cette roue porte 365 dents ; & comme le pignon de 12 fait un tour en 12 jours, chaque dent répond à un jour : ainsi la roue *L* reste un an à faire sa révolution par un mouvement continu.

251. La roue annuelle *L* (*fig.* 1) est graduée, comme on le voit, de maniere qu'elle marque les mois de l'année, & les quantiemes du mois qui paroissent sur le cadran par une ouverture faite à la plaque, & qui sont montrés par un index.

252. La roue annuelle est percée de 12 trous, dont chacun se présente chaque mois au-dessous de l'ouverture de la plaque en *e*, pour laisser passer la clef qui sert à remonter le mouvement. L'axe de cette même roue annuelle porte deux pivots, dont l'un entre dans un trou fait à la fausse plaque, comme on le voit en *H* (*fig.* 1), & l'autre entre dans un trou fait à une plaque portée par la platine de *devant* du mouvement, ce qui forme une cage à la roue annuelle : l'aiguille *a* (*fig.* 1) est celle des heures ; elle marque à l'ordinaire sur le grand cadran.

253. Le bout *b* de l'aiguille *c b* est celui qui marque le temps moyen sur le grand cadran ; le bout opposé *c* est l'aiguille du temps vrai, laquelle marque sur le cadran mobile. On voit par cette situation du cadran & des aiguilles, qu'il est maintenant 2 heures 22 minutes $\frac{1}{2}$ au temps moyen, tandis qu'il est deux heures 30 minutes au soleil ; le soleil avance donc de 7 minutes $\frac{1}{2}$, ce qui forme l'équation du 22 Septembre indiquée par la roue annuelle : l'aiguille *g f* est celle des secondes.

254. Pour avoir la facilité de remettre la Pendule au jour du mois & à l'équation, lorsqu'on l'a laissée arrêter, j'ai fait passer le pivot du pignon *a* qui conduit la roue annuelle à travers la plaque, & j'ai limé quarrément l'excédent, de maniere à le faire mouvoir avec une clef ; ce quarré se voit en *d* (*fig.* 1). Il faut que ce pignon puisse tourner séparément de la roue *F* (*fig.* 5) ; ce qui est facile, comme on le voit (*fig.* 9), où *a b* représente

le profil du pignon ; & *F*, celui de la roue. La roue s'applique contre l'affiette *b* du pignon après laquelle elle est retenue par la clavette *c*, dont la pression produit un frottement qui affemble la roue contre le pignon ; de forte qu'ils fe meuvent enfemble, à moins que l'on ne les faffe tourner féparément par l'action de la main, lorfqu'on veut faire mouvoir la roue annuelle en avant ou en arriere.

255. L'équation que nous venons de décrire est, fans contredit, la meilleure que l'on ait imaginée jufqu'à ce jour : auffi me fuis-je fort attaché à la difpofer de la maniere la plus avantageufe pour les Pendules & pour les Montres, & d'autant plus qu'elle est applicable à toutes fortes de pieces, comme nous le verrons dans les Chapitres fuivants.

256. Par rapport à l'invention de cette forte d'équation, nous devons obferver ici, que quoique dans le temps où je difpofai la premiere Pendule, je ne connuffe aucune piece où l'on eût appliqué ce méchanifme, ni qu'il en eût été fait mention dans aucun ouvrage d'Horlogerie, cependant j'ai vu enfuite que j'étois fort loin d'être le premier qui fe fût avifé de ce moyen, puifque M. le Bon l'annonçoit dès 1717, dans une Gazette, dont l'extrait est rapporté à la fuite du livre d'Horlogerie du Pere Alexandre ; mais la conftruction de la piece, qui m'eft encore inconnue jufqu'à préfent, devoit être fort compofée, puifqu'il faifoit varier les heures, les minutes & les fecondes, ce qui exigeoit trois cadrans mobiles & un fixe, des engrenages, &c.

Si je ne puis m'en dire l'Inventeur, on ne pourra me contefter au moins la difpofition fimple de cette machine, & de l'avoir créée de nouveau.

CHAPITRE XIV.

Description d'une Montre à Equation, à Secondes concentriques, marquant les mois & leurs quantiemes.

257. La figure 4, Planche XI, représente le cadran de cette Montre; l'aiguille des secondes passe, comme dans les pendules, au-dessus des autres aiguilles: c'est une suite de la disposition que nous décrirons, deuxieme Partie. L'aiguille des minutes est en deux parties diamétralement opposées, dont la plus grande marque les minutes du temps *moyen* sur le grand cadran, & l'autre, où est gravé un soleil, marque les minutes du temps *vrai* sur le cadran A qui est au centre du premier. L'ouverture C faite dans le grand cadran est pour laisser paroître les mois de l'année gravés sur la roue annuelle, ainsi que les quantiemes qui le sont de cinq en cinq: l'usage de ces quantiemes est principalement pour remettre la Montre lorsqu'elle a été arrêtée, en sorte que l'équation réponde exactement à celle du jour où l'on est. Pour cet effet l'étoile E (*fig.* 3) a un de ses rayons qui est toujours saillant en dehors de la fausse plaque, ce qui donne la liberté de la faire tourner, & par son moyen la roue annuelle.

258. La Montre se remonte par dessous; ce qui m'a fait appliquer au fond de la boîte un cercle de quantieme, construit comme ceux dont parle M. Thiout, *Traité d'Horlogerie*, tom. II. p. 387.

259. La figure 5 représente l'intérieur de la fausse plaque, dont le dehors porte les cadrans (*fig.* 4): c'est dans cette plaque que sont ajustées les pieces qui forment l'équation, ou qui donnent les variations du soleil. A est la roue annuelle de 146 dents, fendue à rochet, mise immédiatement sous le ca-

dran ; elle tourne fur un canon que porte la fauffe plaque ; la roue annuelle s'appuye fur le fond de la plaque ; l'ellipfe B eft attachée fur la roue annuelle ; elle fait mouvoir le rateau HF, qui engrene dans le pignon C; celui-ci eft porté par un canon qui paffe dans l'intérieur de celui de la fauffe plaque ; fur le canon, où eft fixé le pignon C, eft attaché en dehors le cadran A du temps vrai. Ainfi on voit qu'en faifant mouvoir la roue annuelle, ce cadran doit néceffairement fe mouvoir, tantôt en avançant, & enfuite en fe rétrogradant, fuivant qu'il y eft obligé par les différens diametres de l'ellipfe ; ce qui produit naturellement les variations du foleil. Voici le moyen dont je me fers pour faire mouvoir la roue annuelle.

260. Le garde-chaîne de la montre eft fixé fur une tige, dont les pivots fe meuvent dans les deux platines, & peut y décrire un petit arc de cercle ; un de ces pivots porte un quarré fur lequel eft ajufté dans la cadrature le lévier AC (*fig.* 3) à pied de biche. On voit dans la figure 6 ce garde-chaîne, qui y eft gravé en perfpective avec l'étoile & le crochet de la fufée.

261. Lorfqu'on remonte la Montre, le garde-chaîne ABC (*fig.* 6), fixé fur la tige & mis entre les deux platines, eft foulevé par la chaîne, jufqu'à ce qu'il foit à la hauteur du crochet D de la fufée ; le crochet lui donne un petit mouvement circulaire qu'il communique au pied de biche C (*fig* 3), dont l'extrémité s'engage dans l'étoile E qui eft à cinq rayons, & fait ainfi paffer un de ces rayons toutes les fois que le crochet de la fufée pouffe le garde-chaîne.

262. L'étoile E eft affujettie par un valet ou fautoir D, qui lui fait faire la cinquieme partie d'un tour, & l'empêche de revenir à fens contraire lorfque le pied de biche fe dégage ; l'axe de cette étoile porte deux palettes oppofées, comme on le voit (*fig.* 6) : ces palettes fervent à conduire la roue annuelle, en forte que deux dents de cette roue paffent néceffairement en cinq jours ; ce qui lui fait faire fa révolution en 365 jours.

Sur la fauffe plaque (*fig.* 5) eft attaché un reffort KL, qui fert de fautoir pour maintenir la roue annuelle ; en forte que les palettes que porte l'étoile ne puiffent lui faire paffer ni plus ni moins de deux dents pendant une des révolutions de cette étoile.

263. On peut faire mouvoir la roue annuelle d'un mouvement continu, en supprimant ce garde-chaîne mobile, & en faisant de l'étoile une roue qui engrene avec une roue du mouvement qui lui fasse faire un tour en cinq jours.

264. Le ressort G (*fig.* 5) sert à presser continuellement le rateau H contre l'ellipse. Pour cet effet le bout F de ce rateau porte une cheville qui appuye sur le bord de l'ellipse; ainsi le rateau avance & rétrograde selon que l'ellipse l'y oblige, & celui-ci fait avancer ou rétrograder le pignon C & le cadran A (*fig.* 4). Or comme l'aiguille S du temps vrai se meut d'un mouvement uniforme, les variations du cadran exprimeront celles du soleil. L'aiguille S marquera donc les variations du soleil, tandis que le bout opposé indiquera les minutes du temps moyen : le ressort B (*fig.* 3) sert à remener le pied de biche A C, à mesure que le crochet de la fusée rétrograde.

CHAPITRE XV.

Description d'une Pendule à Equation, à deux Aiguilles de Minutes concentriques, laquelle marque les mois de l'année, les quantiemes du mois & les années Bissextiles.

(PLANCHE XIV. *Fig.* 1.)

265. LA roue de barillet de sonnerie engrene dans un pignon qui fait un tour en 24 heures; la tige de ce pignon passe à la cadrature ([a]), & porte quarrément une assiette sur laquelle est rivée la piece *a b*; sur le prolongement de cette tige est mise la piece *s,o,n* qui porte une dent partagée en deux parties,

[a] Nous n'avons marqué ici que les figures relatives à l'équation.

dont l'une est plus saillante que l'autre ; ce cylindre ou piece *s,o* peut monter & descendre sur cette tige : le pignon, sa tige & les pieces qu'elle porte sont vûes de profil (*fig.* 2).

266. La partie *s* de la piece *s,o,n* est percée d'un trou dans lequel entre une broche qui tient à la piece *a b* ; ainsi lorsque celle-ci tourne, elle entraîne avec elle la piece *s o n*. Or la partie *a*, ou dent qu'elle porte, s'engage dans les dents de la roue annuelle *A* : cette roue porte 366 dents ; elle est arrêtée par un sautoir *l* ; ainsi à chaque tour de la piece *a b*, la dent la moins saillante *n* (*fig.* 2) fait avancer une dent de la roue *A*, & lui fait faire un tour en 366 jours, ce qui fait naturellement l'année bissextile.

267. Dans les années de 365 jours, la partie la moins saillante de la dent fait passer 364 dents de la roue annuelle, & les deux dents de cette roue qui restent encore à passer pour achever les révolutions, sont prises en un seul tour de la piece *a b* par la partie la plus saillante de la dent ; en sorte que les 366 dents de la roue annuelle sont prises en 365 fois, qui répondent à autant de jours. Il reste à voir comment la piece *s,o,n* s'éleve pour présenter à la roue annuelle, trois fois en quatre ans, la partie la plus large de sa dent.

268. L'étoile *E* divisée en huit rayons, est mue par des chevilles que porte la roue annuelle : une de ces chevilles fait avancer une dent de l'étoile le 31 Décembre à minuit, & une autre cheville fait avancer une dent de l'étoile le 29 février à minuit ; ainsi cette étoile fait une révolution en quatre ans. Cette étoile porte les trois plans inclinés *c, f, g* ; chacun de ces plans agit alternativement dans la rainure *t* faite à la piece *s,o,n*, vue de profil (*fig.* 2) ; & ils servent à éloigner de la piece *a b*, trois fois en quatre ans, la piece *s,o,n*, & l'obligent à présenter la partie de la dent qui est la plus saillante, ce qui fait passer deux dents de la roue annuelle.

269. Le ressort *m* sert à faire descendre cette piece *s,o,n*, aussi-tôt que le plan incliné lui en donne la liberté, ce qui se fait à l'instant que la palette fait passer la dent de la roue annuelle qui répond au premier Mars. La dent de l'étoile parvenue

à

Premiere Partie, Chap. XV.

à l'angle du fautoir F, est obligée de parcourir un espace qui éloigne en même temps le plan incliné g de la piece so: ainsi celle-ci redescend, y étant obligée par le ressort m.

270. L'Etoile E porte une plaque qui passe entre la roue annuelle & le cadran; sur cette plaque sont gravées les années communes qui sont de 365 jours, & les années bissextiles; c'est-à-dire, que l'on voit paroître alternativement, à travers une ouverture du cadran, des chiffres qui marquent *premiere année* après la bissextile, *deuxieme année*, *troisieme année*, & ensuite *année bissextile*. Dans la figure on a ôté cette plaque qui empêcheroit de voir l'étoile & le fautoir.

271. La roue B est celle du temps moyen portée à l'ordinaire par une tige du mouvement; elle engrene dans la roue de renvoi, dont le pignon engrene dans la roue de cadran: ces deux roues ne sont pas ici représentées, pour ne mettre que ce qui est différent d'une Pendule ordinaire. Sur la roue B est attachée une piece CD de cuivre, laquelle porte un petit pont G, qui fait avec la piece CD une espece de cage pour l'étoile I de vingt rayons. Cette étoile porte un pignon à lanterne qui a quatre dents, & il engrene dans la roue H du temps vrai. La roue du temps moyen entraîne donc par son mouvement la petite cage qu'elle porte, ainsi que l'étoile; par conséquent la roue du temps vrai fait une révolution en même temps que celle du temps moyen.

272. Mais si on fait tourner l'étoile en avant ou en rétrogradant, son pignon obligera la roue du temps vrai d'avancer ou de rétrograder sans changer le mouvement de la roue du temps moyen. C'est en faisant tourner l'étoile d'un côté ou de l'autre que l'on produit la variation de la roue du temps vrai, & par conséquent de son aiguille: c'est à cet usage qu'est destiné le levier LM, dont le centre de mouvement est au point M. La partie L de ce levier porte deux chevilles, lesquelles se présentent alternativement au passage de l'étoile, selon l'équation du jour. Lorsqu'il faut faire rétrograder l'aiguille du tems vrai, la cheville supérieure 1 se présente de maniere que l'étoile entraînée par le mouvement de la roue du temps moyen, vient en-

I. Partie. L

gager un des rayons dans la cheville ; & celle-ci restant immobile oblige l'étoile de tourner, & cela plus ou moins, selon qu'elle s'engrene plus loin ou plus près du centre de l'étoile. Si au contraire il faut faire avancer l'aiguille du temps vrai, la dent inférieure 2 se présente pour que l'étoile vienne engager une de ces dents.

273. Le levier L porte encore en N un bras N terminé par un plan incliné qui appuie continuellement sur la courbe O O formée par des pas de limaçon ; ce sont ces différents pas qui déterminent le nombre de dents qu'une des chevilles doit faire passer à l'étoile pour faire varier l'aiguille du temps vrai. Chaque pas de la courbe sert pendant que l'équation change de la même quantité, puisque ces pas sont formés par des portions de cercle concentriques à la roue annuelle, sur laquelle la courbe est fixée : les dents de l'étoile ne doivent s'engager dans une des chevilles du levier L qu'une fois en 24 heures ; il faut donc écarter pendant 23 heures le levier du passage de l'étoile. Pour cet effet le levier peut monter & descendre selon la longueur de ses pivots : l'assiette de ce levier, pose sur la plaque ab, laquelle éleve tellement ce levier que par le mouvement de la roue du temps moyen qui entraîne avec elle l'étoile, les rayons de celle-ci passent sous l'une ou l'autre cheville 1, 2 du levier sans y toucher, & cela pendant tout le temps que l'assiette du levier appuie sur la plaque ab ; mais comme celle-ci fait une révolution en 24 heures, dès que l'entaille p qu'elle porte se présente, l'assiette y descend par la pression du ressort r ; alors le levier présente l'une ou l'autre de ses chevilles ; & l'étoile emportée par la roue du temps moyen, vient s'y engager, comme nous l'avons dit. Cette entaille doit ainsi se présenter à onze heures du soir, pendant que la pendule sonne onze heures ; & lorsque minuit sonne, la plaque ab continuant à tourner, le plan incliné qui termine un côté de l'entaille, doit élever l'assiette & mettre les chevilles du levier hors de prise, pour qu'elles ne puissent plus agir sur l'étoile pendant 23 heures.

La piece P portée par la roue du temps moyen sert à mettre en équilibre la petite cage & l'aiguille du temps moyen : l'aiguille du temps vrai doit être mise d'équilibre par elle-même.

274. Outre les mois & les quantiemes du mois qui doivent être gravés sur la roue annuelle, il faut y faire graver la différence du temps vrai au temps moyen, afin que si l'on laisse arrêter la Pendule, on remette les aiguilles à l'équation sans le secours d'une table.

275. Le méchanisme de cette *Equation* peut paroître séduisant ; mais il est bon d'avertir qu'elle est d'une difficile exécution, ce qui est un grand défaut dans une machine ; elle exige sur-tout que les dimensions de chaque partie soient bien déterminées. J'ai cependant exécuté plusieurs Pendules de cette espece qui vont fort bien ; mais ce n'est qu'en y apportant certains soins qui ne sont pas faciles à prévoir, à moins que ce méchanisme ne soit parfaitement bien conçu & exécuté : on peut placer cette machine dans la classe de celles que je critique, *Chap. XXXIV, sur la maniere de juger des nouvelles productions en horlogerie.* Au reste, puisque j'ai donné la description de cette équation, j'indiquerai une partie de ces attentions pour ceux qui seroient curieux d'en faire usage.

276. La roue du temps vrai doit être fendue sur les nombres 144 ; car alors chaque fois que l'on fera avancer ou reculer un rayon de l'étoile, l'aiguille du temps vrai avancera ou retardera de cinq secondes : comme c'est particuliérement la courbe qui devient difficile à tailler, & que d'ailleurs la méthode en est différente de celles qu'on employe pour les autres courbes, nous nous arrêterons à la maniere de la tracer.

277. On ajustera quelque part sous le levier N, une piece par laquelle on puisse fixer à volonté le levier en différents points, au moyen d'une vis de pression : on arrêtera d'abord ce levier, de sorte que ni l'une ni l'autre cheville de la piece L ne puissent s'engager dans le rayon de l'étoile. Pour cet effet, il faut que les chevilles 1, 2 soient distantes entr'elles d'un peu plus d'un diametre de l'étoile, afin que lorsque l'équation ne change pas d'un jour à l'autre, les chevilles ne s'engagent

84 ESSAI SUR L'HORLOGERIE.

ni d'un côté ni de l'autre, quoique le levier foit defcendu dans l'entaille, comme nous le fuppofons pour le préfent ; après avoir rendu le levier immobile à ce point, on tracera fur la piece fuppofée un trait fur lequel on écrira un zero ; ce trait fervira à marquer fur la courbe tous les points où il n'y aura pas de changement d'un jour à l'autre dans l'équation du temps.

278. On avancera enfuite le levier de maniere qu'en faifant tourner la roue du temps moyen, la cheville fupérieure 1 s'engage dans l'étoile, pour faire tourner une dent : on marquera 1 fur ce trait, & continuant les mêmes opérations, on marquera fucceffivement 1, 2, 3, 4, &c. jufqu'à ce que le levier s'engage affez avant dans l'étoile pour faire changer fix dents, lefquelles feront un retard de trente fecondes, qui eft le nombre qui marque le plus grand retard d'un jour à l'autre : on marquera de ce côté *Retarde*, afin de fe fouvenir qu'en engageant la cheville de ce côté on fait retarder l'aiguille ; on fera enfuite paffer le levier de l'autre côté du trait zero, & on marquera par 1 le trait qu'on tracera, lorfque la cheville inférieure 2 fe fera engagée d'une dent ; par 2, un fecond trait pour deux dents ; & ainfi de fuite jufqu'à quatre, nombre qui répond à 20 fecondes, qui eft la plus grande quantité dont le temps vrai puiffe avancer en un jour fur le temps moyen : on marquera *Avance* de ce côté. Au moyen de ces traits on graduera facilement l'ellipfe, il ne faut plus que trouver combien de temps le levier doit être appuyé fur le même pas. C'eft à cet ufage qu'eft deftinée la table fuivante que j'ai dreffée pour tailler cette courbe.

Soleil retarde. { 279. Du 12 Mai, le levier fera fur zéro jufqu'au 18 dudit mois ; du 19, une dent du côté *retarde* jufqu'au 30 ; du 31 Mai, deux dents jufqu'au 11 Juin ; du 12 dudit mois, 3 dents jufqu'au 18 ; du 19, deux dents jufqu'au 23 ; du 24, trois dents jufqu'au 28 ; du 29, deux dents jufqu'au 12 Juillet ; du 13 dudit mois, une dent jufqu'au 22 ; du 23, 0 jufqu'au 30.

Première Partie, Chap. XV. 85

Soleil avance. { Du 31 Juillet, une dent du côté *avance* jusqu'au 7 Août ; du 8 dudit mois, deux dents jusqu'au 17 ; du 18, trois dents jusqu'au 28 ; du 29 Août, quatre dents jusqu'au 4 octobre ; du 5, trois dents jusqu'au 15 ; du 16, deux dents jusqu'au 23 ; du 24, une dent jusqu'au 30 ; du 31 Octobre, 0 jusqu'au 5 Novembre.

Soleil retarde. { Du 6 Novembre, une dent du côté *retarde* jusqu'au 11 ; du 12, deux dents jusqu'au 17 ; du 18, trois dents jusqu'au 22 ; du 23, quatre dents jusqu'au 30 ; du premier Décembre, cinq dents jusqu'au 11 ; du 12, six dents jusqu'au 3 Janvier ; du 4 dudit mois, cinq dents jusqu'au 12 ; du 13, quatre dents jusqu'au 21 ; du 22, trois dents jusqu'au 27 ; du 28, deux dents jusqu'au premier Février ; du 2, une dent jusqu'au 8 ; du 9, 0 jusqu'au 14 Février.

Soleil avance. { Du 15 Février une dent du côté *avance* jusqu'au 21 ; du 22, deux dents jusqu'au premier Mars ; du 2, trois dents jusqu'au 16 ; du 17, quatre dents jusqu'au 27 ; du 28, trois dents jusqu'au premier Avril ; du 2, quatre dents jusqu'au 8 ; du 9, trois dents jusqu'au 22 ; du 23, deux dents jusqu'au 29 ; du 30, une dent jusqu'au 11 Mai ; du 12, 0 jusqu'au 18.

280. Au moyen de cette table & des traits que l'on a tracés (n°. 277 & 278), on taillera facilement la courbe de cette maniere. On mettra la roue annuelle sur le 12 Mai, & l'on placera le levier *N* sur la division 0 : on percera en *v* au levier *N* un petit trou, à travers lequel on marquera avec un *foret* un point sur la plaque *O* qui doit servir à former la courbe : on fera ensuite avancer la roue annuelle jusqu'au 18 Mai : on marquera un second point sans changer le levier : on fera avancer la roue annuelle d'un jour, ce qui donnera le 19 Mai. Or la table marque qu'il faut que la cheville s'engage d'une dent du côté *retarde* ; on conduira donc le levier sur le trait 1 du côté marqué *retarde* ; on marquera un point sur la plaque *O* : on fera avancer la roue annuelle au 30 Mai ; on marquera un point sans changer la position du levier : on fera toujours de même en suivant la table, jusqu'à ce que la révolution annuelle soit achevée : on percera

des trous par tous les points que l'on aura marqués sur la plaque; on tirera ensuite du centre de la roue annuelle des rayons par le bord de chaque trou; & avec un compas, on tracera de chaque trou qui se trouve sur le même cercle avec le trou prochain des portions de cercles *q*, *r*, *s*, *t*, &c, qui formeront la courbe *O O*; on limera cette plaque selon les traits que l'on aura marqués; & pour vérifier chaque degré, on verra si les traits (faits à la piece de comparaison selon les N°s. 277 & 278) sont justes avec le bord du levier; si cela n'est pas, on limera les pas qui ne sont pas assez enfoncés.

Cette Pendule est de mon invention: je la présentai à l'Académie Royale des Sciences en 1752.

CHAPITRE XVI.
Description d'une Equation à deux Aiguilles & deux Cadrans.

(PLANCHE XIV. Fig. 3.)

281. L E pignon *A* est une espece de *chaussée* (130) qui entre à frottement sur la tige d'une roue du mouvement qui fait un tour par heure: cette chaussée porte l'aiguille *g* du temps moyen. Le pignon *A* engrene dans la roue *B*, qui tourne dans une espece de cage formée par la plaque *D C* & par le pont *d*; la roue *B* engrene dans un pignon *f*, qui a le même nombre de dents que le pignon *A*, il fait donc aussi un tour par heure. Ce pignon *f* tourne dans une espece de cage formée par la plaque *D C*, & par le pont *G H*; le pivot de ce pignon roule dans un trou fait à la plaque *CD*, & l'autre roule dans l'intérieur d'un canon qui porte la roue *I*; le canon de la roue *I* entre & roule dans le trou du canon porté par le pont *G H*; le bout saillant du canon de la roue *I* porte l'aiguille des heures, & le bout de la tige du pignon *f* porte l'aiguille des minutes du temps vrai. La roue *B* porte le pignon

a, lequel engrene dans la roue I, & lui fait faire un tour en douze heures ; la plaque ou piece DC pofe fur la platine de la Pendule repréfentée par la plaque LMN. Cette plaque CD peut fe mouvoir autour du centre f du pignon ; pour cet effet, elle porte une *tétine* ou efpece de pivot concentrique vers f, lequel entre dans la platine ; cette piece CD ne peut s'écarter de la platine, étant retenue par la vis e ; elle ne peut que décrire une portion de cercle bc autour du centre f ; le bras O que porte la piece CD, eft fait pour appuyer fur la courbe P, dont la révolution fe fait en un an ; lors donc que cette courbe tourne, elle oblige le bras O de monter & defcendre ; or la roue B doit décrire un arc de cercle autour du centre f ; c'eft ce mouvement qui produit la variation que doit faire l'aiguille A du temps vrai ; cet effet fe produit de la maniere fuivante.

282. Lorfque la courbe éleve le bras O & par conféquent la roue B, le pignon A dans lequel elle engrene étant immobile, la roue eft dans ce cas obligée de décrire un arc de cercle en mn. Ce mouvement de la roue tend néceffairement à faire tourner le pignon f, & par conféquent l'aiguille du temps vrai, tandis que celle du temps moyen refte immobile. Or, felon que l'on fait monter ou defcendre le bras O, l'aiguille du temps vrai avance ou retarde ; ainfi ce font les enfoncements de l'ellipfe qui déterminent le mouvement de l'aiguille, & ces enfoncements font eux-mêmes limités par la variation du foleil donnée par la table d'équation.

283. Cette cadrature, toute fimple & ingénieufe qu'elle eft, a un affez grand défaut ; car, 1°. les aiguilles du temps vrai & du temps moyen marquent fur deux cadrans, ce qui devient incommode pour avoir l'équation. Le fecond défaut, eft le jeu d'engrenage de la roue B avec les pignons ; & ce jeu eft d'autant plus grand que, lorfque la roue monte & defcend, fon engrenage avec chaque pignon en devient plus foible, & par conféquent le jeu de l'aiguille eft encore plus grand. M. Rivas, qui a imaginé cette équation, a bien prévu cet inconvénient ; car j'ai vu une de fes cadratures où le pignon A fe rapprochoit de la roue à mefure qu'elle tendoit à s'en écarter ;

mais malgré cela il ne laiffe pas d'y avoir plufieurs minutes d'écarts.

284. Au refte, le meilleur moyen de corriger cet obftacle eft d'adapter fur le pignon du temps vrai des pas en fpirale, fur lefquels on fera appuyer un petit levier qui retiendra continuellement l'aiguille du même côté; ce qui ôtera le jeu des engrenages, & par ce moyen on aura l'équation avec affez de précifion.

Lorfque ces pieces font à fonnerie, la détente tient lieu du levier.

CHAPITRE XVII.

Defcription d'une Cadrature d'Equation qui ne marque que le Temps vrai.

285. La Planche XIV. fig. 4 repréfente le plan de cette cadrature. A eft l'ellipfe fixée fur la roue B, qui eft conduite par un pignon du mouvement. Cette roue refte un an à faire fa révolution. La partie C du levier CDE appuie fur la courbe: ce levier a fon centre de mouvement au point E.

286. La roue F eft fixée fur la tige d'une roue du mouvement, dont le pivot fupérieur entre dans le trou fait au pont G; elle engrene dans le pignon H, dont le pivot inférieur roule dans le trou fait à la plaque IL; & le pivot fupérieur, qui eft la tige même, roule dans l'intérieur du canon de la roue M, lequel roule dans le canon du pont NN, & celui-ci tient à la plaque IL : ainfi le pignon H & la roue M tournent entre le pont N & la plaque CD, comme dans une cage.

287. Le pignon H engrene dans la roue O portée par une broche attachée à la plaque DL; la roue O porte le pignon p, qui engrene dans la roue M; le canon de cette roue

porte

Première Partie, Chap. XVII.

porte l'aiguille des heures, & la tige du pignon H porte l'aiguille des minutes.

288. La plaque IL pose sur la platine QR: cette plaque IL peut monter & descendre, en parcourant, autour du centre de la roue F, la portion de cercle ab. En faisant monter cet assemblage INL, & la roue F restant immobile, le pignon H, qui engrene dans cette roue, sera obligé de tourner selon que l'on fera monter ou descendre cette cage; ainsi l'aiguille des minutes avancera ou rétrogradera, selon que l'on fera monter ou descendre le levier CDE. Le mouvement de cette cage pour monter & descendre, est déterminé par l'ellipse A, sur laquelle appuie le bout C du levier CE, & dont la partie D communique avec la cage NN; lors donc que l'on fait tourner l'ellipse, elle fait monter & descendre le levier, & par conséquent la cage; ainsi tandis que la roue F se meut d'un mouvement uniforme, le pignon H, dans lequel elle engrene, marche d'un mouvement variable.

289. Le cadran est porté par le canon du pont NN, en sorte qu'il monte & descend comme le pont; de cette maniere les aiguilles sont toujours concentriques au cadran: le poids du cadran est plus que suffisant pour faire appuyer continuellement le levier DC sur la courbe; mais il ne l'est cependant pas au point de faire obstacle au mouvement de la roue annuelle sur laquelle l'ellipse est fixée. La construction de cette équation est de M. de Rivas.

Des Pendules qui marquent les heures, les minutes & les secondes du temps vrai seulement, par les vibrations inégales d'un Pendule qui s'allonge & se racourcit, inventées par le Pere Alexandre (a).

290. La roue annuelle fait sa révolution en 365 jours 5 heures 48 minutes 58 secondes $\frac{38}{49}$.

(a) A propos de cet ouvrage qui sera toujours utile aux Artistes, nous devons avertir que les Srs. Guerin & Delatour doivent en donner incessamment une nouvelle édi-

I. Partie. M

291. Voici les nombres de dents des roues que le Pere Alexandre a employés pour cette révolution.

292. La roue de cadran, ou dont la révolution est de 12 heures, porte un pignon de 7, lequel engrene & mene une roue de 50; celle-ci porte un pignon de 7 qui engrene dans une roue de 69 dents; celle-ci porte un pignon de 8 dents, lequel engrene dans une roue qui en a 83 : celle-ci est la roue annuelle. Cette révolution astronomique est fort exacte : nous renvoyons au Traité du Pere Alexandre pour le calcul dont il s'est servi pour les révolutions des Planetes. M. Camus a aussi traité de la méthode à suivre pour ces sortes de calculs, dans son excellent Cours de Mathématiques, troisieme Partie.

293. La roue annuelle du Pere Alexandre porte une ellipse sur laquelle appuie un levier, auquel est attaché le ressort qui suspend le Pendule; ce ressort passe fort juste dans une fente du coq fait comme ceux des Pendules à secondes ornaires : ce ressort peut monter & descendre dans cette fente. Le point inférieur du coq par où passe le ressort, détermine le centre du mouvement du Pendule. Lors donc que l'ellipse se meut, le levier qui appuie dessus fait monter & descendre le Pendule, ce qui rend les oscillations plus promptes ou plus lentes. Nous renvoyons au Traité du Pere Alexandre pour la disposition de cette Pendule, & pour le calcul qu'il a fait pour tailler sa courbe; & quoique cette machine soit ingénieuse dans la théorie, nous la croyons des plus défectueuses dans la pratique.

294. Car, 1°, tout ce calcul n'est fondé que sur ce principe, que les quarrés des nombres de vibrations, en temps égaux, sont réciproquement comme les longueurs des Pendules, principe très-vrai dans le Pendule simple; mais ces oscillations du Pendule *composé* appliqué à l'horloge, ne sont plus les mêmes que dans le Pendule simple : ainsi quoique l'on ait taillé la courbe d'après ce calcul, il arrivera que le pen-

---

tion, dans laquelle on suivra le plan du Pere Alexandre pour l'histoire de l'Horlogerie, en rendant compte des ouvrages dont on a enrichi cet Art jusqu'à ce jour.

dule ne variera pas exactement des quantités requifes (a).

295. 2°. La plus petite erreur d'exécution de la courbe changera la durée de toutes les ofcillations que fait le Pendule en 24 heures : cette erreur étant répétée 86400 fois par jour produira des différences fenfibles.

296. 3°. Il n'y a aucune méthode, autre que l'expérience, par laquelle on puiffe vérifier la courbe : ainfi, pour juger fi une telle ellipfe eft bien taillée, il faudroit attendre une année.

297. 4°. En fuppofant même qu'on voulût vérifier par l'expérience les inégalités de la courbe, on ne pourroit jamais diftinguer pofitivement les écarts produits par la courbe ; car on pourroit les confondre avec les variations de l'Horloge, caufées par l'action du chaud & du froid fur le Pendule, &c.

298. 5°. On ne peut employer un tel méchanifme que pour les Pendules fufpendus par des refforts. Or le reffort de fufpenfion étant arrêté en des points différents par le coq, pour peu que ce reffort foit inégal, cela changera le point de fufpenfion qu'il ne faut pas toujours croire fe faire immédiatement à l'endroit où le coq le pince, mais un peu plus bas ; & ce point change felon les différentes roideurs du reffort.

299. Enfin, le levier qui appuie fur la courbe devant porter, felon cette méthode, tout le poids de la lentille, il fera fujet à fléchir, & diverfement felon fa pofition. La conftruction de M. Rivas eft, fans contredit, très-préférable à ce moyen, pour les Pendules qu'on veut qui ne marquent que le temps vrai : elles font d'ailleurs d'une exécution plus facile ; car la longueur du Pendule refte conftamment la même, au lieu que dans celle du Pere Alexandre, le Pendule change tous les jours de longueur, en forte que c'eft comme fi on régloit l'Horloge 365 fois par an.

---

[a] Il y a, à la vérité, un remede à cet inconvénient, c'eft de déterminer par obfervation de combien un Pendule *compofé* donné, avance ou retarde par jour, pour un accroiffement ou allongement donné ; mais cet obftacle levé, il en refte de plus effentiels.

CHAPITRE XVIII.

Description d'une Montre à Équation, à Répétition, à Secondes concentriques, d'un seul battement.

300. Cette Montre marche huit jours sans remonter; elle marque les mois de l'année & les quantiemes du mois. Nous expliquerons ici la différence de construction de ses parties lorsque ces Montres vont huit jours, trente heures ou un mois.

301. Quoique le méchanisme d'équation que nous avons décrit, *Chap. XIV*, soit le même, quant au principe, que celui dont nous allons parler; comme il est ici appliqué à des machines beaucoup plus composées, & que d'ailleurs les ajustements en sont absolument différents, beaucoup meilleurs, & que nous n'étions entré ci-devant dans aucun de ces détails, nous croyons faire plaisir à quelques personnes, en leur donnant ici la description & le plan d'une machine assez intéressante, qui réunissant différents effets, est tellement composée, que chacun est aussi solide qu'il le seroit s'il étoit mis à part dans une piece.

302. La premiere figure Planche XIII, représente la disposition des parties de la répétition : elle est dessinée fort exactement d'après une piece totalement exécutée selon les mêmes dimensions.

303. Les pieces qui concernent la répétition produisent les mêmes effets que dans les répétitions ordinaires que nous avons décrites *Ch. X*. Nous nous dispenserons donc d'entrer là-dessus dans un nouveau détail, la figure servira à en montrer la distribution.

304. La seconde figure représente le plan ou *calibre* du rouage ; *A* est le barillet ; *B*, la fusée dont la roue de 54 dents

engrene dans un pignon de 12 qui porte la grande roue moyenne C de 64 dents, laquelle engrene dans un pignon de 8, qui porte la petite roue moyenne D de 64 dents, laquelle engrene dans un pignon de 8, qui porte la roue de champ E de 60 dents, engrenée dans un pignon de 8, qui porte la roue d'échappement F de 30 dents : or le balancier faisant un battement par secondes, la roue d'échappement reste une minute à faire un tour; & comme elle fait sept tours $\frac{1}{2}$ pour un de la roue de champ, celle-ci reste sept minutes $\frac{1}{2}$ à faire une révolution. Le pignon qui porte cette roue est prolongé & passe à la cadrature; il engrene & mene la roue I (fig. 1) qui a 64 dents: le pignon de la roue de champ fait donc huit tours pour un de la roue I : or il employe 7 minutes $\frac{1}{2}$ à faire un tour; donc la roue I employe 8 fois 7 minutes $\frac{1}{2}$ à faire sa révolution; c'est-à-dire, 60 minutes ou une heure : c'est donc le canon de cette roue I qui porte l'aiguille des minutes. Voyez plus au long la disposition des minutes & des secondes concentriques dans la seconde Partie *Chap. XXXVI*. Cette disposition est semblable à celle de la Pendule à secondes, que nous avons décrite *Chap. III*.

305. Les petites roues a, b, c, d, e représentent celles du rouage de répétition.

306. En calculant les révolutions du rouage de la montre, on trouve que la roue d'échappement fait 2160 tours (*Voyez seconde Partie, Chap. VI & VII*) pour un de la fusée, lequel dure par conséquent 2160 minutes ou 36 heures. C'est cette même roue qui fait mouvoir la roue annuelle, & qui lui fait faire une révolution en 365 jours, ainsi que nous allons le faire voir.

307. La fusée représentée (*fig.* 16) porte le pivot 1, lequel entre dans un canon d'acier fixé sur la roue de fusée B vue de profil; c'est ce canon qui forme le pivot inférieur de la fusée, & qui roule dans le trou de la platine : sur le bout prolongé 2 de ce canon, entre à frottement la petite roue ou pignon a ; ce pignon est vu en plan (*fig.* 1); il a 12 dents & engrene dans la roue b, qui en a 16 ; celle-ci porte un pignon

de 6, qui engrene dans la roue C, qui en a 30; celle-ci tient à frottement avec le rochet fixé sur l'axe d'un pignon de 4 dents, lequel engrene dans la roue annuelle C (*fig. 3*): celle-ci a 146 dents.

308. Nous avons dit (306), que la roue de fusée fait une révolution en 36 heures; le pignon *a* qu'elle porte, fait donc aussi un tour en même temps. La roue *b*, qui le mene, ayant 16 dents, reste 48 heures à faire une révolution; & comme elle porte un pignon de 6, qui engrene dans la roue C de 30, elle fait cinq tours pour un de la roue C; celle-ci reste donc dix jours à faire une révolution: enfin tandis que la roue annuelle *A* fait une révolution, le pignon 4 en fait $36\frac{1}{2}$, puisque 4 dents du pignon sont contenues 36 fois $\frac{1}{2}$ dans 146 dents de la roue: or multipliant $36\frac{1}{2}$ par 10 jours, on a 365 jours, qui est le temps de la révolution de la roue *A*.

309. La petite roue *b* se meut entre la platine & un petit pont.

310. Le pivot inférieur de la roue C roule dans un trou de la platine, & le pivot supérieur entre dans un trou de la *bâtte* ou fausse plaque (*fig. 4*), laquelle étant appliquée sur la premiere figure, recouvre toute la cadrature, & se fixe avec la platine par un petit drageoir qui la centre, & par deux vis qui entrent dans les tenons *e*, *f*; de cette maniere la roue C se meut entre la platine & la bâtte, comme dans une cage; & pour lors le pignon 4 engrene dans la roue annuelle, & lui fait faire une révolution en 365 jours d'un mouvement uniforme.

311. La roue annuelle vue (*fig. 6*), se meut sur le centre ou canon porté par la bâtte vue en perspective (*fig. 4*); elle y porte à plat, de sorte qu'elle ne peut s'en écarter; elle est retenue après la bâtte par le canon d'acier (*fig. 9*). L'intérieur de ce canon entre à frottement sur le côté extérieur du canon formé par la bâtte; le côté extérieur du canon d'acier entre juste dans le trou de la roue annuelle; le canon d'acier appuie par ce moyen sur la roue, en sorte que celle-ci ne peut s'écarter en aucune maniere du fond de la bâtte, ne pouvant que tourner autour de son centre.

Première Partie, Chap. XVIII. 95

312. Sur la roue annuelle est fixée, par deux petites chevilles, l'ellipse (*fig.* 8) vue par le dessous, & appliquée (*fig.* 3) à la roue annuelle.

313. Le pignon ou chauffée *A* (*fig.* 14) est d'acier & percé dans son centre : le côté extérieur roule juste dans le trou du canon de la bâte (*fig.* 4) ; le trou intérieur de ce pignon est de grandeur pour y laisser passer librement le canon de la roue de cadran & de l'aiguille des heures. Ce pignon ou chauffée a une petite *portée* qui forme un second canon, sur lequel entre à frottement la plaque *F*, & tellement qu'elle entre au fond de la portée, dont la hauteur est déterminée par la longueur du canon de la bâte : le pignon roule de cette maniere librement & juste dans ce canon, duquel il ne peut s'écarter, étant retenu par la plaque *F*, qui l'arrête par le dessus de la bâte. Cette plaque sert en même temps à porter le petit cadran (*fig.* 10), qui est celui du temps vrai : il est fixé après la plaque par le canon de la plaque *F*, vu en perspective ; il entre dans le trou du petit cadran, ce qui le centre ; une vis sert à le fixer après la plaque : le roulement du pignon sur son canon entraîne donc le petit cadran.

314. Le petit cadran tourne fort juste dans le vuide du grand cadran (*fig.* 7), & passe même un peu dessous pour ne pas laisser de jour, & qu'on ne voye que l'émail. Le grand cadran porte trois pieds qui entrent dans les trous de la bâte, vue par dessus (*fig.* 5) : il se fixe avec elle par une petite vis.

315. Nous avons déja expliqué, en parlant de la Pendule à équation (238), comment l'aiguille des minutes portant une aiguille opposée qui marque sur le petit cadran du temps vrai, sert à indiquer une heure différente, selon que l'on fait avancer ou rétrograder ce petit cadran, & que par ce moyen l'aiguille tournant d'un mouvement uniforme, indique un temps variable comme celui du soleil. C'est à cet usage qu'est destinée l'ellipse *DE* (*fig.* 3), ce qui se fait au moyen du rateau *B*, qui engrene dans le pignon ou chauffée *A* qui porte le petit cadran. Ce rateau porte en *B* une piece d'acier qui forme une petite poulie, dont le fond appuie sur le bord de l'ellipse :

la figure 11 repréfente le profil du rateau, dont *a* est la petite poulie

316. L'ellipfe eft limée par deffous en bifeau, comme on le voit dans la *fig.* 8, en forte que la petite épaiffeur de la poulie s'y loge, & que le rateau fe meut comme fur une rainure avec l'ellipfe, dont il ne peut pas s'écarter: or la roue annuelle emportant par fon mouvement l'ellipfe, celle-ci oblige le rateau, preffé par le reffort F, de s'approcher ou de s'écarter, felon que fa courbure l'y oblige; en forte qu'il arrive que tandis que la roue annuelle marche conftamment du même côté, le rateau va & vient fur lui-même, & fait alternativement avancer & rétrograder le pignon, & par conféquent le petit cadran. Nous expliquerons ci-après comment on taille l'ellipfe, pour que la variation du petit cadran réponde parfaitement à celle du foleil, & que l'aiguille du temps vrai l'indique.

317. Sur la roue annuelle (*fig.* 6) font gravés les mois de l'année & les quantiemes du mois de cinq jours en cinq jours. Les mois paroiffent à travers de l'ouverture faite à la bâtte, comme on le voit (*fig.* 5), ainfi qu'au grand cadran: la bâtte porte une petite pointe ou index, qui marque les mois qui paffent par cette ouverture, & les jours de cinq en cinq. Cette gravure & l'ouverture qui la laiffe voir, eft fur-tout utile pour tailler l'ellipfe; mais elle eft encore très-néceffaire pour remettre la Montre à l'équation dans le cas, où elle auroit refté quelque temps fans être remontée. Sans cette précaution, il arriveroit que l'ellipfe refteroit en arriere, & marqueroit l'équation du jour où la montre auroit été arrêtée; & que pour la remettre au point qui doit correfpondre au jour actuel, on ne pourroit le faire qu'en tâtonnant; c'eft donc autant pour cette raifon, que pour faire marquer à la Montre les mois de l'année, qu'eft faite cette ouverture du cadran; cependant elle a encore fon mérite, dans les montres de 30 heures fur-tout, où on fait marquer les jours du mois deffous la boîte (258).

318. Pour remettre la montre à l'équation, lorfqu'on l'a laiffée arrêter, on fera tourner le petit rochet C (*fig.* 1): ce

rochet,

Première Partie, Chap. XVIII. 97

rochet, fixé fur l'axe du pignon, fe meut à frottement, & peut tourner féparément de la roue ; comme la roue fait un tour en 10 jours, j'ai donné dix dents au rochet ; en forte que chaque dent dont on l'avance ou la rétrograde répond à un jour. Ainfi je fuppofe qu'on voulût amener la roue annuelle au 3 Janvier, on la feroit d'abord tourner jufqu'à ce que le 31 Décembre fût fous l'index ; & avançant enfuite le rochet de trois dents, on feroit affuré que la roue eft parvenue au 3 Janvier, & que l'ellipfe marqueroit exactement l'équation de ce jour.

319. La figure 15 repréfente la roue C, le rochet & le pignon 4 vu en profil : d fait voir le rochet & fon pignon féparé de la roue e vue en plan ; cette roue s'ajufte contre le rochet après lequel elle eft retenue par la petite clavette f qui la preffe, & forme un frottement tel que cette roue ne peut tourner féparement du rochet, que lorfqu'on fait tourner celui-ci avec la main : il faut avoir attention de placer derriere la clavette une petite vis attachée à la roue e, afin de l'empêcher de fortir de fa place.

320. La figure 13 repréfente la piece qui fert à porter le rateau : cette piece s'attache par une vis avec la bâtte ; elle porte une broche qui entre dans le canon du rateau.

321. La figure 12 repréfente le reffort en F (*fig.* 3) qui, placé après la bâtte par une vis, preffe le rateau, de maniere qu'il appuie continuellement contre l'ellipfe.

322. La figure 18 repréfente le côté intérieur de la platine des piliers, fur laquelle eft tracé le calibre d'une répétition à équation, à fecondes de deux battements, allant 30 heures fans remonter. A eft le barrillet ; B, la roue de fufée qui porte 60 dents ; elle engrene dans le pignon de la grande roue moyenne C ; ce pignon a 10 dents. La roue C porte 64 dents ; elle engrene dans le pignon de 8 dents, qui porte la petite roue moyenne D de 60 dents ; elle engrene dans le pignon de la roue de champ E, dont la tige prolongée porte l'aiguille des fecondes ; ce pignon eft de 8 : la roue E a 48 dents ; elle engrene dans le pignon de la roue d'échappement F qui a 12 dents, & la roue 15 : cette roue fait donc faire 30 vibra-

I. Partie, N

tions au balancier à chaque révolution qu'elle fait; & comme elle fait quatre tours pour un de la roue E, elle fait 4 fois 30 vibrations ou 120 battements, qui étant chacun de demi-feconde, la roue E refte une minute à faire un tour. Le pignon de la roue D paffe à la cadrature & conduit la roue G des minutes (*fig.* 17), dont on verra l'ajuftement en grand (*Planche* XXVII, & l'explication feconde Partie Chap. XXXVI): a, b, c, d, e font les roues de fonnerie du petit rouage: a porte 40 dents; b 32, c 32, d 28, & e 26: celle-ci engrene dans le pignon de volant, qui eft de 6 dents, ainfi que les autres pignons du petit rouage de fonnerie.

323. Dans la piece à huit jours que nous avons décrite, de même que pour les Montres qui vont un mois, la roue de fufée porte le canon comme nous l'avons expliqué (307); & la roue annuelle fe meut par ce moyen d'un mouvement uniforme. Dans les Montres à 30 heures, je fais porter immédiatement par le pivot prolongé de la fufée (*fig.* 19) qui paffe à la cadrature (*fig.* 17), un pignon a de fix dents, percé dans fa longueur; & il entre à frottement fur le pivot prolongé de la fufée, (qui d'ailleurs eft faite à l'ordinaire), avec lequel il eft retenu par une goupille qui paffe à travers le pignon & le pivot. Ce pignon a (*fig.* 17) engrene dans la roue b de 24 dents, rivée fur un canon qui fe meut fur une broche portée par la platine: cette roue b porte une cheville, qui à chaque révolution de la roue, fait avancer une dent de l'étoile C.

324. Pendant qu'on remonte la Montre, l'action du pignon fur la roue b oblige la cheville qu'elle porte, de faire avancer une dent de l'étoile C. Or, comme on remonte la Montre une fois par jour, & que cette roue b ne peut agir qu'une fois fur l'étoile, celle-ci qui a dix dents, fait un tour en dix jours: cette étoile eft fixée fur l'axe d'un pignon de quatre dents, lequel engrene dans la roue annuelle de 146 dents: celle-ci fait donc un tour en 365 jours (308); l'étoile C eft retenue par le fautoir d.

325. Il faut obferver, par rapport à cette maniere de faire

mouvoir l'étoile & la roue annuelle, qu'il faut que les dents de l'étoile ne soient pas dirigées au centre de la roue qui la mene, mais plus avant du côté où se meut la cheville lorsqu'on remonte la montre ; car cette roue étant menée par l'axe de la fusée, va & revient sur elle-même ; en sorte que si la dent de l'étoile étoit dirigée au centre, la dent qui auroit avancée pendant que l'on remontoit la Montre, rétrograderoit lorsque la Montre marche & que la fusée revient en sens contraire ; au lieu qu'en dirigeant ces dents à peu près comme dans la figure 17, lorsque la fusée rétrograde, l'étoile rétrograde aussi un peu, mais pas assez pour parvenir à l'angle du sautoir.

326. Il faut avoir attention à ne pas rendre trop fort le frottement de la roue annuelle contre la bâtte. Il faut, au contraire, qu'elle tourne librement, de crainte que l'effet du sautoir ne se fasse pas, c'est-à-dire, qu'il ne ramene pas l'étoile à son repos. Alors il arriveroit nécessairement que la cheville passeroit sans faire tourner l'étoile, & que la roue annuelle resteroit en arriere : il faut d'ailleurs donner une certaine force au sautoir pour assurer cet effet.

327. On voit que le mouvement de la roue annuelle n'est point uniforme ; car elle n'avance de la 365e partie de la révolution qu'à chaque fois qu'on remonte la Montre, ce que j'ai fait pour simplifier la *conduite* de la roue annuelle ; il est d'ailleurs assez indifférent qu'elle marche par saut à chaque jour, ou qu'elle aille d'un mouvement continu (236), puisque l'équation d'un jour à l'autre ne differe que de 30 secondes au plus ; mais pour contenter ceux qui pourroient souhaiter que la roue annuelle marchât d'un mouvement continu, voici le moyen dont il faut faire usage. On disposera la roue de fusée de la même maniere que celle à huit jours (307) ; on ajustera à frottement sur le canon de cette roue un pignon de 8 dents qu'on tiendra le plus petit possible ; on fera engrener ce pignon *a* (*Pl. XIII. fig.* 1) dans une roue *b* qui portera 32 dents. Or comme la fusée de la Montre qui va 30 heures, fait un tour en 6 heures (322), cette roue *b* fera une

révolution en 24 heures : on fixera cette roue *b* fur un pignon de 4 dents, lequel engrenera dans la roue *C* qui en aura 40; celle-ci reſtera donc dix jours à faire une révolution. Cette roue *C* portera un pignon de 4 dents, lequel engrenera dans la roue annuelle de 146 dents ; ce pignon devra s'ajuſter à frottement & porter un rochet comme le fait celui de la Montre à 8 jours (319), afin de remettre l'équation au quantieme lorſqu'on aura laiſſé arrêter la Montre. Le pignon de la roue *b* ſera mobile entre la platine & le petit pont (*fig.* 1).

328. Dans les Montres à équation qui vont un mois, je fais conduire la roue annuelle de la même maniere que pour celles à 8 jours, à cela près, que comme la roue de fuſée reſte 5 jours à faire un tour, je fais engrener la petite roue que ſon canon porte immédiatement dans la roue qui porte le rochet fixé ſur le pignon de 4, & je ſupprime par-là la roue & pignon & le pont de la roue *b* (*fig.* 1) : nous joignons ici le calibre de la Montre à équation d'un mois. La figure 4 Planche VIII, repréſente l'intérieur de la platine des piliers d'une Montre à un mois ſans remonter, à équation, répétition à ſecondes d'un ſeul battement, ſur lequel eſt tracé le calibre du *rouage*.

A eſt le barillet; *B*, la roue de fuſée qui a 72 dents : elle engrene dans le pignon 10, qui porte la grande roue moyenne *C*; celle-ci porte 60 dents, qui engrenent dans le pignon de 6 dents, qui porte la petite roue moyenne *D*. Cette roue a 60 dents, & engrene dans le pignon de 6 dents qui porte la roue de champ *E*; celle-ci porte 60 dents, elle engrene dans un pignon de ſix dents qui eſt au centre; celui-ci porte la roue d'échappement *F* qui a 30 dents. Or le balancier fait une vibration en une ſeconde ; ainſi la roue *F* reſte une minute à faire une révolution ; c'eſt ſon axe prolongé, qui porte l'aiguille des ſecondes : ſur la tige de la roue de champ *E* eſt chaſſé à force un pignon de 10 dents qui paſſe à la cadrature (*fig.* 5) ; il engrene dans la roue de minutes *G* qui a 60 dents, dont l'ajuſtement eſt pareil à celui de la Pendule à ſecondes (*Pl. III*,) & de la Montre à ſecondes, repréſentée (*Pl. XXVII, fig.* 1 & 3) & décrite *ſeconde Partie Chap. XXXVI*. Si l'on calcule les révolutions de ce rouage, on trouve que pendant que la roue de fusée fait un tour, la roue d'échappement F en fait 7200; & comme celle-ci fait un tour par minute, la roue de fusée reste 7200 minutes, qui font 5 jours, à faire une révolution : c'est le canon de cette roue qui passe à la cadrature (de la même maniere que celui de la répétition à 8 jours) qui porte à frottement la roue a (Pl. VIII, fig. 5); cette roue a porte 20 dents qui engrenent dans la roue b, qui en a 40 : celle-ci reste donc 10 jours à faire une révolution; elle s'ajuste sur l'axe d'un pignon de 4 dents, de la même maniere que celle à 8 jours (319); ce pignon engrene & conduit la roue annuelle de 146 dents. La cadrature de la répétition à un mois ne differe pas de celle à 8 jours : a, b, c, d, e sont les roues du petit rouage de sonnerie; elles ont les mêmes nombres que celles de la répétition de 30 heures (322).

REMARQUE.

329. Si l'on vouloit qu'une Montre à équation, allant 8 jours ou un mois, marquât les jours du mois, on placeroit, entre la bâtte & le grand cadran, un cercle divisé en 31 parties ou dents : ce cercle pourroit ainsi rouler sur un cordon de la bâtte. Pour le faire avancer d'une division à chaque jour, on placeroit un levier, dont un bras feroit mu par le rochet b, & dont un autre bras à pied de biche conduiroit le cercle de quantieme; on perceroit sur les 6 heures du grand cadran un trou à travers lequel on verroit les jours du mois.

CHAPITRE XIX.

De la maniere de tracer les Courbes de Pendules ou Montres à Equation.

I. Tailler la Courbe d'une Pendule à équation.

330. Pour tailler une courbe ou ellipse, il faut commencer par remonter la cadrature d'équation, comme on le voit Planche XI. figure 1 ; former des repairs aux roues ; attacher le cadran ; mettre la roue annuelle en place, ainsi que l'ellipse & le levier qui doit appuyer dessus ; percer un trou à ce levier : ce trou doit servir, 1°, à tracer la courbe ; 2°, à porter une fraise ou lime circulaire, dont je parlerai bientôt; enfin, à porter un rouleau O pour appuyer sur l'ellipse lorsqu'elle est finie.

331. Le point de contact du rouleau O sur la courbe E doit être tel, que si du centre L du levier on tire une ligne qui passe par ce point y, & que de ce point de contact on éleve une perpendiculaire sur cette ligne, il faudra que cette perpendiculaire passe par le centre de l'ellipse, c'est-à-dire, que la ligne Ly doit être *tangente* de la courbe au point y; mais comme le levier doit s'approcher & s'écarter du centre de l'ellipse, selon l'inégalité des rayons de cette courbe, on voit qu'il n'y auroit que ce point y de la courbe où la ligne yL fût perpendiculaire au rayon ys : il faut donc faire que cette ligne yL soit tangente dans un point de la courbe qui soit entre le plus grand & le plus petit rayon de l'ellipse: par cette construction on déterminera la longueur yL du levier, & la courbe menera ce levier avec la moindre résistance. Les leviers ou machines, qui agissent ainsi par la tangente, sont dans le cas le plus favorable du mouvement : c'est par

Première Partie, Chap. XIX. 103

ce point qu'un marteau doit frapper fur un timbre ; que les dents d'un rochet doivent agir fur les bras de l'ancre ; que le crochet de fufée doit être arrêté par le garde-chaîne ; que les détentes de fonnerie doivent arrêter les chevilles d'arrêt, &c.

332. Il faut, après que cela eft ainfi difpofé, mettre en place les aiguilles *du temps vrai & moyen*, & fixer celle du temps vrai à 60 minutes précifes, c'eft-à-dire, fur le midi, parce que felon les tables d'équation que nous donnons ici, elles indiquent les quantités de minutes & fecondes que doit marquer l'aiguille du temps moyen lorfqu'il eft midi au foleil ; ainfi l'aiguille du temps vrai reftera immobile, tandis qu'on fera fuivre à celle du temps moyen les quantités marquées par la table d'équation.

333. On conduira la roue annuelle en forte que le premier Janvier foit fous l'index : on verra enfuite dans la table d'équation (a) la quantité dont le temps moyen differe du midi au foleil le premier Janvier ; & conduifant l'aiguille du temps moyen au nombre des minutes & des fecondes indiquées par la table, on prendra le foret avec lequel on a percé le trou du levier ou rateau, & on marquera un point fur la plaque qui doit former la courbe. Cette opération faite, il faut faire paffer quatre divifions de la roue annuelle, qui répondent à quatre jours ; ce qui donnera le 5 Janvier : on verra dans la table l'équation de ce jour, & l'on conduira l'aiguille du temps moyen à la quantité que marque la table ; & de même qu'au premier Janvier, on marquera un point fur la plaque, on avancera la roue annuelle de cinq divifions ; & ainfi de cinq en cinq jours on fera des marques fur la plaque E, jufqu'à ce que la révolution annuelle foit achevée : les points marqués par le foret, déterminent donc la figure de la courbe : il ne s'agira plus que de la tailler ; & lorfque l'on aura percé un

---

a Nous avons donné des tables d'équations pour quatre années : on fe fervira de la troifieme table pour tailler les courbes, parce qu'elle partage à peu près les différences de la premiere & de la quatrieme. On verra dans le Chapitre XX, l'ufage de ces tables pour régler les horloges.

trou à chaque point, on pourra, avec une petite scie, couper cette courbe en ne faisant qu'effleurer les trous, & réservant à les emporter avec une lime.

334. Une courbe taillée avec les soins que je viens d'indiquer, pourroit être assez juste. Cependant, pour y donner un plus grand degré de perfection, il faut l'égaliser avec une fraise ou lime circulaire d'environ trois lignes de diametre; cette fraise porte deux pivots, dont l'un roule dans le trou qui a servi à marquer la courbe, & l'autre est porté par un petit pont Q attaché sur le rateau.

335. La fraise mise dans cette espece de cage, porte un cuivrot ou poulie dans laquelle on fait passer une corde d'*archet*, pour faire tourner la fraise, & par ce moyen emporter la matiere qu'il y a de trop à certaines parties de la courbe. Pour cet effet, on verra combien l'aiguille du temps moyen doit différer du midi au soleil pour tel jour donné; mais il faut observer, avant de rien limer à la courbe, que le diametre de la fraise que j'ai supposé de trois lignes, éloigne d'une ligne $\frac{1}{2}$ le rateau de la courbe de plus qu'il ne l'étoit lorsqu'il a servi à la tracer; ce qui changera nécessairement la situation de l'aiguille du temps moyen: ainsi pour faire reprendre à cette aiguille la place que détermine la table d'équation, il faudroit emporter tout autour de la courbure la grandeur du rayon de la fraise, ce qui seroit un ouvrage inutile & pénible, & qui rendroit la courbe plus petite qu'elle ne doit être. Pour parer à cette difficulté, je fais le levier de deux pieces R & L. La piece L qui agit & pose sur la courbe, peut se mouvoir séparément de la partie R du rateau, de sorte qu'on éloigne & approche la partie qui touche la courbe, jusqu'à ce qu'appuyant sur cette courbe au point où elle est trop enfoncée, l'aiguille marque l'équation repondant audit jour; alors ayant fixé ensemble ces deux parties R & L du rateau, on emporte d'abord de cinq jours en cinq jours toutes les parties de la courbe où il y a trop de matiere, & on lime les intervalles après avoir fait la révolution: enfin on peut, après cela, y toucher à chaque jour & l'égaliser jusqu'à ce que l'ai-

guille

guille marque exactement l'équation ; il ne fera plus question que de fubftituer, en place de la fraife, un rouleau O de même diametre, qui tournera dans les mêmes trous, & appuyera fur l'ellipfe.

336. Nous préférons une cheville d'acier trempé, fixée au rateau, au rouleau dont nous avons parlé, celui-ci pouvant prendre du jeu ou changer par fon roulement. D'ailleurs c'eft multiplier l'ouvrage, pour diminuer un frottement qui ne peut caufer aucune erreur.

337. Pour tailler une courbe avec beaucoup de précifion, il ne fuffit pas de divifer, à la vue fimple, chaque divifion des minutes du cadran en des parties que l'on fuppofe être de 30 fecondes, de 15, de 10, de 5, &c ; il faut de plus les divifer en effet avec un compas, de forte que chaque minute foit partagée en douze parties égales & même en quinze, fi on veut tailler fon ellipfe à quatre fecondes près.

Remarque.

338. Une méthode que j'employe avec fuccès pour marquer très-jufte les courbes d'équation, c'eft de faire entrer à force, dans le trou que l'on perce au rateau, une pointe d'acier trempé, & bien tournée : lorfqu'on a amené l'aiguille à l'équation, un coup de marteau frappé fur cette efpece de *pointeau* marque fur la plaque un point très-exactement, & mieux qu'avec un foret.

339. Lorfqu'on aura ainfi marqué tout le contour de l'ellipfe, on percera par ces points des trous qui foient jufte de la groffeur de la cheville qui devra appuyer fur l'ellipfe, chofe très-effentielle ; car au moyen de cette précaution, & de l'exactitude que l'on mettra en ufage pour marquer les points fur la plaque, on taillera l'ellipfe très-exactement & fans qu'il foit befoin de l'égalifer enfuite. Cette méthode eft très-expéditive : elle eft d'autant plus utile, qu'il y a telle difpofition d'équation où il ne feroit pas poffible de fe fervir du foret ni de la fraife.

II. *De la maniere de tailler les Courbes des Montres & Pendules d'Equations à Cadrans mobiles.*

PLANCHE XIII, *Figure* 3.

340. On affemblera fur la bâtte toutes les pieces qui fervent à l'équation, c'eft-à-dire, la roue annuelle, la plaque de l'ellipfe, (laquelle doit tenir à la roue par deux petites chevilles), le rateau auquel on aura percé un trou avant que de le tremper, le pignon ou chauffée A; il faut former un repaire du pignon avec le rateau, c'eft-à-dire, faire un point fur une dent du pignon, & un autre dans l'intervalle des deux dents du rateau; on fera entrer la plaque qui porte le petit cadran fur le canon du pignon A.

341. On placera le petit cadran fur la plaque F (*fig.* 14): tout étant ainfi préparé, on fera une fauffe aiguille G qui portera un canon, dont le côté extérieur entrera à frottement dans le trou du pignon A. Cette aiguille aura deux bouts; l'un fera de longueur propre à marquer fur les divifions du petit cadran, & l'autre fur celles du grand. Lorfqu'on aura placé le grand cadran, on fera entrer le canon de la fauffe aiguille à force dans la chauffée A.

342. On fera tourner cette fauffe aiguille féparement du pignon, de maniere qu'en amenant le trou fait au rateau à l'extrémité de la plaque qui doit former l'ellipfe, le grand bout de la fauffe aiguille foit fituée fur les 16 ou 17 minutes du grand cadran à temps moyen; & qu'en ramenant le rateau près du centre, l'aiguille rétrograde jufqu'au 42 ou 43 minutes, ce qui détermine à peu près l'efpace que doit parcourir le cadran du temps vrai: dans cette opération les 60 minutes du petit cadran doivent toujours être ramenées fous le petit bout de l'aiguille. Quoiqu'à la rigueur ce cadran ne foit pas néceffaire dans les moments actuels où l'on trace la courbe, il aide à faire voir les raifons d'opérations que nous indiquerons.

343. Nous obferverons ici que lorfque l'on conftruit une

Première Partie, Chap. XIX. 107

piece à équation, il faut avoir attention à proportionner la grandeur ou plaque de l'ellipse à la grosseur du pignon, & réciproquement; ce qui est aisé : car ce pignon devant faire un peu plus d'un demi-tour, il faut que le développement de la moitié de sa circonférence soit égal au chemin que peut faire le bout du rateau, depuis l'extrémité de la plaque qui doit former l'ellipse jusqu'à une distance du centre à peu près égale à celle que nous avons indiquée par nos figures.

344. Enfin pour trouver sur quels nombres on doit fendre le rateau, pour que son engrenage avec le pignon soit parfaitement bon, on partira de ce principe, que *pour que deux roues d'inégale grandeur puissent s'engrener le plus favorablement, il faut que les nombres de leurs dents soient entr'eux comme leurs circonférences*. Or les circonférences sont entr'elles comme les rayons & les diametres; donc si on connoît dans le cas actuel le diametre ou le rayon du pignon & du rateau, on trouvera aisément le nombre sur lequel on doit fendre le rateau : je suppose que l'on a un pignon de trois lignes de diametre & 16 dents, & que le rateau dans lequel il doit engrener, a 7 lignes de rayon; on réduira l'un & l'autre rayons en douziemes de lignes; le rayon du pignon est d'une ligne & demie $= \frac{18}{12}$, & celui du rateau est $\frac{84}{12}$: on fera donc la proportion $18 : 84 :: 16 : x$; multipliant 84 par 16, & divisant par 18, on aura 74, qui est le nombre selon lequel on doit fendre le rateau. On observera que si le pignon mene, il faut fendre le rateau sur un plus grand nombre, comme deux dents de plus; ou si au contraire le rateau conduit le pignon, comme dans le cas actuel, il faut le fendre sur un plus petit nombre, sur 72 par exemple.

345. Pour revenir au moyen de tailler l'ellipse; lorsqu'on aura préparé la machine de la maniere que nous venons de le dire, on fera avancer la roue annuelle, graduée comme on le voit (*fig.* 6), de façon que le premier Janvier soit sous l'index de la bâtte : on verra dans la table d'équation de combien le temps moyen differe du midi au soleil pour ce jour; on trouve dans la troisieme table, que lorsqu'il est midi au soleil,

O ij

l'aiguille du temps moyen doit marquer 4 minutes 13 secondes ; on avancera donc la fausse aiguille (dont le mouvement entraînera le pignon & le rateau) sur les 4 minutes 13 secondes du grand cadran ; on marquera avec un foret qui entre bien juste dans le trou du rateau, un point sur la plaque de l'ellipse : c'est celui sur lequel le rateau doit appuyer, pour que l'aiguille du temps moyen (ª) marque 4 minutes 13 secondes lorsqu'il est midi au soleil. Il faut marquer ce point avec une grande attention, & de maniere que l'aiguille ne s'écarte pas des 4 minutes 13 secondes, & que par conséquent le rateau reste immobile.

346. Pour fixer le rateau, & par conséquent pour marquer la courbe avec une grande précision, il faut faire frotter sur la bâtte le porte-cadran F, en sorte qu'il ne puisse tourner pendant qu'on marque l'ellipse ; & lorsque celle-ci est taillée, on donne la liberté convenable au porte-cadran.

347. Ce frottement de la plaque F (*fig.* 14) sur la bâtte facilitera singuliérement l'exécution de la courbe ; car tandis que l'on marquera les points avec le foret, on sera assuré que la fausse aiguille ne se sera pas dérangée; il faut donc que ce frottement soit un peu dur ; mais il faut avoir soin d'éviter que sa résistance étant trop forte, le canon de la fausse aiguille ne puisse tourner séparément du pignon ; car dans ce cas la courbe seroit mal tracée, puisque le premier point que l'on auroit marqué sur la courbe ne se retrouveroit plus (après la révolution entiere de la courbe) sous le trou du rateau, c'est-à-dire, que la courbe seroit irréguliere & ne rentreroit pas sur elle-même. Pour prévenir ce défaut, il faut fixer la fausse aiguille G avec une vis sur la plaque F du petit cadran, en sorte que l'aiguille entraînera sûrement la plaque; & comme celle-ci entre à force sur le pignon A, ce pignon sera aussi entraîné par la fausse aiguille. Pour rendre ces pieces encore

---

[a] Le grand bout de la fausse aiguille représente l'aiguille du temps moyen : ainsi en conduisant cette fausse aiguille selon les quantités indiquées par la table d'équation, elle servira à trouver & à marquer les points de la courbe sur lesquels le rateau doit appuyer, pour conduire le cadran du temps vrai, de maniere à marquer les variations du soleil.

plus fixes les unes avec les autres, on fera paffer par le trou du pignon *A* une broche *H* dont le bout foit taraudé pour recevoir un écrou 1, lequel preffera la fauffe aiguille par-deffus, tandis que la portée de la broche *H* preffera le pignon *A*. Ces attentions font très-effentielles ; & en les employant, on tracera la courbe auffi jufte qu'on peut le defirer ; il faut auffi que la roue annuelle tourne à frottement pendant que l'on marque la courbe, afin que le foret ne puiffe la déranger. La fauffe aiguille *G*, & le petit arbre *H* feront donc des inftruments dont on fe fervira à chaque fois que l'on voudra tracer de pareilles courbes.

348. On avancera enfuite la roue annuelle au 5 Janvier ; on verra l'équation de ce jour qui eft de 6 minutes 3 fecondes, dont le temps moyen avance ; on conduira donc la fauffe aiguilles fur 6 minutes 3 fecondes du grand cadran ; on marquera avec le foret un point fur la plaque, & on continuera ainfi à marquer des points en conduifant la fauffe aiguille, felon que la table l'indique, jufqu'à ce que la roue, & par conféquent l'ellipfe, ayent fait une révolution.

349. La plaque étant ainfi marquée, on percera, par chacun des points, des trous avec un foret un peu plus gros que le trou fait au rateau ; & cela pour que la petite poulie d'acier que l'on fixera au rateau, ayant fon collet de même groffeur que ce foret, il refte cependant une petite portée qui ferve à la fixer avec le rateau, fur lequel elle doit être rivée : cette cheville, que j'appelle *Poulie*, par fon effet en forme une, lorfqu'elle eft rivée à ce rateau ; car fans cela c'eft une efpece de vis à affiette avec une petite tête mince, comme on le voit (*fig.* 11).

350. Ayant ainfi percé l'ellipfe, on emportera toute la matiere de la plaque jufqu'à ce que l'on ait emporté les trous ; mais il faut le faire avec beaucoup de précaution ; car fi l'on ne taille pas l'ellipfe jufte, avec toutes ces attentions elle deviendra d'autant plus difficile à égaler, que l'on ne peut pas fe fervir, comme pour les Pendules (334), d'une fraife qui ôte le trop de matiere. Pour prévenir cette difficulté, il faut

marquer exactement les points, limer la courbe avec précaution, & faire le fond de la poulie qui appuie, de la même grosseur que celle du foret qui a percé les trous.

351. On limera le dessous de la courbe en biseau, comme cela est vu (*fig.* 8); nous avons déja dit que c'est pour loger la petite tête de la cheville du rateau, afin qu'elle le retienne & l'empêche de s'en écarter, ce qui arriveroit vu le peu d'épaisseur de ces pieces.

352. Le rateau ne peut jamais desengrener de son pignon; car je l'ajuste de sorte qu'il tende à faire ressort, & à appuyer sur l'ellipse; il est encore empêché par l'assiette de la roue de cadran.

353. L'ellipse ainsi taillée, & la cheville du rateau étant fixée, on remontera de nouveau la machine avec le petit cadran, la fausse aiguille, &c, comme la premiere fois. On fera avancer le 15 Juin sous l'index; & comme ce jour, le temps vrai & le temps moyen sont ensemble (à 4 secondes près), on tournera le petit cadran de sorte que le 60 soit diamétralement opposé au midi du grand cadran; on placera la fausse aiguille sur le 60 de l'un & de l'autre cadran; & faisant faire une révolution à la roue annuelle, on verra si dans les autres jours la fausse aiguille marque juste l'équation du jour indiqué par la table; si cela est, on fera un repaire du canon de la plaque avec le bout supérieur du pignon du temps vrai; sinon, on attendra, pour faire ce repaire, qu'on ait marqué les points de la courbe où il y a trop de matiere, & qu'on ait limé & égalisé cette ellipse; avec ces précautions on aura très-exactement l'équation; mais il faut observer que l'engrenage du pignon avec le rateau doit être précis & sans jeu.

354. Cette équation est très-simple & solide; elle occupe fort peu de place, & ne charge aucunement la Montre, puisque toute la force qu'elle doit employer pour la mouvoir, se réduit à faire faire une révolution en un an à cette roue, étant seulement pressée par le ressort qui agit sur le rateau.

355. Par rapport à l'ajustement des aiguilles de minutes des Montres à équation & à secondes & répétition, il ne

peut être fait quarrément, car la chauffée est trop mince ; pour y suppléer, je fais entrer bien juste le trou de l'aiguille des minutes sur le bout du canon qui tient lieu de chauffée, & je fais tourner cette aiguille jusqu'à ce qu'elle fasse détendre bien juste l'étoile de la répétition ; alors je perce l'épaisseur du canon de l'aiguille & celle de la chauffée ; j'ôte l'aiguille & je fais une petite fente à la chauffée qui coupe le petit trou ; je chasse une cheville d'acier dans l'épaisseur du canon de l'aiguille ; cette cheville entre fort juste dans la fente de la chauffée, ce qui les fixe l'une avec l'autre.

De l'utilité des Montres à Equation.

356. Les Montres à équation ont une propriété essentielle ; c'est que comme elles suivent le mouvement du soleil (217) elles peuvent être réglées facilement ; car dans les Montres ordinaires à temps moyen, pour les régler au soleil, il faut avoir égard aux variations de cet astre, & faire abstraction de ces écarts, ce qui exige des opérations que peu de personnes prennent la peine de faire ; au lieu que dans les Montres à équation, il suffit de mettre l'aiguille qui marque le temps vrai avec le soleil : si la montre est réglée, cette aiguille doit toujours se rencontrer avec le méridien ; & si cela n'est pas, c'est une preuve que la Montre a varié de toute la quantité dont l'aiguille du temps vrai differe du midi au soleil. Or dans cette supposition, toute l'opération qu'on aura à faire se bornera à remettre l'aiguille du temps vrai avec le midi au soleil, & à toucher à l'aiguille de rosette, à proportion de l'écart de la Montre : ainsi on est dispensé de recourir aux tables d'équation pour savoir si le soleil a varié, de combien & en quel sens, comme cela est nécessaire pour les Montres ordinaires : *voyez Chap. XX.* Il faut convenir que ces sortes de machines ne sont pas à l'abri des écarts inévitables des Montres ; mais par leur construction elles marquent toujours exactement la différence du temps vrai au temps moyen ; & l'on aura toujours très-approchant l'heure du soleil, pourvu qu'on

les remette avec le méridien tous les huit ou dix jours. Une Montre à équation ne s'écarte donc du soleil qu'à cause des écarts inévitables à la Montre, au lieu que la Montre ordinaire s'écarte du soleil, & parce que cet astre varie, & par les écarts de la Montre, ce qui double les différences ; je dois encore ajouter en faveur de ces sortes de Montres, que comme elles sont d'un grand prix, elles sont composées & exécutées avec plus de soin que des Montres ordinaires. Je ne doute donc point que l'usage de ces Montres ne devienne par la suite plus commun ; c'est pour cette raison que je suis entré dans tous les détails de construction & d'exécution de ces machines, afin d'en faciliter la pratique aux Ouvriers adroits & intelligents.

CHAPITRE XX.

De l'usage de la Table d'Equation, pour régler les ouvrages d'Horlogerie.

357. APRÉS avoir parlé des variations du soleil (*Chap. I*); de la construction des Pendules & des Montres à équation (*Chap. XII & suiv.*), des moyens de les exécuter & de se servir des tables d'équation pour tailler l'ellipse, je dois m'arrêter à l'usage que l'on fait de ces tables pour régler les Pendules ordinaires, ainsi que les Montres, & donner des méthodes pour en rendre l'usage facile. Pour mieux en donner l'intelligence, je crois à propos de rappeller ce que j'ai dit, soit sur la division du temps, soit sur les deux sortes de temps, (le temps vrai ou apparent & le temps égal ou moyen).

358. Le temps vrai est celui que marque un Cadran solaire ou un Méridien ; en général, c'est le temps qui est mesuré par la révolution journaliere du soleil ; mais comme on l'a vu ci-devant (17), le soleil varie : ainsi pour régler une

Montre

Montre ou Pendule par le méridien, il faut faire attention à cette variation du soleil.

359. Le temps moyen ou égal, est le temps dont toutes les parties sont exactement uniformes. Tel est celui que marque une Pendule à secondes, qui étant mise un certain jour de l'année avec le soleil, se retrouveroit dans un an à pareil jour juste avec lui à son passage au même meridien.

360. Les Pendules & Montres ne peuvent marquer constamment que le temps moyen ; ces machines étant bien construites ne sçauroient diviser le temps qu'en des parties égales : lors donc que l'on veut regler une Pendule par le meridien, il faut faire abstraction des écarts du soleil, c'est à cet usage que sont destinées les tables d'équation.

361. Les tables d'équation que nous donnons ici sont tirées des *Ephémérides des mouvements célestes* de M. l'Abbé de la Caille.

362. La premiere table est calculée pour l'année bissextile 1768 : elle peut servir sans erreur sensible pour trois ou quatre années bissextiles, tant en deçà qu'au-delà de 1768.

363. La seconde table est calculée pour l'année 1769 : elle peut servir pour chacune des premieres années après la bissextile, pendant douze ou seize ans avant & après 1769.

364. La troisieme table est calculée pour l'année 1770 : elle peut servir pendant douze ou seize ans pour chaque seconde année après la bissextile.

365. Enfin la quatrieme table est calculée pour l'année 1771 : elle peut servir de même pour chaque troisieme année qui suit la bissextile, comme 1763, 1767, 1775, &c.

366. Ces tables indiquent pour chaque jour de l'année à l'instant du midi au soleil, l'heure qui doit être marquée sur le meridien de Paris, par une horloge réglée sur le temps moyen : ainsi on voit que le premier Janvier 1762, (*voyez Table III.*) l'horloge doit marquer 4 minutes 13 secondes [a] à l'instant du midi au soleil à Paris. Le premier Mai l'hor-

---

[a] C'est-à-dire, que l'Horloge doit marquer midi 4 minutes 13 secondes lorsqu'il est midi au soleil.

I. Partie.

loge doit marquer 11 heures 56 minutes 51 secondes, lorsqu'il est midi au soleil, & ainsi de suite. Ces tables sont donc très-utiles pour régler les ouvrages d'Horlogerie ; car si à l'instant du midi au soleil, on fait marquer à une horloge l'heure exacte indiquée par la table d'équation au jour proposé, & que le lendemain ou un autre jour, on compare l'heure de l'horloge avec le midi au soleil ; pour que cette horloge soit réglée, il faut qu'elle marque exactement l'heure, la minute & la seconde indiquées par la table pour le jour où l'on voit le midi au soleil ; & si elle diffère en plus ou en moins, c'est une preuve qu'elle n'est pas réglée sur le temps moyen ; car puisque ces tables indiquent la quantité des variations du soleil sur un mouvement moyen & uniforme (17), pour que l'horloge soit réglée, il faut qu'elle differe toujours du midi au soleil de la quantité de ces écarts indiqués par la premiere colonne de la table.

367. La derniere colonne de chaque mois marque pour tous les jours de l'année, le nombre de secondes dont le soleil varie en 24 heures sur le temps moyen. Ce sont ces quantités qui, ajoutées ou soustraites, forment l'équation de l'horloge : ainsi on voit (*Table I*), qu'en ajoutant à l'équation 3 minutes 59 secondes pour le premier Janvier, 28 secondes, dont le temps moyen a avancé sur le temps vrai du premier au 2, on aura 4 minutes 27 secondes, qui fait l'équation du 2 Janvier ; & si on soustrait de l'équation du premier Mars, qui est 12 minutes 31 secondes, la quantité 13 secondes, dont le temps moyen a retardé sur le temps vrai du premier au 2, on aura pour l'équation du 2 Mars 12 minutes 18 secondes. (Ces différences doivent être ajoutées lorsqu'elles sont marquées croissantes, & soustraites quand elles sont marquées décroissantes).

368. Quand les différences sont marquées *croissantes*, c'est alors que le temps moyen va en avançant par rapport au soleil ; ou, ce qui revient au même, que le soleil va en retardant par rapport au temps moyen : & quand ces différences sont marquées *décroissantes*, le temps moyen va en retardant sur le soleil.

PREMIERE PARTIE, CHAP. XX.

369. On peut aussi se servir de cette colonne des différences pour régler une horloge. Nous allons le faire voir par un exemple ; ensuite nous passerons à l'application de la premiere colonne pour régler les horloges & les Montres, cette dernière étant beaucoup plus utile & plus commode.

REMARQUE.

370. Quoique ces tables soient plus que suffisantes pour les besoins des Artistes, sans leur faire aucune correction pour les années éloignées, si cependant on étoit curieux de savoir par quel moyen on pourroit avoir la quantité précise du temps moyen au midi vrai pour d'autres années que celles pour lesquelles celles-ci ont été calculées, on y employera la petite table suivante, qui indique de dix en dix jours la correction qu'il faudroit faire au bout de 100 ans, & à proportion pour un autre nombre d'années.

Table de la correction qu'il faut faire au bout de cent ans Juliens, pour avoir le Midi moyen au Midi vrai.

Jours de l'Année.	Correct. soustract. Sec.	Jours de l'Année.	Correct. addit. Sec.	Jours de l'Année.	Correct. addit. Sec.	Jours de l'Année.	Correct. soustract. Sec.
Janv. 1	$14\frac{1}{2}$	Avril 1	0	Juill. 1	15	Oct. 1	0
11	14	11	3	11	14	11	$2\frac{1}{2}$
21	13	21	5	21	14	21	5
Févr. 1	12	Mai 1	8	Août 1	13	Nov. 1	7
11	11	11	10	11	11	11	9
21	9	21	12	21	9	21	11
Mars 1	7	Juin 1	13	Sept. 1	7	Déc. 1	13
11	5	11	14	11	5	11	$13\frac{1}{2}$
21	$2\frac{1}{2}$	21	15	21	$2\frac{1}{2}$	21	14

On demande, par exemple, quelle est l'équation qui convient au 15 Février 1794 : cette année est la seconde après la bissextile : l'équation pour 1770, seconde après la bissextile, est 14 minutes 31 secondes, selon la table III. Or je trouve dans la petite table précédente que la correction pour le 15 Février (milieu entre le 11 & le 21 à peu près) est entre 11 & 9 secondes, soustractive : supposons donc 10 secondes : de 1770 à 1794, il y a vingt-quatre ans : je dis donc; si en 100 ans la correction est de 10 secondes, en 24 ans elle est de 2 secondes $\frac{1}{2}$; donc il faut ôter 2 secondes $\frac{1}{2}$ de l'équation 14 minutes 31 secondes ; & on a celle qui convient au 15 Février 1794 de 14 minutes 28 secondes $\frac{1}{2}$.

Si on vouloit calculer le midi moyen au midi vrai pour plusieurs années avant celles pour lesquelles ces tables ont été dressées, il faudroit employer comme additive la correction qui est marquée soustractive, & comme soustractive celle qui est marquée comme additive.

Par exemple, pour le 29 Mai 1715, année troisieme après la bissextile, éloignée de 56 ans de 1771, pour laquelle la table IV a été calculée, on trouve dans la petite table précédente que la variation pour 100 ans est de 13 secondes, additive : faisant cette proportion ; 100 ans sont à 56 comme 13 secondes sont à 7 secondes, on trouve qu'il faut ôter 7 secondes de 11 heures 56 minutes 14 secondes temps moyen au midi vrai le 29 Mai 1771, & on a 11 heures 56 minutes 7 secondes, temps moyen au midi vrai le 29 Mai 1715.

Usage de la colonne des Différences.

371. Pour régler une Pendule (ou Montre) au moyen de la colonne des différences, il faut mettre son horloge (ou Montre) avec le meridien, & voir le lendemain si elle differe du soleil de la quantité que marque la table pour ce jour-là : si elle differe juste de la même quantité de secondes, & dans le sens que la table indique, c'est une preuve que la Pendule est réglée ; si au contraire elle ne marque pas juste cette quantité, il faut la régler en conséquence de l'erreur.

Exemple.

372. Le 27 Décembre 1762, on a mis la Pendule au méridien. Pour favoir fi elle eft réglée, on verra dans la feconde colonne combien le temps moyen a changé fur le midi au foleil depuis le jour précédent ; on trouve (*voyez* Table *III*) que les différences font croiffantes, & que par conféquent (368) il a avancé de 29 fecondes : fi donc la Pendule eft réglée, elle doit être en avance le 28 Décembre, de 29 fecondes fur le midi au foleil ; car fi elle fe trouvoit jufte avec le meridien, il faudroit qu'elle eût retardé de 29 fecondes, puifque le temps moyen a avancé de cette quantité en 24 heures : ainfi il faudroit toucher (à l'écrou, fi c'eft une Pendule, & à l'aiguille de rofette, fi c'eft une Montre), à proportion de l'écart ; fi au contraire elle étoit en avance avec le meridien de plus de 29 fecondes, elle auroit avancé, il faudroit donc la régler en conféquence.

373. Si on laiffe écouler plufieurs jours fans voir le méridien, pour lors il faut additionner le nombre de fecondes de la table, à compter du jour où la Montre ou la Pendule a été mife au meridien, à celui où on l'obferve : fi l'horloge eft réglée, elle doit différer du méridien de cette quantité jufte ; finon, il faut la régler en conféquence de l'erreur, ainfi qu'on vient de le voir.

374. Ces différences doivent être ajoutées enfemble lorfqu'elles font toutes ou croiffantes ou décroiffantes ; car fi elles étoient partie croiffantes & partie décroiffantes, il faudroit prendre à part la fomme des croiffantes & la fomme des décroiffantes, puis fouftraire la plus petite fomme de la plus grande, & l'excès donneroit la différence du temps moyen au midi au foleil. Je fuppofe, par exemple, que le 6 Février 1764, on a mis fon horloge ou fa Montre fur un bon méridien, & qu'on ne revoit ce même méridien que le 14 : les différences font croiffantes jufqu'au 11, (*voyez table I*) ; leur fomme eft 9 fecondes ; & du 11 au 14 elles font décroiffantes,

118 *Essai sur l'Horlogerie.*

faisant la somme 3 : l'excès des différences croissantes sur les décroissantes est de 6 secondes, & par conséquent le temps moyen a du avancer (368) de 6 secondes du 11 Février au 14.

Remarque.

375. Lorsqu'on laisse écouler plusieurs jours sans voir le méridien, cette addition qu'il faut faire de ces différences devient embarassante ; il faut donc se servir de la premiere colonne avec laquelle on réglera la Pendule, & on lui fera suivre le temps moyen ou uniforme. Pour cet effet, il faut mettre la Pendule, au moment du passage du soleil par le méridien, à la quantité de minutes & de secondes marquée au jour proposé dans la premiere colonne, & voir le lendemain, ou un autre jour, si la Pendule marque, à l'instant du passage du soleil par le méridien, le nombre de minutes & secondes indiqué par la table pour ce jour : si elle marque cette quantité juste, c'est une preuve qu'elle est réglée ; au contraire, si elle differe de cette quantité, soit en avance, soit en retard, il faut baisser ou hausser la lentille proportionnellement à l'erreur, & au sens dont l'horloge se sera écartée de la table.

Exemple.

376. Le 18 Décembre de la deuxieme année après la bissextile, on a vu le méridien & mis l'aiguille du temps moyen de la Pendule (ou Montre) à 11 heures 57 minutes 12 secondes, nombre que marque la table ce jour, (*voyez table III.*) On observera le lendemain l'heure de l'horloge avec le midi au soleil : or si l'horloge differe du midi au soleil de la quantité juste qui est marquée par la table le 19, c'est une preuve qu'elle est réglée. Dans notre exemple on trouve, que lorsqu'il est midi au soleil le 19 Décembre, l'horloge doit marquer 11 heures 57 minutes 42 secondes ; si elle marque juste cette heure, c'est une preuve qu'elle est réglée : si au contraire l'horloge se trouvoit juste avec le soleil, ce seroit une preuve

Première Partie, Chap. XX. 119

qu'elle auroit avancé, ainsi il faudroit baisser la lentille. Enfin, si l'horloge marquoit moins de 11 heures 57 minutes 42 secondes, elle auroit retardé sur le temps moyen, il faudroit donc toucher à l'écrou à proportion de l'écart : on répétera ainsi cette opération jusqu'à ce que l'horloge marque, à chaque jour qu'on la compare au midi du soleil, les quantités indiquées par la table (366).

377. On peut se dispenser de voir tous les jours le méridien, & en laisser écouler plusieurs, en se ressouvenant seulement du jour où la Pendule a été mise au soleil, afin que si elle ne marque pas exactement l'heure indiquée par la table, on touche à la lentille à proportion du nombre de jours écoulés, & de la quantité dont l'horloge differe de la table d'équation.

378. Lorsqu'une Pendule ou une Montre est ainsi réglée, on peut toujours savoir l'heure qu'il est au soleil, au moyen de la table d'équation ; car si, par exemple, on a une Pendule réglée sur le temps moyen, & que le premier Janvier 1763, on demande l'heure qu'il est au soleil lorsque l'horloge marque midi, on trouve dans la troisieme table, pour le premier Janvier, que l'horloge doit marquer 4 minutes 13 secondes, lorsqu'il est midi au soleil ; le soleil retarde donc de cette quantité ; ainsi lorsque l'horloge marque midi, il est 11 heures 55 minutes 47 secondes au soleil.

379. Si l'on cherche l'heure du soleil à une autre heure que midi, il faut avoir égard à la quantité dont l'équation a changé depuis midi. Pour cet effet, il faut voir la colonne des différences dont on prendra une partie proportionnelle aux nombres d'heures donnés après midi. On demande, par exemple, le 10 Janvier 1762, l'heure qu'il est au soleil, lorsqu'une horloge réglée sur le temps moyen marque 3 heures ; on trouve dans la IIIe. table, que lorsqu'il est midi au soleil, l'horloge doit marquer 8 minutes 10 secondes, & on voit que la différence du 10 au 11 Janvier est croissante & est de 24 secondes ; c'est donc 3 secondes pour 3 heures, qu'il faut ajouter à 8 minutes 10 secondes ; ce qui donne 8 minutes 13 se-

condes dont le soleil retarde sur l'horloge à 3 heures après midi; c'est-à-dire, que lorsqu'il est 3 trois heures à l'horloge, il est 2 heures 51 minutes 47 secondes au soleil. Si l'on demande l'heure du soleil avant midi, il faut prendre l'équation du jour précédent, & y ajouter (ou soustraire, selon que les différences sont croissantes ou décroissantes) une partie de la différence, qui soit proportionnelle au nombre d'heures écoulées depuis midi précédent. On demande, par exemple, le 11 Août 1762, l'heure du soleil, lorsqu'il est 8 heures du matin à l'horloge : on trouve dans la IIIe. table, que le 10 Août, lorsqu'il est midi au soleil, l'horloge doit marquer 4 minutes 55 secondes, & on voit que la différence du 10 au 11 est décroissante & de 9 secondes; on fera donc la proportion : comme 24 heures est à 20 minutes, ainsi 9 secondes sont à un quatrieme terme : on trouve 7 secondes $\frac{1}{2}$ qu'il faut soustraire de l'équation du 10 ; on a 4 minutes 47 secondes $\frac{1}{2}$, c'est-à-dire, que le 11 Août lorsque l'horloge marque 8 heures du matin, il est 7 heures 55 minutes 12 secondes $\frac{1}{2}$ au soleil.

380. Pour régler une Pendule à secondes sur un cadran solaire ou sur une méridienne un peu éloignée de l'horloge, on peut y rapporter le midi vrai indiqué par cette méridienne, à l'aide d'une Montre à secondes, que l'on met d'accord avec la Pendule, & qu'on arrête à l'instant de midi : alors la Montre indique quelle heure il étoit à la Pendule à cet instant ; ou bien ayant arrêté la Montre après avoir mis ses aiguilles sur le midi, on la laisse aller à l'instant du passage du soleil par le meridien, de sorte qu'elle donne exactement l'heure du soleil, qu'on peut comparer ensuite avec l'heure de la Pendule.

I. Remarque.

381. Si l'on n'étoit pas placé sous le méridien de Paris, la premiere colonne de la table de l'équation de l'horloge, ne donneroit pas les instants précis du temps moyen au midi vrai, parce que ces temps sont calculés pour le meridien de Paris ;

PREMIERE PARTIE, CHAP. XX.

Paris ; mais la colonne des différences feroit toujours exacte & d'un ufage fûr, & c'eft un avantage qu'elle a fur la premiere. Or, quoique dans la pratique de l'Horlogerie l'erreur qui réfulteroit de l'ufage de la premiere colonne, fans y faire de réductions, ne feroit gueres de conféquence ; cependant, pour ne rien omettre là-deffus, nous dirons qu'on trouve la correction de la table pour chaque jour, en faifant cette proportion : Comme 24 heures font à l'accélération ou au retardement diurne de l'équation de l'horloge, ainfi la différence des méridiens de Paris & du lieu donné, eft à la correction cherchée. Par exemple, on demande à quel inftant du midi moyen eft le midi vrai le 5 Janvier 1768 à Pekin ; la différence des méridiens entre Paris & Pekin eft 7 heures 36 minutes à l'Orient, de forte que quand on compte midi à Pekin, il n'eft à Paris que 4 heures 24 minutes du matin : faifant donc 24 heures 0 minutes font à 27 fecondes, accélération du temps moyen du 4 au 5 Janvier, comme 7 heures 36 minutes font à 8 fecondes $\frac{1}{2}$ qu'il faut ôter de 0^h. 5 minutes 49 fecondes, équation de l'horloge le 5 Janvier 1768 à Paris ; & on l'a 0^h. 5 minutes 40 fecondes $\frac{1}{2}$, temps moyen au midi vrai de Pekin. Ainfi ce calcul eft la même chofe que celui de l'équation du temps pour une heure à Paris, différente de celle de midi (379).

II. REMARQUE.

382. Lorfque l'on doit élever ou abaiffer la lentille d'un Pendule à fecondes, pour le faire accélerer ou retarder, on peut compter fur à peu près autant de centiemes de lignes qu'il y a de fecondes par jour à la faire avancer ou retarder : comme, fi l'horloge avançoit de 25 fecondes par jour fur le temps moyen, il faudroit baiffer la lentille de 25 centiemes de ligne, ce qui fait un quart de ligne, & ainfi à proportion. Si la lentille battoit les demi-fecondes, il ne faudroit compter que fur $\frac{1}{400}$ de ligne pour chaque feconde à corriger. Ainfi dans le cas de l'exemple précédent, il ne faudroit baiffer

I. Partie.

la lentille que de $\frac{1}{16}$ de ligne pour la faire retarder de 25 secondes par jour. Cette regle n'est qu'à peu près exacte. Dans le Pendule simple à secondes, il faudroit compter sur $\frac{13}{96}$ de ligne par seconde ; mais comme les Pendules des Horloges sont toujours un peu plus longs que les Pendules simples, & que leur longueur dépend principalement de la pesanteur de la verge & de la grosseur de la lentille, on peut réduire la regle de $\frac{1}{96}$ de ligne à $\frac{1}{100}$, à cause de la commodité des nombres.

De la maniere de régler une Pendule astronomique par les Etoiles fixes.

383. Les méthodes que nous venons d'indiquer pour régler les Pendules & les Montres, sont suffisantes pour des machines ordinaires ; mais lorsqu'il est question de vérifier la justesse d'une Horloge astronomique ou d'observation, il faut recourir à la méthode la plus exacte, puisqu'alors il ne faut pas négliger une demi-seconde en 24 heures ; or le passage du soleil par un cadran ou par un méridien ordinaire, ne peut pas donner une si grande justesse. La méthode la plus commode & la plus précise est celle où l'on employe le passage des étoiles fixes par le méridien, ou par un certain même point du ciel.

384. La révolution de la terre, par rapport aux Etoiles fixes, se fait d'un mouvement uniforme ; elle est constamment de 23 heures 56 minutes 4 secondes de temps moyen, c'est-à-dire, de 3 minutes 56 secondes de moins que la révolution journaliere moyenne de la terre par rapport au soleil. Si donc on observe un jour quelconque le passage d'une étoile fixe par le méridien, ou par un certain point quelconque dans le ciel, en marquant l'heure, la minute & la seconde qu'il est dans ce moment à l'Horloge que l'on veut régler ; si ensuite le lendemain au retour de l'étoile par le méridien, ou par le même point du ciel, on marque encore l'heure, la minute & la seconde qu'indique l'Horloge, on saura facilement si elle

Premiere Partie, Chap. XX.

est réglée sur le temps moyen ; car si elle marque 3 minutes 56 secondes de moins que la veille, c'est-à-dire, si ayant montré 10 heures justes, elle montroit le lendemain 9 heures 56 minutes 4 secondes, ce seroit une preuve que l'Horloge est parfaitement réglée sur le temps moyen ; si au contraire elle différoit de cette quantité en plus ou en moins, il faudroit tourner l'écrou de la lentille, en conséquence de l'écart.

385. Si on laisse écouler plusieurs jours sans revoir l'étoile : pour savoir l'heure que devra marquer l'Horloge à l'instant de la seconde observation, il faudra ajouter autant de fois 3 minutes 56 secondes, qu'il s'est écoulé de jours, & l'on aura la quantité dont l'Horloge devra retarder sur l'étoile fixe. Je suppose, par exemple, que lors de la premiere observation, l'Horloge marquoit 10 heures, & qu'il s'est écoulé quatre jours jusqu'à la seconde ; on multipliera 3 minutes 56 secondes par 4, & on aura 15 minutes 44 secondes, dont l'étoile a avancé sur le temps moyen : on ôtera donc de 10 heures que marquoit l'Horloge à la premiere observation 15 minutes 44 secondes dont l'étoile a avancé, & l'on aura 9 heures 44 minutes 16 secondes, qui sera l'heure que devra marquer l'Horloge à l'instant du passage de l'étoile, le quatrieme jour après la premiere observation. Nous joignons ici une table de l'accélération des étoiles fixes sur le temps moyen depuis un jour jusqu'à 45 ; par-là on sera dispensé de multiplier 3 minutes 56 secondes par le nombre de jours écoulés entre deux observations : car si on est 10 jours sans voir l'étoile, la table indique que l'étoile a avancé de 39 minutes 19 secondes sur le moyen mouvement. *Voyez Table V.* Il faut observer que l'accélération des étoiles fixes n'est pas exactement de 3 minutes 56 secondes sur le moyen mouvement ; mais qu'elle est de 3 minutes 55 secondes 54 tierces ; c'est-à-dire, que les étoiles accélerent 6 tierces de plus par jour que je ne l'ai supposé, (pour abreger) ; si donc on laissoit écouler plusieurs jours entre les deux observations, il faudroit tenir compte de ces 6 tierces : c'est pour cette raison que l'on verra

dans la table, qu'au bout de 10 jours l'étoile avance d'une seconde de plus qu'elle n'auroit fait, si sa révolution étoit de 3 minutes 56 secondes justes.

386. Pour trouver le temps du retour de l'étoile à un même point du ciel quelconque, il faut faire construire une lunette de 8, 12, 20 ou 30 pouces, &c, selon qu'on voudra avoir plus de précision, & que les lieux le permettront. Le tuyau en doit être de cuivre ou pour le moins de fer blanc soudé bien solidement ; elle doit avoir deux verres convexes ; l'un qui est l'*objectif*, doit être fixé au bout du tuyau d'une maniere la plus inébranlable qu'il est possible : l'autre, qui est l'*oculaire*, s'enchâsse dans un canon qu'on insere dans l'autre bout du tuyau, de sorte qu'on puisse le pousser ou le tirer pour l'ajuster à la vue de l'Observateur. Pour placer l'objectif comme il faut, si le tuyau est de tôle, ou de cuivre, ce qui est le mieux ; ce verre doit être enfermé dans une virole goupillée au tuyau, & assujetti dans cette virole par trois vis qui le pressent sur ses rebords. Au foyer de cette lunette il doit y avoir un fil d'argent trait, tendu dans le sens d'un diametre, & une petite lame mince d'argent ou de laiton, dressée & tendue dans le sens d'un diametre perpendiculaire au fil d'argent, ce qui compose une croisée, qui peut être appliquée sur le bout d'un canon de cuivre, qui tiendra à frottement dans le tuyau de la lunette. Cette croisée doit être placée, de sorte qu'ayant fixé la lunette après avoir placé l'image d'un objet le plus éloigné qu'il est possible sur le fil d'argent, cet objet paroisse fixe sur le même endroit du fil, quelque mouvement que l'on donne à l'œil qui regarde dans la lunette ; car si l'objet paroissoit avoir du mouvement à l'égard de ce fil, il faudroit pousser ou retirer le canon de la croisée jusqu'à ce que ce mouvement devienne absolument insensible.

387. Quoique cette lunette fasse voir les objets renversés, elle est préférable à toutes les autres pour les usages astronomiques, & pour régler les Pendules.

Pour la placer comme il faut relativement à ce dernier

usage, on choisira une étoile à une portée commode de la vue, n'importe dans quelle partie du ciel, qui soit visible peu de temps après le coucher du soleil, & à laquelle la lunette étant dirigée, on puisse la fixer dans cette situation par le moyen de quelques tenons de fer ou de cuivre scellés dans un gros mur, & de quelques vis qui assujettiront la lunette dans des collets ou viroles fixées à ces tenons. Ayant disposé le tout pour arrêter la lunette, de sorte que l'on soit assuré que l'étoile traversera la croisée, & la lunette n'ayant plus d'autre mouvement que celui de pouvoir tourner dans les collets ou viroles, on attendra que l'étoile entre dans son champ; alors on tournera la lunette sur son axe, de sorte que la route de l'étoile qui la traverse soit parallele au fil d'argent, & qu'ainsi l'étoile vienne rencontrer la lame perpendiculairement, du moins à peu près. Lorsqu'on se sera assuré que la position actuelle de la lunette est telle que le fil d'argent est sensiblement parallele à la route de l'étoile, on la fixera par le moyen des vis, & l'on n'y touchera plus. Alors on aura un instrument propre à vérifier en tout temps la marche de l'Horloge, non-seulement par le moyen de l'étoile choisie, mais aussi par telle autre qui passera dans la même ouverture de lunette; car on en pourra remarquer un assez grand nombre en regardant de temps en temps dans cette lunette.

388. Si le plan du mur auquel on fixe la lunette, est à peu près tourné vers l'Orient ou le Couchant, la lunette sera dans le méridien ou à peu près; le fil d'argent se trouvera horizontal ou de niveau, & la lame verticale ou d'aplomb: dans toute autre position le fil & la lame seront inclinés. La position dans le méridien a plusieurs avantages, mais elle n'est pas absolument nécessaire.

En préparant cet équipage il faut prendre garde de confondre une planete avec une étoile. La planete seroit propre à placer la croisée de la lunette comme il faut, mais non à régler l'Horloge; puisque ses retours au même point du ciel ne se font pas en temps égaux comme ceux des étoiles; mais lorsqu'une lunette est une fois placée, comme nous l'avons dit, on ne peut manquer d'y rencontrer des étoiles à une heure commode pour l'obfervation. Si la Pendule qu'on veut vérifier n'eft pas à la portée de la lunette fixe, pour avoir l'heure qu'il eft à cette Pendule à l'inftant du paffage de l'étoile par l'un ou l'autre bord de la lame qui eft dans la lunette, il faut fe fervir d'une *Montre* à fecondes, que l'on mettra bien jufte à l'heure de la Pendule; on attendra enfuite l'inftant du paffage de l'étoile; alors on arrêtera la Montre au moyen de la détente qu'on pratique à ces fortes de Montres; on remarquera l'heure, la minute & la feconde où elle eft arrêtée, ce qui donne le moment du paffage de l'étoile, & le lendemain on en fera autant: on jugera par ce moyen fi la Pendule eft réglée.

389. L'étoile qu'on a obfervée, avançant tous les jours de 3 minutes 56 fecondes, ceffera en peu de temps d'être apperçue à caufe du jour, ou bien elle paffera à une heure trop incommode. Alors on en choifira quelqu'autre qui paffe par la même ouverture de lunette: on ne manquera gueres d'en trouver; quelque petite qu'elle foit, on pourra la voir fe cacher derriere la lame ou fortir de deffous, pourvu qu'avant de mettre fon œil dans la lunette, on l'ait tenu pendant quelques minutes dans l'obfcurité. Alors on verra cette lame tant que l'œil ne fera pas ébloui par quelque lumiere étrangere.

390. Quoique la maniere de fe fervir d'une lunette fixe pour régler les Horloges par le paffage des étoiles, à l'égard d'un des bords d'une lame placée au foyer de cette lunette, foit la plus fûre & la plus exacte, on peut cependant éviter le travail de placer la croifée, & même fe paffer abfolument de cette croifée, en fixant au hazard une lunette à deux verres convexes à un plan inébranlable quelconque. Car alors on pourra déterminer le temps des révolutions diurnes des étoiles, ou celui de leur retour à un même point fixe, par l'inftant où celles qu'on aura remarquées dans le champ de la lunette en fortiront & difparoîtront fur le bord de fon champ. Enfin, fi l'on a quelque pointe de clocher, quelque tour ou bâtiment fort élevé & en même temps affez éloigné, comme

Première Partie, Chap. XX. 127

de 12 à 1500 pas, on pourra obferver les retours des inftants auxquels quelque étoile fe cachera derriere ces objets, en regardant par un même petit trou ou pinnulle fixée à un gros mur, ou, pour le mieux, en obfervant ces inftants avec une lorgnette ou courte lunette, toujours placée exactement au même endroit.

391. Pour juger de la marche de mes Horloges aftronomiques, j'ai placé dans le plan du méridien un inftrument des paffages dont la lunette a quatre pieds de foyer : je réferve pour un autre temps à rendre compte des obfervations que j'ai faites avec cet inftrument, & de la jufteffe à laquelle je fuis parvenu avec mes Horloges : les continuels changements que j'ai faits jufqu'ici dans leurs conftructions, les expériences, &c, que nous rapporterons dans la feconde Partie, & mes autres occupations ne m'ont pas laiffé le temps de fuivre ces obfervations.

392. Pour faciliter les obfervations, j'ai ajouté à mes Horloges aftronomiques, (*voyez feconde Partie*), une fonnerie particuliere qui fert à frapper toutes les fecondes pendant qu'on obferve le paffage du foleil, ou d'un aftre quelconque, par le meridien ou par les fils placés au foyer d'une lunette, ou en général pendant qu'on obferve un phénomene quelconque.

393. Pour faire ufage de cette fonnerie, il faut premiérement remonter le petit poids qui la fait aller pendant quelques minutes. Pour cet effet on fera defcendre un anneau qui eft fufpendu au cordon de ce poids, jufqu'à ce qu'on fente une réfiftance qui arrête la main; & lorfque l'on fera prêt à faire l'obfervation, on tirera un cordon placé exprès de l'autre côté de l'Horloge, ce qui fera marcher la fonnerie; enfuite remarquant la feconde indiquée par l'aiguille, on comptera les fuivantes à mefure que la fonnerie les frappera; & ayant l'œil dans la lunette & l'oreille à la pendule, il fera aifé de remarquer la feconde précife de fon obfervation. Auffitôt on ira voir à la Pendule l'heure & la minute. Je fuppofe, par exemple, que l'on a une bonne méridienne, (ou

ce qui vaut mieux, un inſtrument des paſſages), & qu'on veut ſavoir l'heure de l'Horloge à l'inſtant du paſſage du ſoleil par cette ligne ; on commencera par remonter le poids de la ſonnerie ; & dès que l'on verra que l'ombre du *ſtyle* approche de la méridienne, on tirera le ſecond cordon pour faire ſonner les ſecondes. Suppoſons que dans ce moment l'Horloge marque 11 heures 58 minutes 32 ſecondes, alors on comptera 33, 34, 35, &c, à meſure que les ſecondes ſonneront ; quand on ſera venu à 59, on dira 0, 1, 2, 3, &c. en continuant de compter juſqu'à l'inſtant du paſſage.

394. On peut employer une autre méthode pour marquer les heures, minutes & ſecondes, en obſervant le temps du paſſage d'un aſtre ; c'eſt d'attendre, ſans compter, l'inſtant où ce phénomene arrive ; à cet inſtant compter zero, puis 1, 2, 3, 4, &c, ſelon les coups de la ſonnerie, en allant voir à l'Horloge le temps qu'elle indique. Si elle marque, par exemple, 5 heures 23 minutes 17 ſecondes, au moment qu'on compte 30 ſecondes depuis l'arrivée du phénomene, on retranchera 30 ſecondes de 5 heures 23 minutes 17 ſecondes, & on aura 5 heures 22 minutes 47 ſecondes pour l'inſtant de l'obſervation.

CHAPITRE XXI.

Deſcription de l'Echappement à repos en Pendule.

395. Nous traiterons dans la ſeconde Partie de cet Ouvrage, de la cauſe de la régularité des machines qui meſurent le temps ; des effets & des propriétés des régulateurs ; des échappements, &c. Nous nous diſpenſerons donc d'entrer ici dans les détails ſur la nature & les propriétés des échappements dont on ſe ſert : nous nous bornerons pour le préſent à les décrire.

De l'Echappement à Repos pour les Pendules.

Planche XV. *Fig.* 10.

A est la roue d'échappement; *B*, l'ancre d'échappement, dont le centre de mouvement est en *a* : ses palettes 4 *D*, 2 *C* sont formées par des arcs de cercle 4,6 ; 3 *D* ; 2,5 ; 1 *C*, qui ont leur centre commun en *a*; & par les plans inclinés 4, 3 ; 2, 1.

Effet.

396. Le Pendule mis en mouvement entraîne l'ancre au moyen de la fourchette. Pour lors la dent 3 de la roue *A*, qui tend à tourner par l'action du moteur, agit sur le plan incliné 3, 4; ce qui communique à l'ancre, & par conséquent au Pendule, un mouvement qui sert à réparer ce que le frottement & la résistance de l'air en détruisent dans le régulateur. A mesure que ce plan incliné 3, 4 s'écarte de la roue *A*, l'autre plan incliné 2, 1 entre dans l'intervalle des dents 1, 7, tellement qu'à l'instant que la dent 3 s'échappe de l'angle du plan incliné 4, 3, l'extrémité 2 de l'arc 2, 5 va se présenter sous la dent 7; en sorte que pendant tout le temps que cet arc se trouve dans l'intervalle des dents 1, 7, en glissant sous la dent 7, la roue *A* reste immobile, parce que l'arc 2, 5 sur lequel la pointe de la dent vient appuyer, est une portion de cercle dont le centre est en *a*; mais aussi-tôt que, par le retour du Pendule, l'arc 2, 5 sort de dessous la dent 7, cette dent, animée par la force du moteur, agit sur le plan incliné 2, 1, & l'écarte jusqu'à ce qu'elle s'en échappe, & que l'arc 3 *D* aille glisser sous la dent opposée ; ce qui produira le même effet que nous avons expliqué. C'est de cette propriété de rendre immobile la roue, après qu'elle a donné son impulsion, qu'on a appellé cet échappement, l'*Echappement à Repos*. La construction de cet échappement est facile, comme nous allons le faire voir.

397. La distance du centre *a* de l'ancre d'échappement

au centre *A* de la roue, dépend de l'arc que l'on veut que le Pendule parcoure. S'il en doit décrire de grands, comme de 10 degrés, il faut alors que le centre *a* soit placé quelque part en *B* près de la roue, (*fig.* 8).

398. Si au contraire, il doit décrire des arcs d'un degré, par exemple, il faut placer le centre en *a* (*fig.* 10) à la distance d'un diametre $\frac{1}{2}$ de la roue *A* ; ayant attention que dans l'un ou l'autre cas l'ouverture de compas, qui sert à tracer les repos, soit telle, qu'en tirant de ce point 5 (*fig.* 8) une ligne qui passe par le centre *B* de l'ancre, & abaissant de l'extrémité 5 une ligne *z A* qui passe par le centre de la roue, il faut que cette ligne *z A* soit perpendiculaire à 5 *B* ; (331). Ainsi, si l'on place le centre du rochet en *g*, les palettes ou plans de l'ancre devront agir sur la roue aux points *e*, *f* ; cela entendu, on tracera des portions de cercles 1 *C*, 3 *D*, (*fig.* 10); de la même ouverture de compas *a*, *C* ; & de même pour 2, 5 ; 6, 4 ; ayant attention que l'intervalle ou épaisseur *C*, 5 ; 6 *D*, entre ces portions, soit un peu moindre que la moitié de l'intervalle des dents de la roue.

Maintenant, pour déterminer l'inclinaison des plans, on tirera du centre *a* les droites *af*, *ag* qui fassent un angle *f a g* moitié de celui qu'on veut que le Pendule parcoure; par les points 2, 1, où ces droites couperont les arcs 2, 5, 1 *C*, on tirera la droite 2, 1 qui déterminera le plan incliné 2, 1: on fera une pareille opération pour l'autre côté. Il y a bien d'autres moyens de pratique qui sont faciles à mettre en usage, mais difficiles à faire entendre.

Remarque sur les Echappements.

399. On distingue deux choses dans l'étendue de l'arc décrit par le Pendule ou par le balancier : la premiere est ce qu'on appelle l'*arc de levée de l'Echappement.* C'est la quantité absolue que les dents de la roue d'un échappement quelconque peuvent faire décrire à l'ancre, pour ne faire qu'échapper des extrémités 1 & 4 des palettes, (*Pl. XV, fig.* 10);

Première Partie, Chap. XXII.

ainsi l'arc *f g*, ajouté à celui *h b*, est l'arc total de levée de l'échappement représenté dans la *fig.* 10 : Cet arc s'appelle aussi l'*Arc constant*, parce qu'il est toujours le même. La grandeur de cet arc dépend donc de la disposition de l'échappement, c'est-à-dire, du plus ou moins d'inclinaison des plans 1, 2; 3, 4, & de la distance des centres *a* & *A* de l'ancre & de la roue (397).

400. La seconde est ce qu'on appelle l'*Arc de vibration*; c'est l'arc total décrit par le Pendule ou par le Balancier, animé par la force motrice ; d'où on voit que l'étendue des arcs de vibration est variable & dépend du plus ou moins de force du moteur ; car plus l'impulsion des dents de la roue sur les plans 1, 2; 3, 4 sera grande, & plus ils s'écarteront & pénétreront alternativement dans les dents de la roue, & décriront de plus grands arcs au-dessus de ceux de levée ; & jusques-là que la force motrice étant trop grande, les palettes 1 *C*, 4 *D* iroient arcbouter contre le fond des dents de la roue *A*, ce qui borneroit l'étendue des vibrations ; mais dans ce cas elles ne seroient plus isochrones, elles deviendroient fort accélérées par ce choc. C'est pour faciliter l'étendue des grands arcs nécessaires dans les Montres, que M. Graham imagina l'échappement à cylindre que nous allons décrire dans le Chapitre suivant.

CHAPITRE XXII.

Description de l'Echappement à Cylindre.

401. L'échappement à repos pour les Pendules une fois entendu, on concevra aisément l'*Echappement à cylindre*, lequel ne diffère du premier que par sa forme ; son principe, je veux dire, le repos de la roue après l'impulsion, étant le même.

PLANCHE XV. Fig. 1.

402. Les plans inclinés dans l'échappement des Montres, sont portés par la roue d'échappement A; on l'a construit de cette maniere pour faciliter l'étendue des vibrations du balancier, qui, par ce moyen, peut parcourir près de 360 degrés, c'est-à-dire, un tour entier. Pour cet effet, le diametre de la partie creusée du cylindre B est égal à la longueur ed d'une dent A (*fig.* 7), de sorte que le cylindre peut tourner tout autour de cette dent.

403. Le plan incliné de la dent agit alternativement sur les épaisseurs ou *tranches* du cylindre, & le fait tourner de côté ou d'autre, selon qu'il agit sur l'une ou sur l'autre tranche, &c.

404. La tranche ou bord c (*fig.* 1) du cylindre est arrondie, ce qui adoucit le frottement qui se fait par les traînées du plan de la roue.

405. L'autre tranche d est inclinée, comme on le voit, en c, d (*fig.* 7); c, d, e, f, représentant la coupe du cylindre: c'est cette tranche d (*fig.* 1), que la dent écarte lorsqu'elle s'éloigne du cylindre. L'entaille e du cylindre (*fig.* 3) est faite pour faciliter l'étendue des arcs de l'échappement; sans cette précaution elle toucheroit à la partie e de la dent (*fig.* 1).

406. La seconde figure représente la roue d'échappement vue de profil. Le cylindre B (*fig.* 1) porte en C un index qui marque, sur une plaque D divisée en degré, les arcs que l'échappement fait parcourir: ces deux pieces ne font pas partie de l'échappement, elles servent (pendant qu'on le construit) à mesurer l'étendue des arcs de levées, & à estimer le point où on doit borner (par une cheville mise au balancier) les arcs de vibrations, pour éviter le renversement. Cet index porté par le cylindre, & le cercle gradué, servent encore à former les courbures des plans inclinés des dents, pour que la roue mene le cylindre par un mouvement uniforme.

Première Partie, Chap. XXII.

407. La quatrieme figure repréſente le cylindre tel qu'on le fait avant de le monter. La figure 5 repréſente le *bouchon* du cylindre ; c'eſt une piece de cuivre, tournée de maniere que la partie *f* entre juſte & à force en *f* (*fig.* 4) dans l'intérieur du cylindre : ce bouchon porte à ſon centre une tige d'acier *h*, qui ſert à former le pivot ; *n* eſt l'endroit où ſe rive le balancier. La figure 6 repréſente le *bouchon* inférieur du cylindre, il doit entrer dans l'intérieure du cylindre de la même maniere que celui qui porte le balancier : il porte auſſi un axe d'acier trempé pour y former le pivot.

408. La troiſieme figure repréſente le cylindre tout monté à l'exception du balancier.

409. On doit fendre la roue ſur un nombre double de celui des dents que l'on veut employer : ainſi lorſque la roue devra avoir 15 dents, il faudra la fendre avec une *fraiſe* mince ſur le nombre 30 : on emportera 15 dents, qui laiſſeront des intervalles entre chacune des 15 reſtantes, dans leſquels le diametre extérieur du cylindre ſe logera, comme on le voit en *A* (*fig.* 7).

410. Le diametre intérieur du cylindre doit être, comme nous l'avons dit, de la longueur d'une dent finie.

411. Le diametre extérieur du cylindre a pour meſure l'intervalle des dents ; or cet intervalle comprend l'eſpace d'une dent retranchée, plus deux fois l'épaiſſeur de la fraiſe dont on s'eſt ſervi pour fendre la roue ; c'eſt-à-dire, que l'épaiſſeur de la fraiſe détermine celle du cylindre. La quantité de levée de cet échappement dépend de la hauteur du plan incliné des dents ; & cette hauteur détermine la quantité dont il faut entailler le cylindre.

412. La poſition du cylindre, par rapport à la roue, doit être telle que lorſque la dent eſt dans l'intérieur du cylindre, comme elle l'eſt en *A* (*fig.* 7) elle doit former le diametre du cylindre, c'eſt-à-dire, que le centre *A* du cylindre doit diviſer en deux également le côté *d e* du plan incliné. De cette maniere, 1°, la levée de l'échappement ſe fera en agiſſant à peu près uniformément ; car (*fig.* 7) le point de contact du plan

incliné des dents sur le cylindre le plus favorable au mouvement, est celui *a* dont la direction passe par le centre A du cylindre. Or, par la construction, le point de contact *f* du commencement de la levée agit autant (ou à peu près) en dedans de la ligne *a A*, que celui *e* de la fin de la levée agit en dehors : ainsi la force se décompose sensiblement de même avant & après la ligne *a A*, que j'appelle *ligne des Centres*, d'où suit l'uniformité ; 2°, il n'y aura pas de force perdue par les chûtes.

Remarque.

413. Il est nécessaire, comme nous l'avons dit, que la force motrice soit capable de mettre à chaque instant le balancier en mouvement (153) : or dans une Montre à cylindre, pendant que la roue agit sur le repos, elle ne peut pas donner de mouvement ; il faut donc que le spiral ramène à chaque vibration le balancier, de manière que le cylindre étant arrêté & tenu au repos par le spiral, il présente une tranche sur laquelle le bout du plan incliné de la dent *f a* (*fig.* 7) puisse agir pour rendre le mouvement au balancier.

414. La position du cylindre & la hauteur du plan incliné déterminent combien le cylindre doit être entaillé : car, 1°, (*fig.* 7) si la hauteur *f e* du plan incliné est de la douzieme partie de la circonférence du cylindre, c'est-à-dire, qu'elle réponde à une étendue de 30 degrés du cylindre, le plan incliné *d e* aura fait parcourir 30 degrés au cylindre, lorsque la roue aura avancé de *f* en *d* : & 2°, si l'on suppose que le cylindre *A* est entaillé par son centre, on voit qu'immédiatement après que le plan incliné *f a* aura agi sur la tranche *f*, le spiral ramenera le cylindre en sens contraire au même point *f* dont il étoit parti : ainsi le plan incliné *d e* passeroit de *e* en *g* sans avoir agi sur le cylindre ; ainsi chaque dent n'agiroit que sur une tranche : d'où l'on voit qu'on parera cet obstacle en ajoutant à la demi-circonférence *d e* du cylindre la quantité *e f*, ou son égale *c h*, égale à la hauteur des plans inclinés ; chaque dent agira successivement sur les tranches du cylindre

PREMIERE PARTIE, CHAP. XXIII. 135

avec une levée de 30 degrés, hauteur fuppofée du plan incliné ; & le fpiral étant en repos préfentera une des tranches du cylindre pour la mettre en prife avec les dents de la roue : ainfi dans la pofition que nous avons déterminée au cylindre (412) il faudra qu'il foit entaillé de la moitié de fa circonférence moins la hauteur du plan incliné *ef* des dents de la roue.

La figure 7 repréfente les différents inftants d'action de la roue fur le cylindre.

CHAPITRE XXIII.

Des Echappements à Recul.

415. On a vu que dans l'échappement à repos (396), l'ancre porte des portions de cercles qui laiffent achever les vibrations du régulateur, tandis que la roue d'échappement refte immobile ; ceux à recul different de ceux-là, en ce que la roue d'échappement eft dans un mouvement continu, & que lorfqu'elle a rendu au régulateur l'impulfion qui en entretient le mouvement, celui-ci continuant encore à fe mouvoir après l'arc de levée, la dent de la roue eft en action fur un plan incliné qui fait rétrograder la roue. Le Pendule (ou le balancier, fi c'eft une Montre) ramenant enfuite la palette, la roue reftitue de nouveau au régulateur la force perdue ; la dent échappe, & l'autre palette eft engagée dans les dents de la roue ; le Pendule continue à fe mouvoir du même côté ; la palette fait rétrograder la roue, comme l'autre a fait, & ainfi de fuite : voilà en général la nature de ces échappements ; je ne m'arrêterai pas à décrire toutes les fortes d'échappements à recul ; je ne parlerai que de celui à *Roue de rencontre*, de celui à *Ancre*, & de celui à *double Levier*.

De l'Echappement à Roue de rencontre.

416. Il paroît que l'échappement à roue de rencontre est le premier que l'on ait imaginé pour modérer & régler la vitesse d'un rouage mis en mouvement par l'action d'un moteur quelconque, au moins n'en connoît-on pas de plus ancien; & il y a grande apparence que ce sera aussi celui qui sera toujours le plus suivi (pour les Montres). Cet échappement est applicable aux Pendules & aux Montres; avec cette différence que lorsqu'on l'employe aux Pendules, comme il ne doit pas faire décrire de grands arcs, on tient les palettes beaucoup plus longues, & elles forment entr'elles un petit angle, au lieu que dans les Montres, pour faciliter l'étendue nécessaire des vibrations, on tient les palettes très-étroites, & on fait leur ouverture de plus de 90 degrés.

417. La roue R & les palettes P (*Planche VI. fig.* 4) sont les pieces de l'échappement à roue de rencontre ; cette roue est creusée de maniere que les dents sont faites sur une partie de cylindre parallele à la tige du pignon e (*fig.* 5), ce qui forme une espece de couronne. Le corps des palettes, ou de la verge 1,2 passe dessus la pointe du pivot de la roue, & cette verge ou tige est perpendiculaire à la tige ou axe du pignon; enfin ces palettes p, q ont toutes deux la même largeur : si donc on fait tourner la roue en sorte que les dents diamétralement opposées agissent alternativement sur les palettes, il est évident que cela fera mouvoir le balancier B de côté & d'autre, & lui fera faire des vibrations, & chaque palette fera parcourir au balancier des arcs de levée qui seront égaux : voilà l'effet de cet échappement. Il est à propos de parler de sa construction, & de quelques précautions qu'il exige.

418. Dans l'échappement dont il est ici question, appliqué aux Montres, on a cherché quel étoit l'angle d'ouverture des palettes, qui étoit le plus propre à faire décrire des grands arcs : on a trouvé qu'il devoit être de 90 ou 95 degrés, (& même de 100 degrés, lorsqu'on veut faciliter l'étendue

due des vibrations du balancier). Ceux qui ont examiné la nature de cet échappement ont remarqué que plus les dents de la roue approcheroient du centre des palettes, & plus aussi elles feroient décrire de grands arcs au balancier; en conféquence on diminue le corps de la verge ou palette le plus qu'il est possible, pour cependant lui conferver une certaine folidité, & on fait approcher les dents de la roue fort près des corps des palettes : or ces deux chofes données, favoir l'ouverture des palettes & la pofition de la roue, déterminent la longueur des palettes, qu'on étrécit jufqu'à ce que les dents puissent échapper après avoir produit la levée ; ainfi la largeur des palettes dépend alors de la diftance des dents de la roue.

419. Pour éviter la chûte qu'il y auroit du paffage d'une dent qui quitte l'extrémité d'une palette, tandis qu'une dent oppofée tombe fur l'autre palette, pour, dis-je, éviter que la roue ne parcoure un efpace fans agir fur les palettes, on n'entaille pas tout-à-fait ces palettes jufqu'au centre de la verge.

420. Le devant des dents de la roue de rencontre doit être incliné de maniere à former un angle d'environ 15 à 20 degrés avec l'axe du pignon, comme on le voit (*fig. 5*); ce qui facilite le mouvement de la palette, afin que ce foit toujours la pointe de la dent qui porte fur la palette, & que l'extrémité des palettes ne puiffe toucher fur le devant de ces dents, & faire par ce moyen beaucoup rétrograder la roue.

421. Dans l'échappement à roue de rencontre, on ne peut pas mettre indifféremment le nombre de dents qu'on veut, comme dans toutes les autres roues d'échappement; ce nombre doit toujours être impair, comme 13, 15, 17, &c. fans quoi on feroit obligé de faire paffer la verge à côté du pivot de la roue de rencontre, & dans ce cas la roue n'agiroit pas avec autant d'avantage fur les palettes, que lorfqu'elles paffent par le centre.

422. Cet échappement, comme on le fait pour l'ordinaire, est le plus fimple & le plus facile; mais lorfqu'on veut y donner les foins qu'il exige, il devient très-difficile, & peu

I. Partie. S

d'ouvriers font en état de le faire. Il faut une précifion extrême pour l'ouverture des palettes, pour la grofleur du corps, pour la quantité dont il faut entailler les palettes, pour la juftefle de la roue, pour la précifion des chûtes, & pour réduire à rien le mouvement rétrograde que cet échappement donne à la roue; mouvement qui tend à détruire les trous des pivots, & par conféquent à changer les arcs de levée. D'ailleurs fi le recul ne fe fait pas lorfque la dent de la roue agit près du centre, la vibration du balancier ne s'achevera pas librement, & l'action continue de la roue interrompra la juftefle des vibrations, laquelle dépendra davantage de l'égalité de la force motrice. Il ne s'enfuit pas de ce que je viens de dire de cet échappement, qu'il ne foit très-bon; mais il eft à propos de faire fentir les difficultés qu'il entraîne, s'il n'eft pas bien fait & bien entendu.

CHAPITRE XXIV.

De l'Echappement à double Levier & à Ancre.

423. Les figures 5 & 6 de la Planche III repréfentent l'échappement qu'on appelle *à double levier*, il eft formé par deux palettes ou leviers *b, c* d'égale longueur, & pofées à égales diftances du centre de la roue *R*. Ces deux leviers fe meuvent alternativement au moyen d'un rouleau *r* qui eft dans une petite cage *d e* (*fig.* 6), & d'une fourchette *f*; ce rouleau & la fourchette tenant lieu d'un engrenage, qu'on a évité à caufe du frottement qui en réfulteroit.

424. La diftance des palettes de *b* en *c* eft réglée par la diftance des dents de la roue.

425 Une de ces pieces ou leviers étant, par exemple, pofée fur le rayon prolongé *n*, qui paffe par la pointe d'une dent, l'autre palette doit être pofée fur le rayon *m* qui paffe

entre deux dents, dont il divife l'intervalle; le nombre de dents qu'il y a entre ces deux rayons eft arbitraire, pourvu qu'il y ait toujours un nombre de dents & une demie: (on met indifféremment 3 dents $\frac{1}{2}$, ou 4 $\frac{1}{2}$, ou 5 $\frac{1}{2}$).

Les pivots des palettes doivent être pofés dans un arc de cercle AB concentrique à la roue R. (On employe rarement cet échappement, & il n'eft d'ufage qu'en Pendules.) Il eft à recul comme l'échappement à roue de rencontre; il a à peu près les mêmes propriétés, & quelque défaut de plus.

426. La grandeur des arcs, que cet échappement fait parcourir au Pendule, dépend de la longueur des palettes, & de la manière dont elles font inclinées fur la roue, lorfque celle-ci les fait mouvoir: on voit que plus les palettes feront longues & placées loin du centre de la roue, & moins les arcs de levée feront grands. Il eft encore fort aifé de voir, que plus ces leviers ou palettes agiront près de la ligne qui joint les deux centres, en commençant avant & finiffant après, & plus auffi les arcs de levée feront grands; car dans ce cas tout le mouvement imprimé par la roue, tendra à faire tourner les palettes différentes en cela du cas où elle agit fur un levier incliné, dont la force fe décompofe.

De l'Echappement à Ancre.

427. La Planche V, fig. 1 fait voir l'échappement qu'on appelle *à ancre*, appliqué à un mouvement de répétition en Pendule. La roue d'échappement F ou rochet a des dents, dont la forme eft pareille à celles des roues d'échappement à repos en Pendules, & de celui à double levier, avec cette différence, que dans ceux-ci c'eft le devant de la dent qui agit, & que dans l'autre c'eft la partie courbe de la dent. Lorfque la dent du rochet F agit fur la partie ou levier droit de l'ancre A, elle fait parcourir un efpace à ce levier, qui devient d'autant plus grand que ce levier eft court, & que la ligne s'éloigne du centre de l'ancre; de même la dent du rochet qui agit fur la partie courbe de l'ancre, fera parcourir

un espace d'autant plus grand que cette courbe ou plan incliné sera dirigé au centre de la roue, & que cette courbe sera près du centre du rochet ; or cette levée de l'une & l'autre partie, dépend de la grandeur de l'arc qu'on veut que le Pendule décrive : supposant qu'il doit être de 10 degrés ou de 8 arcs de levée, il faut que chacune des parties de l'ancre en fasse décrire la moitié, sans quoi cet ancre seroit mal fait, tout échappement devant agir, de chaque côté, avec une égale puissance sur le régulateur, & lui faire parcourir des arcs égaux à chaque vibration ; l'échappement à ancre est surtout assez difficile à construire pour qu'il ait ces conditions; car la force qui agit sur la courbe se décompose en deux : une partie tend à presser contre le centre de l'ancre, ce qui ne donne pas de mouvement, & l'autre tend à mouvoir. Voici donc à peu près comme il faut les construire, pour remédier à ces obstacles & le faire agir avec égalité de force : il faut d'abord placer le centre de l'ancre le plus près possible des dents du rochet, en sorte qu'il ne reste simplement que la force qu'il faut pour le trou quarré, dont l'ancre est percé & dans lequel la tige entre à frottement ; il faut que la coupe du levier droit de l'ancre soit dirigée à son centre, ou un peu en dehors, donner une dent & demie du rochet pour la longueur de ce levier prise du centre de l'ancre; & pour l'autre côté, on entaillera deux dents, depuis le centre de l'ancre jusqu'au point où commence la courbe, qui sera faite à peu près comme on le voit dans la figure ; ensuite par le moyen d'une vis qui porte un trou excentrique, pour éloigner ou approcher l'ancre de la roue, on verra si chaque côté fait décrire des arcs semblables à la fourchette f, & on inclinera ainsi cette courbe jusqu'à ce qu'elle fasse décrire le même arc : voilà pour l'égalité de levée. Quant à la quantité, j'ai dit qu'elle dépendoit de la longueur des bras & de l'inclinaison des plans & de la courbe. Au reste nous renvoyons à notre seconde Partie, pour ce qui concerne les propriétés des échappements, & on y trouvera des regles particulieres pour construire celui à ancre, de maniere à corriger les inégalités du moteur.

CHAPITRE XXV.

Description de la Machine à fendre les dents des Roues de Montres & de Pendules.

428. La machine à fendre est un instrument à l'aide duquel on divise & fend les dents des roues de Montres & de Pendules, &c, en des nombres de dents dont il est besoin pour les machines auxquelles on employe ces roues.

429. Cette machine est d'une si grande utilité, sa justesse est si essentielle pour les machines qui mesurent le temps, & elle est si ingénieusement imaginée, que je n'ai pu me dispenser d'en donner le plan & d'en faire une légere description : l'une & l'autre pouvant servir à satisfaire les Amateurs de Méchanique & à instruire les Ouvriers en leur présentant la meilleur construction de machine à fendre qui ait été faite jusqu'à présent.

430. Il ne faut d'abord considérer dans cette machine, pour mieux en saisir l'usage & la disposition, que la *Plateforme* ou *Diviseur* P (*Planche XVI, fig.* 1), la lime qui doit fendre les dents, & l'*alidade* qui regle & fixe le chemin du diviseur.

431. La plate-forme ou diviseur est une grande plaque ronde, sur laquelle sont tracés plusieurs traits concentriques qui sont divisés en des nombres différents, les plus en usage dans les Montres ou Pendules ; chaque division est marquée par un point profond, capable, en y faisant entrer une pointe *p* de l'*alidade S, o*, (c'est ainsi qu'on nomme cette piece) de fixer la plate-forme, & de l'empêcher de tourner : or si on fixe concentriquement à la plate-forme une roue *R*, & qu'on pose la pointe *p* de l'alidade alternativement sur tous les points de

division d'un cercle, & qu'à chaque point on fasse une fente à la roue, on aura une roue qui aura autant de dents que le cercle de division a de points; soit, par exemple, la roue R qu'on veut fendre en 60 parties ou dents, après l'avoir fixée sur l'axe de la plate-forme au moyen d'un *tasseau e u*, à peu près semblable à celui *f m* (*fig.* 2) on fera entrer la pointe *p* de l'alidade dans un des trous de division du cercle de 60 parties, & on fera une fente à la roue en faisant tourner la lime circulaire *d* par le moyen de la manivelle *m*; on levera ensuite la pointe *p* qui rendoit la plate-forme immobile; on tournera celle-ci jusqu'au point suivant de la division, & on y laissera poser la pointe *p*; on fera une seconde fente à la roue, & ainsi de suite jusqu'à ce que le diviseur ait achevé la révolution; on aura donc une roue fendue en autant de dents, comme le cercle sur lequel on a posé l'alidade a de points de division. Voyons maintenant la disposition de chaque partie de cette machine.

432. La plate-forme *P P* (*fig.* 1) est fixée sur l'axe ou arbre *O F* qui tourne librement dans le châssis *A B C D E*: cet axe est percé dans sa longueur de maniere à y laisser entrer juste un des tasseaux (*fig.* 2 & 3) qu'on fixe dans l'axe *O F* de la plate-forme par le moyen d'une clavette *c* (*fig.* 1) laquelle traverse l'arbre *O*, & entre dans les ouvertures *f* de tasseaux (*fig.* 2 & 3); on presse cette clavette avec l'écrou *x* qui entre à vis sur le corps de l'arbre *O*, de maniere que cette clavette fait porter le cône *n* des tasseaux (*fig.* 2 & 3) sur un petit cône semblable qui termine le bout supérieur *F* de l'arbre *O F*; par ce moyen les tasseaux sont fixés solidement, & se trouvent parfaitement concentriques avec l'axe *O* & la plate-forme *P*.

433. Ces tasseaux servent à fixer les roues avec la plate-forme; on fixe différemment les roues avec ces tasseaux, selon que ces roues sont grandes: par exemple, le tasseau actuellement sur la plate-forme ou machine à fendre (*fig.* 1), porte un bout prolongé fait à vis, sur lequel entre l'écrou *e* & la virole *u*; ce tasseau porte une base un peu moins large que la

roue R; celle-ci est pressée contre le tasseau par l'écrou e, en sorte que la roue R est fixée avec le tasseau; c'est de cette espece de tasseau dont on se sert pour les roues de Pendules.

434. Pour les roues des Montres on en employe un autre, c'est celui de la *figure* 2 : on le fixe d'abord sur l'axe O. Sur son pivot m on fait entrer juste la roue qu'on veut fendre & qui doit poser sur l'assiette a; on applique ensuite la base du petit cône c (*fig.* 4) sur la roue, & on fait avancer le levier L l (*fig.* 1) jusqu'à ce que sa pointe l pose sur le trou c qui termine le sommet du cône, faisant enfin descendre la vis G (*fig.* 1), en sorte qu'elle appuie fortement sur le levier L l, qui presse par ce moyen la roue contre le tasseau, & les fixe ensemble.

435. Le tasseau P (*fig.* 3) sert pour fendre les roues qui sont fixes sur leurs axes, en sorte que ce tasseau est percé pour y laisser entrer les tiges des roues qu'on veut fendre. En général on ne fend de roues fixes sur leurs axes que celles d'échappement, comme roues de rencontres & rochets d'échappement à ancre, &c; on appelle cela *fendre des roues arbrées*. On fixe ces roues sur le tasseau (*fig.* 3) au moyen d'une plaque p & de 4 vis, lesquelles pressent la roue sur l'assiette P du tasseau; on ne fixe entiérement la roue sur ce tasseau que lorsqu'on s'est assuré qu'elle tourne parfaitement rond avec le tasseau de la plate-forme; pour cet effet on fait tourner la plate-forme & par conséquent la roue, & on voit si elle est au centre en présentant une pointe sur la roue, & on la mene de côté ou d'autre jusqu'à ce qu'elle tourne rond; pour lors on le fixe au moyen des vis. Nous expliquerons ci-après comment nous sommes parvenus à centrer facilement & avec précision les roues d'échappement pour les fendre arbrées.

436. L'alidade S (*fig.* 1) est attachée sur un bout prolongé de la piece Z fixée au coude Q porté par les chassis E D. Cette alidade tourne sur elle-même, pouvant s'approcher ou s'éloigner du centre de la plate-forme P, pour poser sa pointe p sur les différents cercles de division; l'alidade fait

ressort de maniere à presser la pointe *p* sur ces points de divisions, & que la plate-forme ne puisse tourner sans lever cette pointe qui presse fortement : la pointe *p o* entre à vis sur l'alidade *S* afin de pouvoir donner à celle-ci plus ou moins de ressort, selon qu'on fait monter ou descendre cette vis. La piece *M M* entre juste (& à queue d'aronde), & se meut sur la longueur du plan *E I* du chassis ; elle porte le *porte-fraise* *H* (on l'appelle aussi l'*H*) : le porte-fraise (*fig. 6*) est la même piece vue en perspective (*fig.* 1) ; les points des vis *a* & *b* entrent dans des trous coniques faits sur la piece *N* (*fig.* 1).

437. Ce mouvement des pieces *M*, *M* ; *N*, *N* sur la longueur du chassis sert à approcher ou éloigner du centre la fraise *d*, selon qu'il en est besoin pour les grandeurs différentes des roues qu'on veut fendre ; on fait ainsi mouvoir cette piece par le moyen de la manivelle *K*, qui entre quarrément sur le bout prolongé de la vis *W*, & cette vis est arrêtée dans le pilier *D W*, de maniere qu'elle ne peut qu'y tourner étant prise par un *collet* ; l'autre bout de la tige *W* entre à vis sur un talon porté par la piece *M M* en dessous de la barre ou plan *E I*.

Ayant ainsi fait avancer l'*H* ou porte-fraise de façon que la fraise ou lime circulaire *d* fasse les dents de la roue de la longueur requise, on tourne la vis *h* portée par la piece *M M* ; la pression de cette vis se fait contre le côté *T T* de la barre ou plan *E I*, ce qui fixe la piece *M M* & celles qu'elle porte.

438. L'arbre *A* (*fig. 6*) sur lequel on fixe les limes ou fraises *d*, porte un pignon dans lequel engrene une roue *B*, fixée sur un arbre, dont le bout prolongé *q* est limé quarrément : c'est sur ce quarré que s'ajuste la manivelle *m* (*fig.* 1). Les fraises ou limes *circulaires* (*fig. 7 & 8*) se fixent sur l'axe *A* par un écrou *e* qui entre à vis sur cet arbre ; on change de fraise, suivant qu'on en a besoin, pour des dents plus ou moins fortes, & selon la nature des roues ; ainsi on se sert de la fraise (*fig.* 7) lorsqu'on veut fendre une roue de rencontre ou un rochet d'échappement ; la fraise ou lime circulaire (*fig. 8*) est semblable à celle fixée sur l'arbre *A* (*figure 6*). Ces

sortes

sortes de *fraises* servent pour fendre les roues ordinaires.

439. La figure 9 est une clef qui sert à tourner les vis 1, 2, 3, 4 (*fig.* 6), pour changer de *fraise* ou pour donner plus ou moins de jeu à l'arbre *A* & à l'*H*; les bouts de ces vis se terminent par un quarré sur lequel entre cette clef *C*.

440. La broche *f* (*fig.* 1) entre à vis sur l'*H*; le bout de cette vis pose sur un talon que porte la piece *N* en dessous de l'*H*; cette broche sert à régler le chemin de l'*H*, empêchant la fraise d'approcher trop près du plan *IE*. Son usage le plus essentiel est pour régler l'enfoncement des dents de roue de rencontre, & autres pareilles roues, dont l'enfoncement est perpendiculaire ou incliné au plan de la roue.

441. Pour fendre les roues de rencontre de maniere que le devant des dents soit incliné à l'axe de la roue, on incline l'*H* (*fig.* 1), en sorte que la vis 1 s'éloigne de la plate-forme, & que celle 2 s'en approche, ou au contraire, selon le côté que la roue tourne & que l'inclinaison doit être.

442. Le mouvement d'inclinaison de l'*H* est produit par la piece *N*, dans laquelle entrent les points des vis 3, 4 (*fig.* 6). Cette piece porte une broche ronde qui entre dans un trou fait en travers l'épaisseur de la piece *Y*, attachée à la piece *MM*; le bout de cette broche est à vis & entre dans un écrou qui ne peut être vu, étant derriere la piece *NY*; la piece *N* porte un index qui marque sur les divisions de la piece *Y* l'inclinaison de l'*H*; laquelle étant déterminée, on tourne l'écrou dont j'ai parlé, & fixe la piece *N* avec celle *Y*.

443. Les pieces qui portent l'*H*, ont encore deux sortes de mouvement; le premier est celui de la piece *Y*, laquelle peut monter & descendre dans une rainure faite à la piece *MÆ*, ce qui sert particuliérement à élever le centre de mouvement 3, 4 de l'*H* à la hauteur du tasseau, pour que les fonds des dents d'une roue épaisse soient perpendiculaires au plan de la roue; ce mouvement est produit par une vis qui ne peut être vue, mais dont l'effet est semblable à celui de la vis *W* & de la manivelle *K*, pour faire mouvoir la piece *MM*.

444. Le second mouvement des pieces qui portent l'*H*,

I. *Partie.* T

lequel ne peut être vu dans la figure, sert à faire mouvoir l'*H* & la fraise de droite à gauche ou de gauche à droite, pour pouvoir par ce moyen fendre des roues dont les dents sont inclinées & ne tendent pas au centre de la roue ; voici comment cette machine est ajustée pour produire cet effet. La piece *Æ M* est une piece forte & pliée d'équerre ; la base est de la même grandeur que le coulant *M M* ; cette base se fixe sur ce coulant *M M*, au moyen d'une forte vis ; le coulant *M* porte une *têtine* qui entre juste dans une noyure ou creusure faite au centre de la base *Æ* ; la têtine est une sorte de pivot qui roule très-juste dans la noyure ; ainsi cette piece peut seulement tourner de côté & d'autre séparément du coulant *M*, (lorsque la vis est desserrée) ; un index & des divisions indiquent les angles qu'on lui donne, comme le fait l'index *i* sur les divisions de la piece *Y*; l'index arrêté sur l'angle donné, on fixe les pieces *M* & *Æ* ensemble au moyen de la vis de pression (a).

445. La figure 5 Planche XVII, représente la machine que j'ai composée, pour servir à *centrer* facilement les roues d'échappement, pour les fendre arbrées.

446. Lorsqu'on a ôté les pieces *G*, *L*, *l* (*Pl. XVI*, *fig.* 1), qui sont placées sur le chassis *A* de la machine à fendre, on met sur le même chassis la machine en question, qu'on fixe sur le chassis par une cheville (*fig.* 7) ; on place la roue d'échappement sur le tasseau de la maniere que nous l'avons expliqué (435), & on fait appuyer le bout *a* de cette machine sur la circonférence de la roue ; alors en faisant tourner la plateforme, l'aiguille *m* va & revient alternativement, selon que la roue est plus ou moins éloignée d'être concentrique à l'axe de la plate-forme. Cette aiguille indique donc combien la roue est dehors du centre ; car si elle parcourt 40 divisions, & qu'on pousse la roue & la fasse glisser sur le tasseau de maniere que l'aiguille se meuve de 20 divisions, on aura un point

---

a La disposition de la machine à fendre, que nous venons de décrire, est de feu M. Taillemard, & elle a été perfectionnée par M. Hulot, son Eleve : celui-ci les exécute avec beaucoup de soins & d'intelligence ; ainsi je conseille à ceux qui voudront faire l'acquisition d'une bonne Machine à fendre de s'adresser à cet habile Machiniste.

qui fera un des rayons de la roue; & en continuant de tourner la plate-forme & de pousser la roue, celle-ci deviendra concentrique à la plate-forme à l'instant que l'aiguille restera immobile : c'est par le moyen de cette machine que je suis parvenu à centrer parfaitement les roues d'échappement (supposées rondes & droites), & en très-peu de temps, sans tâtonner.

Description de la Machine à centrer les Roues.

447. La figure 6 représente le plan de la machine à centrer les roues : AB est une plaque de cuivre qui porte en dessous la piece qui se fixe au chassis de la machine à fendre : sur cette plaque s'ajuste une regle abc, qui se meut en coulisse sous le pont d, & entre les chevilles 1, 2; le bout de cette regle porte la piece mobile a dont le bout sert à appuyer sur la circonférence de la roue; il est rendu mobile en m, afin de le monter ou descendre, selon l'élévation des roues ou des tasseaux.

448. La regle bc porte l'entaille 3, laquelle agit contre une espece de dent portée par l'axe de la piece fg, en sorte que le mouvement qu'on imprime à la regle se communique à la piece fg; celle-ci porte par son extrémité g un fil qui entoure la petite poulie h, fixée sur l'axe qui porte l'aiguille m (*fig.* 5) : l'autre bout du fil est attaché au ressort il qui tend continuellement le fil sur la poulie; de sorte qu'à mesure que la regle va & revient, la poulie & l'aiguille se meuvent aussi, & tellement que celle-ci parcourt un fort grand espace, tandis que la regle n'a fait qu'un mouvement insensible. L'axe de la poulie porte deux pivots, dont l'un est mobile dans un trou fait à la piece AB, & l'autre se meut dans le trou concentrique du cadran (*fig.* 5) : celui-ci porte 4 piliers, de maniere qu'il forme une cage avec la plaque AB; le pivot supérieur de la poulie est prolongé & sert à porter l'aiguille; le cadran est divisé en 60 parties : l'axe du levier fg porte deux pivots qui se meuvent dans la cage formée par le cadran & la plaque AB.

CHAPITRE XXVI.

De la Fusée & ses propriétés.

449. J'AI fait observer ci-devant (148), en parlant des Montres, que le moteur ou ressort n'agit pas avec une force constante; mais que sa force augmente à mesure qu'on le tend & le remonte. Pour corriger cette inégalité, on se sert de la fusée F (*Pl. VII fig.* 4). La fusée est, comme on voit, une espece de cône tronqué : la fusée communique au barillet au moyen d'une chaîne dont un bout s'accroche au barillet & l'autre à la fusée. Lorsqu'on remonte la Montre, la chaîne s'applique sur la fusée dans une rainure faite en ligne spirale sur son contour, depuis la base jusqu'au sommet.

450. La propriété de la fusée est de rendre égale l'action du ressort sur le rouage, au moyen de la grandeur différente des rayons qui forment la rainure spirale ; ils sont tels que lorsque le ressort est à son premier tour de *bande*, que par conséquent sa force est la moindre, la chaîne se développe de dessus le plus grand rayon ou plus grande partie de la fusée, & agit avec la même force sur le rouage que dans le cas où le ressort étant monté au haut, la chaîne se développe de dessus le plus petit rayon de la fusée, & de même à tous les autres degrés de tension du ressort ; car à mesure qu'on le remonte, sa force augmente ; mais en même temps aussi les rayons de la fusée diminuent, de sorte que l'action du ressort sur le rouage est toujours la même (149).

451. Une autre propriété de la fusée, & qui est une suite de l'égalité de force qu'elle transmet au rouage, c'est d'augmenter la durée de la marche d'une Montre, ce qui est aisé à concevoir : le barillet *A* qui contient le ressort & sur lequel s'applique la chaîne, est cylindrique (je le suppose de la même

grandeur que le plus grand rayon de la fusée). Dans ce cas, si toutes les parties du premier tour de bande du reſſort étoient égales, lorſque le barillet fait un tour, la fusée en feroit auſſi un; mais comme cela n'eſt pas, & qu'à chaque degré de tenſion du reſſort ſa force augmente, &, comme je l'ai dit, les rayons de la fusée devant diminuer dans la même proportion, il s'enſuit que, pour le développement de la chaîne ſur un tour du barillet, la fusée fera plus d'un tour; & celle-ci en fera d'autant plus, pour un du barillet, que la force de ce reſſort augmentera juſqu'au point que le reſſort étant au haut, & dans ce cas ſa force étant ſuppoſée double de celle de ſon premier tour, le ſommet de la fusée que la chaîne entoure devra être une fois plus petite que celle du premier tour; par conſéquent le dernier tour de bande du reſſort en fera faire deux à la fusée. Toute la force du reſſort s'employe donc utilement à faire mouvoir le rouage en agiſſant uniformément: ainſi les inégalités de force du reſſort ne ſe communiquent point au rouage, dont les frottements ſont conſtants; il n'y a ſeulement que les pivots de la fusée (ſur leſquels la force inégale du reſſort agit,) qui éprouvent différentes preſſions; mais ces différences ne peuvent cauſer aucune variation ſenſible à la Montre.

452. Pour que les diametres de la fusée ſoient moins inégaux entr'eux, on n'employe dans les Montres qu'environ quatre tours du reſſort, quoiqu'il en puiſſe cependant faire davantage; on ne prend que les tours qui ont le plus d'égalité entr'eux, en ne remontant pas ce reſſort juſqu'au haut & en ne le laiſſant pas développer juſqu'en bas; ce chemin eſt limité par le garde-chaîne, pour l'empêcher de monter trop haut, & pour l'empêcher de trop deſcendre; c'eſt la chaîne qui le retient, ſa longueur étant donnée pour cela.

453. On voit par ce qui vient d'être dit que les formes des fusées ne ſont pas toutes les mêmes, & qu'elles ſont relatives aux différentes forces du reſſort; ainſi on ne les détermine que dans l'exécution; car ce qui ſe feroit par la théorie, quoique ſatisfaiſant, feroit en pure perte; on a acquis par

l'usage la forme approchante qui convient aux fusées, de sorte qu'on les tourne d'abord selon une forme, qui approche assez de celle d'une cloche, & ensuite on les taille, comme je le dirai ci-après ; mais on verra qu'une fusée ainsi taillée, ne forme que la rainure spirale, & ne détermine pas exactement l'enfoncement qui convient à chaque partie, pour que le ressort agisse avec une force égale sur le rouage ; ceci dépend de la nature du ressort qui doit être employé.

454. Je décrirai d'abord la machine à tailler les fusées & donnerai ensuite la maniere de tailler les fusées, & je terminerai ce Chapitre par donner une idée de la maniere dont on égalise les fusées lorsque la rainure spirale est formée, & comment on rend par-là, le plus égale qu'il est possible, l'action du ressort sur le rouage.

Description de la Machine à tailler les Fusées.

455. La Planche XVII, fig. 1 représente la machine à tailler les fusées, la plus parfaite que je connoisse. Elle est de l'invention de M. le Lievre, Horloger, & elle a été perfectionnée en second lieu par M. Gedeon Duval, qui l'a exécutée, & s'en sert avec beaucoup de succès ; il a bien voulu me la confier pour la faire dessiner telle qu'on la voit. Pour concevoir aisément cette machine, il faut considérer d'abord l'axe Ad qui porte la fusée ; le pignon t & la manivelle M ; ensuite le burin b qui doit former les rainures, & enfin le plan incliné I, I qui doit faire mouvoir le burin b de la base i au sommet 5 de la fusée F, de la maniere suivante.

456. Lorsqu'on tourne la manivelle M, le pignon t que porte l'axe A, fait monter & descendre la regle ou crémaillere RP au moyen des dents qu'elle porte, lesquelles sont perpendiculaires au plan de cette regle, & engrenent dans le pignon t ; cette regle PR & le plan incliné I qu'elle porte, montant & descendant ainsi de x en z & de z en x, le plan incliné fait mouvoir le burin b, de b en 1, & alternativement, suivant le côté dont on tourne la manivelle ; c'est au

moyen du talon T que cet effet se produit ; il appuye continuellement contre le plan incliné I ; ce talon est pressé par un ressort contenu dans le barillet B, parce que la chaîne s tient au talon & au barillet. Ce talon T est formé sur la barre TL, qui se meut à coulisse dans les supports SS qui sont fendus pour y laisser passer & mouvoir cette barre TL ; celle-ci porte la *boîte* C, au travers de laquelle passe le burin ab. Si donc on fait tourner la manivelle M de maniere que le plan incliné monte sous le talon T, & que le burin b vienne au sommet 1 de la fusée, & qu'alors on fasse tourner la manivelle de l'autre côté, pour faire descendre la regle & le plan incliné, & qu'on appuye en m sur le burin ab, la pointe b formera sur la fusée F une rainure spirale de la base au sommet ; voilà en gros l'effet de cette machine : entrons actuellement dans un plus grand détail.

457. Les fusées sont de différentes hauteurs, suivant que les Montres sont plus ou moins plates : on met quelquefois sur une fusée qui est basse, le même nombre de tours de rainures ou de chaînes, que sur une qui est fort haute. Il faut donc que le burin b, pour un même nombre de tours de manivelle, parcoure un chemin différent, selon la hauteur des fusées, & d'ailleurs on fait faire plus ou moins de tours aux fusées de même hauteur. Il faut donc pouvoir faire varier le chemin du burin : or cela dépend du plus ou moins d'inclinaison du plan incliné I, I, par rapport aux côtés de la regle PR ; car ce plan étant supposé presque parallele aux côtés de la crémaillere PR, si on fait tourner la manivelle en sorte que la crémaillere parcoure dans sa longueur tout le chemin possible, le talon T & le burin b ne feront qu'un mouvement insensible ; & au contraire plus le plan I, I formera un grand angle avec la crémaillere & plus le chemin du burin sera grand. On change l'inclinaison du plan I au moyen de la vis de *rappel V* ; ce plan I, I est mobile en h, il porte par son extrémité l une pointe qui indique les angles sur les divisions faites sur le plan gl de la crémaillere : l'angle étant déterminé, on fixe le plan I, I avec celui de la crémaillere en serrant les vis 3, 4.

458. Le plan I, I incliné, comme il eſt dans la figure, ſert à fendre les fuſées de Montres ordinaires : s'il s'agit de fendre des fuſées de Montres à huit jours, ou autres qui ſe rencontrent à gauche, on incline différemment ce plan en faiſant mouvoir la regle, en ſorte que l'index l ſe trouve en g; on retournera pour lors la face du burin b, & on fendra la fuſée en tournant la manivelle du côté contraire.

459. Les ſupports SS portent la piece DD, qui s'y fixe par le moyen des vis $6, 7$; cette piece DD porte la courbe ou plaque d'acier c, dont l'effet eſt de régler les enfoncemens différents du burin b ſur la fuſée F; la cheville n poſe ſur la courbure c, qui laiſſe deſcendre le burin, lorſque le plan incliné le fait mouvoir : c'eſt de la courbure de cette piece c que dépend celle de la fuſée, & par conſéquent la grandeur de ſes diametres; on a pluſieurs de ces plaques c avec différentes courbures, ſelon les fuſées.

460. La vis de rappel o ſert à faire monter & deſcendre la piece D 15, ſur laquelle vient poſer le bout de la plaque c; ce qui fait monter ou deſcendre celle-ci, ſuivant qu'il en eſt beſoin pour les différentes grandeurs des fuſées.

461. Voici maintenant comment on fixe les fuſées avec l'axe $A d$: le bout de l'axe de la fuſée porte ſur un trou conique fait au centre de la baſe d, & l'autre bout de la fuſée entre de même dans le trou conique de la broche 14, qui paſſe à travers le ſupport $O S$, & ſe fixe par le moyen de la vis ou écrou f; la fuſée eſt par-là au centre de l'axe $A d$. Pour que celui-ci entraîne la fuſée, on ſe ſert de la piece W (*fig.* 8) formée par une plaque qui a deux entailles, deſquelles peuvent entrer aiſément les chevilles que porte la baſe d; cette plaque W en porte une petite qui eſt mobile deſſus, & qui a une partie de trou quarré; la piece W en porte une autre partie; le trou quarré formé par ces deux pieces ſert à y faire entrer l'axe de la fuſée, lequel eſt quarré; on preſſe pour lors la vis v, de ſorte que la plaque W eſt fixée avec la fuſée : on poſe enſuite la fuſée ſur ces deux pointes, l'une au centre de la baſe d, & l'autre au centre de la broche 14, comme

je l'ai dit, & on fait entrer les chevilles de la bafe *d* dans les entailles de la plaque *W*; celle-ci & la fufée font donc entraînées par l'axe ou bafe *A d*, & par la manivelle *M*.

462. *K* eft une vis de rappel, qui fert à faire mouvoir la *boîte C* pour amener le burin *b* à la bafe de la fufée, felon que l'exigent les longueurs différentes des quarrés de fufées, qui changent la pofition de la fufée par rapport au burin : cette boîte *C* porte en deffous une vis qui fert à la fixer à la barre *T L* lorfque le burin eft en place.

463. L'axe *A d* fe meut dans des trous coniques faits en *G* & *Q* au travers des fupports *N S* & *Q Z*, portés & fixés fur la barre *X Y* par la vis 10, & la cheville 16.

464. La piece *Q Z* porte par deffous un talon dont on fe fert pour attacher cette machine à l'étau lorfqu'on veut tailler une fufée : fur cette piece ou fupport *Q Z* eft fixée la plaque 12, 13, fur la longueur de laquelle fe meut la *crémaillere* ou regle *P R*, dans une efpece de couliffe formée par les petites lames *p q*, *p'q'*, attachées par des vis à la piece 12, 13.

Maniere de tailler une Fufée.

465. Pour tailler une fufée, il faut commencer de la fixer avec l'axe *A d*, comme nous venons de le voir (461). Soit donnée, par exemple, la fufée *F* (*fig.* 1) qu'il faut tailler de façon qu'elle contienne fix tours de chaîne ; il faut tourner la manivelle de droite à gauche, pour faire monter le point *I*, 3 du plan incliné fous le talon *T*; & dans cette pofition amener le burin *b* à la bafe 1 de la fufée ; on fe fervira pour cela de la vis de rappel *K* ; alors faifant tourner la manivelle de gauche à droite, on comptera les nombres de tours que fait la manivelle (& par conféquent la fufée), tandis que le burin parcourt la hauteur de la fufée : s'il fait plus des fix tours demandés, il faut, au moyen de la vis *V*, faire mouvoir l'index *l*, & l'éloigner de *g* ; & fi au contraire la manivelle ne fait pas fix tours, il faut faire mouvoir l'index

de *l* en *g*, & ainsi de suite, jusqu'à ce que le plan I, I soit incliné comme il faut : cela fait, il faut ramener le burin à la base de la fusée en retournant la manivelle.

466. Pour former la rainure sur la fusée, on tournera la manivelle de gauche à droite, en appuyant en même temps sur le manche *m* pour faire couper le burin *b*, en continuant ainsi jusqu'à ce que la manivelle ait fait six tours, & que le burin soit parvenu à la base ; ensuite on dégagera le burin de la rainure commencée, & on retournera la manivelle pour ramener de nouveau le burin à la base de la fusée : on recommencera de la même maniere à le faire couper, en appuyant en même temps sur le burin & tournant la manivelle de droite à gauche ; on fera ainsi mouvoir la fusée & le burin à plusieurs reprises, & jusqu'à ce qu'il ait formé une rainure assez profonde pour contenir environ le quart de la largeur de la chaîne. Voilà à peu près les moyens qu'il faut employer pour tailler une fusée.

De la maniere d'égaliser les Fusées.

467. Nous venons de voir comment il faut tailler une fusée ; mais comme il ne suffit pas de former ses rainures & de fixer à peu près sa forme, & qu'il faut de plus, pour rendre égale l'impression du ressort sur le rouage, égaliser la fusée & déterminer les enfoncements qui conviennent à chaque degré de force du ressort, nous allons donner la méthode que l'on employe pour parvenir à ce but.

468. La premiere chose qu'il faut faire lorsque la fusée est taillée, c'est de choisir une chaîne qui remplisse exactement la largeur de la rainure de la fusée & la mettre de longueur convenable, en sorte que non seulement elle entoure la fusée, mais qu'il reste un bout propre à aller gagner le barillet pour s'y accrocher. Pour cet effet, lorsque la fusée & le barillet sont en leur place sur la platine des pilliers, il faut que la chaîne entoure la fusée de la base au sommet, & qu'elle entoure aussi le barillet d'environ $\frac{1}{2}$ de tour. La chaîne ainsi établie

de longueur, il faut la retirer de dessus la fusée & en entourer le barillet avec la longueur seulement qui enveloppoit la fusée, cela donnera le nombre de tours que le développement de la chaîne fera faire au barillet, & par conséquent combien le ressort devra faire de tours : car je suppose qu'on trouve que cette partie de la chaîne qui étoit sur la fusée, entourant ainsi le barillet, fasse 4 tours, cela indique que pendant que la chaîne qui entoure la fusée se développera, le barillet fera 4 tours : ainsi le ressort devra faire pour cela seul 4 tours. Mais comme il est nécessaire, pour avoir un ressort moins inégal (452), qu'il fasse plus de tours que la fusée n'en employe, on lui donnera environ $\frac{1}{4}$ de tours de plus ; c'est-à-dire, que la barette (174) étant mise à sa place, le ressort devra pouvoir se bander de maniere que le barillet fasse 5 tours $\frac{1}{4}$ (l'arbre étant immobile); on fera donc faire un ressort qui remplisse ces conditions ; on placera la barette & le ressort dans son barillet, & on mettra la fusée & le barillet en place ; par ce moyen on pourra donner $\frac{3}{4}$ de tours de bande au ressort (la chaîne étant développée de dessus la fusée), & on sera assuré que lorsque la chaîne entourera la fusée, c'est-à-dire, qu'on l'aura *remontée*, il restera encore un demi-tour dont on pourroit faire tourner le barillet, pour bander entièrement le ressort.

469. Soit la fusée F (*Planche VII, fig.* 4) qu'il faut égaliser avec le ressort contenu dans le barillet A : pour cet effet, on mettra la fusée & le barillet dans la cage, sans autre piece que la roue de *vis sans fin* R, laquelle engrenera dans sa vis sans fin : on arrêtera ensemble les deux platines en mettant les goupilles aux pilliers : on accrochera ensuite un bout de la chaîne à la fusée & l'autre au barillet ; & au moyen d'une clef, on tournera le quarré de la vis sans fin, ce qui fera tourner la roue R & l'axe a. Le crochet que celui-ci porte en dedans du barillet, remontera le ressort : on fait un petit trait sur le bout a de l'axe du barillet, lequel sert d'index pour marquer la quantité de *bande* que le ressort doit avoir en bas ; si c'est trois quarts de tour, on remarque le moment où l'axe accro-

che le ressort, & on lui fait parcourir encore trois quarts de tour : il faut observer, que pour compter ces trois quarts de tour, il faut que la chaîne soit entiérement développée de dessus la fusée, & qu'elle n'y soit qu'accrochée.

470. Cela étant ainsi préparé, on se servira d'un levier AL (Planche XVII, fig. 2) dont on fera entrer la partie A sur le quarré de la fusée ; on fera faire un tour à ce levier, & on remontera par ce moyen le ressort, & la chaîne s'enveloppera sur la fusée ; on la remontera ainsi jusqu'à ce que son crochet arcboute contre le garde-chaîne : dans cet état, on fera mouvoir le poids M du levier jusqu'au point qu'il devienne d'équilibre avec le ressort ou moteur ; on fera ensuite rétrograder ce levier d'un tour, & on verra si ce poids M est encore d'équilibre avec le ressort : si le ressort est plus foible, il faut rapprocher le poids du centre A & le mettre de nouveau d'équilibre avec le ressort, & continuer ainsi jusqu'au bas : on trouvera par ce moyen les endroits de la fusée qui sont trop petits ; ces points trouvés, on y mettra le poids d'équilibre avec le ressort.

471. On voit que, pour égaliser la fusée avec son ressort, il est nécessaire de diminuer les endroits de la fusée, qui étant trop élevés, changent l'équilibre du levier avec le ressort, en faisant paroître le poids trop léger. Mais avant de toucher à la fusée, lorsque celle-ci est d'une bonne forme (a), on l'égalisera avec son ressort, en augmentant ou en diminuant la bande du ressort, selon que la fusée paroît trop petite ou trop grande du sommet, c'est-à-dire, que le ressort ne tire pas assez ou tire trop du bas. La regle que l'on doit suivre pour changer le dégré de tension du ressort, c'est que lorsqu'il ne tire pas assez du bas, il faut augmenter sa bande, & lorsqu'il tire trop du bas, il faut la diminuer. Avant que d'augmenter la bande d'un ressort, il faut s'être assuré que lorsqu'on aura remonté la fusée au haut, le ressort ne soit pas tout-à-fait tendu, mais qu'il lui reste au moins encore un quart de tour de bande ;

---

a C'est-à-dire, que le diametre du sommet ne differe pas trop sensiblement de celui de la base, & que la courbure de la fusée est uniforme.

car si on n'a pas cette attention, on fera casser le ressort ou la chaîne. Pour prévenir cet accident, il faut commencer par compter, comme nous venons de le dire (468), le nombre de tours que fait la chaîne sur le barillet & ceux du ressort : si donc la chaîne faisant quatre tours, le ressort n'en fait que cinq; & s'il est nécessaire de donner un tour $\frac{1}{4}$ de bande pour que la fusée soit égalisée avec son ressort, on voit que l'on ne pourroit pas remonter la fusée au haut; car la chaîne fait, selon notre supposition, quatre tours, auxquels ajoutant un tour $\frac{1}{4}$ de bande, cela fait cinq tours $\frac{1}{4}$, ainsi il s'en faudroit un quart de tour qu'on ne pût remonter la fusée au haut.

472. Lorsqu'il n'est pas possible d'égaliser une fusée par cette méthode, & supposant le ressort bon & bien fait, il faut enfoncer avec une lime toutes les autres parties de la rainure où le ressort emporte le levier L; & on continuera ainsi, de façon qu'à chaque point de la rainure, à commencer du sommet, & finissant à la base, le ressort & le poids restent parfaitement d'équilibre; ce qui étant fait, on aura un moteur qui agira sur le rouage avec une force égale.

473. Si on a une machine à tailler les fusées, lorsqu'on a vu l'endroit de la fusée qui est trop gros, on la replace de nouveau sur l'outil, afin d'en ôter avec le burin des tours trop forts : l'opération en est plus facile, & on conserve la fusée d'une plus belle forme, & les rainures en sont plus proprement terminées.

474. Lorsqu'on a ainsi égalifé la fusée avec son ressort, avant de la démonter de la cage & de changer la tension du ressort, il faut faire, vis-à-vis du trait ou index que l'on a formé à l'arbre de barillet, un trait sur la platine, lequel marquera l'endroit où on doit amener l'arbre de barillet pour donner la bande convenable au ressort; on appelle cela faire le *Repaire*; ainsi toutes les fois qu'on remonte la montre, on met l'arbre à son repaire, & on tend le ressort de la même maniere, & l'on est assuré par-là que le ressort agit uniformément sur ce rouage.

CHAPITRE XXVII.

Description de différents Outils & Instruments les plus utiles pour l'exécution des Pieces d'Horlogerie.

PLANCHE XVIII.

475. La figure 1 représente un compas à quart de cercle, d'une construction avantageuse.

476. La charniere est pareille à celle des compas ordinaires ; les pointes A, B se fixent avec le compas au moyen des vis c, b ; & pour les rendre parfaitement solides après le compas, les mortaises des *boîtes* sont à trois faces, & à peu près de la figure du bout supérieur de la pointe A ; la pression de la vis se fait en a, de sorte que la pointe est très-solide : on peut les monter & descendre au moyen des ouvertures faites en C & D.

477. G est une vis de rappel pour faire écarter ou approcher insensiblement les pointes l'une de l'autre ; les vis E, F servent à rendre l'ouverture du compas très-fixe.

478. La figure 2 est un compas d'*épaisseur*, qui sert aussi à faire tourner droit un balancier de Montre ; ses bouts sont percés ou marqués par des points capables de recevoir le bout des pivots du balancier que l'on fait ainsi tourner : la piece coudée ab sert à faire voir si le balancier est droit ou non, & à marquer l'endroit où il touche : cet outil sert encore à mesurer l'épaisseur du fond du barillet, d'une roue de champ, de rencontre & d'autres choses semblables.

479. La figure 3 est un arbre propre à polir & tourner les fusées, lorsque les pointes du quarré de la clef en sont ôtées. Cet arbre est formé de trois parties ab, cd, ef : a est l'en-

droit où l'on fixe le quarré au moyen de la bride & de la vis de preſſion : *b* s'applique contre la piece *c d*, qui eſt un cuivrot qui porte une pointe qu'on ne voit pas dans cette figure ; *ef* s'applique contre la plaque *b*, & les trois vis raſſemblent ces trois parties que l'on peut faire mouvoir ſelon la baſe *c d*, juſqu'à ce que le gros pivot de la fuſée tourne rond ; alors on ſerre les vis ; & cet aſſemblage reſtant fixe, il ne forme plus qu'un arbre.

480. La figure 4 eſt un *pied* ou machine propre à mettre les balanciers d'équilibre ; les pivots du balancier portent ſur une petite entaille ronde bien unie ; & pour empêcher que les portées des pivots ne frottent, on a mis les petites parties ſaillantes qui reçoivent les bouts des pivots.

481. La figure 5 eſt un outil qui ſert à reſſerrer les chauffées d'aiguilles des minutes, lorſque le frottement ſur la tige eſt trop foible : cette piece s'attache à l'étau ; on fait entrer la chauſſée *b* dans l'eſpece de trou que forment les mâchoires de l'outil ; & au moyen d'un marteau on frappe en *a* : cet outil eſt très-commode en ce qu'il ne gâte pas les chauffées.

482. La figure 6 eſt un arbre qui ſert à tourner des roues ou autre choſe ſemblable ; la vis eſt taraudée à rebour, afin qu'en tournant la roue, l'écrou ne ſe deſſerre pas.

483. La figure 7 eſt un outil dont on ſe ſert pour pincer en *a*, comme avec un étau, une chaîne de Montre que l'on veut renouer.

484. La figure 8 eſt un *calibre à pignon* : ſon uſage eſt pour prendre la groſſeur d'un pignon ſur les dents d'une roue, & diminuer le pignon juſqu'à ce qu'il paſſe par le calibre ; on s'en ſert auſſi pour vérifier l'égale diſtance des dents d'un pignon.

485. L'outil (*fig.* 9) ſert à prendre la hauteur de la cage d'une Montre ou d'une Pendule, en y faiſant entrer juſtes les pointes *a*, *b* : les pointes *c*, *d* ſervent à tourner les pivots d'une roue juſqu'à ce que les portées entrent dans ces pointes, dont l'intervalle eſt le même que celui des extrémités *a*, *b*.

486. La figure 10 eſt un cuivrot très-commode pour ſervir à mettre ſur les tiges des roues de différentes groſſeurs,

au moyen des vis qui écartent ces efpeces de mâchoires, & qui les ferrent autant qu'il eft befoin.

487. La figure 12 eft un outil qui fert à égalifer les roues de rencontre : un des côtés intérieurs eft taillé comme une lime ; & les côtés extérieurs font difpofés pour pofer contre le devant des dents, tandis que le côté fait en lime, ôte l'excédent de la dent : on approche ou l'on écarte cette machine par le moyen de fes vis, felon qu'il en eft befoin, pour la diftance des dents de la roue.

PLANCHE XIX.

488. La premiere figure repréfente un très-bel étau qui a plufieurs mouvements très-commodes : il a été conftruit & exécuté par M. Hulot, fort habile Machinifte & *Méchanicien du Roi*. Les étaux ordinaires s'ouvrent par un mouvement angulaire ; celui-ci au contraire s'ouvre & fe meut 1°, parallélement, de maniere qu'il ferre les pieces également, quelle qu'en foit l'épaiffeur.

2°. Il fe meut horizontalement, c'eft-à-dire, que l'on fait tourner l'étau fur lui-même & qu'on dirige fa mâchoire de quel côté l'on veut.

3°. Il a un troifieme mouvement qui eft vertical, c'eft-à-dire, que le plan des mâchoires devient incliné, comme on veut, avec l'*établi* ; ce qui donne la facilité de limer une piece en bifeau fans changer la pofition de la lime qui doit toujours être horizontale.

Du mouvement parallele des Mâchoires

489. Pour produire le mouvement du parallélifme, on a fait en *C*, dans la mâchoire *A B*, une *mortaife* quarrée, dans laquelle fe meut la partie *D F* de l'autre mâchoire *D I* : cette mortaife doit être parfaitement jufte & parallele à la vis *G H*.

490. Le mouvement horizontal fe fait au moyen d'un fort pivot qui eft formé fur la piece même *A B C* en deffous ;

de

PREMIERE PARTIE, CHAP. XXVII. 161

de *C* ; ce pivot paſſe à travers la piece *L*, dans laquelle il roule ; il eſt terminé par une vis ſur laquelle entre l'écrou à *pan M* qui arrête ce pivot, de ſorte qu'il ne puiſſe que tourner : cette piece *L* porte une baſe, ſur laquelle tourne la baſe même de la mâchoire *C A B* : cette baſe *C* eſt ſaillante & circulaire, afin d'y pratiquer les entailles 1, 2 ; 3, 4 dans leſquelles entre une piece *d* qui ſert à l'arrêter ſolidement. Pour faire mouvoir horizontalement l'étau, on preſſe le bouton *T* de la piece *d T*, en ſorte que *d* ſort de l'entaille, & permet à l'étau de tourner ; cette détente eſt repouſſée par un reſſort qui ne peut être vu.

491. La piece *L*, dont la baſe reçoit celle de l'étau ou mâchoire *B C*, forme, avec la piece *N S F*, une charniere dont le centre du mouvement eſt en *N*, qui eſt la goupille même : c'eſt ce qui produit le mouvement vertical. Pour fixer l'inclinaiſon de l'étau, la piece *L*, dont une partie qui ne peut être vue, ſe meut dans l'épaiſſeur *P M* ; cette piece, dis-je, eſt entaillée, comme on le voit en *d*, en 6, 7 ; de ſorte que la partie *P* de la baſcule *P Q* mobile en *R*, entre dans une des entailles 6, 7, & fixe très-ſolidement l'étau à l'inclinaiſon qu'on veut : le reſſort *Q R* repouſſe cette baſcule.

492. *S V* eſt la partie qui ſert à fixer l'étau à l'établi au moyen de la vis *X* : *ef* eſt une broſſe qui arrête les ſaletés qui pourroient s'introduire dans les pas de la vis, en la tournant ; il y en a autant de l'autre côté de la mâchoire. Le *collet* de la vis *G H* porte en *h*, une rainure dans laquelle entre le bout d'une vis attachée ſur le plan *D F* ; ainſi lorſqu'on deſſerre la vis *G H*, elle entraîne la mâchoire *D I*.

493. La ſeconde figure repréſente un tour à balancier, c'eſt-à-dire, à tourner un balancier tout monté ſur ſa verge ou ſur ſon cylindre. La troiſieme figure repréſente des pieces acceſſoires à ce tour, dont nous dirons l'uſage. On appelle ce tour, *Tour en l'air*, par la raiſon que la piece qu'on tourne deſſus a ſa pointe en l'air, n'étant pas obligée de porter dans un point de la broche du tour, comme cela eſt aux tours ordinaires. Cette propriété qui fait

I. Partie. X

le mérite principal de ce tour, vient de la disposition de l'arbre ou axe $ABCD$ (*fig*. 2), vu en profil (*fig*. 3) : la partie conique D se meut dans un trou fait au support EF; ce trou qui a la même figure que le cône de l'arbre, est formé moitié dans la piece rapportée F, & l'autre moitié dans le support E : on donne ou on ôte le jeu de l'arbre dans ce trou, selon que l'on serre plus ou moins les vis de la piece F : l'autre bout de l'arbre porte une pointe conique, qui entre dans un trou de même figure fait au centre de la vis L (*fig*. 2), que l'on serre plus ou moins pour donner du jeu à l'arbre, ce qui le pousse contre son cône ; pour arrêter la vis, on a mis un contre-écrou I.

494. L'axe ainsi monté, on a formé, en le faisant tourner avec un archet par le cuivrot A, le trou conique MN, dont la coupe est représentée (*fig*. 3) : ce trou qui est selon l'axe de l'arbre, & qui doit être parfaitement rond, sert à loger la piece R, & dans celle-ci le cylindre L, qui porte le ressort à boudin m. Ce cylindre entre parfaitement juste dans la piece conique R & assez librement, pour que le ressort m puisse par sa pression l'y faire mouvoir : la piece R est tournée de grosseur & de forme propre à entrer juste en M. Le cylindre L étant placé dans le trou de cette piece R, on pose le tout dans le trou conique de l'arbre : alors le petit ressort m pose sur le fond N du trou conique de l'arbre, mais de maniere que ce cylindre excede le dehors de la base extérieure BC d'environ une ligne : cela entendu, on concevra aisément, à l'aide de la *fig*. 2, comment on peut tourner un balancier pour le rendre rond.

495. Le petit cylindre L porte du coté où il excede à son centre un petit trou conique de la grosseur d'un pivot de balancier ; on pose le bout du pivot du balancier dans ce trou, & on le pousse jusqu'à ce que le balancier pose sur la base BC ; alors avec un cercle ab que l'on pose de l'autre côté du balancier, on fixe le balancier au moyen de trois vis de pression, en sorte que son pivot est par ce moyen parfaitement concentrique à l'arbre ABC ; on tourne donc le bord de son balancier, ou l'assiette du balancier, cet outil étant très-

commode pour cela. Si au contraire on vouloit tourner la rivure du balancier, c'est-à-dire, le côté qui pose actuellement contre la base, on se serviroit d'un autre moyen : on ôteroit le balancier & ensuite la piece R, ce qui s'exécute au moyen du trou oblique O M (*fig.* 3) & d'une petite pointe qui agit contre la portée de la piece R & l'oblige de sortir : on feroit entrer la verge de balancier dans le trou conique de l'arbre, plaçant ensuite le cercle *a b* & les vis de pression, (mais sans serrer le balancier); ensuite on placeroit, sur la circonférence B C (*fig.* 2), la piece O P, dont le bord intérieur entre juste à drageoir sur la circonférence B, & tourne parfaitement rond avec l'arbre : O P porte un canon qui est percé dans sa longueur & bien au centre, d'un trou cylindrique, dans lequel entre très-juste le cylindre Q, dont le bout est percé concentriquement d'un trou conique de la grosseur des pivots ordinaires de balancier ; on l'avance jusqu'à ce qu'il vienne poser sur le pivot extérieur du balancier, qu'il rend par ce moyen concentrique à l'arbre ; on serre les vis; on ôte l'espece de calotte O P, & on tourne le balancier : R (*fig.* 2) est le support pareil à ceux des tours ordinaires, & dont l'usage est le même.

496. La figure 4 représente un *Arbre lisse* : cet outil sert à tourner des canons, viroles & autres choses qui n'ont pas d'axe ou de pointes.

La figure 5 est un foret : cet outil sert à percer des trous dans le cuivre, la figure angulaire de la pointe étant propre à cela.

Lorsqu'on veut percer de l'acier, il faut changer la figure de la pointe du foret, en la faisant moins en fleche, mais au contraire arrondie par le bout : l'usage en apprendra plus que des leçons.

497. La figure 6 représente un tour d'Horloger qui, outre son usage ordinaire, est construit de maniere que l'on peut s'en servir pour diviser les pignons, & pour marquer l'entaille des cylindres d'échappement pour les Montres.

498. B est une petite plate-forme qui contient plusieurs cercles concentriques : le cercle extérieur est divisé en 360 parties

pour servir aux cylindres ; les autres le sont en d'autres nombres propres pour les pignons : l'axe de cette plate-forme, vue en profil (*fig.* 7), entre dans un canon dont on voit la coupe (*fig.* 8) ; ce canon se place dans le trou de la *poupée E* ; il tient lieu de broche, & se fixe par la vis de pression *D*, qui appuie sur le *coussinet E* ; la plate-forme tourne donc librement dans ce canon : la plate-forme a un trou conique & bien concentrique aux cercles de division ; ce trou sert à recevoir les pointes des pignons que l'on veut marquer.

499. Le bout *b* de la pince *a b* tient à la plate-forme au moyen d'une vis de pression ; & l'autre bout est percé de plusieurs trous quarrés de différentes grosseurs : c'est dans ces trous que l'on fait entrer le bout de la tige du pignon qu'on lime quarrément ; en sorte qu'en serrant la vis *a*, le pignon est entraîné par la plate-forme.

500. Les nombres de la plate-forme sont formés par des points qui servent à recevoir la pointe de l'alidade *F*, & à arrêter le diviseur : le support *V* étant limé bien droit, en sorte qu'il soit parallele à l'axe du pignon, on s'en servira pour tracer les divisions, en employant pour cela une pointe, & faisant approcher le support très-près du pignon (ou du cylindre) afin d'éviter l'erreur qui pourroit résulter de l'inclinaison de la main qui tient l'outil.

501. En ôtant les pieces *C*, *B*, *F*, *G*, *M*, *X*, le tour redevient un tour ordinaire d'Horloger.

502. Le bout *a* de la broche (*fig.* 9) appartient au tour (*fig.* 6) : elle sert lorsque le cuivrot déborde la piece que l'on tourne ; cette broche entre dans les cuivrots sans les empêcher de tourner.

503. Le bout *c* de la broche (*fig.* 10) porte une partie qui sert à y rouler les pivots, au moyen des petites entailles qui sont de différentes grosseurs selon les pivots. Les *pointes à lunettes b*, *d* (*fig.* 9 & 10) sont faites pour tourner les roues, en faisant rouler les pivots dans des trous faits à ces pointes : toutes les roues doivent être ainsi tournées en achevant les dentures. Ces pointes (*fig.* 9 & 10) appartiennent au tour (*fig.* 6).

Description de l'Outil à placer les Roues droites en Cage.

504. Il ne suffit pas de déterminer la position qu'il faut donner à une roue pour que son engrenage soit bon, puisque cela donne seulement le trou qu'il faut faire à une des platines ; il faut encore chercher le trou de l'autre platine, où cette roue étant mise en cage soit parfaitement droite ; c'est-à-dire, qu'elle ne fasse pas plus de jour d'un côté que de l'autre ; cela est sur-tout difficile pour les trous de pivots de balancier, soit ceux du coq, ou de la potence : on a donc imaginé des outils propres à trouver facilement la position de ces trous : parmi les différents instruments que l'on a composés pour cet usage, celui qui me paroît préférable est représenté dans la *Planche XVII*, *fig.* 3 : il est en même temps le plus simple & le plus aisé à construire pour être parfait.

505. Il est composé de deux pieces ABD, CEF, portant chacune les bouts prolongés L, M percés dans leur longueur par des trous cylindriques, dans lesquels on ajuste les broches cylindriques ab, cd : celles-ci doivent entrer parfaitement juste dans les trous de cylindre.

506. Les pieces AB, CF sont assemblées au moyen de quatre vis 1, 2, 3 & 4, ce qui les fixe très-solidement. Pour que les broches soient parfaitement concentriques, il faut réserver à la piece CF une partie EF qui entre bien juste dans le cercle DE de la piece AB : les plans de ces pieces, ainsi que la portée, doivent être tournés avec beaucoup de soin en faisant rouler ces pieces sur leurs broches : le plan EF doit être bien uni & droit : GH est un ressort qui sert à presser la pointe ou broche cd, pour la faire monter.

507. Pour se servir de cette machine, on place une virole (*fig.* 4) sur le plan EF ; on pose dessus cette virole le côté de la cage dont le trou est percé ; on fait entrer la pointe de la broche c dans ce trou, & on appuie avec une main fortement la platine contre le plan, pendant qu'avec l'autre

on presse en *I* la pointe supérieure, de maniere qu'elle marque un petit point sur la platine ; par ce point on percera un trou ; la roue placée dans ces trous sera nécessairement parallele aux platines ; car par la construction de l'instrument, les pointes *ab*, *cd* sont perpendiculaires au plan *E F*, & par conséquent aux platines : l'axe de la roue sera donc perdiculaire aux platines & son plan lui sera parallele. Les viroles que l'on place sous les platines doivent être parfaitement tournées des deux côtés, afin qu'elles maintiennent les platines paralleles au plan *EF* : on entaille ces viroles, selon qu'il en est besoin, pour éviter l'obstacle des pieces portées par les platines. Lorsqu'on veut marquer à la potence le trou de la verge, on place le coq sur la platine, on pose celle-ci sur une virole, & on fait entrer la pointe *ab* dans les trous du coq : avec l'autre pointe on marque sur la potence un point qui donne celui du pivot inférieur de la verge.

CHAPITRE XXVIII.

Description de l'Instrument que j'ai construit pour mesurer la force des ressorts de Montres, & pour servir à déterminer la pesanteur des Balanciers.

PLANCHE XVIII, *figure* 15.

508. La partie *A* est faite de deux pieces qui forment une mâchoire à peu près pareille à celle des leviers à égaliser les fusées, à cela près cependant qu'elle s'ouvre perpendiculairement à la branche *C*, afin que les différentes grosseurs des quarrés de fusée changent le moins qu'il est possible le centre *A* du levier *C*. Le quarré de la fusée entre dans le

trou quarré *A* ; & au moyen des vis *B*, *b*, on serre cette mâchoire, en sorte que le quarré de la fusée est entraîné avec le levier. La branche *A C* du levier fait équilibre avec la boule *D*, lorsque le coulant *E F* est ôté.

509. La branche *C* est graduée dans sa longueur, de maniere que lorsque le coulant *E* avec le poids *F* qu'il porte, est placé à une division quelconque, comme 3, 7 ou 12, &c : on a le nombre de gros (ou huitieme partie d'une once) qu'il faut placer en *D*, pour faire équilibre avec le poids *F*.

510. Pour graduer cette branche, j'ai fixé la mâchoire *A* sur le quarré d'une fusée ; ce quarré étoit de moyenne grosseur ; la fusée tournoit librement dans sa cage, sans chaîne ni communication avec le ressort : dans cet état j'ai mis parfaitement d'équilibre la branche *A C* avec le poids *D* ; j'ai suspendu en *D* sur une petite rainure, dont la distance au centre *A* du levier est exactement de quatre pouces, un petit plateau de balance ; & pour que le poids du plateau ne changeât pas l'équilibre, j'ai attaché à l'autre extrémité du levier *C* une petite piece de cuivre : cela ainsi préparé, j'ai remis le coulant *E* & son poids *F*; ensuite j'ai mis un gros dans le plateau, & j'ai mené le coulant *E* jusqu'à ce qu'il ait fait équilibre avec le poids d'un gros : j'ai tracé une division & marqué 1 : cela fait, j'ai ajouté dans le plateau 18 grains ou le quart d'un gros, & j'ai amené le coulant au point où il se trouvoit en équilibre avec les poids de la balance ; j'ai marqué une division qui ne s'étend que jusqu'au quart de la largeur de la branche, afin de désigner que c'est le quart d'un gros ; j'ai ajouté ensuite 18 grains, & j'ai cherché de nouveau l'équilibre, pour marquer une division qui s'étend sur la moitié de la largeur de la branche : pour désigner un demi-gros, j'ai encore ajouté 18 grains ; & ayant trouvé l'équilibre, j'ai marqué une division sur le quart de la largeur pour désigner $\frac{3}{4}$ de gros : ayant de nouveau ajouté 18 grains & trouvé l'équilibre, j'ai marqué la division 2 sur toute la largeur de la branche, pour désigner que c'est 2 gros ; & ainsi ajoutant de suite des quarts de gros, j'ai gradué la branche dans toute sa longueur.

511. On voit par la conſtruction de cet inſtrument, que ſi on l'adapte ſur le quarré d'une fuſée montée dans ſa cage, avec le reſſort & la chaîne, & que pour faire équilibre avec le reſſort, on mene le coulant E ſur une diviſion quelconque, 5 par exemple, ce nombre déſignera la force du reſſort, c'eſt-à-dire, qu'il fait équilibre avec 5 gros ſitués à 4 pouces du centre de la fuſée; car la force du reſſort repréſente ici les poids qui étoient placés dans le plateau de la balance. Nous verrons l'uſage de cet inſtrument dans la ſeconde Partie, Chap. XXXIV, & comment nous ſommes parvenus à trouver, par le calcul, le poids d'un balancier.

De l'uſage de la Machine repréſentée Pl. XVIII, fig. 13 & 14, *& de l'Outil*, fig. 11.

512. J'avois deſtiné cette machine pour faire des expériences ſur la durée des vibrations grandes & petites d'un même balancier qui ſe meut librement : pour cet effet, je faiſois rouler la pointe de l'axe ſur une pierre fort dure, & pour diminuer le frottement des pivots, ils rouloient chacun entre trois rouleaux. Je devois obſerver le nombre de vibrations que faiſoit le balancier, lorſqu'il ſe mouvoit horizontalement ou verticalement, la vîteſſe des vibrations, ſelon la différence des températures; enfin elle devoit ſervir à meſurer les différents degrés de force d'un même ſpiral, ſelon qu'il étoit plus ou moins tendu.

513. Je ne rapporterai point ici ces expériences; elles ne ſont pas aſſez exactes pour pouvoir y compter; mon temps ne m'a pas permis de les ſuivre, n'en ayant pas eu beſoin, excepté celles de l'action du chaud & du froid ſur un balancier qui ſe meut librement avec ſon ſpiral : mais nous avons ſuivi avec beaucoup de préciſion cet objet dans la ſeconde Partie, en traitant de notre Horloge Marine.

La figure 11 repréſente une *Pince* dont l'un des bouts eſt creux, & l'autre rond : elle ſert à ouvrir, ou à reſſerrer les ſpires des ſpiraux, ſelon qu'on les pince avec l'un ou l'autre côté de l'outil.

CHAPITRE

CHAPITRE XXIX.

De l'Outil d'Engrenage. De la maniere de déterminer exactement les grosseurs des Pignons, & de faire de bons Engrenages.

514. Nous traiterons dans le Chapitre V, seconde Partie, de la théorie des engrenages : je me bornerai donc ici à parler de quelques méthodes propres à faciliter aux Ouvriers l'exécution de bons engrenages, & à déterminer, par la pratique, la grosseur des pignons, la forme des dents, &c.

515. La Planche IV, fig. 2 & 3, représente un instrument très-utile, qu'on appelle *Outil d'Engrenage*. Une roue R (*fig.* 2) étant donnée, ainsi que le pignon P, on peut, à l'aide de cet outil, former les courbures des dents de la roue & du pignon avec assez de précision, pour que la roue mene le pignon uniformément.

516. La roue & le pignon étant à peu près formés, on détermine la distance qu'il doit y avoir entre le centre de la roue & celui du pignon : on change les courbes, si elles sont mal faites, ce qui se reconnoît en faisant tourner la roue & le pignon. Lorsque l'une & l'autre tournent avec la même vîtesse & sans secousses, c'est une preuve que l'engrenage est bien fait : on connoit par le même moyen si le pignon est trop gros ; car alors il arcboute & mene trop tôt avant la ligne des centres ; s'il est trop petit, il se meut pendant un instant avec vîtesse & après la ligne des centres. Cet instrument sert donc à vérifier les défauts d'un engrenage, & à les corriger : on en verra mieux l'usage lorsque j'en aurai fait la description.

517. L'outil d'engrenage (*fig.* 2) est formé par deux châssis coudés A, B, C, D, lesquels sont mobiles en *a*, & as-

semblés par une charniere : chaque partie porte deux *poupées* percées par des trous qui doivent être parfaitement cylindriques, paralleles à l'axe ou centre *a* : les trous des poupées doivent aussi garder le parallélisme entr'eux ; les broches *p q*, *q p* doivent être tournées bien rondes & de même grosseur, & entrer très-juste dans les trous des poupées *A, D, A, D* : ces broches sont terminées en pointe par un bout, & percées par l'autre par des points coniques & concentriques *q* propres à recevoir les bouts des pivots des roues & pignons que l'on veut examiner, comme on le voit (*fig.* 2) : la charniere de cet outil sert à approcher ou à écarter la roue du pignon, selon leurs différentes grandeurs, & suivant qu'il en est besoin pour former l'engrenage.

518. La portion de cercle *c d E* passe à travers les pieces ou chassis *A V B*, *A E B* : le bout *E* est taraudé, ainsi que le trou de l'écrou *F*, qui tient au chassis *A E B* ; il ne peut que tourner sans changer de place : l'autre chassis porte la vis *V* de pression, qui sert à fixer le mouvement des chassis. Lorsqu'on a approché la roue *R* du pignon à peu près au point de former l'engrenage, on tourne la vis de pression *V*, en sorte qu'elle arrête le chassis *A V B* ; & pour amener l'engrenage le plus près qu'il est possible du point convenable, on fait mouvoir l'écrou *F*, ce qui fait approcher ou éloigner insensiblement les chassis, selon le côté dont on fait tourner cet écrou. Les vis 1, 2, 3, 4 servent à fixer les broches après les poupées.

519. Lorsque l'on est parvenu à former l'engrenage sur l'outil, il ne reste plus qu'à le placer dans la cage : pour cet effet, on commence par percer & mettre en cage la roue, en sorte qu'elle soit droite, & alors on pose une des pointes *p* dans le trou fait à la platine, & de l'autre qui lui est parallele, on trace un trait comme avec un compas, en perçant par ce trait un trou qui soit coupé en deux par ce trait, & plaçant bien droit en cage le pignon, on aura l'engrenage mis en cage, qui sera de même qu'il étoit sur l'outil.

520. Il faut observer qu'il faut faire monter & descendre

une des pointes, de maniere qu'avant de tracer le trait d'engrenage, elles s'élevent perpendiculairement sur le plan de la platine : il est donc à propos d'ajuster sur une des broches pq (*fig. 3*) une équerre E, qui puisse monter & descendre sur cette broche afin d'en fixer la position, & qu'on ne puisse incliner l'outil, ce qui changeroit nécessairement l'intervalle qu'il y a de la roue au pignon.

521. La grande facilité que donne cet outil pour voir ces engrenages, les réparer & les transporter dans le même état dans la cage, rend cet instrument très-nécessaire aux Ouvriers : on peut même s'en servir pour former des échappements à ancre, à cylindre, &c; mais, malgré son utilité, il y a peu d'Ouvriers qui s'en servent, & même qui le connoissent. Il n'est cependant pas nouveau, puisque M. Thiout l'a décrit dans son *Traité d'Horlogerie;* mais l'indolence extrême de la plûpart des Ouvriers en borne fort l'usage; car ils cherchent plus à gagner de l'argent, qu'à s'instruire & faire de bonnes choses.

Maniere de déterminer la grosseur des Pignons.

522. La meilleure méthode pour déterminer avec une grande précision la grosseur d'un pignon pour une roue quelconque, c'est, avant de le tremper, de le présenter avec sa roue sur l'outil d'engrenage : pour cet effet, il faut arrondir quelques dents de la roue; alors on voit s'il est de grosseur : s'il est trop gros, on le diminue jusqu'à ce que l'engrenage se fasse le plus uniformément qu'il est possible; s'il est trop petit, il faut le refaire ou diminuer la roue. Mais pour prévenir cet inconvénient, on se servira des méthodes suivantes, qui servent à donner à très-peu près la grosseur dont il faut tourner un pignon de Pendule avant que de le fendre.

523. On coupera une bande de carte qui aura environ pour largeur l'epaisseur de la roue dont on cherche le pignon; on appliquera cette carte sur la circonférence de la roue fendue & non arrondie, & on la coupera de longueur qui soit telle qu'elle comprenne autant de dents de la roue que le pi-

gnon doit en avoir, & deux en fus : la longueur de la carte fera la circonférence du pignon : si l'on a, par exemple, un pignon de 16 dents à faire, on coupera la carte de longueur à embrasser 18 dents de la roue ; & l'on appliquera ensuite la carte sur le pignon, que l'on diminuera sur le tour, jusqu'à ce que les deux bouts de la carte se rejoignent ; alors on fendra ce pignon, on l'arrondira & on l'achevera : mais avant de le tremper, il faut arrondir quelques dents de la roue ; placer celle-ci sur un arbre lisse ; & mettant la roue & le pignon sur l'outil d'engrenage, on verra s'il est de grosseur convenable à la figure des ailes & dents de la roue & du pignon ; on le diminuera selon qu'il sera besoin ; on changera la courbure des ailes ou celle de la roue, en sorte que l'engrenage se fasse uniformément.

524. Dans les petits pignons de Pendules, & dans ceux des Montres, on ne peut pas se servir de cartes ; mais voici des regles fondées, ainsi que la précédente, sur l'expérience & selon l'usage des bons Ouvriers.

525. Lorsqu'on a fendu les roues, & que l'on veut prendre la grosseur des pignons, on se sert d'un calibre à pignon (*Planche XVIII*, *fig.* 8). Si, par exemple, on veut faire un pignon qui ait 16 dents, on donnera une ouverture au calibre capable de comprendre 6 dents de la roue, prise du flanc extérieur de la premiere au flanc extérieur de la sixieme ; c'est ce qu'on appelle *6 dents pleines*.

526. Pour un pignon de 15, il ne faut pas que le calibre embrasse tout-à-fait le flanc de la sixieme dent.

527. Pour un pignon de 14, il faut prendre 6 dents sur les pointes.

528. Pour un pignon de 12, cinq dents pleines, lorsque c'est une grande roue de Pendule ; & si c'est pour une Montre, il faut prendre 5 dents sur les pointes un peu fortes.

529. Pour un pignon de 10, 4 dents pleines.

530. Pour un pignon de 9, un peu moins de 4 dents pleines.

531. Pour un pignon de 8 en Pendule, 4 dents sur les pointes.

532. Pour les Montres, il faut prendre 4 dents sur les pointes, moins le quart du vuide d'une dent.

533. Pour un pignon de 7 en Pendule, 3 dents pleines de la roue, & un quart du vuide d'une dent.

534. Le pignon de 7 des Montres, doit embrasser un peu moins de 3 dents de la roue ; il faut forcer la roue lorsqu'elle est finie.

535. Pour un pignon de 6, il faut prendre 3 dents pleines pour les Pendules. Pour les Montres, un peu plus de 3 dents sur les pointes.

536. Pour un pignon de 5, 3 dents sur les pointes.

537. Pour un pignon de 4, il faut prendre deux dents quarrées & pleines. Lorsque le pignon mene, il faut prendre deux dents quarrées de la roue, plus la moitié du vuide d'une dent : en général tous les pignons doivent être plus gros lorsqu'ils menent.

Remarque.

538. Quoique les engrenages des Montres & des Pendules soient faits sur les mêmes principes, & que les grosseurs des pignons paroissent devoir être les mêmes ; cependant on y apperçoit une petite différence, dont voici la raison. Dans les Pendules, les roues sont beaucoup plus nombrées que dans les Montres : or plus une roue est grande & nombrée, le pignon restant de même nombre, & moins les dents de la roue & du pignon se pénétrent ; c'est-à-dire, que le rayon *primitif* du pignon approche plus de son rayon vrai : il suit de-là qu'un tel engrenage est le meilleur, puisque moins les dents sont obligées de se pénétrer pour l'engrenage, & moins il y a de frottement.

539. On voit par-là que les grosseurs des pignons varient dans une Pendule ou une Montre, selon que la roue est plus ou moins nombrée, relativement à son pignon : ainsi lorsqu'on fait un pignon de 8 qui engrene dans une roue de 32 dents, il faut prendre moins de dents, c'est-à-dire, tenir le pignon plus petit que s'il engrenoit dans une roue de 72 ; & tou-

174 ESSAI SUR L'HORLOGERIE.

jours de moins en moins, à mesure que le pignon fait un moindre nombre de tours relativement à la roue.

540. Après avoir donné les grosseurs aux pignons de la maniere que nous venons de le dire, il est encore à propos, avant de les tremper, d'en essayer l'engrenage, afin de bien fixer sa grosseur & de la déterminer convenablement au plus ou moins de dents de la roue, & de donner aux ailes la courbure la plus favorable : ces soins & ces attentions sont très-essentielles ; on ne peut trop les recommander aux Ouvriers, & avoir l'œil à les leur faire mettre en pratique.

CHAPITRE XXX.

Description d'une Répétition de Montre à trois parties, d'une nouvelle disposition.

PLANCHE XIV, *fig. 5.*

541. *A, B* sont deux *crémailleres* fixées l'une après l'autre & mobiles en *a*. La crémaillere *A* sert à faire frapper les marteaux, dont *b* & *c* sont les bascules ; la disposition de ces marteaux est semblable à celle des répétitions ordinaires (187 & 188) : *d* est une double palette qui est portée par l'axe d'une roue de sonnerie, dont la vîtesse doit être telle, qu'à chaque tour qu'elle fera le marteau puisse frapper deux coups ni trop prompts ni trop lents ; ce qui dépend des nombres de dents du rouage que je n'ai pas cru devoir faire graver, sa disposition étant très-facile : cette double palette est le moteur de la crémaillere *B*, & par conséquent c'est la force qu'elle reçoit du ressort moteur, qui donne le mouvement & fait frapper les marteaux.

542. Pour cet effet, lorsqu'on pousse le *poussoir C*, son action sur le levier *DE* oblige le bras *F* de ce levier d'écarter le

petit bras x, ainſi que l'eſpece de cliquet xr dont le bout retient la crémaillere B, & l'empêche de deſcendre ; mais pendant que l'on pouſſe le pouſſoir, le levier E parcourt un grand eſpace ; & en écartant le cliquet, il donne le temps à la crémaillere de deſcendre : la crémaillere étant donc preſſée par l'action du reſſort f, eſt obligée de deſcendre & venir poſer ſur le limaçon des heures, porté par l'étoile G. Pendant que le cliquet reſte écarté par le bras F, la palette M qu'il porte & qui paſſe à travers la platine, va arrêter une roue de ſonnerie, ce qui empêche le rouage de tourner ; mais dès que l'on ceſſe d'appuyer ſur le pouſſoir, le cliquet dégage la ſonnerie, la palette d, en tournant, fait frapper les heures que le limaçon a données, & la crémaillere B en remontant, porte une cheville qui vient preſſer la piece des quarts $l m o$ mobile en m, & dont le bras n porte une palette, qui paſſant à travers la platine va ſe préſenter à une cheville portée par une roue de ſonnerie, & l'arrête lorſque les heures & les quarts ſon frappés.

543. Les quarts ſont déterminés par l'enfoncement du limaçon C des quarts, ſur leſquels le bras o de la piece des quart va poſer, quand on fait ſonner la répétition. Si la piece des quarts poſe ſur les pas les plus élevés du limaçon des quarts, la cheville 1 de la crémaillere viendra poſer ſur le bout du bras l ; alors elle ne ſonnera pas de quarts, parce que la crémaillere s'arrêtera immédiatement après qu'elle aura ſonné l'heure ; ſi au contraire, la piece des quarts deſcend ſur le premier pas du limaçon, alors la cheville de la crémaillere viendra poſer contre l'entaille 1 ; ainſi après que les heures ſeront ſonnées, la crémaillere avancera encore & fera ſonner un quart, & ainſi du reſte.

544. Le limaçon des quarts porte 4 chevilles qui ſervent à faire mouvoir la détente *à fouet* pq, pour faire ſonner les heures & les quarts : cette détente eſt briſée dans ſon centre z, afin que lorſqu'une des chevilles du limaçon abandonne une cheville du bras p de cette détente, celui q parcoure un grand eſpace, qui en écartant le cliquet M au moyen de la cheville r, contre laquelle le *fouet* q agira, donne le temps à la crémaillere de deſ-

cendre sûrement : lorsque le contre-coup de cette piece a produit son effet, c'est-à-dire, que le bras q a parcouru un espace qui a consumé toute sa force de mouvement, le petit ressort que ce bras porte sert à la ramener.

545. Pour que la piece ne sonne que les quarts seulement à chaque quart, la crémaillere porte une cheville qui vient s'arrêter contre le talons d'une piece $s\,t\,V$, en sorte qu'elle ne descend que de ce qu'il faut pour les quarts, & pour dégager la piece des quarts $l\,m\,o$; mais lorsque l'heure doit sonner, une cheville de la piece des quarts, laquelle est plus écartée du centre du limaçon, (ou, ce qui vaut mieux, un bras particulier) agit en t de la piece $t\,s$, & l'écarte de maniere que la cheville de la crémaillere passe à côté du talon s, & que la crémaillere va poser sur le limaçon des heures.

546. La même chose arrive à peu près quand on veut faire répéter cette Montre en poussant le poussoir ; le bras I du levier $D\,E$ agit sur le bras V de la piece $s\,t$, ce qui écarte le talon s, ensorte que la cheville de la crémaillere passe à côté.

547. Lorsque la crémaillere B descend sur le limaçon, les dents de la crémaillere A font rétrograder les petites levées b, c, de la même maniere que le fait la piece des quarts d'une répétition ordinaire (187).

548. Si l'on veut que cette Montre sonne les heures & les quarts à chaque quart, il faut attacher à la fausse plaque un bras qui écarte la piece $V\,t\,s$, pour que le talon s laisse descendre la cheville de la crémaillere.

549. Les palettes de la piece d doivent être formées par des courbes, afin que l'action du rouage sur les crémailleres soit plus uniforme.

CHAPITRE

CHAPITRE XXXI.

Des soins d'exécution & de construction d'une Montre.

550. S'IL me falloit entrer ici dans tous les détails de construction & d'exécution d'une Montre, cela me conduiroit trop loin; car cette machine demande des soins & des attentions sans nombre, qu'on ne peut négliger impunément : mais comme j'ai déja passé les bornes que je m'étois proposées pour cet Essai, je ne m'arrêterai qu'aux choses les plus essentielles. D'ailleurs les principes que nous établirons dans la seconde Partie de cet Ouvrage, & les expériences qui les suivent, seront, je crois, suffisants, & suppléront à tous ces détails.

Du Régulateur.

551. Le balancier étant le régulateur de la Montre, & la justesse de cette machine dépendant singuliérement du balancier, c'est par cette piece qu'il faut commencer à établir la nature d'une Montre.

552. Le balancier d'une Montre doit être fort léger du centre : pour cet effet, il faut que les barrettes & le centre ayent le moins de largeur qu'il est possible : la virole du balancier doit être très-petite & légere ; par ce moyen on donne toute l'inertie possible à l'anneau qui fait proprement le balancier, & en même temps les pivots ne sont chargés que d'un poids léger, d'où il résulte le moindre frottement, par conséquent la moindre altération dans les mouvements : il faut ôter les angles des barrettes & les arrondir, afin que les saletés ne puissent s'y arrêter.

553. Le balancier étant fort grand, ayant d'ailleurs une

pesanteur proportionnée aux parties frottantes des pivots, il en résultera une moindre usure pour les trous & moins de variations.

554. Si l'on fait un balancier qui soit pesant, il faut que les pivots soient plus longs sans être plus gros, & qu'ils portent exactement sur toute leur longueur dans leurs trous, de maniere que les parties de la pesanteur du balancier se trouvent divisées sur la longueur des pivots ; car dans ce cas la pesanteur étant portée sur une plus grande longueur, chaque partie du pivot sera pressée par une moindre quantité, d'où il résultera une moindre destruction : si donc on rend le balancier plus léger de la moitié, on peut raccourcir de moitié les pivots, sans qu'ils ayent ni plus ni moins de frottements qu'auparavant.

555. Si l'on peut ainsi augmenter la longueur des pivots, & diminuer par ce moyen la destruction des pivots & des trous, on ne peut pas de même augmenter impunément leur diametre ou grosseur ; car c'est en augmentant la grosseur d'un pivot, (la pesanteur du balancier restant la même) qu'on augmente les frottements qui sont exprimés par l'espace qu'ils parcourent & par les poids qui les pressent : la longueur des pivots diminue l'effet du frottement, puisque, comme je l'ai dit, la pesanteur est distribuée entre plusieurs parties ; ainsi les parties de matiere ou *éminences* qui forment la surface du pivot, pénetrent moins dans les pores du trou : il suit donc de cette observation, 1°, que la longueur des pivots doit être proportionnée au poids du balancier ; 2°, que si l'on fait des pivots très-petits & plus longs, leur frottement produira moins d'usure sur les trous ; 3°, que si l'on ôte du poids du balancier, on pourra ôter de la longueur des pivots sans changer la nature du frottement ; 4°, qu'enfin si l'on diminue la pesanteur du balancier sans toucher à la longueur des pivots, les pivots auront un moindre frottement, ils changeront moins par l'action du balancier.

Observation sur le Balancier d'une Montre, ou sur la main-d'œuvre de ce Régulateur.

556. Le *Faiseur de mouvement en blanc* ne doit pas finir le balancier d'une Montre; c'est l'ouvrage du *Finisseur*. L'Ouvrier en blanc ne doit faire que l'ébaucher & le laisser plus pesant, afin que le Finisseur ait dequoi l'achever avec soin : celui-ci doit commencer par lui donner au tour, une épaisseur parfaitement égale, en sorte qu'il ne reste plus qu'à effacer les traits du tour & à le polir : le bord extérieur doit être arrondi, ainsi que celui du dedans : il faut que le *champ* du balancier forme comme une espece d'anneau, de cette maniere il éprouvera une moindre résistance de l'air. Le balancier ainsi fait avec soin & tourné bien droit & rond, est naturellement d'équilibre, en sorte que lorsqu'il est *arbré*, il ne faut qu'ôter un peu de matiere du côté opposé à la cheville de renversement : il ne faut pas faire une entaille opposée à la cheville, avec une lime à feuille de sauge, ainsi que quelques Ouvriers maladroits le pratiquent, lorsqu'ils sont obligés d'ôter beaucoup de matiere, à cause de l'inégalité d'épaisseur & du peu de rondeur du balancier : quand le balancier est trop pesant, ils ôtent de la matiere en formant en dessous un talus qui augmente la surface du balancier. La meilleure méthode dans ce cas est d'en rétrécir le champ tout autour & également, en sorte qu'il se forme toujours en anneau : au reste, pour ne point faire un balancier en tâtonnant sa pesanteur, on se servira des regles & calculs que j'ai donnés dans la seconde Partie de cet Ouvrage.

557. Quand à la matiere que l'on doit employer pour faire les balanciers, il est évident que celle-là est préférable, dont la pesanteur spécifique est plus grande, c'est-à-dire, qui sous le même volume contient une plus grande quantité de matiere; car par ce moyen le balancier éprouvera une moindre résistance de l'air : or on sait que la pesanteur spécifique de l'acier est 7,738; celle du cuivre 8,784; de l'or 18,166 : d'où l'on

voit que le cuivre est préférable à l'acier, & l'or au cuivre; puisque sous le même volume il contient plus du double de matiere. L'acier est donc le métal le moins propre à faire un balancier, par la raison qu'il est plus léger. Il y a encore une préférence à donner à l'or ou au cuivre; c'est que ces métaux ne sont pas susceptibles de l'action du magnétisme comme l'acier, action seule capable de troubler les oscillations du balancier, & par conséquent la justesse de la Montre : enfin l'or est préférable au cuivre, parce qu'il n'est pas sujet à la rouille ou au verd de gris; d'ailleurs l'or se dilate moins que le cuivre; il est vrai qu'il se dilate plus que l'acier, comme nous le ferons voir; mais cette différence ne vaut pas la peine d'être mise en ligne de compte, & d'autant moins, que le retard que pourroit causer l'effet de la dilatation du balancier peut être compensé de la même maniere que je l'ai expliqué pour le spiral : (*Voyez seconde Partie*, *Chap. XXX*). On peut donc employer l'or avec succès pour faire des balanciers : par ce moyen on détruira en partie l'effet de la résistance de l'air, du magnétisme, de la rouille, &c; mais il faut prendre de l'or allié avec le cuivre rouge, afin qu'il puisse être bien durci au marteau, pour éviter que le balancier ne se courbe facilement : l'or que j'employe pour mes balanciers, est au titre de 18 carats.

De l'Echappement.

558. Nous ferons voir (*seconde Partie*), que plus un balancier décrit de grands arcs, plus il est propre à servir de régulateur : en effet, une Montre doit avoir une plus grande justesse lorsque les vibrations du balancier sont moins interrompues par le mouvement du transport : or on conçoit que plus ces vibrations se font avec vîtesse, moins elles doivent se ressentir de ce mouvement. Il faut donc faire les échappements de maniere que les arcs décrits par le balancier soient grands & toujours de la même étendue. Pour cet effet, il faut réduire à la plus petite quantité possible les frottements de l'échappement; il faut que les dents des roues d'échappement

foient le moins diſtantes qu'il eſt poſſible entr'elles, afin qu'il y ait une moindre traînée ſur la piece d'échappement, c'eſt-à-dire, ſur le cylindre dans l'échappement à repos, ou ſur la verge dans celui qui eſt à roue de rencontre ; puiſque la largeur des palettes & le diametre du cylindre dépendent de la diſtance des dents des roues d'échappement.

Remarques ſur les Echappements de Montre à Roue de rencontre.

559. Nous ferons voir dans la ſeconde Partie, par le raiſonnement & l'expérience, que l'iſochroniſme des vibrations d'un régulateur dépend d'une certaine quantité de recul de l'échappement, relative à l'eſpace parcouru par la roue ; d'où il ſuit qu'il eſt poſſible de faire un échappement à roue de rencontre, qui ſoit ſenſiblement iſochrone ; car ſi l'on fait approcher les dents de la roue fort près du centre de la verge, on pourra le faire juſqu'à ce qu'on trouve un point, où le recul de la roue étant très-petit aura ce rapport donné avec le chemin de la roue ; les oſcillations du balancier ſeront donc iſochrones.

560. L'échappement à roue de rencontre rendu iſochrone ne peut être employé en Pendule à cauſe des grands arcs qu'il exige.

561. Pour former l'échappement à roue de rencontre, en ſorte que la roue paſſe très-près du centre du balancier, il faudroit entailler les palettes, comme on le fait aux Pendules : on pourroit les rendre également ſolides en y ménageant de l'épaiſſeur.

562. Pour empêcher les renverſements ou battements de cet échappement, il faut ouvrir les palettes au-delà de l'équerre, c'eſt-à-dire, à environ 100 degrés.

563. Il faut avoir attention que les palettes ſoient parfaitement de même largeur ; que l'axe de la roue de rencontre ſoit perpendiculaire à l'axe de la verge.

564. Si l'on laiſſe les dents de la roue de rencontre trop for-

tes ou peu dégagées, les palettes font sujettes à y frotter; pour remédier à cet inconvénient, on est obligé de donner trop de chûte à la roue ; défaut qu'il faut avoir grand soin d'éviter.

565. Il faut observer que les Montres à roue de rencontre & à vibrations lentes font très-défectueuses, par la raison que le balancier étant alors pesant, & ayant par conséquent beaucoup d'inertie, le mouvement du porter les rend sujettes aux battements ; car ces sortes d'échappements ne peuvent faire décrire au balancier qu'environ 240 ^{d}. Or l'arc de vibration de la Montre ne diffère que peu de 240 ^{d}, en sorte que la moindre secousse fait battre la cheville de renversement contre la coulisse : défaut que n'ont pas les Montres dont les vibrations sont promptes & les balanciers légers: on doit leur faire battre environ 17000 vibrations par heure.

566. Nous observerons ici qu'il faut faire les roues de rosette les plus grandes qu'il est possible, afin que le rateau fasse un plus grand chemin, & que lorsque les huiles sont devenues épaisses, on ne soit pas obligé de raccourcir le spiral, mais qu'on puisse assez avancer l'aiguille de rosette pour régler la Montre : il faut aussi employer des ressorts spiraux qui fassent plusieurs tours, afin qu'un degré parcouru par l'aiguille de rosette ne fasse pas avancer ou retarder trop sensiblement la Montre. Les dessus de Montres angloises sont préférables aux nôtres par cette raison ; la roue de rosette pouvant faire plusieurs tours, le rateau peut faire un grand chemin, ce qui réunit deux avantages ; 1°, d'avoir un spiral plus long; 2°, le chemin que fait le rateau est plus que suffisant pour régler la Montre dans tous les temps, sans être obligé de toucher au piton & de raccourcir le spiral. On réunira ces deux avantages dans nos dessus de Montres, en employant une grande roue de rosette & un long spiral.

567. Si le coq d'échappement d'une Montre est trop mince, la chaleur & le froid pourront le dilater & le contracter, de sorte qu'il donnera trop ou trop peu de jeu au balancier, sur-tout si ce coq a été mal battu : cet effet fera donc va-

rier la Montre. Les pieces trop justes en cage sont exposées au même défaut : on ne peut donc avoir trop d'attention pour rendre toutes les pieces stables, & de donner le jeu convenables aux roues & aux balanciers ; ensorte que malgré la variation continuelle de la matiere, la justesse de la machine ne change pas sensiblement.

Du Rouage de la Montre.

568. La perfection d'un rouage consiste dans l'exactitude des dents des roues & pignons, qui doivent être tels que dans tous les points où ces roues & pignons se touchent, le moteur agisse avec une égale puissance sur le régulateur. La perfection du rouage consiste encore à perfectionner & à proportionner les diametres des roues & leurs pesanteurs à la grosseur des pivots, à l'effort du moteur & au temps de la marche de la Montre.

569. Pour parvenir à remplir ces conditions, il faut, 1°, pour que l'engrenage soit bon & que les inégalités des courbes des dents ne puissent devenir sensibles ; il faut, dis-je, faire un pignon du plus grand nombre de dents possible : alors la menée se fera comme si la roue entraînoit le pignon par un simple attouchement. Pour ne pas augmenter les diametres des roues, en multipliant les dents des pignons, il faut augmenter le nombre des dents des roues ; car si petites qu'elles soient, leur force sera toujours suffisante pour l'effet qu'elles reçoivent du moteur ; d'ailleurs en devenant plus petites, elles deviennent plus courtes.

570. 2°. Il faut faire les roues les plus légeres qu'il est possible, sans ôter cependant de leur solidité ; par ce moyen il en résulte un moindre frottement sur les pivots.

571. 3°. Il faut proportionner la grosseur des pivots à la pesanteur des roues & à l'action qui les fait tourner ; ainsi les pivots de la grande roue moyenne étant immédiatement pressés par le moteur, ces pivots doivent être plus longs & d'un plus grand diametre que les autres ; ils doivent diminuer en grosseur

& en longueur, à proportion de la force qui les mene ; ainsi la force tranfmife fur les ailes du pignon de la roue d'échappement étant très-petite, fes pivots doivent être à proportion moins gros & plus courts : c'eft une fuite de la remarque fur le balancier.

572. L'engrenage de la roue de champ avec le pignon de rencontre exige beaucoup de foins ; il faut fur-tout avoir attention que la roue de champ n'ait pas de jeu en hauteur; car fi elle en avoit, l'engrenage feroit fort ou foible, felon que cette roue s'approcheroit de l'une ou l'autre platine : il faut par les mêmes raifons que cette roue foit forte, pour qu'elle ne puiffe fe courber ; car alors l'engrenage feroit alternativement fort ou foible.

573. Lorfqu'on difpofe le calibre d'une Montre, il faut avoir grand foin qu'il n'y ait aucune piece qui paffe deffus les trous des pivots, fans quoi cette piece attireroit toute l'huile contenue dans le réfervoir, ce qui cauferoit des frottements; des pivots qui fe rongent, &c. Il faut, par la même raifon, que les roues & pignons foient un peu éloignés des pivots, c'eft-à-dire, qu'il faut conferver, depuis le pignon jufqu'à la platine, un bout d'axe qu'on appelle *Tigeron*, qui empêche l'huile du pivot de s'extravafer pour aller dans le pignon.

574. Quant aux ponts & barrettes qui fervent à donner des tigerons, je conviens qu'ils font d'un bon ufage lorfqu'ils font parfaitement bien ajuftés ; mais comme le nombre des Ouvriers foigneux & délicats dans les ajuftements eft très-rare, je confeille de fupprimer, autant qu'il eft poffible, les pieces de rapport, & de s'en tenir aux fimples platines : elles font plus folides & plus faciles ; & pour conferver des tigerons, il ne faut que donner plus de hauteur à la cage.

575. Les contre-potences font rarement bien faites, ainfi je préfere encore un fimple piton.

576. Le garde-chaîne (*Planche VII*, *fig.* 1), qu'on appelle à *Plot*, eft préférable à celui à fimple reffort G (*Planche X*, *fig.* 4).

Du Moteur de la Montre.

577. Enfin il faut que le moteur ou reffort agiffe toujours également fur le rouage, & que la force qu'il tranfmet au régulateur foit toujours la même, fans quoi celui-ci fera des vibrations inégales en durée, felon l'inégalité de la force qui le meut : pour y parvenir, il faut que la fufée foit parfaitement égalifée avec le reffort (450).

CHAPITRE XXXII.

Des caufes qui font arrêter ou varier une Montre ; avec la maniere de les reconnoître & d'y remédier.

578. La théorie que nous donnerons fur les Montres (*feconde Partie*) concerne particulierement la difpofition la plus favorable qu'on puiffe leur donner lorfqu'on les conftruit. Nous avons été obligés d'omettre plufieurs circonftances particulieres de pratique, dont la connoiffance eft cependant fort importante : nous allons en expofer ici quelques-unes fur les caufes de l'arrêt des Montres. Nous n'entreprendrons cependant pas de parcourir ici toutes les attentions qu'il faut mettre en ufage ; les détails en font infinis & nous entraîneroient trop loin ; il faut d'ailleurs fuppofer de l'intelligence dans l'Artifte, fans cela toutes les regles qu'on peut lui propofer feroient inutiles.

579. Comme la puiffance qui tend à faire mouvoir une Montre eft extrêmement petite, il ne faut pas s'étonner s'il faut fi peu de chofe pour arrêter cette machine. Ainfi pour faire la recherche des caufes d'*arrêt* d'une Montre, il faut y

apporter beaucoup d'attention, & s'être formé précédemment une idée de sa construction & des principes de ses mouvements.

580. Si l'action du moteur ou ressort d'une Montre est foible, & que la Montre étant dans un état de liberté, le moteur ne domine pas sur le régulateur; il arrivera, lorsque les huiles commenceront à s'épaissir & les trous des pivots à se remplir de saletés, que le ressort ayant perdu lui-même de sa force, & qu'éprouvant une plus grande résistance de la part du rouage, il arrivera, dis-je, que la Montre s'arrêtera, la force motrice venant par-là à faire équilibre avec le régulateur; cela arrivera sur-tout lorsque la Montre sera portée (153).

581. Une Montre s'arrête lorsqu'elle est sale & que les huiles sont épaissies; lorsque les engrenages sont mal-faits; que les trous des pivots sont trop justes; que les aiguilles sont mal ajustées & se touchent, ou qu'elles frottent contre le cadran ou contre le crystal.

582. Lorsque deux roues du mouvement sont trop près l'une de l'autre; lorsqu'elles se touchent ou qu'elles frottent sur quelque pièce; lorsque le balancier s'approche trop près & touche soit au coq soit à la coulisserie; que la cheville du balancier, qui empêche le renversement des palettes (dans l'échappement à roue de rencontre) est trop courte, & qu'elle passe par-dessus la coulisserie; lorsque la coulisserie elle-même est trop courte, & que dans ce cas le balancier a fait un plus grand chemin qu'il ne devoit, une des palettes s'étant pour lors engagée avec la dent de la roue de rencontre; la Montre s'arrête.

583. Il arrive aussi que l'échappement étant trop juste, l'extrémité ou l'angle des palettes reste sur la pointe d'une dent de la roue de rencontre.

584. Une Montre s'arrête par le trop de pesanteur du balancier; mais en général, c'est moins par la pesanteur du cercle, que par le trop de pesanteur des barrettes & du milieu, dont la pression inutile sur les pivots cause ces frottements considérables, & exige un spiral trop fort; de sorte que cette

réſiſtance fait équilibre avec la force motrice, ce qui fait arrêter la Montre : pour y remédier, il faut dégager le milieu du balancier, de même que les barrettes.

585. Voilà bien une petite partie des cauſes qui font arrêter les Montres ; mais il ne ſuffit pas de les indiquer, il faut découvrir quelle eſt la cauſe qui fait arrêter la Montre ; & ſans attendre (comme font certains Horlogers) qu'une Montre s'arrête une ſeconde fois, pour juger de la cauſe qui l'a pu faire arrêter d'abord, il faut la chercher comme nous allons l'expliquer.

586. La premiere choſe qu'il faut faire, lorſqu'une Montre s'eſt arrêtée, c'eſt de voir, avant d'ouvrir le mouvement, ſi les aiguilles ne ſe touchent pas ; ſi celle des minutes ne touche point au cryſtal ; & ſi celle des heures, étant trop longue, ne touche point au quarré de la fuſée.

587. Il faut, après avoir examiné les aiguilles, les démonter ; & on verra ſi la roue de cadran n'a pas trop de jeu en hauteur, & ſi dans certaine poſition elle ne déſengrene point du pignon qui la mene ; enſuite on levera le cadran & on verra ſi la roue de renvoi ne peut pas avoir trop de jeu ſous le cadran pour déſengréner de la chauſſée. On examinera les engrenages de ces roues de cadrans ; ſi le pignon de chauſſée ne touche point à la platine, ce qui cauſeroit un frottement nuiſible ; ſi les roues de cadrans ne ſe frottent point. On verra ſi la chauſſée tient bien à frottement doux ſur ſa tige, ſinon on la fendra, comme on l'a vu (190) ; & au moyen de l'outil dont nous avons parlé (481), on ſerrera la chauſſée pour produire ce frottement : il y a des Ouvriers qui ne font qu'entailler la chauſſée d'un côté, mais cela ne vaut rien ; elle doit être entaillée des deux & fendue, comme on le voit *Planche IX*, *fig.* 4.

588. Ayant ouvert le mouvement, il faut bien examiner ſi les roues ne ſe touchent point, ſi le balancier n'approche pas trop près ou de la couliſſerie ou du coq, & ne frotte nulle part ; obſerver ſi les palettes du balancier ne ſont point renverſées ; ſi la cheville du renverſement ne paſſe point ſur

la coulisserie ; si le balancier est libre, ce qu'il est aisé de voir en donnant un léger mouvement à la Montre en la faisant tourner : si en donnant ce mouvement, le balancier se meut, on pourra juger qu'il n'y a point de renversement du balancier, ni que la cheville n'a pas passé sur la coulisserie ; ainsi l'arrêt vient de l'intérieur du mouvement : ayant donné ce mouvement à la Montre, si pour lors elle reprend ses vibrations & marche, ce sera une marque, ou que les palettes accrochent sur l'extrémité des dents de la roue, ou bien ce sera une preuve du peu de liberté des roues, du mouvement, ou de la foiblesse du ressort ; alors pour s'en convaincre il faut *démonter le mouvement de la Montre, & en faire l'examen*.

589. Pour démonter le mouvement d'une Montre, on commencera (après l'avoir ôté de la boîte) par arrêter le rouage au moyen d'un *crin de brosse* ou d'un morceau de papier ; on ôtera ensuite les vis du coq ; on levera le balancier : pour cet effet, on ôtera le piton qui attache le spiral à la platine ; ensuite il faut retirer le *crin* ou papier qui arrête le rouage, qu'on laissera *courir* jusqu'à ce que la chaîne soit développée de dessus la fusée ; on démontera la coulisserie ; on prendra une clef ou quarré de vis sans fin, avec laquelle on tournera la vis sans fin pour ôter la bande du ressort ; & pour qu'en rassemblant les pieces de la Montre, pour la faire marcher après l'avoir *raccommodée*, on donne à ce ressort le même degré de tension (474), on verra la quantité dont l'arbre du barillet tourne ; ôtant ensuite les goupilles qui assemblent les deux platines, on démontera le rouage, dont on fera l'examen comme il suit.

590. Il faut revoir chaque engrenage, pour s'assurer qu'il n'y a ni accottement ni pignon trop petit : pour en juger, il faut faire tourner la roue & sentir si elle fait mouvoir uniformément le pignon ; s'il n'y pas plus de résistance en un point de la roue qu'en un autre : pour mieux encore juger de la nature d'un engrenage, il faut voir la *menée* de la roue ; & pour cela il faut faire des trous aux platines à côté des tiges, & directement au-dessus de l'engrenage.

591. Ayant examiné les engrenages, il faut mettre chaque roue dans la cage, obferver fi les trous ne font point trop juftes, & laiffent à la roue la liberté de tourner; ayant foin premierement de nettoyer les trous; voir fi ces trous ne font pas trop grands, de façon que l'engrenage change, & que la roue n'eft plus droite en cage.

592. Il faut obferver le jeu de chaque roue dans la cage; & fi, étant entraînée d'un côté, elle ne peut toucher à aucune piece, & les voir ainfi l'une avec l'autre, enfemble & féparément.

593. Il peut arriver que les roues ne foient pas bien rondes, & que dans certains moments l'engrenage eft bon, enfuite trop fort, & enfin devient foible. On peut juger de ce défaut effentiel en mettant les roues fur le tour, & en préfentant une pointe qui ne puiffe que toucher les dents fans les couper; comme, par exemple, une pointe de cuivre émouffée: mais avant de faire cette épreuve, on peut voir fi une roue eft ronde en faifant l'examen de l'engrenage; en regardant la nature de l'engrenage à chaque partie de la révolution de la roue, il eft aifé d'en juger; car fi la roue n'eft pas ronde, l'engrenage fera alternativement fort & foible: on obfervera auffi les groffeurs des pignons, leur rondeur, &c.

594. Dans les Montres à roue de rencontre, il faut faire beaucoup d'attention au jeu de la roue de champ, & qu'elle tourne rond & droit (572).

595. Il faut examiner le reffort, pour favoir s'il fe développe bien & fans frotter au fond ou au couvercle du barillet, en ôtant le couvercle du barillet & bandant le reffort; & examiner fi les lames ne fe frottent pas; voir fi la fufée eft égalifée avec fon reffort: fi cela n'eft pas, on employera les méthodes que nous avons données (art. 467 & fuivants).

REMARQUE.

596. Lorfque le reffort d'une Montre vient à caffer, il eft très-effentiel d'en remettre un qui ait la force convenable & re-

lative à la pesanteur du balancier, à l'étendue des arcs de levée, &c. Nous donnerons, dans la seconde Partie, les moyens de refaire un ressort de la force convenable à la Montre. Voici une méthode que l'on peut employer lorsque la Montre est bien disposée & qu'elle va avec justesse : avant de démonter une telle Montre dont le ressort est cassé, il faut remarquer le degré de la rosette auquel l'aiguille est actuellement, & remettre un ressort qui soit tel que la Montre soit réglée, l'aiguille restant au même point : par ce moyen on sera assuré que sa force est la même que celle du ressort qui a été cassé.

597. En continuant la recherche des causes de l'arrêt d'une Montre, il faut voir le jeu de l'arbre de barillet, s'assurer que le barillet tourne librement, & que les trous ne sont pas trop grands, de sorte que le ressort étant monté la chaîne en tirant le barillet sur un côté, lui donne du revers, & le fasse frotter aux platines ou aux roues ; avoir attention à mettre des barrettes au ressort, pour que, lorsqu'on le monte, il ne fléchisse à l'endroit où l'œil est formé, ce qui causeroit du frottement aux spires.

598. Observer que la *goutte* de la roue de fusée entre bien à force, pour qu'elle ne se lâche pas, & que la roue qu'elle retient ne puisse aller frotter contre les autres roues.

599. Par rapport au jeu des pivots des roues, il faut avoir attention à le donner, de sorte qu'il y ait de la place pour l'huile lorsqu'elle s'épaissit.

600. Si le barillet ou sa chaîne ne frotte point à la boîte lorsque le mouvement est fermé ; si aucune roue ne touche à la boîte.

601. Si les roues ne sont pas trop pesantes, lors sur-tout que ce sont des roues d'échappement ; si les pivots de balanciers ne sont pas trop gros & les trous trop minces ; s'ils n'ont pas trop de jeu en hauteur, en sorte que les portées des pivots touchent au talon de potence ou au coqueret, ce qui est un très-grand défaut ; si les pivots sont ronds & d'acier pur, sans fente ni paille.

602. Si le jeu des pivots de balancier en hauteur ne fait

PREMIERE PARTIE, CHAP. XXXII.

pas paffer la cheville de renverfement fur la couliffe, ce qui fait arrêter la montre, ou fait courir le rouage & eftropie les dents de la roue de rencontre.

603. Si l'échappement n'a pas trop de chûte, ce qui fait perdre la force & tend à creufer les palettes ; s'il n'eft pas trop jufte, de maniere que les dents de la roue d'échappement accrochent fur l'angle des palettes ; fi les chûtes font égales ; fi les pivots de balancier ne font pas trop juftes dans leurs trous, en forte que l'huile épaiffie en gêne le mouvement ; s'ils ne font pas trop grands, en forte que l'échappement étant alternativement fort ou foible, felon la pofition de la Montre, celle-ci varie.

604. Si le balancier eft bien d'équilibre ; s'il tourne bien droit & ne peut toucher au coq ou à la couliffe, dans quelle pofition que foit la Montre.

605. Si le mouvement étant mis dans la boîte, le coq ou coqueret ne touche pas au fond de la boîte, de forte que le balancier en foit gêné.

606. Si le fpiral eft bien pofé & plié, en forte qu'en faifant mouvoir le rateau, il n'écarte en aucune façon le fpiral, mais que celui-ci fuive le chemin qu'on lui a tracé.

607. Si le fpiral fe meut dans le même plan ; fi, lorfqu'on a levé le coq & la Montre étant pofée horizontalement fur la *main*, le fpiral ne fait pas pancher le balancier de côté ou d'autre, défaut effentiel ; car ce reffort preffant ainfi le balancier, il augmente le frottement fur les pivots.

608. Si les renverfements du balancier font bien faits, en forte que, 1°, la couliffe n'étant pas affez limée, le balancier ne puiffe décrire d'auffi grands arcs qu'il eft poffible, fans que la cheville de renverfement batte à la couliffe, ou fi, 2°, la couliffe étant trop limée, le renverfement ne fait pas arrêter la dent de la roue de rencontre fur l'extrémité de la palette, & arrêter la montre ; enfin fi la cheville de renverfement ne touche point aux barrettes pofées fur la platine, ou bien au bout du rateau.

609. Une Montre ainfi examinée & réparée, il faut nettoyer les trous des pivots & les pivots, pour en raffembler

les pieces (a) & la voir marcher avec le balancier sans spiral, (lorsque c'est une Montre à roue de rencontre). Si alors l'aiguille des minutes marque plus de 27 minutes par heure, c'est-à-dire, si à chaque heure la Montre retarde moins de 33 minutes, il faut, ou refaire un balancier, ou bien forcer l'échappement, afin de faire décrire de plus grands arcs au balancier : si elle marque moins de 25 minutes par heure, il faut diminuer le balancier.

610. On appelle cette opération *faire tirer le balancier pour le mettre de pesanteur* : ainsi dans cet exemple, il faut que le balancier tire 25 minutes par heure, c'est-à-dire, que sans spiral il doit retarder de 35 minutes par heure. Une attention qu'il faut avoir en rassemblant toutes les pieces d'une Montre à roue de rencontre, c'est que la roue de rencontre soit bien libre, juste & sans jeu, afin que l'échappement soit à son vrai point ; car si l'on n'approche pas assez la contre-potence (ou le piton), l'échappement aura plus de chute qu'il ne doit, en sorte que non-seulement la Montre avancera, mais aussi qu'elle variera ; puisque dans ce cas le régulateur ne sera plus en rapport convenable avec le moteur, chose très-essentielle, comme nous le ferons voir dans la seconde Partie.

611. Dans les Montres à cylindre on fera usage des mêmes remarques ; quant aux rouages, pivots, &c, il n'y aura de différence que dans l'examen de l'échappement.

612. On verra si la roue de cylindre n'est point trop près ou trop éloignée du cylindre (412) ; s'il est trop ou trop peu entaillé (414) ; si les levées se font sans frottement, c'est-à-dire, si les tranches du cylindre n'ont point d'angles qui déchirent les dents de la roue ; si le cylindre est bien de grosseur (410 & 411) ; s'il n'est pas trop épais ; si le cylindre n'est point creusé.

613. Si la cheville de renversement du balancier s'arrête

---

a Lorsqu'on rassemble ainsi les pieces d'une Montre ; on appelle cela simplement *remonter le mouvement* : opération qu'il ne faut pas confondre avec celle de remonter le ressort ou moteur, pour le mettre en action ; on appelle cela remonter la Montre : lorsqu'on parle de *démonter le mouvement*, on entend toujours que l'on désassemble les pieces de la machine.

fur le repaire fait à la platine, en forte que la levée de l'échappement puisse se faire, c'est-à-dire, que le cylindre présente une des tranches à la pointe de la dent, pour que celle-ci puisse l'écarter également des deux côtés (413).

614. On rassemblera toutes les pieces de la Montre, & on verra si le balancier ne décrit pas de trop grands arcs au-dessus de ceux de levée, ce qui prouveroit que le balancier est trop léger. La regle que l'on peut à peu près suivre, est de faire que l'arc total parcouru par le balancier soit trois fois plus grand que ceux de levée; c'est-à-dire, que si la levée d'échappement est de quarante degrés, le balancier mû par le rouage devra décrire 120 degrés à peu près : au reste cela doit varier, comme nous l'expliquerons seconde Partie.

Remarques.

615. L'étendue des arcs ne prouve pas toujours la quantité de force motrice; car dans un échappement à cylindre, il pourroit fort bien arriver que quoique le balancier fût léger, il ne parcourût pas de grands arcs, soit à cause du frottement du cylindre qui seroit creusé, soit que le balancier étant petit & léger, les pivots gros, la roue empêchât le cylindre de décrire de grands arcs; car, par cette supposition, l'impulsion de la roue seroit détruite par les frottements de l'échappement. On peut s'en assurer à la seule inspection de la machine; mais pour le mieux voir, il faudroit mesurer la force du ressort, calculer les vibrations, l'étendue des arcs, le poids du balancier, &c, afin de le comparer, comme nous l'expliquerons, seconde Partie.

616. Lorsque l'on a formé ou fait l'échappement à roue de rencontre, fixé la cheville de renversement, & reculé la coulisse de maniere que les dents de la roue de rencontre ne puissent échapper des palettes par un renversement, & qu'enfin le balancier puisse parcourir le plus grand chemin possible, alors il faut marquer un point sur la platine en dessous du cercle du balancier, qui marque l'endroit où la cheville doit s'ar-

rêter, lorsqu'on a mis le spiral & que celui-ci est en repos; & il faut que ce point soit tel que la levée de l'échappement tende également le spiral; pour cet effet, on prendra un compas dont on posera une pointe sur un bout de la coulisse, & on ouvrira l'autre jambe, de sorte que la section qui se formera en traçant deux petits traits depuis chaque bout de la coulisse, se trouve située à l'extrémité du balancier; cette section détermine le point ou *repaire* de la cheville de renversement.

617. Ainsi toutes les fois qu'on touchera au spiral pour en changer la longueur, il faudra avoir attention de tourner la virole de maniere que la cheville de renversement s'arrête à son repaire: en examinant une Montre, on verra si la virole de spiral est tournée convenablement pour remplir ces conditions, (d'arrêter la cheville à son repaire): il est à propos de faire de pareils repaires aux Montres qui n'en ont pas, cela est très-commode pour les mettre dans *leur échappement* & d'une maniere très-exacte.

618. Les Montres à cylindre exigent aussi que l'on place à l'extrémité du balancier une cheville pour empêcher le renversement du balancier; mais comme cet échappement permet au balancier de parcourir presque un tour entier ou 360 degrés, on ne se sert pas de la coulisse pour faire ce renversement, mais d'une cheville que l'on fixe à la platine. La cheville attachée sur le balancier ne doit pas se placer sur son plan, mais à sa circonférence dans l'epaisseur du balancier, afin de ne pas élever le balancier plus qu'il ne seroit besoin sans cela; puisqu'il faudroit que cette cheville passât sur la coulisse, afin de permettre au balancier de décrire ses plus grands arcs, qui sont, comme j'ai dit, de près de 360 degrés (402), ce qui est un avantage, d'où l'on voit qu'il ne resteroit point de coulisse: il faut donc que la cheville, placée sur le plan du balancier, passe par-dessus la coulisse.

619. Lorsque cet échappement est mal disposé, il arrive que la roue ne permet pas au balancier de faire un tour; dans ce cas, il faut placer deux chevilles à la platine, distantes entr'elles de la quantité requise.

620. Il est très-essentiel que le spiral suive la courbure ou chemin parcouru par les chevilles du rateau; pour cela il faut avoir attention, en posant la coulisserie, de ne pas la placer concentriquement au balancier ; mais qu'elle rentre un peu, selon la courbure du spiral, afin que le chemin parcouru par les chevilles du rateau suive exactement la ligne spirale: le piton du spiral doit être posé sur cette même ligne spirale; par ce moyen le bout du ressort spiral, étant fixé au piton, passera librement entre les chevilles du rateau & sans brider de maniere quelconque, lors même que l'on avancera ou reculera le rateau; parce que la portion de cercle qu'il décrira se confondra avec la portion correspondante de la spirale que suit le ressort.

621. Il faut placer les chevilles du rateau de maniere que le spiral passe juste, entre sans jeu ni gêne.

622. Lorsqu'on a percé les trous des chevilles sur le rateau, il faut le marquer sur la platine avec un forêt ; pour cet effet il faut faire tourner l'aiguille de rosette & marquer des points à la platine de distance en distance; ces points serviront à déterminer la courbure du spiral, lequel devra passer entre ces points ; ainsi quoique l'on fasse mouvoir le rateau en avant ou en arriere, pour faire avancer ou retarder la Montre, le spiral ne sera aucunement bridé par les goupilles du rateau.

623. Dans les Montres à répétition, il ne faut pas mettre d'huile aux canons des pieces de cadrature , (excepté à la grande poulie seulement) ; car lorsque l'huile s'épaissit, elle en empêche le jeu.

624. Il faut avoir grand soin qu'il ne puisse s'introduire de l'huile entre la surprise & le limaçon des quarts, ce qui arrive lorsqu'on en met trop aux pointes de l'étoile.

625. On peut éviter de mettre de l'huile aux dents de l'étoile, lorsqu'elle est faite de cuivre & le sautoir d'acier, dans ce cas le frottement est doux.

626. Il est très-nuisible que dans une Montre à échappement à roue de rencontre, l'huile se communique aux

palettes, lesquelles se creusent, ce qui cause de grandes variations à la Montre; souvent l'huile se communique aux palettes lorsqu'on met le balancier en place; la palette d'en-bas passant auprès du trou de la roue de rencontre, prend l'huile dont ce trou est rempli; & les dents de la roue de rencontre agissant sur cette palette emportent l'huile qui s'y arrête, y attirent les atômes, dont le broyement ronge la verge: pour prévenir cet effet, il ne faut pas percer en entier le trou du pivot de la roue de rencontre, mais le faire *foncé* (ou le recouvrir).

627. Il arrive aussi que la palette d'en-bas étant trop près du pivot, l'huile qui est dans le trou de celui-ci se communique à la palette; dans ce cas il faut reculer la palette autant qu'il est possible, afin de ménager un *tigeron* qui éloigne l'huile de la palette.

628. C'est un très-grand défaut aux Montres à cylindre de ne pouvoir marcher sans huile; car l'huile changeant continuellement de fluidité, les frottements varient selon cette mobilité de l'huile; & lorsque l'huile est coagulée, la Montre arrête.

629. C'est une très-mauvaise méthode que de souder les assiettes des verges du balancier à l'étain; elles sont sujettes à se déranger; il faut les souder comme les assiettes des pignons, avec de la soudure d'argent.

630. Lorsque l'on trempe les pignons, ils se courbent ordinairement; pour les redresser, les Ouvriers se servent d'un marteau tranchant, ce qui est une mauvaise méthode; car dès que les marques du marteau sont enlevées, ils se recourbent de nouveau: il vaut beaucoup mieux redresser un pignon par les pointes que l'on lime & rejette de côté jusqu'à ce que le pignon soit droit.

631. Il faut employer du cuivre bien pur, net & battu, pour reboucher les trous des pivots; les pivots doivent être un peu faits en pointe, à peu près de la forme de *l'écarissoir & alaisoir*.

632. On pourroit essayer si, en faisant rouler les pivots de balancier dans des trous faits avec du métal de timbre d'Angleterre, cela ne diminueroit pas le frottement.

633. Voilà en gros les soins d'exécution que l'on doit employer pour réparer les Montres : une partie de ces soins peuvent aussi s'appliquer aux finissages ; ils sont ici placés sans ordre : je laisse le soin aux Ouvriers de les mettre en leurs places. Lorsqu'on a ainsi revu & examiné une Montre, il faut la nettoyer bien proprement avant d'en rassembler toutes les parties.

CHAPITRE XXXIII.

Examen des causes qui font arrêter & varier les Pendules.

634. Je diviserai ce Chapitre en deux Parties : la premiere traitera des causes qui font arrêter les Pendules ; la seconde, de celles qui les font varier.

PREMIERE PARTIE.

635. Une Pendule arrête, 1°, lorsque la force motrice n'est pas proportionnée à la grandeur des arcs de vibration que fait décrire l'échappement au Pendule ou lentille.

636. 2°, Lorsque les roues son grandes & pesantes, & que les frottements qu'elles causent sur leurs pivots détruisent une trop grande partie de la force motrice, qui devient trop petite, comme dans la premiere remarque.

637. 3°, Une Pendule arrête lorsque les engrenages sont mal faits, & que la force motrice se perd par les chûtes, ou se détruit par les accotements, ou qu'un engrenage n'a pas assez de jeu.

638. 4°, Lorsque les pivots des dernieres roues sont trop gros, & que les frottements qu'ils causent diminuent une trop grande partie de la force motrice.

639. 5°, Lorsque les pivots des roues sont trop justes dans leurs trous, soit par les saletés ou l'épaississement des huiles, soit par les trous de pivots qui sont trop petits; dans l'un ou dans l'autre cas, la force motrice étant détruite, n'est plus assez grande pour entretenir la vibration du Pendule.

640. 6°, Lorsque les trous des pivots sont trop grands, de maniere que les portées des pivots entrent ou creusent ces trous, & causent des frottements considérables qui détruisent la force motrice.

641. 7°. Une Pendule arrête, lorsque l'échappement est mal fait, lorsqu'il accroche, lorsqu'il est trop juste, ou qu'ayant trop de chûte, toute la force de la roue n'est pas employée à le faire mouvoir; que les arcs de levée sont inégaux; que la force de la roue se décompose, de maniere qu'une partie tend à mouvoir, & l'autre est détruite, ce qui arrive particuliérement dans les échappements à ancre mal faits. Il arrive que cette décomposition de force de la roue sur l'ancre cause des frottements, ce qui ôte le poli des parties, les déchire, &c; dès-lors la force est détruite & la Pendule arrête.

642. Je ne dois pas omettre une cause assez singuliere, qui fait arrêter une Pendule à poids, comme par exemple, une Pendule à secondes, dont les poids & la lentille sont enfermés dans une boîte étroite, comme cela est assez ordinaire. Lorsque le poids ou moteur de la Pendule est suspendu à une simple corde, il arrive que lorsqu'il est descendu d'environ trois pieds, l'air que met en mouvement la lentille par ses vibrations, agite le poids & lui fait faire des vibrations, lesquelles augmentent au point que le poids parcourt, en sens contraire de la lentille, des espaces aussi grands que le pendule; ce qui agite tellement l'air contenu dans la boîte, que le mouvement de la lentille se détruit insensiblement, & que l'Horloge finit par arrêter. Or on voit que c'est l'air réfléchi par les parois de la boîte, qui cause cette vibration du poids, & que, selon la conformation des côtés de la boîte, le poids vibre lorsqu'il est suspendu de la hauteur de trois pieds, plus haut ou plus bas, selon le point où se réfléchit l'air; ce poids se met sur-

tout en vibration, lorfqu'il approche d'avoir la même longueur que celle du pendule (a); d'où il fuit que l'air feul ne contribue pas aux vibrations du poids, mais que les ofcillations de la boîte y ont part: ainfi il eft effentiel de fixer très-folidement le point de fufpenfion du pendule, pour qu'il ne puiffe pas agiter la boîte: enfin on voit, 1°, que fi la boîte étoit fort grande, cette agitation de l'air par la lentille n'auroit pas lieu, je l'ai confirmé par l'expérience; car fi l'on ouvre la porte de la boîte, l'air n'eft plus réfléchi par les côtés, dès-lors le poids ceffe de vibrer, & l'Horloge continue de marcher: 2°, que plus les arcs parcourus par la lentille feront grands, & plus l'air en fera agité: 3°, que fi l'on fixe le poids de maniere qu'il ne puiffe vibrer, le mouvement de la lentille ne fera plus interrompu, & la Pendule n'arrêtera pas: cela eft encore confifmé par l'expérience.

643. Il y a donc deux moyens de prévenir cet arrêt de l'Horloge: le premier, en empêchant l'action de l'air fur le poids; pour cet effet, il ne faut qu'attacher à la boîte une efpece de tuyau de fer blanc, au travers duquel puiffe fimplement defcendre le poids: le fecond, c'eft de mouffler le poids; ainfi il fera fufpendu de maniere qu'il ne pourra pas vibrer & qu'il reftera immobile, puifqu'il fera fufpendu par deux points: mais cela n'étant pas encore fuffifant, on placera, entre la lentille & le poids, une planche mince un peu inclinée à la verticale; le poids en defcendant appuyera légérement fur cette planche, en forte qu'il ne pourra plus vibrer ni interrompre le mouvement du pendule.

644. Enfin une caufe d'arrêt des Pendules eft la diminution de la force du reffort & de l'épaiffiffement des huiles fur les fpires du reffort, ce qui retranche de la force & fait arrêter le pendule.

645. Après avoir parlé en gros des caufes d'arrêt des Pendules, il eft à propos de dire deux mots des moyens propres

---

[a] C'eft par le même méchanifme que lorfqu'on fait raifonner une corde d'un inftrument de mufique, toutes celles qui font à l'uniffon raifonnent auffi fans qu'on y touche.

à les corriger ; pour cela il faut d'abord chercher, par l'examen de chaque partie, quelle est celle qui cause l'arrêt.

646. Si les roues sont trop pésantes, il faut les *dégager* & les rendre légeres, donner la liberté requise aux pivots, de maniere que les roues tournent aisément ; refaire les engrenages, s'ils sont *mauvais* ; ôter les accrochements ou les chûtes de l'échappement ; rendre les levées de l'échappement uniformes & égales ; repolir les parties de l'échappement, si elles sont creusées ; nettoyer les ressorts, si c'est une Pendule à ressort ; remonter ainsi le rouage & le faire marcher.

647. Pour s'assurer que la force motrice n'est pas trop petite pour le régulateur, on remontera le ressort d'un demi-tour, & on menera la lentille, de maniere que les dents de la roue d'échappement ne fassent que passer, & l'on abandonnera le pendule à lui-même : si le pendule ainsi mis en mouvement, continue de marcher, on sera sûr que l'Horloge n'arrêtera plus, & que la force motrice est suffisante ; si au contraire l'Horloge s'arrête, c'est une marque qu'il n'y a pas assez de force motrice, ou, ce qui revient au même, que les arcs que fait parcourir l'échappement sont trop grands, ou la lentille trop pesante relativement à la force motrice.

648. Le meilleur moyen qu'on puisse employer pour lever cet obstacle, lorsque les arcs des vibrations sont fort grands, c'est de les diminuer : pour cet effet, on donnera une moindre inclinaison à la piece d'échappement ; & si les arcs de levée ne sont pas fort grands, & que la lentille soit trop pesante, on peut, dans les ouvrages ordinaires, diminuer la lentille ; car pour les Horloges à secondes ou qui sont construites sur ce principe, la pesanteur de la lentille est une chose sacrée à laquelle on ne doit jamais toucher.

649. Il y a un troisieme moyen d'empêcher l'arrêt d'une Pendule, lorsque toutes les causes internes sont corrigées, & que c'est par le manque de force du moteur ; c'est d'en augmenter la force ; mais on doit être bien circonspect pour l'employer ; car en général c'est celui auquel ont recours les ignorants, & c'est celui aussi qui tend davantage à détruire la
machine

machine, puisque plus la force motrice est grande, & plus aussi la pression sur les pivots augmente; par conséquent les frottements en sont plus grands.

Remarque.

650. Une chose très-essentielle dans toutes les machines quelconques & singuliérement dans celles d'Horlogerie, c'est de proportionner la solidité des pieces à l'effort qu'elles ont à vaincre. Lorsqu'une machine est bien composée, il faut y joindre ce rapport; car sans cette précaution elle remplit très-mal ses effets: cette conoissance tient à deux choses; la premiere, au calcul de l'effort ou action de chaque partie de la machine; la seconde, à la force que peut soutenir un métal donné, de telle dimension, &c. J'ai vu des Horloges de M. Rivaz, dont la fourchette étoit si mince & si flexible, que l'action du rouage, au lieu de se communiquer au Pendule, se consumoit à faire fléchir & courber la fourchette, en sorte que l'Horloge arrêtoit; & en y substituant une fourchette plus solide, elle marchoit. En donnant la solidité convenable aux rouages & pieces quelconques d'une machine, il faut éviter un autre défaut; c'est de ne pas donner plus de masse qu'il n'est besoin, afin de ne pas augmenter les frottements inutilement. Par rapport aux frottements, il faut, pour les rendre constants, proportionner la longueur & la grosseur des pivots à la pesanteur des roues & à la force qui les meut; ainsi la premiere roue d'un rouage qui doit avoir de gros & longs pivots, doit être forte relativement à l'action de la force motrice; & les autres roues doivent diminuer à proportion de la diminution de la force. Il faut sur-tout appliquer cette Remarque aux verges de Pendule, construites pour corriger les effets du chaud & du froid: & c'est ce que nous ferons dans la seconde Partie de cet Ouvrage: nous y ferons voir que la bonté de ces sortes de verges dépend singuliérement du rapport de leur grosseur avec le poids de la lentille. L'Horloge marine que nous avons construite, a servi à nous confirmer de plus en plus la nécessité de ces combinaisons. Venons maintenant aux causes de variations des Pendules.

I. Partie.

SECONDE PARTIE.

Des Causes de variations des Pendules.

651. Il faut distinguer les causes des variations des Pendules & les considérer sous divers points de vue : il y a des causes de variation qui sont produites par la mauvaise exécution des Pendules ; & il y en a qui sont nécessairement attachées à la nature même des Horloges. Il est donc à propos de diviser cet article en deux sections : la premiere traitera des variations propres aux Pendules : la seconde, de celles qui sont causées par l'emploi des mauvais principes & des mauvaises exécutions.

I. Des variations produites par la nature même de l'Horloge.

652 La lentille ou pendule, comme on l'a dû remarquer en plusieurs endroits de cet ouvrage, est le régulateur d'une Horloge ; ainsi la justesse de l'Horloge dépend de la constance des vibrations du Pendule, & celles-ci dépendent des différentes longueurs de la verge qui porte la lentille : l'uniformité des vibrations dépend encore du plus ou moins de résistance qu'éprouve la lentille dans l'air : enfin les temps des vibrations dépendent encore de l'uniformité du moteur & de la force transmise par la derniere roue au régulateur. On sait par expérience, que tous les corps s'allongent par le chaud, & s'accourcissent par le froid ; & qu'ainsi une lentille fait des vibrations plus lentes lorsqu'il fait chaud, & plus promptes quand il fait froid : on sait aussi par l'expérience du barometre que l'air est plus ou moins pesant, & chargé de parties qui résistent au mouvement des corps qui s'y meuvent ; ainsi le pendule d'une Horloge fait des vibrations plus ou moins grandes, selon qu'il trouve plus ou moins de résistance dans l'air : cette derniere cause ne doit s'entendre ou s'appliquer qu'aux Pendules dont les lentilles sont grandes, légeres, & qui parcourent de grands arcs.

653. Enfin le rouage d'une Horloge agissant dans le moment actuel avec une certaine force sur le régulateur, cette force changera au bout de quelque temps par les frottements, & par les épaississements des huiles ; mais les vibrations du pendule sont plus grandes ou plus petites, selon que la force transmise au régulateur est plus ou moins grande ; ce qui change l'étendue de ces vibrations.

654. Enfin les Pendules varient par les inégalités de la force motrice, lorsque celle-ci est un ressort.

655. Il faut observer que ces causes de variations que nous venons de remarquer & qui sont inséparables de la nature des Pendules, peuvent être diminuées considérablement.

656. 1°, En appliquant à l'Horloge un pendule composé, qui corrige les effets du chaud & du froid sur la verge : nous traiterons cette matiere fort au long dans la seconde Partie.

657. 2°, En faisant une lentille pesante qui ait peu de surface & beaucoup de *solidité*.

658. 3°, En tenant les roues qui composent le rouage de l'Horloge fort petites & légeres, relativement à l'effort qu'elles ont à vaincre, on réduira les frottements à la moindre quantité.

659. 4°, En donnant au moteur une force seulement capable d'entretenir le mouvement du Pendule, & en rendant cette force constante.

II. *Des causes de variations des Horloges, produites par la mauvaise construction & la vicieuse exécution.*

660. Les Pendules ordinaires sont tellement disposées, que tout concourt à les faire mal aller, & que tous les vices sont accumulés. En effet, une lentille légere qui a beaucoup de surface, peu de pesanteur, qui parcourt de grands arcs, & est suspendue par un fil, est le régulateur ordinaire d'une Horloge à ressort : or une lentille légere obéit aisément à l'impression du moteur ; ainsi un ressort agissant avec des degrés de force différents, selon qu'il est au haut ou au bas, le pendule doit

alternativement décrire de grands & de petits arcs, selon les impressions du moteur, & doit par ce moyen faire avancer ou retarder l'Horloge. *Voyez seconde Partie, les Chapitres XVI & XVII qui traitent des Horloges à ressort.*

661. Les différentes résistances de l'air feront infiniment plus d'effet sur une lentille légere qui décrit de grands arcs, que sur une lentille pesante.

662. Une telle lentille suspendue par un fil éprouve des variations causées par l'humidité & la sécheresse de l'air, ce qui allonge ou raccourcit le pendule & le fait avancer ou retarder.

663. La verge du pendule dans les Horloges à ressort ordinaires, est un fil de fer très-flexible & facile à courber, de sorte que sa longueur est plus ou moins grande, selon que le fil de fer est plus ou moins droit; par conséquent en faisant nettoyer une Horloge qui étoit réglée, (quoique la verge ne fût pas droite) si celui qui nettoye la Pendule s'avise de redresser cette verge, l'Horloge ne sera plus réglée.

664. Si les trous du coq, au travers duquel passe la soie qui suspend la lentille, sont trop grands, le point de suspension sera variable, & changera selon que la lentille décrira de plus grands ou de plus petits arcs.

665. Les engrenages dans les Horloges ordinaires sont faits avec une très-grande négligence : des petits & de gros pignons, des engrenages trop foibles, de trop forts, des courbes, des dents inégales, &c, des roues mal rondes, &c. Tels font construits la plûpart des ouvrages : les Ouvriers s'imaginent que la lentille doit corriger toutes les inégalités qui en résultent, ce qui feroit en effet, si le régulateur étoit puissant ; mais ceux qui négligent ainsi des parties essentielles d'une machine, ne sont pas en état d'entendre comment doit être le régulateur.

666. Dans la même machine on trouve, outre les défauts précédents, de grandes roues, pesantes, peu nombrées, & indifféremment ; des gros & des petits pivots, qui ne sont jamais proportionnés au poids des roues & à leur vîtesse. De-là résultent de très-grands frottements : les huiles qui se dessechent

plus vite par les petites parties de matiere que le frottement détache des trous & des pivots; de-là s'enfuivent les inégalités de la force tranfmife au régulateur; les grands & petits arcs de la lentille, & par conféquent les temps différents des vibrations, l'avance ou retard de la Pendule.

667. Enfin les échappements de ces machines font auffi mal difpofés que le refte : des roues d'échappements mal rondes, inégales, dont les dents ne font ni adoucies ni polies, & qui font fur l'échappement l'effet d'une lime; les inégalités de levée; une partie de la force de la roue d'échappement détruite fans tendre à mouvoir; les chûtes qui creufent les pieces d'échappement; la force perdue par les chûtes, force qui ne tend qu'à détruire : de-là naiffent encore des impreffions différentes fur le régulateur, des variations, &c.

668. Je n'ai fait que parcourir & indiquer les caufes de variations des Horloges à Pendules; s'il eût fallu m'arrêter fur chacune, cela m'auroit mené trop loin; d'ailleurs les principales parties feront traitées dans la feconde Partie de cet Ouvrage.

CHAPITRE XXXIV.

De la maniere de juger des nouvelles productions en Horlogerie.

669. C'EST un malheur pour les bons Artiftes Horlogers, que le Public ne puiffe juger du mérite de leurs productions, & qu'il evalue ordinairement de telles machines, non felon leur mérite propre, mais felon le point de vue où l'Auteur les lui préfente. Or foit ignorance de la part de l'auteur, foit enthoufiafme pour fes découvertes imaginaires, foit enfin mauvaife foi, chaque piece nouvelle qu'on publie eft annoncée comme une merveille; en forte que fi l'expérience ne démen-

toit pas ces expreſſions ampoulées, on feroit tenté de croire que par le nouveau chef-d'œuvre que l'on vante, l'Horlogerie eſt portée à ſon dernier point de perfection.

670. Or il arrive de-là que le Public qui croit aiſément ces miracles, achete ces nouveautés, & finit par en être dupe ; que ſouvent le fabricateur de ces choſes ſingulieres acquiert une réputation qui le conduit à vendre beaucoup, & par conſéquent à augmenter ſa fortune, de forte que d'autres cherchent à s'enrichir en ſuivant la même route, qui eſt très-facile ; c'eſt-à-dire, en faiſant de mauvaiſes machines qui en impoſent aux ignorants ; & on néglige ainſi inſenſiblement les moyens qui conſtituent la juſteſſe. En effet, ſi l'on compare ces nouvelles Montres ou Pendules de différents échappements, à un mois, à un an, &c ; ſi, dis-je, l'on compare ces Montres & Pendules avec celles qu'on faiſoit il y a vingt ans ; on verra que du côté de la juſteſſe on n'a preſque rien acquis : ce qu'on a gagné a été de faire des choſes ſingulieres.

671. Il me paroît cependant qu'il eût été préférable de laiſſer là toutes ces idées d'inventions nouvelles, & de chercher plûtôt à faire de bonnes machines.

672. Il feroit donc à ſouhaiter que le Public pût juger lui-même du mérite de chaque invention, & diſtinguer l'Artiſte du Charlatan : pour cet effet, il feroit à propos de bien établir en quoi conſiſte la juſteſſe des Montres & de quoi elle dépend ; quelles ſont les cauſes des variations qui ſont néceſſairement attachées, non à la conſtruction, mais à la nature même de la Montre : en comparant ainſi une Montre d'une conſtruction particuliere avec les principes fondamentaux ſur leſquels les Montres doivent être conſtruites, on pourroit pour lors décider de ſa bonté.

673. Pour pouvoir juger d'une nouvelle compoſition de Montre, il eſt donc à propos d'en comparer chaque partie avec celles qui ſont en uſage, & avec les principes établis ; & de voir ſi l'on a diminué ou évité quelqu'une des cauſes d'inégalité, ou ſi, en voulant en retrancher une, on n'a pas augmenté une autre, &c : en procédant de la ſorte, on jugera

avec justesse du progrès de l'art, & on ne sera pas la dupe des avantages apparents que savent si bien présenter les faiseurs de nouvelles machines.

674. En réduisant ainsi ces productions à leur juste valeur, les Artistes s'attacheront davantage à faire des choses réellement bonnes; le Public ne sera pas trompé, & l'art se perfectionnera. Je conviens que, pour bien juger d'une machine, il faut être Artiste, & que le nombre en est assez rare; mais en faisant appercevoir aux Ouvriers la route qu'ils doivent suivre pour faire de bons ouvrages & pour en pouvoir juger, & au Public jusqu'à quel point il doit compter sur l'annonce d'un nouvel ouvrage, ce sera déja avoir fait un pas pour leur apprendre à juger sainement.

675. Enfin le temps fera le reste; car à mesure que l'Horlogerie se multipliera, on acquerra de nouvelles connoissances; le Public s'accoutumera à en juger par lui-même.

676. En attendant que ce Public veuille s'instruire & prendre une teinture d'Horlogerie pour décider par lui-même, comme il fait pour les ouvrages de Peinture, il est à propos de lui indiquer comment il peut estimer une nouvelle composition de Montre ou de Pendule : je l'ai déja prévenu qu'il faut se défier de tous les avantages apparents présentés par un Auteur, quel qu'il soit; car, ou cet Auteur s'aveugle sur son ouvrage, ou il veut tromper; les approbations de l'Académie même ne doivent pas toujours servir de fondement pour fixer la bonté d'une machine; car quoiqu'il y ait des Membres de l'Académie très en état de juger des pieces d'Horlogerie, ces Messieurs, pour favoriser les progrès des Arts, sont obligés de louer les Artistes qui leur présentent de nouvelles choses, quand même elles ne seroient pas toujours bonnes. Les Artistes d'ailleurs ont l'art de faire valoir les approbations de l'Académie, comme si elles tomboient sur la totalité de l'ouvrage, tandis qu'elles ne roulent ordinairement que sur quelque changement dans une piece; & comme si cette approbation étoit l'effet de l'admiration de cette Compagnie, à la vue & après l'examen de la machine qu'on lui a présentée, tandis que ce n'est qu'une

espece d'encouragement qu'elle prétend donner à l'Auteur, pour l'engager à perfectionner de plus en plus l'art relatif à cette machine.

677. On ne peut s'en rapporter au jugement d'un Horloger, fur la production de fon Confrere ; car fon intérêt & fon amour-propre le fera déprifer ce qu'il n'a pas fait, & fouvent fon ignorance le met hors d'état de juger ; mais voici la feule maniere non équivoque de n'être pas trompé par l'Auteur d'une nouvelle compofition (que je fuppofe honnête homme & de bonne foi) ; c'eft de fufpendre fon jugement fur une pareille machine, & d'attendre, pour en faire l'acquifition, que l'enthoufiafme d'Auteur fe foit refroidi, & qu'il voye fon invention fous fon vrai point de vue.

678. Enfin il faut attendre qu'une nouvelle machine foit adoptée & imitée par les bons Artiftes ; pour lors on peut hazarder l'achat d'une pareille machine, (foit Montre ou Pendule), dont les principes different de ceux qui étoient précédemment reçus.

679. En fuivant cette méthode, on verra ainfi quantité de nouvelles productions ne faire que paroître par leurs annonces feules, & ne durer que comme des étincelles qu'on a à peine le temps d'appercevoir : cette méthode d'apprécier une nouvelle ou une prétendue découverte eft même la feule à fuivre ; car il eft rare que plufieurs habiles gens fe trompent, & malgré la prévention contre tout ce qu'ils n'ont pas fait, ils adopteront enfin des méthodes qui ne font pas les leurs, pour peu qu'ils les trouvent avantageufes pour la perfection de leurs ouvrages.

680. Il faut remarquer, par rapport aux ouvrages d'Horlogerie, qu'il ne fuffit pas d'établir de bons principes, qu'il faut encore que l'exécution en foit facile, & que toutes les parties foient folides, en forte que les Ouvriers ordinaires puiffent nettoyer une Montre fans rifque de la détruire, & même refaire les pieces qui pourront avoir éprouvé quelque accident. Ces conditions font d'une néceffité indifpenfable dans les Montres fur-tout, dont l'ufage devient effentiel dans

les

les voyages, & que nous envoyons chez l'Etranger : or si une Montre est composée de sorte que l'exécution en soit difficile, il arrivera que passant entre les mains d'un Ouvrier médiocre, celui-ci, au lieu de la raccommoder, l'estropiera, & que ce sera une Montre perdue pour celui à qui elle appartient ; il en résultera à la longue un dégout pour l'Horlogerie, de maniere qu'une Montre de Geneve & de Suisse sera préférée à celle d'un habile homme, & que notre Horlogerie Françoise sera détruite.

681. Il est donc essentiel pour le bien de l'art, & pour celui du Public, que les Horlogers s'appliquent à faire de bons ouvrages, solides & de facile exécution ; mais il est aussi essentiel de faire observer au Public, qu'il n'est pas possible qu'un Artiste fasse de bons ouvrages sans que le prix en augmente, & que la perfection d'un ouvrage entraîne nécessairement un plus haut prix ; enfin qu'il n'y a pas moins de différence d'une Montre mal faite à une bonne, que d'un méchant tableau à celui d'un grand Maître : or réduire tous les ouvrages d'Horlogerie à une même valeur, & n'en faire aucune différence, c'est obliger les habiles gens à faire de mauvais ouvrages.

682. Le Public a été si souvent abusé & trompé par l'exposé de la simplicité d'une Montre ou Pendule, qu'il est à propos de faire entendre en quoi consiste la simplicité d'une machine.

683. Ce n'est point en diminuant le nombre des pieces qu'on simplifie une machine ; c'est seulement en diminuant les effets : or si l'on retranche des pieces & que les effets soient les memes, il faudra qu'une même piece produise plusieurs effets (souvent opposés) ; dès-là cette piece devient difficile à exécuter, en sorte que le moindre changement dans la machine lui fera manquer son effet, la piece même étant faite avec des soins extrêmes ; & cela sera à plus forte raison, si elle est mal exécutée : or cela ne seroit pas arrivé si l'on eût conservé l'ancien méchanisme ; car il y a une composition propre à chaque machine, au-delà de laquelle il est dangereux

I. Partie.   D d

d'aller ; ainfi ce qu'on gagne en fimplicité, on le perd en folidité & en facilité d'exécution : on peut donc fe défier avec raifon de la plupart de ceux qui annoncent, qu'ils ont fimplifié une machine, tandis qu'ils n'ont fait qu'en dénaturer les effets & les rendre moins folides.

684. Par exemple, qui retrancheroit une roue d'une Montre, dont le balancier doit battre le même nombre de vibrations qu'elle battoit auparavant, & diroit l'avoir fimplifiée, feroit cru du Public, & en impoferoit cependant, ce qu'il eft aifé de prouver. Soit (*Planche VI, fig.* 2), la Montre en queftion, de laquelle on retranche la petite roue moyenne D, (cette Montre bat 14400 vibrations par heure); les nombres de dents de ces roues font de la roue C, 60 dents, & le pignon b, où elle engrene, 6 ; la roue D, 48, le pignon c, 6 ; la roue E porte 42 dents, & le pignon e de la roue R (*fig.* 5) où elle engrene a 7 dents ; la roue R a 15 dents ; la fomme des dents des roues & pignons fera 184 dents : or en retranchant la roue D de maniere que la Montre ne foit plus compofée que des roues C, E, R, (*fig.* 2 & 5) & des pignons c, e, les nombres des roues C, E, R deviendront la roue C, de 96 dents, le pignon c, 6, la roue E, 70, le pignon de rencontre 7 ; enfin la roue de rencontre R aura 45 dents ; la fomme des dents de ces roues & pignons fera donc 224 ; ainfi en retranchant une roue D, loin de fimplifier la Montre, elle ne fera que le même effet qu'elle faifoit auparavant, qui eft de faire battre 14400 vibrations par heure, & le rouage fera compofé de 40 dents de plus qu'il n'avoit auparavant ; & fi les dents des nouvelles roues C, E, R font de la même groffeur que celles des roues C, D, E, R, ces roues C, E, R devroient être fort grandes ; en forte que la pefanteur de ces trois roues furpaffera celle de 4 roues ; or les vîteffes de ces deux rouages feroient les mêmes ; ainfi le rouage fuppofé fimplifié auroit par-là plus de frottement, conféquemment il en réfulteroit de plus grandes variations dans la machine, &c. C'eft ainfi que très-fouvent les machines qu'on dit être plus fimples, font en effet plus compofées & moins bonnes.

685. Enfin on peut pofer pour regle générale, que

toutes les fois que l'on verra dans une Montre une augmentation d'ouvrage qui ne tendra pas à la rendre meilleure, ou à en augmenter les effets, on pourra décider à coup sûr que celui qui l'a faite est un ignorant, qu'il est de mauvaise foi & qu'il veut en imposer aux personnes qui ne s'y entendent pas.

CHAPITRE XXXV.

Des Barometres & Thermometres à Aiguille.

686. Quoique les Barometres & les Thermometres n'entrent que comme accessoire ou d'ornement dans les Pendules, nous avons cru que beaucoup de personnes seroient curieuses de savoir le méchanisme des Barometres & Thermometres à aiguille, dont on fait actuellement usage, & comment on doit les exécuter : c'est par cette raison que nous en parlons ici.

Du Barometre.

687. Le Barometre est un instrument qui sert à indiquer la pesanteur & l'élasticité de l'air : *Toricelly* est l'inventeur du Barometre simple. Le Barometre simple est un tuyau de verre de trente pouces de longueur, ouvert par l'extrémité inférieure & fermé hermétiquement par la supérieure ; on le remplit de mercure par son ouverture, puis on le renverse de sorte que cette ouverture soit plongée dans un vase où il y ait assez de mercure pour la recouvrir : ou bien c'est un tuyau recourbé & évasé en forme de fiole du côté de l'ouverture, afin qu'étant rempli de mercure, puis renversé, de sorte que restant perpendiculaire à l'horizon, l'extrémité bouchée étant placée en haut, le mercure qui reste dans la fiole fasse le même effet que le vase dont on vient de parler.

D d ij

688. La hauteur moyenne de la colonne du mercure qui reſte ſuſpendue dans le tuyau ou *tube*, comptée depuis ſon ſommet juſqu'au niveau du mercure qui reſte dans le vaſe ou dans la fiole, eſt à Paris de 27 pouces 9 lignes environ. Cette hauteur varie ſelon l'élévation des lieux : par exemple, ſur le bord de la mer elle eſt de 28 pouces ; & elle devient d'autant plus petite que l'on eſt plus élevé au-deſſus du niveau de la mer : ſur les hautes montagnes, comme les Alpes ou les Pyrénées, elle n'eſt que de 18 à 19 pouces. Dans un même lieu le mercure monte & baiſſe, ſelon les variations de l'atmoſphere, c'eſt-à-dire, ſelon que l'air eſt plus ou moins chargé de vapeurs, ſelon les vents, &c. C'eſt cette propriété du Barometre qui ſert à prévoir le beau temps & la pluie, uſage ordinaire du Barometre.

689. Le tube doit être aſſez long, pour que la colonne de mercure aboutiſſe au bout qui eſt fermé : il doit reſter un intervalle auſſi parfaitement purgé d'air qu'il eſt poſſible, ſans quoi la colonne de mercure ſe tiendroit d'autant moins haute, & les variations de l'atmoſphere ſeroient marquées d'autant moins régulierement qu'il y auroit plus d'air contenu dans cet eſpace.

690. Le vaſe ou la fiole qui eſt au bout inférieur du tube doit avoir un diametre environ dix fois plus grand que celui du tube ; c'eſt ſur la ſurface du mercure que contient ce vaſe ou bouteille que l'atmoſphere fait une preſſion dont la quantité détermine la hauteur de la colonne ſuſpendue.

691. Pour rendre plus ſenſibles les variations du Barometre, les Phyſiciens en ont conſtruit différentes ſortes, afin de pouvoir eſtimer le moindre changement qui arrive dans l'air : nous nous contenterons de rapporter celui dont l'invention eſt attribuée au Docteur Hoock, renvoyant ceux qui deſireront s'inſtruire de cet objet aux ouvrages de Muſſchenbroek, où cet excellent Phyſicien a traité fort au long de ce qui concerne le Barometre, & les cauſes de ſes variations : on peut auſſi conſulter le Docteur Deſaguiliers.

692. *A B C (Planche XIV, fig. 6)* repréſente le tube de ce

baromètre à cadran & à aiguille ; ce tube recourbé par en bas porte le cylindre C, de même grosseur que le cylindre supérieur A; la longueur totale de ce tube est de 36 pouces, le diamètre des cylindres doit être environ de 5 lignes, celle du tube de 8 lignes ; par ce moyen on réduit beaucoup les frottements que cause le mouvement du mercure contre les parois du tube : ainsi le moindre changement dans l'air fait monter ou descendre le mercure, sur-tout si l'espace qui reste au dessus du mercure dans le cylindre supérieur est bien vuide d'air, & que le mercure soit bien pur.

693. Lorsque le Baromètre ordinaire parcourt 2 pouces, celui-ci n'en parcourt que la moitié ; car les deux cylindres étant de même grosseur il arrive que, lorsque le mercure contenu dans le cylindre inférieur descend d'un pouce, le mercure contenu dans le cylindre supérieur monte d'un pouce, & comme la hauteur de la colonne se mesure depuis la surface du mercure du tube inférieur, la colonne est devenue par ce changement de 2 pouces plus grande qu'elle n'étoit, quoiqu'elle n'ait parcouru qu'un pouce ; si donc on plaçoit une Échelle à côté d'un des cylindres, il faudroit qu'elle fût graduée par des divisions ou parties, moitié plus petites que celles du Baromètre ordinaire ; mais on n'employe ce tube de Baromètre que pour faire mouvoir une aiguille fort grande qui augmente considérablement l'espace parcouru & rend sensible le moindre changement ou mouvement du mercure.

694. Pour cet effet, on fait poser sur la surface du mercure du cylindre inférieur un petit poids fait de bois de fer ou d'ébène dont le poids est d'environ 36 grains : ce poids est attaché à un bout d'un fil de soie, dont l'autre bout tient à une poulie D à deux rainures vue en plan (*fig. 6*), & en profil (*fig. 8*); l'autre bout de ce fil est attaché à la rainure sur laquelle il s'enveloppe. La seconde rainure de cette poulie porte un fil pareillement attaché à un trou percé au fond de la rainure, l'autre bout de ce fil porte un contre poids *f*, dont la pesanteur doit être moitié du poids qui pose sur le mercure, c'est-à-dire, de 18 grains, lorsque le poids est de 36.

695. La poulie est fixée sur un axe ou tige qui porte deux pivots, dont l'un roule & est saillant dans une plaque qui porte un cadran, tel que celui (*fig.* 7), ce pivot prolongé porte une aiguille semblable à celle (*fig.* 7). L'autre pivot de l'axe de la poulie roule dans un trou fait à un pont, ce qui forme une cage à cette poulie.

696. La circonférence du fond de la rainure de la poulie doit être exactement d'un pouce & demi pied de Roi; pour l'exécuter juste de cette grandeur, il faut faire un nœud à un fil ou soie de la grosseur que l'on doit employer pour porter les poids; on coupera le fil au-dessus du nœud, en sorte qu'il ait exactement 1 pouce $\frac{1}{2}$ de longueur; on diminuera la rainure de la poulie jusqu'à ce que le bout du fil se joigne au nœud; par ce moyen, si l'on divise le cadran en trois parties, chacune correspondra aux divisions du Barometre ordinaire; car tandis que le Barometre ordinaire parcourt 3 pouces, celui à aiguille parcourera 1 pouce $\frac{1}{2}$, c'est-à-dire, que l'aiguille fera une révolution.

697. Ainsi en marquant sur le cadran 26, 27, 28 & 29 pouces, si lorsque le Barometre ordinaire est sur 28 pouces, on tourne l'aiguille sur les 28 pouces du cadran; quand le Barometre ordinaire marquera 27 pouces, l'aiguille de celui à aiguille sera sur les 27 pouces. On peut diviser l'intervalle entre chaque pouce du cadran en 12 parties, qui représentent des lignes; & si ce cadran a, je suppose, 8 pouces de diametre ou environ 24 de circonférence, on pourra encore subdiviser l'intervalle entre chaque partie qui représente les lignes en 12 autres parties, qui représenteront des douziemes de lignes.

698. On place ordinairement à Paris, sur le 28e pouce du Barometre, le temps variable; on peut le placer de même sur le cadran, & ainsi des autres époques de la pluie & de beau temps, comme sur le Barometre commun; comme on peut aussi placer une aiguille ou index qui tourne à frottement, que l'on fera tourner à la main, & qu'on placera à la même division où est actuellement l'autre aiguille; de cette maniere on

faura combien le Barometre varie d'un inftant à l'autre.

699. La petite partie faillante *g* du tube fert à le remplir ; pour cet effet, on renverfe le tube de haut en bas, & au moyen d'un entonnoir de verre, en verfant le mercure bien pur, il defcend & remplit le cylindre & en chaffe l'air ; mais pour mieux purifier le mercure, il faut le faire chauffer, & introduire dans le tube un petit fil de fer qui defcende jufqu'au fond du cylindre : à mefure que le mercure s'échauffera, on fera tourner le fil de fer, ce qui fera fortir l'air du tube ; on fera ainfi bouillir le mercure jufqu'en *a*, alors on mettra du mercure en rempliffant le tube jufqu'en *g* ; mais il faut avoir attention de ne pas introduire de mercure pendant que le tube & le mercure qu'il contient eft chaud, parce qu'il feroit caffer le tube ; enfuite on fcellera la partie *g* dont on s'eft fervi pour introduire le mercure : on peut fe contenter de faire entrer un petit bouchon de liege dans cet orifice & de le fceller avec de bonne cire d'Efpagne ; mais le mieux eft de le fceller à la lampe avec un chalumeau, parce que le verre, en fe fondant, bouchera l'ouverture *g*.

700. Cela étant fait, on renverfera le tube, & pour lors le mercure contenu dans le tube fupérieur defcendra, & la colonne fe mettra en équilibre avec l'atmofphere : fi le mercure defcend trop bas dans le tube, on en fera entrer de nouveau par le cylindre inférieur, afin que le mercure fe trouve placé à peu près dans le milieu de la longueur des cylindres, comme on le voit en *c fig*. 6.

Du Thermometre à Aiguille.

701. La figure 7 repréfente un Thermometre à aiguille & cadran, que je compofai en 1756 : le méchanifme eft le même que celui du Barometre ; mais le tube differe de celui de Thermometres ordinaires, en ce qu'il eft ouvert pour y introduire un petit poids qui pofe fur le mercure.

702. Le tube ou cylindre de ce Thermometre a 3 lignes de diametre, il eft rempli de mercure depuis *b* jufqu'en *a*, le furplus des tubes recourbés eft rempli d'efprit-de-vin, dont la dilatation eft plus grande que celle du mercure. J'ai donné cette

forme aux tubes, afin de rendre le Thermometre plus fenfible aux moindres changements de l'air, & j'ai donné par ce moyen plus de furface : on voit que l'air étant plus froid le mercure defcend ainfi que le poids, ce qui fait tourner la poulie & l'aiguille que fon axe prolongé porte.

703. Cette aiguille marque fur le cadran *B C* les degrés de température, de la même maniere que le mercure ou l'efprit-de-vin du Thermometre ordinaire le fait fur une échelle graduée.

704. Ce cadran eft divifé en 90 parties ou divifions, que je fais correfpondre au Thermometre de M. de Réaumur ; pour cet effet, lorfque le tube *a b* eft rempli de mercure, & les cylindres recourbés *a*, *c*, *d*, d'efprit-de-vin, je les plonge dans la glace pilée, & après les y avoir laiffé affez de temps pour que le mercure & l'efprit-de-vin foient au terme de la glace, je marque fur le tube le point *b*, où le mercure s'y arrête ; je me fers pour cela d'un fil qui enveloppe le tube, & que je fais monter & defcendre jufqu'à ce qu'il foit arrêté parfaitement au point où eft la furface du mercure ; enfuite je place ce tube à côté d'un bon Thermometre gradué felon les divifions de M. de Réaumur ; je place l'un & l'autre dans un lieu où la température foit d'environ 12 ou 15 degrés au deffus de la glace ; je marque alors, comme pour la glace, & par le même moyen, le point où le mercure y monte ; je mefure l'intervalle entre les deux fils ou points donnés ; (je fuppofe cet intervalle de 6 lignes) ; je fais la proportion & dis : Si pour 15 degrés parcourus par le Thermometre, le mercure eft monté de 6 lignes, combien devra-t-il monter pour 90 degrés du même Thermometre ? Je trouve 36 lignes : c'eft donc le chemin que feroit le mercure dans le tube, tandis qu'un Thermometre felon M. de Réaumur parcourroit 90 degrés. Cette quantité détermine la circonférence du fond de la rainure de la poulie ; ainfi en prenant un fil de foie, auquel on donne pour longueur 36 lignes, on fera la circonférence de la poulie de la grandeur requife, fi on la diminue jufqu'à ce que ce fil l'enveloppe en entier.

705. On marquera sur le cadran de ce Thermometre, comme sur ceux ordinaires, chaud, tempéré, froid de tels ou tels lieux, &c.

CHAPITRE XXXVI.

Des Opérations de la main-d'œuvre pour l'exécution des Pieces d'Horlogerie.

706. La matiere que je traiterai dans ce Chapitre sera assez inutile aux Horlogers, puisqu'il n'est ici question que de quelques opérations de la main, objet assez connu aujourd'hui; ainsi afin qu'ils ne me blâment pas de m'être arrêté à des choses qui leur sont très-familieres, je commence par les prévenir qu'ils peuvent passer ce Chapitre sans le lire. Mais plusieurs Amateurs de Méchaniques m'ayant demandé souvent de joindre à mon Ouvrage quelques-uns des moyens d'exécution que l'on employe en Horlogerie, j'ai cru devoir le faire en leur faveur, & je m'y suis d'autant plus volontiers déterminé, que j'ai vu nombre de personnes nées avec d'heureuses dispositions pour les Méchaniques, & qui n'ont pu cultiver leur talent naturel, faute des secours qu'ils ont cherchés inutilement dans les livres.

707. Je m'arrêterai simplement à l'exécution de l'Horlogerie en Pendule, & me contenterai d'indiquer les principales opérations; mais elles seront suffisantes pour conduire les Amateurs à les appliquer ou à des instruments de Physique & même à l'exécution de petites machines, comme les Montres, sur-tout aidés par l'habitude de réfléchir sur leurs opérations. D'ailleurs, quand même un Amateur voudroit parvenir à faire d'aussi petites machines, il seroit toujours à propos qu'il commençât par l'Horlogerie en grand, par les raisons que nous avons expliquées dans le *Discours préliminaire* : l'habitude feroit le reste.

I. Partie. E e

708. Nous prendrons ici pour exemple, l'exécution d'une Pendule à répétition, en la prenant dès la matiere brute & en la conduisant jusqu'au point de lui donner le mouvement; & nous nous arrêterons ensuite à l'exécution de l'échappement à repos de Graham pour faciliter ceux qui desireroient faire une Horloge à secondes : ainsi j'ai choisi ici les machines qui réunissent les principales opérations de l'Horlogerie, & à l'aide desquelles on pourra passer plus loin.

De la disposition ou plan de la Machine.

709. Avant que d'entreprendre l'exécution d'une machine quelconque, il faut en avoir la distribution arrangée dans la tête, en concevoir bien les effets : alors on en fait le plan, ce que les Horlogers appellent *tracer le calibre.*

710. Je suppose donc que l'on veut exécuter une Pendule à ressort à répétition, qui aille 15 jours sans remonter : il faudra en faire le calibre, c'est-à-dire, tracer sur un carton la position de chaque piece de l'Horloge, roues, &c ; pour cet effet il faudra rechercher, par les méthodes que nous expliquerons dans la seconde Partie, les nombres convenables à donner aux roues d'une pareille l'Horloge.

711. On observera, en déterminant ces nombres, qu'il faut tenir les roues les plus petites qu'il est possible, afin de diminuer leur pesanteur & par conséquent les frottements, mais en conservant cependant les dents assez fortes pour l'effort qu'elles ont à vaincre : il est sur-tout essentiel que la roue de barillet soit épaisse & qu'elle ait de grosses dents : en voici à peu près la proportion établie par l'usage. Une roue de barillet du mouvement d'une Horloge à 15 jours qui a 2 pouces de diametre & 2 lignes d'épaisseur, peut porter 80 dents ; on pourroit lui en donner un plus grand nombre, mais il seroit dangereux de le faire, non pas que l'on eût à craindre que la simple action du ressort pût les courber ou casser; mais lorsqu'un ressort vient à casser, il arrive très-souvent que par le choc qu'il produit, les dents du barillet, ou celles du pignon dans lequel il

engrene, caſſent ; quelquefois même un reſſort caſſé fait ſauter les dents du barillet & du pignon, ou le pivot de la roue de longue tige. C'eſt par ces raiſons qu'il ne faut pas trop nombrer les barillets, ni faire de longues dentures à ces roues & à leurs pignons ; il ne faut pas non plus que les dents de la roue & du pignon ſoient trop vuides : les mêmes obſervations ſerviront pour les dents de la grande roue moyenne & du pignon de longue tige ; on doit ſur-tout en faire uſage lorſque le barillet doit ſervir à un rouage de ſonnerie ; car alors le reſſort moteur doit néceſſairement être plus fort, afin de faire frapper le marteau avec force ſur le timbre ; & ſi un tel reſſort vient à caſſer, il produit des effets plus violents encore.

712. Cela entendu, voyons la maniere dont il faut diſtribuer le rouage de l'Horloge pour la faire aller 15 jours : je ſuppoſe que l'on veut le placer dans un cartel, dont l'ouverture de la lunette permet d'employer une cage qui ait 4 pouces de diametre & qui ſoit ronde ; dans ce cas le barillet pourroit avoir environ 2 pouces de diametre (*voyez Planche V, fig.* 1) ; car il faut qu'il paſſe vis-à-vis du pignon de longue tige, lequel doit néceſſairement être au centre de la cage pour que les aiguilles ſoient au centre du cadran ; on voit même que le barillet déborde un peu la cage : or dans un barillet de 2 pouces, on peut employer un reſſort qui, ayant une force convenable, puiſſe avoir 6 tours de bande utile ; car il faut qu'il faſſe dans ce cas 7 tours $\frac{1}{2}$, pour ne pas le remonter juſqu'au haut & ne pas le laiſſer développer juſqu'au bas : on aura par ce moyen un reſſort, dont l'action ſur ce rouage ſera moins inégale ; pouvant donc faire 6 tours, il faut, ſelon ce que l'on ſe propoſe, que ces ſix tours de bande utile puiſſent faire marcher la machine pendant 15 jours ; or on voit que ſi l'on faiſoit engrener la roue de barillet immédiatement dans le pignon de longue tige, la roue de barillet ne pouvant avoir que 80 dents, & le pignon en ayant, je ſuppoſe, 6, celui-ci feroit $13\frac{1}{3}$ tours pour un du barillet, leſquels étant multipliés par 6, nombre de tours du reſſort, on auroit 80, qui exprimeroit le nombre de tours que la roue de longue

tige feroit pendant les six tours du barillet : or la roue de longue tige doit porter l'aiguille des minutes, & par conséquent rester une heure à faire un tour ; ainsi cette machine n'iroit que 80 heures sans monter, c'est-à-dire, 3 jours 8 heures ; on sera donc obligé d'employer une roue intermédiaire C entre le barillet & la roue de longue tige, afin de faire aller l'Horloge 15 jours. Quoique nous ayons parlé assez au long dans notre seconde Partie, de la maniere de trouver les nombres qu'il faut donner aux roues, nous employons ici une méthode simple, pour ne pas interrompre la marche que l'on doit suivre.

713. Il faut chercher combien 15 jours contiennent d'heures, afin de savoir combien en 6 tours de barillet la roue de longue tige doit faire de tours : on multipliera donc 15 par 24^h. & on aura 360, nombre d'heures ou révolutions de la roue de minutes en 15 jours ; & pour savoir combien la roue de longue tige fait de tours pour un du barillet, on divisera 360 par 6, & on aura 60 ; & selon la méthode du Chap. VIII, (*seconde Partie*) on prendra tous les diviseurs premiers de 60.

714. Ainsi divisant 60 par 2, on aura 30, lequel divisé par 2 on a 15, qui ne peut plus être divisé par 2 ; on le divisera donc par 3 ; on aura 5 pour quotien, & comme 5 n'est divisible que par 5, 5 sera le dernier diviseur premier.

715. On a donc pour diviseurs de 60, 2, 2, 3, 5 : que je partage en deux lots 2, 3 ; 2, 5 ; multipliant les nombres d'un même lot l'un par l'autre, on aura $\frac{6}{1}$ & $\frac{10}{1}$ qui exprimeront le nombre de tours que doit faire la roue de minutes pour un de la grande roue moyenne, & celle-ci pour un du barillet : or pour n'avoir pas une roue de barillet trop nombrée, je choisirai $\frac{6}{1}$ pour l'exposant du barillet : ainsi en employant un pignon de 12 pour engrener dans le barillet, je multiplierai $\frac{6}{1}$ par 12 & j'aurai $\frac{72}{12}$, dont le numérateur désigne le barillet, & le dénominateur, le pignon ; voulant employer pour la longue tige un pignon de 8, je multiplierai $\frac{10}{1}$ par 8, j'aurai $\frac{80}{10}$; ainsi 80 désigne la grande roue moyenne, & 10 le pignon de longue tige ; on aura donc des roues telles qu'on les demandoit. Passons aux roues qui doivent régler la marche de l'Horloge en entretenant le mouvement du pendule.

PREMIERE PARTIE, CHAP. XXXVI.

716. Je suppose que le pendule puisse avoir 9 pouces $\frac{1}{4}$ environ de longueur; on trouve dans la table des longueurs, à la fin de la seconde Partie, qu'un tel pendule bat 7200 vibrations par heure: on prendra d'abord la roue d'échappement à volonté; mais on observera que pour faire un bon échappement, il faut que les dents de cette roue soient beaucoup plus distantes entr'elles que celles des autres roues, & d'autant plus que cette roue est la plus petite du rouage & doit être légere pour diminuer le frottement; ainsi, au lieu que dans les autres roues on peut employer jusqu'à 80 dents, celle-ci n'en doit avoir que depuis 25 jusqu'à 33 ; on ne peut y en mettre 36 sans en augmenter le diametre ; je suppose ce diametre de 10 lignes, qui sera une bonne grandeur, & qu'on lui donne 30 dents pour avoir environ une ligne de distance entr'elles : on a vu (26) que chaque dent produit 2 vibrations au pendule; ainsi chaque tour de la roue en produit 60 : si donc on divise le nombre 7200 des vibrations du pendule en une heure par 60, on aura le nombre de tours que devra faire la roue d'échappement pour un de la roue de longue tige : on trouve que 7200 divisé par 60 donne 120, ainsi le rochet d'échappement doit faire 120 tours pour un de la roue des minutes. On sera donc obligé de placer une roue intermédiaire entre la roue de longue tige & le rochet d'échappement; car pour que la roue de longue tige pût engrener immédiatement dans le pignon de la roue d'échappement, en ne donnant à celui-ci que 6 dents, la roue de longue tige devroit en avoir 720, ce qui est impossible ; on y en employera donc deux; & pour en trouver les nombres, on se servira de la méthode précédente: on prendra les diviseurs premiers de 120 qui sont 2, 2, 2, 3, 5, qu'on partagera en deux lots pour deux roues, comme 2, 2, 3 & 2, 5 ; ou bien 2, 2, 2 ; 3, 5 ; mais les premiers sont préférables, parce qu'ils fournissent des roues dont les nombres different moins l'un de l'autre : on a donc 2, 2, 3 $= \frac{12}{1}$ & 2, 5 $= \frac{10}{1}$; ainsi en employant des pignons de 6, on aura $\frac{72}{6}$ & $\frac{60}{6}$: on prendra 72 pour la roue de longue tige, & 60 pour celle de champ. On pourroit prendre la roue 60 pour celle de

longue tige; mais il faut remarquer que de même que les roues doivent aller en décroissant de grandeur à mesure que leurs vîtesses augmentent, de même le nombre de leurs dents doit diminuer aussi, afin de proportionner les dents aux efforts : il n'y a que le barillet qui étant la plus grande des roues n'est cependant pas la plus nombrée par les raisons que nous en avons données.

717. Voici donc les nombres qu'il faut donner à ce rouage de l'Horloge, qui est nécessairement composé de 5 roues, comme on le voit *Planche V*, *fig.* 1 : la roue de barillet *B* de 72 dents engrene dans le pignon *b* de 12 dents, qui porte la grande roue moyenne *C* de 80 dents , & qui engrene dans le pignon de longue tige *c* de 8 dents, sur lequel est rivée la roue de longue tige *D* de 72 dents qui s'engrene dans le pignon *d* de six dents, sur lequel doit être fixée la roue de champ *E* de 60 dents, qui engrene dans le pignon *e* de six ailes, sur l'axe duquel est fixé le rochet d'échappement *F* de 30 dents : on aura donc ainsi le rouage d'une Horloge propre à marcher 15 jours sans remonter, avec un ressort qui fera 6 tours, & le pendule fera 7200 vibrations par heure & aura 9 pouces 2 lignes $\frac{7}{12}$ de longueur.

718. Cela ainsi trouvé, on tracera sur un carton la roue de barillet; on marquera avec un crayon un trait concentrique au barillet de la grandeur du rochet; on aura la premiere & la derniere roue ; & comme entre ces deux il y a trois roues intermédiaires, on divisera l'espace 1, 5 en trois parties, par lesquels on décrira les circonférences 2, 3, 4, qui donneront assez bien les grandeurs convenables des roues *C*, *D*, *E*, que l'on tracera sur le calibre, en leur donnant la position marquée par la figure. La position de la roue *D* est donnée puisqu'elle doit être au centre de la cage; celle du barillet est aussi donnée, ainsi la position de la roue *C* devient par-là déterminée; il n'y a que par rapport au côté où elle doit être placée, qui doit être à l'opposite du rouage de répétition, pour qu'elle ne le gêne pas. Les roues *D*, *E*, *F* doivent être placées sur la ligne prolongée qui passe par le centre de la cage & du barillet;

par ce moyen le trou de remontoir se trouve sur 6 heures, & l'ancre d'échappement se trouve placé à l'extrémité de la cage; ce qui est un avantage, par la raison que le centre de suspension devant coïncider avec celui de l'ancre, on donne par ce moyen une plus grande longueur au pendule.

719. Par rapport aux nombres de dents qu'il faut placer sur les roues qui doivent former le rouage de la répétition, pour régler l'intervalle entre les coups de marteau, il n'est pas nécessaire d'en faire la recherche, parce que ces nombres sont les mêmes à toutes les pieces, & qu'on ne peut pas les trouver par des regles immédiates, comme pour le rouage de l'Horloge ; car quoique le volant soit ce qui détermine en partie la vîtesse du rouage $LMNV$, le volant restant le même, ainsi que les dents du rouage, il tournera cependant plus vîte, si le ressort moteur est plus fort, & au contraire ; effet que n'éprouve pas le pendule : ce n'est donc que par l'expérience que l'on a déterminé les nombres de ces roues; & que pour corriger les inégalités de vîtesses produites par les différents ressorts, on fait des volants plus larges ou plus étroits, &c.

720. On change encore la vîtesse du rouage d'une répétition (& de même d'une sonnerie) en faisant engrener plus ou moins le pignon de volant dans sa roue ; si l'engrenement est profond, cela ralentit la vîtesse ; & au contraire : pour cet effet, on fait rouler le pivot de volant dans le trou excentrique d'une vis de laiton qui tourne à frottement sur la platine, de sorte que selon qu'on fait tourner cette vis, on fait approcher ou éloigner le pignon de la roue.

721. Voici les nombres que l'on employe communément pour le rouage d'une répétition de Pendule : on donne à la roue L 72 dents ; elle engrene dans un pignon f de six ailes qui porte la roue M de 60 dents ; elle engrene dans un pignon g de 6 dents, sur l'axe duquel est fixée la roue N ; celle-ci a 54 dents, & engrene dans le pignon h de volant de six ailes.

722. Nous avons dit (106) que la roue de cheville G doit porter 12 chevilles pour faire frapper les heures & trois pour les quarts ; cette roue doit donc porter 15 chevilles ;

mais il faut obferver qu'elles ne font pas placées à égales diftances, & que par conféquent il ne faut pas feulement divifer cette roue en quinze parties, mais en un plus grand nombre ; car, 1°, pour bien diftinguer les heures d'avec les quarts, il faut qu'après que la derniere heure a frappé, il y ait un intervalle plus grand qu'entre les fimples heures, pour aller au premier quart ; on divifera donc cette roue G en 17 parties, dont 12 feront pour les heures : entre la derniere cheville & la premiere qui doit fervir au quart, on paffera une divifion fans y mettre de cheville ; on laiffera trois divifions pour les chevilles des quarts, & il reftera un intervalle entre la derniere cheville des quarts & la premiere des heures, où il n'y aura pas de cheville ; ainfi toute la circonférence de cette roue G de cheville fera employée utilement, en laiffant de plus grands intervalles entre les chevilles, ce qui facilitera l'exécution de la répétition, les bafcules, &c.

723. On tracera donc fur le calibre le rouage de la répétition, de maniere qu'il ne gêne pas celui de l'Horloge ; mais pour régler la pofition de la roue G, il faut avoir égard à la conftruction que l'on veut donner à la cadrature. Suppofons que l'on veuille employer celle de la *fig.* 2, qui eft bonne, on placera fur le calibre la roue G, comme elle eft dans la *fig.* 1 : pour faciliter l'exécution, on pourra tenir les roues plus grandes qu'elles ne font marquées dans la *fig.* 2, il fuffit qu'elles ne gênent pas le rouage du mouvement ; il n'y a que la roue G qui ait une pofition fixe ; on peut faire aller les roues M, N, V de quel côté que l'on veut : on peut bien changer auffi la pofition de la roue G ; mais dans ce cas il faut changer toute la difpofition de la cadrature.

724. Le plan ainfi tracé, on marquera deffus, la place des piliers, qui feront au moins au nombre de quatre ; car lorfque les platines font fort grandes, il en faut placer un dans le milieu auprès des roues, pour rendre la hauteur de la cage invariable : en diftribuant les piliers, il faut en placer toujours deux auprès du barillet. Lorfque les Pendules font à roues de rencontre, il faut auffi en placer près de la roue de champ ;

PREMIERE PARTIE, CHAP. XXXVI. 225

en général il faut placer les piliers près des roues.

725. Ce plan repréfentera donc l'intérieur de la platine des piliers, & la figure 2, le dehors de l'autre platine.

726. On tracera de l'autre côté du carton les roues de cadran, comme elles font vûes (*fig.* 3) en donnant à ces roues des nombres qui foient tels que pendant que la roue de longue tige D (*fig.* 1 & 4) fait 12 tours, (ainfi que la chauffée *m fig.* 3 & 5 qu'elle porte) la roue de cadran C en faffe un. Pour cet effet, voici les nombres les plus convenables : roue de cadran C, 72 dents, menée par le pignon *r* de la roue de renvoi qui en aura 6, & fera par conféquent 12 tours pour un de la roue C : ainfi en donnant aux roues S & *m* même nombre de dents, comme 36, par exemple, la roue C reftera 12 heures à faire un tour.

727. Nous ne nous arrêterons pas maintenant à prefcrire la difpofition de la cadrature & les regles à fuivre : nous traiterons cette partie, lorfque nous aurons parlé de la main-d'œuvre du rouage.

II. De l'exécution du Rouage de l'Horloge à Répétition.

1°. *Monter la Cage.*

728. Il faut prendre deux morceaux de laiton pour faire les platines, qui foient environ 3 lignes plus petits que le calibre ; & comme ces platines, pour être folides, doivent avoir au moins une ligne d'épaiffeur lorfqu'elles auront été planées & limées, on prendra du laiton qui ait au moins une ligne & demie d'épaiffeur. Etant ainfi choifies, on percera au milieu un petit trou de foret pour fervir à contenir la pointe d'un compas à couper, avec lequel on coupera les angles des morceaux de laiton ; ou fi on les prend dans la planche même, cela évitera de les couper avec des cifailles : les platines ainfi coupées, on les limera tout autour en ôtant foiblement les angles : on appelle cela les *ébarber*.

I. Partie. F f

729. Ainsi préparées, il faut les durcir à coup de marteau, ce qu'on appelle *forger*, *écrouir* ou *planer*. Pour cet effet il faut les frapper sur un tas (qui est une espece d'enclume dont la surface est un peu arrondie & polie, & que l'on pose sur un billot) avec le côté du marteau qu'on appelle la *pane*; la pane doit être épaisse & arrondie, pour ne pas séparer trop fortement les parties du cuivre. Quand on a bien forgé les côtés des platines avec la pane, on se sert du plat d'un marteau, dont la tête est un peu arrondie, pour effacer les coups de la pane, lesquels ont servi à durcir les platines jusqu'au centre; car il est bon d'observer que le plat du marteau ne durcit que la superficie, au lieu que l'autre resserre la matiere jusqu'au centre de l'épaisseur de la platine.

730. Il faut avoir une grande attention, pour ne pas faire fendre les platines, de forger également par rangée parallele ou circulaire; car si après qu'elles ont acquis un certain degré de dureté, on frappoit trop fortement soit sur un côté soit dans le milieu, elles se fendroient tout-à-coup : en général il faut que les coups de marteau soient donnés parallélement aux côtés, quand ce sont des platines quarrés; & si ce sont des platines rondes, comme celles dont il est ici question, on peut les forger, ou comme si elles étoient quarrées en commençant par un bord, & en allant par rangées paralleles jusqu'au bord opposé; ou bien on peut les forger par des rangées de coups circulaires, en allant ainsi du bord au centre : cette méthode est préférable pour conserver les platines rondes; au lieu que par l'autre on les rendroit ovales, & que pour les amener à la grandeur convenable, il faudroit les aggrandir plus qu'il n'est besoin.

731. Mais pour éviter cet embarras, il faut couper d'abord les platines quarrées, & les forger (après les avoir ébarbées) tout comme si elles devoient rester quarrées.

732. A mesure qu'on forge les platines, il faut les rendre bien égales d'épaisseur; & lorsqu'elles sont bien planées & unies, il ne s'agit plus que de les dresser, ce que l'on fera en présentant une regle d'acier bien dressée, & frappant du plat

du marteau fur la partie courbe de la platine en allant toujours parallélement, jufqu'à ce que, de quelque côté qu'on préfente la regle, on voye la platine droite ; alors on percera un petit trou au milieu, & avec le compas à couper, on coupera les platines de la grandeur du calibre : on préfentera de nouveau la regle, pour voir fi en coupant les angles des platines elles ne fe font pas courbées ; fi cela eft, on les redreffera.

733. On préparera un morceau de bois bien uni fur lequel on les affujettira pour les limer : cette piece portera en deffous un tenon pour l'attacher à l'étau ; le bois doit être de chêne bien dreffé ; on y applique la platine qu'on veut limer, & on l'y arrête avec une tenaille à vis ; enfuite on ôte le noir du cuivre avec une lime d'*Allemagne*, & on dreffe la platine avec une lime d'*Angleterre bâtarde*.

734. Quand elle a été limée bien droite & unie d'un côté, on la retourne de l'autre ; & l'on fait la même opération, ayant foin de conferver les platines bien égales d'épaiffeur, fi elles le font, & de les rendre égales, fi cela n'eft pas ; il ne refte alors qu'à les adoucir avec une lime *d'Angleterre douce*.

735. Cela ainfi préparé, on choifit la platine la plus épaiffe ; (je l'appelle indifféremment *Platine des piliers* ou *premiere Platine*, j'appellerai l'autre la *feconde Platine*) ; & après avoir percé le carton fur lequel eft tracé le calibre d'autant de petits trous qu'il y a de roues, & de même pour les piliers, on appliquera le côté du calibre où les roues du rouage font tracées, contre cette platine, ayant attention que les centres coïncident ; pour s'en affurer, on fera paffer une cheville à travers ; tenant alors fortement arrêté le calibre contre la platine, on marquera avec une pointe par tous les trous du calibre des petits points qui indiqueront la place du rouage & des piliers : alors on ôtera le calibre, & on tracera légerement les roues : on prendra un foret qui ne foit pas tout-à-fait de la groffeur que l'on veut donner aux pivots des piliers, c'eft-à-dire d'environ 2 lignes, & on percera dans la platine les trous des piliers. Cette platine fera celle qui doit porter les piliers ; le côté fur lequel le calibre eft tracé fera le côté extérieur de cette platine.

736. On appliquera sur ce côté extérieur de la platine des piliers la seconde platine ; on fera passer un petit arbre lisse par le trou de l'une & de l'autre pour les faire bien coïncider ; on fixera ces deux platines l'une avec l'autre au moyen de deux tenailles à vis ; alors on percera les trous des piliers à la seconde platine, ayant attention de se servir du même foret qui a percé ceux de la platine des piliers.

737. On percera près des piliers quatre trous d'environ demi-ligne de grosseur, & on passera un écarissoir dans ces quatre trous, pour les rendre unis, ayant attention à faire entrer cet écarissoir par le côté de la seconde platine : on marquera sur le bord des platines un repaire, c'est-à-dire, deux traits formant un *V*, afin qu'après avoir ôté les tenailles on puisse représenter les platines l'une sur l'autre dans la même position qui a servi à percer les trous des piliers : cela fait, on ôtera les tenailles, & on chassera à la seconde platine aux trous qui sont à côté de ceux des piliers, des chevilles bien rondes & adoucies, qui seront de fil de laiton durci, que l'on fera entrer par le même côté par où a passé l'écarissoir, ce que l'on connoîtra par le repaire ou *V* formé sur le bord de la platine, qu'il ne faudra que présenter contre l'autre platine pour voir quel étoit le côté extérieur : on chassera ensuite à force quatre chevilles qu'on coupera *à fleur* de la platine du côté dont on les a chassées, & qu'on laissera saillantes de l'autre.

738. On présentera cette platine contre l'autre, selon son repaire ; & si les chevilles entrent trop fortement dans les trous de la premiere platine, on passera légérement un écarissoir jusqu'à ce qu'elles entrent par un bon frottement ; alors on limera l'excédent des chevilles, si elles sont plus longues que l'épaisseur de la premiere platine ; & les deux platines ainsi assemblées, on limera les bords tout autour & parfaitement, selon le trait du compas, & de la grandeur du calibre ; on adoucira ces bords qui devront être d'équerre avec le plan des platines.

739. On passera dans les trous des piliers un écarissoir

qui en rende les trous bien unis, & les faſſe parfaitement coïncider chacun à chacun: on retracera le repaire, ſi on l'avoit effacé; quand les platines ſeront ainſi bien préparées, on travaillera à faire les piliers.

740. Pour faire les piliers d'une Pendule, on ſe ſert ordinairement de cuivre fondu: ces piliers ont deux baſes qui ſont plus ou moins grandes, ſelon la hauteur des piliers: par exemple, pour des piliers qui ont 15 lignes de hauteur, comme doivent à peu près être ceux de cette répétition (*Planche V*) la baſe des piliers eſt de 5 lignes, & le corps n'en a que trois, & les pivots 2: on réſerve ordinairement dans le milieu de la longueur des piliers une boule que l'on prétend qui orne le pilier, car elle n'a pas d'utilité. On donne à cette boule un peu plus de groſſeur qu'aux baſes; le corps des piliers doit être plus gros du côté de la baſe qui ſe rive à la platine; ils ſont, par ce moyen, plus en état de réſiſter aux coups qu'ils peuvent recevoir quand la cage eſt démontée; c'eſt pour cette même raiſon qu'il faut employer du cuivre bien doux; car ſans cela le moindre coup les fait caſſer lorſqu'ils ſont rivés ſur leur platine.

741. Pour faire ces piliers, on commence par en faire des modeles en bois de la figure que l'on veut qu'ils ayent; il faut tenir ce modele plus gros, & parce qu'étant jettés en moule, ils viendront plus petits que le modele, & parce qu'ils diminueront au tour.

742. En prenant ainſi les piliers fondus, il faut en forger chaque partie, les pivots, les baſes & le corps; enſuite on marquera avec un *pointeau* (outil d'acier trempé, dont la pointe eſt tournée & conique) des points aux bouts des pivots du pilier le plus court: on les marquera d'abord foiblement, afin que ſi en préſentant ces points ſur les pointes du tour, & qu'en faiſant rouler le pilier, s'il ne tourne pas rond, on puiſſe rejetter le point ſur un côté, & juſqu'à ce que le pilier tourne bien rond: alors on mettra ſur l'un des pivots un cuivrot qui ſervira à tourner le pilier.

743. On le tournera d'abord rond (a) dans toute sa longueur ; ensuite on tournera les assiettes, c'est-à-dire, les côtés qui doivent s'appliquer sur les plans des platines ; on prendra l'outil décrit (485) & qui est représenté (*Planche XVIII, fig. 9*) qu'on appelle *le Maître-danse* ; on prendra sur un pied divisé en lignes la hauteur qu'on veut donner à ses piliers, & on réduira ce pilier qu'on tourne à cette hauteur, & jusqu'à ce que les bouts *c d* de l'outil comprennent bien justes ces deux assiettes ; on tournera les pivots de la grosseur donnée ; on arrondira le bout de celui qui ne doit pas être rivé : on laissera ce pivot de longueur convenable pour saillir à travers la seconde platine d'environ une ligne & $\frac{1}{2}$, afin qu'il y ait de quoi goupiller ces piliers ; on creusera très-légèrement le milieu des assiettes, afin que ce soit les bords qui portent sur les platines ; ensuite on tournera le reste du pilier, on passera une lime douce & on le polira, en employant pour cela du bois *blanc* & de la pierre *pourrie* broyée avec de l'huile, en appuyant fortement avec le morceau de bois.

744. On marquera sur le pivot qui doit se river, un trait profond, lequel sera distant de l'assiette, de l'épaisseur de la platine des piliers, plus, la quantité requise pour la rivure, c'est-à-dire, en tout environ une ligne un quart, dont près d'un quart de ligne servira à river le pilier.

745. On voit que pour n'avoir pas à placer deux fois ce cuivrot sur le pilier, qu'il faut que le pivot sur lequel on prend la rivure, soit assez long pour contenir un cuivrot au bout, & pour réserver entre le cuivrot & l'assiette un pivot pour river à la platine : ce pilier fait, on fera les trois autres de même, en leur donnant à tous la même forme, grosseur & hauteur qu'au premier que l'on a fait : alors on sciera les bouts de pivots qui portoient le cuivrot ; on se réglera pour cela sur le trait que l'on a fait au tour pour régler la longueur du pivot.

---

a Je suppose qu'on s'est amusé à tourner & à limer, & qu'on a acquis assez d'habitude pour savoir tourner & limer passablement ; ainsi je ne m'arrêterai point ici à prescrire la manière de manier ces outils : il faut s'exercer : on me doit tenir quelque compte du détail dans lequel j'entre ici, sans exiger jusqu'à la moindre opération.

746. Les piliers étant faits, on séparera les deux platines; & prenant celle des piliers, on prendra un pilier, & on présentera le pivot qui doit être rivé pour le faire entrer dans un des trous; mais comme ces trous sont plus petits que les pivots, ne les ayant pas faits de deux lignes, on l'aggrandira jusqu'à ce que le pivot entre bien juste : cela étant fait, on marquera sur le bout de ce pivot un petit trait, & on en fera autant sur l'angle de la platine à côté du trou du pilier : cela servira de repaire jusqu'à ce que la cage soit montée : on prendra un second pilier, on l'ajustera de la même manière ; & pour faire le repaire, on fera deux traits au pivot & autant à la platine; & pour le troisieme, on fera trois traits ; le quatrieme n'a pas besoin de repaire.

747. Les piliers ainsi ajustés sur la platine, on fera avec une lime à *queue de rat* (petite lime ronde) un chanfrein tout autour du trou de chaque pilier sur le côté extérieur de la platine ; on adoucira d'abord avec de la pierre ponce & de l'eau le dedans de la platine à l'endroit des piliers ; ensuite on y *passera* une pierre douce, & enfin on polira cette place des piliers avec de la pierre pourrie & du buffle collé sur du bois. On placera les piliers dans leurs trous : on prendra la seconde platine, & on présentera son repaire vis-à-vis de celui de la platine des piliers, afin de faire convenir le trou du pilier tel qu'il a été percé avec le bout du pivot actuellement dans le trou de la platine des piliers : pour cet effet, on observera qu'il faut que le côté qui étoit appliqué contre le dehors de la platine des piliers, lorsqu'on a formé les trous des piliers, doit être le côté extérieur de la seconde platine, lorsqu'elle sera posée sur ces piliers ; les tenons de cette platine désigneront donc ce côté : ainsi on prendra un des piliers qui sont actuellement sur la premiere platine, & on fera entrer le pivot dans le trou correspondant de la seconde platine ; si ce trou n'est pas assez grand, on l'aggrandira avec l'écarissoir : on passera ensuite à un autre pilier, ayant toujours attention à présenter le repaire de la seconde platine pour correspondre à celui de la premiere, afin que s'il y a quelques différences dans la grosseur des pivots, on n'aggrandisse pas un trou l'un pour l'autre.

748. Les pivots ainsi ajustés dans les trous de la seconde platine, on ôtera les *bavures* que l'écarissoir aura faites, & la cage sera prête à monter. En présentant la seconde platine sur les piliers, il ne sera donc plus question que de river les piliers après leur platine ; pour cet effet, on prendra un cuivrot qui soit juste de la grosseur des bouts de pivots, qui saillent à travers la seconde platine ; on le limera bien plat; on le placera sur un *petit tas* (espece d'enclume d'acier poli qui porte un tenon pour l'attacher à l'étau) & on placera le bout d'un pivot de pilier dans son trou, & tenant fortement la cage pour qu'elle ne se démonte pas, on prendra un marteau de moyenne grosseur, & on rivera avec la pane le pivot sur la platine des piliers : on fera la même opération à tous les piliers les uns après les autres, en prenant garde de ne pas frapper assez fort pour affaisser ou courber les piliers, mais au contraire en les ménageant extrêmement ; car il faut qu'en ôtant la seconde platine, elle rentre librement & sans gêne, & qu'en présentant une équerre sur le plan d'une platine, le côté de la cage soit d'équerre en tournant l'équerre tout autour, ce qui prouvera que les piliers sont bien perpendiculaires aux plans des platines.

749. Or cela étant ainsi, on voit l'usage des tenons qui ont servi à assembler les deux platines pour percer les trous des piliers : car si l'on replace de nouveau ces platines, selon leurs repaires, en appliquant le dehors de la seconde platine contre le côté extérieur de celle des piliers, & qu'en cet état on les perce toutes deux ensemble d'un trou fait avec un foret ; si ensuite mettant la seconde platine à sa place pour former la cage, on y place une roue dont les pivots roulent dans les trous dont on vient de parler, on voit, dis-je, que l'axe de cette roue sera perpendiculaire aux plans des platines; car ces piliers ayant été percés de la même maniere que le trou supposé, sont perpendiculaires à ce plan : donc le trou doit l'être aussi : cette méthode est très-utile dans la construction des Pendules pour placer les roues droites en cage & d'une maniere sûre & facile.

PREMIERE PARTIE, CHAP. XXXVI. 233

750. Pour achever la cage, il ne reſtera plus qu'à percer les trous de goupilles aux bouts des pivots, qui ſaillent hors de la ſeconde platine; les trous pourront avoir environ $\frac{1}{3}$ de ligne de diametre; on les proportionnera à la groſſeur du bout du pilier, de maniere que la goupille qu'on y placera ſoit aſſez forte pour être chaſſée à force dans les trous, ſans plier, mais qu'elle ne le ſoit pas aſſez pour pouvoir forcer & écarter les pivots des piliers : pour percer ces trous de goupilles, on fera un foret angulaire bien en pointe, que l'on préſentera le plus près de la platine qu'il ſe pourra, afin que les trous ſoient juſte à fleur de la platine : on dirigera ces trous comme on le voit dans la *fig.* 2, *Planche V.*

2°. *Faire les Roues.*

751. Pour faire la roue de barillet *B*, il faut tourner un modele en bois du même diametre qu'elle eſt tracée ſur le calibre, & qui aura 2 lignes & $\frac{1}{2}$ d'épaiſſeur. Du côté où l'on doit placer la virole de barillet qui doit contenir le reſſort, on réſervera au centre une *têtine* qui aura 5 lignes de diametre, & la même épaiſſeur que la roue. On creuſera depuis cette têtine ponctuée *B* (qui doit être de l'autre côté de la roue) & juſques en 6, à la profondeur d'une ligne; ainſi le fond *B* 6 du barillet aura 1 ligne & $\frac{1}{2}$ d'épaiſſeur : la creuſure 6 doit s'étendre aſſez près du bord de la roue, pour qu'il reſte ſeulement de quoi former les dents de la roue avec une petite épaiſſeur au-deſſous, qui les rende ſolides; mais il faut toujours laiſſer plus d'étoffe au modele : on attend pour terminer la creuſure *B* 6, que la dent ſoit fendue.

752. Le modele ainſi fait, & la roue fondue, & avec du cuivre bien doux, on forgera cette roue, d'abord en commençant par la têtine, enſuite par le fond, enfin par le rebord 6.

753. On coupera toutes les autres roues du rouage, afin de les forger de ſuite en même temps, & de les tourner de ſuite; parce qu'il faut, autant qu'il eſt poſſible, ne pas changer

I. Partie.   G g

alternativement d'opération, ce qui fait perdre beaucoup de temps.

754. On prendra donc d'abord pour la grande roue moyenne C, du laiton en planche qui ait une ligne & $\frac{1}{2}$ d'épaisseur; on y coupera cette roue avec le compas, mais plus petite qu'elle ne doit être : & il faudra, qu'étant forgée, elle se trouve propre à donner la grandeur marquée par le calibre, & que son épaisseur soit réduite à un peu moins d'une ligne, de sorte qu'étant tournée & limée, elle ait $\frac{9}{12}$ de ligne d'épaisseur.

755. On prendra la roue de longue tige D, dans une planche de laiton qui ait un peu plus d'une ligne d'épaisseur (on la coupera plus petite qu'elle n'est marquée sur le calibre) afin qu'étant forgée & réduite à $\frac{6}{12}$ de ligne d'épaisseur, elle soit bien durcie : on coupera dans la même planche de laiton les roues E, F, G, L, M N, & les roues de cadrans C, S, m. (fig. 3.)

756. On coupera le rochet d'encliquetage R (fig. 1.) de la répétition dans la même planche : on déterminera la grandeur de ce rochet, en réservant assez d'étendue pour placer l'encliquetage sur la roue L qui s'applique contre ce rochet.

757. On prendra le rochet d'encliquetage R de l'Horloge (fig. 3) dans du laiton qui aura 2 lignes & $\frac{1}{2}$ d'épaisseur pour être réduit à un peu plus d'une ligne $\frac{1}{2}$.

758. Toutes les roues étant ainsi coupées, on les ébarbera, & on les forgera en les réduisant à l'épaisseur convenable, en observant de les tenir bien égales d'épaisseur : il ne faudra pas se servir de la pane du marteau, de crainte qu'en donnant quelques coups mal appliqués sur les bords de la roue, on n'ébranle la matiere, comme cela arrive quand on manque d'adresse; en sorte qu'on est fort étonné, lorsqu'on vient à fendre les roues, de voir des dents qui se séparent de biais en deux parties, & tous les pores brisés : on se servira donc de la tête en frappant à coups égaux, & en tournant autour du centre de la roue qui ne doit pas se courber ; car si elle devient convexe, c'est une preuve de l'inégalité des coups, & que l'on a trop forgé le centre ou le bord.

759. Lorsqu'on conserve les roues bien égales d'épaisseur en les forgeant, on peut les amener fort près de leur véritable épaisseur, en sorte que le tour ne fait qu'achever de les dresser, & cela est bien plus avantageux pour les conserver solides ; car si on les diminue d'épaisseur, après qu'elles sont forgées, on ôte la croûte la plus dure du métal ; car quoique ces roues ne soient pas fort épaisses, le coup du marteau ne pénètre pas avec la même énergie jusqu'au milieu de l'épaisseur : c'est une attention qui échappe à la plupart des Ouvriers ; car il est très-rare de trouver des roues bien durcies, chose qui est cependant fort essentielle pour la bonté d'une Horloge, non-seulement parce que cela diminue les frottements, mais encore parce que ces roues sont moins sujettes à se courber, & les dents à se fausser, ainsi que cela arrive aux roues molles.

760. On réduira donc les roues aux épaisseurs suivantes ; sans s'embarrasser si elles deviennent plus grandes qu'elles ne sont marquées dans le calibre ; & pour les reconnoître on peut marquer avec une pointe des lettres qui les désignent.

Grande roue moyenne C. . . . . $\frac{9}{12}$ de lignes.
Roue de longue tige D . . . . $\frac{5}{12}$
Roue de champ E . . . . $\frac{4}{12}$ ou $\frac{1}{3}$
Roue d'échappement. . . . . $\frac{3}{12}$
Les roues G & L auront chacune . $\frac{6}{12}$
La roue M . . . . . $\frac{4}{12}$
La roue N . . . . . $\frac{3}{12}$
Les roues de renvois m & S auront la même
 épaisseur ; savoir . . . . $\frac{6}{12}$
Roue de cadran . . . . $\frac{6}{12}$
Le rochet R d'encliquetage de répétition $\frac{7}{12}$

761. Pour réduire ces roues au marteau fort près de l'épaisseur que nous avons indiquée, on se servira, pour en juger, d'un calibre à pignon (*Planche XVIII, fig. 8*) ; & encore une regle de cuivre ou autre, divisée en pouces & en lignes, & dont l'un des pouces soit subdivisé en 12ᵉ de ligne par des transversales : ainsi on calibrera la roue tout autour en la tenant un

un peu plus forte, pour qu'étant tournée & limée, elle se réduise juste aux dimensions indiquées ci-dessus.

762. Il ne sera donc plus question, avant de les fendre, que de les tourner de grandeurs convenables ; on se servira pour cela d'arbres à vis semblables à celui (*Planche XVIII, fig.* 6), mais qui seront proportionnés à la grandeur des roues; pour cet effet, il faut en avoir plusieurs.

763. Il faut les faire avec des vis à *rebours*, si l'on tourne en tenant le burin de la main gauche, afin qu'en tournant, l'écrou ne se desserre pas ; & au contraire, si l'on tient le burin de la main droite, les vis des arbres doivent être faites à l'ordinaire.

764. Il ne faut pas que l'assiette de ces arbres soit bien grande, il suffit qu'elle ait pour rayon la moitié de celui de la roue qu'on veut tourner ; par ce moyen on pourra tourner la roue d'épaisseur jusqu'au milieu de son diametre.

765. Les grosseurs des vis doivent être proportionnées à la grandeur des arbres, afin que les petites roues n'aient pas des trous trop grands ; ce qui exige que les pignons portent des assiettes trop grandes, qui ne servent qu'à rendre la roue plus pesante, & à produire du frottement : voici les grosseurs convenables qu'il faut que les portées des arbres ou pivots à vis ayent.

766. Pour toutes les petites roues, la portée de l'arbre, c'est-à-dire, la partie qui n'est pas taraudée, & sur laquelle la roue doit entrer ; cette portée, dis-je, doit avoir une ligne & $\frac{1}{2}$ de diametre : on tiendra la vis un peu plus petite, afin que si, par un accident, l'arbre venoit à se courber, on pût remettre ronde la portée sans la rendre plus petite que la vis ; ce qui seroit un défaut, puisqu'en aggrandissant le trou de la vis pour entrer sur l'arbre lorsqu'elle seroit contre l'assiette, elle auroit son trou plus grand que la portée ; ainsi on ne pourroit pas tourner la roue ronde ou tout au moins concentrique à son trou : on peut donner 5 lignes de diametre à l'assiette de ce petit arbre.

767. Il faut observer que, pour empêcher que cet arbre

ne se courbe, & pour qu'il soit solide & ne fléchisse pas tandis qu'on tourne la roue, qu'il faut tenir la vis & la portée la plus courte qu'il se pourra, & seulement propre à recevoir la plus épaisse des roues qu'on peut tourner sur un tel arbre, c'est-à-dire, environ une ligne, ce qui formera la portée : il faut une ligne & $\frac{1}{2}$ de vis pour l'écrou ; & comme cet écrou n'aura seulement qu'une ligne d'épaisseur, il restera une demi-ligne pour une petite virole qu'il faut placer entre l'écrou & la roue ; cette virole empêche l'arbre de se courber : on tiendra d'ailleurs cet arbre court, pour l'empêcher encore mieux de fléchir.

768. Un tel arbre servira à tourner les roues des minutes m, S (*fig.* 3) & les Roues E, F, L, M, N, (*fig.* 1).

769. On aura un second arbre pour les roues C, D, G (*fig.* 1), & pour la roue de cadran C (*fig.* 3), la portée de cet arbre aura 2 lignes & $\frac{1}{4}$ de diametre, & la vis à proportion : l'assiette aura environ 8 lignes de diametre.

770. Un troisieme arbre, qu'il faudra faire ou avoir, servira à tourner la roue de barillet : la portée aura 3 lignes de diametre & longue à proportion, ainsi que la vis : l'assiette aura un pouce de diametre.

771. On aura besoin d'un quatrieme arbre qui servira pour les roues de barillet ; lorsqu'on voudra faire une Horloge à sonnerie un peu grande, il servira aussi à tourner le couvercle du barillet : on pourra donner 3 lignes & $\frac{1}{2}$ au pivot de cet arbre. Au reste, quand on fera de plus grands ouvrages, on augmentera la grosseur de ces arbres à proportion.

772. Si l'on n'a pas la facilité d'acquérir de tels arbres à vis, on pourroit tourner les roues sur des arbres lisses ; mais les premiers sont infiniment préférables, sur-tout pour des personnes qui n'ont pas acquis une grande pratique ; car quoique les roues soient chassées à force sur les arbres lisses ; quand après bien de la peine on les a fait tourner droites, en tournant les côtés elles se défont aisément, c'est-à-dire, qu'elles sortent, puisqu'elles ne tiennent que par leur épaisseur ; les arbres à vis sont donc préférables ; & si l'on n'a pas la facilité d'en faire faire, il faut les faire soi-même.

773. Si l'Amateur qui veut travailler, & pour lequel j'écris ce Chapitre, a une machine à fendre, il réglera la grosseur des arbres à vis sur celle des tasseaux de l'outil à fendre, sur-tout pour ceux des barillets, afin qu'il ne soit pas obligé d'aggrandir le trou du barillet pour le faire entrer sur le tasseau; car comme il est nécessaire qu'après que la roue a été fendue, elle soit remise sur l'arbre (dont on s'est servi pour la tourner) pour achever de creuser le fond, la têtine, & pour monter la virolle de barillet, on voit qu'on ne pourroit plus employer le même arbre, & qu'il faudra en prendre un plus gros (ou bien faire une virole); mais alors le trou de barillet deviendroit plus grand qu'il n'est besoin.

774. Ayant donc des arbres tels que je viens de le dire, on aggrandira les trous que l'on avoit faits pour couper les roues : pour cet effet, on se servira de forets plus petits que le trou ne doit être, afin que l'écarissoir achève & fasse le trou uni, jusqu'à ce qu'il entre sur l'arbre qui doit servir à tourner la roue : on en fera de même à toutes les roues; on ôtera à chaque roue les rebarbes que l'écarissoir a faites.

775. S'il y a des roues qui soient devenues beaucoup plus grandes en les forgeant que le calibre ne l'exige, on tracera sur chacune, qui seront dans le cas, des traits de compas; on ôtera l'excédent avec une lime d'Allemagne, ce qui sera plus expéditif que de le faire au tour; mais on observera qu'il faut réserver une bonne demi-ligne de plus, pour emporter sur le tour, afin d'être sûr de la rondeur de la roue.

776. On commencera par la roue de barillet que l'on tournera bien ronde & droite : on ébauchera le fond de la têtine, & on tournera le plan de la roue jusqu'à l'assiette de l'arbre à vis. Pour la tourner de la grandeur convenable, sans être obligé de la démonter plusieurs fois pour la présenter sur le calibre, on se servira du maître-danse, dont j'ai déja parlé; on prendra avec ses pointes la mesure sur le calibre, & on tournera la roue jusqu'à ce qu'elle entre juste dans les pointes de l'outil : on pourra démonter la roue de dessus l'arbre; mais ayant de le faire, il faut marquer un repaire sur l'assiette de l'arbre & sur la roue, afin qu'après qu'on aura fendu la roue

& qu'en la remettant fur l'arbre pour monter le barillet, il fe retrouve parfaitement rond & droit ; c'eſt pour cette raiſon qu'il ne faudra pas limer le plan de la roue après qu'elle eſt tournée, juſqu'à ce que le barillet ſoit monté avec ſa virole.

777. On tournera de ſuite les autres roues ; on les mettra de grandeur en préſentant le maître-danſe ; & d'épaiſſeur en ſe ſervant du calibre à pignon.

778. On obſervera, par rapport à la roue L, qu'elle ne doit pas être plus petite que la roue des chevilles G ; car ces roues devant être portées par le même axe, on voit qu'il faut que la roue des chevilles paſſe devant la tige du pignon M, en même temps que la roue L engrene dans le pignon f, ce qui ne pourroit ſe faire ſi la roue des chevilles étoit plus grande que celle L : dans le plan de cette piece (*Planche V, fig.* 1) la roue L a été faite plus petite que celle G, pour qu'elle pût être vue, & on a fait un gros pignon pour pouvoir y engrener ; mais nous n'avons ici qu'un pignon de 6 dents, dont les ailes ne ſont pas aſſez ſaillantes de la tige, pour pouvoir aller engrener dans la roue : on évitera cet obſtacle en tenant les roues G & L de même diametre.

779. Toutes les roues étant ainſi tournées ; on les limera bien plates ſur chaque côté & avec précaution ; & avec une lime bâtarde douce d'Angleterre, on enlevera ſeulement la place que l'aſſiette de l'arbre avoit réſervée, ayant bien ſoin de ne pas anticiper ſur la partie tournée & ſur le bord de la roue, afin de la conſerver d'une égale épaiſſeur : on fera la même opération à toutes les roues, (excepté à celle de barillet); enſuite on les fendra de la maniere que nous l'avons expliqué (431); il n'y aura que la roue des chevilles & la roue d'échappement qui ne doivent pas être fendues ; celle-ci ne ſe fend que lorſqu'elle eſt fixée ſur ſon pignon fini, afin de lui donner toute la juſteſſe poſſible ; & les diviſions pour les chevilles de la roue des chevilles ſe feront au compas, lorſqu'elle ſera fixée ſur ſon axe.

780. Pour fendre ces roues, on fera choix de fraiſes qui ſoient d'une bonne épaiſſeur ; en voici la regle : il faut que le vuide entre deux dents, formé par la fraiſe, ſoit moindre que

la dent, ce que les Horlogers appellent *avoir plus de plein que de vuide*. Pour trouver l'épaisseur de la fraise, on pourroit le faire en divisant la circonférence de la roue (réduite en points ou 12e de ligne) par le double du nombre de dents qu'elle doit avoir ; on auroit en parties de ligne la largeur des dents & du vuide, en supposant le plein & le vuide égal ; & on tiendroit la fraise un peu plus mince ; mais c'est une opération inutile, & à laquelle on suppléra en prenant une fraise qu'on jugera devoir convenir au nombre de dents de la roue & selon son diametre : on ne fendra pas la dent en entier ; mais on essayera, en marquant avec la fraise sur l'angle de la roue, en faisant tourner la plate-forme de quelques divisions, si la petite entaille que l'on a faite à la roue est plus étroite que l'intervalle entre une autre entaille, c'est-à-dire, si la fraise laisse plus de plein que de vuide : on pourra fendre à travers la roue, & l'enfoncer de la quantité convenable.

781. On peut prendre pour regle de la longueur qu'il faut donner aux dents d'une roue, qu'elles doivent à peu près avoir pour longueur la distance d'une dent à l'autre ; c'est-à-dire, que si de la pointe d'une dent à la dent prochaine l'intervalle est d'une ligne, on pourra enfoncer la fraise d'une ligne : ainsi la dent aura une ligne de longueur.

782. Lorsque ce sont des roues qui éprouvent beaucoup d'effort, comme les roues de barillet, il ne faut pas les tenir tout-à-fait de cette longueur, afin qu'elles soient moins sujettes à se casser ; & d'autant moins que comme le porte-fraise décrit une portion de cercle, la roue étant épaisse, la fraise creuse le milieu, en sorte que lorsqu'on a passé une lime à égaler au fond de la dent, on trouve sa denture plus longue qu'elle ne paroissoit en la fendant.

783. Quand on aura fendu ses roues, il faudra les *croiser*, c'est-à-dire, former les fenêtres, pour ne laisser que la quantité de matiere requise, pour que la roue soit solide.

784. On ne croise pas la roue de barillet, parce que le barillet dont cette roue fait partie, devant contenir le ressort moteur, a besoin de solidité : on ne la croise pas par une autre
raison

PREMIERE PARTIE, CHAP. XXXVI. 241

raifon ; c'eft que comme il eft néceffaire, pour adoucir les frottements des fpires du reffort, qu'il y ait une certaine quantité d'huile, fi l'on perçoit la roue de barillet, l'huile s'échapperoit, pénétreroit dans les dentures où elle eft nuifible, tandis qu'elle laifferoit à fec le reffort qui en a befoin : d'ailleurs en rendant cette roue légere, il n'en réfulteroit aucun avantage ; car cette premiere roue tourne d'un mouvement lent, & ainfi le plus ou le moins de pefanteur eft indifférent : il n'en eft pas de même de celles qui fe meuvent avec vîteffe; on ne peut les faire trop légeres.

785. On ne croife pas non plus la roue *L* de répétition ; par la raifon qu'elle doit porter l'encliquetage, & que le rochet doit appuyer contre cette roue ; on pourroit, à la vérité, faire porter l'encliquetage par les barrettes de la roue, fi elle étoit croifée ; mais il eft affez indifférent qu'elle foit légere ou pefante, eu égard à la lenteur de fon mouvement, & à la force toujours furabondante des moteurs de répétition.

786. On ne croife pas non plus les roues de renvoi *S*, *m*, qui font un tour par heure ; mais on croife la roue de cadran qui employe douze heures à faire une révolution : c'eft un ufage, mais on ne fera pas mal de ne pas le fuivre par rapport aux roues de renvoi qu'il eft à propos de croifer, lors fur-tout que la force motrice n'eft pas confidérable, comme font les Horloges qui vont long-temps fans remonter ; dans ces fortes d'ouvrages il faut diminuer les frottements autant qu'il eft poffible.

787. Pour croifer une roue, on tracera un trait de compas affez au-deffous de la denture pour conferver la roue folide : on appelle cette largeur *le champ de la roue :* on divife ce cercle en quatre parties ; on tire deux diametres par ces points ; on tire de chaque côté des traits donnés, d'autres traits qui déterminent la largeur de la *barrette* ou pilier qui doit aller en élargiffant de la circonférence au centre : on trace près du centre un trait de compas, pour déterminer la longueur de ces petites colonnes, qu'on appelle *barrettes* ou fimplement croifées : on obfervera, par rapport à la largeur du champ de la roue &

I. Partie. Hh

des barrettes, que de même qu'il faut proportionner l'épaisseur de la roue à l'action qu'elle doit éprouver, de même aussi le champ & les barrettes doivent être proportionnés à l'épaisseur de la roue, &c.

788. On observera, en croisant la roue d'échappement, qu'il faut y laisser beaucoup plus de champ qu'aux autres roues, par la raison, que comme les dents sont plus distantes entr'elles, elles doivent être plus profondes, ce qui est sur-tout nécessaire pour le jeu de l'échappement *A F* (*fig.* 1), afin que les pattes de l'ancre ne viennent pas arcbouter contre le fond des dents ; mais pour que cette roue ne soit pas trop pesante, on étrécit son champ après que l'on a formé les dents.

789. Nous avons oublié de parler des nombres de dents des rochets d'encliquetage : ils sont à peu près arbitraires. Il suffit seulement, par rapport à celui de répétition, que les dents soient assez fortes pour ne pouvoir pas être brisées par l'effort du cliquet, mais pas assez grosses pour rendre l'encliquetage dur, ce qui arrive lorsque ce rochet étant peu nombré, le cliquet s'enfonce plus avant dans les dents, & parcourt par ce moyen plus de chemin : on peut lui donner 48 dents. Pour former les dents en rochet sur l'outil à fendre même, il faut avoir des *fraises à rochet* : elles sont droites d'un côté & inclinées de l'autre.

790. On fendra le rochet d'encliquetage de l'Horloge sur l'outil, avec la même fraise dont je viens de parler ; & comme ce rochet doit soutenir tout l'effort du grand ressort de l'Horloge, on ne lui donnera que 24 dents pour leur conserver de la solidité & de la force.

3°. *Monter le Barillet, & faire l'encliquetage du mouvement.*

791. Le barillet ou tambour est formé par la roue *B*, par une virole de cuivre, dont un côté se fixe sur la roue, & par un couvercle qui entre à drageoir sur l'autre côté de la virole : on fait rouler ce tambour sur un axe de fer ; c'est dans ce tam-

PREMIERE PARTIE, CHAP. XXXVI. 243

bour que l'on place le reſſort moteur de l'Horloge (79); le bout extérieur de ce reſſort s'accroche à un crochet que l'on fixe en dedans de la virole, & le bout intérieur s'accroche à l'arbre ſur lequel roule le barillet : voilà en gros l'uſage du barillet : venons à la maniere de le fabriquer.

792. Mais nous remarquerons avant, que pour avoir un bon reſſort & diminuer ſes frottements autant qu'il eſt poſſible, il eſt néceſſaire de lui donner une certaine largeur ; alors les ſpires ſe maintiennent ſans aller frotter contre le fond du barillet ou contre le couvercle : cela entendu, avant que de faire la virole de barillet, il faudra examiner quelle eſt la hauteur qu'elle peut avoir.

793. Pour cet effet, on remarquera que, par la diſpoſition du calibre, il y a deux roues qui ſe trouvent néceſſairement placées près du barillet, & qui par conſéquent en diminuent la hauteur ; l'une, qui eſt la grande roue moyenne, doit paſſer par-deſſus entre la ſeconde platine & le côté de la roue de barillet : & la roue de longue tige, qui doit paſſer par-deſſous, entre le côté du couvercle & la platine des piliers ; ainſi le barillet tout monté devra avoir la hauteur des piliers moins l'épaiſſeur de la grande roue moyenne & celle de longue tige, moins l'intervalle qu'il eſt néceſſaire qu'il y ait entre le barillet & la roue de longue tige, entre ces roues & le barillet & entre la platine, pour ne frotter ni à l'un ni à l'autre : ainſi la roue de longue tige ayant $\frac{5}{12}$ de ligne d'épaiſſeur, la grande roue moyenne $\frac{9}{12}$, & les deux intervalles entre ces roues & le barillet, & deux intervalles entre ces mêmes roues & la platine, devant être chacun de $\frac{3}{12}$ pour éviter les frottements ou attouchements ; il faudra retrancher de la hauteur de la cage $\frac{5}{12} + \frac{9}{12} + 4$ fois $\frac{3}{12}$, c'eſt-à-dire, $\frac{14}{12} + \frac{12}{12}$, ce qui fait 2 lignes $\frac{2}{12}$; ainſi la hauteur de la cage étant de 15 lignes, en ôtant 2 lignes $\frac{2}{12}$, il reſtera 12 lignes $\frac{10}{12}$, qui ſera la hauteur du barillet tout monté.

794. La virole du barillet doit être aſſez large pour qu'on puiſſe y lever des tenons qui ſervent à la river ſur la roue ; ainſi outre qu'elle doit avoir la hauteur du barillet, on lui donnera

de plus une ligne, tant pour la rivure du tenon que pour avoir de quoi la tourner droite.

795. Avant de travailler à faire la virole, il faut achever de tourner la roue de barillet : pour cet effet, on le replacera sur l'arbre à vis, au repaire qu'on a fait ; on diminuera la têtine jusqu'à ce qu'elle reste seulement d'une ligne de large tout autour du trou ; on reculera la creusure jusqu'à ce qu'il reste au-dessous du fond de la denture une largeur qui soit environ les $\frac{2}{3}$ de la longueur d'une dent ; il faut que ce rebord soit coupé bien net & aille un peu en creusant, afin que la virole qui doit s'emboîter contre ce rebord ou champ de la roue en allant porter contre le fond, joigne parfaitement tout autour & que cela ne paroisse faire qu'une seule piece. Alors on terminera le fond du barillet ; & pour savoir s'il n'est pas trop épais, on se servira d'un compas d'épaisseur (478) ; en pinçant le fond avec un bout de cet outil, l'autre indiquera l'épaisseur de ce fond par l'intervalle entre les deux pointes, lesquelles étant de même rayon que celles qui pincent le fond du barillet, ont la même ouverture : si le fond du barillet a plus d'une ligne d'épaisseur, il faudra le creuser en ménageant le rebord & la têtine.

796. On aura attention que le fond du barillet soit creusé bien droit, c'est-à-dire, qu'il ne soit pas plus épais du bord que du milieu : pour en juger, on prendra une regle, on la posera à travers le barillet en passant à côté de l'arbre, & portant sur les extrémités réservées à la roue, c'est-à-dire, sur le champ : si entre la regle & le fond, l'intervalle est égal depuis la têtine jusqu'au rebord, c'est une preuve que le fond est droit ; sinon, on tournera aux endroits qui laissent moins de jour ; ensuite on présentera un bout de regle qui entre dans le fond du barillet, pour voir s'il est bien uni ; s'il ne l'est pas, on ôtera l'excédent, jusqu'à ce que la petite regle s'applique exactement sur le fond.

797. Pour ne pas juger à la simple vue du parallélisme du fond avec le côté de la roue, on peut ajuster sur la regle une petite piece qui s'attache à travers la regle au moyen d'une

vis, de maniere que cette piece puiſſe s'approcher juſqu'à l'endroit le plus creux du fond ; alors l'arrêtant avec la vis ſur la regle en ce point, en promenant la regle ſur ſa longueur, on verra les endroits du fond qui ſont trop élevés.

798. Cette précaution eſt eſſentielle ; car ſi le fond n'eſt pas parfaitement uni & parallele au côté de la roue, le reſſort, en ſe développant, frottera contre les côtés ; il éprouvera donc un réſiſtance à ſe développer, en ſorte que ſa force ou ſon impreſſion ſur le rouage ſera preſque annéantie : j'ai même vu des reſſorts qui s'étoient ſi fort *grippés* contre des inégalités de fond ou couvercle de barillet, qu'étant montés tout au haut, ils ne tendoient aucunement à ſe développer, mais toute leur force étoit abſolument ſuſpendue ; cela doit arriver lorſque ces reſſorts ont peu de hauteur, les bords portent tantôt contre un fond & tantôt contre l'autre. Lorſqu'on aura tourné la roue de barillet, on l'ôtera de deſſus ſon arbre.

799. Pour faire la virole du barillet, on prend une lame de cuivre que l'on plie en rond, & dont on fait rejoindre les bouts pour les ſouder ; pour trouver la longueur de cette lame, on prend le diametre du rebord qui termine le fond de la roue, & on le porte trois fois ſur la planche de cuivre que l'on veut employer : on employera du cuivre qui ait environ $\frac{1}{4}$ de ligne d'épaiſſeur : on lui donnera 14 lignes de largeur, & pour longueur, trois fois le diametre du rebord & un peu plus, parce qu'en pliant la virole, elle ſe reſſerre, & que d'ailleurs la circonférence eſt plus grande que trois fois le diametre : pour ployer la virole, on ſe ſervira d'un morceau de bois rond, à peu près de la groſſeur de la creuſure ; on fera rejoindre les deux bouts de la lame, & on la préſentera contre le fond ; s'il reſte environ une ligne de jeu tout autour juſqu'au rebord de la roue, la virole ſera de bonne longueur, parce qu'après qu'on l'aura ſoudée pour la rendre juſte de grandeur, on la forgera pour la durcir, choſe très-néceſſaire ; car outre que le cuivre dont on ſe ſert eſt mou, il le devient encore plus en ſoudant la virole.

800. On fera rejoindre les bouts de la virole ſi près que

l'on voudra, en ouvrant l'étau d'environ un pouce; & présentant dessus le côté opposé à la jonction de la virole, on prendra une barre de fer que l'on mettra en dedans de la virole sur le milieu de l'ouverture de l'étau; en frappant avec un marteau sur un bout de cette barre, dont on tient l'autre bout d'une main, on fera joindre la virole.

801. Pour souder la virole, on se servira de *soudure jaune* dont voici la composition. On prendra 2 onces 2 gros de laiton, 4 gros d'argent, & 8 gros de zinc : on fera fondre le tout ensemble dans un creuset; ensuite on coulera ce mélange en lames bien minces pour les battre plus facilement & parvenir à les couper en *paillons*. On pourroit se servir de soudure *forte* faite seulement avec du laiton & du zinc; mais la première est préférable, parce qu'elle souffre le marteau.

802. Avant que de placer la soudure sur la virole, il faut préparer la jonction de cette virole en passant une lime à égaler, qui rende les deux bouts unis & de façon qu'ils se joignent avec un intervalle égal qui soit de l'épaisseur d'une feuille de papier : on passera en dedans de la virole, à l'endroit où elle se rejoint, une lime à trois quarts qui ôtera les angles des bouts de la virole : c'est dans cette longueur qu'on placera la soudure; mais avant il faut la jetter dans l'eau pour que les saletés qui pourroient être jointes s'en séparent : on la retirera de l'eau pour la placer en dedans de la virole dans toute la longueur, en arrangeant les paillons à la file l'un de l'autre, bien exactement sur la rainure faite avec la lime à trois quarts : cela fait, on prendra du *Borax* (sorte de sel) que l'on réduira en poudre & dont on recouvrira toute la soudure qu'on évitera avec soin de déranger : pour que le borax ainsi mis, s'arrête à cet endroit, il est à propos de répandre sur la soudure quelques gouttes d'eau; on mettra aussi sur le dehors de la virole, à l'endroit de la jonction, un peu de borax en poudre, cela facilitera la soudure pour couler à travers, & souder très-parfaitement.

803. En mettant en cet état la virole dans une poële remplie de charbon allumé, on fera une place sur laquelle on

posera la virole, ayant attention que l'endroit de la soudure soit toujours en en bas & bien droite : on n'approchera d'abord que foiblement la virole du feu, parce que la chaleur trop violente saisissant le borax, lui fait faire une espece de bouillonnement qui renverse la soudure, ce qui n'arrive pas quand on l'approche du feu par degrés insensibles.

804. La virole placée bien droite sur le charbon, on entourera principalement de charbon l'endroit de la soudure & assez au-dessus, pour que l'air ne puisse pas se porter à cet endroit; on aura soin cependant de ne pas cacher la soudure, mais de réserver des passages entre lesquels on puisse la voir, pour juger de l'instant où elle se fond : on prendra un soufflet dont on dirigera le vent contre les charbons allumés qui peuvent porter leur chaleur directement sur la longueur de la fente; quand on verra cette partie devenir rouge, on soufflera plus foiblement, ayant l'œil à la soudure, afin de souffler & de retirer la virole au moment où la soudure est bien fondue, ce qui se voit aisément; car si on la laissoit plus long-temps, on courroit le risque de fondre la virole; un coup de soufflet de plus, quand la soudure est un peu forte, c'est-à-dire qu'il n'y a pas assez de zinc, en fait l'affaire.

805. Quand la virole est soudée, on prend une *bigorne*, (espece d'enclume qui porte un bec recourbé, & formant avec l'enclume un angle droit (ou d'équerre) le bout recourbé est d'acier, il est rond & conique) : on attache la bigorne sur un billot de bois : on passe la virole dans le bec, & en la frappant à petits coups à l'endroit soutenu par la bigorne, on la rendra dure & on l'aggrandira jusqu'à ce qu'elle soit un peu plus grande que le rebord, afin d'avoir de quoi la tourner; pour la faire emboîter sur ce rebord, on la rendra bien ronde & cylindrique, c'est-à-dire, de même grosseur dans toute sa largeur.

806. Pour tourner la virole, on préparera un morceau de bois tourné, sur lequel on la fera entrer un peu à force; on appelle cet outil de bois un *mandrin* : on peut employer du bois de poirier ou de hêtre qui ait trois ou quatre pouces de long, dans lequel on chassera à chaque bout deux bouts de fer ayant un

point conique formé avec un pointeau, pour faire rouler sur les pointes du tour, afin qu'en tournant le bois & ensuite la virole, les centres du mandrin ne se déjettent pas, mais qu'ils restent constants.

807. On fera au plus gros bout du mandrin une rainure ronde qui servira de cuivrot; & comme ce cuivrot seroit trop gros si on le laissoit de la grosseur même du mandrin, & que, pour que l'archet fît faire plusieurs tours au mandrin, il seroit nécessaire que cet archet fût très-long, on l'enfoncera d'environ un tiers de plus: on se servira pour cela d'un archet dont la corde entourera le mandrin: le cuivrot étant fait, on tournera le reste du mandrin, & on diminuera le bout jusqu'à ce qu'il entre bien à force jusqu'aux deux tiers de la largeur de la virole, laquelle *débordera* le mandrin d'environ un tiers de sa largeur: on la laissera ainsi saillante, afin de ne pas être obligé de la démonter de dessus le mandrin, pour voir si elle s'emboîte bien; ce que l'on seroit forcé de faire, si elle étoit *à fleur* du bout du mandrin, à cause de la têtine de la roue qui l'empêcheroit: on tournera donc le côté saillant de la virole jusqu'à ce qu'il s'emboîte bien juste & à force sur le rebord de la roue.

808. Si l'on avoit un peu trop ôté du mandrin & que la virole entrât plus avant que ce que nous avons dit, pour éviter de refaire un autre mandrin, on mettra sa virole de grandeur convenable, en prenant avec le maître-danse la mesure sur la roue, & en tournant la virole, selon cette mesure, mais un peu juste, afin qu'elle s'emboîte à force sur la roue; & s'il restoit un peu trop de force, on en seroit quitte pour reculer un peu le rebord de la roue, ou pour replacer de nouveau la virole sur le mandrin: en tout cas, avant de démonter la virole, on ne fera pas mal de la repairer avec le mandrin, afin qu'elle se remette facilement droite & ronde.

809. Si lorsqu'on a tourné rond le bout de la virole, elle entroit trop librement, il faudroit l'aggrandir en la forgeant; & si au contraire, on l'avoit trop aggrandie, en sorte que pour la faire emboîter sur la roue il fallût trop l'amincir, on seroit

forcé

forcé de couper la virole à l'endroit de la foudure, de l'accourcir de quelques lignes plus ou moins, felon qu'elle feroit trop grande, de la reffouder & de la reforger. Mais fuppofant la virole de bonne grandeur, on en tournera le côté de devant; enfuite on tournera le dehors de la virole jufqu'à la diftance de 4 à 5 lignes du devant; on rendra cette partie cylindrique, & on la diminuera jufqu'à ce qu'elle puiffe s'emboîter fur le rebord de la roue de barillet. Quand le bout de la virole fera ainfi tourné, on y fera un trait de burin léger, qui foit diftant du bord, de l'épaiffeur du fond du barillet, plus, ce qu'il eft befoin de réferver pour la rivure des tenons qu'il faut former fur cette virole pour l'affembler avec la roue : ce trait réglera l'enfoncement de ces tenons. Cela fait, on ôtera la virole de deffus le mandrin; enfuite on prendra un foret qui ait pour groffeur l'épaiffeur du bout tourné de la virole : on fe fervira de ce foret pour percer fix trous fur le fond de la roue de barillet tout près du rebord; ces trous feront placés à peu près à égale diftance les uns des autres : ces trous étant percés, on emboîtera la virole fur la roue, en forte que le bout touche le fond ; & avec le même foret qui a fervi à percer les trous au barillet, on marquera (en faifant tourner ce foret avec un archet) des points fur le bout de la virole, qui indiqueront parfaitement l'endroit où on doit former les tenons : on aura attention, en emboîtant la virole, que l'endroit de la foudure fe trouve dans l'intervalle de deux trous ; car fi par hafard il fe trouvoit un tenon à l'endroit de la foudure, il ne vaudroit rien, car on ne pourroit pas le river : avant de déboîter la virole, on fera un petit trait fur le champ de la roue & vis-à-vis fur la virole ; ce qui fervira de repaire & indiquera l'endroit où il faudra placer la virole, pour que les tenons correfpondent vis-à-vis leurs trous.

810. La virole étant démontée, on l'entaillera avec une lime entre tous les endroits marqués par le foret jufqu'au trait que l'on a fait au tour & bien exactement en ne faifant que de l'atteindre, & ainfi tout à l'entour : on réfervera de quoi former les tenons, qu'on fera ronds & de la groffeur jufte des trous percés à la

roue, ce que l'on verra en les présentant chacun sur leur trou par le côté plan du barillet : les tenons étant bien faits, on mettra en chanfrein les trous des tenons du côté plan de la roue : pour cet effet, on prendra un foret aigu, de moitié plus gros que le trou, & on enlevera l'angle autour du trou, c'est ce que les Horlogers appellent *chanfreiner*, ou mettre en *chanfrein* : on emboîtera ensuite la virole sur la roue, en la mettant à son repaire ; on chassera la virole à force ; & lorsque le fond des tenons joindra parfaitement le fond de la roue, on rivera les tenons avec la tête d'un marteau, ensorte que ces tenons en se rebroussant, remplissent la creusure ou chanfrein que l'on a fait à la roue.

811. Il y a des Ouvriers qui se servent d'une méthode plus simple pour fixer la virole avec la roue : ils ne font, après qu'ils l'ont emboîtée bien juste, que de la souder à l'étain. Mais cette méthode est très-défectueuse & peu solide ; car 1°, on amollit la roue & la virole en faisant fondre l'étain ; & 2°, une telle soudure ne peut résister à de grands efforts : il y a même des gens qui prétendent que l'huile ronge cette soudure ; c'est ce que je n'ai pas vu ; quoi qu'il en soit, je conseille à ceux qui desireront faire de bon ouvrage de ne jamais rien souder à l'étain.

812. Le barillet ainsi monté, on remettra la roue sur l'arbre à vis à son repaire, & on s'en servira à diminuer la hauteur de la virole jusqu'à ce que le barillet ait en tout 12 lignes $\frac{1}{2}$ de hauteur ; ainsi qu'il est nécessaire, comme nous l'avons dit (793).

813. Quand on aura mis le barillet de hauteur, il faudra tourner rond le dedans de la virole & jusqu'au fond : pour cet effet, on placera le support de l'autre côté du tour, & on fera entrer la moitié de ce support dans le barillet : on prendra un fort burin qu'on passera sous la broche du tour, & on roulera la corde de l'archet sur le cuivrot de l'arbre en sens contraire, afin que le barillet tourne dans le sens convenable pour faire couper le burin : on pourroit bien tourner le dedans du barillet en tenant le support du même côté & en tournant à l'ordinaire ; mais cette situation est plus gênante.

814. Quand on aura tourné le dedans du barillet, on creusera tout au bord intérieur de la virole une petite retraite large d'une bonne demi-ligne & profonde de $\frac{1}{8}$ de ligne, arrondie par son entrée & rentrée un peu plus profondément en dedans ; c'est ce qu'on appelle le *drageoir* du couvercle : le couvercle du barillet doit entrer à force sur ce drageoir ; & lorsqu'il y est logé, il ne doit en sortir qu'avec effort ; c'est pour cela qu'il faut que cette retraite ou drageoir soit un peu plus creusée en dedans.

815. Lorsque le drageoir est fait, il faut faire le couvercle qui doit être de cuivre doux fondu, afin de réserver à son centre une têtine pour augmenter l'épaisseur du trou ; car le couvercle ne devant avoir que demi-ligne d'épaisseur, cela ne seroit pas suffisant pour le frottement qu'il éprouve en roulant autour du pivot de l'arbre de barillet.

816. Si l'on n'a pas de couvercle fondu, & qu'on ne veuille pas se donner la peine de faire un modele pour cela, on prendra du cuivre (ou laiton) qui ait une ligne $\frac{1}{2}$ d'épaisseur ; on le réduira à une ligne en le forgeant ; on percera un trou plus grand que celui de la roue & propre à entrer sur l'arbre à vis de la grosseur au-dessus de celui qui a servi à tourner la roue de barillet, c'est à dire, dont la portée aura 3 lignes $\frac{1}{2}$ de diametre ; on tournera ce couvercle jusqu'à ce qu'il soit réduit à demi-ligne d'épaisseur à la réserve de la têtine ; on le tournera de grandeur à entrer bien à force dans le drageoir de la virole de barillet ; mais avant que de le faire entrer, il faut faire au bord du couvercle une entaille propre à loger le bout d'un gros foret : cette entaille servira à retirer le couvercle de son drageoir, ce que l'on auroit de la peine à faire sans cette précaution ; d'ailleurs cette entaille servira toujours lorsqu'on voudra *lever ce couvercle*.

817. Le barillet étant monté, il faudra faire l'arbre de barillet ; on le fera forger portant une tête pour remplir le vuide entre les deux têtines du couvercle & de la roue : cette tête doit être environ trois fois plus petite que l'intérieur de la virole, c'est-à-dire, que si la virole a un pouce $\frac{1}{2}$ de dia-

metre en dedans, la tête de l'arbre devra avoir 6 lignes toute tournée : on fera forger deux tiges à cet arbre, dont l'une plus grosse doit être assez longue, pour que sur l'axe prolongé en dehors de la cage, il y ait au moins un pouce pour faire le quarré pour remonter le ressort; l'autre bout n'a besoin que d'assez de longueur pour y former un pivot pour le mettre en cage : au reste, il faut le faire forger plus long & plus gros qu'il n'est besoin, afin qu'il y ait dequoi le tourner bien rond: le Forgeron réservera à la tête de quoi y former le crochet pour le ressort; il doit forger cette tête ronde ainsi que le reste, pour qu'il y ait moins à ébaucher.

818. Pour fixer la longueur de la tête, c'est-à-dire, pour prendre la mesure bien juste de l'intervalle entre les deux tétines du barillet, on prendra un morceau de cuivre que l'on fera entrer dans le trou du couvercle; on le fera porter contre la tétine de la roue; on fera une entaille à ce morceau de cuivre à l'endroit du couvercle, laquelle on reculera jusqu'à ce que la partie intérieure entre sans jeu entre la roue & le couvercle : on prendra cette hauteur avec le maître-danse, & on diminuera la tête en conséquence, en la tenant un peu juste, pour qu'on ait de quoi tourner en achevant l'arbre.

819. Après qu'on a ébauché l'arbre à la lime, il faudra le tourner dans toute sa longueur & le mettre à peu près de grosseur; on tournera de même la tête. Quand l'arbre sera ainsi préparé, pour achever de le tourner rond, on terminera les pointes coniques, lesquelles n'étant d'abord faites qu'à la lime ne peuvent pas être rondes; ensorte que par leur moyen ce qu'on tourne devient irrégulier, comme les pointes. Pour former ces pointes, il faudra les tourner au burin jusqu'à ce que la pointe faite à la lime soit coupée : on coupera ainsi de chaque bout de l'arbre la longueur d'une ligne : on fera rouler les pointes sur une broche entaillée, en appuyant avec une lime carrelette douce, qui achevera de rendre la pointe aiguë : on en fera autant à toutes deux; on fera rouler ces pointes dans des points peu profonds des broches du tour, & on tournera encore avec le burin le plus près de la pointe que l'on pourra,

Avec ces précautions très-faciles à prendre, on sera assuré que les pointes sont parfaitement rondes : au lieu que celles qui sont faites à la lime seulement sont presque toujours ovales, & que la piece qu'on tourne avec de telles pointes ne peut jamais se tourner ronde, elle reste ovale comme la pointe : cette pointe ne doit être ni trop aiguë ni trop obtuse, elle doit former un angle d'environ 45 degrés. Cette maniere de former les pointes est essentielle, & beaucoup d'Ouvriers seroient très-bien d'en faire usage ; car elle doit s'appliquer à tous les ouvrages d'Horlogerie qui se font en tournant sur la pointe, & singuliérement aux pignons.

820. Ces pointes ainsi préparées, on pourra achever de tourner l'arbre & réduire ses pivots à la grosseur convenable donnée par les trous de barillet : on observera que le petit pivot de l'arbre doit entrer dans le trou de la roue de barillet & le gros pivot dans le trou du couvercle ; on tient ce pivot-ci plus gros, afin qu'après l'avoir diminué au point d'avoir une portée pour le contenir en cage, l'axe prolongé, qui passe par la platine des piliers pour aller au cadran, ait assez de solidité pour que le quarré de l'arbre qu'on ne fait ordinairement que de fer, & qui doit recevoir la clef destiné à remonter le ressort, ne puisse être tordu ou faussé par l'effort que ce ressort exige pour être bandé. Mais avant de réduire les pivots à leurs grosseurs, il faut passer l'écarissoir dans chaque trou, le faisant entrer par le côté opposé à celui par lequel ils ont été d'abord aggrandis, c'est-à-dire, qu'il faudra passer l'écarissoir du côté du dedans, soit du couvercle ou du barillet, & jusqu'à ce que le trou ait pris la figure un peu conique de l'écarissoir, (qui ne doit pas être trop en pointe, mais sensiblement cylindrique) ; par ce moyen le roulement du trou sur l'arbre se fera selon toute son épaisseur, ce qui rendra le frottement plus constant. On diminuera donc insensiblement les pivots jusqu'à ce qu'ils entrent très-juste & un peu à force dans les trous du barillet, & on aura l'attention que ces pivots aillent en décroissant comme l'écarissoir ; par ce moyen ces pivots porteront sur toute l'épaisseur des trous ; l'on diminuera la longueur de la tête de l'arbre, selon la mesure qu'on aura prise avec le maître-

danſe ; en ſorte que par ce moyen, lorſque le barillet roulera ſur ſon arbre, il n'aura point de jeu, ſelon l'axe, ce qui eſt très-eſſentiel ; car le barillet étant en cage, il pourroit aller frotter ſoit contre la grande roue moyenne, & ſoit contre celle de minutes.

821. Les pivots de l'arbre doivent être tournés avec grand ſoin, bien ronds & unis ; & avant qu'ils entrent tout-à-fait dans leurs trous, on prendra une lime douce carrelette d'Angleterre marquée au *T*, que l'on appuyera ſur les pivots en faiſant rouler l'arbre, afin de les adoucir ; mais il faut que cette lime n'enleve préciſément de la matiere que les petites inégalités du burin ; car ſi l'on s'en ſervoit pour diminuer l'arbre, elle lui feroit perdre la rondeur exacte que le tour lui a donnée, ſur-tout ſi la matiere de l'arbre n'eſt pas également dure ; car les parties molles s'enleveront plutôt, & l'arbre deviendra ou ovale ou par ondes, &c. On prévient cet obſtacle lorſqu'on ſait bien tourner ; car en tenant le burin inébranlable, quoique la matiere que l'on tourne ſoit inégale, le burin en emporte également tout autour : on ne ſe ſert donc de la lime que pour adoucir les traits du burin, & ainſi le pivot ſe conſerve rond.

822. J'ai dit ci-deſſus, qu'il faut faire entrer un peu à force les pivots dans leurs trous, en voici la raiſon : c'eſt pour achever de tourner le dehors de la virole de barillet ; car le barillet entrant à force ſur ſon arbre ; après qu'on l'aura aſſemblé avec le couvercle & le barillet on pourra tourner la virole en faiſant entrer un gros cuivrot ſur le bout de la grande tige de l'arbre ; & comme cet arbre eſt ſuppoſé parfaitement rond, on tournera le barillet de même, ainſi que la virole qui eſt encore brute. Lorſqu'on l'aura tournée bien unie, on paſſera une lime douce en roulant le barillet, pendant que la main promene la lime dans le ſens contraire au chemin du barillet ou de l'archet. Avant de démonter le barillet, c'eſt-à-dire, d'ôter le couvercle : on fera à l'endroit de l'entaille de ce couvercle un repaire ſur le bord de la virole, pour que toutes les fois qu'on remontera le barillet, on faſſe convenir l'entaille avec ce repaire, afin que le barillet tourne toujours parfaitement droit & rond ; ce qui pourroit bien ne pas arriver, ſi l'on changeoit la poſition du

couvercle : il ne faut, pour que cela arrive, qu'à avoir un couvercle qui auroit été tourné fur un arbre mal rond, c'eft-à-dire, dont le trou du couvercle ne fût pas bien concentrique au bord.

823. Qand on aura démonté le barillet, il faudra paffer une lime à pivot fur les pivots & contre les portées de l'arbre ; enfuite on les polira : pour cet effet, on prendra un morceau de bois de noyer limé bien d'équerre & uni, & en faifant rouler l'arbre fur le tour, on mettra du *rouge d'Angleterre* broyé avec de l'huile fur l'arbre ; ce rouge s'attachera au bois & polira les pivots & les portées. A propos de ces portées ; pour en réduire le frottement, il ne faut pas qu'elles ayent toute la largeur de la tête de l'arbre : on ôtera donc les angles de la tête, pour que les portées ne frottent fur les têtines que du centre. Quand on fait le barillet (& avant de le monter), on peut un peu arrondir ces têtines, en leur laiffant feulement autour du trou une demi-ligne de largeur & une ligne du côté du fond, comme je l'ai dit.

824. Quand les pivots feront polis, on les préfentera dans leurs trous ; s'ils y entrent encore à force & que le poli n'ait pas ôté affez de matiere pour que le barillet roule librement fur fon axe, on paffera légérement l'écarriffoir dans les trous, jufqu'à ce qu'il roule librement & fans jeu. Il y a des Ouvriers qui, après avoir tourné le barillet fur l'arbre, comme nous l'avons dit, pour le mettre libre, introduifent dans les trous un peu de rouge d'Angleterre bien fin, & qui, rendant l'arbre fixe en le ferrant à l'étau, font rouler d'abord avec la main & enfuite à l'archet le barillet ; en forte que les trous & les pivots s'ufent dans les endroits où ils frottent le plus ; & que fi les trous ne font pas ronds ils font forcés à le devenir. Quand le barillet commence à tourner librement, on le démonte pour nettoyer les trous & les pivots, & on remonte enfuite le barillet : s'il ne tourne pas encore affez librement, on introduit de nouveau du rouge dans les trous, en obfervant que fi un de ces trous a déja un peu de jeu, il ne faut point y mettre de rouge ; mais feulement à celui qui eft trop jufte.

825. Lorfque le barillet tournera librement fur fon arbre,

on le placera tout monté fur le tour, (les trous & pivots étant bien nettoyés), & on l'attachera à une tenaille à vis qui rendra l'arbre immobile : alors on prendra un grand archet dont on paffera la corde fur la virole, comme fur un cuivrot; on fera, par ce moyen, rouler le barillet fur fon arbre, & on tournera la roue parfaitement ronde fur fa circonférence, & droite fur fes côtés : on démontera le barillet, & on limera bien plan le côté extérieur de la roue de barillet, qui étoit refté en partie brut à caufe de l'arbre à vis que l'affiette recouvroit.

826. Le barillet ainfi fait, il faudra le placer en cage. Pour cet effet, il faudra former des pivots fur l'arbre pour entrer dans les platines ; c'eft-à-dire, qu'il faudra diminuer cet arbre de maniere que les pivots qui doivent entrer dans les platines foient retenus fur leur longueur par la plus grande groffeur de l'arbre, en forte que cet arbre ne puiffe que tourner fans pouvoir changer de place, felon fon axe : on appelle *portée* cette groffeur d'un axe quelconque qui le contient ; tel eft l'effet de la tête de l'arbre dans le barillet : les pivots des roues font ainfi bornés par des portées qui les retiennent dans leurs cages.

827. Pour former les portées à la hauteur convenable pour que le barillet étant mis en cage, on conferve de chaque côté la place de la roue de grande, moyenne & celle des minutes, il fera néceffaire de remonter le barillet & de le préfenter fur le côté de la cage, afin qu'en réfervant les intervalles convenables pour ces roues, on puiffe marquer fur l'arbre l'endroit de la portée du côté de la roue, c'eft-à-dire, du petit pivot : on levera donc le pivot que l'on réduira jufqu'à ce que la portée ait environ $\frac{2}{12}$ de ligne de large tout autour : ainfi le pivot qui roule dans le trou du barillet ayant, je fuppofe, 3 lignes, on donnera au pivot qui doit entrer dans la feconde platine 2 lignes $\frac{8}{12}$ de diametre ; on retranchera donc $\frac{4}{12}$ du premier pivot de l'arbre.

828. On ne reculera pas d'abord la portée à l'endroit marqué, il vaut mieux la préfenter à plufieurs fois, afin de ménager convenablement les intervalles entre la platine &

la

roue : (on appelle *jour*, l'intervalle qu'il y a d'une roue à une autre, ou à la platine ou à une piece quelconque). La portée ainsi reculée jusqu'à ce que le barillet ait le jour requis, avec la seconde platine pour la place de la grande roue moyenne, & dessous la virole pour celle de la longue tige; on redémontera l'arbre; on adoucira le pivot, & on le polira avec le bois & du rouge, de la même maniere que je l'ai indiqué ci-dessus; & mettant quatre goupilles aux piliers pour arrêter la cage, on prendra avec le maître-danse, la hauteur de la cage, & à l'endroit où le barillet doit être placé, ce qui est marqué sur le dehors de la platine des piliers. On mettra l'arbre sur le tour, & on présentera les pointes de l'outil, en en plaçant une contre la portée du pivot fini; l'autre marquera l'endroit juste de la portée du gros pivot : on *levera* ce pivot, c'est-à-dire, qu'on le diminuera de maniere à former une portée qui ait environ $\frac{2}{12}$ de ligne de largeur; ainsi la grosseur du trou du couvercle de barillet ayant 3 lignes $\frac{1}{2}$ de diametre, le pivot devra avoir 3 lignes $\frac{2}{12}$: ce pivot formé & la portée reculée, selon la mesure donnée par le maître-danse, on ôtera le cuivrot mis sur le bout du long pivot, & on le placera sur le court pivot, afin de diminuer cette tige dans toute sa longueur, & de la réduire à la grosseur du fond de la portée, & même en allant un peu en diminuant, de la portée au bout de la tige. On polira la partie du pivot qui est contre la portée, seulement un peu plus que l'épaisseur de la platine des piliers, n'étant pas nécessaire de polir le reste de cette tige; cela seroit inutile, puisqu'il faut y faire le quarré de remontoir.

829. Il faudra avoir grande attention, pendant tout le temps que l'on tournera cet arbre, d'entretenir d'huile les pointes des pivots, afin que par leurs frottements sur les trous coniques des broches du tour, ces pointes ne se rongent, & ne se jettent de côté; car alors le pivot que l'on tourne actuellement ne seroit plus concentrique à celui du barillet, défaut très-considérable, puisque l'engrenage du barillet avec son pignon seroit tantôt fort & tantôt foible;

selon le côté que cet arbre préſenteroit au pignon.

830. L'arbre ainſi préparé pour être mis en cage, il faudra percer les trous aux platines. Pour cet effet, on fera un foret qui ſoit un peu plus petit que le plus petit pivot : on percera avec ce foret un trou à la platine des piliers, à l'endroit où le cercle du barillet a été marqué en traçant le calibre ; on appliquera enſuite & à ſon repaire, le dehors de la ſeconde platine dont les tenons entreront dans leurs trous faits à celle des piliers ; le trou percé pour le barillet à la platine des piliers, dirigera le foret pour percer exactement le trou correſpondant à la ſeconde platine ; (on employera le même foret pour percer ce ſecond trou) : on appelle cela *percer les trous l'un ſur l'autre*. On paſſera un écariſſoir légèrement, pendant que ces platines ſont ainſi aſſemblées, afin que ces trous ſe conviennent ou coïncident parfaitement ; on aura attention à tenir le foret, quand on perce les trous, perpendiculaire aux plans des platines, & on obſervera la même choſe en aggrandiſſant ces trous. On ſéparera enſuite les platines, & on aggrandira le trou de la ſeconde platine, juſqu'à ce que le petit pivot y entre bien juſte. On fera attention à faire entrer l'écariſſoir par le côté intérieur de la platine, afin que ce pivot porte ſur toute l'épaiſſeur du trou. On aura eu attention, ainſi qu'on doit le faire pour les pivots quelconques, de les diminuer un peu par le bout & ſelon la forme des écariſſoirs qui ne doivent pas être trop en pointe.

831. Pour adoucir l'intérieur des trous, après qu'on y a paſſé l'écariſſoir, il faut faire des outils qu'on appelle des *Alaiſoirs* ; ils ſont de la forme des écariſſoirs, c'eſt-à-dire, preſque cylindriques ; ils ſont tournés ronds, & on les laiſſe tels ; on les adoucit bien ſelon leur longueur, en ſorte que par leur moyen on polit & on rend très-ronds les trous de pivots. On aggrandira de la même manière le trou du gros pivot de la platine des piliers, & l'on mettra l'arbre dans la cage ; il doit tourner très-juſte & ſans jeu, ſoit ſelon ſa hauteur, ou ſoit ſelon la grandeur des trous qui doivent être exactement de la groſſeur des pivots.

832. Lorſque l'arbre eſt mis en cage, on travaille à l'en-

cliquetage. Pour cet effet on commence par limer quarrément le grand pivot de l'arbre, afin d'y ajuſter le rochet; le rochet doit approcher de la platine avec un petit jour pour n'y pas frotter : ainſi pendant que l'arbre eſt en cage, il faut faire, preſque à raz de la platine, un trait ſur l'arbre, ce qui marque l'origine du quarré du remontoir: on ôte l'arbre de la cage, & on le met ſur le tour; & avec un burin aigu, on marque tout autour de l'arbre un trait fin pour régler également cette origine du quarré. On formera donc dans toute la longueur ſaillante du pivot, quatre pans ou ſections que l'on enfoncera petit-à-petit juſqu'à ce que cela forme un quarré dont les angles ne ſeront pas tout-à-fait aigus; & pour ne pas être expoſé à échapper avec la lime ſur le pivot qui eſt à l'origine du quarré, on fera entrer ſur le pivot une petite virole de cuivre tournée de l'épaiſſeur de la platine, & qui recouvre juſte le trait du burin qui regle la longueur du quarré : cette virole retiendra le côté non taillé de la lime, (on ſe ſert de lime bâtarde d'Angleterre). Quand le quarré ſera ainſi ébauché, on ôtera la virole, & on reculera petit-à-petit le quarré juſqu'à ce qu'il atteigne également tout au tour le trait. Pour s'aſſurer que les angles du quarré ſont droits ou d'équerre, on préſentera une petite équerre; & pour juger que chaque ſection eſt de même largeur, on ſe ſervira du calibre à pignon, (ſi l'on n'a pas la vue aſſez bonne pour en juger ſans l'outil). Chaque pan ou ſection étant égales, & les angles étant droits, le quarré ſera bien fait, & on l'adoucira avec une carrelette au T, d'abord en limant bien droit en travers l'axe & enſuite ſelon ſa longueur. On appelle cette derniere maniere de limer, *Ettirer en long*.

833. Il y a des Ouvriers qui, pour limer bien droit les côtés du quarré, placent l'arbre ſur le tour en le laiſſant mobile ſur les deux pointes, & en cet état ils achevent de limer le quarré, ce qui rend ſes côtés bien plats. On peut faire la même choſe après qu'il eſt ébauché à l'étau, en le limant ſur un morceau de liege d'environ un pouce $\frac{1}{2}$ quarré pour l'épaiſſeur & de la longueur des mâchoirs de l'étau plus

ou moins ; on attache ce liege à l'étau : on dreſſe très-bien à la lime les pieces que l'on fait ainſi appuyer ſur du liege.

834. Lorſque le quarré de l'arbre eſt achevé, on ajuſte quarrément le rochet d'encliquetage R, *fig. 3*. Pour rendre ce trou quarré, on commence d'abord par aggrandir le trou rond avec un écariſſoir juſqu'à ce qu'il ſoit de la grandeur d'un cercle inſcrit au quarré qui termine l'arbre, c'eſt-à-dire, que ce trou ait pour diametre l'épaiſſeur du bout du quarré pris depuis un pan juſqu'à celui qui lui eſt oppoſé ; enſuite on fera un quarré d'acier de la même groſſeur & figure que le quarré de l'arbre ; ce quarré ayant ſes angles coupés vifs & tranchants, ſera droit & bien régulier ; on l'adoucira ſelon ſa longueur : après l'avoir limé bien plat, & avec les ſoins employés à l'arbre, on trempera ce quarré, qui eſt un outil que l'on appelle un *Etampe*, c'eſt-à-dire, qu'on le fera chauffer juſqu'à ce qu'il ſoit également rouge & couleur de ceriſe ; en cet état, on le plongera dans un vaſe rempli d'eau froide, par ce moyen l'acier acquerra le plus grand degré de dureté ; c'eſt cette opération que l'on appelle *la trempe* : mais comme l'acier qui a acquis cette dureté, devient caſſant comme du verre, & qu'il n'y a gueres que les burins qui ayent beſoin d'être ſi durs, on ſe ſert d'un moyen très-ſimple pour l'amollir un peu : c'eſt, après qu'il eſt trempé, de commencer par blanchir avec de la pierre-ponce les côtés du quarré que l'on poſe ſur le charbon allumé, & de le laiſſer chauffer juſqu'à ce que l'acier qui étoit blanc, devienne jaune : on appelle cette opération *faire revenir*. On fait revenir l'acier plus ou moins, ſelon qu'il eſt beſoin que la piece ſoit dure : ſi, par exemple, on vouloit ſe ſervir de ce quarré, pour rendre quarré un trou fait dans l'acier, il ne faudroit que le faire devenir jaune ; & ſi on veut ſeulement s'en ſervir pour du cuivre, il ſera aſſez dur, en le faiſant revenir d'un bleu vif : c'eſt la même pratique, lorſqu'il eſt queſtion de tremper un foret, on le fait revenir, ſelon qu'il doit ſervir à percer de l'acier trempé ou du cuivre, &c. A propos de forets, quand on a de petits forets à tremper, on ne les

fait pas chauffer dans le charbon, on fe fert d'un outil qu'on appelle un *chalumeau*, c'eft une efpece de tuyau recourbé par fon petit bout, dont on place la plus grande ouverture dans la bouche & la plus petite fur la flamme d'une groffe chandelle; en foufflant on dirige cette flamme contre le foret jufqu'à ce qu'il foit rouge, alors on le plonge dans le fuif de la chandelle même qui le faifit & le trempe : on le blanchit & on appuie le bout du foret trempé fur une lime; on préfente la tige du foret à la flamme pour le faire chauffer, en forte que cette tige qui eft trempée revient, c'eft-à-dire change de couleur, tandis que le bout du foret qui pofe fur la lime conferve toute fa dureté, & fans être fujet à caffer : fi l'on veut que le foret foit moins dur, on continue à faire chauffer la tige, & l'on appuie moins fort contre la lime, & on le fait revenir comme on veut.

835. Lorfqu'on aura trempé l'étampe, on le chaffera à force dans le trou du rochet, lequel prendra petit-à-petit la forme du quarré que l'on fera alternativement entrer & fortir à coup de marteau, & en enduifant l'étampe d'huile, jufqu'à ce que le trou puiffe entrer à force & très-jufte fur le quarré de l'arbre du barillet : quand on l'aura enfoncé jufqu'au fond, & avant cela, ôté les bavures que l'étampe aura faites, c'eft-à-dire, qu'on aura paffé la lime fur les côtés plats du rochet; cela, dis-je, ainfi préparé, on tournera le rochet fur fon arbre, & l'on terminera le bas des dents par un trait fait avec un burin fur le tour, afin de régler également l'enfoncement de ces dents.

836. Comme le rochet eft fendu avec des dents inclinées, il faudra avoir attention, en étampant fon trou, c'eft-à-dire, en le rendant quarré, de faire entrer le quarré par le côté convenable pour que l'encliquetage fe faffe de maniere qu'en bandant le reffort, il faffe tourner la roue des minutes en avant, & felon l'ordre des chiffres du cadran : or comme il y a une roue intermédiaire entre le barillet & celle de longue tige, il fuit que le barillet doit tourner du même côté que celle des minutes. Il faudra donc que les dents

du rochet soient inclinées de sorte qu'on bande le ressort en tournant en avant, & comme cela est dans la figure 3, qui représente le côté extérieur de la platine des piliers : on étampera donc le trou de ce rochet, en faisant entrer le quarré par le dessous du rochet.

837. Lorsqu'on aura tourné le rochet, il faudra percer un trou à travers le quarré de l'arbre bien à fleur du rochet, lequel servira à retenir le rochet avec le quarré au moyen d'une goupille n; ensuite, avant de démonter ce rochet de dessus son quarré, il faut marquer un repaire en faisant un point sur un des pans du trou du rochet & autant sur le côté correspondant de l'arbre, afin qu'on le remette toujours de même, & que par ce moyen le rochet tourne rond.

838. On achevera de limer réguliérement les dents du rochet dont le côté droit doit être un peu dirigé en rentrant en R, centre du rochet, pour mieux retenir & arcbouter contre le cliquet c; car si le devant des dents étoit dirigé de l'autre côté du centre, l'effort du moteur tendroit à éloigner le cliquet, ainsi le ressort se débanderoit tout à coup : on fera le cliquet auquel on donnera la figure de celui c (*fig.* 3).

839. Pour faire le cliquet on prendra du fer, qui soit un peu plus épais que le rochet, afin que portant à plat sur la platine, il soit à fleur avec le rochet; on percera dans le milieu de sa longueur qui est arbitraire, mais qui peut être d'un pouce pour cette horloge; on percera, dis-je, un trou qui ait environ une ligne $\frac{1}{2}$ de grosseur; c'est sur ce trou que le cliquet doit être mobile, en tournant autour de la vis d fixée à la platine.

840. Pour faire cette vis, voici comment on opérera : on prendra du fil de fer bien net qui ait près de trois lignes de grosseur; on formera des pointes à cette broche : à l'un des bouts, on chassera un cuivrot pour servir à tourner les vis que l'on fera avec cette tige : à l'autre bout, on levera un pivot d'abord à la lime qui ait plus d'une ligne de grosseur, & ensuite on tournera ce pivot, & sa portée jusqu'à ce qu'il ait environ une ligne un peu plus ou un peu moins, selon la grosseur

des trous de la filiere dont on veut se servir, mais plutôt plus grosse; car comme elle doit soutenir tout l'effort du grand ressort ou moteur, elle a besoin d'une certaine solidité; on fera entrer à force en tournant à droite ce pivot dans le trou de la filiere, en sorte que les pas de la filiere s'impriment profondément dans le pivot qui deviendra une vis: on appelle cela *tarauder la vis*. On taraudera ainsi cette vis jusqu'à sa portée.

841. Pour bien tarauder, il faut qu'à chaque demi-tour que l'on tourne en avançant, reculer ensuite d'autant, & revenir sur ses pas, & avancer après d'un demi-tour, en allant & revenant par degrés jusqu'à la portée. Pour faciliter le taraudage de la vis, il faut y mettre de l'huile, ainsi qu'au trou de la filiere.

842. Pour diminuer à propos la vis de maniere qu'elle ne soit ni trop petite ni trop grosse, mais qu'elle se taraude bien, il faut la tourner d'abord un peu en pointe, ensorte que l'extrémité du bout puisse entrer dans le trou de la filiere, & on va en avançant jusqu'au point où l'on voit le filet de la vis terminé & arrondi: c'est-là le point de grosseur convenable; il ne faudra plus que tourner le reste de la vis jusqu'à la portée de la même grosseur, & continuer à tarauder.

843. Il y a des filieres qui portent à côté de chaque trou taraudé des trous unis qu'on appelle *Trous d'essai*, lesquels servent à donner la grosseur dont il faut diminuer la vis pour être taraudée; on tourne la vis de grosseur à entrer dans le trou d'essai, ensuite on les taraude: on peut suppléer à ces filieres (qui sont commodes pour des personnes peu dans l'usage de travailler) en employant la méthode que je viens d'indiquer.

844. Lorsque la vis vient à se courber en taraudant, il faut la redresser en frappant sur la broche mise sur le tour & jusqu'à ce qu'elle soit bien ronde; ensuite on levera au burin une seconde portée distante de celle qui termine la vis de l'épaisseur du cliquet: on diminuera le pivot que cela formera jusqu'à ce qu'il entre très-juste dans le trou du cliquet, & que

la portée qui restera après la vis, déborde un tant soit peu. Cette portée qui termine la vis, est nécessaire pour arrêter la vis sur la platine, & de maniere à laisser la liberté au cliquet de tourner autour : la seconde portée sert à empêcher le cliquet de s'écarter de la platine ; c'est pour ces raisons qu'on appelle cette vis, *Vis à portée*.

845. La vis ainsi préparée, & le bout du cliquet qui doit agir sur le rochet, étant limé de maniere à remplir le vuide des dents, comme on le voit dans la figure, on pourra le placer ; on le présentera donc sur la platine, lorsque le rochet est placé sur l'arbre du barillet mis en cage ; l'on fera appuyer le bout contre les dents du rochet, & l'on marquera avec une pointe sur la platine l'endroit du trou du cliquet : on percera par ce point un trou dans lequel devra entrer la vis. Pour percer ce trou de grosseur convenable, on fera un foret qui passe juste dans le trou de la filiere qui a servi à tarauder la vis ; on trempera ce foret, & ensuite on percera le trou de la vis de cliquet à la platine.

846. Pour tarauder ce trou, c'est-à-dire, pour le former par un pas de vis, on prendra un bout d'acier quarré dont on formera le bout en vis & sans le rendre rond, en le faisant passer dans la filiere, en sorte qu'il n'y aura que les angles qui se forment en vis ; lorsque la vis sera bien formée sur ces angles, & de longueur un peu plus que l'épaisseur de la platine, on trempera ce bout d'acier taraudé, & qu'on appelle un *Taraud* ; on le fera revenir bleu, & on s'en servira pour former le trou fait à la platine en vis : ainsi les angles creuseront la rainure spirale de la vis. Pour faciliter le taraudage du trou, il faudra enduire le taraud de suif de chandelle ; après qu'on a fait entrer toute la partie taraudée du taraud dans la platine, on passe une lime sur le trou pour ôter la rebarbe ou bavure, & l'on fait entrer la vis qui est encore au bout de la broche, jusqu'à ce que la portée s'applique sur la platine : on retire la vis, & on met le cliquet ; on remet de nouveau la vis afin de voir si le cliquet a assez de jeu ; s'il n'en a pas assez, on reculera la seconde portée qui recouvre le cliquet, & on l'adoucira

l'adoucira avec une lime à pivot : alors on fait la tête de la vis qui doit avoir près d'une ligne d'épaisseur au-dessus de la seconde portée qui recouvre le cliquet : le dessus de la tête doit être un peu arrondi au burin, après quoi on passe sur cette tête une lime douce *à arrondir* ; on fait entrer la vis dans le trou de la filiere, & on acheve de couper la tête d'avec la tige; on se sert pour cela d'une lime à *fendre* ; ensuite avec la même lime à fendre, & par le milieu de la tête de la vis, on fait une fente pour pouvoir la visser & dévisser au moyen du tourne-vis : on adoucira le dessus de cette tête, on l'ôtera de dessus la filiere, & on la placera sur la platine avec le cliquet. (Cette vis *d* est vue de profil, *fig.* 20).

847. Enfin pour achever l'encliquetage, il faudra faire le ressort *r f d*. Pour cet effet on prendra un morceau d'acier qui ait environ vingt lignes de long & trois de large, & de l'épaisseur du cliquet ; on percera à six lignes de distance d'un bout, un trou d'une ligne de grosseur; on limera la tête *e* du ressort à peu-près de la figure que l'on voit dans la figure 3, en laissant de la force autour du trou ; on limera en diminuant le reste de la longueur depuis la tête jusqu'au bout comme on le voit dans la figure. Quand on l'aura ainsi limé de la force convenable pour faire ressort, on le battra au marteau légérement dans toute sa longueur, afin de le durcir ; ensuite on l'adoucira, & avec un *brunissoir* (outil d'acier trempé qui est ovale & poli), on le polira ; on passera pour cela le brunissoir sur du savon avec un peu d'eau : il ne restera plus qu'à le plier ; ce que l'on fera en serrant à l'étau un petit arbre lisse ou une broche ronde de deux lignes ½ environ de diametre ; on appuyera la partie *f* contre cet arbre, avec une pince à goupille, tandis qu'on pressera les bouts du ressort, pour entourer la broche, jusqu'à ce qu'il ait la figure *e f d*, ou approchant, ce qui est assez indifférent à l'effet de ce ressort : on fera une vis sans portée de la grosseur du trou, mais dont la tête recouvrira le ressort ; on percera & on taraudera un trou à la platine, à l'endroit où la tête du ressort ne puisse point nuire ni aux ponts ni à la roue de cadran : cette vis retiendra le

reſſort appliqué contre la platine; & en la ſerrant très-fort, on rendroit la tête fixe pour l'empêcher de tourner, & produire par-là la preſſion du reſſort contre le cliquet; mais pour empêcher encore mieux le reſſort de tourner, on percera à l'extrémité de la tête *e* un petit trou à travers le reſſort & la platine. On chaſſera à travers le trou du reſſort, une cheville d'acier bien à force ; on laiſſera ſaillir par-deſſous le reſſort le bout de cette cheville, laquelle ſervira à entrer dans le trou fait à la platine, & à maintenir le reſſort en place; tous les reſſorts doivent, pour les mêmes raiſons, être ainſi rendus fins avec des pieds ou *tenons*.

4°. *De l'exécution des Pignons & de la maniere d'aſſembler le Rouage.*

848. Il y a des Ouvriers qui, pour abréger l'ébauche des pignons, ſe ſervent d'acier tiré à la filiere. Je ne conſeille point d'en faire uſage; car outre l'inégalité ordinaire de ces pignons, il eſt très-rare d'en trouver qui ſoient faits de bon acier pur, net, & ſans paille. On fera donc forger le pignon qui doit engrener dans le barillet, de la groſſeur convenable, pour qu'étant ébauché & rond, il ait pour diametre cinq dents pleines de la roue (528). On fera de même le pignon de longue tige, afin qu'après avoir été limé & tourné, il ait pour groſſeur quatre dents, priſes ſur les pointes de la grande roue moyenne (531), dans laquelle il doit engrener ; quant aux autres pignons, ils doivent tous être pris dans de l'acier quarré, de groſſeur convenable : ainſi pour faire ces pignons, il faudra d'abord ébaucher à la lime les tiges, grandes & petites, qui forment l'axe du pignon : on appelle ſimplement *Tige*, la longue partie de cet axe, & *Tigerons*, la tige la moins longue.

849. Pour faire les petits pignons, on coupera donc dans des tiges d'acier quarré, des bouts qui ſoient un peu plus longs que la hauteur totale de la cage, en y comprenant les platines.

850. Quand on aura coupé ces pignons, il faudra les placer dans de la braife bien allumée, & les laiffer s'échauffer tout feuls, fans fe fervir de foufflet; ils deviendront rouges par la feule chaleur de la braife que je fuppofe être affez fort pour cela : on les laiffera ainfi dans cette braife jufqu'à ce qu'elle foit confumée, & que par conféquent les pignons fe foient refroidis : cette opération les aura amollis au point qu'on les travaillera avec beaucoup de facilité : on appelle cela *Faire recuire*. Lorfque le fer eft trop dur, on le fait auffi recuire.

851. On ébauchera de fuite à la lime tous les pignons gros & petits ; mais pour réferver les tigerons de chaque pignon de la longueur convenable, il faut faire attention à l'endroit où les roues peuvent être placées fur la hauteur de la cage.

852. Le pignon de la grande roue moyenne ne peut pas avoir un long tigeron, car cette roue devant être placée entre le barillet & la platine, & l'intervalle n'étant pas grand, ce tigeron ne peut pas l'être; au refte, on peut, pour faciliter l'exécution, le tenir affez long pour y loger un cuivrot: le tigeron d'un pignon de longue tige ne doit pas être bien long, puifqu'il ne doit avoir pour longueur que l'intervalle de la grande roue moyenne, c'eft-à-dire, $\frac{2}{12}$ de ligne ; mais on laiffera également un tigeron pour pouvoir porter un cuivrot. Il eft de même à propos de tenir les tiges & tigerons plus longs qu'il n'eft befoin, afin de pouvoir hauffer ou baiffer le pignon dans la cage : le pignon d de la roue de champ ne doit pas non plus avoir un long tigeron par la raifon que la roue de longue tige E devant paffer fous le barillet, doit approcher très-près de la platine des piliers, ainfi qu'on le voit dans la figure 1 qui repréfente le côté intérieur de la platine des piliers fur laquelle les roues font placées. Pour déterminer la longueur du tigeron du pignon e de la roue d'échappement, il faut faire attention que la roue de champ doit paffer par-deffus la roue des chevilles G: or celle-ci pour la facilité des bafcules, doit être placée au tiers

de la hauteur des platines, c'eſt-à-dire, à cinq lignes de diſtance de la ſeconde platine; & comme elle porte des chevilles qui auront une ligne, & pour que la roue de champ
ne puiſſe jamais y toucher, (& que d'ailleurs rien n'empêche
de faire approcher cette roue de champ de la ſeconde platine,)
il faudra laiſſer un jour d'une demi-ligne entre cette roue &
les chevilles; ainſi la roue de champ pourra être placée à trois
lignes environ de diſtance de la platine. On conſervera donc
en conſéquence un tigeron au pignon *e* du rochet qui devra
être au moins de 4 lignes, à cauſe du pivot qu'il faut lever
pour rouler dans la platine.

853. La premiere roue *L* de répétition doit être placée du
côté de la platine des piliers, à la diſtance d'environ 4 lignes;
ainſi on réſervera un tigeron au pignon *f* dans lequel elle doit engrener, qui ait au moins 5 lignes à cauſe du pivot. La roue *M*
doit auſſi paſſer au-deſſus des chevilles de la roue *G* du côté de
la ſeconde platine; ainſi on la placera à la même hauteur que
la roue de champ. Le pignon *g* dans lequel la roue *M* engrene
devra donc avoir un tigeron de la même longueur que celui du rochet, c'eſt-à-dire, environ 4 lignes. La roue *N* doit
être placée du côté de la platine des piliers, & pour que le
volant *V* ait plus de longueur, on éloignera ſeulement cette
roue *N* de deux lignes de la platine; le tigeron du pignon *h*
aura donc 3 lignes.

854. Voilà les obſervations préliminaires qu'il étoit à
propos de faire pour régler les places des roues ſelon la hauteur de la cage, & pouvoir en conſéquence ébaucher & faire
les pignons.

855. On ſait que l'axe du pignon de la roue des minutes
D, doit être prolongé en dehors de la platine des piliers pour
porter la chauſſée, ainſi qu'on le voit (*fig.* 4) : on réſervera
donc en conſéquence une tige à ce pignon, c'eſt-à-dire, qu'on
la fera plus longue ou plus courte, ſelon que le cadran que
l'on doit employer ſera élevé au-deſſus du dehors de la platine des piliers, ce qui dépend ſur-tout de la courbure du cadran lorſqu'il eſt d'émail, & de la hauteur des roues de cadran

Premiere Partie, Chap. XXXVI.

(*fig.* 3). Au reste, pour n'être pas gêné, on peut donner à cette tige presque le double de la hauteur de la cage; on en sera quitte pour la raccourcir après que la chauffée & les aiguilles seront ajustées.

856. Il faut observer que le milieu de cette tige doit être conservé assez gros pour pouvoir y lever la premiere portée *a* (*fig.* 4) qui sert à contenir la roue en cage, & ensuite la seconde portée *b*, qui sert à arrêter la chauffée, & l'empêcher de descendre plus bas; mais cette tige & ses pivots doivent être plus petits qu'ils ne sont marqués dans la figure : les portées ne doivent se faire que lorsque le pignon est fendu; il faut seulement ébaucher la tige, de sorte que du milieu elle aille en diminuant, & contre le pignon pour en permettre l'enfoncement des dents, & contre le bout de la tige.

857. Pour ébaucher le pignon de renvoi *r* (*fig.* 3), il faut faire attention que la tige de ce pignon vu (*fig.* 6) doit traverser la cage & avoir un pivot prolongé (en dehors de la seconde platine sur laquelle il roule d'un côté) pour porter le limaçon des quarts *h* (*fig.* 2); or ce pivot prolongé doit avoir environ 5 lignes de longueur; la cage a 17 lignes de hauteur, y compris l'épaisseur des platines, ce qui donne vingt-deux lignes; enfin les ailes de ce pignon doivent avoir environ quatre lignes de longueur, & son tigeron peut en avoir deux; ainsi ce pignon avec sa tige & le tigeron pourra avoir 28 lignes.

858. Tandis qu'on ébauchera les pignons, on pourra faire en même temps l'arbre de la premiere roue de sonnerie; cet arbre doit être d'acier quarré que l'on rendra rond, & de même grosseur dans toute sa longueur; sa grosseur doit être d'environ une ligne $\frac{1}{4}$, tout tourné, & la longueur doit être non-seulement de la hauteur de la cage, mais il doit porter de chaque côté extérieur des platines des pivots prolongés, dont l'un doit porter la poulie P, (*fig.* 2), & l'autre la tête de l'arbre auquel s'accroche le ressort contenu dans le barillet B (*fig.* 3); or chaque pivot prolongé doit être d'environ cinq lignes : on aura donc vingt-sept lignes pour la longueur de cet arbre,

859. Lorsqu'on aura ainsi ébauché les pignons, selon les dimensions que nous venons d'indiquer, il faudra les tourner dans toute leur longueur en proportionnant la grosseur des tiges à leurs longueurs & à la grosseur des pignons ; il vaut mieux même tenir les dimensions un peu fortes, parce qu'elles sont plus faciles à diminuer, lorsque les pignons sont trempés : quant à la longueur du corps du pignon ; pour celui de 12, il faut qu'il soit plus long que l'épaisseur de la roue de barillet d'environ une ligne $\frac{1}{2}$; les autres pignons peuvent avoir environ 3 lignes chacun de longueur de corps ; les plus petits pignons doivent être plus courts de corps.

860. Pour tourner les pignons à la grosseur convenable, on se servira des regles que nous avons données, Ch. XXII. (art. 522 & suivants); savoir, pour le pignon de 12, 4 dents pleines ; pour le pignon de 8, 4 dents sur les pointes ; & pour les pignons de 6 qui sont menés, on prendra 3 dents pleines arrondies, un peu forcées; & pour le pignon r de renvoi qui mene, il faudra le tenir plus gros d'environ la moitié de l'intervalle d'une dent, c'est-à-dire, qu'au lieu de lui donner seulement trois dents pleines, on lui donnera trois dents pleines, plus la moitié du vuide d'une dent.

861. Quand on aura tourné le pignon de 12 de grosseur, avant que de réduire le corps à la longueur que nous avons dite, il faudra former au bout de la tête du pignon, du côté du tigeron, une retraite ou portée que l'on reculera un peu plus que l'épaisseur de la grande roue moyenne ; on enfoncera cette retraite de maniere que la portée ait environ $\frac{3}{12}$ de ligne de profondeur, afin de servir d'assiette à la grande roue moyenne qui doit être fixée contre cette portée & rivée, comme nous le dirons en son lieu.

862. On réservera de même sur le pignon r de la roue de renvoi, une portée pour servir d'assiette à la roue S dont l'épaisseur réglera la quantité dont on doit reculer la portée.

863. Tous les autres pignons seront rivés sur des assiettes qui doivent être soudées sur les tiges, ainsi il n'y a que ces deux pignons qui ayent besoin de pareilles portées formées

Premiere Partie, Chap. XXXVI. 271

sur le pignon; la raison en est que la grande roue moyenne doit passer par-dessus le barillet; & le pignon devant nécessairement être placé du même côté pour engrener dans le barillet, il ne reste pas assez d'intervalle pour souder une assiette; d'ailleurs une assiette placée si près du pignon, empêcheroit de polir le pignon après qu'il auroit été trempé.

864. Quand tous les pignons seront tournés de grosseur, il faudra les diviser pour les fendre: voici comment il faudra s'y prendre, si on n'a pas un tour disposé avec une petite plate-forme semblable à celle de la Planche XIX. (*fig. 6*). Pour marquer les pignons, on fera entrer sur le bout de leur tige une roue qui contienne des aliquotes de ces pignons, c'est-à-dire, dont le nombre de dents du pignon soit contenu un certain nombre de fois sans reste: par exemple, les pignons de cette Horloge sont de 12, de 8, & tous les autres de 6: ainsi en prenant une roue qui ait 36 dents ou 72, on pourra par le moyen de cette roue, diviser tous les pignons de cette piece; car je suppose qu'on prenne la roue de cadran qui a 72 dents, on voit que le nombre des ailes du pignon de 12 est contenu six fois dans celui des dents de la roue; celui du pignon de 8, neuf fois; & celui des pignons de 6, douze fois.

865. Voici donc comme on divisera très-simplement ces pignons. Pour diviser le pignon de 12, on fera entrer à force le bout de la tige dans le trou de la roue; & si ce trou est trop grand, on percera un petit morceau de cuivre un peu plus épais que la roue & un peu plus grand que son trou; on percera, dis-je, ce morceau de cuivre d'un trou qui soit de la grosseur du bout de la tige du pignon; on en fera une virole qui étant tournée sur un arbre lisse de la grosseur convenable pour entrer à force dans le trou de la roue, servira à la fixer avec la tige du pignon; on placera cette roue ainsi montée, sur un tour ordinaire en faisant rouler les pointes du pignon dans les points faits aux bords des broches, afin que le corps du pignon déborde les broches. On attachera sur la branche du tour au-dessous de la roue & avec une tenaille à

vis, une lame d'acier ou de cuivre battu, il n'importe, capable seulement de faire ressort, & qui portera par son extrémité un crochet propre à entrer dans le vuide des dents de la roue pour la fixer; (cette regle servira d'alidade) (431). On fera approcher le support du tour fort près du pignon: ce support doit être limé droit & parallele à l'axe du pignon; on prendra *la quarre* d'une lime angulaire, comme d'une lime à arrondir, ou une pointe dure, & on tracera un trait selon la longueur du support en traînant tout le long; on levera le ressort qui arrête la roue, & on la fera avancer de six dents: on tracera une seconde division, & on fera avancer la roue de six dents, & ainsi de suite, jusqu'à ce qu'on ait fait faire le tour à la roue, & par conséquent divisé le pignon en douze parties: ces traits de division serviront donc à diriger la lime qui doit fendre le pignon; mais il est bon d'observer que dès que la lime à fendre a entamé la division, il ne reste plus de guide que l'œil pour juger si l'on n'anticipe pas sur une dent prochaine: ainsi pour être assuré de ce que l'on fait, il est à propos de diviser un pignon de 12 en 24 parties au lieu de 12; par ce moyen, il y aura 12 divisions qui marqueront les endroits où l'on doit faire appuyer la lime pour fendre & former le vuide des dents; & il restera 12 autres divisions pour marquer la pointe des aîles; or ces 12 divisions n'étant pas emportées par la lime à fendre, serviront à guider la main & à fendre son pignon très-juste.

866. Le pignon de 12 ainsi divisé, on placera la roue sur le bout de la tige du pignon de 8; & si le trou de la virole que l'on a fait pour le pignon de 12 est trop gros pour celui de 8, on chassera cette virole de dessus la roue, & on en fera une autre dont le trou entre juste sur le bout de la tige & l'extérieur dans le trou de la roue de cadran: on placera de la même maniere que nous venons de l'expliquer, ce pignon sur le tour, & on le divisera en 16 parties pour en former un pignon de 8, pour les raisons que nous venons d'en donner; enfin on fera la même chose pour les pignons de 6 qu'on divisera en 12 parties par la même méthode.

867. Lorsqu'un pignon est divisé ; pour former le vuide des dents, on se sert de limes tranchantes & un peu angulaires qu'on nomme *Limes à fendre*. Il faut avoir plusieurs limes de cette espece, mais de différentes grosseur & épaisseur, afin de pouvoir choisir celle qui est convenable à la grosseur du pignon & à celle des dents, & de ne pas les rendre trop minces.

868. Pour fendre un pignon, il faut le tenir d'une main au moyen d'un étau à main (ou d'une forte tenaille à boucle), avec lequel on le serre en le pinçant par l'extrémité de la tige. On place dans le gros étau une planche de chêne de 4 ou 5 lignes d'épaisseur, dans laquelle on fait des entailles pour y loger la tige du pignon : on appuie le colet de la grande tige contre la planche ; on prend d'abord une petite lime à fendre pour marquer profondément les divisions qui doivent former le vuide des dents: on prend ensuite une lime à fendre plus épaisse avec laquelle on enfonce les ailes jusqu'à ce qu'on soit parvenu à la tige, si c'est un petit pignon ; mais si c'est le gros pignon de 12, comme la tige doit être plus petite que le bas des dents, on fait avec un burin un trait sur le tour pour régler cet enfoncement des dents qu'il ne faut pas faire trop longues, afin de les rendre plus solides : on peut à peu près se regler, pour la proportion des dents, au pignon ponctué *b* (*Pl.* *V*, *fig.* 1.), pour le pignon de 12 ; & pour celui de 8, au pignon de la roue D (*fig.* 4, & les pignons de 6 sur le pignon *c* (*fig.* 1) ; car on ne peut pas prescrire une regle bien positive pour fixer l'enfoncement d'un pignon ; cela dépend sur-tout de l'intelligence de l'Ouvrier : lorsque le pignon doit être pressé par une force assez considérable, comme par un grand ressort, il faut, pour que les ailes soient solides, les tenir plus courts & moins dégagés.

869. A mesure que l'on fend un pignon, il faut avoir grand soin de conserver les dents de même grosseur, & se guider pour cela sur les traits de divisions qui sont au milieu de la dent, & qu'il faut conserver attentivement jusqu'à ce que le pignon soit fini.

870. Quand un pignon eſt fendu, il faut le placer ſur le tour, afin de dreſſer le devant des ailes, c'eſt ce qu'on appelle *dreſſer la face* (a); cette opération enleve les bavures de la lime à fendre, & donne le moyen de bien voir la forme du pignon.

871. On replace de nouveau le pignon ſur l'étau à main; & pour former le flanc des ailes, on ſe ſert de limes angulaires plus épaiſſes & plus douces que les limes à fendre: ces limes que l'on appelle *Limes à efflanquer*, ſont terminées par un petit plan qui forme le fond de la dent du pignon, en le rendant quarré. On paſſe ces limes bien également & droit dans chaque vuide, en ſorte qu'en conſervant les dents égales entr'elles, on dreſſe le flanc des ailes, & que l'on forme le vuide convenable pour l'engrenage, c'eſt-à-dire, que le vuide doit être un peu plus grand que l'épaiſſeur de la dent; ce que les Horlogers appellent *avoir plus de vuide que de plein*; ce qui eſt oppoſé à ce que les dents des roues exigent (780), ainſi que nous le ferons voir dans la IIe Partie.

872. A meſure qu'on efflanque un pignon, on ſe ſert du calibre à pignon pour l'égaliſer. Pour cet effet, avant que de paſſer la lime à efflanquer, on ouvre le calibre, enſorte qu'il embraſſe deux dents pleines: on le préſente alternativement ſur toutes les dents, & on voit par-là s'il y en a de plus écartées les unes que les autres; en efflanquant, on rejette celles qui ſont plus diſtantes, en appuyant avec la lime contre celles-là; par ce moyen on rend un pignon égal.

873. Il faut avoir pluſieurs de ces limes à efflanquer pour les différentes ſortes de pignons; car elles ſont plus ou moins angulaires, ſelon que les pignons ont plus ou moins de dents: plus les pignons ſont nombrés, & moins ces limes ſont angulaires; & au contraire. On choiſira donc pour chaque pignon la lime à efflanquer convenable, pour que l'aile ſoit ſolide du bas, ſans être trop vuide du haut; on aura auſſi attention à ne pas enfoncer inégalement les ailes d'un même pignon.

---

[a] Les dents des pignons s'appellent auſſi les *ailes*: leur devant ou le bout qu'elles préſentent, s'appellent *la face des ailes*, & leurs côtés s'appellent *les flancs*.

874. Quand on a suffisamment efflanqué un pignon, il est presque fini; il ne reste plus qu'à ôter les angles qui terminent le haut des ailes, c'est ce qu'on appelle *arrondir*; on se sert pour cela de limes qu'on appelle par cette raison, *Limes à arrondir*: ces limes ne sont taillées que d'un côté; de l'autre, elles sont unies & arrondies en allant se terminer en angle avec le côté plat qui est taillé. On se sert d'abord d'une lime à arrondir, un peu rude pour ôter l'angle; ensuite avec une plus douce on achève d'arrondir l'aile.

875. Afin de s'assurer que l'on arrondit également toutes les dents, on se sert du calibre à pignon, & de la maniere que je viens de le dire. On a soin que les dents soient bien égales de grosseur, arrondies également de chaque flanc, ensorte que les dents soient bien dirigées au centre du pignon, & qu'elles ne soient pas à rochet, c'est-à-dire, penchantes d'un côté; c'est sur-tout en passant la lime à efflanquer qu'il faut y avoir attention; car la lime à arrondir ne doit pas toucher aux fonds des ailes, mais seulement entrer environ aux deux tiers de la longueur de la dent, pris depuis le fond.

876. Il faut conserver jusqu'au dernier instant, les traits de division qui sont aux sommets des dents; cela regle la lime à arrondir.

877. Les pignons étant ainsi arrondis; pour vérifier s'ils ont la grosseur convenable pour l'engrenage, on se servira de la méthode indiquée (516); pour cet effet on arrondira quelques dents à chaque roue, & on présentera la roue & le pignon sur l'outil d'engrenage; & s'il y a des pignons un peu trop gros, il faudra les retourner, c'est-à-dire, diminuer au burin sur le tour, & les arrondir de nouveau, jusqu'à ce qu'ils ayent la grosseur requise.

878. Lorsqu'on aura fini le pignon de 12, il faudra effacer le trait que l'on avoit fait au burin, pour en régler l'enfoncement; & pour qu'il ait *plus de grace*, on fera au-dessous du fond des dents une petite *creusure* qui aille jusqu'à la tige en réservant près du fond des dents un petit intervalle depuis le bord de la creusure; on dressera ensuite la face du pignon

en se servant du côté d'une lime carrelette dont on fait appuyer le plan sur la tige.

879. Quand les pignons seront finis, on prendra du fil rond de laiton d'environ 3 lignes de grosseur; on en coupera des petits bouts qui, étant percés de trous selon les grosseurs des tiges, serviront pour les assiettes qui doivent fixer les roues sur les pignons.

880. Pour l'assiette de la roue de longue tige, on prendra du fil de laiton de quatre lignes de diametre & de cinq de longueur; on le percera d'un trou propre à entrer bien juste sur le milieu de la tige à l'endroit où doit être placée la roue de longue tige; pour cet effet on présentera le pignon sur le bord de la cage, & on enfoncera l'assiette jusqu'à ce que le bout du pignon, du côté du tigeron, & le bout extérieur de l'assiette entrent juste dans l'intérieur de la cage; mais avant de placer entiérement l'assiette, il faut *ébiseler* le trou des deux bouts de l'assiette, afin de faciliter l'entrée de la soudure. On prendra pour cet effet un foret plus gros que le trou, ce qui en ôtera l'angle; on fera la même opération à toutes les assiettes avant de les placer sur leur tige pour les souder.

881. On placera l'assiette sur le pignon de la roue de champ; en sorte que la roue puisse être distante de 3 lignes de la seconde platine (comme on l'a vu 852.), tandis que le pignon doit être tout contre celle des piliers, pour engrener dans la roue de longue tige.

882. L'assiette du rochet doit être placée à environ 2 lignes de distance de la platine des piliers, tandis que le pignon *e* qui la porte doit engrener dans la roue de champ distante de trois lignes de la seconde platine.

883. L'arbre de la première roue de répétition doit porter deux assiettes, sur l'une desquelles doit être rivée la roue G des chevilles, & sur l'autre le rochet R d'encliquetage. La roue G doit être placée à cinq lignes de distance de la seconde platine; & il faut que les bouts de l'arbre qui la porte, soient saillants de chacun 5 lignes en dehors de la cage; on placera donc l'assiette de la roue G en conséquence. Le rochet

PREMIERE PARTIE, CHAP. XXXVI. 277

d'encliquetage doit être diſtant de quatre lignes de la platine des piliers ; on poſera l'aſſiette en conſéquence ; on obſervera que ces aſſiettes ayant chacune environ 4 lignes de longueur pour être ſolides, les roues doivent entrer par le bout de la tige pour être rivées ſur les bouts extérieurs des aſſiettes ; & que par conſéquent ce qui forme proprement l'aſſiette, eſt en dedans de l'intervalle qui ſépare les deux roues G & R, ainſi ces deux aſſiettes ſe toucheront preſque en dedans ; on pourroit même en employer une ſeule qui auroit 8 lignes de longueur, afin de trouver aux bouts de quoi river les roues ſans changer l'intervalle qui doit les ſéparer.

884. On placera l'aſſiette de la roue M ſur le pignon f, enſorte que ce pignon étant diſtant de trois lignes de la platine des piliers, la roue M paſſe par-deſſus les chevilles de la roue G, c'eſt-à-dire, qu'elle ſoit diſtante de 4 lignes de la ſeconde platine.

885. Enfin on placera l'aſſiette ſur laquelle doit être rivée la roue N ſur le pignon g, de maniere que tandis que le pignon engrene dans la roue M diſtante de 4 lignes de la ſeconde platine, la roue N ſoit diſtante de 2 lignes de la platine des piliers. Le pignon de volant ne doit pas porter de roue, ainſi il n'a pas beſoin d'aſſiette.

886. Pour ſouder les aſſiettes ſur les pignons, on fera de la ſoudure d'argent. On prendra pour cela 3 gros d'argent ordinaire & un gros de laiton : on fera fondre le tout enſemble ſur un charbon avec un chalumeau : lorſque le tout ſera fondu & formera un petit lingot, on le forgera & on l'applatira ; à meſure qu'il ſe durcira, on le recuira & on le forgera juſqu'à ce qu'on en ait fait une plaque de l'épaiſſeur d'une carte : on le recuira de nouveau.

887. On coupera avec des ciſeaux des petites bandes de cette ſoudure ; on appliquera une de ces bandes contre l'aſſiette du pignon, & avec des pinces à goupilles on la pliera autour de la tige ; on en mettra autant à chaque aſſiette ; on mouillera chaque bout d'aſſiette, afin d'y mettre du borax réduit en poudre ; on préſentera cela tout doucement contre

le charbon que l'on aura allumé dans une poële ; on laissera fondre le borax pour qu'il ne dérange pas la soudure ; ensuite on posera le pignon sur le charbon, & on entourera l'assiette de petits charbons, réservant seulement une ouverture pour voir quand la soudure sera fondue ; on soufflera légérement à cet endroit en dirigeant la chaleur contre l'assiette, afin que la tige ne s'échauffe pas trop, ce qui corromproit l'acier en en séparant les parties, en sorte qu'il casseroit très-aisément. Quand la soudure sera bien fondue, on fera chauffer le pignon dans toute sa longueur jusqu'à ce qu'il soit également chaud & de couleur de cerise ; dans cet instant, on prendra avec de longues pincettes le pignon par son assiette, & on le plongera perpendiculairement dans un vase rempli d'eau froide ; je dis perpendiculairement, parce que si l'on négligeoit cette précaution, & si on le plongeoit tout à plat, la tige se courberoit beaucoup plus.

888. On soudera & on trempera ainsi les uns après les autres les pignons & l'arbre de répétition. Quand ils seront tous trempés, on les blanchira avec de la pierre-ponce, en appuyant très-légérement, & les faisant porter sur du liege ; car sans cette précaution, on courroit le risque de les casser. Après les avoir blanchis, on les fera revenir (834) en les plaçant sur des charbons bien allumés ; on les laissera chauffer jusqu'à ce que le pignon soit également d'un bleu vif dans toute sa longueur. Il n'y a que les pignons qui doivent servir d'assiette pour river les roues, qui doivent être un peu plus revenus à l'endroit de la rivure, comme par exemple, d'un bleu moins vif. On fera la même opération à tous les pignons & à l'arbre de répétition.

889. Pour empêcher que les pignons ne se rouillent, avant qu'on les polisse, il sera à propos de les enduire d'huile.

890. On prendra le pignon de 12 ; on mettra un cuivrot à l'extrémité de sa tige ; on le placera sur le tour, & on verra si la trempe ne l'a point courbé : pour cet effet, tandis qu'on le fait tourner doucement d'une main avec un archet, on tiendra de l'autre une broche de fil de laiton terminée en pointe par

le bout ; on l'approchera légérement des ailes du pignon ; si elles touchent toutes également la pointe, c'est une preuve que le pignon est rond, sinon on remarquera les dents qui en approchent le plus, & avec une lime carrelette on jettera la pointe conique du tigeron de ce côté ; & on vérifiera de nouveau si le pignon est rond ; on répétera la même opération jusqu'à ce que le bout du pignon du côté du tigeron, soit parfaitement rond ; lorsqu'il sera mis exactement rond par ce bout, on examinera l'autre bout de la même maniere : s'il n'est pas rond, c'est une preuve que la tige s'est courbée par ce bout ; on en rejettera la pointe, & ainsi successivement jusqu'à ce que les ailes du pignon soient exactement rondes ; la tige ne le sera pas ; mais on y remédiera en la tournant avec le burin.

891. Le pignon étant parfaitement arrondi, il faudra en terminer les pointes que la lime peut avoir rendues ovales ; ce que l'on exécutera de la maniere suivante. On tournera avec grand soin au bout du tigeron, une ligne de longueur seulement ; quand ce bout sera bien rond, on tournera la pointe conique jusqu'à ce qu'on la coupe entiérement, & qu'on la sépare de la pointe qui roule dans la broche du tour ; cette pointe ainsi coupée, on fera rouler le bout du tigeron tourné dans l'entaille d'une broche de laiton ; & avec une lime à pivot on rendra aiguë la pointe que le burin a coupée ; on fera tourner cette nouvelle pointe dans un petit point de la broche du tour ; & en présentant la pointe de laiton contre les ailes du pignon, on verra si pendant cette opération, il n'a pas perdu son rond ; car en ce cas il faudroit le lui rendre en limant un peu de la pointe, & en la recoupant de nouveau, afin d'être assuré qu'elle n'est pas ovale : on fera la même opération à l'autre pointe de la tige, ce que l'on répétera jusqu'à ce que les pointes étant rondes & bien faites, le pignon tourne parfaitement rond.

892. Quand cela est fait, on tourne la tige & le tigeron dans toute sa longueur, & bien uniement ; ensuite on fait rouler une lime douce pour les adoucir : cela ainsi préparé, il faut polir le pignon.

893. Pour cet effet, on l'attachera à l'étau à main, de la

même maniere que l'on a employée pour le fendre, en le faifant appuyer dans l'entaille d'un bois attaché à l'étau (868). Pour polir ce pignon, on limera un morceau de bois de noyer de la même figure que la lime qui a fervi à l'efflanquer, on prendra du gros *rouge d'Angleterre* ou de l'*émeri* fin, broyé avec de l'huile; on fe fervira de ce bois comme d'une lime, & jufqu'à ce qu'on n'apperçoive plus aucun trait de lime fur les flancs des ailes & le fond des dents, & qu'elles foient bien adoucies : il reftera à adoucir le haut des ailes; pour cet effet, on limera un morceau de noyer un peu angulairement, afin qu'il ne porte que fur le haut des ailes; ce bois fe creufera en frottant, en forte qu'en mettant du gros rouge d'Angleterre, on adoucira l'extrémité des ailes.

894. Pour achever de polir le pignon, on prendra du bois de fufin; on en taillera deux morceaux pour tenir lieu de ceux de noyer, l'un pour le flanc & le fond des ailes, & l'autre pour le fommet; on employera du fin rouge d'Angleterre avec ce bois, & par ce moyen les ailes fe poliront très-bien.

895. Les pignons étant travaillés jufqu'a ce point, on tournera bien droit & rond la portée fur laquelle on doit river la grande roue moyenne; on en aggrandira le trou de maniere qu'elle entre à force fur la portée du pignon : il faudra que le bout des ailes du pignon entaillé, foit un peu plus faillant que la roue, afin d'avoir de quoi le river; mais avant de river le pignon, on adoucira le centre de la roue avec une pierre douce, & on polira ce centre avec un bois de fufin & de la pierre pourrie, broyée avec de l'huile; après quoi on chaffera la roue fur la portée du pignon : on prendra un cuivrot dont le trou foit de groffeur à entrer librement fur la tige de la roue; on placera le pignon fur l'étau ouvert feulement pour laiffer paffer librement la tige du pignon; on pofera le devant du pignon fur le cuivrot qui fervira d'appui, tandis qu'avec la panne d'un marteau, on rabattra le bout des ailes entaillées du pignon; en forte qu'elles pénétreront dans la roue & la fixeront très-folidement avec le pignon : c'eft ce qu'on appelle *river*; quand une roue eft ainfi rivée fur fon pignon, on dit

qu'elle

qu'elle est *enarbrée*. Pour mieux river cette roue, il sera à propos de creuser un peu en dessous contre la tige de la rivure, afin qu'en frappant de nouveau avec la panne du marteau, elle soit rivée bien solidement, ce qui est très-essentiel, si on ne veut pas que le seul effort du ressort ébranle le pignon & le fasse tourner sans entraîner la roue, ainsi que je l'ai vu plusieurs fois à des ouvrages négligés.

896. Lorsqu'on rive la roue un peu fortement, en frappant inégalement autour avec le marteau, il arrive que la portée des ailes pénétre d'un côté dans la roue, & qu'elle ne tourne pas droit : pour y remédier, il faut frapper du côté opposé sur la rivure, afin de ramener la roue droite ; & si le devers de la roue est très-petit, on la redressera en frappant sur les croisées, en ouvrant l'étau pour appuyer la roue à plat, & pour frapper sur celle qui demande à revenir.

897. Lorsque la roue est bien dressée, c'est-à-dire, qu'elle tourne bien droit des côtés, on la tournera légérement pour achever de la faire tourner parfaitement ; on la tournera de même ronde, & on la limera bien plat, en emportant avec une lime douce d'Angleterre, les endroits que le burin a marqués ; on la remettra sur le tour & on fera deux petits traits légers, l'un en dedans du champ pour régler la largeur du cercle qui termine les croisées, le second à l'origine des barrettes, afin de faire le centre des barrettes exactement rond, & que par conséquent, en limant la roue selon ces traits, & en rendant les barrettes égales, la roue soit d'équilibre ; on fera de chaque côté de la roue deux traits fins au fond des dents les plus enfoncées de la roue ; ces traits serviront, quand on fera la denture, à rendre les dents d'égale longueur, en enfonçant celles qui ne le sont pas assez.

898. La roue ainsi enarbrée, on mettra sur le tigeron un cuivrot qui donnera la facilité de polir la tige & de dresser la face du pignon ; ce qu'il est à propos de faire avant de lever les pivots. On commencera par faire la face du pignon : pour cet effet, on prendra une plaque d'acier de demi-pouce en quarré ; on percera au milieu de cette plaque, un trou que

I. Partie.

l'on aggrandira, ensorte que la tige du pignon y entre librement & même avec du jeu : on dressera bien plan un côté de cette plaque, & on s'en servira pour dresser la face du pignon que l'on fera rouler sur ses pointes dans le tour, & avec l'autre on appuyera la plaque pour qu'elle porte bien à plat sur la face du pignon ; mais pour que cette plaque dresse la face du pignon, il faut introduire entr'elle & ce pignon de la *pierre à huile du Levant*, d'abord réduite en poudre, & ensuite broyée avec de l'huile ; cette pierre rongera la face ; & comme la plaque est plane, la face du pignon le deviendra aussi : on dressera de nouveau cette plaque à mesure qu'elle s'usera : lorsque la face sera dressée de maniere qu'elle porte de toute sa largeur sur la plaque rendue plane, on la polira, en prenant une plaque de cuivre qu'on percera d'un trou plus grand que la tige, afin qu'en promenant cette plaque à mesure qu'on fait rouler le pignon, elle emporte les traits de la pierre à l'huile. Pour polir la face du pignon, il faut introduire entre la face de la plaque de cuivre, ou du rouge fin d'Angleterre ou de la potée d'étain ; si l'un ne réussit pas, on se servira de l'autre. Ce qui peut exiger qu'on change d'ingrédient, c'est que le rouge sera plus propre pour un pignon dont la trempe sera dure, & la potée d'étain pour celui qui est mou ; au reste, ce sont-là des minuties ; car que la face d'un pignon soit bien ou mal polie, cela ne fait en rien à la bonté de la machine ; mais il est bon d'indiquer les soins de propreté que l'on met en usage ; il y a beaucoup d'Ouvriers qui en font plus de cas que de l'intelligence qu'il faut employer pour construire une machine ou pour en bien rendre les effets.

899. Avant de polir la tige, on terminera la *creusure* faite au bas des dents du pignon ; on la tournera avec un burin pour la rendre bien unie, & pour diminuer le bord qui a dû s'élargir en faisant la face ; ensuite on polira cette creusure avec une pointe de bois & du rouge : cela fait, si l'on apperçoit que l'on ait un peu dépoli le bord de la face en y touchant avec le bois, on la fera rouler de nouveau contre la plaque de cuivre avec de la potée d'étain.

900. Ensuite on polira la tige; mais pour ne pas s'exposer à gâter la face du pignon, on coupera un morceau de carte que l'on fera entrer sur la tige, & que l'on poussera contre la face; on passera une pierre à huile avec de l'huile sur la tige, en faisant rouler le pignon, & jusqu'à ce qu'on ait emporté les traits de la lime: quand cela est fait (on prend une lime unie non trempée ou bien une plaque de fer: on appelle cela une *lime de fer*) sur laquelle on met de la pierre à huile broyée, & on roule le pignon jusqu'à ce que la tige soit bien unie; cela fait, on nettoye la tige avec un linge, en laissant toujours la carte contre la face du pignon: on prend une plaque de cuivre bien dressée; on met dessus de la potée d'étain, & on fait rouler la lime sur la tige jusqu'à ce qu'elle soit bien polie & brillante.

901. La grande roue moyenne ainsi enarbrée, on prendra le pignon de longue tige que l'on dressera par ses pointes, ainsi que nous l'avons expliqué pour celui de la grande roue moyenne (890). Quand les pointes seront terminées & rondes, on tournera la tige dans toute sa longueur, ainsi que l'assiette; après qu'on l'aura mise ronde & droite par ses bouts, on présentera le pignon sur le bord de la cage, afin de voir s'il ne faut pas la reculer, ce que l'on fera jusqu'à ce que la face du pignon étant éloignée de la seconde platine de la quantité que le doit être la grande roue moyenne, le devant de l'assiette (j'appelle *devant de l'assiette*, celui qui est du côté du bout de la tige, & *derriere de l'assiette*, le bout qui est du côté du pignon) approche fort près de la platine des piliers; cela étant fait, on levera sur le devant de cette assiette une portée de l'épaisseur de la roue & de grosseur non-seulement à entrer dans le trou de la roue, mais telle qu'il reste autour de la tige assez de cuivre pour former la rivure: on observera de ne pas diminuer alors assez cette portée pour l'entrer dans le trou de la roue D. On réservera derriere la portée une épaisseur d'une ligne, & on diminuera le restant du derriere de l'assiette jusqu'à ce qu'il reste seulement autour de la tige un canon de cuivre pour maintenir l'assiette solide, & pour ne pas emporter l'endroit de la soudure.

902. L'assiette & la tige étant tournées, il faudra polir le pignon de la même maniere qu'on a poli celui de 12 (893); on polira sa face de même; ensuite on adoucira à la pierre à l'huile la partie de la tige qui est entre l'assiette & le pignon, & on la polira comme on l'a dit ci-dessus (900).

903. Le pignon étant en cet état, on assemblera les platines, & on mettra quatre goupilles aux piliers: on prendra avec le maître-danse la hauteur de la cage à l'endroit où la longue tige doit être posée, c'est-à-dire, au milieu; alors on levera le pivot du côté de l'assiette: pour cet effet, on posera une des pointes à la distance de la face du pignon, égale à celle que doit avoir le dehors de la grande roue moyenne contre la seconde platine; & pour le mieux, on fera d'abord le petit pivot; pour cet effet on mettra le barillet en cage; on présentera la grande roue moyenne sur le bord de la cage le plus près qu'il se pourra du barillet; on fera passer la grande roue moyenne entre la platine & le barillet, en partageant les jours convenablement; on présentera de même sur le bord de la cage le pignon de longue tige, de maniere qu'il soit dans le plan de la grande roue moyenne (tenue droite): on marquera l'endroit du tigeron où le bord intérieur de la seconde platine affleure; ce sera l'endroit de la portée du petit pivot du pignon de chauffée. On placera donc sur le bout de la tige un cuivrot, & on formera ce petit pivot qui pourra être réduit à $\frac{4}{12}$ de ligne de diametre, & on le coupera à la longueur des deux tiers de l'épaisseur de la seconde platine; on aura attention à le couper bien rond & uni; quand on l'aura coupé au burin, on le fera rouler sur une broche de cuivre (*Planche XIX. fig.* 10), à laquelle on fera en *c* une petite entaille propre à loger le pivot; on roulera une lime à pivot, ayant attention à ne faire qu'emporter seulement les traits du burin, & à ne pas changer la figure du pivot qui doit être un peu en pointe, c'est-à-dire, de la figure d'un bon équarrissoir. Quand le pivot & la portée seront bien adoucis, on fera passer un morceau de linge fin sur le bout de la broche du tour, afin qu'en polissant le pivot, il ne s'arrête pas dans l'entaille de la broche des grains capables de ron-

ger le pivot. Pour le polir, on prendra un morceau de cuivre rouge bien quarré, à peu-près de la grosseur d'une lime à pivot; on mettra un peu de rouge bien fin sur cette espece de lime, & on roulera le pivot avec cette lime jusqu'à ce que le pivot de la portée soit bien poli, ce qui se fera promptement.

904. Pour donner plus de brillant au pivot, on prendra un brunissoir à pivot; c'est une espece de lime de grosseur de celle à pivot, mais qui est unie, & que l'on frotte de temps à autre sur un bois sur lequel on met du gros émeri : cette lime est trempée comme une lime ordinaire ; on prend même de vieilles limes à pivot que l'on passe sur la meule ou pierre à l'huile pour ôter les tailles, & ensuite on les passe sur un bois avec de gros émeri ; on adoucit un peu l'angle de ce brunissoir, afin qu'en portant contre la portée qui est polie, il ne la déchire pas.

905. Lorsqu'on a ainsi fini le pivot, on place sur le corps du pignon, un cuivrot le plus petit de rainure qu'il se pourra ; on le fait entrer assez avant pour qu'il affleure par le dehors avec la face du pignon, afin de ne pas empêcher de présenter le maître-danse sur la portée du pivot fini, tandis que l'autre pointe va marquer sur la tige du côté de l'assiette l'endroit où il faut former l'autre portée. On formera donc par cet endroit indiqué le pivot du côté de l'assiette; on creusera la tige avec le burin jusqu'à ce que la portée ait environ $\frac{2}{12}$ de ligne de large : on reculera cette portée jusqu'à ce que les pointes du maître-danse embrassent juste les deux portées, alors on tournera la tige jusqu'au bout, allant en diminuant de grosseur ; on polira ce pivot, comme on a fait l'autre, puis on le mettra en cage.

906. Pour cet effet on verra si le trou du centre fait à la seconde platine n'est point trop grand pour le petit pivot du pignon de longue tige ; s'il se trouve trop grand, on le bouchera pour en faire un autre : pour cela, on l'aggrandira encore, en sorte qu'il ait environ une ligne de diametre ; on ébiselera les bords du trou vers chaque côté. On prendra du laiton que l'on a ôté des angles des platines ; on le durcira bien, & on

le limera rond, de façon à entrer bien juste dans ce trou de la seconde platine. On coupera le bout qui y entre, en le laissant saillir des deux côtés de la platine, ensuite à coups de tête de marteau, on rabattra cet excédent sur l'embisélure du trou, ce qui le rivera des deux côtés & jusqu'à ce qu'on ne voye point de fente autour. On donne le nom de *bouchon* à la cheville que l'on rive dans la platine. On doit toujours prendre du laiton bien net & durci pour faire les bouchons des pivots, & les durcir encore autant que cela se peut en les rivant. Le fil de laiton tiré à la filiere, dont se servent quelques Ouvriers, ne vaut pas le laiton pris en planche & bien battu: dans les montres, j'emploie du cuivre de Chaudin pour boucher les trous des pivots. C'est une chose essentielle pour conserver les trous des pivots, & les empêcher de se ronger par le frottement.

907. Le trou étant ainsi rebouché, on appliquera les deux platines l'une sur l'autre par les tenons portés par la seconde platine, en les mettant à leurs repaires ; on prendra un foret qui soit en pointe & qui entre bien juste dans le trou du centre de la platine des piliers ; on se servira de ce foret pour marquer sur la seconde platine l'endroit où il faut percer le trou du petit pivot de longue tige. On séparera les platines ; on fera un foret un peu plus petit que le pivot, & on percera par le point marqué le trou de ce pivot, ayant attention à tenir le foret perpendiculaire au plan de la platine ; ensuite on aggrandira avec un équarrissoir bien adouci le trou de ce pivot, jusqu'à ce qu'il y entre ; ce trou doit être aggrandi par le dedans, de la platine afin qu'il ait la forme du pivot ; on aggrandira même le trou du centre de l'autre platine, jusqu'à ce que le gros pivot y entre juste & librement ; on présentera l'autre platine pour voir si le pignon tourne librement ; si les trous sont trop justes, on les aggrandira ; ensuite on verra, en mettant les goupilles aux platines, si les portées ne sont pas trop hautes, défaut que l'on appelle *être trop haut en cage*. Si le pignon est trop haut en cage, & qu'il n'ait pas un peu de jeu en hauteur, on reculera en conséquence la portée du

gros pivot; on le repréfentera de nouveau en cage, jufqu'à ce qu'il ait le jeu requis; alors on repolit le pivot & la portée, mais on fe fouviendra dans ce cas, lorfqu'on mettra une autre roue en cage, que l'outil ou maître-danfe donne trop de juftefse, & qu'en conféquence pour que la roue ait le jeu convenable, qu'il faut un peu plus reculer les portées que l'outil ne le marque. On pourroit à la vérité regler cet outil de maniere qu'il donnât fon jeu aux roues, il ne faudroit pour cela que rapprocher les pointes en les pliant, de forte qu'elles embraffaffent les portées en leur état actuel; mais il faut le laiffer jufte, afin d'avoir une mefure précife pour les arbres de barillet, lefquels ne doivent pas avoir de jeu.

908. Quand on aura mis la roue de longue tige en cage, & qu'elle tournera librement, on formera au dehors des trous de pivots, des creufures en forme d'*entonnoir*, qui ferviront à contenir l'huile qu'on doit mettre aux pivots, & qui réduiront en même temps la partie frottante de la platine à une quantité relative à la preffion des pivots. Pour faire cette creufure, on fera ce qu'on appelle *un foret à chanfrein*. Ce foret fera formé d'un morceau d'acier qui aura environ 5 lignes en quarré, afin de fervir à tous les trous dont on a ordinairement befoin : on limera le bout de ce morceau d'acier en pointe conique d'environ 45 degrés; cette pointe fera formée par 6 petits plans ou faces qui fe réuniront à la pointe & y feront 6 angles; c'eft ce qui formera le foret qui coupera par ces 6 angles. On terminera l'autre bout de cet outil en pointe conique ronde & on placera à ce bout un cuivrot : on trempera le bout du foret, & on le fera revenir jaune; on paffera une pierre à huile fur chaque petite face pour rendre les angles bien unis. On creufera par le dehors de la feconde platine le trou du pivot en fe réglant pour l'enfoncement jufqu'à ce que la creufure affleure au bout du pivot ni plus ni moins : on fera de même la creufure pour l'autre pivot au dehors de la platine en la rendant profonde d'environ un tiers de l'épaiffeur de la platine; on appelle ces creufures *des réfervoirs*, parce qu'elles confervent l'huile aux pivots; chofe effentielle pour rendre le frottement

constant. En formant ces réservoirs, il entre de la bavure dans le trou. On repassera l'équarrissoir à chaque trou pour l'ôter.

909. On placera le pignon en cage, & on marquera sur la tige prolongée qui doit porter la chauffée, un petit trait qui marquera l'endroit où on doit former la portée pour recevoir cette chauffée on fera ce trait d'une demi-ligne en dehors de la platine ; on ôtera le pignon & on le mettra sur le tour afin de lever le pivot bc (*fig.* 4), que j'appelle le *pivot de la chauffée*. On commencera d'abord par enfoncer le pivot devers b jusqu'à ce qu'il y ait une portée assez large pour arrêter la chauffée ; ensuite on tournera la tige de-là jusqu'en c, en diminuant un peu de grosseur. Après quoi on fera la chauffée.

910. Pour faire le canon ab de chauffée (*fig.* 5), on prendra du fil de laiton qui ait environ 3 lignes de diametre ; on en coupera un bout de la longeur bc du pivot ; on durcira bien ce fil en le forgeant tout autour, selon sa longueur ; quand il sera bien forgé, on marquera à chaque bout le milieu par un coup de pointeau : on fera un foret dont la grosseur sera un peu moindre que le petit bout du pivot de chauffée. On placera à un bout du fil de laiton un cuivrot ; on fera rouler ce bout contre la pointe conique de la broche du tour ; on approchera le support du tour tourné en travers jusqu'à l'autre bout du canon ; on appuyera le foret sur ce support, & on le tiendra fixe, tandis qu'avec l'archet on fera rouler le canon : de cette maniere on percera le trou de ce canon parfaitement droit, & jusqu'à ce que le foret ait percé le trou d'un bout à l'autre du canon, & qu'il vienne rencontrer la pointe du tour : ainsi on voit qu'il faut dégager la tige de ce foret de maniere à pouvoir entrer tout-à-fait dans le canon ; mais on ne dégage ainsi cette tige qu'à mesure que le foret perce, afin de la conserver plus solide & moins sujette à se courber.

911. Lorsqu'on a percé le canon de chauffée, on prend un équarrissoir bien fait, & on aggrandit le trou du canon jusqu'à ce qu'il soit prêt à entrer sur le pivot de chauffée, ayant attention à voir si le pivot porte également sur toute la longueur ;

car

car si ce pivot a été tourné plus en pointe que ne l'est l'écarrissoir, il ne faudra pas aggrandir le trou de la chaussée pour la faire entrer trop avant sur le pivot, puisque dans ce cas le bout de ce pivot n'entreroit pas assez juste sur le petit bout du trou. Pour s'en assurer, on présentera le bout de la tige sur le plus petit bout du trou; s'il n'y entre pas, on peut encore aggrandir la chaussée en supposant qu'elle n'est pas trop petite du côté de la portée : en un mot, il faut avoir soin que le pivot porte sur toute la longueur du trou. Lorsqu'on a rendu ce trou bien uni & que l'équarrissoir porte sur toute la longueur du trou, on acheve d'ajuster le pivot avec la chaussée, en le diminuant sur le tour aux endroits qui portent; ce que l'on voit en mettant un peu d'huile sur le pivot que l'on fait un peu rouler dans le trou du canon; les endroits trop gros sont marqués de noir par le canon. Avant de le faire entrer tout-à-fait au fond de la portée, il faut passer une lime douce & ensuite une pierre à huile sur ce pivot, jusqu'à ce qu'il y entre avec un frottement doux.

912. Pour tourner le canon de chaussée, on fera un arbre lisse de la longueur & grosseur du trou du canon, & de la même figure, en sorte qu'il porte sur toute la longueur du trou de canon; ainsi entré à frottement sur l'arbre bien lisse (tourné bien rond), on verra si l'arbre n'est point courbé par le canon, ce qui prouveroit que le trou n'est pas parfaitement droit; si cela est, pour redresser ce trou, on fera poser les deux bouts du canon sur la mâchoire de l'étau ouvert en conséquence, & on frappera sur le milieu du canon pour le redresser. Pour remarquer l'endroit où il faut frapper, on met le canon monté sur son arbre sur le tour, & on présente la pointe du burin sur le bout de l'arbre qui est entre le cuivrot & le gros bout du canon; l'endroit qui se présente au burin tenu fixe désigne le côté où il faut frapper : on laissera l'arbre dans son trou pendant cette opération, afin de ne pas changer la figure du trou. Quand le canon sera dressé, on tournera le canon d'abord rond sur toute la longueur; on levera la portée de la roue avec la quantité requise pour la rivure; ensuite on

I. Partie.

dégagera la chauffée en laiffant en *b* de l'épaiffeur pour l'affiette, & affez de force fur toute la longueur *a b*, pour qu'on puiffe former fur le bout un quarré, comme on le voit en *a*, pour ajufter l'aiguille des minutes.

913. On prendra la roue de chauffée, on aggrandira fon trou; & après l'avoir mis en chanfrein, on fera entrer cette roue fur l'affiette de la chauffée; on rivera le bout pour la fixer à la roue; cette roue enarbrée bien folidement, on paffera dans fon trou l'équarriffoir dont on s'eft fervi pour l'aggrandir; on limera à plat l'excédent de la rivure, en forte que ces deux pieces n'en paroîtront faire qu'une; on préfentera de nouveau la chauffée fur fa tige pour voir fi en rivant le canon, l'ajuftement n'a point changé; fi elle y entre un peu trop jufte, on la rendra libre, mais fans jeu; ce que l'on fera, foit en paffant l'équarriffoir dans le trou, foit en faifant rouler le pivot de la chauffée avec la pierre à huile, aux endroits qui portent. Quand la chauffée tournera affez librement pour la faire tourner fur fon pivot avec un archet, tandis que le pivot eft rendu fixe, on placera le pignon de longue tige & la chauffée fur le tour; on arrêtera avec des tenailles à boucle le pignon par fon affiette, pour l'empêcher de tourner : on fera paffer la corde d'un archet fur le canon de la chauffée, comme fur un cuivrot; en cet état on tournera la roue de chauffée droite & ronde, & on fera un trait fin au-deffous du fond des dents, pour en rendre l'enfoncement égal.

914. Lorfqu'on aura terminé l'ajuftement de la chauffée fur la tige, on pourra enarbrer la roue des minutes. Pour cet effet on retournera légérement la portée de l'affiette, afin de s'affurer qu'elle n'a pas changé en tournant les pivots de la chauffée; alors on aggrandira fon trou & on fera entrer cette roue bien jufte fur fon affiette; en cet état on la mettra dans la cage, & enfuite le barillet, pour voir fi elle partage également l'intervalle de la platine des piliers au barillet, c'eft-à-dire, fi les jours font égaux; fi elle eft trop près de la platine, il faut reculer un peu l'affiette : elle ne peut pas être trop près du barillet, à moins que l'on n'ait négligé les

précautions que j'ai indiquées pour lever sa portée (901) : si cela est, on en sera quitte pour recommencer; car je n'approuve pas les assiettes soudées à l'étain. Il est vrai qu'en supprimant l'assiette qu'on auroit ainsi gâtée, on pourroit en chasser une à force; mais c'est une opération trop délicate qu'il est inutile d'indiquer à ceux qui sont capables la mettre en usage.

915. L'assiette ainsi préparée, on rivera dessus la roue de longue tige, de la maniere que je l'ai expliqué, à cela près que la tige empêchera de rabattre la rivure de l'assiette avec le marteau; ainsi pour y suppléer, on prendra un morceau d'acier d'une ligne en quarré, & long d'un pouce & demi environ; on limera un bout en biseau, & se terminant par un petit plan qui servira à river la roue (lorsqu'on l'aura trempé & revenu jaune); on appelle cet outil, un *pointeau à river*. On placera le derriere de l'assiette du pignon qui est encore toute quarrée sur les mâchoires de l'étau ouvert seulement pour que le canon de l'assiette y entre; on posera le pointeau à river sur l'endroit de la rivure, & avec le marteau on frappera sur l'outil à mesure qu'on fera tourner la roue pour rabattre également la rivure tout autour.

916. Lorsque la roue de longue tige sera rivée, il faudra la dresser, si elle ne l'est pas, jusqu'à ce qu'elle tourne bien droit; ce que l'on fera par les barrettes (896). On tournera proprement la partie de la rivure qui est saillante, mais qu'on rendra unie seulement sans l'affleurer à la roue qui n'en sera que plus solidement fixée : on fera un trait fin pour régler le fond des barrettes. Mais en achevant de tourner la roue, pour éviter que sa tige qui est longue & mince ne fléchisse pas, & pour plus de perfection, voici le moyen dont on se servira : on placera sur le tour deux broches à lunettes pareilles à celle (*Pl. XIX. fig.* 10) : on fera entrer bien juste le premier pivot *a* de la longue tige sur un trou de cette lunette, & on placera le petit pivot dans un point de l'autre lunette qui soit également distant du centre de cette lunette, que celui dans lequel entre le pivot l'est du sien. On mettra de l'huile au pivot qui entre dans la lunette, pour que le

frottement qu'il éprouvera ne le ronge pas : en cet état, on pourra tourner parfaitement rond la roue (a), & fans que fa tige fléchiffe ; on la tournera du haut & des côtés ; on fera des traits au bas des dents, & pour régler la largeur du champ de la roue; on achevera de tourner le derriere de l'affiette qui eft quarrée & qu'on pourra tourner un peu en arrondiffant depuis la roue jufqu'au canon, ce que les Horlogers appellent *mettre en goutte de fuif*; mais il faut laiffer près du canon la même épaiffeur d'affiette, c'eft-à-dire, environ une ligne, afin que fi par quelque accident on étoit forcé à changer de roue, on pût un peu reculer la portée de l'affiette (pour *gagner de la rivure*) & que celle-ci reftât cependant affez folide pour fupporter l'effort qui fe fait en rivant : on polira tout de fuite cette affiette.

917. Avant de travailler à enarbrer les autres roues & pignons, il faudra enarbrer & mettre en cage la premiere roue de répétition, à caufe que cette roue regle la hauteur des autres. On tournera donc l'arbre de cette roue ; & s'il eft fort éloigné d'être rond, on le dreffera en jettant les pointes de côté; mais s'il y a peu de chofe, & que pour le mettre rond, il ne faille pas trop diminuer l'arbre, on le tournera, ayant attention premierement de couper de nouvelles pointes (819). Quand l'arbre fera tourné bien rond, on levera les portées de chaque affiette pour y river les roues G & R, que l'on fera entrer fur ces affiettes, & on les préfentera fur le bord de la cage, afin de voir fi elles font placées convenablement, c'eft-à-dire, la roue G diftante de cinq lignes de la platine, & le rochet R de 4 : quand cela fera fait, on tournera le derriere des affiettes, & on rivera d'abord le rochet R ; on aura attention, en le plaçant fur fon affiette, de le tourner du côté convenable pour l'encliquetage, & ainfi qu'il eft reprefenté (*fig.* 1.) par la raifon que le cordon X (*fig.* 2) doit être tiré en bas, ce qui fait rétrograder le rochet de R en O, (*fig* 1.), pour bander

[a] Il y a des Ouvriers qui attendent à former les pivots de longue tige, & à les mettre en cage, qu'ils l'ayent enarbrée ; mais c'eft une mauvaife méthode, car la pefanteur de cette roue empêche que l'on puiffe tourner ces pivots auffi petits & auffi ronds que par la méthode que j'indique, qui eft d'ailleurs plus expéditive.

le ressort & faire avancer le rateau (*figure* 2), pour venir presser le limaçon & régler le nombre des coups de marteau. On rivera ensuite la roue des chevilles : on dressera les roues G & R, & on les tournera droites & rondes. On achevera les assiettes qui sont entre ces deux roues : on les polira ainsi que la partie de la tige qui les sépare ; on polira de même le tigeron du côté de la roue des chevilles : cela fait, on placera le cuivrot sur ce tigeron, & on tournera bien plan le devant du rochet & la rivure même jusqu'à la tige : on tournera ce tigeron bien rond, & allant un peu en diminuant depuis le rochet jusqu'à la pointe, on adoucira & polira ce tigeron : alors on fera entrer très-juste le trou de la roue L de répétition sur ce pivot, en sorte que cette roue porte contre le rochet.

918. Mais si le trou de cette roue étoit trop grand, il faudroit l'aggrandir encore, afin de le reboucher. Pour cet effet on le fera plus grand que la tige d'environ une ligne, c'est-à-dire, que si l'arbre a une ligne $\frac{1}{2}$ de grosseur, on aggrandira le trou de deux lignes $\frac{1}{2}$; on ébisélera les bords du trou de chaque côté de la roue, & on prendra du cuivre bien écroui, qui ait le double d'épaisseur de la roue, & plus grand que son trou ; on le percera d'un trou plus petit que le tigeron ou pivot du rochet ; on y passera l'équarrissoir pour l'unir ; on le mettra sur un arbre lisse, & on le tournera jusqu'à ce qu'il entre bien juste & à force dans le trou de la roue : on tournera les côtés de cette virole, & on creusera un peu en amincissant contre le trou, & réservant toute l'épaisseur à la circonférence, afin qu'en rivant cette virole ou *bouchon*, le trou ne souffre pas des coups du marteau. On en fera autant des deux côtés de la rivure ; on chassera la virole de dessus l'arbre lisse, & on la fera entrer dans le trou de la roue ; on rivera ce bouchon en l'appuyant d'un côté sur le tas, & frappant de l'autre avec la tête du marteau, pour que le centre de la virole se conserve bien concentrique à celui de la roue : cette virole étant bien rivée, on la limera à rase de chaque côté de la roue, & on aggrandira le trou pour le faire entrer fort juste sur le tigeron du rochet.

919. Pour retenir cette roue contre le rochet, & seulement de maniere que l'un puisse tourner sans l'autre, pour l'effet de l'encliquetage, on placera derriere la roue une clavette semblable à *c* (*Pl. III, fig.* 2.) qui sera retenue par une rainure faite à la tige. Pour faire cet ajustement, il faut marquer avec une lime un petit trait sur la tige, & qui affleure le derriere de la roue lorsqu'elle est appliquée contre le rochet : ôtant ensuite la roue, on fera sur le tour une petite rainure en dehors de ce trait, laquelle aura environ $\frac{1}{12}$ de ligne de largeur & autant de profondeur. La rainure faite, on prendra un morceau de laiton qui ait un peu moins que la grandeur du rochet, & $\frac{4}{12}$ de ligne d'épaisseur ; on l'écrouira, de maniere à le rendre de moitié plus mince : on percera au milieu un trou qui soit un peu plus petit que le fond de la rainure ; on tracera un trait de compas de la grandeur du rochet, & on limera cette clavette jusqu'à ce trait ; ensuite on la chassera un peu à force sur un arbre lisse, & on en tournera le bord & puis les côtés jusqu'à ce qu'elle soit réduite à une épaisseur égale à la largeur de la rainure ; on la creusera d'un côté afin qu'elle n'appuie sur la roue que par sa circonférence ; on l'ôtera de dessus l'arbre, & on percera près du bord un trou assez grand pour y faire passer le tigeron jusqu'à la rainure. On fera, de ce trou jusqu'à celui du centre, une fente ayant pour largeur la profondeur de la rainure : on fera donc entrer cette clavette sur l'arbre par son trou extérieur, & en la poussant par sa fente sur la rainure faite à la tige, & jusqu'à ce que la partie du trou qui termine la fente, touche au fond de la rainure ; cette clavette sera concentrique à l'arbre, & celui-ci pourra tourner indépendamment de la clavette qui retiendra la roue appliquée contre le rochet, au moyen de la rainure faite à l'arbre.

920. Après qu'on a mis la roue contre le rochet, on place la clavette que l'on fait d'abord appuyer un peu fortement contre la roue, afin de produire un frottement assez grand, pour qu'en faisant tourner l'arbre, on puisse tourner la roue parfaitement ronde.

921. Pour empêcher que la clavette ne sorte de la rainure,

Premiere Partie, Chap. XXXVI. 295

on met une petite vis qui entre fur la roue, & dont la tête affleure avec la clavette, & paffe contre le bord extérieur du grand trou, en forte que la tête de cette vis empêche la clavette de fe déranger. Le bout de la vis doit être limé à rafe de la roue pour ne pas toucher au rochet ; cela étant fait, on tournera la roue droite & ronde, & on terminera le fond des dents par un petit trait de burin diftant du fond d'environ $\frac{1}{72}$ de ligne pour regler l'enfoncement des dents qui ne doit pas aller jufqu'au trait, mais à la même diftance tout autour. J'ai déja parlé de cette opération que je ne répéterai plus, parce qu'on doit la faire à toutes les roues dentées, à commencer par le barillet, &c.

922. On démontera la roue de deffus fon arbre, afin de faire les pivots & de mettre cet arbre en cage : on fera d'abord le pivot du côté de la roue des chevilles qui eft celui qui doit paffer à la cadrature pour porter la poulie P (*fig. 2*). On formera la portée de ce pivot à la diftance de cinq lignes de la roue des chevilles ; on donnera environ une ligne de diametre au pivot qui ira un peu en décroiffant de la portée à la pointe : quand il fera tourné bien rond & uni, & la portée reculée à la quantité convenable, on le roulera & adoucira avec la lime à pivot, & on le polira avec une lime de cuivre rouge & du rouge. Le pivot fait, on mettra le cuivrot fur le bout, & on tournera l'autre pivot après avoir pris d'abord la mefure avec le maître-danfe qui réglera la place de la portée: ce pivot qui doit être prolongé en dehors de la platine des piliers pour porter l'arbre ou crochet du reffort, pourra être réduit à la même groffeur que l'autre pivot, & en allant comme lui un peu en diminuant de la portée à la pointe : on adoucira ce pivot & on le polira, après quoi on mettra la roue en cage : pour cet effet, par le point marqué pour cette roue fur le derriere de la platine des piliers, on percera un trou avec un foret un peu plus petit que les pivots ; on appliquera contre cette platine la feconde pour tenir avec la premiere par fes tenons & par le trou percé à la premiere, & avec le même foret, on percera le trou correfpondant de la feconde ; on fé-

parera les platines ; on aggrandira les trous des pivots pour qu'ils y entrent, sçavoir, le pivot du côté de la roue des chevilles, dans le trou de la seconde platine, & celui du côté du rochet, dans le trou de la platine des piliers : on mettra cette roue bien libre dans ses trous, ensuite on fera avec le foret à chanfrein les réservoirs pour l'huile sur le dehors des trous des platines : ces réservoirs pourront avoir pour profondeur le tiers de l'épaisseur des platines.

923. Lorsqu'on aura ainsi mis cette roue en cage, on pourra achever d'enarbrer toutes les autres roues du rouage; ce que l'on fera en commençant par la roue de champ : on dressera ou on fera tourner rond le pignon en jettant sur un côté les pointes selon qu'il en sera besoin. Quand le pignon tournera parfaitement rond, on coupera de nouvelles pointes, selon la méthode indiquée (819). Ces pointes faites, on tournera la tige bien ronde dans toute sa longueur, & on l'adoucira en la roulant avec une lime : on tournera l'assiette, & on levera la portée de la roue de champ, sur le devant de l'assiette ; & pour voir si elle est reculée à la quantité convenable, on mettra la premiere roue de répétition en cage, ainsi que la roue de longue tige ; on présentera le pignon de roue de champ sur le bord de la cage, & on approchera le devant du pignon de l'intérieur de la platine des piliers, jusqu'à ce qu'on voie qu'il soit bien à fleur de la roue de longue tige avec laquelle il doit engrener (a), c'est-à-dire qu'il faut que le devant du pignon soit également distant de cette platine des piliers que l'est la roue de longue tige, cela détermine la position du pignon de champ, selon sa hauteur ; ainsi il faut que dans cette position la roue de champ passe par-dessus la roue des chevilles, en laissant un intervalle d'une ligne pour la place de ces chevilles ; on la reculera donc en conséquence ; ensuite on dégagera le derriere de l'assiette, en réservant seulement une ligne d'épaisseur d'assiette, & terminant le reste par un canon afin d'alégir la tige.

(a) Lorsqu'un pignon est ainsi à fleur ou à la même hauteur que la roue dans laquelle il doit engrener, & que le devant des ailes passe un peu le devant de la roue, les Horlogers disent *que la roue engrene en plein dans son pignon*.

924. Il faut obferver, par rapport à la groffeur que l'on doit donner aux portées des roues pour les rivures, que pour ne laiffer que le moins poffible de pefanteur aux affiettes, on doit diminuer ces portées jufqu'à ce qu'il refte autour de la tige une épaiffeur (en laiton) qui ait environ $\frac{2}{12}$ de ligne, quantité qui eft à peu près requife pour avoir affez de matiere à rabattre fur la roue pour la river. Au refte la grandeur des trous que l'on a faits aux roues détermine en partie la groffeur de cette portée ; & à moins qu'ils ne fuffent trop petits, & qu'ils ne laiffaffent pas affez d'étoffe à la portée pour river la roue, fi l'on réduifoit ces portées à la groffeur du trou, on réduira la portée au plus petit calibre, & on aggrandira le trou de la roue, felon le calibre de la portée ; mais fi le trou eft un peu plus grand qu'il ne feroit befoin, il faura néceffairement fe régler fur cette grandeur pour le calibre de la portée, afin d'éviter de reboucher le trou de la roue, ce qu'il ne faut pas faire aux roues qui étant minces fe rivent fur des affiettes, car elles ne feroient pas affez folides.

925. Par rapport à la grandeur des trous des roues, nous l'avons à peu près limitée (766) pour des roues de moyenne grandeur, comme le font celles de ce rouage ; ainfi on fe réglera fur les trous de ces roues pour le calibre des portées pour les rivures, c'eft-à-dire, que l'on diminuera ces portées, jufqu'à ce qu'elles puiffent entrer à peu-près dans les trous des roues ; & pour les y faire entrer tout-à-fait, & un peu à force, on fe fervira de l'équarriffoir pour aggrandir tant foit peu le trou, & le netoyer des rebarbes qu'il pourroit y avoir.

926. Enfin pour ne laiffer pas trop d'étoffe à l'affiette qui foutient la roue avant de l'enarbrer, on diminuera ces affiettes jufqu'à ce qu'elles reftent environ de demi-ligne plus grandes que la portée, cette quantité étant fuffifante pour former l'appui de la roue, lorfque c'eft de petites roues ; car fi ce font de grandes roues, qui reçoivent de l'effort, il faudra proportionner l'appui de l'affiette & la groffeur de la portée à cet effort.

I. *Partie.*

927. L'afsiette de la roue de champ difposée avec les précautions que nous venons d'indiquer, on rivera la roue fur fon afsiette, au moyen de l'outil à river que l'on doit avoir fait ; on la mettra droite, & on la tournera fur le bord & les côtés ; on limera le plan de la roue pour ôter les traits du burin & la rendre bien plane & également épaiffe ; & fe réglant fur les traces du burin que l'on effacera également & avec précaution tout autour de la roue & de chaque côté de la roue, on remettra la roue fur le tour pour faire les traits du bas des dents & ceux qui doivent borner les croifées. On achevera de tourner le derriere de l'afsiette que l'on figurera un peu en goutte de fuif (916) ; mais on aura foin de ne pas trop affoiblir l'appui de la roue & le canon de l'afsiette. Dans les dernieres roues du rouage, on doit tenir le milieu de la roue plus petit, les barrettes & le champ de la roue plus étroits, afin de n'avoir pas trop de pefanteur. Lorfqu'on fait les croifées des roues, on les laiffe plus larges ; & ce n'eft que lorfqu'elles font enarbrées que l'on fixe cette largeur qui doit être plus grande dans les premieres roues, & aller en diminuant à proportion qu'elles font plus petites.

928. La roue de champ étant enarbrée, on fera la même opération à la roue d'échappement. On *dreffera* (a) le pignon ; on formera les pointes ; on tournera la tige & l'afsiette. Pour reculer la portée de la rivure de la roue, on fe réglera fur la diftance dont la roue de champ eft éloignée de la cage : on obfervera que comme elle eft éloignée d'environ 3 lignes, il n'eft pas néceffaire que le devant du pignon affleure au devant de la roue, comme il le faut au pignon de champ avec la roue de longue tige, afin de conferver le plus de tigeron qu'il eft poffible à ce pignon pour empêcher l'huile du réfervoir de s'extravafer & entrer dans les ailes du pignon, défaut qui arrive lorfque les portées font très près du pignon, c'eft-à-dire, lorfqu'il ne refte pas de tigeron ; mais on n'a pas cet obftacle à craindre dans le pignon de roue d'échappement, puifqu'il peut

---

a *Dreffer* s'entend ici pour *faire tourner rond* le pignon ; les Ouvriers fe fervent de ce mot pour exprimer cette opération.

avoir un tigeron de deux lignes ; & fans que la roue affleure le devant des ailes, elle peut même engrener dans le milieu de la longueur des ailes un peu plus ou un peu moins : cela eft égal, (lorfqu'il y a de l'efpace pour le tigeron).

929. Quand la roue d'échappement fera enarbrée, on la dreffera & tournera bien ronde & droite ; mais on attendra de faire les traits aux croifées que la roue foit fendue : on ne fera pas non plus de trait pour régler le fond de la denture, puifque l'on ne fait pas encore fa profondeur qui eft fur-tout déterminée par la nature de l'échappement que l'on veut employer.

930. On paffera aux roues de répétition dont on dreffera les pignons, en fuivant la méthode indiquée ci-devant (890 & 891) : on fera paffer la roue M à une ligne au-deffus de la roue G : elle fera donc placée à la même hauteur que la roue de champ ; ainfi on reculera l'affiette en conféquence, ayant attention que le milieu des ailes ou à peu près du pignon, foit placé à la hauteur de la roue L qu'on placera dans la cage pour fervir à déterminer la hauteur de la portée pour river la roue M. Quand cette roue M fera tournée ronde & droite, les traits faits, l'affiette finie, &c, en un mot enarbrée, on dreffera le pignon g ; on fera fes pointes, on tournera fa tige, l'affiette & la portée que l'on reculera à propos, pour que le pignon fe trouvant placé à la hauteur de la roue M, celle N qui doit être rivée fur l'affiette foit diftante de deux lignes environ de la platine des piliers ; on rivera cette roue ; on la tournera ronde & droite ; on la limera bien plane fur fes côtés, felon les traits du burin, comme je l'ai expliqué (896 & 897); opération qu'il faut faire à toutes les roues que l'on enarbre, afin de les rendre parfaitement égales d'épaiffeur ; on fera les traits, pour le fond des dents, croifés, & milieu. On tournera le derrière de l'affiette. On dreffera le pignon de volant ; on fera fes pointes, & on tournera fa tige, pour qu'elle aille tant foit peu en diminuant depuis le pignon, afin que les deux extrémités du volant V entrent bien jufte fur cette tige ; on l'adoucira à la lime. Enfin on dreffera le pignon ar de renvoi (*fig.* 6), & on tournera les pointes de la tige.

931. Les roues étant ainfi enarbrées, & les pignons dreſ-ſés, on polira tous les pignons, en tenant la roue d'une main, & faiſant appuyer l'extrémité de la tige ſur l'entaille d'un bois attaché à l'étau: on ſe ſervira d'abord pour adoucir les ailes des pignons, d'un bois de noyer limé ſelon le vuide qui ſépare les ailes, comme nous l'avons expliqué (893): mais on aura l'attention de ne pas appuyer trop fortement pour ne pas caſſer les ailes; on adoucira le haut des dents avec un bois qui n'appuyera que ſur le haut & ſans toucher le fond des flancs; on fera la même opération aux pignons de volant & de renvoi que l'on tiendra par le bout des tiges avec des tenailles à boucles.

932. Quand on aura bien adouci tous les pignons, on les polira avec du fuſin limé convenablement, dont on ſe ſervira avec du rouge d'Angleterre.

933. Les pignons étant tous bien polis, on mettra des cuivrots ſur ces pignons, & on en adoucira les tiges, d'abord avec la pierre à huile, enſuite avec une lime d'acier détrempée & limée unie, employant de la pierre du levant broyée avec de l'huile; & enfin on le polira avec une plaque d'étain & du rouge fin d'Angleterre, ou bien avec une lime de laiton & de la potée d'étain: à meſure qu'on adoucit & qu'on polit les tiges, on doit faire appuyer la lime, ſoit d'acier ſoit de cuivre, contre le derriere des dents du pignon, ce qui les dreſſe & les polit.

934. Après avoir poli les tiges, il faudra faire les faces des pignons: pour cet effet on fera des petites plaques d'acier que l'on percera chacune d'un trou, de groſſeur différente, ſelon la groſſeur des tigerons; on placera des cuivrots ſur les bouts des tiges; & en roulant d'abord avec de la pierre à huile broyée miſe ſur la plaque d'acier, on dreſſera & on adoucira la face du pignon; enſuite on la polira en ſe ſervant d'une plaque de cuivre percée d'un trou un peu plus grand que la groſſeur du tigeron; on ſe ſervira de rouge fin d'Angleterre ou, comme je l'ai dit, de la potée d'étain; on polira ainſi les faces de tous les pignons, & ſelon la méthode indiquée plus au long (898).

935. Les roues & pignons étant ainſi préparés, il faudra

faire les pivots de ces pignons : on commencera par ceux du pignon de grande roue moyenne. Pour cela on placera le barillet tout monté dans la cage ; on posera la grande roue moyenne sur le bord de la cage, en sorte qu'elle passe entre le barillet & la seconde platine ; on lui fera partager également cet intervalle : on marquera dans le moment un trait sur le tigeron en dedans de la seconde platine : ce trait marquera l'endroit où il faut lever la portée du pivot. On mettra sur le milieu de la longueur de la tige un cuivrot, & on enfoncera le pivot par le trait marqué sur le tigeron : on ne reculera pas d'abord tout-à-fait cette portée jusqu'au trait, il vaut mieux former d'abord le pivot qui devra avoir $\frac{8}{12}$, de ligne de diametre, & de longueur un peu plus de trois quarts de l'épaisseur de la platine : on présentera de nouveau la roue sur le bord de la cage, afin de reculer petit à petit la portée selon qu'il en est besoin, pour l'intervalle du barillet à la platine, en observant le même intervalle de la roue à la platine que l'on a suivi lorsque l'on a fait les pivots de la roue de longue tige (903).

936. Le pivot étant réduit à son diametre donné, & la portée reculée comme il faut, on tournera l'angle de cette portée, & on fera une petite rainure à l'extrémité du petit plan incliné que cela formera avec le tigeron ; ce trait de burin ou rainure bornera l'huile qui n'étant pas attirée par une grande surface, ne tendra pas à s'extravaser du réservoir pour aller sur le milieu de la roue. Pour éviter plus sûrement ce défaut, on peut alonger le tigeron en creusant le pignon au-dessous de la rivure, mais sans altérer la solidité de cette rivure.

937. On adoucira le pivot & la portée avec une lime à pivot bien douce & quarrée, & dont l'angle soit bien vif ; j'ai déja dit, par rapport aux pivots (903), qu'il faut qu'ils aillent un peu en diminuant de la portée à la pointe ; c'est ce que l'on doit faire lorsqu'on les tourne, car la lime à pivot ne doit pas en changer la figure, elle doit seulement ôter les traits du burin, sans diminuer le pivot : l'angle qui termine la portée avec le pivot doit être bien droit & coupé

net au burin: enfin, si l'on veut avoir des pivots bien faits, il faut qu'ils soient tournés au burin de la grosseur & figure qu'ils doivent avoir, & qui ne doit pas changer en les adoucissant & en les polissant: il faut donc avoir de bons burins dont les faces soient bien dressées sur la pierre à huile, & dont l'angle soit très-vif, c'est-à-dire, point émoussé par la pointe.

938. On adoucira ce pivot en le faisant rouler sur l'entaille d'une broche du tour; & pour le polir, on revêtira cette broche d'un linge fin, & on employera une lime de cuivre rouge & du rouge fin d'Angleterre. Nous avons expliqué (903 & 904) toute cette opération qu'il faut mettre en usage à chaque pivot, ainsi nous ne la répéterons plus; on observera seulement qu'il faut avoir plusieurs broches de laiton ajustées sur le tour pour avoir des entailles de différentes grosseur & épaisseur, selon la grosseur & la longueur des pivots.

939. Lorsqu'on n'a pas la main assez assurée pour bien rouler un pivot, on peut y suppléer par la méthode dont on se sert pour les petits pivots de Montre; c'est de placer dans l'entaille d'une broche *c* (*Pl. XIX. fig.* 10) une petite vis distante du bout entaillé du pivot, de la largeur d'une lime à pivot; par ce moyen la lime à pivot porte en même temps sur le pivot & sur la vis; & selon qu'el'on éleve, ou que l'on enfonce cette vis, la largeur de la lime devient droite ou inclinée au pivot; ainsi on rend le pivot cylindrique ou en pointe: la tête de la vis est placée en dessus, & est fendue, afin de la monter ou descendre avec le tourne-vis, selon la grosseur & figure du pivot; on abaisse la vis jusqu'à ce que la lime s'applique sur toute la longueur du pivot, & pose en même temps sur la tête de la vis.

940. Nous observerons encore, qu'à mesure que l'on adoucit le pivot en le faisant rouler sur la broche du tour, que l'on doit passer la lime à pivot sur la pointe coupée du pivot pour rendre cette pointe unie & un peu émoussée, afin que lorsqu'on met la roue dans sa cage, cette pointe ne déchire pas la seconde platine pendant qu'on amene le pivot dans son trou; mais il faut avoir soin en ôtant l'aigu de cette pointe, à ne pas faire perdre le rond au bout du pivot, en sorte qu'en le pla-

çant de nouveau fur le trou d'une broche du tour, le pivot tourne auffi rond que lorfqu'on l'a tourné. On évitera ce défaut, lorfqu'on coupe le pivot de longueur, fi on a foin de le tourner avec foin au burin, mais en y allant très-doucement, jufqu'à ce que le burin foit parvenu au centre de ce pivot ; on donne même avec le burin une petite courbure fphérique à la pointe du pivot, au lieu de le rendre conique & angulaire : ainfi coupé au burin, on roule le bout de ce pivot fur la broche de cuivre pour l'adoucir, & on paffe le bruniffoir à pivot fur ce bout : après qu'on a poli le pivot, on paffe ce même bruniffoir fur la totalité du pivot avec les précautions indiquées ci-devant (904).

941. Le pivot du tigeron de la grande roue moyenne étant fini, on mettra quatre goupilles aux platines, & l'on prendra avec le maître-danfe, la hauteur de la cage à l'endroit où cette roue doit être placée ; on fera l'autre pivot à l'endroit marqué par une pointe, tandis que l'autre appuie fur la portée du pivot fini. On diminuera le pivot jufqu'à ce qu'il foit de la même groffeur que celui qui eft déjà fait : on obfervera qu'il pourroit même être plus petit, par la raifon que l'action du reffort fur le pignon étant faite prefque à l'extrémité de l'axe, la preffion fur le pivot placé près du pignon, eft beaucoup plus grande que la preffion fur l'autre pivot : ces preffions font en raifon réciproque de leurs diftances au centre de la roue ; car fi on fuppofe que le pignon eft placé au milieu entre les deux pivots, & que la preffion fe fait en ce point, il eft évident que chaque pivot (fuppofé de même groffeur & longueur) éprouve le même frottement ; mais fi la preffion fe fait aux trois quarts de la longueur, le pivot placé à ce bout éprouvera un frottement trois fois plus grand, & ainfi de fuite : ainfi dans notre exemple, fi de la diftance de l'appui de la roue fur le pignon jufqu'au pivot du côté du pignon, il y a trois lignes ; la diftance prife du même point de preffion jufqu'à l'autre pivot fera de 12 lignes (puifque la hauteur totale du dedans de la cage eft de 15 lignes en négligeant l'épaiffeur des platines), ainfi la preffion fur le plus proche pivot fera

à la pression sur le pivot le plus distant, comme 12 est à 3, ou 4 à 1; d'où il suit que pour rendre ces frottements de même nature, il seroit nécessaire, ou d'augmenter la longueur du pivot à raison de la différence des pressions, ou d'augmenter les parties frottantes : c'est pour prévenir cet inconvénient qu'il faut placer les pignons (principalement dans les machines qui ont de grands frottements) le plus également distants des pivots qu'il est possible ; mais cela n'est pas toujours praticable dans les machines d'Horlogerie.

942. Pour en revenir aux pivots de la grande roue moyenne, on voit, par ce que nous venons de dire, qu'il est nécessaire que le pivot du côté de la roue ait une certaine grosseur, & qu'il soit long ; parce que, comme il soutient lui seul la plus grande partie de l'action du ressort, les éminences du pivot pénétreront dans les pores du trou ; & plus sa surface sera petite, & plus les parties qui la composent déchireront le trou, sûr-tout si le pivot est petit, car alors sa surface est composée de parties angulaires. On ne peut donc faire trop d'attention à toutes ces circonstances, qui si elles ne diminuent pas la quantité absolue du frottement, le rendent au moins constant, ce qui revient presque au même : quant à l'autre pivot, comme il est pressé par une petite force, il est assez indifférent de le faire plus petit ou plus grand, ayant sur-tout un mouvement lent : on pourra donc le faire presque de la même grosseur que celui du côté du pignon.

943. Les pivots de la grande roue moyenne étant faits, on fera ceux de la roue de champ ; & l'on fera d'abord celui du côté du pignon, dont la portée sera distante de la face, de la même quantité que l'est le devant de la roue de longue tige, afin qu'il affleure à cette roue. On mettra cette roue dans la cage, afin de mieux juger cette quantité dont elle est éloignée de la platine des piliers : on levera le pivot, & on reculera la portée en conséquence ; ce pivot peut avoir $\frac{4}{12}$ de ligne de diametre. Comme le tigeron sera assez court, il faudra éviter que l'huile du réservoir ne puisse s'introduire dans le pignon, pour cet effet on creusera tant soit peu le bas des ailes avec un

un burin aigu ; on ôtera foiblement l'angle de la portée, & on fera un petit trait de burin, pour que l'huile n'aille pas plus loin ; ce pivot peut avoir les deux tiers de l'épaisseur d'une platine pour longueur, c'eſt-à-dire, $\frac{2}{12}$ de ligne : on le coupera donc en conſéquence, au burin & de la maniere que je l'ai dit (940) ; on adoucira & on polira le pivot & la portée ; on mettra un cuivrot ſur le pignon, & aſſez avant pour qu'il n'empêche pas le maître-danſe d'appuyer d'une de ſes pointes contre la portée du pivot fini ; on prendra la hauteur de la cage avec cet outil, & on formera le ſecond pivot auquel on donnera la même groſſeur & la même longueur qu'à celui qui eſt déjà fait ; on l'adoucira & on le polira de la même façon.

944. On pratiquera la même choſe pour les pivots de la roue d'échappement : ils doivent être un peu plus petits & plus courts que ceux de la roue de champ : on ſe réglera ſur la hauteur de la roue de champ pour lever d'abord le pivot du côté du pignon ; on fera la portée de la même maniere avec une petite rainure pour arrêter l'huile ; obſervation qu'il ne faut négliger à aucuns pivots : il faut auſſi avoir ſoin de conſerver une certaine largeur à ces portées, afin que, par leur frottement contre la platine, elles ne puiſſent pas former un petit enfoncement très-nuiſible, & qui ôte la liberté du mouvement : c'eſt ce qui ne manque jamais d'arriver, lorſque ces portées ſont trop étroites, & que les trous des pivots ſont un peu grands ; & cela arrive ſur-tout aux pivots du côté du pignon, lorſque l'on a trop enfoncé les ailes, & que le tigeron étant venu fort petit, on s'eſt vu forcé de faire un pivot trop fin pour avoir une bonne portée ; c'eſt donc une attention qu'il ne faut pas négliger en fabriquant ces pignons ; & ne pas faire comme bien des Ouvriers qui, pour donner *plus de grace* à leurs pignons, en enfoncent ſi fort les ailes, qu'ils ſont obligés, pour ne pas rendre la tige & le tigeron trop foibles, de laiſſer la canelure faite par la lime à fendre. Il faut préférer de faire des machines plus ſolides & mieux raiſonnées, que de s'attacher à imiter de pareils ouvrages.

945. Lorſqu'on aura fait & fini les pivots du rouage du

mouvement, on fera ceux des roues de fonnerie. On commençera par ceux de la roue M; on levera celui du côté du pignon, auquel on donnera pour diametre $\frac{3}{12}$ de ligne, & pour longueur un peu plus des deux tiers de l'épaiffeur de la platine; on reculera la portée, felon la pofition de cette roue, que nous avons dit devoir paffer à une ligne au-deffus de la roue G, à caufe des chevilles qu'elle doit porter. On adoucira, & on polira ce pivot, on levera & on finira de même l'autre pivot qui doit être de la même groffeur & longueur.

946. Pour lever les pivots de la roue de volant N, on fe réglera fur la hauteur de la roue M: on reculera donc la portée felon qu'il fera befoin. Les pivots de la roue de volant doivent être plus petits & plus courts que ceux de la roue M: on les fera donc en conféquence, & on les polira felon les méthodes que j'ai indiquées.

947. Enfin on levera les pivots du pignon de volant; mais avant de les faire, on formera fur le milieu de la longueur de la tige, une rainure avec le burin, laquelle aura $\frac{1}{4}$ ligne de largeur & un douzieme de ligne de profondeur, & fera coupée bien plate dans le fond, & quarrément par les bords: cette rainure fervira à contenir un petit reffort plat qui étant mis à travers le volant, retiendra celui-ci avec le pignon par un frottement affez fort pour que le pignon par fon mouvement entraîne le volant. Pour lever la portée du côté du pignon, on fe réglera fur la diftance de la roue N à la platine des piliers, afin qu'elle engrene en plein dans le pignon. On fera les pivots plus petits & un peu plus courts que ceux de la roue de volant N.

948. Lorfqu'on aura fait les pivots du pignon de volant, on fera le volant. On fait ordinairement le volant avec du laiton fondu exprès; mais fi l'on n'en trouve pas de modele, on pourra fe difpenfer d'en faire un exprès pour cela; ainfi on prendra du laiton qui ait une ligne d'épaiffeur; on lui donnera pour longueur une ligne de moins que la longueur de la tige prife du derriere du pignon jufqu'à la portée du pivot: on donnera 9 lignes de largeur à ce cuivre: on l'ébauchera avant

de l'ecrouir, c'eſt-à-dire, qu'on l'amincira de chaque côté en réſervant ſeulement à chaque bout dans le milieu de la largeur une têtine qui aura deux lignes de largeur & une ligne d'épaiſſeur; on réduira le reſte à un tiers de ligne d'épaiſſeur; enſuite on l'écrouira bien dur au marteau, ayant ſoin de l'élargir plus que de l'alonger, pour qu'il ne devienne pas plus long que la tige; car on ne pourroit raccourcir que très-peu les têtines, pour leur laiſſer une certaine ſolidité autour des trous, qui doivent être percés dans leur longueur, pour faire entrer la tige du pignon de volant. Pour durcir les têtines ſans les amincir, on ſerrera la partie mince du volant à l'étau, en faiſant appuyer le derriere de la têtine ſur les deux mâchoires; en cet état on les frappera à coups de marteau; on en fera autant à toutes deux : le volant étant bien écroui, on percera les têtines ſelon la longueur du volant bien au milieu de la largeur & de l'épaiſſeur; ce trou devra être un peu plus petit que le petit bout de la tige du pignon; on ne percera que les têtines; car le volant étant mince ne pourra être percé dans ce ſens ſelon ſa longueur; mais pour le faire, on tirera une ligne ſelon la longueur du volant qui paſſe bien par le milieu des trous faits aux têtines; par cette ligne, on percera à travers le volant des trous qui ſoient fort près les uns des autres; & ainſi entre tout l'intervalle qui ſépare les têtines, on limera toutes les petites ſéparations de ces trous; enſorte que l'intervalle entre les deux têtines formera une fente qui permettra à la tige de paſſer dans toute la longueur du volant, & d'entrer dans les trous des têtines que l'on aggrandira en conſéquence; on élargira la fente qui ſépare les têtines, afin que ces bords ne touchent point à la tige; ainſi le volant tiendra au pignon par ſes deux extrémités. Il faut que le volant entre librement ſur la tige.

949. Le volant ainſi préparé, on en limera les bouts pour qu'ils ſoient d'équerre avec les trous des têtines; & l'on accourcira le volant juſqu'à ce qu'il ſoit d'une demi ligne plus court que la tige priſe du derriere du pignon, juſqu'à la portée du pivot. On tiendra le volant le plus large qu'il ſe pourra; c'eſt-à-dire,

de maniere a paſſer à çôté de la tige de la roue de volant ſans y toucher : par ce moyen on aura dequoi l'étrécir pour faire ſonner la répétition de la vîteſſe convenable , lorſque la piece fera finie : le volant doit être de même largeur dans toute ſa longueur. Cela fait , on limera le volant que l'on rendra fort mince & d'égale épaiſſeur , enſorte qu'il ſoit d'équilibre dans quelque poſition qu'on lui donne lorſqu'il roule ſur les pivots de ſon pignon : on terminera les têtines que l'on rendra les plus légeres qu'il ſe pourra , ſans qu'elles puiſſent cependant fléchir; on les arrondira autour des trous , & également.

950. On fera enſuite le reſſort qui doit obliger le pignon d'entraîner le volant : on peut faire ce petit reſſort de pluſieurs manieres , mais voici celle que je préfere. On pratiquera vis-à-vis de la rainure faite à la tige, une fente tranſverſale qui ſoit faite de chaque côté de la fente du volant juſqu'au milieu de ſa largeur; cette fente doit être de même largeur que la rainure faite à la tige, & on obſervera , en marquant cette fente, de placer le volant ſur ſa tige, enſorte que l'un des bouts ne touche pas au derriere du pignon , & que l'autre ſoit aſſez éloigné de la portée pour qu'il ne puiſſe jamais aller toucher à la platine lorſque le pignon eſt mis en cage : c'eſt cette fente tranſverſale qui doit ſervir à loger un petit reſſort mince , recourbé pour appuyer par le milieu de ſa longueur ſur la rainure de la tige , tandis que les deux bouts paſſent ſur l'autre côté du volant , & appuyent chacun par leurs bouts ſur l'extrémité de la fente tranſverſale , ils anticipent même un peu ſur la largeur du volant : pour faire ce reſſort, on employe de l'acier mince que l'on écrouit , (un bout de reſſort de montre *revenu* eſt bon pour cela); on le rend également large & épais ſelon toute ſa longueur, qui eſt moindre que la largeur totale du volant.

951. On pourroit croire que ce reſſort eſt inutile ; & qu'en faiſant entrer le volant à frottement ſur ſa tige , cela produiroit le même effet ; mais on ſe tromperoit. Ce reſſort eſt abſolument néceſſaire dans une piece à ſonnerie ; car la détente qui arrête la cheville de la roue d'arrêt , ſuſpend tout à coup le mouvement du rouage ; mais à cauſe de l'inertie ou peſanteur,

le volant tend à continuer son chemin avec sa vîtesse actuelle; si donc on le suppose fixé sur la tige, & qu'il ait une certaine pesanteur, il fera nécessairement casser les pivots du pignon; mais si au lieu d'être fixé à la tige, il peut tourner séparément par frottement doux; la roue d'arrêt étant arrêtée subitement, ainsi que la roue de volant, & par conséquent le pignon de volant, le volant continuera à tourner, & séparément du pignon, jusqu'à ce qu'il ait consumé toute la force de mouvement; ainsi il n'en pourra résulter aucun accident; d'ailleurs un volant ainsi arrangé fait moins de bruit en tournant que s'il étoit rendu fixe sur la tige.

952. Dans les Horloges à répétition, il n'est pas absolument nécessaire que le volant puisse tourner séparément du pignon, ainsi que nous venons de faire voir qu'il l'est aux sonneries; car dans une répétition, l'encliquetage de la premiere roue L de sonnerie, permet au rouage de continuer à tourner du même côté par l'impulsion du volant & l'inertie des roues, à cause que l'arrêt se fait par l'axe & non par le rouage; mais malgré cela il est à propos de faire un ressort aux volants de répétition, parce que le rouage fait moins de bruit en tournant.

953. Le ressort de volant ne doit pas être trop fort, afin qu'il ne puisse pas *fausser* la tige: c'est pour prévenir ce défaut qu'il est nécessaire de conserver la tige d'un pignon de volant plus forte, & qu'il ne faut pas faire la rainure au milieu de la longueur, comme nous l'avons dit, mais presqu'à l'extrémité du volant: ainsi on place ce ressort en conséquence.

954. Les roues & les pivots amenés en cet état, on pourroit faire les dentures, mettre les roues en cage, & former les engrenages; mais afin de faire toutes les dentures de suite, il est à propos d'enarbrer, & de poser les roues de cadrans & leurs ponts. Pour cet effet, on fera d'abord le pont $a\ b$, (*fig.* 3), de la roue de cadran. Ce pont ([a]) est de laiton fondu. A

---

[a] Il y a des Ouvriers, qui pour faire ces sortes de ponts prennent du laiton en planche d'environ une ligne d'épaisseur, qui le plient selon la forme requise, pour former les deux pattes, & qui rivent ensuite un canon dans le milieu pour porter la roue de cadran; mais ce pont est moins solide que d'une seule piece, & d'ail-

Paris, l'on en trouve de tout faits chez les mêmes Marchands qui vendent les limes, les outils d'Horlogers; & en général ces Marchands vendent tous les outils & matériaux nécessaires pour la fabrique des ouvrages d'Horlogerie.

955. Il y a des Ouvriers qui font rouler le canon de la roue de cadran immédiatement fur le canon de chauffée, ainsi que cela se fait dans les montres; mais pour éviter le frottement que cause la pesanteur de la roue de cadran sur la chauffée, il est à propos de faire le pont ab dont nous venons de parler; ce pont s'attache sur la platine, & porte un canon, dans le trou duquel le canon de la chauffée passe librement & sans y toucher; le dehors du canon du pont sert à recevoir le canon de la roue de cadran; ainsi celle-ci ne gêne point le mouvement de la chauffée, qui ayant douze fois plus de vîtesse que la roue de cadran, exige qu'on la décharge de la pression de cette roue; cela est sur-tout nécessaire dans les Horloges à secondes, dont on veut réduire les frottements pour n'avoir que la moindre force motrice.

956. Si l'on n'est pas en lieu de pouvoir trouver ce pont jetté en moule, on fera un modele en bois; on prendra pour cela un morceau de bois de hêtre ou autre, de la longueur de ab, de cinq lignes de largeur, & de quatre lignes d'épaisseur; on le percera dans le milieu de sa longueur & de sa largeur, d'un trou propre à laisser passer le canon de la chauffée. On mettra la roue de longue tige en place, & la chauffée sur sa tige; on entaillera ce bois en travers de toute la quantité requise, pour laisser passer en dessous la roue & l'assiete de chauffée, & que les pattes ab posent sur la platine: on réduira le reste de l'épaisseur au-dessus de l'entaille à une ligne d'épaisseur, en limant à plat toute la longueur du bois; & pour que les pattes n'ayent pas une épaisseur inutile, on entaillera (par-dessus) les bouts ah, bg, jusqu'à ce que ces pattes ayent une ligne d'épaisseur. Il restera à chaque bout des montants coudés en g & en h, auxquels on donnera aussi une ligne d'épaisseur.

leurs plus difficile à exécuter. Il est vrai que pour le faire d'une seule piece, il faut avoir un modele; mais ce modele une fois fait sert pour toutes les pieces qu'on a à faire, soit sonnerie ou répétition.

Première Partie, Chap. XXXVI.

Pour achever ce modele, il ne restera qu'à tourner un morceau de bois qui ait environ un pouce de long & quatre lignes de diametre, il servira à faire le canon du pont ; on le tournera sur toute sa longueur ; on levera à un bout une portée de la grosseur du trou fait à la traverse *g h* du pont, & de l'épaisseur d'une ligne ; on fera entrer à force cette portée, & on la colera pour ne former avec le pied qu'une seule piece : on observera que le trou du canon du pont ne doit pas être percé au modele, parce que ce trou est trop petit pour devoir se former à la fonte, cela ne serviroit d'ailleurs de rien. Le modele fait, on le fera jetter en moule.

957. Le pont ainsi fondu, on écrouira les pattes, le canon & la traverse, en maintenant le tout bien droit ; ensuite on percera selon la longueur du canon, bien droit & au milieu, un trou avec un foret un peu plus petit que le canon de chauffée ; on aggrandira ce trou avec un équarrissoir, jusqu'à ce que la chauffée y entre bien juste ; on chauffera ce canon sur un arbre lisse, afin de marquer un trait de burin qui serve à dresser le dessous des pattes pour qu'elles posent bien à plat sur la platine, & que le canon soit perpendiculaire au plan de la platine ; on les dressera donc en conséquence, & on limera le dessous de la traverse jusqu'à ce que l'assiette de la chauffée n'y touche plus, & que les pattes posent bien à plat sur la platine, tandis qu'elle entre juste sur le canon de chauffée. Cela étant, on percera à chaque bout les trous pour les vis qui doivent fixer ce pont sur la platine. On mettra le pont à sa place, ayant l'attention de diriger les pattes du pont pour qu'elles ne nuisent pas à l'encliquetage, & qu'elles réservent la place de la roue de renvoi, marquée sur cette platine par le calibre qui y a été tracé ; en cet état on percera avec le même foret les trous à la platine ; ensuite on fera les vis, & on taraudera les trous faits à la platine ; mais avant d'attacher le pont, on en aggrandira un peu le trou pour que la chauffée n'y entre pas si juste, mais qu'elle puisse tourner librement & sans jeu, ni par un bout ni par l'autre ; ensuite on attachera le pont sur la platine ; en cet état, il faut (si le pont est bien posé) que la chauffée tourne librement, sans quoi c'est une marque que le pont n'est

pas bien concentrique à la chauffée. Pour corriger ce défaut, on aggrandira les trous des vis du pont un peu plus qu'il n'est besoin pour le passage des vis; on attachera le pont fortement sur la platine par le moyen de ces vis; & avec un marteau, on chassera le pont en frappant sur les côtés des pattes, en essayant à chaque coup de faire tourner la chauffée; quand elle tourne librement, on perce à chaque bout des pattes un trou qui traverse les pattes & la platine; ces trous serviront à y chasser des pieds pour arrêter le pont à l'endroit convenable, pour qu'il soit concentrique à la chauffée.

958. Pour percer les trous des pieds ; on prendra un foret qui ait une demi-ligne de grosseur ; on passera dedans un équarrissoir pour les rendre unis, & on fera un repaire d'une des pattes du pont avec la platine, afin de ne pas changer les pattes de côté; on démonte le pont, & on lime des chevilles de fil de laiton tiré bien dur pour les faire entrer dans ces trous; ces chevilles qu'on appelle des *pieds* ou *tenons* doivent être peu en pointe; après qu'on les a limées bien rondes & unies, on les fait entrer à force sur la patte du coq, en les chassant par le dehors, c'est-à-dire, du même côté où l'on a passé l'équarrissoir; on les lime à fleur de la patte de ce côté, & on les laisse saillantes en dessous de l'épaisseur de la platine.

959. Pour ôter les rebarbes des bouts de ces tenons, on fera un outil que j'appellerai *Foret à tenon* ; ce *foret* se fait avec un bout d'acier tiré rond, lequel a environ une ligne $\frac{1}{2}$ de diametre : on lime plat un bout de ce fil d'acier, & on fait deux fentes en croix avec une lime à fendre, ensorte qu'il se forme au point de réunion une creuseure formée par quatre angles qui servent à couper les rebarbes des tenons ; on en fait de différentes grosseurs selon celle des tenons ou chevilles : le bout de cet outil doit être trempé & revenu jaune ; & l'autre bout fait en pointe, doit porter un cuivrot comme un foret : si les tenons du pont entrent trop à force dans les trous faits à la platine, on aggrandira un peu ces trous, mais légèrement, car ces tenons doivent entrer un peu à force.

960. Le pont étant ainsi posé, on le mettra sur l'arbre
lisse

lisse, afin de tourner son canon, ce que l'on fera jusqu'à ce que l'épaisseur de ce canon soit autour du trou d'environ $\frac{1}{4}$ de ligne au plus ; on tournera le milieu de la traverse *g h* pour la rendre bien plane, & on limera le reste de cette traverse en la réduisant d'égale épaisseur sur toute sa longueur ; on réservera une petite épaisseur sur le canon au-dessus de cette traverse, laquelle formera une assiette qui éloignera la roue de cadran d'un quart de ligne de la traverse, c'est-à-dire, qu'on reculera la portée du canon jusqu'à un quart de ligne du dessus de cette traverse.

961. Le canon du pont ainsi préparé, il faudra faire le canon de la roue de cadran. On se servira pour cela de fil de laiton tiré ou fondu, n'importe, qui ait environ un pouce de long & cinq lignes de diametre ; on l'écrouira bien dur, & on le percera sur le tour (910) avec un foret un peu plus petit que le dehors du canon du pont, pris par le bout; on aggrandira ce trou pour le faire entrer sur le canon, & pas tout-à-fait au fond, mais seulement jusqu'au milieu de sa longueur ; on placera ce canon sur un arbre lisse, & on le tournera dans toute sa longueur ; on formera au bout du côté le plus aggrandi du trou une portée pour recevoir le trou de la roue de cadran ; on laissera une épaisseur convenable pour la rivure : cela fait, on réservera l'épaisseur de l'assiette, & on tournera de-là jusqu'au bout du canon, en le réduisant à environ demi-ligne d'épaisseur autour du trou : on aggrandira le trou de la roue de cadran pour le faire entrer bien juste sur la portée du canon ; & on le rivera après avoir ébiselé le trou pour la place de la rivure ; & afin que cette roue ne puisse pas se dériver en passant l'équarrissoir dans le trou de son canon, on ne limera pas la rivure tout-a-fait à fleur de la roue : on passera l'équarrissoir dans le trou du canon, afin d'ôter les rebarbes ; on tournera légérement la partie saillante de la rivure en la mettant un peu en goutte de suif; on tournera, & on dressera la roue sur ses côtés, & on fera les traits pour le fond des dents & pour les croisées; bien entendu que les arbres lisses dont on se servira pour tour-

ner ces canons, doivent être parfaitement ronds & de la forme des équarrissoirs.

962. Pour faire entrer le canon de la roue de cadran sur celui du pont, on tournera ce dernier petit-à-petit, afin de l'y faire emboîter juste & sans jeu à un bout plus qu'à l'autre, employant pour cela les précautions indiquées pour la chaussée ; (911) on fera tourner librement la roue sur le pont en adoucissant le canon du pont avec une lime douce, & passant ensuite un brunissoir plat pour ôter les traits de la lime.

963. Pour tourner la roue parfaitement ronde sur sa circonférence, on la fera rouler sur le canon du pont : celui-ci placé sur l'arbre lisse, on le mettra sur le tour, & on le rendra immobile avec une tenaille qui l'empêchera de tourner; on entourera le canon de la roue avec la corde d'un archet, & en cet état on tournera la circonférence de la roue.

964. Pour achever les roues de cadran, il ne restera qu'à enarbrer la roue de renvoi S (*fig 3.*). Si le trou de la roue est de la grosseur juste de la portée que l'on a formée sur le pignon, on la rivera après son pignon, sinon il faudra river une assiette sur ce pignon ; pour cet effet, on reculera encore cette portée d'une deuxieme épaisseur de la roue S, pour avoir l'épaisseur de l'assiette ; on prend, pour faire cette assiette, du laiton qui ait environ quatre lignes de diametre, & deux fois $\frac{1}{2}$ l'épaisseur de la roue ; on écrouira ce laiton, & on percera dans le milieu un trou de grosseur propre à faire entrer à force sur la portée du pignon ; on tournera cette assiette, & on formera dessus une portée pour l'épaisseur de la roue ; on creusera sur le tour le milieu de l'assiette, pour que cette premiere rivure soit plus enfoncée que celle de la roue ; on rivera cette assiette sur le pignon, & bien solidement ; on tournera l'assiette bien ronde ; on donnera pour longueur de la portée l'épaisseur de la roue, & en sus la quantité requise pour la rivure ; on laissera cette portée assez grosse, pour qu'en rivant la roue, on ne puisse pas déranger la rivure du pignon.

965. Lorsqu'on aura rivé la roue de renvoi sur cette as-

fiette, on la tournera droite & ronde : enfuite on fera les pivots ; pour cela il faudra préfenter cette roue fur le bord de la cage, en faifant approcher la roue de renvoi à la même diftance du dehors de la platine des piliers, que l'eft la roue de chauffée ; alors on marquera un trait fur la tige, bien à fleur du dedans de la feconde platine ; ce trait marquera l'endroit de la portée du gros pivot, lequel doit rouler dans cette platine, & dont le bout prolongé doit porter la piece des quarts : on levera la portée de ce pivot, & on fera le pivot qui doit avoir à peu-près $\frac{1}{4}$ de ligne de diametre, ce qui dépend de la groffeur de la tige, qu'il eft néceffaire de diminuer au point de former une bonne portée pour le pivot ; ce pivot fait & fini, ainfi que nous l'avons expliqué (903), on formera le fecond pivot en levant la portée à $\frac{1}{4}$ de ligne de diftance de la face du pignon : ce pivot peut avoir un $\frac{1}{5}$ de ligne de diametre, fi le tigeron eft affez gros, pour qu'après avoir levé une portée convenable, le pivot refte à cette groffeur ; finon on le diminuera, s'il eft befoin, pour former la portée.

966. Avant de faire les dentures pour former les engrenages, il faudra achever les croifées des roues (à l'exception de celles du rochet d'échappement qui ne doivent être finies qu'après que la roue eft fendue) afin qu'après que les dentures feront faites, les roues n'ayent plus aucuns efforts à éprouver qui puiffent les courber & les rendre mal droites ; enforte que par cette précaution les roues refteront parfaitement rondes, & qu'on formera de bons engrenages. On limera donc ces croifées felon les traits qu'on y a faits au burin : on rendra les barrettes d'une même roue également larges entr'elles, & en leur confervant la folidité convenable, c'eft-à-dire, relative à l'épaiffeur de la roue, à la largeur du champ, & à la preffion que la roue doit foutenir ; enforte que fi la roue recevoit un effort, toutes fes parties puiffent fléchir également, & fans qu'une d'elles pût caffer plutôt qu'une autre : de cette maniere la roue reftera folide, & fera la plus legere qu'il eft poffible.

967. Pour former les croifées, on a dû fe fervir de limes

à *feuilles de fauge* rudes pour limer lededans du champ, & pour les barrettes, de limes *à barrettes rudes* ; ce font des efpeces de limes à arrondir, mais qui fe terminent en pointe : pour achever les croifées, on fe fervira des mêmes efpeces de limes, mais qui feront douces, & dont les angles foient nets & vifs, afin de terminer proprement les coins des croifées.

968. Quand les croifées feront ainfi terminées, on ôtera les angles ou carres des barrettes & du champ, afin que l'ordure ne puiffe y être arrêtée par les bavûres ; enfuite on promenera la largeur de la lime douce à barrette, felon la longueur des barrettes & du tour du centre, pour *mener les traits de la lime en long* : on fera de même fur le dedans du champ. Les barrettes ainfi adoucies, on les polira, en fe fervant pour cela d'un bruniffoir de figure ovale terminé en pointe : on plongera le bruniffoir dans l'huile, & on le promenera fur les barrettes, en appuyant un peu fortement & felon les traits faits en long, ce qui effacera ces traits : on brunira ainfi les barrettes, le tour du centre & le dedans du champ des roues, & les croifées feront finies.

4°. Faire les Dentures & former les Engrenages fur l'outil, & mettre les Roues en cage.

969. Pour contenir les roues folidement pendant qu'on en fait les dentures, il faut avoir une planche que l'on attachera à l'étau, & contre laquelle on fera appuyer la roue, en la preffant avec une main contre la planche, tandis qu'avec l'autre on arrondit les dents. Il faut que cette planche foit de bois dur, tel que le chêne ; elle aura environ fix lignes d'épaiffeur, trois pouces de large, & fix pouces de longueur : on percera cette planche de plufieurs trous affez grands pour laiffer paffer librement les pignons, afin que les roues pofent à plat contre la planche ; ces trous doivent être percés affez près du bord pour qu'il n'y ait qu'une portion de la roue qui faille par-deffus le bord de la planche ; ainfi ces trous doivent être plus ou moins éloignés du bord de la planche, felon qu'ils doivent fervir à de

grandes ou à de petites roues ; cette planche doit être bien plane & unie, afin que la roue ne puisse bercer & se courber pendant qu'on en forme les dents.

970. Avant que de travailler à arrondir les roues de cette Horloge, il est bon d'observer que les dents de toutes les roues ne doivent pas avoir la même figure, & que l'origine de la courbe doit se prendre plus ou moins près du sommet de la dent, selon que la roue engrene dans un pignon plus ou moins nombré : si, par exemple, on fait les dents de la roue de barillet, laquelle doit engrener dans un pignon de douze, comme les dents de la roue doivent moins pénétrer dans l'intervalle des ailes du pignon pour former l'engrenage, il suit de-là que la courbure des dents doit être plus proche du sommet ; mais si au contraire on fait les dents de la roue de longue-tige, comme cette roue engrene dans un pignon de six, alors chaque dent de la roue doit conduire le pignon pendant la sixieme partie de sa révolution, c'est-à-dire, lui faire décrire 60 dégrés ; c'est ce que les Horlogers appellent la *menée*. Ainsi la menée du pignon de six étant double de celle du pignon de douze, la dent pénétrera d'autant plus, & la courbe devra prendre son origine plus près du fond de la dent. par ce moyen on parviendra à rendre la menée de la dent uniforme. Au reste, nous renvoyons, pour ce qui regarde la théorie des courbes des dents, à notre seconde Partie, & sur-tout au Cours de Mathematiques de M. Camus ; & pour suppléer à l'un & à l'autre, l'outil d'engrenage servira à donner ces courbes, ainsi que nous le verrons ci-après.

971. Quoiqu'il soit assez indifférent par quelle roue commencer, pour en faire la denture, on ne fera pas mal de faire d'abord les dents de la roue de barillet. Comme ces dents sont plus grosses, on s'accoutumera plus facilement à former les courbes qui deviennent plus apparentes : on prendra donc le barillet monté sur son arbre ; on percera à la planche un trou convenable pour laisser passer le pivot du côté de la roue, & ce trou sera distant du bord, de maniere que les dents ne saillent au-dessus du bord de la planche qu'à peu près comme le

barillet faille les platines, dans les figures de la Planche V^e; par ce moyen on tiendra plus facilement la roue appliquée contre la planche, sans que l'effort de la lime fatigue la main qui appuie sur le barillet.

972. Pour ébaucher les dents, on prendra une lime à *trois carres*, & on limera les angles des dents, en faisant entrer dans l'intervalle des dents l'angle de la lime, & on appuiera, en dirigeant la lime selon l'axe du barillet, pour que l'on ne fasse pas les dents inclinées sur l'axe, ce que l'on appelle *faire les dents à vis sans fin*; on aura aussi attention d'abattre également les carres à chaque côté des dents, & à chaque dent de la roue, & jusqu'à ce que l'on ait fait le *tour de la roue*; c'est-à-dire, ôté les angles de toutes ses dents : lorsqu'on aura ainsi passé la lime à trois carres, on se servira d'une lime à arrondir rude pour ôter les pans ou angles des dents, & on formera la courbe également de chaque côté des dents, & toujours en dirigeant la lime selon l'axe de la roue, afin de ne pas arrondir les dents à vis sans fin : on aura aussi attention à ce que le devant & le derriere des dents soit limé de la même courbure; pour cet effet il faut pousser la lime sans la hausser ni baisser, mais en la menant parallélement à l'axe de la roue.

973. La roue ainsi arrondie, on choisira une lime *à égalir* qui entre bien juste dans le vuide des dents, & on s'en servira pour en dresser le fond, & pour ôter les traits que la fraise a faits aux flancs des dents : si les dents de la roue ne sont pas également enfoncées, on prendra une lime *à égalir bâtarde*, & on enfoncera les dents les moins longues, en se réglant pour cela sur le trait fait près du fond des dents.

974. Les dents ainsi préparées, il faudra, avant de les adoucir, présenter la roue sur l'outil d'engrenage, ainsi que le pignon dans lequel elle doit engrener, & comme on le voit (*Planche IV. fig.* 2.) On fera approcher la roue de son pignon, de la maniere que je l'ai expliqué (518), & jusqu'à ce que l'on ait trouvé la distance la plus convenable entre les deux axes, afin que l'engrenage se fasse le plus uniformément. Pour bien

juger de l'effet de l'engrenage des roues mises sur l'outil, on presse avec une main sur l'axe du pignon, pour produire un frottement, tandis qu'avec l'autre main on fait tourner la roue par un mouvement lent, afin de juger de l'inégalité du mouvement que les dents de la roue produisent sur le pignon : si on ne peut pas trouver un point où l'engrenage ne se fasse pas sans sault, c'est une marque que la courbure des dents n'est pas bien faite, (car je suppose qu'on a fait le pignon de la grosseur convenable, & selon les regles prescrites); ainsi les inégalités dans le mouvement de la roue & du pignon, sont produites par les mauvaises courbures des dents, c'est-à-dire, qu'elles sont encore trop quarrées, & pas assez arrondies ; on les arrondira donc de nouveau en abbattant plus fortement les angles pour former une bonne courbure : & s'il arrivoit que les dents de la roue eussent été faites trop vuides, & que l'on ne pût pas y former une courbure propre à mener uniformement les ailes du pignon, on pourroit faire cette courbure plus grande d'un côté de la dent que de l'autre ; c'est-à-dire, que le sommet où la courbure de chaque côté de la dent vient se réunir, ne seroit pas au milieu de l'épaisseur de la dent, mais un peu sur le côté, ayant égard pour cela au côté selon lequel la roue doit tourner. On voit que par ce procédé l'engrenage ne seroit uniforme, que lorsque l'on fait tourner la roue du côté où les grandes courbes sont formées, & qu'en la faisant tourner de l'autre sens, l'engrenage se feroit par sault ; mais il ne faut pas avoir égard à cette prétendue difficulté ; car dans nos Horloges, les roues vont toujours du même côté sans aller & revenir alternativement sur elles-mêmes. Au reste on préviendra toute objection, lorsqu'en fendant les roues, on choisira des fraises assez minces pour laisser, ainsi que nous l'avons dit (780) plus de plein que de vuide, par ce moyen on forme des courbures propres à faire de bons engrenages.

975. En arrondissant les dents, il faut avoir grande attention de ne pas atteindre tout-à-fait le sommet des dents avec la lime à arrondir, afin de leur conserver la même longueur, & par conséquent de ne pas altérer la rondeur de la roue.

976. Lorsqu'on aura retouché les courbes des dents, on présentera de nouveau la roue & le pignon sur l'outil, & on approchera ou on écartera la roue du pignon pour trouver le point de distance le plus convenable pour cette roue.

977. Pour éviter de retoucher à plusieurs fois à toutes les dents d'une roue, & pour leur donner la courbure convenable, on peut n'arrondir d'abord qu'environ deux fois autant de dents que le pignon que cette roue mene a d'ailes; ainsi on arrondira seulement 20 ou 24 dents de la roue de barillet, & on en changera la courbure jusqu'a ce que l'engrenage soit bon; & si la roue étoit trop grande, relativement à son pignon, c'est-à-dire, si l'on avoit fait ce pignon trop petit, il faudroit tourner cette roue & diminuer la longueur de ses dents pour la réduire au volume convenable pour rendre l'engrenage uniforme. Quand on aura ainsi déterminé la courbure des dents, & réduit la roue à sa vraie grandeur, on formera les courbures du reste des dents de la roue, & on aura attention à les faire parfaitement semblables aux premieres; on présentera, pour cette vérification, la roue & le pignon sur l'outil, pour pouvoir toucher aux dents dont la courbure ne seroit pas bien faite.

978. Les dents amenées à ce point, il faudra les adoucir; mais avant de le faire, il faut placer la roue de barillet sur le tour, & la faire tourner sur son axe rendu fixe, afin de couper légérement les sommets des dents pour les réduire exactement à la même longueur : les Horlogers appellent cette opération, *friser les pointes des dents*; alors on prend une lime à arrondir douce pour ôter les marques du burin faites au sommet des dents, & réformer de nouveau la courbe de celles des dents qui étoient plus longues, & les rendre par ce moyen parfaitement égales entr'elles.

979. Il est bon d'observer que pour faciliter l'exécution des courbes des dents, il faut choisir des limes à arrondir assez épaisses pour qu'elles ne puissent pas atteindre au fond de la dent, mais seulement jusqu'à l'endroit où la courbe prend son origine; par ce moyen la lime est guidée par le vuide des dents

dents comme par une rainure ; ainsi le *dos* ou partie non taillée, appuie sur le côté d'une dent, tandis que la partie taillée lime le côté d'une autre dent : à mesure qu'on lime, il ne faut que faire tourner la lime dans la main pour arrondir & former la courbure.

980. Les dents de la roue de barillet étant faites, on arrondira, par ces mêmes méthodes, & avec les mêmes soins, la grande roue moyenne, en se servant d'abord d'une lime à trois carres pour ôter les angles des dents, & ensuite d'une lime à arrondir bâtarde, & de grosseur & d'épaisseur convenables à pouvoir entrer assez avant dans le vuide des dents, pour former les courbures selon la profondeur nécessaire pour l'engrenage. On examinera l'engrenage avec l'outil, selon les méthodes prescrites ci-dessus, & jusqu'à ce qu'il se fasse uniformément ; alors on frisera les pointes des dents ; mais pour faire cette opération il faut prendre deux broches à lunettes, (916) qui s'ajustent sur le tour, & on percera à chacune à la même distance du centre, des trous pour y faire entrer bien juste les pivots de la grande roue moyenne ; on passera l'équarrissoir dans ces trous pour les rendre unis, & que les pivots puissent y tourner librement & sans jeu ; on fera rouler les pivots dans ces broches ajustées sur le tour ; on mettra de l'huile aux pivots pour adoucir le frottement qu'ils éprouvent par ce roulement, & on tournera les pointes des dents pour les réduire exactement à la même longueur, & rendre la roue parfaitement ronde ; ensuite on achevera d'arrondir les dents de la roue avec une lime bien douce ; on terminera le fond des dents & les flancs avec une lime douce à égalir.

981. On arrondira par les mêmes méthodes toutes les roues de l'Horloge, ayant attention de n'en terminer aucune sans en tourner les pointes, en faisant rouler les pivots dans des trous de broches à lunettes ; & pour la roue de cadran, on fera rouler le canon sur le pont de la même maniere que nous l'avons expliqué (963) ; & la même chose pour la roue de chaussée (913).

982. Quant aux roues de cadran, il faut, avant d'en

I. Partie.   S s

terminer les dentures, les préfenter fur l'outil d'engrenage, pour voir fi elles ont la grandeur convenable, pour que l'engrenage de la roue de cadran avec le pignon de renvoi, & de la roue de renvoi avec la chauffée foient également bons ; c'eſt-à-dire, fi lorfque l'engrenage des roues de chauffée & de renvoi eſt au point convenable, celui de roue de cadran n'eſt pas trop fort, ce qui prouveroit que cette roue eſt trop grande ; ou s'il n'eſt pas trop foible, ce qui marqueroit que les roues de renvoi S, m font trop grandes. Pour vérifier ces engrenages, on prendra la roue de longue tige, & on placera la chauffée fur fa tige ; on fera entrer le pont de la roue de cadran fur la chauffée, & la roue de cadran fur fon pont ; on prendra tout cet affemblage, & on le placera fur les deux broches d'un des côtés de l'outil d'engrenage ; ainfi les pointes de la roue de longue tige, s'arrêteront fur les pointes coniques faites à ces broches ; on placera fur les deux broches, de l'autre côté de l'outil, la roue de renvoi ; on repouffera l'une ou l'autre broche felon leur longueur, pour que la roue de renvoi S fe trouve vis-à-vis la roue de chauffée m ; enforte qu'en faifant approcher les roues l'une de l'autre, elles s'engrenent *en plein*. Si les roues de renvoi & celles de cadran font de bonne grandeur, il faut que, lorfque l'engrenage de la roue de cadran avec fon pignon eſt à fon vrai point, l'engrenage de la roue de chauffée avec celle de renvoi foit auffi à fon vrai point ; fi cela n'eſt pas, & que ce dernier foit trop foible, on diminuera la roue de cadran jufqu'à ce que les deux engrenages foient bons ; & fi au contraire l'engrenage des roues de renvoi étant à fon point, celui de cadran eſt trop foible, on diminuera les roues de renvoi en en ôtant fur le tour également de l'une & de l'autre, afin de les conferver du même diametre, chofe effentielle pour que l'engrenage foit bon ; ou s'il devoit y en avoir une un peu plus petite, il faudroit que ce fût la roue de renvoi qui eſt menée.

983. Lorfqu'on aura ainfi amené les engrenages des roues de cadran à leurs vrais points, ayant eu attention d'en frifer les pointes des dents pour s'affurer de leur rondeur, on adoucira leurs dents : on les préfentera de nouveau fur l'outil ; on

serrera la vis *V* (*Pl. IV. fig.* 2) pour fixer le point de ses engrenages; on tournera l'écrou *E*, (518); & lorsque les engrenages seront à leurs vrais points, on ôtera les roues de dessus l'outil, mais ayant attention à ne pas déranger la vis *V* & l'écrou *E*, parce qu'il faudra marquer sur la platine, avec les pointes de l'outil, l'endroit de l'engrenage. Pour cet effet on ajustera sur une des broches l'équerre *E* (*fig.* 3.): on placera la partie *q r* de cette broche sur l'outil, l'équerre étant en dehors en *p r* (*fig.* 2.); on fera entrer la pointe conique *p* de cette broche sur le côté extérieur du trou de la roue de longue tige, fait à la platine des piliers; on fera descendre l'équerre jusqu'à ce qu'elle pose sur la platine en même temps que la pointe de la broche porte sur le trou (a) du pivot de roue de longue tige: cela fait, on abaissera l'autre pointe *p s* jusqu'à ce qu'elle pose sur la platine; alors on s'en servira pour tracer une portion de cercle *i k* (*Planche V*, *fig.* 3) à l'endroit où la roue de renvoi doit être placée. Cette portion de cercle marquera le point de distance que doit avoir la roue de renvoi du centre de la roue de chaussée & de la roue de cadran: il ne sera question, pour fixer entièrement sa position, qu'à déterminer l'endroit de la portion *i k*, où elle doit être placée, & cela doit être donné par le calibre tracé sur le dehors (*fig.* 3.) de la platine des piliers; mais si on ne l'a pas fait, voici ce qui fixe sa position: comme sa tige traverse la cage, on aura attention de la placer de manière qu'elle ne puisse toucher ni à la roue de champ *E* (*fig.* 1), ni à la roue de grande moyenne *C*; mais que cette tige passe entre ces deux roues quelque part en *H* : on percera donc bien exactement sur la portion de cercle *i k* (*fig.* 3,) un trou de la grosseur du pivot *b*. Il faut que la portion de cercle divise en deux ce trou; car s'il étoit plus

---

(a) Nous avons dit (908), en parlant de la manière d'enarbrer & mettre en cage la roue de longue tige, qu'après avoir mis libre la roue dans ses trous de pivots, qu'il falloit y faire des creusures ou réservoirs pour l'huile; mais il est à propos de ne faire ce réservoir (des pivots de la roue de *longue tige*) qu'après qu'on a placé les roues de cadran & marqué les engrenages; car si on ne tient pas l'outil à chanfrein bien perpendiculaire au plan de la platine, on voit que cette creusure se fera excentriquement au trou du pivot; ainsi lorsqu'on posera la pointe conique de l'outil d'engrenage sur ce réservoir, elle ne sera pas concentrique au trou du pivot, & par conséquent on marquera l'engrenage faux & différent de ce qu'il est sur l'outil.

en dedans ou plus en dehors, cela changeroit l'engrenage des roues donné par l'outil.

984. Le trou de la roue de renvoi étant percé à la platine des piliers, on appliquera la feconde platine contre le dehors de celle des piliers ainfi assemblés par les tenons de la feconde; on percera à cette derniere un trou avec le même foret qui a fervi à faire celui de la premiere ; c'eft dans ce trou que doit rouler le gros pivot de la roue de renvoi ; on aura attention en perçant ce trou fur celui qu'on aura fait à la platine des piliers, à tenir le foret perpendiculaire à la platine, afin que les deux trous foient *bien percés l'un fur l'autre*; c'eft-à-dire, qu'ils coïncident parfaitement ; avant de féparer les platines, on paffera par ces deux trous un équarriffoir pour les unir & les faire mieux coïncider : enfuite on féparera les platines & on aggrandira le trou fait à la feconde, en faifant entrer l'équarriffoir par le dedans de la platine, & jufqu'à ce que le gros pivot de renvoi y entre librement; on ôtera les rebarbes, &c; on fera le trou de la platine des piliers affez grand pour que la tige de renvoi puiffe y paffer librement ; alors on remettra la roue de longue tige dans la cage que l'on arrêtera par des goupilles ; on placera la chauffée fur fa tige ; on attachera le pont de la roue de cadran fur la platine avec fes deux vis ; on mettra la roue de renvoi à fa place, & enfin la roue de cadran fur fon pont : ainfi, fi l'on a bien opéré, & fi l'outil d'engrenage eft bon, ces engrenages doivent fe retrouver de même qu'ils étoient fur l'outil. Mais avant de pouvoir en juger parfaitement, il faut faire le coq ou pont p (fig. 3,) dans le bout duquel doit rouler le petit pivot de la roue de renvoi.

985. Pour faire ce pont, on prendra du laiton non écroui, qui ait environ $\frac{3}{4}$ de ligne d'épaiffeur, fix lignes de large & environ vingt lignes de longueur, afin qu'étant plié d'équerre en $p\,q$, & plié encore de nouveau en $q\,s$, pour former la traverfe $q\,s$, celle-ci foit affez longue pour que la roue S paffe en deffous : on peut voir la forme de ces fortes de ponts ou coqs, (*Planche XXVII*, *fig.* 4.) repréfentée en M.

986. Pour plier le coq, on attache la partie ou bafe $p\,q$ à

l'étau, & avec le marteau on le plie d'abord d'équerre en q : cela fait, on attache la partie qs à l'étau, en donnant au montant q la hauteur dont le pivot de renvoi est élevé au-dessus de la platine, & on le plie d'équerre ; ensuite on écrouit toutes les parties du coq, ayant attention que le montant ne s'éleve qu'à la hauteur du pivot ; quand cela est fait, on dresse le coq à la lime par sa base & par tous ses côtés, & on perce en s, un trou de la grosseur du petit pivot de renvoi ; on perce ensuite le trou à la base pour la vis t, qui doit fixer le coq avec la platine ; ce trou étant percé, on serre avec des tenailles à vis le coq sur la platine, de façon que la roue de renvoi tourne librement, que son plan soit paralelle à la platine, & que les engrenages soient à leurs points. Alors par le trou de la base du coq, on perce un trou à la platine pour y passer la vis ; on taraude ce trou, & on fait la vis : cela étant ainsi préparé, il faut aggrandir le trou du coq pour qu'il soit plus gros que la vis, afin de pouvoir un peu avancer ou reculer la roue de renvoi contre celle de cadran, & former par ce moyen les engrenages : on aggrandira aussi pour les mêmes raisons le trou de la platine des piliers à travers lequel passe la tige de renvoi, & pour empêcher que cette tige ne touche au trou, ce qui causeroit un frottement préjudiciable. Quand cela sera fait, on replacera la roue de renvoi ; on attachera le coq sur la platine ; on serrera la vis, & on conduira le coq jusqu'à ce que les engrenages soient à leurs points, & que la roue de renvoi soit droite en tout sens, c'est-à-dire, que son plan soit parallele à la platine ; mais s'il arrivoit que les engrenages étant bons, la roue ne fût pas droite, c'est-à-dire, que son axe ne fût pas parallele à celui de longue tige, ce seroit une preuve que l'on auroit mal percé les trous des platines pour la roue de renvoi ; & dans ce cas, il faudroit reboucher le trou fait à la seconde platine, & le percer plus près ou plus loin du centre de la roue de longue tige, selon qu'il en seroit besoin, pour que la roue de renvoi étant droite, les engrenages fussent bons.

987. Quand on aura ainsi placé la roue, on percera les

trous, 1 & 2, à l'extrémité des angles de la base; ces trous traverseront le pied du coq & la platine, afin d'attacher des tenons pour fixer le coq après la platine: pour percer ces trous, on prendra un foret qui ait $\frac{1}{4}$ ligne de grosseur; ensuite on passera l'équarrissoir à travers ces deux trous; on levera le coq, & on chassera sur la base du coq deux tenons, dont les bouts saillant en dessous, serviront à fixer la position du coq, & convenablement aux engrenages; ainsi il ne pourra tourner d'aucun sens pour rendre la roue mal droite; pour cela il faut que les pieds entrent bien juste dans les trous de la platine.

988. On observera en général en perçant les *pieds* ou tenons d'une piece quelconque, qu'il faut les placer le plus loin de la vis qu'il se peut, afin d'empêcher le mouvement que la piece prendroit sans cela; c'est pour la même raison qu'il faut tenir les bases fort longues, & au moins aussi distantes de la vis que l'est le trou que cette piece porte: ainsi dans le coq en question, il faut tenir le bout qs, seulement de la longueur propre à laisser passer la roue en dessous, & on doit placer la vis le plus près qu'il se peut du coude q, afin que la base p soit plus longue, & que les pieds 1, 2 soient plus distants de t que ne l'est le trou s: on doit faire usage de la même observation pour les pieds qu'on place aux ressorts; il faut les éloigner de la vis autant qu'il est possible, alors ils éprouvent moins d'effort, & sont par conséquent plus solides, ensorte qu'ils ne fléchissent pas.

989. Les roues de cadran ainsi posées, on limera le devant du trou s du coq, jusqu'à ce qu'on puisse sortir la roue de cadran de sa place sans être obligé de lever le coq.

990. A propos des roues de cadran, nous avons oublié, lorsque nous avons parlé du calibre, d'observer que la roue de cadran doit être plus grande que celle de longue tige, par la raison que la tige de renvoi devant traverser la cage, si ces deux roues étoient de même grandeur, la tige de renvoi toucheroit à la roue de longue tige. Pour prévenir cet inconvénient, on aura l'attention, lorsqu'on tracera le calibre, de donner envi-

Première Partie, Chap. XXXVI. 327

ron une ligne de plus au diametre de la roue de cadran qu'à celui de la roue des minutes.

991. Pour achever ce qui concerne le rouage, on fera d'abord fur l'outil l'engrenage du barrillet avec fon pignon, avec les précautions indiquées : on ôtera la roue de barrillet & celle de grande moyenne de deffus l'outil, & on tracera fur le dedans de la feconde platine une portion de cercle à l'endroit approchant où cette roue doit être placée; on fera pour cet effet pofer la groffe pointe de l'outil, qui porte l'équerre, fur le trou de pivot de l'arbre de barrillet, & avec l'autre pointe on tracera le trait en queftion ; on placera la roue de grande moyenne fur l'outil, ainfi que la roue de longue tige, afin de former l'engrenage de fon pignon avec la grande roue moyenne. Quand cela fera fait & l'outil fixé, on ôtera les roues de deffus l'outil ; on fera pofer la pointe qui porte l'équerre fur le trou de pivot de la roue de longue tige du côté du dedans de la feconde platine, & avec l'autre pointe on tracera une portion de cercle qui coupera la portion de cercle tracée pour l'engrenage du barrillet avec le pignon de grande roue moyenne ; ainfi, la fection de ces deux cercles marquera l'endroit convenable pour les deux engrenages ; on percera donc bien jufte par cette fection un trou un peu plus petit que le plus petit pivot de grande roue moyenne. On appliquera les deux platines l'une contre l'autre pour percer les trous l'un fur l'autre, en fe fervant du même foret que l'on a employé pour le trou fait à la feconde platine ; on paffera un équarriffoir pour unir & faire coïncider parfaitement ces deux trous : après avoir défaffemblé les platines, on aggrandira le trou de chacune jufqu'à ce que les pivots y entrent librement, chacun à chacun ; favoir, celui du côté de la roue, dans le trou de la feconde platine, & l'autre pivot dans le trou fait à la platine des piliers.

992. Lorfqu'on aura mis la grande roue moyenne en cage & qu'elle tournera librement, on examinera d'abord l'engrenage de barrillet avec fon pignon, & enfuite l'engrenage de la grande roue moyenne avec le pignon de longue tige : fi l'on a bien opéré, & que l'outil foit bon, on retrouvera chacun de

ces engrenages tels qu'on les a faits fur l'outil avant de les marquer fur la platine.

993. Mais fi l'outil n'eft pas parfaitement jufte, on fera obligé d'aggrandir les trous des pivots, de les reboucher, de recommencer de nouveau à former les engrenages fur l'outil, & de les marquer fur le dedans de la feconde platine comme la premiere fois ; mais au lieu de percer exactement par la fection des traits du compas, on jettera le trou un peu en dehors des deux portions de cercle, fi l'outil rend l'engrenage trop fort; ou un peu en dedans; s'il le rend trop foible, avec cette précaution, on fe fervira de l'outil avec la même facilité que s'il étoit parfait : on percera donc les trous aux platines, & on mettra la roue en cage, & on verra fi les engrenages font bons; fi cela eft, on faura la quantité dont on doit écarter le trou en dehors ou en dedans du trait tracé par l'outil : ainfi à chaque fois qu'on fe fervira de l'outil, on aura attention d'écarter le trou de la même quantité.

994. On évitera tout cet embarras fi l'on veut fe donner la peine de vérifier la juftefle de l'outil & de le corriger. Pour cela on examinera d'abord chaque broche $p\ q$, (*Pl. IV*, *fig.* 2,) que l'on mettra fur le tour, afin de voir fi les pointes coniques font concentriques à la broche; fi cela n'eft pas, il faudra faire de nouvelles pointes, felon la méthode indiquée pour les pignons (890 & 891);& pour centrer les pointes coniques, on fera un foret angulaire que l'on preffera contre le point conique pour le mettre au milieu de la broche : les deux extrémités de la broche ainfi centrées, on verra fi elles tournent rond dans toute leur longueur ; fi cela n'eft pas, il faudra les dreffer en les frappant avec un marteau (la broche foutenue fur une maffe de plomb), opération qu'il faudra faire avec précaution pour ne pas caffer ces broches qui doivent être d'acier trempé : pour vérifier encore mieux ces broches, il faudra prendre un calibre à pignon, afin de voir fi elles font de même groffeur dans toute leur longueur, c'eft - à - dire, fi elles font parfaitement cylindriques : fi cela n'eft pas & qu'elles n'entrent pasfort jufte dans leurs trous, le mieux fera de

faire

faire de nouvelles broches que l'on tournera (après être trempées) de grosseur convenable, bien cylindriques, & avec des pointes & points coniques bien faits. Lorsqu'on aura rétabli les broches, on les mettra sur l'outil en les y fixant par le moyen des vis, 1, 2, 3, 4. On fixera de même l'ouverture de l'outil au moyen de la vis V, (la grandeur de cette ouverture est arbitraire pour la vérification actuelle). On prendra une des platines de l'Horloge. On mettra l'équerre sur une des broches, & avec l'autre on tracera sur la platine un trait bien léger. On fera descendre les broches selon leur longueur (& sans déranger l'ouverture de l'outil), jusqu'à ce que les bouts q soient au raz du dedans de la poupée; on tracera légèrement un trait près du premier que l'on a tracé sur la platine, & du même centre; si ces deux traits se confondent parfaitement, c'est une preuve que les trous des poupées sont percés bien parallelement: on ôtera l'équerre, & on la placera sur l'une des broches de l'autre bout de l'outil, & on vérifiera de la même maniere le parallélisme des broches: si elles sont paralleles entr'elles, il faut que les traits tracés par les pointes de ce bout de l'outil se confondent avec le premier trait tracé avec les autres, & quoique l'on fasse monter & descendre ces broches dans leurs poupées; si elles ne sont pas paralleles, il faudra serrer les montants de l'outil à l'étau, afin de les ramener, en forçant & appuyant selon qu'il est besoin. On vérifiera le parallélisme des broches par une autre méthode fort simple: on fera entrer les pointes des quatre broches sur le dedans de l'outil, & on les fera approcher les unes des autres, de sorte qu'elles soient prêtes à se toucher. On serera les vis, 1, 2, 3, 4, & alors ces pointes doivent se présenter parfaitement les unes sur les autres dans tous les sens, & quoiqu'on fasse monter l'une & descendre l'autre; sinon, c'est une preuve que les trous des poupées ne sont pas paralleles; on le corrigera donc en conséquence, & avec de grands soins; car rien n'est plus utile & commode que d'avoir un outil d'engrenage qui soit parfait.

995. Pour revenir à nos engrenages, après qu'on aura mis

I. Partie. T t

la grande roue moyenne en cage, & de sorte que les deux engrenages soient bons, on prendra le foret à chanfrein pour faire les creusures ou réservoirs de l'huile : on fera ces creusures jusqu'à ce qu'elles atteignent juste les bouts des pivots, afin de conserver l'épaisseur convenable aux trous pour le roulement des pivots.

996. On fera sur l'outil l'engrenage de la roue de longue tige avec le pignon de champ, & on marquera sur le dedans de la platine des piliers, un trait avec une des pointes de l'outil, tandis que l'autre pose sur le trou de la roue de longue tige; on tracera une ligne qui prolongée passe par le milieu de ce trou & de celui de barrillet, ce qui déterminera la position de la roue de champ (718) : on percera donc un trou par l'intersection de cette ligne & du trait fait avec la pointe de l'outil d'engrenage; ce trou sera fait avec un foret un peu plus petit que le plus petit pivot de la roue de champ ; on assemblera les deux platines, au moyen des tenons de la seconde, & on percera les trous l'un sur l'autre avec le même foret ; on aggrandira le trou fait à la platine des piliers, jusqu'à ce que le pivot du côté du pignon de la roue de champ y entre librement; on en fera autant de l'autre pivot avec la seconde platine; & après avoir mis la roue libre & bien d'engrenage avec la roue de longue tige, on formera les réservoirs pour l'huile des pivots de cette roue.

997. On observera que, pour éviter l'erreur qui pourroit résulter des trous percés mal droits aux platines, qu'il faut toujours les percer par le dedans des platines ; en commençant par la platine contre laquelle le pignon approche le plus ; ainsi on marquera avec l'outil les traits pour l'engrenage, tantôt sur le dedans de l'une ou de l'autre platine, selon que l'engrenage se fait près de l'une ou l'autre de ces platines ; & c'est pour cette raison que lorsqu'il a été question de l'engrenage de la grande roue moyenne avec le pignon de longue tige, & du barrillet avec le pignon de grande roue moyenne, que j'ai dit qu'il falloit tracer les traits sur le dedans de la seconde platine, ces engrenages se faisant fort près de cette platine : on voit par cette précaution, que quand même les

trous ne feroient pas percés parfaitement droits l'un fur l'autre, que celui du côté de l'engrenage changeroit fort peu, & que par conséquent l'engrenage feroit bon ; à la vérité la roue dans ce cas feroit mal droite en cage, mais cela n'eft pas de la même conséquence.

998. On fera l'engrenage de la roue d'échappement, & on le marquera fur le dedans de la feconde platine à caufe que l'engrenage fe fait de ce côté ; & comme cette roue doit être fur la ligne prolongée qui pafle par le centre du barrillet & par le milieu de la cage, on tirera une ligne en dedans de la feconde platine, & on percera par fon interfection avec la portion de cercle de l'engrenage, un trou avec un foret un peu plus petit que les pivots de la roue d'échappement ; on percera ces trous l'un fur l'autre, & on les aggrandira pour y faire entrer les pivots, celui du côté du pignon dans le trou de la feconde platine, & l'autre dans celui de la platine des piliers : on mettra la roue libre, & on fera les réfervoirs pour l'huile en leur donnant pour profondeur, felon la regle prefcrite, d'aller joindre le bout des pivots.

999. Les engrenages du mouvement étant finis, & les roues mifes en cage, on fera ceux du rouage de répétition. On commencera par celui de la premiere roue L avec le pignon de la feconde, lequel étant fait fur l'outil, on le tracera fur le dedans de la feconde platine ; & pour donner à cette roue la même pofition que celle qu'elle a dans le calibre, on prendra avec un compas la diftance du centre de cette roue, jufqu'à celui de la roue de minutes, ce qui eft marqué fur le dehors de la platine des piliers (735) ; on portera cette diftance fur le dedans de la feconde platine, en mettant une pointe du compas dans le trou du pivot de la roue de minutes, & traçant de l'autre une portion de cercle qui coupe celle que l'on a tracée pour l'engrenage; par l'interfection de ces deux cercles, on percera un trou de la groffeur du pivot de la feconde roue ; on affemblera les platines par leurs tenons, afin de percer les trous de la feconde roue l'un fur l'autre ; on aggrandira ces trous pour y faire entrer librement les pivots ; celui du côté

du pignon dans le trou de la feconde platine, & le fecond dans celle des piliers ; on fera les creufures pour l'huile, fi l'engrenage eft bon ; finon, on le recommencera.

1000. On fera enfuite fur l'outil l'engrenage de la feconde roue avec le pignon g, qui porte la roue de volant N; on tracera le trait avec l'outil fur le dedans de la platine des piliers; & pour achever de déterminer la pofition de cette roue comme elle eft fur le calibre en dehors de la platine des piliers, on prendra avec un compas la diftance du trou de la roue de longue tige (ou de la grande roue moyenne pour avoir une portion de cercle qui traverfe à peu-près à angle droit le trait de l'engrenage) ; & on portera au-dedans de la platine cette diftance, en pofant la pointe du compas fur ce même trou qui a fervi à la donner ; par l'interfection, on percera un trou de groffeur convenable pour pouvoir l'aggrandir un peu afin d'y faire entrer le pivot ; on percera les trous l'un fur l'autre, & on mettra la roue libre en cage : on fera les réfervoirs pour l'huile.

1001. On fera l'engrenage du pignon de volant avec la roue N, & on le mettra en cage ; on aggrandira le trou du pivot de volant fait à la platine des piliers, & de forte qu'il ait une ligne $\frac{1}{2}$ de groffeur ; on fera entrer à frottement dans ce trou un bouchon de cuivre (D fig. 3) tourné bien rond, & fur le bout duquel on percera en dedans de la platine un trou diftant d'un quart de ligne du centre du bouchon ; ce trou fervira à y faire rouler le pivot de volant ; ainfi en tournant ce bouchon on changera la viteffe du rouage (720) : on appelle ce bouchon D l'excentrique.

III. Tracer le Plan de la Cadrature de Répétition.

1002. Avant de travailler à l'exécution des pieces de cadrature, il faut premiérement en tracer le plan ou calibre fur un carton, & enfuite fur le dehors de la feconde platine. Nous allons donner quelques regles à fuivre pour les dimenfions des pieces de la répétition, enfuite nous traiterons de la main d'œuvre de ce méchanifme.

1003. Nous fuppofons que la defcription que nous avons

donnée d'une répétition (Ch. VI & VII), a pu suffisamment instruire de son méchanisme pour n'être pas obligé de le rappeller ; ainsi nous parlons ici aux amateurs qui ont lu & entendu la premiere partie de notre ouvrage.

1004. On tracera sur un carton un trait de compas qui soit juste de la grandeur des platines, (il représentera le dehors de la seconde platine); on posera le dedans de la seconde platine sur ce carton, ensorte que les centres coïncident, & on marquera avec une pointe (sur le carton) le milieu juste des trous; 1°. de la premiere roue de sonnerie; 2°. du pivot de la roue de renvoi; & 3°. du barrillet. On ôtera la platine de dessus le carton; on tirera un trait avec un crayon qui passe par le milieu de la platine & par le trou de barrillet, afin de pouvoir représenter le haut de la cage & l'endroit où le coq d'échappement (*A fig.* 2) doit être posé; & pour en ménager la place on tracera au crayon le coq comme il est dans la figure; il doit être placé à l'extrémité de la platine, à cause que les roues *E*, *F* (*fig.* 1), étant sur la même ligne, l'ancre *A* doit être en dehors de la roue *F*.

1005. La premiere piece de la cadrature qu'il faut tracer est la poulie *P* (*fig.* 2), que l'on tiendra la plus grande qu'il sera possible par deux raisons. La premiere, c'est que le tirage du cordon pour faire répéter, agissant sur un plus grand rayon, en sera plus doux. La seconde, c'est que les chevilles que cette poulie doit porter pour régler les quarts étant plus distantes entr'elles, le doigt *D* en sera plus fort, & que les effets de ces chevilles, pour arrêter le rouage, seront plus assurés; mais on observera que la grandeur de cette poulie est limitée par la tige qui porte le marteau *f*, *l*, qui doit passer à côté de la poulie, & que la position de cette tige dépend de la grandeur de la roue des chevilles *G* (*fig.* 1), & de la longueur des bascules *m*; ainsi il faut premiérement déterminer la distance du centre *i* de ces bascules jusqu'aux chevilles; on pourra prendre pour regle que la longueur de la bascule *im* doit être distante du cercle des chevilles, de l'intervalle d'une cheville de la roue *G*; ainsi, pour régler la position de cette bascule, il faut d'abord diviser la roue des chevilles; ce que l'on exécutera de la maniere suivante.

1006. On fera sur le tour un trait de burin bien fin qui soit dans le milieu juste de la largeur du champ, sur le côté extérieur de la roue; on divisera, avec un bon compas, ce cercle ou trait, d'abord en quatre parties, & on subdivisera chacune de ces parties en quatre; ainsi toute la circonférence de la roue sera divisée en seize parties (a) : on percera douze trous avec un foret qui ait $\frac{1}{4}$ de ligne de grosseur : & comme les quarts doivent frapper après les heures, en laissant un intervalle d'une cheville pour distinguer les quarts des heures (722), on sautera une division; ensuite on percera trois autres trous avec le même foret pour les chevilles des quarts : mais pour percer ces trois derniers trous, il faut prendre garde au côté dont la roue tourne pour faire frapper le marteau, afin que l'intervalle suive la derniere cheville des heures; cela est indiqué par le tirage du cordon & par le rochet R; c'est-à-dire que, pour élever le marteau, la roue des chevilles tourne de m en G; ainsi l'intervalle entre les heures & les quarts est situé devers G, & les chevilles 1, 2, 3 représentent celles qui font frapper les quarts.

1007. La roue des chevilles ainsi divisée, on prendra avec le compas la distance du cercle des chevilles au centre de la roue; on tracera un trait de cette grandeur sur le carton; on prendra de même avec le compas l'intervalle d'une cheville à l'autre, c'est-à-dire la seizieme partie de la circonférence, que l'on ajoutera au rayon du cercle des chevilles; c'est ce qui donnera la distance du centre des bascules au centre de la roue de cheville : on tracera une portion de cercle sur le bord du carton qui représente celui de la platine; on marquera l'endroit où doit être posée la bascule qui doit être placée assez près du bord pour que l'assiette f (*fig.* 2.) du marteau ne *déborde* pas

---

(a) Nous avons dit (722) qu'il falloit diviser la roue des chevilles en dix-sept parties; mais nous préférons de ne le faire qu'en 16, parce que cela est plus commode à diviser au compas, & que d'ailleurs les chevilles sont plus distantes entr'elles, ce qui facilite le jeu des bascules.

la platine : on aura donc par-là le diametre de la poulie que l'on fera de grandeur à passer à côté de la tige de la bascule qui porte le marteau fl, en laissant une ligne d'intervalle depuis le centre de la bascule jusqu'à la poulie pour l'épaisseur du canon f de la branche du marteau.

1008. Pour trouver la grandeur convenable à donner au limaçon des heures L (*fig.* 2), il faut observer qu'il doit être formé par douze renfoncements ou degrés, qui pour être faciles à exécuter, doivent être dans une piece de la grandeur de celle en question, de demi-ligne chacun, ce qui donnera déjà six lignes pour le rayon de ce limaçon; mais comme le degré le plus enfoncé ne peut pas aller jusqu'au centre à cause de l'épaisseur du canon sur lequel il doit être fixé pour se mouvoir, il faudra ajouter pour cela deux lignes $\frac{1}{2}$; c'est-à-dire que ce limaçon devra avoir huit lignes $\frac{1}{2}$ de rayon, ou dix-sept lignes de diametre. On tracera donc ce cercle sur le carton, en le faisant approcher à environ deux lignes de distance du centre du trou du gros pivot de renvoi, & distant du centre de la poulie, comme on le voit dans la deuxieme figure ; on pourroit bien l'en écarter davantage, mais cela obligeroit à tenir le bras b du rateau plus long, & par conséquent plus sujet à fléchir; & si on l'approchoit du centre de la poulie plus qu'il n'est dans la figure, on courroit le risque que la barrette r du rateau vînt appuyer sur le premier pas du limaçon lorsque le bout b va poser sur le douzieme pas pour faire répéter douze heures.

1009. La position & la grandeur du limaçon des heures étant déterminées, on pourra trouver le diametre du pignon a sur lequel doit être rivée la poulie, & on pourra marquer la position du rateau. Pour trouver le diamettre du pignon, il faut observer que l'enfoncement des douze degrés du limaçon étant de six lignes, il faut que la grosseur du pignon a soit telle que pendant que le bout b parcourt six lignes, la roue des chevilles avance de douze chevilles : or comme les douze chevilles occupent les trois quarts de la circonférence de la roue, six lignes devront aussi occuper les $\frac{3}{4}$ de la circonférence du pignon; ainſi la circonférence du pignon devra être de huit lignes, & par conſéquent d'environ deux lignes $\frac{8}{\pi}$ de diametre, en ſuppoſant que le bras *b* a le même rayon que le rateau ; mais comme il eſt plus petit, il faudra augmenter le diametre du pignon à proportion de cette différence, & d'autant plus que l'engrenage avec le rateau ne ſe fait pas à l'extrémité des dents, mais environ aux $\frac{2}{3}$ de leur longueur priſe du centre ; ainſi on pourra donner quatre lignes de diametre au pignon, ſans craindre que les pas du limaçon différent ſenſiblement de la profondeur propoſée : d'ailleurs quand même cela différeroit un peu, cela ne pourroit cauſer aucun obſtacle ; car ſi pour l'eſpace que les douze chevilles pour les heures font parcourir au bras *b* du rateau, celui-ci parcouroit un peu plus ou un peu moins de ſix lignes on en ſeroit quitte, en taillant le limaçon, pour l'enfoncer un peu plus ou un peu moins, ce qui n'en changeroit pas la juſteſſe ; mais il étoit à propos d'établir une regle pour fixer à peu près les limites de ſon enfoncement, afin de n'être pas obligé de recommencer & d'aller en tâtonnant.

1010. Le diametre du pignon étant donné, on le tracera ſur le carton ; enſuite on déterminera la poſition du rateau de la maniere ſuivante. Il faut que le bras *b* du rateau ſoit dirigé au centre du limaçon, & que les dents du rateau paſſent à côté de la tige du marteau *f l*, en y réſervant la place pour le jeu de la cheville *o* qui vient poſer ſur le *tout-ou-rien*. On changera donc l'ouverture du compas juſqu'à ce qu'il rempliſſe ces conditions, & en anticipant ſur le trait du pignon de la quantité requiſe pour l'engrenage ; mais il faut remarquer que le rayon du bras *b* doit être le dedans du champ *n r*, réſervé aſſez large pour être ſolide ; car ſi on donnoit au bras le même rayon qu'aux dents, comme ce bout *b* doit être étroit pour pouvoir aller poſer ſur les degrés du limaçon qui ſont près du centre, & qui ne forment que de petites portions de cercle, il faudroit l'entailler en dedans, enſorte que le talon que cela formeroit viendroit poſer ſur le pas 1 du limaçon lorſqu'il avance devers *e* pour donner les douze heures ; cette diſpoſition

empêcheroit

empêcheroit au bras G de pénétrer jufqu'au fond du limaçon. On tracera donc le rateau à peu-près comme il eſt dans la figure 2.

1011. La groſſeur du pignon *a* détermine la place qui reſte jufqu'au bord de la poulie pour y placer les quatre chevilles qui arrêtent le rouage après qu'il a fait frapper l'heure & le quart qu'il eſt : or cet eſpace regle la grandeur du limaçon des quarts, & les dimenſions de la piece des quarts Q & du doigt D. Je ſuppoſe donc que cet eſpace de la poulie eſt de ſix lignes; on n'en comptera que cinq à cauſe de la place de la cheville du bord de la poulie qui doit prendre le doigt en dehors pour ne pas arcbouter ſur la pointe; on donnera une ligne à chaque degré du limaçon des quarts, ce qui eſt ſuffiſant : il y en a trois; ainſi le rayon du limaçon doit être d'abord de trois lignes; & comme il faut autour du canon ſur lequel il eſt rivé, une certaine largeur, on lui donnera en tout cinq lignes de rayon ou dix lignes de diametre ; on tracera donc un cercle qui ait dix lignes de diametre ſur le carton, ce qui repréſentera le limaçon des quarts.

1012. Maintenant, pour avoir la poſition & les dimenſions de la piece des quarts & du doigt, on obſervera que le bout Q doit ſe diriger au centre du limaçon des quarts, & que le centre de mouvement *i* doit être placé aſſez en dehors du cercle du limaçon des quarts, pour que celui-ci ne puiſſe, en tournant, toucher à l'aſſiette *i*; & par rapport aux dimenſions, il faut que la longueur du doigt *i q* ſoit à celle du bras *i k*, comme cinq eſt à trois; c'eſt-à-dire que pendant que le bout *k* parcourra les trois enfoncements du limaçon des quarts, le bout *q* du doigt parcourra l'eſpace qu'il y a du dehors du pignon juſqu'à la derniere cheville de la poulie.

1013. Pour tracer le *tout-ou-rien* T V o, il n'y a aucune difficulté ; car la partie V eſt donnée, puiſque c'eſt en V qu'eſt le centre du limaçon des heures ; le bout o eſt pareillement donné par la poſition de la cheville o de la baſcule. Il n'y a que le centre de mouvement T du *tout ou rien* qu'il faut rapprocher le plus qu'on pourra du limaçon des quarts, afin que sa direction soit très-près d'être perpendiculaire au mouvement du rateau, ce qui rend le mouvement du *tout-ou-rien* le plus facile.

1014. On fera l'étoile de même grandeur que le limaçon des heures ; ainsi elle est toute tracée, puisqu'elle a le même centre de mouvement que le limaçon.

1015. On marquera le sautoir en lui donnant la position qu'il a dans la figure 2.

1016. On marquera de même la position du marteau *t m*, comme il est dans la figure 2.

1017. Les ressorts seront placés comme dans la figure. Nous indiquerons ci-après, en parlant de la main-d'œuvre, les précautions qu'il faut y apporter.

1018. La disposition des pieces de la répétition ainsi donnée sur le carton, on les tracera sur le dehors de la seconde platine, & avec les mêmes précautions. On auroit pu se dispenser de les tracer sur un carton, & le faire tout de suite sur la platine ; mais il y a des personnes à qui cela est plus commode, parce qu'en traçant ainsi sur le carton, elles peuvent mieux représenter les pieces & leurs effets.

IV. *De la main-d'œuvre de la Cadrature & autres parties d'une Répétition.*

1019. Il faut d'abord commencer par ébaucher toutes les pieces de la cadrature. Pour faire le rateau, on prendra du laiton qui ait une ligne $\frac{1}{2}$ d'épaisseur : on l'écrouira bien dur ; & avec une petite scie, on le découpera pour lui donner à peu-près la figure qu'il a dans le calibre, en le laissant cependant plus large dans toutes ses parties ; on percera le centre *u* avec un foret qui ait environ deux lignes de grosseur. On limera bien plan ce rateau des deux côtés, & on l'adoucira ensuite par son centre ; on tracera un trait de compas bien fin pour terminer la portion qui doit former la circonférence des dents, & selon le rayon du calibre ; on limera bien exactement cette portion selon le trait de compas, afin que les dents étant faites, elles ayent le même rayon : on pourroit pour plus de perfection mettre ce rateau fur un arbre à vis, & tourner cette portion de cercle ; mais il faut favoir bien tourner & tenir le burin très-fixe.

1020. Pour faire le limaçon des heures, on prendra un morceau de laiton qui ait une ligne $\frac{1}{2}$ d'épaiffeur, & de la grandeur du trait marqué fur le calibre: on écrouira ce morceau de laiton pour le réduire à $\frac{1}{4}$ de ligne d'épaiffeur ; on le tournera fur un arbre à vis dont la portée ait deux lignes ; & comme fi on devoit en faire une roue, on le réduira à la grandeur marquée fur le calibre ; on le tournera de même fur fes côtés ; on le limera bien plan felon les traits de burin qui terminent le bord des côtés.

1021. Pour former les degrés des limaçons, il eft néceffaire de tenir le limaçon entièrement rond & de la grandeur du plus grand degré : nous verrons ci-après comment on doit tracer & former ces degrés.

1022. On prendra, pour faire l'étoile, une plaque de laiton qui ait une ligne d'épaiffeur, que l'on réduira au marteau à $\frac{1}{2}$ ligne ; on la tournera fur le fecond arbre à vis bien ronde, de la grandeur du trait du calibre, & droite par fes côtés : on la limera bien plane, & ménageant les traits de burin du bord pour la conferver d'égale épaiffeur.

1023. Si on a une machine à fendre, il fera facile de fendre l'étoile, c'eft-à-dire, d'en former les rayons, ce que l'on fera avec une fraife angulaire faite exprès pour cela, ou bien avec une fraife mince, qui au lieu de paffer par le centre du taffeau eft mife de côté, de façon à donner l'inclinaifon que l'on voit dans la figure ; on fait de cette maniere douze fentes : enfuite on démonte la plaque de deffus le taffeau ; on la met de l'autre côté, & on l'arrête avec l'écrou du taffeau, enforte que la fente déjà faite foit tout près de la fraife avec un petit intervalle qui doit former l'extrémité du rayon, dont une feconde fente avec la fraife formera le deuxieme côté : on fera ainfi douze fentes, & on coupera le vuide des dents.

1024. Mais fi l'on n'a pas de machine à fendre, on divisera le bord de la plaque avec un compas, traçant pour cela un petit cercle tout près du bord : on divisera donc ce cercle en douze parties bien égales ; & par ces points de divisions on tirera douze diametres ou vingt-quatre rayons, ce qui marquera les douze pointes des dents. Pour tracer les côtés des dents, on tirera des lignes, qui au lieu de passer diametralement par le centre, passeront à côté de toute la quantité d'une dent : ainsi pour tirer le trait pour former le côté 4 de la dent E, on fera passer la regle sur la pointe x, & sur celle E, & on tirera une ligne de E en x, ce qui fera les côtés de deux dents ; ainsi faisant la même opération sur les douze dents, on aura une étoile qui sera exactement de la figure de celle E qui a été dessinée d'après cette regle. On limera l'intevalle des rayons que l'on a tracés en allant bien juste jusqu'aux traits. Cette figure de l'étoile est la plus convenable à l'effet qu'elle doit produire ; car il faut que les dents soient assez enfoncées pour permettre le jeu de la vis c qui doit la faire avancer à chaque tour du limaçon des quarts de la moitié de l'intervalle d'une dent (le valet Y acheve le reste) ; or pour cela il faut que cette vis pénetre un peu en avant les dents de l'étoile, lors sur-tout que la vis c est placée près du centre s du limaçon des quarts ; & il faut d'un autre côté que les dents de l'étoile ne soient pas trop enfoncées, par la raison qu'immédiatement après qu'un rayon de l'étoile est parvenu à l'angle du sautoir, il faut que la dent prochaine pose sur le derriere de la vis c, afin que le mouvement du valet fasse avancer la surprise : or si les rayons de l'étoile étoient beaucoup dégagés, il faudroit que cette vis c fût très-grosse ; ou bien qu'on plaçât, au lieu de la vis, deux chevilles assez distantes entr'elles, ce qui n'est pas toujours possible ; mais on évitera les obstacles en donnant aux rayons de l'étoile les dimensions que nous venons d'indiquer.

1025. On prendra pour le *tout ou rien*, du laiton qui ait un peu plus d'une ligne d'épaisseur ; on l'écrouira bien dur, & on lui donnera à peu-près la figure marquée sur le calibre en le laissant plus large, réservant à le terminer qu'il soit posé & qu'on lui ait fait produire ses effets.

Première Partie, Chap. XXXVI. 341

1026. La piece des quarts iQ, doit être de cuivre ou de laiton. On prendra, pour la faire, du laiton qui ait une ligne d'épaisseur, on l'écrouira, & on lui donnera la figure indiquée par le calibre, en réservant autour du centre i assez de largeur pour y river le canon qui doit la porter: on percera le centre i, avec un foret qui ait environ deux lignes de grosseur; on tracera de ce centre le bras k de la longueur donnée pour se diriger au centre du limaçon des quarts.

1027. Le doigt $i\ q$, doit être fait avec de l'acier qui ait demi-ligne d'épaisseur; on percera son centre i, avec un foret qui ait deux lignes de grosseur, afin de servir à y fixer l'assiette qui doit rouler sur le canon de la piece des quarts; on limera le doigt selon la figure marquée sur le calibre.

1028. On prendra, pour le limaçon des quarts, du laiton qui ait $\frac{3}{4}$ de ligne d'épaisseur, que l'on réduira à demi-ligne au marteau; on lui donnera la grandeur marquée sur le calibre, en le tenant rond comme si on devoit faire une roue: on prendra du même laiton, pour la surprise c,s; on la tiendra ronde, & de même grandeur que le limaçon des quarts, c'est-à-dire, dix lignes (1011) de diametre; on tournera, sur le petit arbre à vis, le limaçon & la surprise, l'un & l'autre parfaitement ronds & de même grandeur; on les tournera de même sur le côté, pour les rendre d'égale épaisseur; ensuite, on les limera bien plans, selon les traits de burin qui terminent les côtés.

1029. La poulie P est formée de trois pieces, de deux plaques pareilles à P, qui forment les deux côtés de la rainure pour le cordon, qui doit entourer la poulie; & d'une troisieme plaque de l'épaisseur du cordon, & qui étant plus petite que les deux premieres, forme le fond de la rainure. Ces trois plaques sont fixées ensemble par des chevilles rivées. On pourroit faire la poulie d'un seul morceau de laiton, qui eût assez d'épaisseur, pour y former la rainure du cordon; mais on a plutôt fait de la faire de trois morceaux: au reste, cela est assez arbitraire.

1030. Pour faire les deux grandes plaques de la poulie, on prendra du laiton qui ait plus de demi-ligne d'épaisseur, on l'écrouira, & on donnera la même grandeur à chaque plaque, telle qu'elle est marquée par le calibre; on tournera ces plaques sur le petit arbre à vis, rondes, & égales d'épaisseur.

1031. Pour faire l'*entre-deux* de la poulie, on prendra du laiton qui ait une ligne d'épaisseur, & pour diametre, trois lignes de moins que les plaques, ce qui formera une rainure d'une ligne & demie de profondeur qui servira à loger le cordon qui doit entourer la poulie; on écrouira l'entre-deux, & on le tournera droit & rond sur le petit arbre à vis; on limera bien plans les plaques de poulie & l'entre-deux, ayant grande attention à ne pas le rendre inégal d'épaisseur.

1032. L'entre-deux ainsi fait, on fera une entaille d'une ligne de profondeur à sa circonférence, avec une lime à queue de rat; cette entaille servira à loger le nœud que l'on fait au bout du cordon pour l'arrêter avec la poulie, au moyen d'une cheville qui traverse les deux plaques, & qui passant pardessus le cordon, retient le nœud au fond de l'entaille. Le nœud ainsi noyé dans l'entaille, rend le tirage du cordon plus égal que si on l'attachoit simplement sur le fond de la rainure; car alors cela feroit une élévation en un endroit: c'est pour cette raison qu'il est préférable de faire la poulie de trois parties, afin de réserver à l'entre-deux la place du nœud.

1033. Pour assembler la poulie, on mettra les plaques & l'entre-deux sur un arbre lisse, qui centrera ces trois pieces; en cet état, on prendra une tenaille à vis, pour les tenir serrées & fixes: alors on prendra un foret qui ait $\frac{1}{2}$ ligne de grosseur, & on percera deux trous opposés près de l'extremité de l'entre-deux de la poulie; on mettra ces trous en chanfrein sur chaque côté des plaques, & on chassera des chevilles de fil de laiton, que l'on rivera bien solidement; on ôtera les tenailles, afin de percer deux autres trous à égale distance des deux premiers; ils seront de même grosseur, & également éloignés du centre: on prendra garde que ces trous n'aillent pas tomber sur l'entaille de l'entre-deux, mais un peu à côté: on mettra ces trous en chanfrein pour la place de la rivure: on chassera des chevilles que l'on rivera.

Première Partie, Chap. XXXVI. 343

1034. Les pieces de cadrature ainsi ébauchées, il faudra, avant de les achever, faire les tiges de marteau & les bascules, l'encliquetage de la premiere roue de répétition, placer les chevilles sur la roue; & avant tout cela, le barrillet (B, *fig.* 3); ce qui étant fait, on achevera de suite la cadrature, & on lui fera produire ses effets.

1035. Le barrillet B de répétition est formé par une virole qui doit avoir deux lignes de hauteur, & d'un couvercle qui entre à drageoir sur cette virole. Le barrillet est fixé sur le dehors de la platine des piliers, au moyen de deux vis qui appuyent sur deux *oreilles l*, *n*, soudées à la virole du barrillet: ainsi la platine & le couvercle forment le barrillet, dans lequel se loge le ressort de répétition; le bout extérieur du ressort est arrêté à un crochet porté par le dedans de la virole, & le bout intérieur s'accroche à un petit arbre qui entre quarrément sur le pivot prolongé de la premiere roue de répétition, qui passe à travers la platine des piliers. Le diametre intérieur du barrillet peut être d'environ sept lignes.

1036. Il y a deux moyens pour faire le barrillet de sonnerie; le premier, c'est de faire simplement une virole de la hauteur convenable, de faire à travers cette virole une entaille pour loger un morceau ou traverse de laiton assez longue, pour que, coupant la virole en deux, elle ait deux bouts saillants pour former les oreilles ou tenons, & on soude cette traverse en même-temps que la virole; ensuite on coupe la traverse au raz du dedans du barrillet, ensorte qu'il n'en reste que les bouts pour les deux oreilles: le barrillet ainsi préparé, on l'écrouit.

1037. Le second moyen est de former sur la virole même, deux tenons avant de la plier, ils servent à former les oreilles: pour cet effet, on prend du laiton qui ait le double de largeur de la virole; on le divise en quatre parties sur sa longueur; on réserve à la premiere division de chaque bout la largeur des oreilles, & l'on entaille le reste, en ne laissant que la largeur de la virole. Les deux oreilles ainsi ménagées, on les plie d'équerre, à l'étau; ensuite on plie la virole, &

on la foude, comme nous l'avons expliqué (801 *& fuiv.*) Pour donner la longueur convenable au laiton que l'on employe pour faire la virole, il faut lui donner trois fois le diametre que le barrillet doit avoir.

1038. Le barrillet ainfi préparé, on l'écrouira & on le rendra bien rond : enfuite on fera un mandrin (806) de la groffeur convenable, pour que la virole s'emboîte bien jufte deffus, & que le bord où doit être formé le drageoir pour le couvercle, faille affez hors du mandrin pour qu'on puiffe former ce drageoir, & felon la hauteur requife pour le barrillet. On tournera le deffous du barrillet, qui doit pofer fur la platine ; on mettra le deffus de largeur, & on formera le drageoir pour le couvercle; enfuite on tournera & on adoucira le dehors de la virole, & on l'ôtera de deffus le mandrin ; on limera le dedans de la virole avec une lime à feuille de fauge, pour la rendre unie : on fera le couvercle; on prendra du laiton qui ait demiligne d'épaiffeur; on l'écrouira & on le percera d'un trou qui foit de la groffeur du bout du pivot de la premiere roue de répétition, fur lequel l'arbre doit être mis. On tournera le couvercle fur un arbre liffe, rond & de côté, & on le fera entrer à force dans le drageoir de la virole ; on fera une entaille *o* à ce couvercle, pour pouvoir l'enlever de deffus fon drageoir. On percera à chaque oreille, un trou de groffeur convenable pour les vis qui doivent attacher le barrillet fur la platine.

1039. Pour pofer le barrillet, on mettra la grande roue de répétition en cage, & on fera entrer le trou du couvercle fur le pivot prolongé du côté de la platine des piliers ; ce qui *centrera* le barrillet avec l'axe de la premiere roue ; alors on percera par les trous faits aux oreilles, les trous pour les vis ; on taraudera ces trous de la platine, & on fera les vis ; on aggrandira les trous des oreilles pour faire paffer librement les vis à travers ; & par le moyen de ces vis, on fixera le barrillet fur la platine ; on limera à fleur de la platine le bout des vis.

1040. Le barrillet ainfi pofé, on l'ôtera de fa place, & on marquera fur le pivot prolongé, qui doit porter l'arbre, un

trait

trait au raz de la platine, lequel indiquera l'origine du quarré qui doit porter l'arbre : on fera par cette marque, un trait de burin fur le tour, & on limera le quarré felon les précautions indiquées (832); pour cet effet, on mettra de même une virole, pour empêcher qu'en échappant, on ne lime le pivot; cette virole aura l'épaiffeur de la platine, & recouvrira foiblement le trait de burin.

1041. Le quarré étant fait, on fera la tête qui doit porter le crochet, pour accrocher le bout intérieur du reffort : on prendra pour cela du fil de laiton durci, qui ait trois lignes $\frac{1}{2}$ de groffeur; on en coupera un bout, qui ait pour longueur la hauteur intérieure de la virole prife du dedans du couvercle ; on percera un trou felon la longueur du fil de laiton ; on ne percera pas tout-à-fait ce trou au centre, afin de réferver une éminence pour former le crochet : le foret que l'on employera pour percer le trou, aura pour groffeur l'épaiffeur du quarré de l'arbre, afin que l'étampe qu'on fera, puiffe rendre le trou quarré, en l'amenant à la groffeur propre pour entrer jufte fur le quarré de l'arbre de la premiere roue. On fera donc une étampe de la groffeur & de la figure du quarré de l'arbre ; & on étampera ce trou, felon les méthodes indiquées (834 & 835).

1042. La tête pour le reffort étant étampée, on le fera entrer à force fur le bout d'un arbre liffe, & on tournera les deux bouts de la tête, felon la hauteur du dedans du barrillet; on tournera les deux bouts de la tête, en laiffant au milieu de fa longueur, une épaiffeur pour le crochet, lequel devra avoir environ demi-ligne de largeur. On réduira la tête de l'arbre à deux lignes de diametre, & on limera tout autour, & à raz de la tête, l'éminence réfervée au milieu pour le crochet, ménageant feulement ce crochet que l'on creufera d'un côté, pour arrêter le bout de l'œil du reffort, & felon le côté indiqué par le rochet d'encliquetage de la premiere roue. On percera fur le milieu de la hauteur du barrillet, un trou de la groffeur de $\frac{1}{3}$ de ligne, & on y chaffera à force une cheville d'acier, qu'on laiffera faillante en dedans, pour former le crochet du bout extérieur du reffort; on entaillera ce petit bout faillant;

I. *Partie.*

du côté où le ressort doit s'y accrocher ; ce qui est indiqué par le crochet fait à la tête de l'arbre ; on fera faire un ressort qui soit de la hauteur convenable pour le barrillet, & on aura le moteur de la répétition ; ou, pour s'exempter de la peine de faire ce ressort, on en choisira de tout faits, de ceux que l'on employe pour les grands ressorts de montre, pourvu que ce ressort soit assez long, pour que l'arbre y étant accroché, il puisse faire trois ou quatre tours ; c'est-à-dire, que le ressort puisse avoir trois ou quatre tours de bande ; cela est suffisant, puisque la premiere roue ne peut faire tout au plus qu'un tour.

1043. Lorsqu'on aura ainsi terminé tout ce qui regarde le moteur de la répétition, il faudra faire l'encliquetage de la premiere roue. Pour cet effet, on fera le petit cliquet (O, *fig.* 1.) On le percera d'un trou, pour y faire entrer une petite vis à portée semblable à celle du cliquet du mouvement, mais qui sera proportionnée à la grosseur du cliquet ; c'est-à-dire, à l'espace qui reste depuis le fond des dents de la roue L, (que le cliquet ne doit pas déborder) jusqu'aux dents du rochet R. Il faut que le cliquet se meuve bien librement sur sa vis, & que son bout soit de longueur convenable pour arcbouter le plus avantageusement (331) contre les dents du rochet : ce cliquet doit être de l'épaisseur du rochet. On fera le ressort r de même épaisseur que le cliquet, & d'acier que l'on écrouira ; ensuite on le limera & on l'adoucira, puis on le pliera de la manière indiquée par la figure : on tiendra le bout r assez long, pour y percer un trou, qui serve à y fixer un pied qui arrête le ressort fixement, afin que l'autre bout appuye constamment sur le cliquet.

1044. Avant de placer les chevilles sur la roue G, il faut polir cette roue en dedans & en dehors, employant d'abord pour cela, une *pierre à l'eau douce*, & ensuite, le bois de fusin limé plat ; on finira le poli avec de la pierre pourrie, broyée avec de l'huile.

1045. Pour faire les chevilles, on se servira d'aiguilles à coudre, que l'on fera revenir bleues ; on les limera presque cylindriques, & ensorte que le bout entre à force dans les trous percés à la roue; on commencera par la premiere des douze chevilles, lesquelles doivent être saillantes en dehors de la roue. Lorsque le bout de l'aiguille entrera ainsi dans un trou, (par le dehors) on l'adoucira, ayant attention qu'elle ne soit pas faite trop en pointe; ensuite on la polira avec le brunissoir, en tirant selon la longueur de l'aiguille: on coupera une longueur d'environ deux lignes, cela fera une cheville; (nous dirons après, comment il faudra les fixer, & les mettre de longueur); on limera le bout de l'aiguille, jusqu'à ce qu'il entre dans le trou suivant de la roue; on l'adoucira & brunira comme la premiere; on la coupera de même, & ainsi de suite, jusques à la douzieme cheville des heures.

1046. Les chevilles 1, 2, 3, des quarts, doivent être saillantes des deux côtés de la roue, afin d'agir en même-temps sur le marteau des heures & des quarts, pour former le double coup qui distingue le quart des heures; on limera donc les chevilles en conséquence, en les faisant entrer assez avant, pour avoir un bout saillant en dedans de la roue; on les coupera en dehors, en laissant deux lignes de longueur, afin d'avoir de quoi les chasser, pour les faire tenir à force sur la roue.

1047. Les quinze chevilles ainsi placées, on les chassera à force, en faisant appuyer le dedans de la roue sur un talon de laiton, attaché à l'étau, & percé d'un trou un peu plus gros que les chevilles: à mesure qu'on chassera une cheville, on présentera le bout saillant du dedans, sur le trou du talon, on frappera & on fera entrer à force la cheville par le dehors; on fera la même opération aux quinze chevilles; on coupera avec *une tenaille à couper*, les douze bouts saillants des chevilles des heures du dedans de la roue; on limera ces douze chevilles à raz, du dedans de la roue; ensuite on redressera ces chevilles, ensorte qu'elles soient perpendiculaires au plan de la roue.

1048. Pour réduire les chevilles à une même longueur, on prendra un morceau de fil de laiton, qui ait environ deux lignes de grosseur; on le coupera d'une ligne $\frac{1}{2}$ de longueur; on le percera d'un trou assez grand, pour entrer librement sur les chevilles: on limera plat & de même épaisseur, cette petite virole; & pour le mieux, on la tournera fur un petit arbre liffe, en rendant les deux bouts bien plats, & formant l'épaiffeur d'une ligne; on mettra un morceau de papier pour recouvrir la roue: les chevilles traverferont ce papier; on placera la virole fur une cheville, que l'on coupera avec les tenailles au raz de la virole; on en fera autant aux autres chevilles des heures, & de même aux trois des quarts, tant en dedans qu'en dehors de la roue. Les chevilles ainfi coupées, on prendra une lime carrelette douce, & on les limera toutes les unes après les autres, au raz de la virole. Pour ôter la rebarbe, ou les petits angles des chevilles, on fe fervira du foret à rebarbe, dont nous avons parlé (959).

1049. Avant de travailler à l'exécution des bafcules & des tiges de marteaux, il eft à propos d'en expliquer la difpofition, & de faire bien entendre les effets de cette partie de la répétition.

1050. La tige du marteau des quarts f, l, (*fig.* 2), porte deux *bafcules* qui fe meuvent librement fur cet axe; l'une m, x (*fig.* 1), paffe deffus la roue des chevilles, pour s'engrener avec les chevilles des heures, & avec les trois fuivantes pour les quarts. Cette bafcule fert à faire frapper le marteau des heures t, m, (*fig.* 2.) ce qui fe fait au moyen de la bafcule de renvoi, o, (*figure* 1): l'autre bafcule qui eft portée par la tige du marteau des quarts, paffe par-deffous la roue des chevilles, pour s'engrener dans les trois chevilles de deffous, afin de produire, par ce moyen, le double coup pour les quarts. La tige du marteau des quarts eft repréfentée en perfpective, (*fig.* 8.) avec les deux bafcules: m, x, eft celle des heures: le bout m eft celui qui s'engage dans les chevilles: 4, eft la partie qui appuie fur la bafcule de renvoi o (*fig.* 1.), afin de communiquer fon mouvement à la tige du marteau n, vue en perfpective (*fig.* 9). La bafcule de renvoi eft auffi repréfentée en perfpective (*fig.* 10): le bras 5 reçoit le mouvement du bras 4 de la bafcule des heures m, x: & le bras oppofé 6 le communique au bras 7 fixé fur la tige du marteau des heures (*fig.* 1 & 9): ainfi le marteau s'éleve &

frappe du même côté que celui des quarts, au moyen de cette bascule de renvoi (*fig.* 10).

1051. La bascule des quarts *a* (*fig.* 8), qui se meut sur la tige de ce marteau, & dessous celle des heures, est vue (*fig.* 11) ; le bras *a* passe, comme j'ai dit, dessous la roue des chevilles, pour s'engrener dans les trois chevilles portées par ce côté, pour former le double coup des quarts. La tige des quarts vue sans les bascules (*fig.* 12), porte le bras *e* contre lequel la cheville *g* de la bascule (*fig.* 11), vient agir, pour élever le marteau *f*, *l* (*fig.* 2), mis quarrément sur l'axe prolongé *d*, de la tige *q*, (*fig.* 12).

1052. La bascule des heures, vue en perspective (*fig.* 13), porte deux chevilles, dont l'une *f* sert à agir sur le derriere *g* de celle des quarts (*fig.* 11), lorsqu'on tire le cordon de la répétition, & qu'alors les chevilles font rétrograder la bascule des heures, qui entraîne de même celle des quarts. La seconde cheville *e x* de la bascule des heures, passe à travers l'ouverture *o* (*fig.* 2), pour venir s'arrêter sur le bout du *tout ou rien*, lorsqu'en tirant le cordon, les chevilles font rétrograder les bascules : or, cette cheville *e* étant retenue par le bout du *tout ou rien*, les bascules ne peuvent plus s'engrener dans les chevilles de la roue : ainsi, elle ne répétera pas, à moins que l'on ne tire assez le cordon, pour que le bras *b* du rateau appuie sur le pas du limaçon des heures, & ne fasse faire un mouvement au bout du *tout ou rien*, qui dégage les bascules, & leur permet d'engrener dans les chevilles, pour faire frapper les marteaux.

1053. Pour renvoyer les bascules, & les remettre en prise avec les chevilles, il y a un petit ressort *h i* (*fig* 13), qui est attaché à la platine des piliers, près de la tige du marteau des quarts ; ce ressort, qui traverse la cage, est prolongé pour venir agir sur le devant *b* du bras de la bascule des quarts, (*fig.* 8) ce qui la renvoie, & par conséquent, celle des heures, à cause que la cheville *f* (*fig.* 13) pose sur le derriere *g* de cette bascule des quarts (*fig.* 11).

1054. Et afin que les coups pour les quarts ne frappent

pas tous deux à la fois, ce qui ne les rendroit pas distincts de ceux pour les heures, les deux bras des bascules, qui agissent sur les chevilles, ne sont pas de même longueur; on tient celui *a* (*fig.* 8.) de la bascule des quarts un peu plus court que celui *m*; ainsi, c'est le marteau des quarts qui retombe le premier, mais en laissant seulement un petit intervalle entre le double coup frappé par celui des heures.

1055. Pour que la force du coup des marteaux ne dépende pas uniquement de la pesanteur des marteaux *l m* (*fig.* 2), & de la force qu'ils acquierent en tombant sur le timbre, on fait agir sur chaque marteau un ressort, pour augmenter cette force: c'est l'effet du ressort *P* 8 (*fig.* 1.), attaché en dedans de la platine des piliers, au moyen d'une vis *P*, & d'un pied porté par l'extrémité de la tête de ce ressort. Le bout 8 du ressort appuie sur le bras *i* (*fig.* 8 & 12), fixé sur la tige du marteau des quarts; & c'est cette action du ressort qui augmente la force du coup de ce marteau. Lorsque le marteau a frappé sur le timbre, il faut qu'il s'en éloigne un peu, afin de laisser la liberté des vibrations, & par conséquent, celle de former le son: c'est à cet usage qu'est destiné le long bras *k* (*fig.* 8 & 12), fixé sur la tige du marteau des quarts, opposé à celui sur lequel le ressort agit pour faire frapper. Le bras *k* vient poser contre le ressort *P* 8 (*fig.* 1), qui fléchit un peu, lorsque le marteau retombe; mais lorsque celui-ci a consumé toute sa force sur le timbre, ce ressort repousse le marteau, & l'éloigne un peu du timbre, ainsi le timbre vibre & sonne librement.

1056. La tige du marteau des heures (*fig.* 9), porte de même deux bras opposés & inégaux; l'un *c*, est pressé par le ressort, pour faire frapper le marteau, & l'autre *n*, pour renvoyer ce marteau de la même maniere que nous venons de l'expliquer pour celui des heures. Le ressort de ce marteau n'est pas ici représenté, il est attaché en dedans de la seconde platine: il ne differe pas de celui *P* 8, & produit les mêmes effets.

1057. La tige du marteau des quarts est mise en cage,

Première Partie, Chap. XXXVI. 351

& roule fur les pivots *o p* (*fig.* 12); le pivot *o* doit rouler dans le trou fait à la platine des piliers, & celui *p*, dans celui de la feconde platine : l'axe prolongé *p d*, entre dans le trou quarré fait au canon *f* (*fig.* 2), qui porte la branche du marteau *l*.

1058. La tige du marteau des heures (*fig.* 9), eft mife en cage, & roule fur fes deux pivots *c d*; le pivot *d*, dans le trou de la platine des piliers, & le pivot *c*, dans le trou de la feconde platine; l'axe ou pivot prolongé *c e* eft quarré, & entre dans un trou de même figure, fait au canon fur lequel eft rivée la branche du marteau *m* (*fig.* 2).

1059. La bafcule de renvoi, (*fig.* 10) fe met en cage, & roule fur fes pivots *a b* : le pivot *a*, dans le trou fait à la platine des piliers, & le pivot *b*, dans celui de la feconde platine.

1060. Les bras 5, 6 de cette bafcule, & celui 7 de la tige des heures (*fig.* 9), doivent être élevés à la hauteur jufte du bras 4 de la bafcule des heures (*fig.* 8), afin qu'elle communique fon mouvement à la bafcule de renvoi, & celle-ci, à la tige du marteau des heures.

1061. Les bafcules des heures & des quarts (*fig.* 11 & 13), doivent tourner librement fur le pivot *p q* de la tige des quarts, afin que le petit reffort *h*, (*fig.* 13), puiffe les repouffer pour les mettre en prife avec les chevilles: ces bafcules ne doivent pas fe mouvoir felon leur longueur, afin que leurs bras fe préfentent toujours à la même hauteur que les chevilles de la roue *G* : elles font retenues d'un côté par la portée *q* (*fig.* 12), & de l'autre, par le dedans de la feconde platine.

1062. Pour que les marteaux parcourent un grand efpace, ce qui eft avantageux pour rendre le coup plus fort, il faut, qu'immédiatement après qu'une cheville *a* abandonné le bras *m* de la bafcule des heures (*fig.* 1), le dedans de ce bras foit dirigé au centre de la roue; & qu'alors la prochaine cheville qui doit agir fur ce bras, ne faffe que commencer à pofer contre lui : ainfi, il faut d'abord tenir ce bras *m* plus long, & le racourcir jufqu'à ce qu'il rempliffe ces conditions; ec bras *m*, tel qu'il eft marqué dans la figure, eft trop long: quand on l'a réduit à la longueur requife, on accourcit un peu plus celui de la bafcule des quarts, qu'il quitte fa cheville avant celui des heures, & produife le double coup.

1063. La bafcule de renvoi *o* (*fig.* 1), doit être placée à égale diftance de la tige du marteau des quarts *i*, & de celle *n*, des heures; & l'attouchement de chaque bras 4, 5, 6, 7, devra fe faire à égale diftance des centres *o* & *n*, & *i*, *o*; par ce moyen, le bras 7 de la tige du marteau des heures, parcourra le même efpace que le bras *m* de la bafcule; & ces points d'attouchement de la bafcule de renvoi doivent fe faire (au commencement de la levée) dans la ligne droite qui paffe par les centres de mouvement *o*, *n*, & *o*, *i* de la bafcule & des tiges de marteau; par cet arrangement, le mouvement fe communiquera de la bafcule *m* au marteau des heures avec une moindre perte, c'eft-à-dire, avec moins de frottement: ainfi, avant de travailler aux bafcules, on percera les trous des tiges de marteau & de la bafcule de renvoi, & on tracera leurs directions fur la platine, afin de fe régler là-deffus pour l'exécution de cette partie.

1064. Nous obferverons que l'on pourroit fupprimer la bafcule de renvoi, en plaçant la tige du marteau des heures près de celle des quarts, en forte que le bras 4 de la bafcule preffât immédiatement le bras 7 du marteau; mais alors ce marteau tourneroit en fens contraire à la bafcule, & frapperoit fur le deffous du timbre; ce qui ne feroit pas auffi favorable pour la force du coup: d'ailleurs le pivot prolongé gêneroit le rateau, & *le tout ou rien*, (*fig.* 2): cette augmentation de la bafcule de renvoi ne caufe aucun embarras.

1065. Le jeu des bafcules & des marteaux une fois bien conçu, l'exécution en fera facile. On fera d'abord les tiges de marteau; on prendra pour cela de l'acier quarré que l'on rendra rond; on en coupera pour chaque tige une longueur de la hauteur de la cage, plus, environ fept lignes pour le pivot prolongé.

prolongé de la tige de marteau des quarts, (*fig.* 12), & 8 lignes pour le pivot prolongé qui doit porter le marteau des heures: on donnera plus de longueur au pivot du marteau des heures, pour que ce marteau passe au-dessus de celui des quarts, & afin qu'ils ne se touchent pas lorsqu'ils s'élèvent ensemble pour frapper les quarts: ces tiges doivent avoir une ligne $\frac{1}{2}$ de grosseur; on prendra du même acier pour faire la tige de la bascule de renvoi (*fig.* 10); on lui donnera la longueur requise pour y former les pivots, pour les mettre en cage : on ébauchera ces trois tiges, que l'on rendra rondes à la lime, & qu'on tournera de même grosseur dans toutes leurs longueurs ou approchant; on mettra la roue des chevilles dans la cage, & on présentera sur le bord (de cette cage) la tige des quarts, selon la hauteur convenable pour former le pivot d'en bas, & pour que celui qui doit porter le marteau des quarts saille en dehors de la seconde platine; on marquera au-dessous des chevilles des quarts du dedans de la roue, l'endroit où le bras *e* (*fig.* 12) doit être fixé à cette tige ; on le marquera, ensorte qu'il reste une demi-ligne d'intervalle entre ce bras *e* & celui de la bascule *b* des quarts (*fig.* 8); on percera à cet endroit, à travers la tige, un trou d'une demi-ligne de grosseur ; on fera une petite entaille à travers la tige & sur le trou, de l'épaisseur même du trou, & qui ait de profondeur $\frac{1}{3}$ de la grosseur de la tige; on prendra de l'acier qui ait cette épaisseur, & pour largeur, la grosseur de la tige; on limera le bout en rond, pour le faire entrer dans le trou, & la portée de cette cheville entrera dans l'entaille faite à la tige ; on mettra l'autre côté du trou en chanfrein, & on rivera le bout saillant de la cheville que l'on a formé sur le bras, (ce qui le fixera très-solidement sur la tige); & si l'ajustement est bien fait, cela ne doit paroître former qu'une même piece avec la tige : cela fait, on levera la portée *q* (*fig.* 12) à raz de l'extrémité des chevilles du dedans de la roue, & on la tournera en diminuant depuis *q* jusques au bout *d*, mais sans y faire le second pivot *p*, pour lequel il faudra former une seconde portée, après qu'on aura fait cette tige de marteau, comme nous l'expliquerons ci-après.

1066. On ajustera le bras 7 de la tige du marteau des heures, (*fig. 9*), comme on a fait celui des quarts; on trouvera la place où il doit être posé, en présentant la tige contre le bord de la platine, & selon la hauteur propre à former le pivot d'en bas, & en observant que ce bras 7 doit être à la même hauteur que la bascule *m*, (1060) & par conséquent dans le milieu de la longueur des chevilles du dessus de la roue; on percera un trou à travers la tige; par cet endroit, on l'ajustera & on le rivera.

1067. Pour faire le bras opposé *c n*, on prendra de l'acier de demi-ligne d'épaisseur, & de deux lignes ½ de largeur, & plus long que *c n*; on le percera au quart de sa longueur, d'un trou qui soit un peu plus petit que la tige même : on diminuera la tige un peu en pointe par le bout *e*, afin de la faire entrer dans le trou du bras *c n*, à force & assez avant, pour que cette plaque s'arrête sur la tige presque au raz du dedans de la seconde platine, tandis que le bras 7 est à la hauteur des chevilles des heures; & comme cette plaque doit être soudée avec la tige, il faut, avant de la faire entrer, mettre en chanfrein chaque bord du trou, pour loger la soudure : on tournera cette plaque, en la chassant de façon que le côté extérieur de la plaque *c n*, soit dirigé selon le bord de la platine, tandis que le bras 7 est dirigé contre le centre de la bascule de renvoi : au reste, il faut laisser les pieces plus larges, afin de pouvoir leur donner la direction convenable, lorsqu'elles sont mises en cage.

1068. Pour faire le bras *i k* de la tige du marteau des quarts (*fig. 12*), on prendra du même acier dont on s'est servi pour celle des heures, & on l'ajustera avec les mêmes précautions du côté d'en bas, & de sorte que cette plaque affleure presque le dedans de la platine des piliers : la tige étant placée selon la hauteur désignée pour le bras *e*, qui doit passer, comme j'ai dit, en dessous des chevilles des quarts du dedans de la roue; on donnera une telle direction aux bras *e* & *i k*, que tandis que le dehors *i k* étant dirigé selon le bord de la platine, le bras *e* tende au centre de la roue des chevilles : on voit que pour juger de cette direction, il faut placer le bout inférieur de la tige sur le trou *i* percé à la platine des piliers, (*fig.* 1).

1069. Il faut faire entrer sur la tige de renvoi *a b* (*fig.* 10), une plaque du même acier; on la percera dans le milieu de la longueur marquée sur la platine, on peut même la tenir plus longue : on se réglera pour la hauteur où elle doit être placée sur celle du bras 7, (*fig.* 9), ou, ce qui revient au même, sur le milieu de la longueur des chevilles des heures de la roue G, (*fig.* 1) mise dans la cage.

1070. Ces pieces ainsi préparées, il faudra souder ces plaques sur les tiges : pour cet effet, on prendra du cuivre rouge qui soit un peu allié avec du laiton; si on n'en a pas de cette espece, on l'emploiera pur; on le coupera en petit filet, pour entourer la tige tout contre la plaque; on y mettra du borax; on mettra le tout dans du charbon bien allumé, & on soufflera jusqu'à ce que le cuivre rouge soit fondu & entré dans l'*ébiselure* de la plaque ; alors on plongera la tige, lorsqu'elle est également rouge, dans de l'eau froide pour la tremper : faire cette sorte de soudure de l'acier avec l'acier, au moyen du cuivre rouge, s'appelle *braser* : on brasera ainsi les deux plaques des tiges de marteau, & de même la bascule de renvoi que l'on trempera aussi.

1071. Les tiges & bascules de renvoi étant brasées & trempées, on les blanchira, afin de les faire revenir; & pour qu'on puisse limer facilement les bras & les plaques, il sera à propos de faire revenir ces pieces d'un bleu gris.

1072. On les dressera par leurs pointes pour les mettre rondes; ensuite on les tournera dans toute leur longueur, & on les adoucira avec une pierre à huile; & on fera leurs pivots pour les mettre en cage.

1073. Pour faire les pivots de la tige du marteau des quarts (*fig.* 12), on formera d'abord le pivot inférieur *o*, auquel on donnera pour diametre un peu plus de demi-ligne. On reculera la portée convenablement, pour que le bras *e* passe au-dessous des chevilles du dedans de la roue; on donnera pour longueur à ce pivot, l'épaisseur de la platine des piliers. Ce pivot fait & poli, on prendra, avec le maître-danse, la hauteur de la cage, afin de former le gros pivot p, & donner la hauteur requise à la portée : avant de faire cette portée, il faudra tourner bien rond le pivot $p\ q$ sur lequel doivent rouler les bascules ; on l'adoucira & on le polira : alors présentant les pointes de l'outil, on fera la seconde portée p qui ne doit pas être bien profonde, afin de menager la grosseur du pivot prolongé pour le quarré d; ce pivot doit avoir environ une ligne de diametre; on fera ce pivot p, ensorte qu'il aille un peu en diminuant jusqu'à la pointe d : on polira la partie p qui doit rouler dans le trou de la seconde platine.

1074. On fera le pivot inférieur de la tige des heures (*fig.* 9); on lui donnera la même grosseur qu'au pivot o (*fig.* 12); on reculera sa portée convenablement, pour que le bras 7 soit placé à la hauteur du milieu des chevilles supérieures de la premiere roue de répétition; on le polira ; & prenant, avec le maître-danse, la hauteur de la cage, à l'endroit où cette tige doit être posée, on fera la portée & le pivot de la même grosseur que celle du pivot p (*fig.* 12), & avec les mêmes précautions ; ensuite on le polira.

1075. Pour faire les pivots de la bascule de renvoi (*fig* 10), on se réglera sur la hauteur du bras 7 de la tige des quarts ; on fera les pivots de même grosseur que les petits pivots des tiges de marteau : on les polira de même.

1076. On mettra en cage la tige des quarts (*fig.* 12); en faisant entrer son pivot inférieur o dans le trou fait à la platine des piliers, juste & libre, & le pivot supérieur p dans le trou fait à la seconde platine : on mettra de même en cage, & du côté convenable, la bascule de renvoi & la tige du marteau des heures (*fig.* 9) : ces pieces doivent tourner librement dans leurs trous, mais avec peu de jeu, & juste selon la hauteur de la cage, ce qui doit être réglé par le maître-danse, que nous supposons exact.

1077. On fera à chacun des trous, sur le dehors des platines, des petits réservoirs pour contenir l'huile ; on les fera peu profonds, afin de ne pas trop amincir les trous, & que le roulement des pivots ne puiſſe les uſer trop facilement.

1078. Il faudra, pour faire les baſcules, préſenter la premiere roue des chevilles dans la cage, avec la tige des quarts, afin de prendre la longueur que doit avoir le canon h de la baſcule (*fig.* 11) : ce canon doit être tel qu'il poſe par ſon côté g, contre la portée q (*fig.* 12), tandis que le bout h affleure le milieu de la longueur des chevilles, & que le plan du bras m de la baſcule des heures (*fig.* 13), poſe contre le bout de ce canon, pour que ce bras m engrene dans les chevilles. Cette diſpoſition eſt marquée dans la figure 8, qui fait voir les deux baſcules raſſemblées ſur la tige des quarts : on prendra donc la meſure de cette longueur du canon; & pour faire cette baſcule des quarts (*fig.* 11), on prendra de l'acier aſſez épais pour y faire un trou à travers, pour former le canon : on percera ſur le bout de la verge d'acier, (ou de fer, au defaut du premier), un trou un peu plus petit que le pivot $p\,q$ (*fig.* 12); & on aggrandira ce trou juſqu'à ce qu'il entre bien juſte ſur le fond q du pivot; on aura l'attention d'employer un équarriſſoir de la même figure que ce pivot, afin que le trou porte ſur toute ſa longueur, pour le rendre libre; on ſe ſervira d'un alaiſoir de même figure que l'équarriſſoir : on entaillera en e autour du canon $h\,e$, afin de ne laiſſer au bras a de la baſcule que l'épaiſſeur de demi-ligne; on obſervera que ce bras doit être réſervé devers le bout du côté le plus aggrandi du trou, & de ſorte à ſe préſenter pour engrener en plein dans les chevilles du deſſous de la roue : il faut ſavoir, pour prevenir tout embarras, que la cheville g, & l'entaille faite dans l'épaiſſeur du bras, ne ſe font qu'après, & que cette cheville eſt rapportée à force ſur ce bras; & de même des chevilles f & e (*fig.* 13) : le bras $a\,e\,g$ (*fig.* 11) étant fait, on tournera le canon, & on limera la piece à peu-près de la figure $h\,e\,g\,a$; on tournera le bout h du canon, & le deſſous g, & on préſentera la baſcule miſe ſur ſa tige dans la cage, pour voir ſi le bras a engrene en plein les chevilles, & si le bout du canon s'éleve un peu plus que le dessus de la roue des chevilles, afin de limiter le dessous de la bascule *m* 4 (*fig.* 13); cela étant, on aura l'intervalle depuis le dessus du canon de la petite bascule, jusques au-dedans de la seconde platine, qui donnera la longueur du canon de la bascule des heures.

1079. Pour faire la bascule des heures, on peut prendre un morceau d'acier ou de fer, qui soit assez grand pour y former les bras *m*, 4, *x*, (*fig.* 13); ou bien on peut faire cette bascule de deux morceaux, dont l'un, qui formera les bras 4 *m*, sera fait avec de l'acier pareil à celui que l'on a employé pour les bras *i k*, (*fig.* 12), & l'autre servira à former le bras *x*, & le canon *n* de la longueur donnée: cette derniere maniere est plus facile. On prendra donc du fer ou de l'acier qui ait pour épaisseur le diametre *h e* du canon de la petite bascule (*fig.* 11), & pour largeur, la longueur donnée du canon *n o* (*fig.* 13); on le percera selon sa largeur par le bout d'un trou un peu plus petit que le bout du pivot *p q* (*fig.* 12): on limera cette piece pour former le bras *x* sur le plus petit bout du trou; on tournera le canon, on percera un trou de la grosseur de ce canon, sur une plaque d'acier de demi-ligne d'épaisseur, & propre à former les bras 4 *m*; on fera entrer ces bras 4 *m*, (ébauchés) sur le bout *o* du canon un peu à force, & ensorte que les bras *m*, *x* gardent entr'eux la direction convenable, pour que tandis que le bras *m* tend au centre de la roue, le bras *x* soit dirigé contre le dedans du bout du *tout-ou-rien*, marqué sur le dehors de la seconde platine : ainsi en présentant contre cette platine la bascule, & sur le trou *f* (*fig.* 2), on donnera à ces bras leurs vraies directions: cela fait, on soudera les bras 4 *m* sur le canon *n o*; & pour qu'il ne soit pas besoin de trop chauffer cette piece, on employera de la soudure forte, faite avec un peu de zinc & de cuivre jaune, (on ne trempera pas cette piece) afin de pouvoir percer & tarauder facilement le trou pour la vis *x e*, & percer le trou de la cheville *f*: on aggrandira le trou de la bascule avec le même

Première Partie, Chap. XXXVI.

équarrissoir dont on s'est servi pour la bascule des quarts, & on la fera entrer pour que le dessous *o* (*fig.* 13) porte contre le bout du canon de la bascule des quarts, pour donner la liberté convenable à ce trou sur son pivot ; on se servira d'un alaisoir : on tournera les deux bouts du canon, pour que le bras *m* s'engrene en plein dans les chevilles supérieures de la roue G (*fig.* 1), & pose contre le bout du canon de la bascule des quarts, tandis que le bout *n* affleure le dedans de la seconde platine, ou, ce qui revient au même, la portée *p* (*fig.* 12), comme cela se peut voir dans la piece rassemblée (*fig.* 8).

1080. Les bascules ainsi préparées, on fera les grands ressorts de marteau, & on les posera l'un P *k* 8 sur le dedans de la platine des piliers, pour appuyer sur les bras de la tige des quarts, & l'autre dans le dedans de la seconde platine, pour appuyer sur les bras *c n* (*fig.* 9) de la tige des heures : on les tiendra longs & forts, & on les diminuera d'épaisseur (s'il en est besoin) lorsque le grand ressort de répétition fera mouvoir le marteau, ce que l'on fera, si le moteur n'a pas assez de force pour faire mouvoir les marteaux ; mais nous n'en sommes pas encore à cette opération. Pour n'être pas obligé de démonter les platines à chaque fois que l'on aura besoin de démonter les ressorts de marteau, il faudra mettre les vis de ces ressorts en dehors des platines : ainsi les trous des ressorts seront taraudés, & les têtes des vis porteront sur le dehors des platines.

1081. On limera les bras 4, 5, 6, 7, des bascules, (*fig.* 1), pour qu'elles gardent entr'elles les directions indiquées, tandis que l'appui du ressort de marteau contient en repos les bras *c n* de la tige des heures : on arrondira les bouts 5, 6, afin d'adoucir leurs pressions sur les bras 4 & 7 : on en fera autant à ceux-ci, & par les mêmes raisons.

1082. Dans cet état, on limera le devant du bras *m* de la bascule des heures, dont la direction doit être, comme j'ai dit, de tendre au centre de la roue des chevilles : alors en rassemblant les bascules, & les mettant en cage, ainsi que les tiges de marteau & la roue de cheville, on fera tourner celle-ci en avant, afin de voir si le bras *m* est de longueur convenable ; c'est-à-dire, si après avoir échappé de dessus la cheville, il reprend la direction du centre de la roue, lorsque la cheville prochaine ne fait que commencer à toucher le devant du bras *m* ; si cela n'est pas, & si elle se trouve trop longue, on l'accourcira ; mais si on l'avoit trop raccourcie, pour pouvoir produire cet effet, il faudroit l'alonger à coups de marteau : la bascule des heures produira par ce moyen, un très-bon effet.

1083. Pour en faire produire de même à la bascule des quarts ; il faudra percer le trou de la cheville *g* (*fig.* 11 & 8), dans le milieu de la largeur & longueur du bras *a* qui doit être, comme j'ai dit, plus court que le bras *m* ; on fixera cette cheville *g*, (dont la grosseur est d'un tiers de ligne) sur le bras *a*, & on la coupera à la longueur convenable, pour appuyer contre le bras *e* de la tige de marteau : on remettra en cage la tige de marteau, sur laquelle on fera appuyer le ressort, afin de régler la direction du bras : on placera la bascule des quarts sur la tige, & on verra si en cet état le devant du bras *a* tend au centre de la roue ; on reculera le bras *a* de la tige, (que l'on a dû tenir large exprès) jusqu'à ce que cela soit : alors on placera en cage la tige des heures & la bascule de renvoi : on placera les bascules sur la tige des quarts, & on les mettra en cage avec la roue de chevilles que l'on fera tourner en avant, afin de faire frapper les tiges de marteau pressées par leurs ressorts, & d'accourcir la petite bascule des quarts, jusqu'à ce qu'elle échappe les chevilles un peu avant celle des heures.

1084. On placera sur la levée *m* des heures (*fig.* 8), une cheville *f* (*fig.* 13) de même grosseur que celle qu'on a mise sur la bascule des quarts ; on la placera tellement que le devant *a b* des bascules affleure ; & que lorsqu'on fait rétrograder la roue des chevilles, son action sur le derriere du bras *m* entraîne aussi le bras *a b* (*fig.* 8).

1085.

1085. Enfin, pour achever ce qui concerne les bascules, on fera le petit ressort h (*fig.* 13) avec du petit acier quarré, que l'on écrouira après que l'on aura taraudé la partie a qui doit entrer à vis dans la platine. La petite partie a i doit être ronde & fort mince : on percera à la platine des piliers, en dedans du trou du pivot, sur la ligne qui seroit tracée de ce pivot au centre de la roue des chevilles; on percera, dis-je, un trou propre à être taraudé, de la grosseur de la vis a ; il faut le percer près de la tige du marteau, & seulement à la distance requise, pour ne pas y toucher ni gêner le dedans du bras i k (*fig.* 8); mais que ce ressort appuie près du centre du bras b de la bascule des quarts (*fig.* 8) avec assez de force pour ramener les bascules, & les mettre en prise avec les chevilles, lorsque (*fig.* 2) le rateau a dégagé du bout du *tout-ou-rien*, la cheville o qui tenoit ces bascules renversées (114 & 118): on fera à la seconde platine, l'ouverture N o (*fig.* 2) pour le jeu de la cheville qui doit venir appuyer sur le bout du *tout ou rien*; on tracera, pour cela, deux portions de cercle avec un compas, & telles que le milieu de cette ouverture soit distant du centre du marteau f, d'une ligne $\frac{1}{2}$ environ : le bout de cette ouverture ira seulement jusqu'au bord du trait marqué pour la poulie, & on pourra conduire l'autre jusqu'au bord o de la platine : cette ouverture pourra avoir environ $\frac{3}{4}$ de ligne de large, un peu plus ou un peu moins, cela est égal, pourvu qu'on réserve assez de force autour du trou du pivot; on ne fera la cheville o que lorsque le *tout-ou-rien* sera achevé & posé de hauteur : passons maintenant à la cadrature.

1086. La roue des chevilles étant mise en cage, on marquera sur le pivot prolongé, qui doit porter la poulie, un trait de lime à fleur de la platine, lequel réglera l'origine du quarré qu'il faut faire sur ce pivot; on fera sur le tour un trait de burin qui passe par la marque de la lime, & on fera le quarré avec les précautions indiquées (832); on le limera bien exactement, & on l'adoucira, en tirant les traits en long ; & pour conserver plus de force à ce quarré, on n'en fera pas les angles tout-à-fait vifs.

1087. Pour faire le pignon qui doit entrer quarrément sur le pivot prolongé, on prendra du fil de laiton bien pur & net, qui soit un peu plus gros que le cercle tracé sur la platine : nous avons supposé que ce pignon devoit être de quatre lignes ; on prendra donc du laiton qui en ait cinq ; on le coupera de toute la longueur du quarré fait à l'arbre, & on l'écrouira en tout sens, afin de le rendre bien dur ; on le percera d'un trou de grosseur convenable pour être étampé (834), ayant attention que ce trou soit bien droit & uni, afin qu'il ne courbe pas l'étampe, & qu'étant placé sur le quarré, il ne le fasse tourner mal rond : pour éviter cet obstacle, il sera à propos de le percer sur le tour de la même maniere qu'on a fait la chaussée (910) : le trou étant percé, on passera un équarrissoir dedans, pour l'amener à la grosseur requise pour être étampé ; on fera une étampe de la grosseur & figure du quarré de l'arbre, & on étampera ce trou jusqu'à ce qu'étant bien quarré, il entre à force sur le quarré de l'arbre ; quand cela sera fait, on tournera ce pignon sur un arbre lisse pour l'ébaucher ; on levera par en bas, du côté le plus grand du trou, une portée propre pour l'épaisseur de la poulie qui doit s'y fixer, & à laquelle on donnera seulement assez de profondeur pour avoir une bonne assiette pour retenir la poulie, & que le bout de ce pivot ou portée ait assez d'épaisseur autour du trou, pour former une rivure très-solide, ainsi que cela est nécessaire : au reste, avant de régler tout-à-fait l'enfoncement de cette portée, il faut mettre le pignon de grosseur ; & pour cela, après avoir tourné ses deux bouts, on l'ôtera de dessus l'arbre lisse, pour le faire entrer à force sur le quarré de l'arbre, ensorte qu'il entre tout au fond ; & c'est sur cet arbre qu'il faut achever de le tourner rond ; parce qu'alors si les pans du quarré ne sont pas enfoncés également, cela n'empêchera pas que le pignon ne devienne concentrique à l'axe. Quand on l'aura tourné bien rond & de grosseur, il faut, avant

PREMIERE PARTIE, CHAP. XXXVI. 363

de l'ôter de deffus l'arbre, faire un repaire, en marquant, pour cet effet, un petit trait à un pan du quarré de l'arbre, & autant au côté correfpondant du trou quarré du pignon, afin qu'on repréfente toujours le pignon fur le même côté, & que parconféquent il fe trouve rond comme il a été tourné.

1088. Pour déterminer le nombre de dents qu'il faut mettre fur le pignon, il faut obferver que, comme il doit éprouver tout l'effort de la main qui tire le cordon pour faire répéter, il faut tenir les dents les plus fortes qu'on pourra ; pour cet effet, il faudra le faire d'un petit nombre de dents, comme huit, par exemple ; car d'ailleurs le nombre eft indifférent, & ne change pas le chemin du rateau, qui dépend de la grandeur du pignon feulement : par une fuite de la même obfervation, il ne faudra pas trop enfoncer les dents de ce pignon, & il faudra les tenir fort *pleines* pour les rendre plus folides.

1089. Pour divifer le pignon, on le fera entrer fur le quarré de l'arbre, & à fon repaire ; on ôtera la roue L de fa place, enforte qu'il ne refte fur cet axe que le pignon, la roue de cheville & le rochet ; & en cet état on placera l'arbre fur le tour ; & comme le rochet d'encliquetage eft fendu fur le nombre 48 (789), on s'en fervira pour marquer le pignon par la méthode indiquée (864 & 865) : on fera donc appuyer fur les dents du rochet un reffort que l'on attachera fur la barre du tour avec une tenaille à vis, ainfi ce reffort rendra l'arbre & le pignon immobiles : on fera approcher le fupport du tour tout contre le pignon, & on fera un trait fur fa longueur en appuyant fur le bord du fupport ; on fera avancer fix dents du rochet ; on marquera une feconde divifion, & ainfi de fuite, jufqu'à ce que l'on ait fait le tour ; mais pour faciliter l'exécution du pignon, on ne fera pas mal de le divifer en un nombre de parties double de celui des dents qu'il doit avoir, c'eft-à-dire, en feize parties, dont huit pour régler l'endroit du vuide de la dent, & huit pour le fommet des dents ; on ôtera le pignon de

Zz ij

deſſus ſon quarré; & pour le fendre, on le fera entrer à force ſur un arbre liſſe un peu long, afin de donner la liberté de mouvoir la lime. Pour les enfoncements du pignon, on ſe réglera d'abord ſur la profondeur de la portée.

1090. Le pignon étant fendu, on l'arrondira & on l'égaliſera en préſentant le calibre à pignon; on paſſera la lime à efflanquer; on le remettra ſur le tour pour faire ſur le devant des ailes un trait fin qui regle la profondeur des dents; on les enfoncera toutes également ſelon ce trait, & on paſſera au fond une lime douce à égalir pour terminer le bas des dents; & pour achever les dents, on ſe ſervira d'une lime douce à arrondir; enſuite avec du bois blanc & de la pierre à huile broyée, on adoucira les dents, & le fond, on le remettra ſur le tour, afin d'achever de tourner l'aſſiette pour la poulie & la portée; les bords de poulie ſerviront à indiquer juſte la quantité dont il faut reculer cette aſſiette ou portée, pour avoir dequoi la river: on obſervera qu'il ne faut la reculer que de cette quantité juſte, parce qu'il faut que la poulie étant entrée ſur ſon quarré, & juſte au fond, elle approche aſſez près de la platine pour tourner librement ſans y toucher.

1091. On ôtera le pignon de deſſus ſon quarré, & on aggrandira le trou de la poulie juſqu'à ce qu'il entre bien à force ſur la portée du pignon, ayant l'attention d'aggrandir ce trou bien droit, pour que la poulie étant rivée, elle ne tourne pas de travers: il eſt même à propos, pour prévenir ce défaut, de preſenter la poulie ſur un arbre liſſe à meſure qu'on en aggrandit le trou, afin de voir à redreſſer ce trou avec l'équarriſſoir: le trou aggrandi avec ces précautions, & de la grandeur convenable, on le fera entrer ſur l'arbre liſſe, & on s'en ſervira pour tourner les bords & les arrondir en dedans de la rainure, afin que les angles ne puiſſent pas couper le cordon qui doit l'entourer; on tournera de même légérement les côtés extérieurs de la poulie, & juſqu'au centre; par ce moyen, lorſqu'elle ſera rivée ſur le pignon, elle ſe retrouvera droite & ronde, comme elle étoit ſur l'arbre.

1092. Avant de chaffer la poulie fur fa portée pour la river, il faut mettre le petit côté du trou en chanfrein pour contenir la rivure du pignon; lorfqu'on l'aura chaffé fur le pignon, il faudra marquer par un point fur le deffous de la poulie, le repaire qui étoit fait fur le pignon; & pour qu'en rivant on ne donne pas des coups de marteau contre le trou, capables de faire tourner mal rond la poulie, il faudra creufer legérement contre ce trou, mais fans toucher ni diminuer l'endroit de la rivure : pour river ce pignon, on en fera pofer la face fur un morceau de plomb uni, ou fur un tas poli, fur lequel on mettra une carte, afin de ne pas *gâter* cette face ; & avec la pane d'un marteau moyen, on rabattra la rivure, jufqu'à ce qu'on voye qu'elle fixe parfaitement le pignon fur la poulie ; on confervera, pour plus de folidité, la partie de la rivure qui faillera au-deffous de la poulie ; ainfi celle-ci fera élevée de cette quantité feulement au-deffus de la platine, c'eft-à-dire, environ $\frac{1}{4}$ de ligne, en fuppofant que l'on a reculé le quarré à fleur de la platine, & non plus bas ; car dans ce dernier cas, il auroit fallu réferver au centre du pignon, une petite têtine pour élever la poulie de maniere qu'elle ne puiffe frotter contre la platine.

1093. La poulie & fon pignon ainfi énarbrés, il faudra faire les dents du rateau $b\ R\ u$; ce qui fera facile, fi l'on a une machine à fendre ; car alors toute la difficulté confifte à trouver le nombre fur lequel on doit le fendre, pour que fes dents foient jufte de la grandeur requife pour l'engrenage. Nous en avons donné la méthode (344): ainfi puifque le pignon a deux lignes de rayon, & qu'il porte huit dents ; que le rateau ait, je fuppofe, quinze lignes de rayon, on fera la proportion : Si deux lignes de rayon donnent huit dents, combien quinze lignes en donneront-elles? On trouve, en faifant la regle, que le rateau doit être fendu fur le nombre 60 ; mais comme c'eft le pignon qui mene, il faudra que les dents du rateau foient un peu plus petites : ainfi on le fendra fur 58 ; & comme le pignon a huit dents, & qu'il doit faire un tour entier, on fera dix à onze dents fur le rateau, afin d'en avoir une ou deux de refte pour changer l'engrenage, s'il en eft befoin.

1094. Si l'on n'a pas de machine à fendre, voici une méthode dont on pourra fe fervir pour divifer le rateau: on prendra un petit morceau d'acier épais comme le rateau, long d'un pouce environ, & large de deux lignes; on fera fur un bout une fente angulaire qui ait pour largeur l'intervalle du fommet d'une des dents du pignon à l'autre, moins la 8e. partie de cette diftance: on terminera en angle les deux côtés, afin qu'ils fervent à marquer les dents fur le bord du rateau; mais avant de marquer le rateau avec cet outil, il eft à propos de prendre un morceau de laiton mince qu'on coupera au trait du compas, felon la même grandeur du rateau; on fe fervira de cette piece pour faire effai de l'outil: pour cet effet, on attachera le laiton d'effai à l'etau; on appuiera l'outil fur le bord du laiton, & avec un marteau on frappera fur l'outil, enforte que celui-ci faffe deux petites entailles au rateau d'effai; cela fait, on avancera l'outil d'un cran; & tandis qu'une dent angulaire pofe dans l'entaille, on frappe, & l'autre dent marque une troifieme divifion; quand on aura fait cinq ou fix divifions, on y fendra des dents que l'on arrondira & que l'on prefentera au pignon pour voir s'il eft d'engrenage; fi cela n'eft pas, on corrigera l'outil jufqu'à ce qu'il foit convenable; alors on s'en fervira pour marquer le bord du rateau, & l'on fendra ce rateau par les marques faites, & felon un trait de compas qu'il faudra donner pour régler la profondeur des dents, & relativement à leur groffeur (781); on en fendra 11, qu'on égalifera à mefure avec le calibre à pignon; on les arrondira & on les terminera comme les dents d'une roue, mais en les tenant fortes du fond, pour qu'elles foient folides.

1095. Les dents du rateau étant faites, on pourra le pofer; mais il faudra premierement faire un canon pour le river, & dont le trou foit de la groffeur propre à rouler

PREMIERE PARTIE, CHAP. XXXVI. 367

sur une broche $a\,b$ (*fig.* 14), qui ait environ $\frac{1}{4}$ de ligne de diametre, & cinq lignes de longueur.

1096. Pour déterminer la hauteur où le rateau doit être placé, on observera qu'il faut que les chevilles attachées sur la poulie (*fig* 2), doivent passer sous le rateau : or ces chevilles doivent avoir près d'une ligne de longueur, & le dessus de la poulie étant, je suppose, élevé de deux lignes au-dessus de la platine, il faudra que le dessous du rateau soit distant de trois lignes de la platine.

1097. Pour faire l'assiette du rateau, on prendra du fil de laiton qui ait 4 lignes $\frac{1}{2}$ de grosseur; on l'écrouira bien dur, & on le coupera de 5 lignes $\frac{1}{2}$ de long; on le percera bien droit avec un foret de $\frac{3}{4}$ de ligne; on aggrandira le trou pour le rendre uni, & de la figure de l'équarrissoir; on fera entrer cette assiette sur un arbre lisse; on la tournera ronde; mais avant d'en former les canons & l'assiette, il faut faire la broche (*fig.* 14), sur laquelle elle doit rouler.

1098. Pour faire la broche du rateau, on prendra de l'acier quarré qui ait deux lignes $\frac{1}{2}$ de grosseur; on le coupera d'un pouce de long environ; on ébauchera les deux bouts $a\,b$; l'un a, pour y former la vis : on lui donnera quatre lignes de longueur; on reservera une tête c qui ait $\frac{3}{4}$ de ligne d'épaisseur, & on limera le reste $c\,b$ en rond, mais plus gros qu'il ne faut pour entrer dans le trou du canon, afin d'avoir de quoi le tourner parfaitement rond; on fera les deux bouts en pointe; on placera sur le bout b un cuivrot; on tournera le bout a pour la vis, & de même la portée qui pourra avoir près d'une ligne de grosseur, on taraudera le bout a; ensuite on ôtera le cuivrot qui est sur le bout b, & on en placera un sur la vis a pour tourner la broche $c\,b$ jusqu'à ce qu'elle entre très-juste dans le trou du canon : on fera usage des precautions indiquées (911); & pour que le bout du canon ne frotte pas contre les angles de la tête c, on abattra ces angles pour former une portée : on polira la broche. Il faut conserver la tête c quarrée comme elle est dans la figure, parce qu'elle sert à faire entrer la broche dans le trou que l'on fait à la platine pour l'y attacher; on se sert, pour cela, de *tenailles à boucles*, ou de *pinces à goupille*.

1099. Il faut observer que les broches doivent être plus longues que les canons qui se meuvent dessus, afin qu'on puisse faire à travers chaque broche un trou pour y mettre une goupille, qui empêche le canon de se mouvoir selon sa longueur.

1100. On placera cette broche à l'endroit qui a été marqué sur la seconde platine pour le centre *u* du rateau; mais il faudra mettre la premiere roue de répétition en cage, & la poulie sur son quarré, afin de voir si l'engrenage du rateau avec son pignon, ne demande pas de rapprocher ou d'éloigner un peu le centre du rateau de celui du pignon; on percera donc le trou selon que l'engrenage l'exigera; mais pour le faire plus sûrement, on pourroit placer le rateau sur un arbre lisse ou à vis, que l'on mettroit sur l'outil d'engrenage, ainsi que la premiere roue de répétition avec la poulie sur son quarré; on marqueroit le point de l'engrenage sur le dehors de la seconde platine, & on perceroit le trou sans changer la direction du rateau.

1101. En perçant le trou pour la broche du rateau, il faudra avoir grande attention à le faire perpendiculairement au plan de la platine, afin que la broche soit droite, & que par conséquent le rateau soit parallele à la platine.

1102. Le trou du rateau étant percé, on le taraudera, & on y fera entrer la vis de la broche, jusqu'à ce que la tête pose exactement sur la platine; on mettra le canon sur sa broche, & on marquera l'endroit où l'on doit former l'assiette pour le rateau; il faudra que cette assiette soit en dessus: ainsi on levera d'abord une portée *a* (*fig.* 15) propre à donner de l'assiette au rateau; & pour avoir la rivure, on fera une seconde portée *b* selon l'épaisseur du rateau, ce qui formera le canon *b* : pour que l'assiette ne soit pas trop épaisse, on la dégagera en dessus, pour former un petit canon *d*; on aggrandira le trou du rateau, pour y faire entrer

juste

Premiere Partie, Chap. XXXVI.

juste la portée *a*, & l'on présentera le rateau avec son assiette sur la broche, afin de voir si la portée est reculée convenablement, pour qu'il reste trois lignes entre la platine & le dessous du rateau; si cela n'est pas, on reculera la portée, si elle ne l'est pas assez; ou si elle l'est trop, on accourcira le bout du canon *c*; ensuite on adoucira l'assiette & les canons, & on mettra le trou du rateau en chanfrein, & on rivera l'assiette sur le rateau, puis il faudra examiner l'engrenage. S'il est trop fort ou trop foible, on aggrandira le trou de la broche (fait à la platine) pour le reboucher & le percer ensuite selon qu'il sera convenable pour l'engrenage.

1103. Le rateau étant posé à la hauteur requise, il donnera l'élevation du *tout-ou-rien* T *o* V (*fig.* 2), lequel doit passer par-dessus le rateau; on ébauchera donc l'assiette T comme on a fait celle du rateau; on peut la percer sur la même grosseur de broche, & lui donner la même longueur; on fera la broche, & on la posera à l'endroit marqué sur la seconde platine; on tournera l'assiette convenablement, pour élever le tout-ou-rien au-dessus du rateau; on le rivera, & on percera en *y* un trou à la platine, sur le milieu de la largeur marquée pour le tout-ou-rien, (il ne faut pas que ce trou puisse gêner le mouvement du rateau) ce trou servira à y placer une broche à vis *y* (*fig.* 16), dont la hauteur entre les deux bases soit la même que le dessous du tout-ou-rien; on attachera cette broche à la platine, & ayant mis le tout-ou-rien sur la broche, on marquera le point *y* où cette broche le touche; on percera un trou au tout-ou-rien, pour y faire entrer le pivot *a* dans le milieu de sa largeur: la rainure faite au pivot de la broche *y*, sert à y arrêter le ressort *d* du tout-ou-rien, & à empêcher que le tout-ou-rien ne s'écarte de la base *a*, sur laquelle il peut seulement décrire la portion de cercle donnée par l'ouverture *y*. Le bout *o* du tout-ou-rien doit être assez long pour venir en *o*, à côté du centre *f*, ensorte que *o* T soit tangente (331) à *o f*, & le bout *o* doit être distant de *f* d'une ligne $\frac{1}{2}$: on observera donc ces dimensions, en perçant le trou *y*, qui

I. Partie.

ne doit être alongé qu'après qu'on aura taillé le limaçon des heures.

1104. Maintenant pour déterminer l'élevation du limaçon des heures, de l'étoile, & du limaçon des quarts, on se réglera sur la hauteur du rateau ; le limaçon des heures devant être élevé de la même quantité, qui est trois lignes en dessous : or comme le limaçon des heures est fait de même épaisseur que le rateau, on aura en dessous de ce limaçon & entre la platine trois lignes, que l'on employera pour l'étoile, le limaçon des quarts & la surprise, en ménageant des jours entre ces pieces : on pourra donc placer le limaçon des quarts à une demi-ligne de la platine ; & comme le limaçon & la surprise ont une demi-ligne chacun, le dessus de la surprise sera élevé d'une ligne $\frac{1}{2}$ au-dessus de la platine, ensorte qu'il restera une ligne $\frac{1}{2}$ pour loger l'étoile ; on pourra donc l'élever d'un quart de ligne au-dessus de la surprise ; & comme elle a une demi-ligne d'épaisseur, il restera un jour de $\frac{1}{4}$ de ligne entre le dessus de l'étoile & le dessous du limaçon des heures.

1105. Il faut observer, par rapport à l'élevation des pieces de la cadrature, qu'elle doit être relative à la place qu'il y a dans la boîte dans laquelle on la pose ; & que la verge du pendule devant passer par-dessus les broches, & le timbre au-dessus de la place du pendule, il faut distribuer les hauteurs en conséquence.

1106. Pour placer ces pieces selon cette élevation, on commencera par le limaçon des quarts ; pour cet effet, il faut faire le quarré *a* (*fig. 6*) du pivot prolongé de la roue de renvoi ; ce quarré doit être fait à fleur du dehors de la seconde platine ; on prendra, pour faire l'assiette du limaçon, du fil de laiton qui ait environ deux lignes $\frac{1}{2}$ de grosseur, & pour longueur celle du quarré ; on percera cette assiette, & on étampera le trou pour le faire entrer bien juste sur le quarré ; on tournera cette assiette, & on levera une portée, pour y river la plaque qui doit servir à former le limaçon des quarts ; on reculera cette portée, de sorte que le dessous du limaçon soit élevé de demi-ligne sur la platine : cette assiette est représentée (*fig.* 17); *a* est l'assiette qui doit être à fleur de la platine; *b*, la portée sur laquelle doit être fixé le limaçon, & *c* la seconde portée sur laquelle la surprise doit tourner; on rivera donc le limaçon sur cette assiette, & on fera entrer la surprise sur la portée *c*; on fera à fleur de la surprise une troisieme portée qui formera le canon *d*; on fera entrer dessus un second canon *e* à frottement, lequel portera une petite assiette propre à recouvrir la surprise, pour l'empêcher de s'éloigner du limaçon, laissant seulement la liberté à la surprise de tourner.

1107. Le limaçon des quarts & la surprise étant faits, il faudra arbrer le limaçon des heures; pour cet effet, on percera à la seconde platine, à l'endroit où son centre est marqué un trou qui ait une ligne de grosseur. Pour faire l'assiette ou canon sur lequel l'étoile doit être rivée, on prendra du fil de laiton qui ait cinq lignes de grosseur, & on le coupera de la longueur de l'intervalle qu'il y a depuis le dessous du tout-ou-rien, jusqu'au dedans de la seconde platine: de cette maniere on lui donnera le plus de longueur qu'il se pourra, ce qui est un avantage; car plus un canon est long, & moins la piece, que l'on rive dessus, est sujette à vaciller; on doit donc tenir les canons qui portent les pieces de cadrature, le plus longs qu'il est possible, & les ajuster avec beaucoup de précision sur leurs broches; c'est pour cette raison que nous avons prescrit la méthode de faire toujours le trou du canon le premier, & de tourner la broche selon la figure du trou, & ensorte que les deux extrémités du canon portent sur la broche; on peut donner, à peu près, la même grosseur à toutes les broches, c'est-à-dire, environ $\frac{1}{4}$ de ligne; on percera donc le canon de l'étoile; on l'aggrandira; ensuite on le tournera; on levera au *petit bout* (j'appelle petit bout d'un canon, celui où le trou est moins grand) un canon de la grosseur du trou (& tellement qu'il reste autour du trou de la broche une force suffisante à ce canon) percé à la platine, & qui la traverse seulement: alors on présentera le tout-ou-rien par-dessus, &

on reculera le grand bout du canon, jufqu'à ce qu'il affleure jufte le deffous du tout-ou-rien; alors on levera la place de l'étoile, l'affiette devant être en-deffus & rivée par-deffous; on rivera l'étoile à la hauteur defignée (1104); on formera fur le gros bout du canon un petit canon pour y faire entrer le trou de la plaque qui doit former le limaçon des heures; & on reculera la portée jufqu'à ce que ce limaçon foit à la même hauteur que le rateau; on aura attention à conferver la bafe ou affiette contre laquelle ce limaçon pofe de toute fa grandeur, qui eft la même de l'affiette de l'étoile; cette affiette aura l'épaiffeur de l'intervalle qu'il doit y avoir de l'étoile au limaçon, lequel nous avons fixé à $\frac{1}{4}$ de ligne; on tiendra la bafe de cette affiette bien plate, ou plutôt un peu creufée devers le centre, afin que le limaçon *plaque* bien.

1108. Le limaçon des heures fera rendu fixe avec l'étoile, au moyen de deux petites vis qui traverferont l'affiette dans laquelle elles feront taraudées; elles feront placées à égales diftances du canon du limaçon.

1109. Le limaçon & l'étoile ainfi enarbrés, on fera la vis ou broche V (*fig.* 18); cette broche eft taraudée devers fa tête V, pour entrer fur le tout-ou-rien, fur lequel elle s'attache; on fera la partie taraudée d'un peu plus d'une ligne, afin qu'il refte au fond des pas une petite portée, & que la broche foit de la groffeur requife, pour entrer dans le canon de l'étoile: cette portée doit être faite à fleur du deffous du tout-ou-rien; ainfi il ne reftera de partie taraudée, que celle de l'épaiffeur du tout-ou-rien: la tête V ne diffère pas de celle d'une vis ordinaire.

1110. On fera le fautoir YM (*fig.* 2) avec de l'acier qui ait une épaiffeur double de celle de l'étoile; on lui donnera la longueur & la figure marquée fur le calibre; on percera le trou pour le canon, ce trou peut être d'une ligne $\frac{1}{2}$ de groffeur; on percera le canon, auquel on peut donner cinq lignes de longueur: on fera la broche, on la pofera; enfuite on marquera l'élevation de l'affiette du canon, afin de river le fautoir, de forte qu'il foit jufte à la hauteur de l'étoile qu'il doit *déborder* autant par-deffus que par-deffous. on obfervera, en pofant le fautoir, qu'il faut que l'angle M foit dans le milieu de l'intervalle des dents de l'étoile, lorfqu'il appuie deffus, & qu'en cet état il doit y avoir une dent de l'étoile, qui foit dirigée au centre du liimaçon des quarts.

1111. Pour faire le canon de la piece des quarts, on obfervera qu'il ne peut pas être fort long, à caufe qu'il faut que la fourchette d'échappement F (*fig.* 2) paffe par-deffus, fans que par le mouvement de vibration du pendule, elle y puiffe toucher: or pour régler la hauteur de la fourchette, il faut confidérer qu'elle doit paffer par-deffus le reffort de tout-ou-rien, c'eft-à-dire, à fix lignes de diftance de la platine; ainfi la broche de la piece des quarts ne pourra être élevée que de fix lignes; & pour avoir la longueur du canon, il faut fouftraire la place de la goupille & la tête de la broche; mais pour avoir un canon plus long, on fera une broche pareille à celle de l'étoile, & qui eft vue (*fig.* 18): ainfi la tête de la broche fera en dedans de la platine, & le canon ira affleurer le dehors de la platine. Pour faire le canon, on prendra du fil de laiton qui ait deux lignes $\frac{1}{2}$ de groffeur; on l'ecrouira, on le coupera de cinq lignes de longueur; on le percera & on le tournera: l'affiette pour la piece des quarts Q fera en deffous au raz de la platine: on reculera la portée jufqu'à ce que la piece des quarts affleure la furprife & le limaçon des quarts; on rivera la piece des quarts; enfuite on fera la broche que l'on fixera à la platine, & dont la portée fera à raz, enforte que la piece des quarts fera à la même hauteur que la furprife & le limaçon des quarts.

1112°. Il faut que le doigt D porte un canon qui roule autour de celui de la piece des quarts: or, pour que le canon du doigt ait toute la longueur qu'on peut lui donner, on le fera defcendre au raz du deffus de la piece des quarts; on tournera donc ce canon des quarts à fleur de ce deffus, & on le diminuera, enforte qu'il refte une force fuffifante autour du trou de la broche. Pour faire le canon du doigt, on prendra du fil de laiton écroui, qui ait environ trois lignes de grosseur, & pour longueur, celle du petit canon de la piece des quarts, ou demi-ligne de plus, afin d'avoir de quoi tourner ; on fera ce canon, dont le trou n'entrera pas tout-à-fait sur le canon des quarts : on rivera sur ce canon le doigt $z\ i\ q$; & pour achever l'ajustement, on tournera le petit canon des quarts jusqu'à ce qu'il y entre libre & juste, afin que le doigt ne puisse pas vaciller.

1113. La piece des quarts & le doigt ainsi placés, il faudra percer le trou de la cheville z ; lorsque ce trou est percé au doigt, on perce la piece des quarts, afin de former la petite ouverture dans laquelle cette cheville doit entrer, pour permettre le mouvement rétrograde du doigt. Pour percer le trou à la piece des quarts, il faut que pendant que le bout k pose sur le bord de la plaque du limaçon $h\ k$, le bout q du doigt appuye contre les dents du pignon : on fait ensuite rétrograder le doigt jusqu'au bord de la poulie, & on perce encore un trou à la piece des quarts pour le jeu de la cheville ; on forme l'entaille selon ces deux trous, & ensuite on rive la cheville z qui doit traverser l'entaille, pour affleurer le dessous de la piece des quarts ; si l'entaille gêne la cheville, on l'aggrandit convenablement sur la largeur, mais sans toucher à sa longueur ; alors on fait, & on pose le ressort B, qui doit avoir une force suffisante pour ramener le doigt quand on l'écarte du pignon en même-temps que le bout k appuie sur le bord de la plaque du limaçon : le ressort peut appuyer contre la cheville du doigt, & passer par conséquent entre le bras Q & la piece des quarts, si la distance est assez grande ; sinon on la fait appuyer sur le bras z même. Quand cela est ainsi préparé, on accourcit un peu le bras k, ensorte qu'il ne pose pas tout-à-fait sur le bord du limaçon, mais qu'il en soit distant d'environ demi-ligne, afin que lorsque la piece est finie, le limaçon des quarts, en tournant, ne vienne pas arcbouter contre le doigt, & ne fasse arrêter l'Horloge.

1114. On fera le ressort *p*, & on le posera comme il est dans la figure : son action se fait sur une cheville fixée en dessous de la piece des quarts près du centre : or, comme cette piece n'est éloignée de la platine que d'une demi-ligne, on voit qu'il faut que ce ressort soit fort étroit; au reste, il n'a pas besoin de beaucoup de force, mais seulement de celle qui est requise pour faire descendre sûrement la piece des quarts sur les degrés du limaçon.

1115. Le ressort du valet ou sautoir sera posé en *g*; il appuiera sur une cheville placée près du centre du sautoir en dessous, en *Y* : il faut observer, par rapport à ces chevilles pour les ressorts, qu'elles doivent toujours être placées dans une ligne *Y g* qui va du centre *Y* de la piece mobile aux points *g* d'inflexion du ressort. On donnera au ressort du valet la force nécessaire pour contenir l'étoile : pour en juger, il faut terminer les côtés du sautoir qui forment l'angle *v*, & les bien adoucir, afin que les pointes de l'étoile glissent facilement sur les plans inclinés; on terminera par la même raison les pointes de l'étoile que l'on adoucira, en ôtant un peu de ses angles, pour que cela ne gratte pas les plans.

1116. Lorsqu'on aura fait ces ressorts de cadrature, on fera produire les effets du tout-ou-rien avant de faire son ressort: pour cet effet, on mettra en cage les bascules des heures & des quarts, les tiges de marteau & la roue de cheville: on mettra la poulie sur son quarré; & à travers l'ouverture *o* de la platine, on marquera la place de la cheville *x e* (*fig.* 13); pour en déterminer la place, on fera tourner la poulie en avant, ce qui fera échapper & frapper les tiges de marteau: il faut que le point marqué pour la cheville *o* n'approche pas assez de la poulie pour pouvoir y toucher; on fera ensuite rétrograder la poulie, ce qui fera renverser les bascules: alors il faut que le point marqué pour la cheville vienne jusqu'au point *o* qui est celui du bout du tout-ou-rien sur lequel il doit s'arrêter; si ce point marqué n'y vient pas tout-à-fait, on le marquera de ce côté avec une pointe de foret ou autre ; ce qui ne fera que mieux, parce que la cheville *o* approchera moins de la poulie, lorfque la poulie tourne en avant, & que les marteaux frappent ; car fi la cheville *o* venoit à y toucher, on feroit obligé de diminuer la poulie, pour qu'elle n'empêchât pas les marteaux de frapper.

1117. Pour marquer la pofition de cette cheville, il ne faudra pas que le tout-ou-rien foit mis en place, il faut feulement marquer fon extrémité *o* fur la platine, afin de fe régler en conféquence pour la pofition de la cheville : on percera par le point marqué au bras *x* de la bafcule (*fig.* 13) un trou qui ait une demi-ligne de diametre ; on le taraudera, & on fera fur le même taraud une vis *x e*, taraudée de l'épaiffeur du bras *x*, dont la tête fera en deffous, & dont la partie *x e* de la vis fera tournée & de longueur propre à affleurer le deffus du bout *o* du tout-ou-rien (*fig.* 2) : cela fait, on remettra les bafcules & les tiges de marteau en cage : on formera l'ouverture *y* que l'on alongera petit-à-petit de *y* en *r*, jufqu'à ce qu'en rétrogradant la poulie, la cheville *o* paffe fur l'angle du tout-ou-rien, en même-temps que les bafcules font renverfées ; le bout *o* doit être un peu incliné, afin qu'en ramenant le tout-ou-rien, fon action fur la cheville faffe un peu écarter le derriere des bafcules de deffus les chevilles, afin de les mettre tout-à-fait hors de prife, & que, fi l'on ne tire pas totalement le cordon, les bafcules ne puiffent arcbouter contre les chevilles, & arrêter le rouage, & par conféquent l'Horloge ; puifqu'alors (nous fuppofons toute la machine fixée & en mouvement) le bras *k* de la piece des quarts defcendroit fur les degrés du limaçon, enforte que le devant *h s* étant parvenu contre le bout *k*, arrêteroit le limaçon, & fufpendroit toute la force motrice de l'Horloge.

1118. Ayant fait produire l'effet du tout-ou-rien, on fera le reffort *d y*, lequel devra appuyer contre la broche *y* fixée à la platine & en deffus ; afin qu'après que la cheville *o* a écarté le tout-ou-rien, pour parvenir fur le bout *o*, la preffion
de

de ce ressort ramene le tout-ou-rien, & acheve d'écarter les bascules : ainsi il faut que ce ressort soit assez roide, pour obliger le petit plan incliné de faire rétrograder les bascules, & par conséquent le petit ressort h (*fig.* 13), qui sert à les ramener en prise : le bout de ce ressort doit entrer dans la rainure faite à la broche, ainsi que nous l'avons dit (1103).

1119. Il faut maintenant tailler le limaçon des quarts : pour cet effet, on ôtera la surprise, & on marquera l'enfoncement des degrés du limaçon : celui h, est donné par le bord de la plaque, & le plus profond, 3, dépend de la grandeur de la poulie. On élevera donc la piece des quarts, pour la faire passer par-dessus la plaque; & on la fera approcher du centre s, jusqu'à ce que le bout q du doigt soit distant d'une ligne du bord de la poulie P, quantité nécessaire, pour que l'épaisseur de la cheville, qui doit être au bord de la poulie, ne vienne pas arcbouter sur le bout q du doigt : dans cet état, on marque un petit trait sur la plaque du limaçon, bien au raz du bout k de la piece des quarts ; cette marque désignera donc le troisieme degré du limaçon des quarts. On démontera la roue de renvoi ; on placera le limaçon dessus ; & on fera sur le tour un trait de burin fixe qui passe par la marque du 3e. degré : on divisera l'intervalle $3\ Q$ du limaçon en trois parties égales pour les 3 degrés des quarts : on fera sur le tour des traits de burin qui passent par les divisions ; on remontera la roue de renvoi, & on placera la plaque des quarts sur sa tige. Alors on prendra un compas (*Pl. XVII, fig.* 1), dont la pointe à champignon E, porte au bout un petit trou conique; on fera poser ce point conique sur la broche i de la piece des quarts, tandis que l'autre jambe sera ouverte de la grandeur $i\,k$ de la piece des quarts : on tracera un trait sur la plaque du limaçon, avec cette ouverture de compas ; & par la section de ce trait, avec la premiere division des quarts, on divisera le cercle de cette premiere division en quatre parties qui détermineront les degrés du limaçon ; & pour savoir de quel côté du trait de compas doit commencer le premier degré; on remarquera que le limaçon tourne de *h* en *k*, & que le bord *h* fert à faire préfenter le doigt tout près du pignon de la poulie, & à arrêter le rouage de répétition, immédiatement après que l'heure eft frappée : on fera donc en 1 le premier degré du limaçon, & ainfi de fuite, jufqu'au degré 3 ; on en marquera les enfoncements par les points de divifion avec l'ouverture de compas qui a fervi à faire le trait *h s*. Le limaçon ainfi tracé, on le limera bien jufte, felon les traits de divifion ; après qu'il fera taillé, on le placera fur fon quarré, & on mettra en place l'étoile, le tout-ou-rien & le valet *Y*, afin de marquer la pofition de la vis *c* qui doit faire mouvoir l'étoile.

1120. Il y a plufieurs chofes à confidérer, pour déterminer la pofition de la cheville *c* : la premiere, c'eft qu'il faut qu'elle foit placée affez diftante du centre *s* du limaçon, pour pouvoir faire avancer fûrement la dent 3 de l'étoile *E*, jufqu'à l'angle *M* du valet : la feconde, c'eft que dans l'inftant que cette dent eft parvenue à l'angle du valet, il faut que le point angulaire *h* du bord du limaçon foit diftant d'un quart de ligne du bout *k* de la piece des quarts, qui eft fuppofée pofer actuellement fur le degré 3 ; enforte que par cette précaution, on eft affuré que l'inftant avant que l'étoile *détende*, c'eft-à-dire, avant qu'elle foit parvenue à l'angle du fautoir, pour que celui-ci la faffe tourner en avant, fi on tire le cordon, la répétition fonnera les trois quarts ; & l'inftant après que le fautoir a fait fon effet, & que l'étoile eft *détendue*, fi on tire le cordon, il ne fonnera pas de quarts, à caufe de l'effet de la furprife (116) : troifiemement, il faut confidérer que, pour produire l'effet de la furprife, la cheville *c* doit être affez groffe pour que l'étoile étant chaffée par le fautoir, vienne appuyer contre le dehors de la vis *c*, afin de la faire avancer, & en même-temps la furprife qui la porte. Enfin, il faut que cette vis *c* ne foit pas trop près du bout d'un degré : car ce degré devra être accourci de l'épaiffeur *h Q* du bras de la piece des quarts, opération qui ne se fait que lorsque les aiguilles de l'Horloge sont ajustées : c'est pour prévenir cet obstacle, & pour éloigner, autant qu'il se peut, la cheville des degrés, en la plaçant près du centre, qu'il faut que l'étoile approche le plus près possible du centre du limaçon ; pour cela, il faut tenir les canons de ce limaçon fort petits. Il suit d'ailleurs de cette disposition, que l'étoile charge moins le rouage de l'Horloge.

1121. Pour marquer la position de la vis c, on se servira du bout d'un arbre lisse, dont on posera la pointe sur le limaçon, que l'on fera tourner avec la pointe de l'arbre, jusqu'à ce que l'étoile détende selon les regles que nous avons prescrites : on changera donc la position de la pointe en conséquence ; on changera même d'arbre lisse, que l'on prendra plus gros, selon qu'il sera besoin pour produire l'effet de la surprise, qui doit être tel, qu'après que l'étoile aura détendu, il faut que la dent qui vient appuyer sur le derriere de l'arbre, fasse avancer l'angle h du limaçon, jusques au dedans de l'épaisseur du bras k de la piece des quarts : mais si l'arbre exigeoit plus d'une ligne, pour produire un tel effet, on placeroit, au lieu d'une vis, deux chevilles distantes entr'elles de la quantité requise.

1122. La place de la cheville ainsi trouvée, on percera un petit trou à cet endroit sur le limaçon des quarts ; on donnera $\frac{1}{3}$ de ligne environ au foret qui devra le percer : pour percer ce trou, on appliquera la plaque de la surprise sur le limaçon des quarts, & on percera, en les tenant fixes ensemble : le trou fait au limaçon, c'est dans ce trou de la surprise que devra être fixée la vis c ; on percera vers v, à travers la surprise & le limaçon, un trou de même grandeur que celui fait pour c ; on taraudera le trou fait en c, & on fera sur la même grosseur la vis, dont la tête devra avoir pour diametre celui de la pointe de l'arbre à vis, dont on s'est servi pour en trouver la position ; & pour en déterminer la grosseur plus exactement, on la tiendra d'abord plus grosse, afin de la diminuer, s'il en est besoin, après qu'on l'a présentée attachée sur la surprise & passant par le trou du limaçon, pour faire détendre l'étoile : on donnera à la tête de la vis la hauteur requife, pour qu'elle affleure bien jufte le deffus de l'étoile; on polira cette tête, on la coupera en conféquence, on en fendra la tête, & on la mettra fur la furprife; on coupera le bout de la vis à fleur du deffous de la plaque de la furprife : on chaffera à force, par le deffous du limaçon, une cheville qui faillira en deffus de l'épaiffeur de la plaque de la furprife : on fera entrer le trou de la furprife fait en v fur cette cheville; on appliquera le petit canon qui recouvre la furprife pour la retenir : alors on placera le limaçon fur fon quarré, & on fera détendre l'étoile; à cet inftant on marquera fur le bord de la plaque le bout k du doigt, par un petit trait de lime : on prendra le compas; & avec l'ouverture $i\ k$, on tracera le devant $h\ s$ de la furprife, que l'on reculera de $\frac{1}{4}$ de ligne de plus que le trait de lime. On auroit pu fe regler, pour tracer le devant de la furprife, fur celui du limaçon des quarts; mais fi, en plaçant la vis c, on eût un peu trop fait reculer le devant $h\ s$, on corrigeroit l'erreur par cette précaution; cela fait, on marquera tout au tour le deffous de la plaque de la furprife, le contour du limaçon, avec une pointe aigue comme celle d'une aiguille, & on limera la furprife felon la figure $h\ c\ s$, en ménageant le devant, qui doit être limé bien jufte, felon le trait de compas $h\ s$; on fera l'ouverture v pour le jeu de la furprife; on obfervera, pour cela, que lorfque la dent de l'étoile retombe fur le derriere de la vis, elle doit faire avancer la furprife, indépendamment du limaçon qui doit être fuppofé fixé; ainfi le côté v du trou ne doit pas être aggrandi; mais l'ouverture doit être faite au contraire de v en 1 de la quantité requife, pour que la dent ceffe d'agir fur le derriere de la vis, & que le fautoir ait repris fon repos.

1123. Pour achever tout ce qui concerne les effets de la cadrature, il faudra remonter tout le rouage de répétition, les bafcules, les verges de marteau : on mettra des goupilles à la cage, & de l'huile aux pivots : on mettra en cage la roue de renvoi & le limaçon, la poulie & la pièce des quarts avec le doigt & les ressorts : en cet état, on déterminera la position des chevilles attachées à la poulie, pour qu'elles arrêtent alternativement le rouage : 1°, Immédiatement après que l'heure est frappée, ce qui doit arriver lorsque le bras k de la piece des quarts pose sur le bord h du limaçon : 2°, aussi-tôt après que le premier quart est frappé, ce qui doit arriver lorsque la piece des quarts pose sur le degré du limaçon qui est marqué par 1, & ainsi de suite, jusqu'au troisieme quart.

1124. Pour trouver la position de ces chevilles, il y a deux choses à considérer : 1°, la distance où elles doivent être du centre de la poulie, pour ne pas arcbouter contre le bout q du doigt, à mesure que la poulie avance : & la seconde, ce sont leurs positions plus ou moins avancées sur les cercles sur lesquels on conçoit que ces chevilles doivent être placées, pour arrêter la poulie immédiatement après que les marteaux, ou ce qui revient au même, les tiges qui les représentent ont frappé l'heure, ou bien l'un ou l'autre des quarts.

1125. Pour trouver la premiere de ces positions, on placera sous la roue de renvoi S (*fig.* 3), une carte pliée, afin de la faire tourner à frottement, & pour que le limaçon des quarts s'arrête au point que l'on veut ; on fera tourner ce limaçon jusqu'à ce que son bord h se trouve situé sous le bras k de la piece des quarts : alors on marquera sur la poulie, en dehors du bout q du doigt, un petit trait ; on fera avancer le limaçon des quarts jusqu'à ce que le premier degré 1 soit sous le bras k ; on marquera sur la poulie un quart de ligne en dehors du derriere du bout q du doigt, un autre petit trait ; on en fera autant pour le second degré & pour le troisieme : on mettra la poulie sur un arbre lisse, on la mettra sur le tour, pour faire passer par ces marques faites à la poulie, des petits traits de burin qui formeront des cercles, sur lesquels les chevilles devront être posées.

1126. Pour trouver l'endroit de la circonférence de

ces cercles, où il faut placer les chevilles, on commencera par la premiere, qui est celle qui doit arrêter après que l'heure est frappée ; on avancera, pour cela, le limaçon des quarts, pour amener le bord *h* sous le bras *k* : on fera frapper les heures jusqu'à la derniere qui précede les quarts : on prendra une pointe ronde comme le bout d'un alaisoir, qui auroit $\frac{1}{3}$ de ligne de grosseur ; on posera cette pointe sur le premier cercle, & on l'avancera sur le dehors du doigt jusqu'à ce que la pointe *q* appuye contre le pignon ; on appuiera la pointe, afin de marquer un petit point en cet endroit : on fera rétrograder la poulie, pour qu'elle fasse remettre en prise la bascule des heures avec la roue de chevilles ; on fera avancer la poulie en même-temps qu'on tiendra la pointe sur le point marqué, & jusqu'à ce que la derniere heure ait frappé : si la pointe arrête immédiatement la poulie, & par conséquent le rouage, c'est une preuve qu'elle est bien marquée ; sinon, on la reculeroit en supposant que la bascule n'ait pas encore échappé de dessus la derniere cheville des heures, ou si la poulie continuoit encore à tourner un peu après que la derniere heure est frappée, il faudroit avancer la pointe en conséquence, & on marquera fortement ce point.

1127. Pour placer la seconde cheville, qui est pour le quart, on fera avancer le premier degré du limaçon sous le bras *k* de la piece des quarts : on placera la pointe sur le second cercle, & on l'avancera, pour qu'en faisant tourner la poulie, cette pointe fasse appuyer le bout du doigt contre le pignon, immédiatement après que le quart a frappé, & ainsi de suite pour les autres chevilles.

1128. On percera, par les points marqués, des trous pour les chevilles, qui soient de même grosseur que la pointe dont on s'est servi pour les marquer, c'est-à-dire, de $\frac{1}{3}$ de ligne : on percera ces trous à travers l'épaisseur de la poulie, afin que si l'on venoit à casser une cheville dans son trou, on pût la retirer en la repoussant par-dessous : on chassera des chevilles d'acier, (ou des aiguilles revenues bleues) dans ces trous, & on vérifiera fi elles font bien pofées, en faifant tourner la poulie comme on a fait pour les marquer: fi elles étoient un peu trop précifes, enforte que les bras des bafcules n'échappaffent pas des chevilles en même-temps que les chevilles de la poulie arrêtent le rouage; dans ce cas, on pourroit limer un peu le dehors du doigt, où la cheville trop jufte appuie actuellement; & fi le doigt étoit trop large en dedans, enforte qu'il ne pût pas paffer entre les chevilles 2, 3 ou 3, 4, on le limeroit en dedans, pour le rendre affez étroit.

1129. Venons actuellement à la maniere dont il faut marquer le limaçon des heures. On commencera par mettre en place le rateau, & à le faire engrener convenablement avec le pignon, pour qu'après que les trois quarts ont frappé, le pignon amene le rateau, enforte que l'engrenage fe faffe avec les premieres dents du côté du bout b, & qu'en rétrogradant la poulie, pour que les douze chevilles des heures ayent renverfé les bafcules, le pignon avance le rateau, afin que l'engrenage fe faffe fur les dernieres dents du rateau fituées vers le bout R; en un mot, il faut que l'engrenement du rateau avec le pignon fe faffe de maniere que la roue de cheville puiffe faire une révolution qui commence par faire frapper les douze heures, & finiffe après que les trois quarts font frappés: on fera donc correfpondre les dents du rateau en conféquence, en l'avançant ou reculant, felon qu'il en fera befoin: lorfqu'on aura trouvé ce point, on fera un repaire, en marquant avec un foret aigu un point fur une dent du pignon, & de même entre les deux dents du rateau, qui correfpondent à celle du pignon.

1130. Le repaire du rateau & du pignon étant fait, on mettra *en place* l'étoile, le tout-ou-rien & le fautoir avec leurs refforts: on rétrogradera la poulie, & on accourcira le bras b jufqu'à ce qu'en appuyant fur le bord de la plaque qui doit former le limaçon des heures, la bafcule des heures ne faffe qu'échapper de deffus la cheville des heures, qui précede celles des quarts, enforte que fi l'on fait tourner la poulie en avant, elle faſſe frapper un coup qui repréſentera une heure : or il faut, pour que l'opération ait été bien faite, que la preſſion du rateau ſur le limaçon ait fait parcourir l'intervalle donné par l'ouverture y, & qui produit l'effet du tout-ou-rien : ainſi, avant que de raccourcir le bras b, & pour le faire ſans tâtonner, au lieu de faire appuyer le reſſort $d \cdot y$ du tout-ou-rien par-deſſus, on le fera preſſer en deſſous de la cheville ; on le pliera, pour cet effet, un peu du côté contraire, enſorte que cela écartera le tout-ou-rien de la cheville o, comme le feroit la preſſion du rateau ; & même pour le retenir plus ſûrement écarté, il eſt à propos de fixer ſur la platine, une forte cheville ſur le bord ſuperieur du tout-ou-rien, & qui retienne celui-ci écarté de o pendant tout le temps qu'on marquera le limaçon ; cela fait, on fera rétrograder la poulie, & on fera fléchir un peu le bout du bras b du rateau, pour qu'il paſſe par-deſſous le limaçon des heures, & on fera rétrograder la poulie, juſqu'à ce que la baſcule des heures n'ait fait qu'échapper de la cheville des heures, qui précede celles des quarts, & s'y ſoit engagée, pour faire frapper un coup pour une heure ; dans le moment on marquera, par le bord du limaçon, un petit trait ſur le bras b ; ce trait marquera l'endroit où il faut le couper pour faire répéter une heure ; on accourcira donc le bras du rateau juſqu'à ce trait : on remettra le rateau à ſa place & à ſon repaire ; on rétrogradera la poulie, afin de voir ſi l'on a bien opéré ; on le raccourcira, ſi on ne l'a pas aſſez limé ; & s'il l'eſt trop, on l'alongera.

1131. Cela étant ainſi préparé, on marquera le limaçon des heures de la maniere ſuivante : on fera rétrograder la poulie, & on élevera le bout du rateau, afin de le faire paſſer par-deſſus la plaque du limaçon ; dès que le bout commencera à anticiper un peu ſur le limaçon, on fera avancer doucement le rateau, afin de ſaiſir l'inſtant où la baſcule des heures échappe de deſſus la ſeconde cheville ; dans ce moment on arrête la poulie, & avec une lime angulaire

Première Partie, Chap. XXXVI.

angulaire & mince, on marquera sur la plaque du limaçon, un petit trait, en se réglant bien juste sur le bout b du rateau; ce trait désignera l'enfoncement du second degré, & formera la deuxieme heure.

1132. Remarque. Pendant qu'avec une main on trace ce trait, de l'autre on assujettit la poulie à rester immobile afin de marquer le trait bien juste, ce qui est très-essentiel; mais comme pendant cette opération, rien n'empêche l'étoile de tourner, ce qui est un obstacle pour tracer le trait, puisque la lime angulaire entraîne le limaçon; il est à propos, pour prévenir cette difficulté, de percer un trou pour une cheville, en dessous de M du valet, ensorte que celui-ci ne puisse pas s'écarter de l'étoile, & alors le limaçon restera immobile. Nous insistons sur toutes ces attentions, car elles ménagent beaucoup le temps; puisque, par elles, on fait l'ouvrage à coup sûr, & sans être obligé de recommencer. Pour en juger, il ne faut qu'observer, par rapport à l'opération actuelle, qu'elle deviendroit très-longue, si, après avoir taillé le limaçon, on avoit enfoncé un des degrés plus qu'il ne faut: car on seroit forcé d'alonger le bras du rateau & de renfoncer tous les autres degrés en raison de l'alongement du bras: on préviendra ces doubles opérations par les regles que nous prescrivons.

1133. Pour revenir à notre limaçon, on fera ensuite avancer le rateau par la poulie; & aussi-tôt que la bascule aura échappé de dessus la troisieme cheville, on marquera un trait par le bout du rateau; ce trait désigne l'enfoncement pour la troisieme heure: on marquera ainsi de suite tous les enfoncements des degrés qui doivent former le limaçon, jusqu'à ce que les douze chevilles aient alternativement renversé la bascule des heures, pour la mettre en prise avec les chevilles.

1134. Quand cela sera fait, on ôtera la cheville qui arrête le valet; on prendra le compas ayant sa tête à champignon (& la pointe angulaire propre à couper, en faisant un trait fin) que l'on posera sur la pointe de la broche u

du rateau; on donnera au compas l'ouverture *b n* du dehors du bout du rateau, & $\frac{2}{12}$ de ligne de plus; on appuiera la main fur le valet, pour empêcher l'étoile de tourner, & on tracera un trait de compas fur la plaque du limaçon, qui commencera le plus près qu'il fera poffible du centre; & en allant à la circonférence, on fera avancer l'étoile d'une dent, & on fera un trait de compas de la même manière; & ainfi de fuite, jufqu'à ce que l'étoile ait fait un tour, & que la plaque du limaçon foit divifée en douze parties, (nombre des dents de l'étoile, & des heures que le limaçon doit contenir).

1135. REMARQUE. Les traits marqués pour les enfoncements des degrés, fe trouveront fur le bord d'un des traits de compas, qui va du centre à la circonférence; on pourra le prendre pour en former le devant *L* du limaçon: or, pour juger fi, lorfque le limaçon eft prêt à paffer des douze heures à la première, par le mouvement du limaçon des quarts & de l'horloge; pour juger, dis-je, fi dans cette pofition on venoit à tirer le cordon, le devant *L* du limaçon n'empêcheroit pas le bras du rateau de defcendre au fond du limaçon; on fera parvenir l'étoile dans cette pofition, (c'eft-à-dire, la pointe de la dent fur l'angle du fautoir) & on verra fi la partie *n* du bras n'anticipe pas fur le trait qui défigne le devant *L*; fi cela étoit, ce feroit une marque que le bout *b n* du rateau eft trop large; & dans ce cas, il faudroit l'étrécir en dehors devers *b*, de toute la quantité dont la partie *n* anticiperoit fur le devant *L* du limaçon; enfuite il faudroit tracer de nouveaux traits de compas fur le limaçon, en fe réglant pour cela fur le bout entaillé *b* : mais on peut prévenir de retracer à deux fois ces traits, qui vont du centre à la circonférence, en étréciffant le bras *b*, lorfqu'il eft mis de longueur, & avant de marquer les enfoncements : or, pour le mettre de largeur, on fe fervira de la méthode que nous venons d'indiquer.

1136. On démontera le tout-ou-rien, & on ôtera la plaque du limaçon de deffus l'étoile; & par les traits qui marquent les degrés d'enfoncement du limaçon, on tracera des portions de cercle concentriques à la plaque.

1137. Pour former ces portions de cercle, on fera attention que le limaçon tourne de L en F, & que par conséquent le bord L de la plaque repréfentant le degré d'une heure, le degré pour la deuxieme heure doit être vers deux, & ainfi de fuite, en fe rapprochant du centre jufqu'à l'enfoncement de la douzieme heure. On prendra donc un compas, dont une pointe pofera fur le trou de la plaque, & l'autre aura pour ouverture, & très-exactement, la divifion du degré le plus prochain du bord; on tracera donc la portion de cercle 2, dont la longueur fera limitée par les traits de compas, qui repréfentent le chemin du rateau, & qui vont de la circonférence au centre: cette portion de cercle tracée, on changera l'ouverture du compas auquel on donnera celle qui eft marquée par le fecond trait fait à la plaque; on marquera le degré 3 formé par une portion de cercle, & réglé par les divifions de la plaque : on tranfportera ainfi de fuite les enfoncements des degrés du limaçon, jufqu'à la douzieme heure.

1138. Le limaçon étant ainfi tracé, on le découpera felon fes traits, en fe fervant pour cela d'une petite fcie étroite, & faite avec du reffort de montre; & pour le terminer felon les traits, on le fera à la lime, & avec beaucoup de précaution, en fuivant très-exactement les enfoncements déterminés par les portions de cercle, & par les traits de divifion qui les bornent, & jufqu'à ce que l'on ait atteint les traits du compas: alors on adoucira avec une lime à arrondir, les degrés & leurs côtés; on attachera le limaçon fur l'étoile, & on la remettra en place avec le valet & le tout-ou-rien : on mettra le rateau à fon repaire.

1139. Pour vérifier fi l'on a bien opéré, on s'y prendra de la même maniere que l'on a fait pour en tracer les enfoncements, c'eft-à-dire, qu'on fera avancer le deuxieme degré du limaçon, pour l'amener devers le bras; on rétrogradera la poulie, & on verra fi, en même-temps que le rateau eft arrêté par le deuxieme degré du limaçon, la bascule échappe de la deuxieme cheville : si cela est, le pas est bien fait ; on passera au troisieme ; & on verifiera la même chose, & ainsi de suite, jusqu'au douzieme (je ne parle pas du premier pas 1, puisqu'il n'a pas changé, étant formé par le bord même du limaçon sur lequel on s'est réglé pour mettre le rateau de longueur (1130) ; ainsi il est tel qu'on l'a fait. S'il y avoit des pas qui ne fussent pas tout-à-fait assez enfoncés, on les marqueroit, on démonteroit le limaçon, & l'on traceroit de nouveaux traits de compas pour les renfoncer.

1140. Quand on aura ainsi vérifié le limaçon par cette méthode, on ôtera la cheville qui écarte le tout-ou-rien ; on remettra le ressort en action, & de maniere à produire son effet (1117), c'est-à-dire, de ramener le tout-ou-rien, après que la cheville *o* l'a écarté : alors on verra si, en rétrogradant la poulie, les chevilles de la roue ayant amené la cheville *o* de la bascule, pour mettre les bascules hors de prise des chevilles, aussi-tôt que le rateau presse le limaçon, & fait écarter le tout-ou-rien, cette cheville *o* se dégage du bout du tout-ou-rien : si elle y restoit, ce seroit une marque que le derriere de la levée *m* des heures (*fig.* 1) est arrêté sur une cheville, & que par conséquent le degré, sur lequel le rateau appuie, est trop enfoncé ; & qu'après que la bascule a échappé de dessus la cheville correspondante au pas du limaçon, le rateau & la roue ont encore fait un petit chemin, ensorte que la cheville suivante est en action pour renverser de nouveau la levée : effet très-dangereux, & qui est capable, quand il se trouve dans une répétition, de faire tout casser ; car lorsqu'on a tiré, & que la piece ne répete pas, si l'on tire plus fort, & plus on tirera, moins la cheville de la bascule tendra à redescendre ; & par conséquent la piece ne sonnera point. Le tout-ou-rien est très-utile ; mais il est assez difficile de lui faire remplir ses effets : pour parer à ce défaut, il ne faut pas que la levée *a* (*fig.* 8) soit trop large : car dans ce cas, immédiatement après qu'elle a abandonné une cheville, elle pose sur la suivante, au lieu que si elle est étroite, la roue peut encore un peu rétrograder sans que la cheville tende à renverser la bascule; ainsi les petites inégalités du limaçon n'influeront point sur l'effet du tout-ou-rien : on pourra donc, si la levée est trop large, en ôter du derriere; mais dans ce cas, on sera peut-être obligé de courber un peu la cheville *o*, parce qu'en rétrogradant la poulie, il pourroit fort bien arriver que l'action des chevilles de la grande roue sur le derriere de la bascule, ne fût pas capable d'amener la cheville *o* jusqu'à l'angle du tout-ou-rien; ensorte que cette bascule retomberoit sans s'être arrêtée sur le bout du tout-ou-rien : si, après avoir touché aux bascules, le tout-ou-rien ne faisoit pas son effet, & par les mêmes causes; alors il faudroit alonger le bras du rateau, afin de le faire convenir au pas du limaçon que l'on a trop enfoncé; & les autres qui étoient justes auparavant, il faudra les renfoncer les uns après les autres, & toujours exactement selon le trait du compas; parce qu'on voit que dans ce cas, l'enfoncement est égal dans toute la longueur du degré, & qu'à mesure que la cheville du limaçon des quarts fait avancer l'étoile, pour faire changer de degré au limaçon des heures, la piece répete toujours la même heure, quoique le rateau ne pose pas sur le même endroit du degré.

1141. Il faut aussi avoir grande attention à conserver la longueur des degrés, & selon les regles que nous avons prescrites pour les tracer; car si on les tenoit plus courts, il arriveroit que, lorsque l'étoile est prête à changer d'heure, si on tiroit le cordon, le rateau viendroit appuyer sur le pas qui doit correspondre à l'heure suivante, ensorte que l'horloge répeteroit une heure de plus que celle qui seroit marquée sur le cadran.

1142. Quand on aura terminé le limaçon, il sera à propos de le *croiser*, comme on le voit dans la figure, afin de ne lui laisser que la matiere nécessaire, & encore pour le mettre d'équilibre, ensorte qu'il n'exige pas plus de force en un point de sa révolution qu'en un autre, pour être retenu par l'action du valet sur l'étoile.

1143. Nous fommes parvenus à expliquer comment on doit faire produire les effets à la cadrature de la répétition : il nous refte maintenant à parler des *ajuftements* des marteaux & du timbre, de l'ajuftement du mouvement pour l'attacher dans fa boîte, de la plaque du cadran, de l'ajuftement des aiguilles, &c ; en un mot, de ce que les Artiftes appellent l'*Emboîtage du mouvement* ; enfuite nous finirons par la manière d'exécuter l'échappement, & ce qui concerne le régulateur, & de raffembler toutes les parties de l'Horloge, pour leur donner le mouvement.

V. *De l'Emboîtage du Mouvement.*

1144. Nous avons fuppofé que le mouvement de cette Horloge doit être placé dans une boîte à cartel ; ainfi il eft à propos d'expliquer la difpofition que l'on doit donner aux parties de cette boîte, fur lefquelles on attache le mouvement.

1145. Dans un petit cartel, on doit tenir le cadran le plus grand qu'il fe peut, par la raifon que la grandeur de l'ouverture de la boîte, pour y placer le mouvement, dépend de celle du cadran ; & que pour plus de facilité d'exécution & de folidité, il faut que le mouvement ait une certaine grandeur.

1146. La lunette qui porte le cryftal pour recouvrir le cadran, & le garantir de la pouffiere & des accidents, eft un cercle de cuivre tourné, qui tient par le moyen d'une charniere à un autre cercle de cuivre, plus large & plus folide, & qui eft auffi tourné : ce cercle, qu'on appelle la *Batte*, s'attache au cartel, au moyen de quatre fortes vis : c'eft fur la batte que fe fixe le mouvement de l'Horloge : l'ouverture de la batte doit être la même que celle de la lunette, & par conféquent, la même que celle du cadran.

1147. En dehors de l'ouverture de la batte, & fur le milieu de fon épaiffeur eft faite une retraite, dans laquelle

Première Partie, Chap. XXXVI.

doit se loger une plaque qui doit porter le mouvement de l'Horloge: la lunette doit être creusée en dessous de quelques lignes, afin qu'elle soit élevée au-dessus du cadran, pour laisser de la place pour les aiguilles: cette lunette porte un drageoir, dans lequel on fait entrer le crystal à force.

1148. Pour fixer le mouvement de l'Horloge dans une boîte à cartel, on attache une plaque de laiton sur la batte, (on l'appelle *la fausse plaque*), au moyen de quatre vis taraudées dans l'épaisseur de la retraite de la batte; & le mouvement tient à cette plaque, au moyen de quatre piliers (qu'on appelle *faux-piliers*) fixés à la plaque, & dont les pivots entrent dans les trous faits à la platine des piliers: les bouts de ces pivots sont saillants en dedans de la platine, à fleur de laquelle ils sont goupillés, ensorte que le mouvement devient par-là fixé très-solidement après la boîte.

1149. La hauteur des faux-piliers de la plaque qui attache le mouvement, dépend de la profondeur de la boîte, de la hauteur du mouvement, de celle de la cadrature, & de l'élévation des roues de cadran; & c'est pour ces considérations que, lorsque l'on monte la cage, il est à propos de proportionner la hauteur des piliers à celle de la profondeur de la boîte, où ce mouvement doit être placé; il en est de même de la hauteur de la cadrature & des roues de cadran. Si donc on suppose que la profondeur de la boîte est de trois pouces $\frac{1}{2}$; comme la cage du mouvement a 17 lignes de haut, en y comprenant l'épaisseur des platines: que la cadrature est élevée de six lignes; qu'il faut environ 6 lignes pour le jeu du pendule; que le timbre devra avoir environ douze lignes de hauteur, & enfin que la hauteur du pont de la roue de renvoi, est de cinq lignes; on trouve en tout quarante-six lignes, c'est-à-dire, quatre lignes de plus que la profondeur de la boîte: pour regagner ces quatre lignes, il faudra employer un timbre plus bas, & donner moins de hauteur entre le timbre & la cadrature pour le jeu du pendule: on ne pourra donc donner aux faux-piliers, que la hauteur du coq de la roue de renvoi; s'il étoit nécessaire, on pourroit les tenir plus bas; car on pourroit percer la fausse-plaque, pour loger le bout du coq de renvoi dans son épaisseur; mais il faut observer que cela ne pourroit se faire que dans le cas où l'on emploieroit un cadran convexe, comme sont ceux d'émail: car si l'on faisoit un cadran plat, le canon de la roue de cadran deviendroit très-court, ensorte qu'il seroit sujet à vaciller sur son pont, & qu'il n'y auroit pas de canon pour ajuster l'aiguille des heures; mais comme rien n'oblige à tenir les piliers plus bas que le coq de renvoi, on leur donnera cinq lignes de hauteur; & nous supposons que l'on mettra un cadran d'émail convexe.

1150. Pour faire la fausse-plaque, on prendra du laiton qui ait $\frac{1}{4}$ de ligne d'épaisseur, & que l'on écrouira; ensuite on percera dans son milieu un petit trou, pour y poser la pointe du compas à couper; on coupera la plaque au compas, de la grandeur de la retraite pratiquée à la batte, pour y loger cette fausse-plaque; cette retraite doit être d'environ trois lignes plus grande que l'ouverture de la batte autour de laquelle elle regne; & comme on a fait les platines du mouvement de la même grandeur que cette ouverture de la batte (712), il suit de-là, que la fausse-plaque sera plus grande de six lignes que les platines; ainsi elle aura quatre pouces & demi, ou environ; c'est par cet excédent de la plaque, qu'elle est retenue sur le bord de la batte, par quatre vis : on fera entrer bien juste la fausse-plaque dans la retraite de la batte; on percera les trous pour les vis à égale distance l'un de l'autre, & on les placera de sorte que les deux qui sont au haut, soient également éloignés du point qui représente le midi, ou le milieu du haut de la boîte, afin de réserver cette place pour l'avance & le retard (120); on percera les vis le plus près du bord de la plaque qu'il se pourra, afin que les têtes des vis soient cachées & recouvertes par la lunette; on fera ces vis, dont la grosseur pourra être de $\frac{1}{4}$ de ligne, & la tête petite (comme de $\frac{1}{2}$ de ligne), afin de ne pas anticiper sur

la

la place du cadran, & être moins exposées à être vues ; on leur donnera plus de hauteur, pour que le tourne-vis ait de la prise ; car les têtes de vis, lorsqu'elles sont minces, *ne valent rien.*

1151. La plaque étant attachée sur la batte, & celle-ci sur le cartel, on prendra une regle bien droite, que l'on fera passer par le milieu du trou de la fausse-plaque, & de sorte qu'elle partage le cartel, afin de tracer sur la fausse-plaque la ligne d'aplomb par laquelle le midi & les six heures du cadran doivent passer. Cette ligne étant tracée fort juste, avec une pointe fine, on ôtera la fausse-plaque de dessus la batte.

1152. On marquera, avec une pointe, le nombre 12 au haut de la ligne, afin de désigner l'endroit où doit être placé le midi sur le cadran, & pour reconnoître le dehors de la fausse-plaque ; & comme il est nécessaire que cette même ligne d'aplomb soit marquée en dedans de la fausse-plaque, & bien juste ; on fera à chaque extrémité de la ligne, à travers l'épaisseur de la plaque, un trait de lime angulaire, qui marquera les points du dedans par lesquels on doit tirer la ligne.

1153. Pour faire les faux piliers, on prendra un bout de fil de laiton qui ait environ trois lignes $\frac{1}{2}$ de grosseur, & assez long pour y former les quatre piliers avec leurs pivots, c'est-à-dire, d'environ trois pouces $\frac{1}{2}$; on l'écrouira, on le tournera rond, & on formera les pivots auxquels on donnera deux lignes de diametre : chaque pilier aura deux pivots d'inégale longueur ; l'un propre à être rivé sur la fausse-plaque, & l'autre assez long pour traverser la platine des piliers, & être saillant d'une ligne, afin d'être percé d'un trou à travers, pour mettre une goupille ; c'est ce pivot qui doit être un peu en pointe, & arrondi par le bout : on donnera la même hauteur (cinq lignes) à ces piliers, au moyen du maître-danse : quand on les aura tournés, on les adoucira avec une lime carrelette, & les longs pivots avec une lime à arrondir ; & pour achever de les adoucir, on prendra du bois blanc, & de la ponce broyée avec de l'huile ; on les coupera enfuite avec le burin pour les féparer, enforte qu'ils feront prêts à river fur la fauffe-plaque.

1154. Lorfqu'on aura fait les piliers, on percera les trous de leurs pivots dans la platine des piliers : on obfervera que pour avoir la facilité d'ôter & de mettre les goupilles qui fixent la platine avec les faux-piliers, il faut les placer près du bord de la platine ; d'ailleurs, par cette difpofition ils foutiendront plus folidement le mouvement, parce qu'ils feront plus éloignés entr'eux. Pour trouver la place où l'on doit percer les trous des faux-piliers, il fera à propos de remonter toutes les pieces qui fe placent dans la cage, près des bords, afin de ne pas les placer de façon à nuire à ces pieces, ni de maniere qu'on ne puiffe pas mettre les goupilles, lorfque tout le mouvement fera raffemblé, & qu'on l'attachera fur la fauffe-plaque. On percera donc ces trous en S, K, I, Q (*fig.* 1); & pour placer la goupille du pivot qui paffe en I, on fera obligé de faire une rainure fur le bord de la platine, afin de faire paffer cette goupille fous le reffort de marteau P : pour percer ces trous, on fe fervira d'un foret un peu plus petit que les pivots des faux-piliers.

1155. On ôtera de deffus le dehors de la platine des piliers (*fig.* 3), toutes les pieces qui y font attachées ; on tirera une ligne qui paffera par le centre de la roue de longue tige, & par le milieu du trou du barrillet, & qui, par conféquent, paffera par le milieu des trous des roues de champ & d'échappement (718) ; on marquera fur le bord fupérieur V de la platine, & à travers fon épaiffeur, un petit trait qui corresponde parfaitement avec l'extrémité de la ligne que l'on a tracée ; ce trait & le haut de la ligne repréfenteront le point de la platine qui doit être placé dans la ligne d'aplomb ou de midi de la fauffe-plaque.

1156. Cela étant ainfi préparé, on aggrandira le trou du centre de la fauffe-plaque, pour qu'il foit jufte de la même groffeur que celui du pivot de longue tige de la platine des piliers ;

on appliquera le dedans de la fausse-plaque contre le dehors de la platine des piliers; & pour les centrer parfaitement, on fera entrer un arbre lisse dans leurs trous du centre; on fera correspondre le trait fait sur l'épaisseur de la platine, avec le haut de la ligne d'aplomb de la fausse-plaque; alors on prendra des tenailles à vis, pour fixer ensemble la fausse-plaque & la platine; & en cet état, on percera à la fausse-plaque les trous des faux-piliers, que l'on avoit d'abord percés à la platine des piliers; on se servira du même foret; & pour que les trous coïncident parfaitement, on passera un équarrissoir dans les trous de la plaque & de la platine, tandis qu'elles sont assemblées par les tenailles à vis; on démontera la fausse-plaque, & on ajustera les faux-piliers dessus, en aggrandissant pour cela les trous, jusqu'à ce que les courts pivots qui doivent s'y river y puissent entrer; après quoi, on aggrandira de même les trous de la platine des piliers, & en observant de faire correspondre chaque faux-pilier avec le trou sur lequel il est ajusté à la fausse-plaque; & pour ne pas s'y tromper, on pourra faire des repaires de la maniere que nous l'avons expliqué pour la cage du mouvement (746), afin de ne pas aggrandir un trou pour l'autre; car cela donneroit de l'embarras, si les pivots n'étoient pas parfaitement de la même grosseur.

1157. On limera les bavures des trous de la platine des piliers, on en fera de même à ceux de la fausse-plaque; on mettra ces trous en chanfrein du côté du dehors de la plaque, qui est celui où ils doivent être rivés.

1158. Pour river les faux-piliers, on les mettra en leur place sur la fausse-plaque, & on appliquera la platine des piliers sur les faux-piliers, ce qui formera une cage; on prendra la même virole dont on s'est servi pour river les piliers du mouvement, & on la posera sur un tas; on fera entrer le bout du pivot du faux-pilier, dans le trou de la virole, qui posera contre le dedans de la platine des piliers; de cette maniere, on rivera les faux-piliers les uns après les autres, en tenant cette cage fortement, & en y apportant les mêmes précautions indiquées pour la cage du mouvement (748) ; & pour que la rivure soit plus solide, il ne sera pas nécessaire de l'affleurer à la platine ; on la laissera au contraire un peu saillante, après qu'elle aura été rebattue au marteau ; parce que le cadran étant convexe, est fort éloigné d'y pouvoir toucher.

1159. Avant de séparer la fausse-plaque de la platine des piliers, il faudra marquer sur la fausse-plaque, l'endroit du trou de l'arbre de barrillet, & ensuite il faudra percer les trous de goupilles à travers les bouts saillants des pivots; on prendra pour cela un foret bien en pointe, qui ait un tiers de ligne de grosseur ; on le fera bien affleurer avec la platine, afin que la goupille puisse serrer la platine contre la portée du pivot. Quant à la direction qu'il faut donner au foret, en perçant les trous de goupilles, elle n'est pas aussi arbitraire qu'on pourroit se l'imaginer : car il faut avoir en vue 1°, de laisser de la prise pour les pinces dont on se sert pour ôter les goupilles, & de ne faire passer les bouts des goupilles sous aucune piece qui puisse empêcher de les ôter; 2°, de diriger les trous des goupilles, de sorte que quand même elles ne seroient pas bien chassées, elles ne pussent sortir de leur place par leur seule pesanteur, mais qu'au contraire elles puissent encore contenir le mouvement : ainsi il faut que les trous des goupilles supérieures S, Q soient dirigés en en-bas, & les trous K, I en travers, & à peu-près comme on le voit par les lignes ponctuées I, K, S, Q, (*fig.* 1) qui représentent la direction de ces goupilles. Puisque nous sommes sur cette matiere, nous croyons devoir avertir qu'il est très-essentiel que les goupilles des faux-piliers & les piliers d'une Horloge, qui doit être transportée, soient bien faits & chassés à force ; car j'ai vu périr plusieurs mouvements, par le cahotage d'un long transport qui ayant fait sortir les goupilles de leur place, il n'y avoit pas une piece de la machine qui ne fût tellement fracassée, qu'il fallut refaire d'autres mouvements.

1169. Quand on aura ôté la fausse-plaque de dessus

Premiere Partie, Chap. XXXVI.

la platine des piliers, on percera le trou marqué à la plaque pour le remontoir; & pour l'aggrandir convenablement, on mettra l'arbre de barrillet en cage, afin de tirer le trou de la plaque de côté ou d'autre, jusqu'à ce que l'arbre passe bien dans le milieu de ce trou: comme il faut que la clef passe dans ce trou, il faudra l'aggrandir d'une ligne $\frac{1}{2}$ de plus (ou environ) que ne l'est le trou de la platine, afin qu'il reste assez de matiere sur les angles du quarré fait à la clef.

1161. On mettra en place le pont de cadran & la roue; & on aggrandira le trou du centre de la fausse-plaque, pour y faire entrer le canon de cette roue; on l'aggrandira même de près d'une ligne plus que la grosseur du canon, par la raison que l'aiguille des heures doit être portée par un canon qui doit rouler (à frottement) sur celui de la roue de cadran; on aura soin que le trou soit parfaitement concentrique à la roue de cadran.

1162. On tracera sur la fausse-plaque un trait qui approche tout près des vis; ce trait marquera la grandeur du cadran; on le tiendra le plus grand qu'il se pourra, afin que le rebord de l'émail soit caché & recouvert par la lunette: car ce rebord est ordinairement noir ou verd; & pour plus de propreté, on ne doit voir que le blanc du bord du cadran.

1163. Les cadrans d'émail s'attachent sur la fausse-plaque, au moyen de trois pieds ou tenons qu'ils portent: on percera donc à la fausse-plaque, à un pouce de distance du bord, trois trous également éloignés l'un de l'autre; on leur donnera une ligne de diametre.

VI. *Opérations requises pour exécuter un Cadran d'émail.*

1164. Quoique la maniere d'opérer pour faire un cadran d'émail, concerne plus particuliérement l'art de l'Emailleur que celui de l'Horloger, nous ne laisserons pas d'en décrire les principales opérations, pour en donner une notion à ceux qui defireront effayer d'en faire ufage, pour faire eux-mêmes tout ce qui concerne le mouvement de l'Horloge; mais il eft bon de les prévenir que tout ce que nous dirons là-deffus, fera très-abrégé, car cette matiere feule exigeroit un ouvrage particulier, & plufieurs Planches.

1°. *Faire la Plaque du Cadran.*

1165. Pour faire les cadrans d'émail, on prend une plaque de cuivre rouge fort mince, à laquelle on donne la courbure que doit avoir le cadran: on a, pour cela, un morceau de bois creufé au tour, de la courbure approchante du cadran; avec un marteau à tête, & un peu arrondie, on fait aifément prendre la courbure à la plaque; on l'applique fur la fauffe-plaque, & on marque les trous des tenons percés à la fauffe-plaque: pour faire ces tenons, on prend du fil de cuivre rouge tiré, qui foit de la groffeur des trous de la fauffe-plaque; on leve une petite portée aux bouts de ces tenons, qui ferve d'affiette pour les river fur la plaque du cadran: on perce les trous de la plaque, de la groffeur des pivots des tenons; ces pivots ne doivent être qu'un peu plus petits que les tenons, afin d'être folides; quand on a rivé ces tenons, on les foude; on prend, pour cela, de la foudure faite avec du cuivre rouge & du laiton, dont le mélange eft à peu-près pareil à celui de nos pieces de *fix liards*; ou, pour le mieux, on fe fervira de petit fil de laiton tiré; on employe du borax, ainfi que cela fe pratique toutes les fois que l'on foude.

1166. Quand les tenons font foudés, on les redreffe, pour les faire entrer dans les trous de la fauffe-plaque; on marque le trou du remontoir fait à la fauffe-plaque; on aggrandit le trou du centre, & de maniere qu'il coïncide avec celui de la fauffe-plaque: pour cet effet, tandis que la plaque du cadran eft pofée fur la fauffe-plaque, on rejette, avec une lime à feuille de fauge, le trou de la plaque, jufqu'à ce qu'on voye que ce trou eft concentrique avec celui de la fausse-plaque ; mais on fait cette opération avant qu'il soit aggrandi, parce qu'il est nécessaire, pour l'amener à la grandeur du trou de la fausse-plaque, de se servir d'un alaisoir que l'on fait entrer par-dessous, & qui, en aggrandissant le trou de la plaque, forme par-dessus un petit rebord qui sert à arrêter l'émail, afin d'avoir un trou plus net ; on aggrandira, de cette manière, le trou de la plaque, jusqu'à ce que l'alaisoir porte dans le trou de la fausse-plaque : ainsi, en tenant l'alaisoir bien perpendiculaire au plan de la fausse-plaque, le trou du cadran coïncidera parfaitement avec celui de la fausse-plaque.

1167. Pour faire le trou de quarré de remontoir à la plaque, on aura les mêmes attentions : ainsi on le mettra d'abord droit avec celui de la plaque ; & quand il le sera (le trou étant plus petit qu'il ne faut), on prendra un alaisoir que l'on fera entrer par-dessous, & qui, en même-temps qu'il aggrandira le trou de la plaque, formera au-dessus un petit rebord, pour contenir l'émail ; mais on observera qu'en formant ce trou, & en l'amenant à la grandeur de celui de remontoir fait à la fausse-plaque, que s'il n'étoit pas bien droit au-dessus de celui de la fausse-plaque, lorsque l'alaisoir touchera au trou de remontoir, les tenons fléchiroient & céderoient à l'effort de l'alaisoir contre le trou de la plaque ; & que, par conséquent, le trou du centre de la plaque se déjetteroit, & ne seroit plus concentrique à la fausse-plaque : c'est pour prévenir cet inconvénient, qu'il faudra faire entrer à force dans le trou du centre, ou un second alaisoir, ou un arbre lisse, qui servira à retenir le trou à sa place, en tenant cet alaisoir ou arbre lisse toujours droit ; mais pour arrêter la plaque plus fixement, on pincera ensemble les bords de la plaque & de la fausse-plaque, avec deux tenailles à vis mises, l'une d'un côté, & l'autre de l'autre.

1168. Pour donner la grandeur requise à la plaque du cadran, & la rendre bien ronde, on prendra avec le compas, ayant sa pointe à champignon, la grandeur du trait fait sur la fausse-plaque, pour le bord du cadran ; & avec la même ouverture de compas, on marquera ce trait sur la plaque ; on coupera l'excédent avec des ciseaux.

2°, *De l'Email. Maniere de le préparer pour l'employer.*

1169. L'émail que l'on emploie pour nos cadrans, est une préparation comme du verre, auquel on a ôté sa transparence, & que l'on a rendu blanc : pour *émailler* un cadran, on réduit l'émail en grains de sable ; & en y ajoutant de l'eau, on en forme une pâte, que l'on étend également sur toute la surface de la plaque de cuivre rouge, & qui, mise dans un fourneau de reverbere, se met en fusion, & devient unie ; c'est sur cette surface que l'on peint les heures avec un émail noir qui se met aussi en fusion par le feu.

1170. L'émail que l'on emploie pour nos cadrans, ou tout au moins le meilleur, se tire de Venise ; & il se vend à Paris, chez les Marchands d'outils d'Horlogerie. Il y a deux sortes d'émail ; le dur & le tendre : on distingue l'émail tendre du dur, en ce que le premier est transparent ; & que l'autre est opaque ; & qu'étant cassé, il offre des pores plus unis ; celui-ci est préférable & prend un très-beau poli ; mais il faut un feu plus violent pour le mettre en fusion.

1171. L'émail se vend en *pain*. Pour l'employer, on brise ces pains en petits morceaux, & on les pile dans un mortier d'acier trempé, jusqu'à ce qu'on les ait réduits en grains bien fins & à peu-près d'égale grosseur. Pour empêcher que les éclats de l'émail ne sortent hors du mortier, on en recouvrira l'ouverture avec un linge propre ; & on jettera dans le mortier un peu d'eau de fontaine fort claire ; on réduira ainsi l'émail, jusqu'à ce qu'on le sente sous le doigt comme du sable fin, car il ne faut pas le réduire en poudre.

1172. Lorsque l'émail est ainsi pilé, il faut le mettre dans un vase de verre, dans lequel on verse de l'eau de fontaine très-claire ; on remue l'émail, ensorte que cela fasse
une

une eau blanche ; on le laisse ensuite déposer ; puis on ôte l'eau en inclinant doucement le vase ; cette eau emporte les saletés qui se sont introduites dans l'émail en le broyant ; on *lave* ainsi à plusieurs fois l'émail, & jusqu'à ce que l'eau reste claire : on conserve les parties qui restent dans l'eau dont on lave l'émail, pour employer au *contrémail*, c'est-à-dire, en dessous de la piece qu'on veut émailler.

1173. Quand on a bien lavé l'émail, on le laisse dans un vase de verre, & on jette dessus de l'eau forte en quantité suffisante, pour qu'elle surnage l'émail de quelques doigts ; on laisse pendant douze heures l'émail dans l'eau forte ; on appelle cette opération *dérocher* ; elle sert à nétoyer l'émail des parties métalliques du mortier qui se sont introduites dans l'émail en le broyant.

1174. Lorsqu'on a retiré l'émail d'avec l'eau forte, on le lave de nouveau avec de l'eau commune, & à plusieurs fois, jusqu'à ce qu'il ne reste plus d'eau forte mêlée avec l'émail, & que l'eau soit bien claire ; alors on laisse cette eau surnager l'émail, pour le conserver propre ; d'ailleurs, pour étendre l'émail sur la plaque, il doit être pris du vase dans lequel l'émail est encore dans l'eau.

3°. Préparation de la Plaque du cadran, avant de la charger d'émail.

1175. Avant de placer l'émail sur la plaque, il faut *dérocher* cette plaque : pour cet effet, il faut la laisser dans *l'eau seconde*, (mélange d'eau forte & d'eau commune) jusqu'à ce que le cuivre soit découvert, & vienne également propre dans toute sa surface ; alors on prendra une *gratte-brosse*, (sorte d'outil fait avec un faisceau de fil de laiton) & tenant la plaque dans de l'eau commune, on *gratte-brossera* la plaque pour ôter la croute du cuivre : cette opération de la gratte-brosse & du dérocher, dispose les pores du cuivre à recevoir l'émail, ensorte que celui-ci s'y fixe par la fusion.

1176. REMARQUE. On n'émaille pas seulement le côté

du cadran où les heures doivent être peintes, mais on émaille aussi le dessous ou côté concave; afin que l'émail du dessus étant fondu, son action sur la plaque n'en puisse changer la courbure & le voiler; on appelle cela *contrémailler*: le contrémail sert donc à balancer l'effet de l'action du feu sur l'émail du dessus du cadran; pour cet effet, on met l'une & l'autre couche de suite, & on les fait fondre en même-temps.

1177. On place d'abord le contrémail; on ne prend pas pour cela l'émail pur, mais au contraire celui qu'on a tiré des *lavures*. Pour placer le contrémail, on fait entrer le trou du centre de la plaque sur l'alézoir, en tournant le côté concave en dessus; & avec une *Spatule* ou lame d'acier mince & arrondie par le bout, on prend le contrémail qui est actuellement déposé au fond d'un vase, après avoir ôté toute l'eau qui surnageoit, & on l'étend sur toute la surface concave de la plaque que l'on recouvre également, en ne mettant que l'épaisseur convenable pour cacher le cuivre; il est très-essentiel que la couche soit d'égale épaisseur. Pour ôter une partie de l'eau contenue dans l'émail, on prendra un linge sec & propre, que l'on posera sur l'émail, près du trou; il attirera ou pompera l'eau; mais il ne faut pas trop sécher l'émail; parce que pour placer l'émail du dessus, il faut retourner la plaque, & que le contrémail pourroit tomber en *chargeant* ce côté.

1178. On retournera la plaque, que l'on mettra sur l'alézoir sur le trou du milieu; on prendra de l'émail pur, & on chargera le dessus du cadran, d'une couche bien égale, ayant attention que les bords soient bien recouverts, & les bords des trous entourés d'émail, afin que l'action du feu ne les brûle pas: on pompe l'eau contenue dans l'émail, en appuyant sur le bord avec un linge; & pour que toutes les parties de l'émail s'arrangent & se resserrent, ensorte qu'elles occupent le moindre volume, on frappe légérement l'alézoir qui supporte le cadran; ce qui ébranle & arrange toutes les parties de l'émail, & fait sortir l'eau que l'on pompe une seconde fois: on applanit de nouveau l'émail avec la spatule, ce que les Emailleurs appellent *battre l'émail*; c'eſt de cet arrangement des parties de l'émail & de l'eau qu'on en fait ſortir, que dépend le poli ou glacé du cadran; parce que l'émail en ſe fondant, ne trouvant point de cavité, conſerve ſa ſurface unie.

1179. Il eſt néceſſaire, par une ſuite du même raiſonnement, de faire ſécher le cadran avant de l'expoſer au grand feu qui doit fondre l'émail; parce que la grande chaleur feroit bouillonner l'eau, ce qui dérangeroit l'émail, & rendroit ſa ſurface raboteuſe.

1180. Pour ſécher le cadran, on le placera ſur une tôle aſſez large, que l'on poſera ſur de la cendre chaude, qui fera deſſécher l'eau inſenſiblement; pendant ce tems, on prépare le feu pour fondre l'émail, c'eſt-à-dire, pour *paſſer le cadran au feu*.

4°. *Du Fourneau*.

1181. Le Fourneau dans lequel les Emailleurs de cadrans paſſent au feu eſt pratiqué dans une cheminée, & élevé à hauteur d'appui, pour avoir la facilité d'arranger & de voir leurs pieces: ce fourneau eſt de forme quarrée, & conſtruit de briques; on réſerve au haut ſur le fond une petite ouverture, pour le paſſage de la fumée: lorſque le fourneau doit ſervir à paſſer de grandes pieces au feu, comme des cadrans d'un pied, il doit avoir près de 3 pieds en quarré, afin de contenir aſſez de charbon pour produire un feu capable de mettre l'émail en fuſion: l'ouverture du fourneau eſt fermée par en haut, par une grande piece plate de terre de creuſet, qui garantit la vue de l'ardeur du charbon; on en met de pareilles aux côtés, afin de ne laiſſer qu'une ouverture aſſez grande pour laiſſer l'entrée libre à la piece qu'on doit paſſer au feu, ce qui concentre la chaleur en dedans du fourneau; ainſi le devant du fourneau eſt formé par des pieces de rapport.

1182. Lorſqu'on doit paſſer au feu des pieces plus petites, on garnit le dedans du fourneau de plaques de terre de creuset ; & on forme un plus petit fourneau, afin de n'être pas obligé à allumer un aussi grand feu que pour une grande piece.

5°. *De l'arrangement du Charbon & de la Mouffle.*

1183. Pour que la piece que l'on veut passer au feu soit plus facilement mise en fusion, il faut absolument qu'elle soit placée au centre d'un foyer, où toute la chaleur du feu qui doit l'entourer aillé se réunir, car il faut qu'elle soit échauffée de tous les côtés ; c'est pour parvenir à ce but, que l'on forme dans le fourneau une petite chambre de la grandeur seulement requise, pour pouvoir y placer commodément la piece que l'on veut passer au feu, & que cette chambre est entourée de charbon de tous les côtés, à l'exception seulement de l'ouverture pour le passage de la piece.

1184. Pour former cette chambre, on se sert d'une piece de terre de creuset pliée en ceintre, & formant une voûte ; on appelle cette piece ceintrée une *mouffle* : on a des mouffles de différentes grandeurs, selon celles des pieces que l'on doit passer au feu.

1185. Avant de poser la mouffle dans le fourneau, on commence d'abord par former le sol ou *âtre* avec plusieurs lits de bâtons de charbon fait de bois de hêtre : l'âtre doit être fait avec trois rangées ou lits de charbons : l'âtre étant fait, on posera la mouffle dessus, & on en dirigera l'ouverture sur celle du fourneau ; on garnira le derriere ou fond de la mouffle avec du charbon mis en travers, pour boucher ce côté du ceintre : le charbon doit être arrangé avec beaucoup d'art, afin qu'à mesure qu'il se consume, il ne fasse pas déranger la chambre formée par la mouffle ; on garnira de même les côtés & le dessus de la mouffle, avec des bâtons de charbon de hêtre bien arrangés, & on remplira ainsi de charbon tout le vuide du fourneau, qui doit être tel que le charbon qui entoure la mouffle, forme une épaisseur de trois à quatre pouces au moins : alors on mettra le feu au charbon, on fermera le devant du fourneau avec les planches de terre, dont nous avons parlé, & on laissera le charbon s'allumer tout seul, & par la seule action de l'air, à travers les fentes des pieces de terre du devant du fourneau, & de l'ouverture même pratiquée au fourneau pour le passage des pieces qu'on doit passer au feu.

1186. Lorsque le charbon est bien allumé, & que le feu a acquis sa plus grande action, c'est l'instant de *passer le cadran au feu* : on en juge & par la vivacité du feu & par la couleur de la moufle, qui doit être d'un rouge blanc : alors on prend un grand soufflet, & on souffle vivement vers l'intérieur de la chambre, pour en faire sortir les cendres ou autres parties qui pourroient s'en détacher & tomber sur l'émail ; & on soufflera le charbon pour l'animer encore.

1187. Pour passer le cadran au feu, on le pose sur une virole de fer, dont le bord est bien droit ; cette virole est *soudée à chaud*, c'est-à-dire, par le fer même mis en fusion ; & pour que, lorsque le contrémail se fond, il ne s'attache pas à ce cercle, on en recouvre le bord avec du blanc d'espagne ; ce cercle, qui s'appelle la batte, doit se poser sur une plaque de tôle, qui sert à porter la batte & le cadran au feu, avec de longues pincettes, appellées *releve-mousta-che*, assez fortes pour ne pas fléchir.

1188. Pour passer le cadran au feu, il faut qu'il soit bien séché, & il faut le présenter doucement à l'ouverture du fourneau, afin de l'échauffer par degrés insensibles, ensorte que s'il reste encore des parties humides, elles se desséchent sans bouillonner : cela fait, on pose la plaque de tôle sur l'âtre, & contre le fond de la chambre formée par la moufle ; & on le laisse en repos, jusqu'à ce qu'on voye que l'émail commence à se mettre en fusion ; alors on fait tourner la tôle tout doucement, afin que la chaleur, si elle est inégale, frappe également toutes les parties de la surface du cadran : quand on voit que l'émail est fondu, ce qui se remarque aisément par l'émail qu'on voit s'étendre, & par l'uni que prend sa surface, on le retire du feu avec précaution ;

on ne l'expofe pas tout de fuite au grand air, mais on le tient un moment à l'ouverture du fourneau, afin qu'il perde fa chaleur par degrés infenfibles; car fi l'air froid vient à frapper fubitement & inégalement fa furface, alors l'émail fe fend & s'éclate.

1189. Lorfqu'on a ainfi paffé le cadran à ce premier feu, on le met dans l'eau feconde, pour le dérocher de nouveau, avant que de le *charger du fecond émail* : on le fait dérocher cette feconde fois, pour nétoyer les parties du cuivre qui excédent l'émail, vers les bords & les trous : s'il y a des endroits en deffous du cadran qui ne foient pas contrémaillés, & où l'on voye le cuivre, on en remettra à ces endroits feulement; car on ne met qu'une couche de contrémail; enfuite, on prend de l'émail pilé plus fin que celui de la premiere couche, & préparé de la même maniere; on ôte l'eau qui furnage dans le vafe, & on l'étend avec la fpatule, & bien également fur toute la furface convexe du cadran; on en pompe l'eau avec un linge, & on frappe de même l'alézoir pour ébranler l'émail, & en faire fortir l'eau jufqu'à ce que fa furface foit fort unie : on le fait fécher de la même maniere que la premiere fois; on prépare un fecond feu avec les mêmes foins, & on paffe le cadran au feu, au moment que le charbon a acquis la plus grande vivacité; on le retire avec les mêmes précautions, lorfqu'on a vu l'émail entierement *parfondu*, & fa furface unie & glacée.

1190. Pour que l'émail foit beau, & la furface du cadran parfaitement unie, il eft à propos de le charger d'émail une troifieme fois, & de le paffer encore au feu, par la même méthode & avec les mêmes attentions : on obfervera que fi le cadran avoit quelques bourfoufflures, il faudroit les ouvrir, & les étendre avec un burin, & les remplir d'émail pilé fin, bien battu, & qu'en ces endroits, il doit être un peu plus élevé que la couche, afin qu'étant fondu, il revienne au niveau.

1191. Le cadran ainfi émaillé, il reftera à peindre les

chiffres avec du *noir d'écaille*, qui eſt un émail tendre préparé. Mais avant de peindre le cadran, il faut le diviſer : pour cet effet, on commencera par tracer des traits fins avec le compas, dont la tête ſoit à champignon, & un crayon de mine de plomb, en place d'une des pointes : on formera d'abord un trait, qui termine le bord à la grandeur de la lunette ; un ſecond trait en dedans, pour terminer les diviſions des minutes (*Planche VII, fig. 3*) ; & laiſſant entre le premier un intervalle ſuffiſant pour les chiffres des minutes, on tracera un troiſième trait, pour régler la longueur des diviſions des minutes ; & enfin un quatrieme cercle, pour régler la longueur des chiffres des heures.

1192. Pour tracer les diviſions du cadran, on pourra le faire ſur une machine à fendre, ſi on en a une ; ſinon, on aura une plate-forme ou diviſeur, fait avec une plaque de cuivre, qui ait douze à quinze pouces de diametre, & dont un cercle concentrique au trou du centre de la plaque ſoit diviſé en ſoixante parties : on poſe le cadran ſur cette plaque, que l'on perce de trous propres à laiſſer paſſer librement les pieds du cadran, & de maniere à centrer le cadran ſur la plaque.

1193. Pour placer le cadran concentriquement avec le diviſeur, celui-ci porte fixement à ſon centre un arbre, dont la tige eſt taraudée, & ſur laquelle on fait entrer une virole conique, que l'on fait poſer ſur le trou du cadran, & qui l'amene au centre de la plaque, au moyen de la preſſion de l'écrou qui appuie ſur la virole conique, ce qui fixe en même-temps le cadran & l'empêche de tourner : on ſuppoſe ici, que cet arbre du diviſeur doit être tourné rond, & s'élever perpendiculairement au plan du diviſeur, & être concentrique avec lui.

1194. Pour diviſer le cadran ſelon les diviſions de la plate-forme, on ſe ſert d'une alidade faite avec une lame de reſſort mince ; un bout de cette lame entre ſur le bout de la tige de la plate-forme, & l'autre va poſer ſur le cercle de diviſion ; ainſi en arrêtant l'alidade ſur un point de diviſion, on tracera avec un crayon de mine de plomb, les divisions des minutes du cadran, comme l'on voit (*Planche VII, fig. 3*). Mais auparavant de tracer ces traits, il faut avoir l'attention de tourner le point de midi, qu'on a dû marquer au bord de la plaque, par une petite entaille faite d'après le trait de midi de la fausse-plaque; il faut, dis-je, que ce point corresponde parfaitement avec le côté de l'alidade, lorsque celle-ci pose sur une division du cercle partagé en soixante parties; sinon, on tournera le cadran, indépendamment du diviseur, pour l'amener à ce point.

1195. Quand on aura tracé les divisions des minutes, on marquera un trait sur la division de midi, qui traverse du quatrieme cercle au premier; il indiquera l'endroit où l'on doit peindre les 60 minutes & les 12 heures; on passera cinq divisions, & on fera un pareil trait, pour désigner la place d'une heure & de la cinquieme minute, & ainsi de suite; après cela on peindra le cadran, en se réglant sur les divisions faites au crayon.

1196. Le noir que l'on emploie pour peindre les cadrans, s'appelle noir d'écaille; le plus beau que l'on ait fait jusqu'ici, se vend chez M. *Gaillard*, fort habile Emailleur à Paris: cet Artiste compose lui-même ce noir; c'est lui qui fait nos plus beaux cadrans de Pendule; il a poussé son Art de lui-même, plus loin qu'on n'avoit fait avant lui: ainsi c'est rendre service à ceux qui peuvent avoir besoin de ces ouvrages, que de le leur indiquer.

1197. Pour employer le noir, il faut le broyer très-fin dans un mortier d'agathe, avec de l'huile *d'aspic*. Pour donner une idée de la finesse qu'il doit avoir, il faut employer au moins une demi-journée, pour en broyer un gros.

1198. Après que le noir est broyé, on le retire du mortier, & on en pose une partie sur un morceau de glace, (le reste doit être enfermé dans un vase très-propre) & pour le rendre plus coulant & plus propre à être employé au pinceau, on y remet de nouvelle huile d'aspic, que l'on broye avec une petite spatule d'acier.

1199.

1199. On peint d'abord, avec un petit pinceau, les traits des divisions des minutes, & on place ce pinceau sur le compas, pour tracer les cercles 1, 2, 3, 4; enfin on peint les chiffres des minutes & des heures.

1200. Lorsque le cadran est peint, on fait sécher lentement la peinture que l'on recouvre, pour qu'il ne s'y attache aucune saleté; on prépare le feu dans le fourneau; on l'allume, & lorsqu'il l'est au point convenable, on passe le cadran au feu; on ne le fait pas entrer tout-à-coup, mais on l'échauffe au contraire par degrés insensibles, afin qu'il ne se casse pas; on le place sur le fond de l'âtre, & on l'y laisse jusqu'à ce que la peinture vienne unie & glacée, de matte qu'elle étoit; on fait tourner la tôle, pour que la chaleur fonde également le noir, & sans le brûler; on retire le cadran avec précaution, & il est fini.

VII. Ajuster les Aiguilles.

1201. Quand le cadran sera fini, on le posera sur sa fausse-plaque, & on pliera les pieds, s'ils s'étoient courbés, & si l'on voyoit que le centre ne coïncidât plus avec les canons des roues de cadran, & le trou du remontoir avec le quarré de l'arbre: ces pieds ainsi dressés, on adoucira le bord de la fausse-plaque, en dessous du bord du cadran, & le bord apparent; parce qu'il est inutile de limer la partie de la fausse-plaque, qui n'est point vue: cela fait, on pose le cadran sur la fausse-plaque, & on perce bien à raz le dessous de la plaque des trous à travers les pieds, afin de les goupiller, & fixer ainsi le cadran sur la fausse-plaque; mais on aura attention à ce que les goupilles que l'on emploiera ne forcent pas; car elles seroient capables de faire éclater le cadran: les trous doivent donc affleurer seulement avec le dessous de la fausse-plaque.

1202. Pour faire les aiguilles, on prendra du laiton mince d'environ une demi-ligne d'épaisseur, & pour longueur de celle des heures: celle H, prise du dehors du trou du cadran, jufqu'au trait *h* des heures (*Planche VII fig*. 3); & celle des minutes, depuis le dehors du même trou, jufqu'au trait de divifion des minutes *m* ; pour la largeur, approchant celle marquée par la figure : on placera ces deux plaques, on les limera, & on les dreffera ; enfuite on percera à celle des heures un trou de même groffeur que le dehors du canon de la roue de cadran, & celle des minutes, de la groffeur du canon de la chauffée.

1203. Pour ajufter les aiguilles, il faut mettre la roue de longue tige en cage, & goupiller les platines, placer la chauffée fur fa tige, la roue de renvoi, & enfin le pont de cadran & la roue : on mettra enfuite la fauffe-plaque fur la platine ; on pofera l'aiguille des heures fur le cadran ; on marquera à fleur du deffus de l'aiguille, un trait fur le canon de la roue de cadran, qui défignera la hauteur où doit s'élever le deffus de l'aiguille des heures ; on mettra la roue de cadran fur un arbre liffe, & on reculera l'affiette de la roue autant qu'il fe pourra, pour ne pas l'affoiblir : on coupera le canon au-deffus du trait marqué, & on diminuera ce canon, pour ne lui laiffer qu'un tiers de ligne de force ou environ tout autour : ce canon ne doit pas aller en diminuant de la roue jufqu'au bout ; au contraire, il doit être plus petit du côté de la roue, afin que le canon de l'aiguille (qui doit être fendu pour faire le reffort) y étant entré, foit retenu, & ne puiffe pas en fortir, lorfqu'on tourne l'aiguille pour la mettre à l'heure.

1204. Quand on aura coupé de longueur le canon de la roue de cadran, on coupera celui du pont, afin qu'il ne déborde pas celui de cadran ; ce que l'on fera en le mettant fur un arbre liffe : fi le canon de cadran ne roule pas affez librement, on diminuera le canon du pont, en le roulant, pour l'adoucir.

1205. Le canon de la roue de cadran, étant ainfi préparé, on percera un bout de fil de laiton bien écroui, lequel aura affez de groffeur pour qu'étant percé d'un trou propre à entrer fur le canon de la roue de cadran, il refte autour de quoi lever une affiette, pour y river la plaque de l'aiguille des heures ; on coupera ce canon un peu plus long que n'eft le canon de la roue de cadran, depuis l'affiette jufqu'au bout du canon, à caufe de la rivure qu'il faut pour l'aiguille, & que d'ailleurs il vaut mieux raccourcir le canon, lorfque cette aiguille eft rivée, pour la faire defcendre à raz du deffus du cadran; on percera le canon d'un trou qui foit de la groffeur du plus petit endroit du canon de cadran, & on l'aggrandira de forte que le plus grand côté du trou ne faffe qu'entrer fur le bout du canon de la roue de cadran : on mettra ce canon fur un arbre liffe, & on formera au bout le plus aggrandi du trou, une affiette, pour y river la plaque de l'aiguille des heures : on réfervera en deffous un peu d'épaiffeur pour l'affiette, & on amincira le refte du canon par fon petit bout, enforte qu'il n'ait qu'un quart de ligne d'épaiffeur tout autour du trou: on aggrandira le trou de la plaque de l'aiguille, pour la faire entrer fur l'affiette du canon, & on la rivera; enfuite on paffera l'équarriffoir en dedans, pour ôter la bavure faite par la rivure; on fera entrer un morceau de bois, qui rempliffe le trou du canon qui faille du côté de l'aiguille ; on l'attachera à l'étau, & avec une fcie on fendra le petit bout du canon jufqu'à l'affiette; par ce moyen, il fléchira & fera reffort pour entrer fur le canon de la roue, & il tendra à y refter lorfqu'il y fera.

1206. Pour achever de donner la longueur convenable au canon de l'aiguille ; on mettra la roue de cadran fur fon pont, & la fauffe-plaque en place ; & on mettra l'aiguille fur le canon de la roue : fi l'aiguille n'approche pas tout contre le cadran, fans cependant y toucher, on accourcira le canon de l'aiguille, & convenablement.

1207. L'aiguille des heures étant ajuftée fur fon canon, on limera le bout de la plaque pour l'aiguille en pointe & de longueur jufte à marquer fur le cercle du cadran, qui borne le bas des chiffres des heures ; enfuite on fera avec un compas ou fur le tour, un trait tout autour du canon, qui foit tel que le milieu de l'aiguille recouvre le trou du cadran ; & qu'il reste assez de force autour du canon, pour que l'aiguille soit solide.

1208. On voit, par cet ajustement de l'aiguille des heures, que l'on peut faire tourner cette aiguille, indépendamment du canon de la roue de cadran, & que, par conséquent, celle-ci reste immobile ainsi que la chaussée, qui doit porter l'aiguille des minutes : mais il n'en doit pas être de même de l'ajustement de l'aiguille des minutes ; car il faut que lorsqu'on la fait tourner, elle entraîne la chaussée qui doit se mouvoir à frottement sur la tige prolongée de la roue des minutes : or la roue de chaussée fait nécessairement tourner la roue de renvoi S (*Planche V fig. 3*), & le pignon de celle-ci la roue de cadran ; ainsi à mesure qu'on fait tourner l'aiguille des minutes, celle des heures est entraînée, & avance proportionellement à celle des minutes ; c'est-à-dire, que pendant qu'on avance l'aiguille des minutes d'un tour, qui fait une heure, l'aiguille des heures avance de la douzieme partie de sa révolution, qui répond à une heure.

1209. Pour obliger l'aiguille des minutes d'entraîner la chaussée, on lime le bout de la chaussée quarrément, & on fait le trou de l'aiguille de même figure ; mais comme cet ajustement seroit sujet à laisser vaciller l'aiguille de haut en bas, si le quarré de l'aiguille n'avoit pour épaisseur que celle de l'aiguille même, on ajuste un canon épais sur cette aiguille ; & c'est sur ce canon que l'on forme le trou quarré : ce canon a, d'ailleurs, un autre avantage ; c'est que, comme il entre en rond sur l'aiguille, avant de le river entierement, on peut tourner l'aiguille séparément de l'assiette, afin de faire détendre l'étoile de la répétition à l'instant juste où l'aiguille est sur la soixantieme minute, ainsi que nous allons l'expliquer.

1210. Lorsque l'aiguille des heures est ajustée, on la met en place, ainsi que la chaussée, & on marque à fleur du bout du canon de cadran, un trait sur la chaussée, qui désigne l'origine du quarré qu'on doit y former : on démonte la chauffée, & on la place fur un arbre liffe ; on fait par la marque donnée un petit trait, & on coupe au-deffus de ce trait le canon, en laiffant environ deux lignes & $\frac{1}{2}$ pour la longueur du quarré; on lime ce quarré bien exactement, & felon le trait qui en régle la longueur.

1211. Pour faire l'affiette de l'aiguille des minutes, on prendra du fil de laiton de groffeur convenable, pour que le trou quarré étant fait, il refte autour de quoi former une affiette, & avoir une portée pour la rivure, c'eft-à-dire, plus de trois lignes, & pour longueur, celle du quarré fait à la chauffée; on percera le trou, & on l'*étampera*, enforte qu'il entre très-jufte fur le quarré de la chauffée, mais pas tout-à-fait au fond; on le mettra fur un arbre liffe; on le tournera; on formera fur le petit bout une affiette & portée pour y river l'aiguille; on aggrandira le trou de la plaque de l'aiguille des minutes, pour entrer fur cette rivure de l'affiette, & on ébifelera le trou de l'aiguille, pour la place de la rivure, avec le foret à chanfrein : au lieu de faire des encoches, avec la lime à queue de rat, qui ne permettroient pas de laiffer tourner l'aiguille féparément de l'affiette, felon qu'il en fera befoin pour la faire détendre à l'heure, on rivera l'aiguille fur fon affiette, mais pas entierement, pour la raifon fufdite : on chaffera l'étampe à force dans ce trou, pour en faire fortir les bavures, & on achevera d'étamper le trou, pour qu'il entre au fond du quarré de la chauffée ; alors on limera l'excédent du quarré de chauffée à raz l'affiette, & on donnera un trait de burin profond, qui faffe le repaire de l'affiette avec la chauffée ; on donnera un trait de compas fur la plaque, qui régle la quantité de matiere qui doit refter à l'aiguille, autour de l'affiette.

1212. L'aiguille ainfi préparée, on mettra fur le bout du canon une petite plaque, qu'on appelle la *goutte*, laquelle eft retenue par une goupille, qui traverfe le bout du pivot de chauffée; cette goutte retient la chauffée & l'aiguille, les empêche de fe féparer, & de changer de place, felon la longueur de la tige.

1213. Pour faire la goutte, on prendra une petite plaque de laiton écroui, à laquelle on donnera même grandeur que le trait en question; on percera cette plaque (mise ronde à la lime) d'un trou de même grosseur que le bout de la chauffée, & on tournera cette goutte un peu concave, du côté où elle doit appuyer sur l'aiguille, & convexe du côté où la goupille doit la retenir.

1214. On mettra cette goutte sur le bout de la tige de chauffée, & on la fera poser sur l'aiguille, & de sorte que la chauffée soit enfoncée contre la portée de la tige, & le quarré de l'aiguille sur le bas du quarré de la chauffée; alors on marquera à fleur le dessus de la goutte un trait sur le bout de la tige, qui désignera l'endroit où il faut percer le trou pour *goupiller la goutte*; mais on ne percera ce trou qu'après qu'on aura fini d'ajuster les aiguilles, & qu'on aura démonté la roue de longue tige; ce que nous expliquerons en son lieu.

1215. Pour faire détendre l'aiguille des minutes, il faut mettre le limaçon des quarts sur son quarré, mettre en place l'étoile & le tout-ou-rien; & enfin le valet pressé par son ressort, les roues de chauffée & de renvoi & le pont de cadran, lequel servira à retenir la roue de chauffée dans son engrenage, à mesure qu'il est besoin d'ôter l'aiguille de dessus le quarré de chauffée pour le faire détendre; on mettra l'aiguille des minutes à son repaire, après l'avoir premierement mise de longueur, & avoir terminé le bout en pointe. Quand on aura préparé le tout, comme je viens de le dire, on fera tourner doucement l'aiguille des minutes, en remarquant à quel point du cadran elle est située, lorsque l'étoile détend (115): si elle n'est pas juste sur la soixantieme division, c'est-à-dire, sur midi, on ôtera l'aiguille de dessus la chauffée, & on la fera entrer sur le quarré qui a servi à étamper l'assiette; on attachera ce quarré à l'étau fixement, tandis qu'on fera tourner l'aiguille du côté convenable, pour la faire détendre à midi: on répétera cette opération, jusqu'à ce que l'étoile détende exactement, lorsque la pointe de l'aiguille fera fur la foixantieme divifion du cadran ; cela fait, on achevera de river l'affiette fur l'aiguille, & on la repréfentera encore pour voir fi, en rivant, l'aiguille ne s'eft point dérangée; fi cela étoit, il faudroit un peu forcer l'aiguille, pour la faire tourner, ou bien courber un peu l'aiguille.

1216. L'aiguille ainfi ajuftée, on s'en fervira pour vérifier la juftefle de l'étoile ; car fi elle n'eft pas jufte, elle détendra, tantôt lorfque l'aiguille eft jufte fur 60, & tantôt lorfqu'elle paffe ou qu'elle précede cette divifion ; pour corriger cette inégalité de l'étoile, on en courbera un peu les pointes des rayons, avec des pinces à goupilles un peu fortes, ou bien, on les limera, & on les jettera un peu fur un côté, & jufqu'à ce qu'on foit parvenu à faire détendre les douze rayons de l'étoile au même inftant, ou très-approchant.

1217. Lorfqu'on a égalifé les rayons de l'étoile, on vérifie la longueur des degrés du limaçon des quarts, lefquels doivent être tels qu'au moment que l'aiguille des minutes eft parvenue fur les quinze minutes ou le quart, fur la demie, ou enfin fur les quarante-cinq minutes du cadran, la piece des quarts Q (*Planche V*, fig. 2) defcende fur le premier, deuxieme ou troifieme degré ; & c'eft pour avoir la facilité de leur donner cette juftefle, qu'on a tenu ces degrés plus longs.

1218. Pour rendre les degrés du limaçon des quarts de la longueur néceffaire, on mettra en place la piece des quarts ; on fera tourner l'aiguille des minutes fur le quart ou 15 minutes du cadran, & on l'arrêtera en ce point ; en ce moment on fera defcendre la piece des quarts fur le limaçon ; & comme elle pofera encore fur le pas h, on marquera bien jufte par le dedans du bras k un trait fur le bord du limaçon, qui défignera jufte l'endroit où doit être reculé le degré 1.

1219. Pour le degré de la demie ou deuxieme quart, on fera avancer l'aiguille jufqu'à la trentieme minute du cadran, & on l'arrêtera en ce point ; on fera approcher la piece des quarts contre le limaçon, & on marquera par le dedans du bras, le point où doit être reculé le deuxieme degré, & pour le troisieme quart, on fera la même opération : on reculera donc les degrés selon ces traits, & en suivant le même enfoncement des degrés ; enfoncements qui sont marqués par les traits de burin que l'on a faits sur le limaçon pour le tailler.

1220. Cela étant fait, on ôtera l'aiguille des minutes, on démontera la fausse-plaque ; mais on aura l'attention, aussi-tôt que cela sera fait, & avant de lever le pont de cadran, de démonter la roue de renvoi, de marquer un repaire d'une dent de cette roue avec l'intervalle de la dent de chaussée, qui sont actuellement correspondantes sur ces roues, comme on le voit en 3, 4 (fig. 3.) on marquera ce repaire, par des points faits avec un foret, afin que toutes les fois qu'on rassemblera ces roues, elles s'engrenent par les mêmes dents, & que, par ce moyen, l'étoile détende sur le midi ; car sans cette précaution, on seroit obligé à chaque fois qu'on remonte l'Horloge, de tâtonner le point d'engrenage de ces roues, pour faire détendre l'étoile.

1221. Cela fait, on démontera les roues de cadran de dessus la platine, & la roue de longue tige de la cage : alors on pourra percer le trou de goupille, marqué au bout de la tige. Pour percer ce trou, il faudra amollir le bout de cette tige ; pour cet effet, on le fera chauffer avec le chalumeau, jusqu'à ce qu'il soit revenu passé gris à l'endroit seulement du trou ; car il faut ménager le reste de la tige : lorsqu'il sera revenu, on marquera, par le trait, un point avec un pointeau ; on fera un foret (avec de l'acier bien fin) qui ait pour grosseur un peu plus d'un douzieme de ligne, & dont le bout soit arrondi ; on trempera ce foret, & on ne fera revenir que la tige, en conservant au bout toute sa dureté ; on percera bien droit à travers la tige ; si on casse le foret dans le trou, ainsi que cela arrive quelquefois, on en sera quitte pour chauffer de nouveau le bout

de

de la tige, afin d'amollir le bout de foret caſſé dedans, & pour refaire un autre foret.

1222. Lorſque la tige eſt goupillée, on en coupe une partie en deſſus du trou; on arrondit ce bout, & on l'adoucit enſuite, avec une pierre à huile; enfin on le polit avec un bruniſſoir; on adoucit la tige ſelon ſa longueur, avec la pierre à huile; ce qui ôte le noir du feu, & les traits faits au tour.

1223. Il reſte maintenant, pour achever tout ce qui concerne l'ajuſtement des aiguilles, à produire le frottement de la chauſſée ſur ſa tige, afin que le mouvement de la longue tige entraîne la chauſſée & les aiguilles, & que ce frottement ſoit tel, qu'en tournant l'aiguille des minutes à la main, elle ne force pas la tige qui la porte: pour produire cet effet, on fend le canon de chauſſée ſelon ſa longueur, depuis le deſſous du quarré juſqu'à l'aſſiette, comme on le voit à la chauſſée C (*Planche VI, fig. 6*); mais avant de fendre la chauſſée, il eſt néceſſaire de diminuer un peu la groſſeur du canon de chauſſée, afin qu'elle roule librement dans le trou du canon du pont, & ſans pouvoir y frotter, ce qui ſeroit très-nuiſible; & cela eſt ſur-tout néceſſaire, puiſque pour poſer ce pont, & le centrer, on le fait entrer juſte ſur le canon de chauſſée.

1224. Pour fendre la chauſſée, on la limera en travers, & on fera de deux côtés oppoſés une entaille, juſqu'à ce qu'on ait commencé à atteindre le trou; alors on fera paſſer une lime à égaler mince, & on formera la fente telle qu'on la voit (*Planche VI, fig. 6*): on ôtera les bavures en dehors avec la lime, pour qu'elles ne puiſſent pas toucher au trou du pont de cadran; & en dedans, on paſſera le même équarriſſoir dont on s'eſt ſervi pour aggrandir le trou de chauſſée; cela fait, la chauſſée roulera librement ſur ſa tige; mais pour produire le frottement, on frappera ſur le milieu de la partie fendue du canon aux deux côtés, afin de les rapprocher du centre du trou; c'eſt la preſſion de ces deux côtés qui formera le frottement que l'on adoucira, & on les empêchera de se gripper sur la tige, en y introduisant un peu d'huile.

1225. Lorsque les aiguilles seront ainsi ajustées, elles seront prêtes à être gravées, ou si l'on veut les terminer soi-même, on pourra les faire selon la figure des aiguilles *a*, *b* (*Planche XII, fig.* 1), lesquelles étant d'un modele fort simple, peuvent être facilement exécutées ; il restera à les dorer ; ce que l'on fera de la maniere suivante.

Dorer les Aiguilles en or moulu.

1226. Pour dorer en or moulu, on prend de l'or de ducat d'Hollande, c'est-à-dire, que l'or le plus fin est le meilleur.

Préparation de l'Or.

1227. Il faut forger l'or, & le réduire en une plaque la plus mince qu'il se pourra au marteau, sur un tas uni & poli : la plaque d'or étant ainsi réduite, on la coupera avec des ciseaux, en très-petits morceaux ou paillons; ensuite l'on jettera cet or dans un verre bien net ; on mettra dans le même verre du mercure, que l'on mêlera avec l'or, jusqu'à ce qu'il soit devenu blanc : (Si l'on a dix-huit grains d'or, on mettra deux gros de mercure, c'est-à-dire, huit fois plus de mercure que d'or).

1228. L'or ainsi préparé, on fera chauffer un creuset dans un réchaud rempli de charbon bien allumé ; lorsque ce creuset est bien rouge, on y jette l'or & le mercure ; & avec une verge de cuivre ou de bois, on mêle l'un & l'autre jusqu'à ce que l'or soit dissous, & que le mercure s'étant évaporé en partie, le reste forme une pâte ; dans le moment, on la jette dans de l'eau pure : si la pâte est malléable, on la laisse en cet état ; mais si elle est trop fluide, on la remet de nouveau dans le creuset, pour faire encore évaporer le mercure ; mais si la pâte est trop dure pour ne pouvoir s'étendre aisément à la main, il faut remettre du mercure, &

la jetter dans le creuset que l'on conserve rouge : pendant cette opération, on évitera de respirer l'air, à cause du mercure.

Préparation des Aiguilles, pour y appliquer l'Or.

1229. Pour préparer la piece, que l'on veut dorer, de maniere à recevoir l'or, on prend du laiton que l'on lime de la figure d'un brunissoir; on le plonge dans de l'eau forte, & ensuite dans le mercure, de sorte qu'il s'amalgame à cette espece de brunissoir qu'on appelle un *Avivoir :* l'avivoir ainsi recouvert de mercure, on le passe sur la piece que l'on veut dorer, jusqu'à ce qu'elle soit blanchie par le mercure qu'emporte l'avivoir; on appelle cette opération *aviver :* lorsqu'on a ainsi avivé & recouvert de mercure la partie de la piece qui doit être dorée, on prend une brosse, afin d'étendre également le mercure sur toute la surface de la piece; on a le soin, pendant toute cette opération, de tenir l'aiguille avec un linge, pour que le mercure ne pénetre pas les doigts.

1230. Lorsque la piece est avivée, on prend, avec l'avivoir, de l'or préparé, & on en recouvre la surface de la piece à dorer; ensuite on place cette piece sur un feu doux recouvert de cendre, & on la laisse s'échauffer, jusqu'à ce qu'on voye que l'or commence à bouillonner; dans l'instant on la retire & on la brosse pendant qu'elle est chaude, & très-légérement, afin de ne pas emporter l'or; on remet de nouveau la piece sur le feu, & dès qu'elle est chaude, on la retire, & on continue à brosser, pour étendre l'or, & le rendre uni; opération que l'on recommence, jusqu'à ce que l'or se fixe, & soit parfaitement uni; alors on laisse la piece sur le feu, jusqu'à ce que le mercure soit entiérement évaporé (c'est ce qu'on appelle faire sécher), & que la piece reste jaune.

1231. Pour achever de faire disparoître le mercure, on plonge la piece dans l'huile d'olive, & on la met sur le feu, jusqu'à ce que l'huile s'évapore, & au point d'acquérir une couleur rougeâtre; alors on essuie la piece avec un linge; si elle reste noire, c'est une marque qu'il n'y a pas assez d'or; dans ce cas, il faut remettre de nouveau de l'or avec l'avivoir, & recommencer l'opération indiquée.

1232. Lorsque la piece est ainsi dorée, sa surface reste matte; il reste à donner le brillant à l'or; ce que l'on fait avec une *gratte-boisse*; pour cet effet, on met de l'urine dans un vase de fayance, qui soit neuf & verni; on y plonge la piece dorée, & on la *gratte-boisse* jusqu'à ce qu'elle devienne brillante.

1233. Lorsque la piece dorée est gratte-boissée, on la met dans de l'eau commune, & on l'essuie avec un linge très-propre; ensuite on la pose sur le feu de cendre, & on la laisse chauffer, jusqu'à ce que l'or, qui étoit pâle, change de couleur; & pour juger du degré de chaleur que la piece doit prendre, on met dessus un petit morceau de papier de soie (ou bien un bout de ressort spiral, qui, lorsqu'il devient bleu, marque que l'on doit retirer la piece); lorsque ce papier devient jaune, on retire la piece, & on la gratte-boisse de nouveau; on la met dans l'eau, & ensuite sur le feu: on recommence cette opération, jusqu'à quatre fois, & la piece est dorée. Voilà en gros les opérations requises pour dorer les aiguilles, & que l'on peut appliquer à toutes les pieces d'une montre, platine, coq, roues, &c.

VIII. *De l'Ajustement du Timbre & des Marteaux.*

1234. Le timbre sur lequel les marteaux de répétition $f\ l$, $t\ m$, (*Planche V*, *fig.* 2) doivent frapper, doit s'attacher sur un pont coudé, qui se fixe sur le dehors de la seconde platine; le timbre ni son pont ne sont pas ici représentés, parce qu'ils auroient caché la cadrature, qu'il est essentiel de voir: le côté plan du timbre doit être placé au-dessus de la cadrature, & parallélement à la platine, &

aussi éloigné de la platine que le permet la profondeur de la boîte : le côté convexe devant approcher tout contre le fond du cartel, le timbre ne devra avoir que huit lignes de hauteur au plus, afin qu'entre les plus hautes pieces de la cadrature & le timbre, il reste une place suffisante pour la verge du pendule qui doit s'y mouvoir ; on fera donc un pont recourbé pour porter le timbre, & qui l'éleve convenablement au-dessus de la platine ; ce pont devra être plié, pour passer en dessous du timbre dans sa partie concave, & aller joindre le trou dont le timbre est percé, pour y être arrêté au moyen d'une vis dont la tête sera à fleur du dehors du timbre, & sera taraudée sur ce pont, qu'on appelle le *Porte-timbre* ; le porte-timbre fait, on l'attachera sur la platine, au moyen d'une vis.

1235. Pour déterminer la position du timbre sur la platine, il faudra observer qu'elle doit être telle que le bord supérieur du timbre, sur lequel les marteaux doivent frapper, doit être situé à peu-près dans la ligne de niveau qui passe entre les deux centres f, t des marteaux ; par ce moyen, les marteaux l, m frapperont avec plus d'énergie, à cause de la force qu'ils acquerront par la descente accélérée, jointe à la pression des ressorts.

1236. Pour arrêter le porte-timbre en cette position, on percera sa base, qui est semblable à celle du coq p, s, (*fig.* 3) de deux pieds, pour l'empêcher de tourner, & le rendre fixe au moyen de la vis.

1237. Les marteaux sont formés de trois pieces ; 1°, des masses l, m, (*fig.* 2) qui font proprement les marteaux ; 2°, des manches de marteau f, l ; t, n ; & enfin des canons qui entrent quarrément sur les tiges de marteau : c'est sur ces canons que sont rivés les manches des marteaux.

1238. Pour faire les quarrés des tiges de marteau, on les mettra en cage, & l'on marquera à raz le dehors de la platine, sur leurs pivots prolongés, des traits qui indiqueront l'origine des quarrés qu'il faut y former, pour y faire entrer les canons f & t des marteaux ; on formera à ces marques des tiges, des traits de burin; on limera les quarrés, que l'on rendra bien réguliers; on les adoucira; on prendra du fil de laiton non écroui, qui ait trois lignes de grosseur; on en coupera deux bouts de la longueur des quarrés; on les percera, & on les étampera, de sorte que leurs trous rendus quarrés, entrent bien juste sur les quarrés des tiges; on marquera par en bas des repaires de chaque canon avec son quarré, ce qui servira à replacer le canon, afin qu'il présente toujours le même côté du trou au même pas sur lequel on l'a d'abord fait entrer; on tournera ces canons, & on formera sur l'extrémité du petit côté du trou des assiettes, pour pouvoir y river les *branches* ou *manches* de marteau; on diminuera ce canon en dessous de l'assiette, & on adoucira ces canons & assiettes.

1239. Pour faire les manches de marteau, on prendra du laiton qui ait deux tiers de ligne d'épaisseur, & quatre lignes de largeur; & pour longueur, un peu plus que la distance qu'il doit y avoir des centres f & t aux points de contact des marteaux: ce point de contact doit être tel que nous l'avons indiqué (331); on écrouira ces branches de marteau; on percera à un bout, un trou pour entrer sur l'assiette du canon, & on limera le reste d'abord quarrément, en allant en diminuant jusqu'au bout; ensuite on le rendra rond: c'est cette partie qui doit former le manche.

1240. Quand on aura fait les manches, on fera les marteaux; on prendra du fil de laiton qui ait au moins six lignes de grosseur; on en coupera deux bouts qui aient deux lignes d'épaisseur; on écrouira ces marteaux, & on les percera au centre d'un trou qui ait environ trois quarts de ligne; on les chassera sur un arbre lisse, pour les tourner dessus & sur les côtés; le dessus doit être un peu arrondi, afin de ne frapper sur le timbre que par un point; on les adoucira; on les percera par le bord, au milieu de leur épaisseur, d'un trou qui soit dirigé au centre, & qui soit de la grosseur du petit bout des manches; c'est par ce trou qu'ils doivent être *emmanchés* sur les branches; on percera

Première Partie, Chap. XXXVI.

ce trou jusqu'au centre du marteau, & on le fera un peu plus petit que le bout du manche, afin que celui-ci y entre à force.

1241. On mettra les tiges de marteau en cage, ainsi que leurs ressorts; on fera entrer les canons sur leurs quarrés & à leurs repaires; on mettra le timbre en place; on mettra les trous des manches en chanfrein pour la rivure : on présentera ces manches sur leurs canons, & on dirigera ces manches au-dessus du timbre, à la distance du rayon du marteau, & cela lorsque le ressort de marteau est à son repos : on rivera le manche sur son canon en cet état, & en prenant garde qu'il ne se dérange, ce qui le feroit trop approcher ou trop écarter du timbre, en sorte que l'on seroit obligé de le couder, pour le ramener au point convenable ; mais pour éviter cet inconvénient, avant d'achever de river le manche, on le présentera encore avec le timbre; on en fera autant aux deux manches.

1242. Lorsqu'on aura rivé les manches de marteau, il faudra les couper de longueur convenable, pour que le point de contact sur le timbre se fasse par la tangente (331) qui passe du point d'attouchement du marteau par le centre de mouvement du marteau; on limera les bouts des manches, & on les fera entrer un peu à force sur les marteaux; car pour achever de fixer les marteaux, il faut éprouver s'ils ne sont pas trop pesants, pour que le ressort moteur ne pût pas les élever pour les faire frapper.

1243. Ainsi pour éprouver la pesanteur des marteaux & la force des ressorts, & la proportionner à la force du moteur de la répétition, il faut remonter le rouage de répétition & le volant, les marteaux & bascules ; il faut mettre les ressorts de marteau en place (mais avant tout, il faut nettoyer tous les trous des pivots de répétition); il faut goupiller la cage, & voir si, en cet état, les roues sont bien libres en hauteur; si cela n'est pas, on démontera le rouage, & on reculera les portées qui sont trop hautes ; on verra si les pivots sont libres dans leurs trous; & si cela n'est pas, on les aggrandira en conséquence, parce qu'avant de toucher aux ressorts de marteau pour les affoiblir, ou aux marteaux pour les diminuer, il faut commencer par ôter toutes les gênes du rouage, & réduire tous ses frottements à l'état où ils doivent rester lorsque l'Horloge sera finie & remontée.

1244. Le rouage, les bascules & les tiges de marteau ainsi rassemblés, on attachera le barrillet de répétition B (*fig. 3*) sur la platine; on mettra la tête de l'arbre sur son quarré, & on placera le couvercle; on mettra la poulie P (*fig. 2*) sur son quarré, pour s'en servir à remonter le ressort; on mettra le timbre en place ainsi que les marteaux ; si, après avoir remonté le grand ressort, il n'est pas capable de faire frapper les marteaux, on affoiblira un peu les ressorts, soit en diminuant leur bande, soit en les amincissant, s'ils sont trop roides ; ou bien, on peut encore changer leur pression sans les affoiblir, en les accourcissant un peu, afin qu'ils agissent plus près du centre des bras *i* (*fig. 8.*) & *c* (*fig. 9*).

1245. Si, après avoir affoibli les ressorts, & diminué leur bande ou pression contre les bras des tiges de marteau, le grand ressort de répétition a encore de la peine à les faire lever, on pourra diminuer un peu les marteaux ; mais si après toutes ces opérations les coups de marteau devenoient foibles, alors il seroit préférable de changer le grand ressort de répétition, & d'en mettre un autre, qui, faisant moins de tours, seroit plus fort ; ainsi l'on pourroit, par ce moyen, redonner plus de bande aux ressorts de marteau.

1246. Les marteaux de répétition ainsi mis de pesanteur, & les ressorts étant de force convenable, on chassera tout-à-fait les marteaux sur leurs manches ; ensuite l'on marquera l'endroit du quarré où l'on doit percer les trous pour les goupiller ; ces trous de goupilles doivent être à raz du bout du canon.

1247. Avant de démonter le barrillet de répétition, on marquera au raz du barrillet la hauteur où l'on doit couper

couper l'arbre, qui ne doit pas être plus faillant que le barrillet.

1248. On démontera le rouage de dedans la cage; on fera revenir les bouts des tiges de marteau, & on percera, par les endroits marqués, les trous de goupille; on limera les bouts de quarré au raz de ces trous, en laissant une force convenable en dessus; on adoucira & on polira les bouts de ces quarrés.

1249. Pendant qu'on est à percer les trous de goupille, on fera ceux des tenons de cadrature du quarré de la poulie, & de celui du limaçon des quarts; on placera la poulie sur son quarré, & à son repaire; on marquera au raz du devant des ailes du pignon un trait sur le quarré de l'arbre, pour désigner l'endroit où l'on doit percer le trou pour goupiller & fixer la poulie sur son quarré; on ôtera la poulie; on fera revenir le bout de l'arbre; on donnera un coup de pointeau par la marque; on percera le trou, & on coupera l'arbre un peu au-dessus du trou; on adoucira & on polira ce bout d'arbre : on coupera le bout du quarré du barrillet par le trait marqué; on adoucira & on polira le bout.

1250. Pour goupiller le limaçon des quarts, on placera le limaçon sur son quarré, & on marquera au raz du bout de la tige un trait par lequel on doit percer le trou; on fera revenir le quarré; on fera un point avec le pointeau; on percera le trou, & on coupera le quarré au dessus du trou; on l'adoucira & on le polira.

1251. On a goupillé les quarrés de la poulie & du limaçon des quarts, selon la longueur qu'avoient leurs canons, sans s'astreindre à une mesure, parce que rien ne les gêne; mais il n'en est pas de même de la broche de la piece des quarts, au-dessus de laquelle la fourchette d'échappement doit passer; ainsi le bout de cette broche ne devra pas être plus élevé que le ressort $d\,y$ du tout-ou-rien, au-dessus duquel la fourchette doit aussi passer : on accourcira donc premiérement cette broche, en la mettant à la hauteur du tout-ou-rien; & s'il n'y a pas assez de place pour la goupille, entre le bout du canon de la piece des quarts & celui de la broche, on percera, malgré cela, le trou de la goupille tout près du bout de la broche, & on accourcira ensuite les canons du doigt & de la piece des quarts, jusqu'à ce qu'ils soient à fleur du trou, & qu'ayant mis une goupille dans ce trou, elle n'empêche pas de tourner (librement) la piece des quarts & le doigt; & on ne les accourcira pas plus qu'il n'est besoin, afin que les canons n'ayent pas de jeu en hauteur.

1252. Après qu'on a percé les trous des goupilles, il faut en ôter la rebarbe avec un foret, avant de faire entrer la broche dans le trou de son canon, parce que ces bavures déchireroient le trou du canon.

1253. Par rapport aux autres pieces qui doivent être goupillées, telles que la broche du rateau du tout-ou-rien & du valet; comme elles ne se trouvent pas placées dans le passage du pendule (à cause que celui-ci ne doit pas décrire de fort grands arcs), on percera les trous à fleur des canons, & de maniere que les goupilles n'ôtent pas la liberté de ces pieces; si donc on perce le trou un peu trop près, on raccourcira un peu le canon.

1254. Lorsque les trous des goupilles seront percés, on ôtera leurs bavures avec un foret, & on passera ensuite le brunissoir tout autour; on coupera les tenons un peu au-dessus des trous; on les adoucira, & on les polira.

IX. *De l'exécution du Ressort moteur de l'Horloge.*

1255. QUOIQUE les ressorts de Pendule & de Montre ne soient pas exécutés par les Horlogers, mais bien par des Ouvriers particuliers, qui ne font que cela (*Voyez Disc. Prélim.*); je ne laisserai pas de donner ici la maniere dont les ressorts de Pendule sont fabriqués; ce que je ferai, pour contenter les personnes qui desireront être instruites de tous les procédés que l'on met en usage pour la fabrication de nos Horloges; c'est aussi pour satisfaire la curiosité de ces personnes, que je suis entré dans le détail de l'émail pour les cadrans: on ne doit pas s'attendre que je m'étende sur les ressorts plus que je n'ai fait pour les cadrans; car je ne prétends que de donner sur ces deux Articles de simples notions, puisque chaque objet, pour être traité à fond, exigeroit seul un Traité particulier.

1°, *De l'Acier que l'on emploie pour faire les Ressorts de Pendules: De la maniere de forger ces Ressorts.*

1256. L'acier dont on se sert pour faire les ressorts de Pendule, s'appelle *Etoffe de Pont*: les Faiseurs de ressorts le préferent à l'acier d'Angleterre, parce qu'étant employé pour faire un ressort, en conservant son élasticité, il est moins sujet à casser.

1257. Pour faire un ressort tel que celui de notre Horloge à répétition, il faut prendre une livre ½ d'acier ou *étoffe*: on le forge d'abord, & on le prépare de sorte qu'il forme une verge dont la largeur soit d'environ six lignes, & l'épaisseur deux lignes; l'on amene cette verge à la longueur que peut donner l'acier; c'est ce qu'on appelle *dégrossir*.

1258. Quand l'acier est dégrossi, on l'élargit (*a*) à

(*a*) Pour plus de promptitude, les Forgerons de ressorts, au lieu de forger simplement un ressort, en dégrossissent deux de même dimension, qu'ils appliquent ensuite l'un sur l'autre, & les font chauffer ensemble dans le milieu de leur longueur; lorsque ces verges ont la chaleur convenable, ils frappent à grands coups sur les deux, en les tenant bien jointes ensemble, ensorte qu'elles s'élargissent toutes deux en même-temps: lorsqu'ils ont élargi le milieu d'environ la longueur d'un pied, & qu'ils ont donné la largeur requise, ils séparent ces deux verges; ensuite ils en prennent dabord une qu'ils plient par l'endroit élargi, à peu-près comme une pincette de cheminée; ensuite ils font chauffer les parties de la verge les plus prochaines, & qui ne sont pas encore élargies, & ils les étendent à grands coups de tête de marteau, & les mettent à la largeur nécessaire; ainsi il y a deux parties de la verge qui s'étendent en même-temps; ils font ainsi chauffer & battre la verge jusqu'au bout; alors ils la redressent, & ont une lame de ressort: ils reprennent ensuite l'autre verge, sur laquelle ils font la même opération, & l'étendent de même à double. Les Forgerons emploient cette méthode comme plus expéditive, & pour empêcher qu'en chauffant l'acier la lame ne se brûle, ce qui n'arrive pas, lorsqu'elles sont appliquées l'une sur l'autre, parce qu'elles se con-

Hhh ij

grands coups de marteau, jusqu'à ce qu'on lui ait donné la largeur dont on a besoin (c'est-à-dire, environ treize lignes) & l'épaisseur d'un peu moins de demi-ligne: une livre $\frac{1}{2}$ d'acier amené à ces dimensions, doit former une lame d'environ neuf pieds de longeur, qui est plus que suffisante pour le diametre du barrillet dont il est question.

2°, *Forger le Ressort à froid*.

1259. Le ressort étant forgé à la grosse forge, on le fait recuire. Pour cet effet, on remplit de charbon un grand réchaud; quand le charbon est allumé, on fait entrer un bout du ressort dans le milieu du feu, & on l'y laisse jusqu'à ce qu'il soit rouge: alors on pousse le ressort plus avant, & on laisse rougir la partie de la lame qui suit immédiatement le bout rougi; & on le fait ainsi chauffer de proche en proche, jusqu'à ce que toute la lame ait été chauffée & rougie par la seule action du feu, & sans le souffler.

1260. Quand on a recuit le ressort, on commence par *visiter* avec soin les parties fortes & les parties foibles, ce qui se fait en pliant la lame: la partie qui cede la premiere est la plus foible; & pour les égaliser, on se sert d'un fort marteau à *panne* un peu tranchante, afin que le coup pénetre la lame; les coups doivent être donnés selon la largeur de la lame, c'est-à-dire, par rangées paralleles aux côtés; & ces coups doivent être appliqués l'un près de l'autre; on élargit & on amincit ainsi les endroits trop forts pour égaliser la lame, & on passe légérement sur les endroits foibles: quand on a ainsi battu la lame, & qu'on l'a égalisée, on prend un marteau à tête un peu arrondie, avec lequel on applatit & on efface les coups de la panne.

1261. Le ressort ayant été ainsi battu à froid, on coupera ses côtés bien paralleles avec des cisailles, pour l'unir & le mettre d'égale largeur dans toute sa longueur; & s'il y avoit quelques fentes, il faudroit les emporter à la

servent mutuellement, au lieu qu'une lame simple est plus exposée à être trop chauffée.

cisaille, afin d'éviter que ce ressort ne vînt à se casser en le pliant.

1262. Si le ressort se trouvoit encore trop épais, c'est-à-dire, s'il avoit plus d'une demi-ligne, on le fera recuire de la maniere que nous l'avons expliqué, & on le reforgera, jusqu'à ce qu'on l'ait égalisé & réduit à l'épaisseur qu'il doit avoir; il est très-préférable de l'amincir au marteau; car outre que cela est plutôt fait, ce sont les coups de marteau à froid, qui donnent du corps au ressort, & en resserrent les pores.

1263. Le ressort ainsi forgé, on le mettra de nouveau d'égale largeur avec les cisailles, ayant soin de ne pas le rendre trop étroit pour le barrillet où l'on doit l'employer; ensuite l'on attache un long bois à l'étau, & on attache la lame sur ce bois avec des tenailles à vis: on prend une lime d'Allemagne toute neuve, & on lime le ressort, en menant les traits de la lime selon la longueur du ressort; on en fait autant dans toute la longueur de la lame, & sur chaque côté, & en rendant la lame la plus égale de force qu'il est possible, & de sorte qu'en la pliant en arc, de proche en proche, toutes les parties fléchissent dans tous les points, & fassent éprouver même résistance pour les courber, à la réserve d'environ un pied d'un bout de la lame, qui doit servir à former l'œil du ressort lequel doit être plus fort.

1264. En cet état, le ressort doit avoir au plus trois douziemes de ligne d'épaisseur, qui doivent se réduire à environ deux douziemes de ligne lorsqu'il sera totalement fini; je parle de l'endroit de la lame qui est le plus mince; ce qui forme la plus grande partie, puisqu'il ne doit y avoir que la longueur d'un pied de plus épais.

3°, *Préparation pour la Trempe du Ressort.*

1265. Comme il seroit très-difficile de faire chauffer à la fois & également une lame mince, qui auroit neuf pieds de longueur, les Faiseurs de ressort ont imaginé de rouler ces reſſorts de façon à ne former qu'un cercle d'environ un pied de diametre, enſorte que l'on chauffe & que l'on trempe facilement ce reſſort ainſi roulé ſur lui-même; mais la lame étant ainſi roulée ſe toucheroit en pluſieurs endroits, enſorte que lorſqu'on la tireroit du feu pour la tremper, elle ne ſeroit pas ſaiſie également, à cauſe que le paſſage de l'eau entre les lames ne ſeroit pas libre; c'eſt pour prévenir cet obſtacle, qu'avant de rouler la lame en cercle, les Faiſeurs de reſſorts l'entourent dans toute ſa longueur d'un fil de fer recuit, qui a environ une demi-ligne de groſſeur, & qui forme autour de la lame une eſpece de vis, dont les pas ſont diſtants entr'eux d'environ un pouce; ainſi les ſpires que la lame forme, lorſqu'elle eſt entourée, ne ſe touchent plus, à cauſe de l'épaiſſeur du fil de fer qui laiſſe par ce moyen le paſſage, & à la chaleur pour chauffer la lame, & au froid pour la ſaiſir & la tremper également dans toute ſa longueur: pour contenir la lame en cercle, il faut l'attacher avec un fil de fer, auquel on donne la longueur convenable, pour que le reſſort ne forme un cercle que d'un pied de diametre ou environ.

1266. Pour faire chauffer les reſſorts avant de les tremper, les Faiſeurs de reſſorts ſe ſervent d'un fourneau à reverbere, conſtruit à peu-près comme celui des Emailleurs (1181); & pour placer le reſſort dans la chambre pratiquée au fourneau, ils ont une roue de fer, qui a un pied de diametre, & dont les croiſées ſont miſes ſur champ, pour laiſſer le paſſage à la chaleur; cette roue eſt terminée par un cercle de fer qui ſert à contenir le reſſort qu'on veut tremper; cette roue tourne ſur un pivot qui eſt porté par une longue barre de fer.

1267. Lorſque le feu du fourneau eſt allumé, on fait chauffer la roue, & on la laiſſe devenir rouge; & quand le charbon a acquis ſa plus grande vivacité, on place le reſſort ſur la roue, & celle-ci au foyer du fourneau; alors on a ſoin de faire tourner la roue, afin qu'elle faſſe chauffer également le reſſort; quand le reſſort eſt chauffé bien également, &

qu'il est d'une couleur *blanche qui suit le rouge*, on retire promptement la roue, & on jette le ressort dans un vaisseau qui contient assez d'huile pour pouvoir surnager le ressort; on se sert d'huile préférablement pour la trempe des ressorts, parce que la trempe en est moins seche, & qu'ils sont moins sujets à casser en trempant, que si on les trempoit dans l'eau.

1268. Le ressort trempé, on le retire de dedans l'huile, & avec des tenailles à couper, on coupe tout le fil de fer qui entouroit la lame, & on en ôte les bouts très-légérement, afin de ne pas casser le ressort; on coupe de même le fil de fer qui le retenoit en cercle; ainsi le ressort se développera un peu, mais ne reviendra pas droit; il restera courbé en spirale.

1269. Pour blanchir le ressort en dedans, afin de pouvoir le faire revenir également dans toute sa longueur, on se sert de briques & de grès ou sable, dont on frotte légérement tout le côté intérieur de la lame, jusqu'à ce qu'elle soit bien blanchie dans toute sa longueur.

1270. Pour faire revenir le ressort, il faut avoir un réchaud rempli de charbon bien allumé, que l'on recouvre d'une plaque de fer d'environ deux lignes d'épaisseur; cette plaque doit être tant soit peu arrondie ou convexe en dessus; lorsque la plaque est rouge, par la seule action du feu, & sans souffler, on pose le bout extérieur du ressort par sa partie convexe, sur la plaque; ainsi la partie blanchie du ressort est en dessus; on appuie le bout de la lame sur la plaque, avec un bout de fer qu'on tient d'une main, tandis que de l'autre l'on tient le rouleau que forme la lame; (on ne fera pas mal de se servir de gands pour éviter l'ardeur du feu); on laisse la même partie du ressort sur la plaque, jusqu'à ce qu'elle ait pris une couleur grise, qui suit immédiatement le bleu; & à mesure que le bout revient à cette couleur, on avance la lame, qui, en même-temps qu'elle *revient*, ou qu'elle est pénétrée par la chaleur, elle se redresse; on fera ainsi la même opération, jusqu'à ce que la lame soit revenue également dans toute sa longueur, après quoi la lame sera redevenue droite comme elle étoit avant de la préparer pour la trempe.

1271. La lame ainsi revenue, il faut la planer avec un marteau à tête un peu arrondie & polie, sur un tas arrondi & poli; on planera la lame dans toute sa longueur, & on la rendra bien plane & unie.

1272. Le ressort étant bien plané, on le visitera pour l'égaliser; on le pliera pour cela en arc de distance en distance; & les endroits qui seront plus forts, on les amincira à la lime, attachant pour cet effet le ressort avec des tenailles à vis sur le bois qui tient à l'étau.

1273. Quand on a bien plané & égalisé le ressort, il faut le mettre de la hauteur du vuide du barrillet; on le tiendra même une demi-ligne plus bas que le drageoir du couvercle; c'est-à-dire, que si depuis le fond du barrillet jusqu'au drageoir il y a douze lignes de vuide, on n'en donnera que onze & $\frac{1}{2}$ à la lame, afin que le ressort ait du jeu; on le calibrera selon cette mesure, & bien également dans toute sa longueur; à cela près que la partie qui doit former l'œil du ressort, & que l'on a laissée plus épaisse, doit être une demi-ligne plus basse que le reste du ressort, dans la longueur d'environ dix pouces : on rend plus étroit ce bout intérieur du ressort, pour empêcher que l'œil qui entoure l'arbre ne puisse aller toucher au couvercle, ou au fond de barrillet.

1274. Le ressort mis de largeur, on le coupera de la longueur qu'il doit avoir, c'est-à-dire, d'environ sept pieds de long, qui est à peu-près la longueur convenable pour le diametre du barrillet, & pour le nombre de tours de bande du ressort : au reste, on verra ci-après comment les Faiseurs de ressorts en déterminent la longueur.

1275. On arrondira à la lime les bords de la lame, & on achevera de les rendre bien droits & unis dans toute leur longueur, afin que ces bords puissent glisser plus facilement sement contre le fond & le couvercle du barrillet, lorsque le ressort se développe.

1276. Pour adoucir le ressort, on passera sur sa longueur, à chaque côté de la lame, une lime d'Angleterre bâtarde, un peu douce, avec de l'huile, dont on conduira les traits selon la longueur de la lame; ce qui ôtera les traits de la lime d'Allemagne: on se servira de cette lime pour achever d'égaliser la lame que l'on courbera en arc de proche en proche.

1277. On pourra polir le ressort en le tenant attaché sur le bois qui tient à l'étau, & en frottant avec du bois de noyer & de l'émeri, comme on a fait avec la lime d'Angleterre, & ainsi dans toute sa longueur; mais pour le mieux, on fera aller & revenir la lame, en la faisant passer entre deux morceaux de bois de noyer bien serrés & avec de l'émeri: cette méthode est préférable, en ce qu'elle est plus prompte & qu'elle ne tend qu'à égaliser la lame; on peut se servir pour cela d'une espece de *banc à tirer* fort long, comme ceux dont se servent les Bijoutiers, pour tirer l'or à la filière.

1278. Lorsqu'on aura poli le ressort, on le bleuira, en se servant pour cela du réchaud & de la plaque, dont nous avons parlé, & de la même maniere; on rendra la lame d'un bleu également vif dans toute sa longueur.

1279. On fera les ouvertures pour les crochets, comme on le voit en *o* & en *r*, (*Planche VII, fig.* 5); pour cet effet, on fera d'abord revenir environ un pied de longueur du bout qui doit former l'œil; on le fera revenir plus qu'il ne l'avoit été après la trempe: c'est pour empêcher que le ressort ne casse, lorsqu'on le pliera pour former l'œil: & pour l'endroit où doit être faite l'ouverture pour le crochet, il faudra le recuire, c'est-à-dire, faire devenir rouge un pouce de long du bout: on percera un trou quarré, que l'on alongera un peu; on limera en biseau le bout de l'ouverture d'un côté seulement, afin d'être retenu par le crochet de l'arbre.

1280. Pour faire l'ouverture du crochet de l'autre bout de la lame, on ne fera revenir qu'un petit bout, afin de ne détremper que l'endroit du trou: Le ressort amené en cet état, il ne reste plus, pour le faire entrer dans le barrillet, qu'à le plier en spirale.

4°, Plier le Ressort en spirale.

1281. Pour plier les ressorts, on se sert d'un arbre qui se meut sur un châssis de fer, qui s'attache à l'étau; un bout de cet arbre porte un rochet d'encliquetage, & le cliquet est attaché au châssis; outre le rochet, l'arbre porte une manivelle; l'autre bout de l'arbre est percé d'un trou quarré, dans lequel s'ajustent des arbres à crochet, pareil à ceux d'un arbre de barrillet: ces arbres sont de différentes grosseurs; le plus gros peut avoir deux pouces de diametre, & le plus petit six lignes. Quand les Faiseurs de ressorts veulent plier un ressort, ils accrochent le bout de la lame qui doit former l'œil, au crochet du plus gros arbre; & avec la manivelle, ils tournent d'une main, tandis qu'avec l'autre ils appuient fortement la lame contre l'arbre, ensorte que la lame se plie & entoure l'arbre, & va ainsi en ligne spirale; ils continuent, jusqu'à ce que toute la lame entoure l'arbre. Pour empêcher que le ressort ne casse en passant trop vîte de droit qu'il étoit à une courbe un peu trop resserrée, les Faiseurs de ressorts placent entre les premieres spires des cartes pliées qui empêchent les spires de se toucher: ils ne font cette opération que pour les premiers tours, parce qu'après que l'arbre est entouré de plusieurs tours, il grossit, & le ressort se courbe moins.

1282. Cette opération faite, on prendra un arbre un peu plus petit, afin de resserrer d'avantage les spires, & de diminuer la grandeur de l'œil, ou le premier tour du dedans: ils entourent ainsi jusqu'au bout le ressort sur ce second arbre.

1283. Quand cela est fait, on prend un troisieme arbre

plus petit, & à peu-près de la grosseur de l'arbre du barrillet dans lequel ce ressort doit être placé; on resserre de nouveau les spires, en tournant avec la manivelle, jusqu'à ce que toutes les parties de la lame se touchent, & entourent l'arbre.

1284. Pendant ces opérations, il faut avoir soin que la lame s'applique bien au-dessus de la partie de lame qui entoure l'arbre, & que les spires s'élevent ainsi les unes au-dessus des autres sans déborder, afin que les bords de la lame, lorsqu'elle sera pliée, soient parfaitement dans le même plan; ce qui est très-essentiel, sans quoi, lorsque le ressort sera dans le barrillet, il frotteroit par ses bords sur les parois du fond & du couvercle.

1285. Le ressort ainsi plié, il sera fait; & il ne restera qu'à l'éprouver, & à le placer pour cela dans son barrillet; mais auparavant, il faut faire le crochet de l'arbre de barrillet, & placer le crochet à la virole.

5°, Faire les crochets de l'Arbre & du Barrillet pour le Ressort.

1286. On fera le crochet de l'arbre de barrillet, dont le côté qui doit entraîner le ressort est indiqué par le rochet d'encliquetage; on creusera le devant ou le côté, selon lequel l'arbre tourne, lorsqu'on le remonte; & ce crochet ne sera saillant au dehors de l'arbre, que d'un peu plus que l'épaisseur du ressort à l'endroit de l'œil : le derriere du crochet est limé en rond.

1287. Pour le crochet de la virole, on percera dans le milieu de sa largeur prise en dedans, un trou qui ait une ligne de grosseur; on taraudera ce trou, & on le mettra un peu en chanfrein par le dehors : on fera sur le même taraud un bout de vis d'acier, portant une petite tête quarrée; on fera entrer cette vis par le dedans de la virole, jusqu'à ce que la tête (qui ne doit avoir au plus qu'une demi-ligne d'épaisseur, & doit être plus étroite que l'ouverture faite au bout du reſſort pour le crochet) porte contre la virole; on coupera l'excédent de la vis en dehors de la virole: on poſera la tête contre une bigorne, & on rivera cette vis ſur la virole: on prendra une lime à fendre, & on fera à la tête, tout contre la virole, une entaille dans laquelle devra s'accrocher le bout extérieur du reſſort: on aura ſoin de faire cette entaille du côté convenable, pour que le reſſort étant bandé par l'arbre, s'y accroche: or ce côté eſt indiqué par le crochet de l'arbre.

1288. Les crochets de barrillet & de l'arbre étant faits, on mettra le reſſort dans le barrillet; pour cet effet, on mettra ſur l'arbre de la manivelle *à plier les reſſorts* le plus petit arbre à crochet dont on s'eſt ſervi, & on entourera le reſſort deſſus cet arbre, enſorte qu'il occupera un petit volume, & qu'il pourra entrer dans le barrillet; en ce moment, on fera entrer le barrillet contre l'arbre qui porte le reſſort; & quand celui-ci ſera dans la virole, on le lâchera, ce qui fera qu'il ſe développera, & que le dedans de la virole le contiendra; & qu'enfin le vuide ou intervalle entre les ſpires ſe trouvera dans le milieu du barrillet; & c'eſt de ce vuide, & du nombre des tours de ſpires de la lame, que dépend le nombre des tours de bande que le reſſort peut faire.

1289. Le reſſort ainſi placé dans le barrillet, on le fera deſcendre contre le fond, enſorte que le bord de la lame deſcende au-deſſous du drageoir du couvercle.

1290. On préſentera le barrillet contre l'arbre à manivelle, afin de voir ſi le bout extérieur du reſſort eſt accroché; pour cet effet, on tiendra d'une main le barrillet immobile, tandis qu'avec l'autre on tournera la manivelle, & on fera accrocher le reſſort au crochet de la virole: ſi le reſſort ne s'accrochoit pas, ce ſeroit une preuve ou qu'il ſeroit mal fait, ou que l'ouverture du bout du reſſort n'eſt pas aſſez large; on corrigera donc l'un ou l'autre défaut.

1291. On mettra l'arbre de barrillet à ſa place, & avant de mettre le couvercle, on verra ſi le crochet entre dans l'ouverture de l'œil du reſſort, & s'il s'y accroche ; & ſi ce crochet eſt de côté, ou trop large, on y touchera en conſéquence ; cela fait, on mettra le couvercle.

Eprouver le Reſſort.

1292. On attachera le quarré de l'arbre dans l'étau, & on fera tourner le barrillet juſqu'à ce que le reſſort ſoit entiérement tendu, & qu'on ne puiſſe plus le faire tourner ; on fera une marque ſur le barrillet, & on s'en ſervira pour compter les tours que le reſſort fera faire au barrillet, en le laiſſant ſe développer (c'eſt ce qu'on appelle *voir combien le reſſort fait de tours*) : ſi le reſſort ne fait pas le nombre de tours que l'on demande, ſavoir ſept tours & $\frac{1}{2}$ (712), c'eſt une preuve que la lame eſt trop épaiſſe ou trop longue ; pour connoître ſi le reſſort eſt trop fort, on attachera une corde à la circonférence du barrillet, & on en entourera la virole de pluſieurs tours ; on chargera cette corde de pluſieurs poids : ſi le reſſort étant au haut ſoutient plus de ſix à ſept livres, c'eſt une marque qu'il eſt trop fort ; & dans ce cas, il faudra l'ôter du barrillet, & amincir la lame dans toute ſa longueur, en l'attachant pour cela ſur le bois tenu par l'étau, de la même maniere qu'on l'a fait en le limant en premier : mais ſi au contraire le reſſort bandé ſoutenoit moins de ſix livres ; pour augmenter le nombre de ſes tours, il faudroit en couper par le bout extérieur ; on en coupe plus ou moins, ſelon que le reſſort fera moins de tours qu'il n'eſt beſoin : pour donner un tour de plus, les Faiſeurs de reſſorts coupent un bout d'environ dix à douze pouces ; on refera l'ouverture, & on l'eſſaiera dans le barrillet, par la même méthode.

1293. Mais il eſt bon de ſavoir que ſi un reſſort eſt trop accourci, qu'au lieu d'augmenter le nombre de tours, en le recoupant encore, on le diminue : c'eſt à l'uſage à fixer ces limites ; on en juge par le vuide que laiſſe le reſſort dans le milieu du barrillet, & par le nombre de tours des ſpires dans le barrillet.

1294. On augmente le nombre des tours du reffort, en diminuant l'arbre de barrillet; mais lorfque l'arbre a la proportion que nous avons indiquée (817), on doit plutôt amincir la lame, parce qu'un trop petit arbre rend le reffort fujet à caffer.

1295. Le reffort ainfi terminé, on attachera l'arbre à l'étau, & on entourera la virole d'une corde, afin de connoître par des poids, la force du reffort, & de régler en conféquence l'étendue des arcs du régulateur, & la pefanteur de la lentille.

1296. Quand le reffort fera terminé, on mettra l'arbre en cage, afin de couper le quarré au raz du cadran; pour cet effet, on pofera la fauffe-plaque & le cadran fur la platine des piliers; & avec l'angle d'une lime à arrondir, on marquera un trait à fleur du cadran; on marquera de même à fleur du dehors de la feconde platine, un trait fur le pivot de l'arbre; on coupera ce pivot fur le tour avec le burin, & en arrondiffant le bout que l'on adoucira & que l'on polira après que l'excédent du pivot fera emporté; on coupera le quarré par l'endroit marqué avec une lime à fendre; on arrondira un peu ce bout, pour faciliter l'entrée de la clef, & on l'adoucira: on fera enfin une clef qui entre jufte fur ce quarré.

X. *De l'Echappement de l'Horloge; De la maniere de l'exécuter, pour le rendre ifochrone. Du Régulateur.*

1297. Nous avons traité ci-devant de toutes les opérations de la main-d'œuvre, qui concernent le mouvement de l'Horloge, la cadrature, &c; il nous refte maintenant à parler de l'échappement; & c'eft pour mieux remplir notre objet, en rendant cet article utile, que nous prefcrirons les moyens que l'on doit employer pour exécuter un échappement, & le rendre capable de corriger les inégalités de la force motrice.

1298. Nous ne nous arrêterons pas ici aux principes de construction d'un tel échappement; cette matiere étant traitée dans la seconde Partie, Chap. XVI & XVII, il ne sera question ici que de la main-d'œuvre.

1°, *Faire la Tige d'Echappement qui porte l'ancre; le Coq d'échappement de l'avance & retard.*

1299. L'ancre *A* d'échappement (*Pl. V, fig.* 1) entre quarrément sur le bout d'une tige qui porte deux pivots; le pivot fait sur le bout où est placé l'ancre, roule dans le trou de la platine des piliers, & l'autre dans un pont *A H* (*fig.* 1) attaché en dehors de la seconde platine: c'est ce pont qu'on appelle le *Coq d'échappement.* Le coq d'échappement, vu en perspective (*fig.* 19), est formé d'une seule piece fondue: la patte *I* sert à l'attacher à la platine, avec une vis: la partie recoudée *G* s'éleve au-dessus de la platine, à la hauteur du dessus du tout-ou-rien; c'est le dessous de cette partie coudée *G* qui reçoit le second pivot de la tige d'échappement: la branche *H* s'éleve perpendiculairement au-dessus du coude *G*: c'est cette branche, qui a environ six lignes de longueur, qui porte le pendule. Pour cet effet, cette branche *H* est percée de deux petits trous, à travers lesquels passe un fil de soie *K* dont les bouts repassent en dessus; un bout du fil est noué pour être retenu par le dessus de la branche; & l'autre bout du fil entre dans un trou fait au pivot prolongé *e* (le fil est noué pour s'arrêter au trou de ce pivot) ce pivot qui roule dans le trou fait à la branche *A*, est formé au bout d'une tige qui porte à son autre extrémité un second pivot qui roule dans un trou fait au bord de la fausse-plaque, dans la ligne de midi; ce second pivot prolongé est limé quarrément, pour y faire entrer une clef: or comme le fil fait deux tours sur le pivot *e*, on voit que si l'on fait tourner cette tige d'un ou d'autre côté, on accourcit ou on alonge la partie *K* du fil; & comme le pendule s'accroche à ce fil *K*, & que le point de suspension se fait immédiatement fur le deſſous ou bord de la branche H ; il fuit de-là, qu'en tournant cette tige par ſon quarré, on alonge ou l'on accourcit le pendule ; & que par conſéquent, on fait avancer ou retarder l'Horloge : c'eſt pour cette raiſon, qu'on appelle cette tige *Avance* & *Retard* : on fend la branche *A*, afin qu'elle faſſe reſſort, & preſſe le pivot *e* de l'avance & retard.

1300. Le bout de la tige de l'ancre du côté du pivot qui roule dans le trou du coq, porte une aſſiette qui s'y ajuſte à frottement ; c'eſt ſur cette aſſiette qu'eſt rivée la fourchette F (*fig.* 2) : l'effet de cette fourchette eſt de communiquer au pendule la force du moteur, & d'entretenir, par ce moyen, le mouvement du régulateur, en lui reſtituant la force qu'il perd à chaque vibration.

1301. Le bout F de la fourchette eſt recoudé d'équerre ; le bout recoudé a environ ſix lignes de longueur, & deux de largeur ; il eſt fendu dans ſa longueur pour y laiſſer paſſer la verge du pendule. Dans les courts pendules les verges (c'eſt-à-dire, la partie qui porte la lentille) ſont faites avec du fil de fer, ſur lequel on chauffe, à l'endroit F de la fourchette, une petite plaque large de deux lignes, laquelle entre juſte par ſes côtés dans l'ouverture de la fourchette ; cette plaque ſert à empêcher que la lentille ne tourne ſur elle-même, & que par conſéquent elle ne ſorte du plan de mouvement du pendule, & ne préſente tantôt l'angle, & tantôt ſa face ; effet qui changeroit totalement la durée des oſcillations : cette plaque portée par la verge du pendule, doit être moins large que la fente de la fourchette, afin de laiſſer la liberté au pendule de prendre ſon à plomb.

1302. Pour revenir à l'exécution de l'échappement, on fera d'abord le coq d'échappement *A* (*fig.* 2), ſelon les dimenſions indiquées ci-deſſus, & ſelon la figure perſpective *A G H I* (*fig.* 19) ; on en fera un modele en bois, ſur lequel on fera jetter en fonte, avec de bon laiton ; on écrouira toutes les parties du coq, & ſur-tout la partie *A*, qui doit faire reſſort pour le pivot de l'avance & retard, &

la

la partie G dans laquelle doit rouler le pivot de la *tige d'ancre*; on limera & on dreſſera ce coq.

1303. On fera la tige d'ancre; on prendra pour cela de l'acier quarré que l'on rendra rond, & auquel on donnera trois quarts de ligne de groſſeur, & pour longueur, celle qui eſt néceſſaire pour former les pivots qui roulent, l'un dans le trou de la platine des piliers, & l'autre dans celui du coq: pour déterminer cette longueur, on préſentera le coq contre le bord de la cage, & on marquera ſur la tige la longueur qu'elle doit avoir.

1304. On tournera cette tige, qui doit être un peu plus petite ſur le bout qui doit porter la fourchette; enſuite l'on formera au bout le plus gros un quarré, que l'on reculera à deux lignes ou environ au-deſſus de la roue d'échappement; on trempera la tige, & on la fera revenir bleue; on la dreſſera, & on formera ſes pointes ſelon les regles preſcrites (891); on l'adoucira & on la polira; on adoucira & on polira le quarré; pour cet effet, on prendra, pour le dreſſer, une petite lime d'acier non trempé & ſans taille, ou bien un bout de verge de fer; c'eſt ce qu'on appelle *lime de fer*, avec laquelle l'on emploiera de la pierre à huile broyée; & pour polir ce quarré, on ſe ſervira d'une verge d'étain limée plate; on appelle cela une *lime d'étain* ; & en employant du rouge fin d'Angleterre.

1305. La tige d'ancre ainſi faite, on formera ſes pivots; on commencera par celui du côté du quarré, lequel on fera un peu plus petit que ceux de la roue d'échappement; on le fera ſelon la méthode indiquée (903 & 904) : ce pivot étant fait, on poſera la tige à travers le bord de la cage, en faiſant porter la portée du pivot contre le dedans de la platine des piliers; on poſera le coq ſur le dehors de la ſeconde platine, & tout contre la tige d'ancre; en cet état, on marquera par le deſſous G du coq l'endroit de la tige où l'on doit lever la portée du ſecond pivot; on formera ce pivot, qu'on tiendra de la même grosseur des pivots de la roue d'échappement.

1306. Pour poser la tige d'ancre, on observera qu'elle doit être placée le plus près qu'il se pourra de la roue d'échappement, & en laissant seulement autour du quarré de la force pour l'ancre : cette tige d'ancre doit être placée sur la ligne de midi : on tirera donc, pour marquer sa position, un trait en dedans de la platine des piliers, qui passe du centre de la platine (*fig.* 1), & qui aille joindre le trait que l'on a fait en *A*, à travers le bord, lorsqu'on a trouvé la ligne de midi pour faire l'emboîtage (1155); on marquera par le centre du trou de la roue d'échappement un trait de compas de la grandeur de cette roue; on percera un trou pour le pivot de la tige d'ancre qui soit distant d'une ligne du trait ou cercle qui représente la roue.

1307. On appliquera la seconde platine sur le dehors de celle des piliers, au moyen de ses tenons (pour cet effet, il faut ôter toutes les pieces qui sont attachées à ces platines): on percera les trous l'un sur l'autre ; ainsi l'on aura l'endroit de la seconde platine où doit passer la tige d'ancre pour être droite en cage : on aggrandira le trou de la seconde platine, afin d'y faire passer le bout de la tige d'ancre; on la mettra en cage ; ainsi il y aura un bout de la tige qui saillera en dehors de la seconde platine pour aller porter sur le coq d'échappement.

1308. Pour poser le coq d'échappement de maniere qu'il ne change pas la position droite de la tige d'ancre, on percera à ce coq le trou pour le pivot qui doit y rouler; & on observera, pour cela, que pour le mieux il faut que ce trou coïncide avec le point de suspension du pendule, c'est-à-dire, qu'il soit dans la même ligne que le dessous de la branche *H*; on le percera donc en conséquence, & en se réglant sur la grosseur du pivot qui doit y rouler; on aggrandira ce trou, & on y fera entrer le pivot; alors on appliquera le coq sur la platine, en faisant entrer le trou sur son pivot: on attachera la patte du pont avec la seconde platine, au moyen d'une tenaille à vis, ayant attention de ne pas contraindre ce coq, lequel ne se trouve arrêté que par le pivot qui casseroit, si on le pressoit d'un ou d'autre côté: il faut donc que la tige tourne librement sans qu'elle gêne au trou de la seconde platine, mais en y passant juste, tandis que ces pivots roulent dans leurs trous ; en cet état, on percera à travers la patte du coq & de la platine, le trou pour la vis du coq ; on fera cette vis ; on taraudera le trou de la platine ; on aggrandira le trou de la patte, pour que la vis y entre librement ; on attachera le coq sur la platine, & le trou de pivot fait en *H*, portant sur le pivot de la tige d'ancre qui doit tourner librement sans gêner au trou de la seconde platine: alors on percera à travers la patte du coq & la platine deux trous qui serviront à mettre des pieds au coq pour l'arrêter en cette position.

1309. Les pieds du coq ainsi mis & le coq arrêté, on le démontera ainsi que la tige, & on fendra la seconde platine depuis le bord jusqu'au dessous du trou fait pour la tige d'ancre, afin que la cage étant montée, on puisse mettre & ôter cette tige sans lever les platines, mais seulement en levant le coq ; ensuite on fera la fourchette.

1°, *Remarque sur la longueur à donner à la Fourchette.*

1310. Si on faisoit agir la fourchette fort près du point de suspension du pendule, il arriveroit qu'au lieu de tendre à mouvoir le pendule, elle ne feroit que faire fléchir le fil de suspension, ensorte que l'Horloge cesseroit bientôt de marcher, & que la force du moteur se consumeroit à mouvoir de côté & d'autre le crochet de suspension: pour éviter ce défaut très-essentiel, on donnera au moins pour longueur de la fourchette un tiers de la longueur du pendule ; ainsi pour cette Horloge, dont le pendule doit être de neuf pouces passés, on donnera au moins trois pouces de longueur à la fourchette, depuis F jufques en H (*fig.* 2).

1311. Pour faire la fourchette, on prendra du laiton qui ait trois quarts de ligne d'épaiffeur, deux lignes $\frac{1}{2}$ de largeur, & de longueur trois pouces $\frac{3}{4}$; on coudera d'équerre le bout F, auquel on donnera fix lignes de long; & on écrouira ce bout & le refte de la fourchette; on percera à l'autre bout un trou pour y river l'affiette; ce trou aura une ligne $\frac{1}{2}$ de groffeur; on limera rond l'intervalle entre H & F, & on réfervera autour du trou la force convenable : on percera un bout de fil de laiton qui ait trois lignes $\frac{1}{2}$ de longueur pour le canon de cette fourchette, & de forte que ce trou du canon entre à frottement fur le bout de la tige d'ancre ; on tournera ce canon fur un arbre liffe ; on y levera fur le bout, la portée ou affiette pour y river la fourchette ; on rivera cette fourchette ; on fera en F la fente pour y paffer la verge du pendule; cette fente doit aller tout contre le coude ; mais elle ne doit pas couper le bout, il faut au contraire y réferver une petite épaiffeur ou traverfe qui retienne la fourchette pour l'empêcher de fléchir ; cette fente aura environ une demi-ligne de largeur; on achevera de l'élargir, quand on aura monté le pendule.

1312. Cela fait, il faudra faire l'avance & retard; pour cela, on affemblera la cage, la fauffe-plaque & le coq d'échappement; on prendra du fil d'acier tiré rond, fi l'on en a, ou finon on prendra de l'acier quarré que l'on rendra rond : on donnera pour groffeur à cette tige une ligne $\frac{1}{2}$; & pour fa longueur, on fe réglera fur la hauteur qu'il y a depuis la fauffe-plaque jufqu'à la partie A du coq, & en y joignant en fus la longueur du pivot fur lequel la foie doit s'entourer, & la longueur du quarré qui doit faillir le dehors de la fauffe-plaque ; on tournera cette tige dans toute fa longueur , & on formera les deux pivots, qui pourront avoir au plus une ligne de diametre : le pivot fur lequel la foie de fufpenfion s'entoure aura environ fix lignes de longueur, & l'autre en aura trois ; on fera donc les portées de ces pivots en conféquence, & en fe réglant fur la hauteur ou intervalle qu'il y a depuis le dedans de la fauffe-plaque jufques au dedans de la branche *A* du coq d'échappement.

1313. L'avance & retard étant tournés, on percera tout au bord de la fauffe-plaque, & fur la ligne de midi, un trou qui foit de la groffeur du court pivot, fur lequel on doit former le quarré ; & on percera de même à la branche *A* du coq un trou pour y faire entrer l'autre pivot de l'avance & retard ; on percera le trou à la diftance convenable de *H*, pour que la tige foit parallele aux bords de la cage ; on mettra ainfi l'avance & retard en cage : on fera, à fleur du dehors de la fauffe-plaque, un quarré qui doit fervir à faire tourner cette tige avec une clef de montre : on percera à travers le pivot prolongé *e*, un petit trou pour y paffer le fil de foie ; ce trou doit être placé dans le milieu de la longueur du pivot ; on fera ce trou d'environ deux douziemes de ligne de groffeur, qui doit être celle du fil : on percera le bras *H* du coq de deux trous, à travers lefquels la foie de fufpenfion doit paffer.

1314. Pour percer ces trous de la foie de fufpenfion, on obfervera qu'ils doivent être placés dans une ligne qui foit parfaitement parallele à l'axe ou tige d'ancre ; car fi ils y étoient inclinés, le plan de mouvement du pendule fe feroit obliquement à celui de la fourchette, enforte que celle-ci feroit décrire au pendule des efpeces d'ellipfes, c'eft-à-dire, que la lentille fe mouvroit en même-temps de droite à gauche, & en s'approchant & s'écartant alternativement du plan de la platine ; ce qui dérangeroit l'ifochronifme des vibrations : ainfi pour marquer les trous de fufpenfion, on tracera une ligne en deffous de la branche *H* dans fa longueur, qui foit perpendiculaire au plan de la platine ; ce que l'on fera avec une équerre.

1315. Pour déterminer l'élévation du pendule au-deffus de la feconde platine, on mettra le tout-ou-rien en place, ainfi que le timbre, que l'on attachera fur la platine avec son porte-timbre ; on prendra, avec un compas, la distance qu'il y a depuis la platine jusqu'au milieu de l'intervalle entre le dessous du timbre & le ressort *d y* du tout-ou-rien; on portera cette hauteur en dessous de la branche *H* du coq, & on fera une marque à travers la ligne qu'on y a tracée: cette marque désignera l'endroit où le pendule doit être suspendu pour passer également entre le tout-ou-rien & le dessous du timbre ; on percera donc les trous de la soie de suspension à égale distance de cette marque, c'est-à-dire, une ligne ou environ; ainsi ces deux trous seront distants l'un de l'autre de deux lignes, & ils seront placés exactement sur la ligne que l'on a tracée avec l'équerre sous la branche *H*: on fera un foret qui ait au plus deux douziemes de ligne de grosseur ; & on percera les trous pour la soie de suspension: on fendra, avec une scie mince, la branche *A* depuis le bout jusques tout contre le dessus de *H*, afin que cette branche fléchisse & retienne l'avance & retard à frottement, & que la pesanteur du pendule ne puisse faire tourner cette tige. Pour produire ce frottement, dès que la branche sera fendue, on serrera le bas *H* à coups de marteau, ensorte que la fente se rapprochera, & que le pivot n'entrera plus dans son trou qu'à force.

2°, Fendre la Roue d'échappement, en achever les Dents, & finir les Croisées.

1316. L'échappement isochrone, dont nous nous proposons de donner ici la maniere propre à l'exécuter, est représenté (*Planche XXIII*, *fig. 3*) : cet échappement n'est point à repos comme celui que nous avons décrit (396), ni à aussi grand recul que celui à ancre, représenté (*Planche V*, *fig. 1*); mais son recul est moyen entre le repos du premier, & le recul du second.

1317. Dans un tel échappement les dents de la roue doivent agir par leurs côtés droits, ainsi que cela est nécessaire pour l'échappement à repos: les devants de ces dents doivent être dirigés au centre de la roue : ces dents doivent être assez profondes & dégagées, comme on le voit dans la figure, afin de permettre aux pattes de l'ancre d'y pénétrer, & donner la liberté au pendule de décrire des grands arcs, lorsque le ressort moteur est monté en haut.

1318. Avant de fendre la roue, il faudra la tourner parfaitement ronde sur le bord, faisant pour cet effet rouler ses pivots dans des trous de broches à lunettes, (980).

1319. On choisira une fraise à roue de rencontre qui soit mince, & propre à donner la figure des dents, telle qu'elles sont représentées dans la figure troisieme ; on la mettra sur son arbre, & on placera l'arbre sur l'*H*, & de sorte que le côté droit de la fraise passe par le centre du tasseau : on rendra l'arbre bien juste par ses pointes, & on arrêtera les contre-écrous ; ensuite l'on placera la roue sur le tasseau, & on observera de la tourner du côté convenable, pour que le devant de la fraise forme le devant des dents selon le côté que doit tourner la roue lorsqu'elle est dans sa cage : or ce côté est indiqué par la roue de longue tige *D* (*Pl. V, fig.* 1) qui doit tourner selon l'ordre des chiffres du cadran ; mais comme dans la figure premiere ces roues sont vues par le dedans de la platine des piliers, la roue de longue tige, vue par ce côté, doit tourner de *D* en *dH*, & la roue d'échappement de *F* en *E* : on marquera donc le côté du devant des dents du côté contraire où elles sont représentées dans la figure, parce que dans cet échappement (*fig.* 1) les dents agissent par le derriere (427), au lieu que, comme nous venons de le dire, pour l'échappement isochrone, il faut le faire agir par le devant ; on placera donc en conséquence la roue sur le tasseau de la machine à fendre, & on la *centrera* selon la méthode prescrite (435 & 446) ; on fera d'abord une dent en enfonçant la fraise jusques à ce que la pointe de la dent soit aiguë, ou si, la fraise étant trop mince, on étoit obligé de trop enfoncer la fraise pour rendre les dents aiguës, on ne la feroit enfoncer que de la quantité représentée dans la figure trois, & on fendroit ainſi toutes les dents; & pour achever de les rendre en pointes, on retireroit le porte-fraiſe un peu ſur le côté du derriere des dents, & on emporteroit la matiere requiſe pour les mettre en pointe, en leur conſervant la figure repréſentée.

1320. La roue ainſi fendue, on l'ôtera de deſſus le taſſeau; on prendra une lime carrelette douce, & on limera les côtés de la roue, pour emporter les bavures faites par la fraiſe; on placera un cuivrot ſur le pignon, & on mettra la roue ſur le tour; on fera un trait pour régler la largeur du champ de la roue; & on fera de même pour le centre: ainſi l'on ſe réglera bien exactement ſur ces traits, pour achever les croiſées de la roue, afin qu'elle reſte parfaitement d'équilibre; & ſi cela n'étoit pas, il faudroit limer un peu plus du côté le plus peſant: les croiſées achevées & polies, on mettra la roue ſur le tour, en faiſant tourner les pivots dans les trous des broches à lunettes; en cet état on friſera légèrement & avec beaucoup de précautions, les pointes des dents, afin de rendre la roue parfaitement ronde.

1321. On mettra un morceau de liege à l'étau; on fera poſer les dents de la roue ſur le devant du liege, en préſentant le devant des dents en deſſus: on prendra une petite lime à arrondir fort douce, & on limera légèrement le devant des dents, pour emporter les traits de la fraiſe; mais on aura grand ſoin que la lime poſe bien à plat, & ôte de l'étoffe également, en ménageant ſur-tout les pointes, pour ne pas changer la juſteſſe de la roue; enſuite l'on menera les traits de la lime ſelon la longueur des dents; ce que les Ouvriers appellent *étirer en long*.

1322. On mettra le *bois à arrondir* dans l'étau, en place du morceau de liege; on prendra une lime douce à *roue de rencontre* (ſorte de lime à feuille de ſauge, plus petite, & taillée ſeulement d'un côté); on adoucira le derriere des dents, en allant juſqu'à la pointe dont on ôtera le petit angle

angle qui la termine par le derriere de la dent, mais en ménageant extrêmement la pointe dont on n'en doit pas ôter, pour ne pas rendre la roue mal ronde : on en fera autant à toutes les dents, & on les étirera en long; on prendra une pierre douce à eau : on aura un verre d'eau; on posera la roue sur le morceau de liege attaché à l'étau, & dressé par-dessus; on adoucira les côtés de la roue avec la pierre à eau, ensorte qu'elle emportera toutes les bavures faites en finissant les dents & les croisées : on nettoiera la roue, & elle sera finie, ensorte que l'on pourra tracer l'ancre d'échappement.

1323. Cet échappement, pour rendre les oscillations isochrones, est représenté *II Partie*, (*Planche XXIII*, *fig.* 3): nous l'avons fait voir très-en-grand, afin que l'on puisse aisément distinguer les traits de construction, & le concevoir plus facilement : alors il ne sera pas difficile de le tracer en petit d'après les regles prescrites.

3°, Tracer l'Ancre, pour former l'Echappement.

1324. Pour tracer l'ancre d'échappement, on prendra une plaque de laiton mince, bien dressée & adoucie, qui ait environ trois ou quatre pouces en quarré; je l'appellerai le *Calibre d'échappement* : on marquera sur un des bords de la plaque la grandeur juste de la roue; par ce centre l'on percera un trou dans lequel entre juste le tigeron du pignon du dessous de la roue, & de sorte que la roue s'applique tout contre la plaque; pour cet effet, on ôtera les rebarbes du trou avec un foret; on verra si le trait que l'on a fait pour la roue est exactement de la grandeur de cette roue, & est parfaitement concentrique : si cela n'est pas, on l'effacera, & on en fera un nouveau bien fin, & qui passe juste par la pointe des dents.

1325. On prendra avec un compas sur le dedans de la platine des piliers (*Planche V*, *fig.* 1), la distance qu'il y a du centre de la roue d'échappement jusqu'au trou du pivot de la tige d'ancre : on portera cette distance sur la plaque de laiton, & on tracera du centre B de la roue la portion de cercle b c : on percera en a un petit trou de la grosseur du pivot de la tige d'ancre ; ce trou représentera le centre de l'ancre ; de ce centre on tirera la ligne a b qui ne fasse que toucher la circonférence b c de la roue : si par ce point b d'attouchement on tire le rayon B b, il sera perpendiculaire à b a (ainsi qu'on le démontre en Géométrie) ; & selon les principes de Méchanique l'action des dents de la roue doit se faire au point b sur l'ancre : ainsi a b est la longueur qu'il faut donner au bras de l'ancre, pour que la roue agisse sur lui de la maniere la plus favorable au mouvement.

1326. On posera la roue sur la plaque de laiton ; on posera une pointe du compas sur le trou de l'ancre, & avec l'ouverture de compas a b, on fera convenir l'autre pointe avec celle d'une dent b de la roue prise en devant : pour cet effet, on tournera la roue selon qu'il sera besoin ; on tiendra la roue fixe ; on portera la pointe de compas de l'autre côté, pour voir si elle se présente contre le derriere (a) de la pointe d'une dent c : si cela n'est pas, on changera l'ouverture du compas jusqu'à ce qu'elle passe en même-temps par les pointes des dents les plus prochaines des points de contacts c, b : on tracera les portions de cercles b t, c p, qui représenteront deux faces des pattes de l'ancre.

1327. Pour trouver les deux autres faces, il faut changer l'ouverture de compas, ensorte que les dents ayant parcouru la moitié de leur intervalle, elles passent par une seconde portion de cercle : mais comme cela se peut faire également ou en ouvrant le compas plus qu'il n'étoit, ou en le refermant de la moitié de l'intervalle d'une dent ; on choisira de ces deux ouvertures celle qui fera moins différer la longueur des traits avec les points de contact c b, desquels on doit s'écarter le moins qu'il est possible : on tra-

---

(a) La portion de cercle c p doit passer derriere la dent c, afin que l'angle c de la patte c p ne vienne pas arcbouter sur le derriere des dents, à mesure que la dent b écarte le bras b t, & que celui c s'introduit entre les dents de la roue.

Première Partie, Chap. XXXVI.

éera donc les deux autres faces de l'ancre $d\,s$; $e\,q$ que nous plaçons en dedans préférablement, pour diminuer l'espace que parcourt l'ancre, & par conséquent le frottement de l'ancre : ainsi l'on aura les quatre faces des deux bras placées de sorte à laisser échapper alternativement les dents à mesure que ces pattes pénetrent & s'écartent de la roue par le mouvement du pendule.

1328. Maintenant pour régler la longueur des pattes de l'ancre, on partira de l'étendue des arcs de levée (399) que l'on veut donner à l'échappement, que nous fixerons à cinq degrés de chaque côté, ou très-approchant.

1329. Pour marquer exactement cette levée de l'échappement, il faut avoir un demi-cercle gradué en degrés, dont on fera convenir le centre avec le trou du pivot d'ancre percé au calibre d'échappement ; on prolongera la ligne $a\,b$ jusqu'en f bord du demi-cercle, & on tournera cet instrument jusqu'à ce qu'une de ces divisions corresponde avec la ligne $b\,f$: on marquera en dedans un point g écarté de l'autre de cinq degrés ; par ce point on tirera une ligne qui passe par le centre de l'ancre ; elle marquera en d la quantité dont la patte doit être engagée, pour que la roue en l'écartant par le plan incliné, l'ancre décrive cinq degrés : ainsi pour avoir ce plan incliné, on tracera la ligne d,b qu'on fera passer par les points d,b où les droites $a\,f$; $a\,g$ qui mesurent l'angle $g\,a\,f$ coupent les portions de cercle $d\,s$; $b\,q$; on aura donc la patte $d\,b$ tracée.

1330. Pour tracer le plan incliné $c\,e$, on observera que puisque la patte $d\,b$ est engagée de cinq degrés, il faut que celle c soit située en dehors de la roue, & toute prête à être mise en prise à mesure que l'autre s'écartera de la roue : ainsi l'extrémité du plan incliné doit être à la circonférence de la roue : on tirera donc par le point c la ligne droite $a\,c$ prolongée jusques en h dehors du demi-cercle ; on posera le demi-cercle sur le centre a, & on fera convenir une division de l'instrument avec la ligne $a\,h$; on marquera en dehors un point i distant de h de cinq degrés ;

par ce point, & du centre *a*, on tirera la droite *a i*, & on aura l'angle *i a h*, qui fera la mesure du plan incliné *c e*; on tirera donc la ligne *c e* qui passe par les points *c e*, où les droites *a h*, *a i* coupent les portions de cercle *c p*; *e q*: ainsi l'on aura le plan incliné qui doit terminer la patte, & tellement situé, que lorsque la dent *b* aura écarté la patte *b d*, & fait parcourir cinq degrés, la patte *c e* sera engagée de cinq degrés dans la roue; ainsi lorsque la dent *r* l'aura écartée pour échapper, la patte *c* aura décrit cinq degrés, & par conséquent l'arc total de levée de l'échappement sera de 10 degrés (399).

1331. L'échappement ainsi tracé seroit à repos, puisqu'il est formé par des portions de cercle concentriques à *A* (396); mais comme un tel échappement ne corrigeroit pas les inégalités de la force motrice, ainsi que nous le ferons voir *Seconde Partie*, il faudra tracer sur les faces de l'ancre des courbes *b l*; *e k* qui feront rétrograder la roue, à mesure que les pattes s'engageront dans les dents par l'augmentation de la force motrice.

1332. Pour tracer ces courbes de maniere à donner le recul qui m'a paru le plus convenable pour rendre les oscillations isochrones, voici les dimensions que l'on suivra: on prendra avec un compas l'intervalle *b m* qui sépare les portions de cercles *b t*; *d s*; on le portera trois fois sur la portion de cercle, en partant de l'angle *b* du plan incliné; de cette troisieme division on marquera le point 4 avec la même ouverture de compas; de ce point & de celui *a* de l'angle du plan incliné, on menera la courbe *b l*, formée par un trait de compas qui aura pour ouverture la longueur *a b* qui a servi à former la portion de cercle *b t*.

1333. Pour trouver l'endroit où l'on doit poser la pointe du compas, afin que la courbe que l'autre pointe doit tracer, passe en même-temps par les points *b*, 4, on posera la pointe du compas sur le point *b*, & avec l'autre l'on tracera la portion de cercle *n*; on posera de même une pointe sur le point 4, & avec l'autre on tracera la portion *n*; le point où elles se couperont sera celui où la pointe du compas doit poser pour tracer la courbe ou portion de cercle *b l*.

1334. Pour tracer l'autre courbe dans l'intérieur de la patte *c e*, on prendra la même épaisseur *e u* de cette patte; on partira de l'angle *e* du plan incliné, & on la portera trois fois sur la portion de cercle *e q*; de la troisieme division on marquera, avec la même ouverture de compas, le point 4; par ce point, & par celui *e* de l'angle du plan incliné, on menera la courbe *e k*; on tracera cette courbe avec le compas, en lui donnant pour ouverture la distance *a e* qui a servi à former la portion de cercle *e q*; pour trouver le point *o*, où l'on doit poser la pointe du compas, afin que l'autre pointe passe en même-temps par le point *k*, & celui *e*, on posera une pointe du compas sur le point *e*, & de l'autre on tracera la portion de cercle *o*; on en fera autant en posant la pointe sur 4, & en traçant la portion de cercle *o* : l'endroit *o* où ces deux parties de cercle se coupent, sera celui où l'on devra poser la pointe du compas, pour faire passer la courbe par les pointes *e* & *k*.

1335. L'on aura donc la figure qu'il faut donner à l'ancre d'échappement tracée exactement, ainsi il ne restera qu'à l'exécuter d'après ces dimensions.

4°, *De l'exécution de l'Ancre d'échappement.*

1336. Pour faire l'ancre, on prendra de l'acier qui ait deux lignes d'épaisseur, & soit de la largeur propre à y former l'ancre tel qu'il est représenté sur le calibre d'échappement, & de la longueur requise; on le laissera plus long & plus large qu'il n'est besoin, afin d'avoir de l'espace pour tracer sa figure : on percera un trou de la grosseur convenable, afin qu'étant étampé, il entre juste sur le quarré de la tige d'ancre; on étampera ce trou, & on le rendra bien quarré, & ensorte que l'ancre entre à force sur le quarré de la tige, & de maniere que la moitié de son épaisseur soit à la même élevation du rochet d'échappement ; ce que l'on verra en préfentant la tige fur le bord de la cage, tandis que la roue eft en cage : l'ancre ainfi étampé, on le limera à plat des deux côtés, & bien droit, & on l'adoucira avec une carrelette.

1337. Pour former l'ancre felon les traits marqués fur le calibre, on peut le faire de deux manieres, ou en tranfportant fur l'ancre les traits du calibre, felon les dimenfions que nous venons de prefcrire ; ou bien on peut découper très-exactement l'ancre tracé fur le calibre, & l'appliquer enfuite fur la plaque d'acier qui doit former l'ancre, & tracer fur cette plaque le contour de l'ancre : pour cet effet, il faut arrêter le calibre fur l'ancre, en faifant paffer un arbre liffe dans les trous de l'un & de l'autre, & en ferrant le calibre contre l'ancre avec des tenailles à vis. Cette méthode eft la plus facile à mettre en ufage ; mais la premiere eft préférable pour la jufteffe : il eft vrai qu'il faut des précautions pour rapporter exactement la figure de l'ancre fur la plaque d'acier telle qu'elle eft tracée fur le calibre ; on le fera à peu près de la maniere fuivante.

1338. On prendra avec le compas le rayon $a\,b$ qui a fervi à former les portions de cercle $b\,t$; $c\,p$ fur le calibre d'échappement, & on tracera fur l'ancre ces portions de cercle, mais en obfervant à les tracer fur le côté convenable ; ce qui eft donné par le plus grand côté du trou qui eft celui fur lequel on doit pofer la pointe pour tracer les portions de cercle $b\,t$; $c\,p$; on tracera de même les portions de cercle intérieures $e\,q$; $d\,s$ fur l'ancre, en prenant la mefure fur le calibre ; on limera, felon ces portions de cercle, le dedans $d\,s$, & le dehors $c\,p$, & fort exactement.

1339. On appliquera l'ancre contre le calibre en faifant convenir les centres ; ce que l'on fera en faifant paffer un arbre liffe à travers le trou de l'ancre & du calibre ; on marquera fur les portions de cercle limées l'extrémité c & d des pattes.

1340. On pofera une petite regle fur une des pattes,

Première Partie, Chap. XXXVI. 455

& on la dirigera selon les lignes prolongées pour les plans inclinés $d\ b$; $e\ c$; & on tracera sur la plaque de l'ancre les plans de l'ancre qui devront passer exactement au-dessus des lignes du calibre : on en fera autant à l'autre patte ; ensuite l'on portera trois fois, comme l'on a fait pour le calibre, l'épaisseur des pattes ; on tracera les courbes de la même maniere.

1341. L'ancre étant tracé, on le limera selon les traits, & en le présentant de temps à autre sur le calibre, afin de vérifier si on le lime selon la forme du calibre.

1342. L'ancre ainsi ébauché & approché de la figure tracée sur le calibre sera prêt à être achevé ; mais avant de le faire, il faudra, pour plus de facilité & pour la perfection de l'échappement, faire une vis excentrique (119) sur laquelle roule le pivot de la tige d'ancre situé à la platine des piliers ; pour cet effet on aggrandira ce trou auquel on donnera une ligne $\frac{1}{2}$ de diametre ; on prendra du fil de laiton tiré bien dur, ou pour le mieux, du laiton écroui ; on tournera le bout de maniere qu'il entre à force dans le trou de la platine, & retenu par derriere par une portée V, (*Planche V*, *fig.* 3) ; on limera l'autre côté à fleur de la platine, & on percera, un peu en dehors du centre, un trou dans lequel on fera entrer librement le pivot de la tige : ces sortes de trous ne doivent pas être percés *d'outre en outre*, mais seulement de la profondeur nécessaire pour que le bout du pivot roulant contre le fond du trou ait la hauteur nécessaire en cage ; on appelle cela des *trous foncés* : pour aggrandir ces trous, il faut accourcir l'équarrissoir, pour que son bout aggrandisse le trou selon la grosseur du pivot ; on fait aussi rouler l'autre pivot du côté de la fourchette, dans un trou foncé fait au coq : ces sortes de trous, quand ils sont bien faits, sont très-bons ; ils ont cependant un défaut qui est que les saletés qui s'y introduisent, & s'y arrêtent, au lieu que dans les trous ordinaires, elles en sortent ; il est vrai que le frottement des pivots dans les trous foncés est moindre, parce qu'ils sont retenus par leurs pointes, au lieu que les autres le font par leurs portées.

Achever l'Echappement.

1343. La vis excentrique étant faite, on mettra la roue d'échappement en cage, & l'on arrêtera les platines par des goupilles que l'on mettra aux piliers ; on tournera l'excentrique, pour qu'il écarte, le plus qu'il pourra, le trou du pivot de la roue ; on mettra l'ancre sur sa tige ainsi que la fourchette, & on mettra le tout en cage avec le coq d'échappement ; on fera tourner la roue en avant d'une main, tandis qu'avec l'autre on retiendra la fourchette ; & on verra si après qu'une dent de la roue a agi sur le plan incliné, elle peut s'en échapper, & n'est point empêchée par l'autre patte, qui, étant trop épaisse, ne passe pas derriere la dent ; ce qui ne peut pas manquer d'arriver, parce que par la construction nous avons fait tenir les pattes de la moitié de l'intervalle d'une dent, au lieu qu'elles doivent être moindres, pour permettre qu'à mesure qu'une patte s'écarte de la roue, l'autre s'y engrene ; ce qu'il sera aisé de voir par l'application : on limera donc l'extrémité de cette patte, afin que la dent l'abandonne ; & s'il est nécessaire, on accourcira un peu les pattes, en conservant les plans de la même inclinaison ; & on limera très-petit à petit l'ancre, de sorte qu'à mesure qu'une dent b échappe de l'extrémité du plan incliné, la dent aille poser sur l'origine de la courbe, & non sur le plan incliné ; & cela avec très-peu de *chûte*, c'est-à-dire, qu'en même-temps qu'une dent échappe d'une palette, l'autre patte arrête la roue, ensorte que celle-ci parcoure très-peu de chemin par ce passage ; ainsi toute l'action de la roue agira par un mouvement uniforme sur les plans inclinés de l'ancre, pour restituer au pendule la force qu'il perd. Pour ôter les chûtes, on rapprochera l'ancre de la roue, en tournant l'excentrique.

1344. Il faut avoir attention, en limant & achevant l'ancre, de ne pas changer l'épaisseur des pattes ; ce qui rendroit

droit les arcs de levée inégaux : c'eſt par les mêmes raiſons qu'il ne faut pas non plus changer l'inclinaiſon des plans *d b* ; *c e* ; & pour vérifier s'ils ſont inclinés convenablement, on verra ſi, après que les dents ont échappé de l'extrémité des plans, la dent qui va poſer ſur l'autre patte anticipe de la même quantité ſur la courbe ; ſi cela eſt, c'eſt une preuve de l'égalité de levée ; ſinon, on corrigera l'inclinaiſon de l'un ou de l'autre plan : on peut encore vérifier l'égalité de levée par la fourchette, en meſurant ſi le chemin qu'elle fait par la levée de chaque patte eſt égal : on vérifiera par le même moyen, ſi le mouvement rétrograde de la roue eſt produit de la même maniere par chaque courbe : on les terminera donc en conſéquence ; on adoucira & on dreſſera toutes les faces de l'ancre avec beaucoup d'attention.

1345. L'ancre étant ainſi achevé, on le trempera, on le blanchira avec de la ponce, & on fera revenir ſeulement avec un chalumeau le milieu à l'endroit du trou, afin qu'en enfonçant le quarré, ce trou ne ſe fende pas : on laiſſera les pattes de toute leur dureté.

1346. L'ancre ainſi trempé, on adoucira & on dreſſera ſes faces avec des limes de fer & de la pierre à huile broyée ; enſuite on polira ces mêmes faces avec une lime d'étain & du rouge fin d'Angleterre, de ſorte qu'il ne reſte aucuns traits, & que par conſéquent le frottement des dents ſur l'ancre ſoit le moindre qu'il eſt poſſible : les faces de l'ancre & les plans étant polis, on vérifiera l'effet de l'échappement ; & ſi une des pattes donnoit moins de chûte que l'autre, il faudroit l'uſer avec la lime de fer & la pierre à huile. Cela fait, on polira les autres parties de l'ancre.

5°, De l'exécution du Pendule.

1347. Le pendule eſt, comme nous avons dit, le régulateur des Horloges (36) ; & lorſqu'il eſt bien diſpoſé, c'eſt-à-dire, qu'il eſt peſant & bien ſuſpendu, il corrige aſſez bien les inégalités de la force motrice ;

mais de tels pendules font rarement appliqués aux Horloges ordinaires comme celle dont il est ici question ; & c'est pour cette raison que nous avons donné, aussi bien qu'il a été en notre pouvoir, les moyens d'y suppléer, en appliquant un échappement qui corrigera les inégalités de la force motrice : nous nous réglerons donc ici pour le pendule à la disposition qu'on lui donne ordinairement, & que l'on peut employer dans nos cartels.

1348. La justesse d'une Horloge dépend encore singuliérement, ainsi que nous le ferons voir *Seconde Partie*, du rapport de la force motrice à l'étendue des arcs du pendule, au poids de la lentille, &c ; mais comme nous le montrerons aussi, il n'est pas facile dans les Horloges à ressort de proportionner la force motrice au régulateur ; l'échappement dont nous venons de parler, suppléera à ce rapport, sur-tout en y employant les précautions que nous indiquerons ci-après.

1349. La lentille d'une Horloge, comme celle qui nous occupe, peut avoir un pouce $\frac{1}{2}$ de diametre, deux lignes d'épaisseur, & peser environ une once ; ensorte que par cette disposition, elle sera d'un poids à peu-près relatif à la force du grand ressort, & à l'étendue des arcs de levée de l'échappement.

1350. Le pendule d'une Horloge ordinaire, est composé de quatre pieces ; 1°, de la lentille ; 2°, d'un bout de fil de fer qui se fixe à la lentille par un bout, & dont l'autre se fixe à la plaque qui entre dans la fourchette ; 3°, de cette plaque qui est de laiton ; & enfin d'un bout de fil de fer qui se fixe par un bout avec la plaque qui passe dans la fourchette, & dont l'autre bout est plié en crochet pour s'accrocher au fil de suspension.

1351. Pour faire la lentille, on prendra du laiton qui ait trois lignes d'épaisseur, & un pouce $\frac{1}{2}$ de diametre, (si la place du cartel le permet, ainsi que nous le supposons) : on écrouira cette plaque ; on la percera à son centre d'un trou qui ait deux lignes de grosseur ; on la coupera ronde, selon le trait du compas; on fera entrer cette plaque à force sur un arbre lisse; on la tournera, & on lui donnera une figure lenticulaire, réservant pour cela le milieu de toute son épaisseur, & terminant le bord en tranchant, & selon la coupe représentée (*Planche XXII, fig. 6*); on l'adoucira, & on la polira.

1352. Pour faire la verge du pendule, on se sert de fil de fer tiré; mais il seroit préférable de la faire d'acier, par la raison qu'il se dilate moins par la chaleur, & qu'il est moins sujet à se courber: on prendra donc du fil d'acier tiré qui ait environ deux tiers de ligne de grosseur, & neuf à dix pouces de longueur; on le coupera en deux parties, dont un bout soit de la longueur de la fourchette, & l'autre plus long qu'il n'est besoin pour porter la lentille; on fera la plaque qui doit passer dans la fente de la fourchette; on prendra pour cela du laiton qui ait une ligne d'épaisseur, deux de largeur, & neuf de longueur: on écrouira cette plaque; on percera par ses bouts deux trous selon la longueur de la plaque, & de grosseur convenable pour pouvoir y faire entrer à force les bouts de fil d'acier; après qu'on les aura un peu limés en pointe, pour faciliter l'entrée, on donnera à chaque bout de ces trous une couple de ligne de profondeur; alors on y fera entrer à force les fils d'acier ou de fer: on limera la plaque bien droite, & d'égale épaisseur dans toute sa longueur; on aggrandira la fente de la fourchette, pour que la plaque du pendule y entre selon son épaisseur, & bien juste dans toute sa longueur, afin qu'à mesure qu'on accourcit ou qu'on alonge la soie, cette plaque qui monte & descend dans la fourchette, le fasse sans jeu, & cependant librement, pour que le pendule puisse prendre son aplomb.

1353. Pour faire le crochet de la verge qui doit porter le pendule, il faudra recuire le bout du fil d'acier, afin de pouvoir le plier avec une pincette à bec rond; pour plier ce bout du pendule, il faut mettre en cage la fourchette chassée sur sa tige, en place le coq de suspension, avec l'avance & retard, & y attacher un fil de foie de groffeur à remplir exactement les trous de la branche H du coq: ce fil doit être arrangé felon que nous l'avons indiqué (1299): on tournera le quarré de l'avance & retard, jufqu'à ce que le pli K du fil foit diftant de quatre lignes du deffous; alors on préfentera le pendule, de forte que le milieu de la plaque foit vis-à-vis de la fourchette; on marquera l'endroit où le pli du fil répond fur le fil de fer; c'eft par cet endroit qu'il faudra le plier pour faire le crochet qui doit s'attacher au fil pour fufpendre le pendule.

1354. Maintenant pour couper le fil de fer de longueur convenable pour ce pendule, qui doit être de neuf pouces trois lignes pris du centre de fufpenfion au centre de la lentille; on accrochera le pendule à la foie de fufpenfion; on préfentera la lentille contre le bas du fil de fer, & avec un pied on mefurera la diftance du centre de la lentille au-deffous de la branche H; on montera cette lentille fur le côté du fil de fer, jufqu'à ce que fon centre foit diftant de H de neuf pouces trois lignes; on marquera en ce moment fur le fil de fer le bord de la lentille: ainfi cette marque défignera l'endroit où le bord de la lentille doit s'arrêter fur la verge.

1355. Pour fixer la lentille fur le bout de la verge du pendule, on percera un trou dans fon épaiffeur qui foit un peu plus petit que le fil de fer: pour percer ce trou, on fera une entaille avec une lime fur le bord de la lentille, afin que le foret puiffe y avoir prife, ce qui ne fe pourroit pas faire facilement, à caufe du tranchant du bord; on percera ce trou de trois à quatre lignes de profondeur, & en le dirigeant au centre: on coupera le fil de fer de trois lignes au-deffous de la marque qu'on y a faite; on le limera un peu en pointe, & on le fera entrer à force fur la lentille; mais en prenant garde qu'elle foit dirigée perpendiculairement au plan de la plaque du pendule, & que par conféquent le tranchant de la lentille foit dans le plan de mouvement du pendule.

XI. *Faire* marcher en blanc *le Mouvement de l'Horloge, & la régler.*

1356. Lorsque le pendule sera fait, l'Horloge sera toute disposée pour être remontée, & pour la faire marcher; il ne sera pas besoin pour cela que les roues ni les platines soient polies : lorsque les Horlogers remontent ainsi les mouvements avant de les polir, ils appellent cela *faire marcher la Pendule en blanc.*

1357. On ne fait marcher une pendule en blanc que lorsqu'on n'est pas sûr de tous ses effets; par ce moyen, on peut y travailler, & en corriger les défauts; ensuite on en polit les pieces.

1358. Pour faire marcher l'Horloge en blanc, il faudra commencer par nettoyer tous les trous des platines avec du bois de fusin ; on fera des goupilles qui entrent bien dans les trous des piliers : on présentera toutes les roues les unes après les autres en cage, & on goupillera à chaque fois les platines, afin de voir si les roues ont le jeu convenable en hauteur, & si elles tournent librement dans leurs trous, & on y remédiera en conséquence; savoir, en reculant les portées des pivots, si elles sont trop hautes en cage, & en aggrandissant ces trous, s'ils ne le sont pas assez.

1359. On nettoiera les pignons & les roues avec une petite brosse; on passera un bois dans les trous du barrillet, & on verra si l'arbre tourne librement dans ces trous; on nettoiera le ressort, & on le mettra dans son barrillet; on mettra de l'huile au ressort, & en assez grande quantité, pour que la spire du ressort en soit enduite dans toute sa longueur : on nettoiera l'arbre; on mettra de l'huile à l'endroit des pivots qui doivent rouler dans les trous de barrillet : on remontera le barrillet.

1360. Cela ainsi préparé, on mettra en leurs places les broches des pieces de cadrature; on n'oubliera pas sur-tout celle de la piece des quarts, dont la tête étant en dessus de la seconde platine, ne pourroit être mise en place lorsque la cage sera montée ; on mettra en cage toutes les pieces qui doivent s'y placer, c'est ce qu'on appelle *remonter le mouvement* : on mettra des goupilles aux platines ; ensuite l'on prendra de l'huile avec la pointe d'un foret, & on en mettra à chaque réservoir des pivots de l'une & l'autre platine.

1361. On remontera le rochet d'encliquetage du mouvement, & on chassera une goupille dans le trou du quarré ; on remontera le reste de l'encliquetage ; on mettra en place le barrillet de répétition ; après qu'on aura mis de l'huile au ressort, on mettra l'arbre, & de sorte qu'il accroche l'œil du ressort.

1362. On nettoïera les roues de cadran, & on les mettra en place, & celles de renvoi à leur repaire.

1363. On attachera à la poulie un cordon qui ait environ une aune de longueur, & qui soit de grosseur convenable à remplir la rainure de la poulie.

1364. Pour attacher ce cordon, on fera un nœud tout au bout ; on fera entrer ce nœud dans l'entaille faite au fond de la poulie ; on percera à travers la poulie un trou qui passe tout contre le nœud, & qui puisse le retenir ; par ce trou, on fera entrer à force une goupille.

1365. On mettra la poulie sur son quarré, le limaçon des quarts sur celui de la tige de renvoi : on nettoiera le trou du canon de l'étoile ; on placera l'étoile sur sa broche portée par le tout-ou-rien ; on mettra une goupille dans le trou de la broche, on coupera cette goupille à fleur du canon : on mettra le tout-ou-rien en sa place, lorsqu'il sera ainsi assemblé avec l'étoile : on placera le sautoir, & on goupillera la broche : on placera le ressort du sautoir, auquel on donnera la bande nécessaire, pour que le valet contienne l'étoile, de maniere qu'elle soit retenue en place, & puisse faire mouvoir la surprise par l'action du valet, & sans pouvoir charger le mouvement de l'horloge : on mettra la piece des quarts en fa place, ainfi que fon reffort, auquel on donnera feulement la bande néceffaire, pour faire defcendre cette piece des quarts fur le limaçon, lorfque les chevilles de la poulie lui en ont donné la liberté : on goupillera cette piece des quarts.

1366. En cet état, on tirera le cordon qui entoure la poulie, & on remontera le reffort de répétition ; on ne le remontera pas tout-à-fait en haut ; mais de forte qu'il refte un demi-tour dont on puiffe en outre le monter.

1367. On mettra en fa place, & à fon repaire, le rateau, & on fera répéter l'heure : fi les marteaux frappent trop lentement, on tournera la vis excentrique de la répétition, afin d'éloigner le pignon de volan de la roue, & d'affoiblir par ce moyen l'engrenage, ce qui augmentera la vîteffe du rouage : mais fi cela n'eft pas fuffifant, il faudra étrécir le volant, ce que l'on peut faire fans démonter la piece ; il ne faut pour cela que de tirer l'excentrique Q que l'on a mis à la platine des piliers.

1368. Mais avant de régler la vîteffe du rouage, il faut mettre en place les marteaux & le timbre, parce que la pefanteur des marteaux change encore la vîteffe du coup ; on changera d'ailleurs, felon qu'il fera néceffaire, la bande des refforts de marteau, afin que les marteaux donnent les plus grands coups que puiffe comporter le reffort moteur : pour changer la bande de ces refforts, il ne fera pas néceffaire de démonter l'Horloge, parce que ces refforts font tellement difpofés, que quoique placés en dedans de la cage, ils peuvent fe démonter ; ce qui fe fait au moyen des vis qui les retiennent, dont les têtes font en dehors des platines.

1369. La vîteffe du rouage ainfi réglée, pour compter diftinctement les coups de marteau, on examinera de nouveau fi la cadrature remplit toutes fes fonctions : pour cet effet, on remontera la fauffe-plaque & fon cadran, & on goupillera folidement les faux-piliers ; on mettra l'aiguille des heures en place, ainfi que celle des minutes qu'on aura soin de mettre à son repaire; on mettra la goutte, & ensuite la goupille qui la retient sur le pivot contre l'aiguille des minutes.

1370. On examinera d'abord si en faisant tourner l'aiguille des minutes l'étoile détend bien : si cela n'étoit pas, ce seroit une marque que les roues de chauffée ne seroient pas à leurs repaires, & on les y mettroit en redémontant la plaque : si en tournant l'aiguille, le pas h du limaçon des quarts n'approche pas trop près du bras k de la piece des quarts ; si cela étoit, cela feroit arrêter l'Horloge, & ce seroit une marque que l'on a courbé la cheville du doigt ; on la redresseroit donc en conséquence : on fera sonner la répétition en tournant l'aiguille des minutes sur chaque quart ; & on verra si les chevilles de la poulie arrêtent bien le rouage immédiatement après que les quarts ont frappé.

1371. On verra de même les effets du limaçon des heures & du tout-ou-rien, & avec les mêmes attentions & précautions que l'on a mises en usage, pour faire produire les effets à la cadrature, & que nous avons expliquées assez au long ci-devant ; ensuite on mettra les goupilles qui doivent arrêter les pieces de cadrature, & on verra si ces goupilles ne gênent point le mouvement de ces pieces, & si elles leur laissent la liberté convenable.

1372. Lorsqu'on aura ainsi revu tous les effets de la cadrature, & qu'on les aura réparés selon les regles prescrites pour les faire produire, on chassera à force l'ancre d'échappement sur son quarré, pour être à demeure, & on mettra la fourchette en place : on mettra ces pieces assemblées en cage, ayant attention de mettre auparavant de l'huile aux pivots de la verge : on attachera le coq sur la platine ; on remontera l'arbre de barrillet d'un quart de tour, & on examinera si l'échappement se fait sans chûte & sans accrochement ; on remédiera à l'un ou à l'autre de ces défauts : s'il y a trop de chûte, on rapprochera un peu l'excentrique ; & si les dents de la roue accrochoient sur une patte seulement, on prendra une pierre à huile

avec

Premiere Partie, Chap. XXXVI.

avec laquelle on ufera comme avec une lime l'extrémité de la patte qui accroche, & jufqu'à ce que les chûtes de chaque patte foient égales, & incapables d'arrêter l'Horloge : on aura foin, à chaque fois qu'on limera avec la pierre à huile, de nettoyer l'ancre, avant de le remettre en place, afin qu'il ne refte pas de grains de pierre qui ne manqueroient pas de s'attacher aux dents de la roue d'échappement, & creuferoient l'ancre à mefure que l'Horloge marcheroit; enforte qu'en très-peu de temps les faces de l'ancre feroient déchirées, & que cela feroit varier la machine qui finiroit par arrêter.

1373. L'échappement ainfi mis à fon vrai point, on fera tourner la fourchette féparément de fa tige, jufqu'à ce que l'arc qu'elle décrit par l'échappement fe faffe également de chaque côté de la ligne verticale ou de midi, c'eft-à-dire, qui paffe du centre de la platine au centre de la tige : quand on aura ainfi tourné la fourchette féparément de fa tige, on levera le coq, & on attachera la tige à l'étau ; enfuite l'on chaffera la fourchette à force, afin qu'elle demeure fixe avec la tige.

1374. Enfin l'on placera le mouvement de l'Horloge dans fon cartel, avec lequel on l'attachera au moyen des quatre vis qui fixent la fauffe-plaque contre la batte : on mettra le pendule en place ; pour cet effet, on ouvrira la porte de derriere du cartel ; on ôtera le timbre & le porte-timbre ; & on accrochera le pendule, en le paffant d'abord dans la fourchette, & en le montant jufqu'à ce que fon crochet foit accroché au fil de fufpenfion : on fermera la porte de derriere, & on accrochera le cartel à un clou à crochet attaché contre le mur ; on mettra le cartel d'aplomb par le cadran : on remontera le reffort d'un tour, & on donnera le mouvement au pendule. Si en cet état l'échappement ne fe fait pas également des deux côtés, c'eft-à-dire, qu'on n'entende pas les battements égaux, c'eft une marque que la fourchette n'eft pas parfaitement bien dirigée felon la ligne verticale ; & alors il faudra la courber un peu

I. Partie. N n n

d'un ou d'autre côté, jufqu'à ce que l'échappement ne *cloche* plus ; les Horlogers appellent cette opération, *mettre la piece dans fon échappement.* Cela fait, on *décrochera* le cartel, afin de mettre le timbre à fa place ; on paffera le cordon de la répétition dans un trou que l'on aura fait au cartel à cet ufage : ce trou doit être placé de maniere à ne pas gêner le cordon, c'eft-à-dire, qu'il doit être percé dans la direction même que l'on fuit en tirant le cordon pour faire répéter la machine : car fi le cordon fait un coude, il devient plus dur à tirer, & il s'ufe plus promptement.

1375. On replacera ce cartel contre le mur; on le mettra d'aplomb, & on donnera le mouvement de vibration au pendule; & fi la verge du pendule touchoit à la cadrature ou au timbre, ce feroit une marque que le mur n'eft pas d'aplomb, & qu'il faudroit caler le cartel du haut ou du bas pour le mettre d'aplomb : fi le pendule touche au timbre, il faut éloigner le haut du cartel du mur, & par conféquent le caler par le haut ; & fi au contraire le pendule touche aux pieces de cadrature, il faut éloigner le bas du cartel du mur & le caler en conféquence.

Examen du rapport de la pefanteur du Régulateur à la force motrice.

1376. Le cartel ainfi pofé, & le mouvement de l'Horloge fini, il faudra éprouver fi la pefanteur de la lentille eft relative à la force motrice : pour cet effet, on écartera le pendule de la verticale, feulement pour que les dents de la roue échappent : fi en cet état la force motrice eft capable d'entretenir le mouvement du pendule, c'eft une marque que la lentille n'eft pas trop pefante, (puifque le reffort n'a que cinq quarts de tours de bande (1372 & 1374 ;) mais fi au contraire après avoir donné le mouvement de vibration au pendule, l'Horloge venoit à arrêter, ce feroit une marque que la lentille eft trop pefante, relativement à la force motrice & à l'étendue des arcs de

Première Partie, Chap. XXXVI. 467

levée : ainsi il faudroit amincir & alléger la lentille, jusqu'à ce qu'elle fut de la pesanteur requise ; enfin, si après avoir donné le simple mouvement de vibration au pendule, en ne lui faisant décrire que l'arc de levée, les arcs de vibration du pendule venoient à augmenter de beaucoup de ceux de levée, c'est-à-dire, que la force motrice fut capable par exemple d'en doubler l'étendue, alors cela prouveroit que la lentille est trop légere : il faudroit en ce cas en faire une plus pesante, & relativement à l'augmentation des arcs de vibration sur ceux de levée : si, par exemple, nous supposons que l'arc de vibration, lorsque le ressort n'a que cinq quarts de tours de bande, est double de celui de levée, il faudra faire une lentille près de quatre fois plus pesante ; & alors si la place ne permet pas d'augmenter le diametre de la lentille, il faudra faire une boule au lieu de lentille, parce que, sous un moindre volume, elle contiendra une plus grande quantité de matiere ; il est vrai qu'elle éprouvera un peu plus de résistance de l'air ; mais on peut négliger cette considération, lorsqu'il est question de petits arcs, ainsi que nous le ferons voir *Partie II.*

Régler l'Horloge.

1377. L'Horloge ainsi préparée, il ne restera plus qu'à la régler, & à vérifier l'effet de l'échappement ; on commencera d'abord par la régler, en laissant le ressort à son premier tour de bande : si l'Horloge en cet état retarde sensiblement, c'est-à-dire, de quatre ou cinq minutes en vingt-quatre heures, on coupera d'environ une ligne la verge du pendule : pour cet effet on chassera la lentille hors de dessus le fil qui la porte, & on coupera ce fil ; on le limera un peu, pour le faire entrer dans le trou de la lentille, & accourcir ainsi le pendule ; & sans toucher à l'avance & retard, parce qu'il convient de laisser la soie à la longueur que nous lui avons donnée, & de régler très-à-peu-près l'Horloge sans changer la longueur de la soie : si

Nnn ij

au contraire l'Horloge avançoit de quatre ou cinq minutes en vingt-quatre heures, il faudroit mettre un fil de fer plus long d'une ligne que celui qui porte la lentille.

1378. L'Horloge étant à peu-près réglée au bas, on la laissera marcher pendant vingt-quatre heures, & on la comparera ou avec le Soleil ou avec une Pendule à secondes bien réglée, ou une Horloge de l'exactitude de laquelle on soit sûr ; on notera exactement l'écart qu'elle aura fait en vingt-quatre heures ; alors, sans toucher ni au pendule ni à l'avance & retard, on remontera le ressort jusques au haut ; on remettra les aiguilles à l'heure soit du Soleil, ou de la même Horloge avec laquelle on l'a comparée la veille ; on la laissera marcher pendant vingt-quatre heures, & on notera l'écart qu'elle a fait : si cet écart est de la même quantité & dans le même sens que celui qu'elle a fait lorsque le ressort étoit au bas, c'est une preuve que l'échappement corrige parfaitement les inégalités de la force motrice ; mais si au contraire elle avançoit plus au haut qu'au bas, cela prouveroit que le recul est trop grand ; ainsi il faudroit détremper l'ancre d'échappement, afin de rapprocher un peu du repos les courbes de l'ancre ; on le retremperoit ensuite ; on le repoliroit, & on recommenceroit l'examen de la même maniere, & jusqu'à ce que l'Horloge avance ou retarde également, soit que le ressort soit au bas, soit qu'il soit monté tout au haut.

1379. On ne doit pas craindre que les courbures telles que nous les avons prescrites, soient trop rapprochées des portions de cercles, c'est-à-dire, que l'échappement ne donne pas assez de recul : car les dimensions que nous avons indiquées l'en écartent plus qu'il ne faut, ce que nous avons fait, afin que l'on soit plutôt obligé à adoucir le recul, ce qui n'exige que de détremper l'ancre ; au lieu que si le recul étoit trop petit, il faudroit refaire l'ancre : au reste, selon les expériences que j'ai faites, un tel échappement corrige très-bien les inégalités de force motrice, & de maniere qu'avec toutes les précautions indiquées on aura une Horloge qui ira beaucoup plus juste que celles qu'on fait communément, & qui, si elles vont bien, on doit l'attribuer au hazard, vû la négligence & l'ignorance dans laquelle se plaisent beaucoup d'Ouvriers. Il faut convenir que cet échappement n'est point facile à exécuter; aussi pour ne pas trop attendre de l'échappement, est-il à propos de construire le pendule, de maniere à corriger les inégalités de force motrice, c'est-à-dire, que dans un pendule qui a neuf pouces environ de longueur, la lentille doit peser trois à quatre livres; la suspension doit être faite à couteau; & qu'enfin l'étendue des arcs de levée de l'échappement doit être relative à la force motrice; dans ce cas, les inégalités du ressort ne peuvent faire que peu d'impression sur la justesse de l'Horloge.

1380. Quand on aura ainsi comparé l'Horloge dans les différents points d'action du ressort, & qu'elle aura marché pendant quinze jours, on la démontera pour polir les platines, les roues & pieces de cadrature, &c. Avant de lever le coq d'échappement, il faudra prendre la clef de la pendule qui va sur le quarré de l'arbre de barrillet, & la mettre sur son quarré, afin de débander le ressort: pour cet effet, pendant qu'avec la main on soutient l'effort du ressort, on appuiera sur la queue du cliquet, afin qu'il laisse au rochet la liberté de rétrograder: cette précaution est très-essentielle; car sans cela l'on courroit risque, en levant le coq d'échappement, que l'ancre n'allât porter contre la roue, & n'en cassât ou courbât les dents, à cause de la grande vitesse avec laquelle elle est entraînée par le moteur. Toutes les fois que l'on démonte une piece d'Horlogerie quelconque, dont le moteur est un ressort, il faut commencer par le débander; car il est arrivé quelquefois à ceux qui ont manqué cette précaution, de faire casser des roues & des pivots du rouage.

1381. Pour démonter le mouvement, on le fera en reprenant par ordre les dernieres pieces qui ont été rassemblées.

1382. Le mouvement ainsi démonté, on polira les pieces de cuivre, en se servant pour les platines ; 1°, de la *Ponce*, pour ôter les traits de la lime ; 2°, de *Pierre à l'eau douce* ; 3°, de *Charbon de hêtre* avec de *l'huile* ; & enfin, d'un *Feutre* colé sur du bois, & on emploiera avec de la *Pierre pourrie* ou du *Tripoli*. Les platines étant polies, on les nettoiera avec beaucoup de précaution, & ne laissant pas la moindre saleté dans aucun des trous dans lesquels on passera du bois de fusin, jusqu'à ce que le bois ne se noircisse plus, on nettoiera les réservoirs pour l'huile, en un mot les platines dans toutes leurs parties. Pour polir la roue de barrillet, on le fera de la même maniere que pour les platines & pour les roues & les autres pieces de cuivre de la cadrature ; on les passera à la pierre à l'eau & au charbon ; ensuite avec du bois de fusin, de la pierre pourrie, & enfin légérement le feutre, afin de conserver les pieces plates ; car le feutre les arrondit : on nettoiera les roues, en se servant d'une petite brosse, & de blanc d'Espagne réduit en poudre ; on dégraissera sur-tout les dentures avec cette brosse, ce qui leur donnera une sorte de poli.

1383. Pour polir les pieces d'acier, on prendra une pierre à huile, & ensuite du bois de noyer avec du rouge fin ; on polira le doigt & le valet, les tiges de marteau, les ressorts, les têtes des vis, les têtes des broches, & la tige de l'avance & retard.

1384. Quand ces pieces d'acier seront polies, on les nettoiera, & ensuite on les *bleuira*. Pour cet effet on allumera des *mottes à brûler* ; & au défaut de mottes, on aura du feu dans une poële, laquelle on recouvrira de cendres que l'on rendra unies par-dessus ; on posera les pieces les unes après les autres sur ces cendres, & on les y laissera jusqu'à ce que la chaleur les rende d'un bleu vif : on fait cela pour rendre les pieces plus belles ; il y a même des gens qui prétendent que l'acier ou fer bleui est moins sujet à se rouiller ; & cela est assez vraisemblable, parce que la chaleur consume les parties humides qui sont à la surface du corps.

1385. Cela fait, le mouvement fera prêt à remonter: nous n'entrerons point ici dans de nouveaux détails, fur la maniere dont on doit raffembler le mouvement; on doit le faire de la même maniere que nous l'avons expliqué, pour faire marcher le mouvement en blanc (1356 & fuiv.); & nous y renvoyons, pour ne pas répéter & alonger un article qui n'eft déjà que trop long, que nous n'avions pas prévu devoir nous mener fi loin, & auquel nous convenons qu'il refte cependant beaucoup à defirer, tant pour la clarté de l'explication, que pour les figures qu'il auroit fallu augmenter; mais nous ne nous fommes avifés de traiter cette matiere de la main-d'œuvre, qu'au moment que l'on en étoit à la fin de l'impreffion de la premiere Partie, & que toutes nos Planches étoient gravées. Pour fuppléer à ce qui manque à cet article du côté des figures, on ne fera pas mal d'avoir devant les yeux un mouvement d'Horlogerie; par ce moyen, on entendra facilement toutes les opérations que nous avons indiquées. Au refte on me doit tenir compte de m'être engagé à traiter une matiere auffi ingrate, & fur laquelle perfonne n'avoit encore écrit.

XII. *De l'exécution de l'Echappement à repos, applicable à une Horloge à Secondes ou autres.*

1386. Quand on fait le plan d'un mouvement à fecondes, on regle ordinairement la hauteur de la cage felon la longueur que l'on veut donner à l'ancre d'échappement, dont le centre fe place communément à un diametre $\frac{1}{2}$ du centre du rochet d'échappement; mais différentes expériences m'ont appris qu'une fi grande longueur de l'ancre augmente les frottements par la plus grande traînée qui fe fait, & qu'il eft très-préférable de les rendre courts & placés près de la roue: il eft vrai qu'ils font plus difficiles à exécuter, à caufe de l'extrême précifion qu'il faut employer pour former les plans inclinés qui, étant placés près du centre, doivent être d'autant moins inclinés, afin de ne produire que le même arc de levée ; mais avec un peu d'intelligence & d'adresse, un Ouvrier parviendra à exécuter un tel échappement, comme il est représenté. (*Planche XV, figure 8*).

1387. Au reste, la distance du centre de l'ancre à la roue, doit changer, ainsi que nous l'avons dit (397), selon que le pendule doit décrire de plus grands ou petits arcs. Nous supposons donc que l'on veuille faire un échappement dont l'arc total de levée (399) soit de deux degrés ; chaque patte de l'ancre ne devra être inclinée que d'un degré : ainsi dans cette disposition, & pour faciliter l'exécution, on pourra éloigner le centre de l'ancre d'un diametre $\frac{1}{2}$ de la roue, comme cela est supposé (*fig.* 10), où cet échappement est représenté fort en grand, pour en faciliter l'intelligence ; car la roue *A*, pour avoir des dents d'une bonne grosseur, peut n'avoir que huit à douze lignes de diametre ; quantité qui varie selon que les Horloges marchent plus long-temps : il est nécessaire de tenir la roue plus légere, afin d'avoir une force motrice moins grande ; ainsi l'on voit que toutes ces dimensions doivent varier par la nature de la machine. Dans les Horloges d'un an, par exemple, je fais décrire au pendule des arcs de vibration d'un demi-degré, & je ne donne que huit lignes de diametre à la roue d'échappement.

1388. Dans les Horloges à secondes qui vont un mois, je donne près d'un pouce de diametre à la roue d'échappement ; & je fais décrire des arcs de deux degrés au pendule, par les raisons que nous en donnerons *Partie II, Chap. XXXIX*. Au reste, quel que soit l'échappement à repos que l'on veuille exécuter, on se servira des mêmes regles de construction.

1389. Pour fendre la roue d'un échappement à repos, il faut avoir attention à ne pas diriger la fraise au centre du tasseau, mais un peu sur le côté, afin que le devant des dents soit incliné à peu près comme on le voit dans les figures 8 & 10 ; que par ce moyen, l'appui de la dent sur l'ancre se fasse par la pointe ; & qu'à mesure que l'ancre s'enfonce, il ne puisse faire rétrograder la roue.

1390. Dans les échappements d'Horloge à poids, il n'est pas nécessaire que les dents des roues soient trop enfoncées, par la raison que la force motrice étant seulement capable d'entretenir la vibration du pendule, l'ancre ne pénètre que très-peu la roue : ainsi on peut tenir le champ de la roue moins large, & elle en sera d'autant moins pesante.

1391. On fendra la roue d'après ces observations, & de la maniere indiquée (1319) ; on ôtera les rebarbes avec une lime carrelette ; on *frisera* les dents de la roue, comme on l'a expliqué, en faisant rouler les pivots dans les trous de pointes à lunette ; en un mot, on la terminera de la même maniere que nous avons prescrite pour la roue d'échappement de l'Horloge à répétition (1320 & suiv.).

1392. On aura une plaque de laiton mince, dressée & adoucie, & de grandeur propre à y tracer la figure de l'ancre, & à placer la roue : à l'extrémité de la plaque, on percera un trou pour y faire entrer le tigeron, ensorte que la roue s'applique contre la plaque, & que celle-ci déborde tout-au-tour : on tracera un trait sur le calibre d'échappement (1324) de la grandeur juste de la roue ; on prendra avec un compas la distance qu'il y a sur la platine, depuis le trou de la tige d'ancre, jusqu'à celui de la roue d'échappement ; de cette ouverture on tracera la portion de cercle a, & on percera en a un petit trou qui représentera celui du pivot de l'ancre B ; on tirera la ligne $a\,b$ qui touche la circonférence de la roue : le point i sera celui de contact, duquel on fera approcher les bras de l'ancre autant qu'il se pourra.

1393. On posera une pointe du compas dans le trou de la plaque fait en a, & on lui donnera l'ouverture i ; on tournera la roue jusqu'à ce qu'une dent passe par cette pointe ; on portera cette pointe de compas sur l'autre côté de la roue, afin de voir si cette ouverture est convenable pour passer en même-temps par les deux pointes ; & comme elles n'y passent pas tout-à-fait, on ouvrira le compas, & on lui donnera l'ouverture *a 6* qui passe par les pointes des dents ; on décrira les portions de cercle 4, 6 ; 2, 5 ; on ouvrira (*) encore le compas d'environ la moitié de l'intervalle d'une dent, & jusqu'à ce que la pointe passe par les dents 1, 3 ; on décrira les portions de cercle 3 *D*, 1 *C* ; ainsi on aura l'épaisseur des palettes, lesquelles devront être un peu plus minces, pour donner la chûte (1343) à l'échappement.

1394. Pour tracer les plans inclinés, on le fera de la maniere que nous l'avons marqué pour l'échappement isochrone (1329 & 1330).

1395. On fera forger l'ancre selon la figure tracée sur le calibre d'échappement ; on étampera le trou, pour entrer sur le quarré de la tige, & on l'ébauchera selon la figure qu'il doit avoir ; on adoucira l'endroit des palettes que l'on aura laissées plus larges & plus longues qu'il n'est besoin, afin d'y tracer les portions de cercle 1 *C* ; 3 *D* ; 2, 5, & 4, 6, telles qu'elles sont sur le calibre d'échappement ; on tracera de même les plans inclinés ; on limera l'ancre selon ces traits, en allant juste jusqu'aux portions de cercle ; mais en tenant les bouts des plans inclinés plus longs, afin d'avoir dequoi les reculer à propos pour faire échapper ; ce qui se fera lorsqu'on aura mis la vis excentrique (1342), & qu'on aura placé la roue & l'ancre en cage : si les dents ne peuvent échapper ni d'un côté ni de l'autre, c'est une marque que les palettes sont trop longues, & on les reculera ; & si la chûte se fait plus d'un côté que de l'autre, on tournera l'excentrique en conséquence ; mais si après cela les dents avoient trop de chûte en abandonnant les palettes,

---

(*) Il faut remarquer que pour placer les palettes plus près du point de contact *i*, au lieu d'ouvrir le compas, il auroit fallu le fermer de la moitié de l'intervalle d'une dent ; & c'est ce qu'il faudra faire : nous disons ici qu'il faut l'ouvrir, afin de nous rapporter à la figure dont les palettes sont mal placées ; mais il est facile d'y suppléer, en suivant les regles prescrites.

il faudroit un peu fermer les palettes pour les rapprocher du centre de la roue, en frappant en E & en F avec un marteau : or dans ce cas cela pourroit un peu changer les portions de cercle, ainsi il faudroit les limer de nouveau d'après des nouveaux traits de compas; car c'est de l'exactitude de ces portions de cercle que dépend l'entier repos de la roue, tandis que ces portions de cercle passent sous les pointes des dents : il faut donc les limer très-exactement selon les traits de compas. Pour limer ces portions de cercle, on aura des limes à feuille de sauge de différentes courbures, selon que ces portions appartiennent à de plus grands ou petits cercles, & telles qu'elles puissent former sensiblement les portions de cercle de l'ancre.

1396. Si l'on fait les palettes trop minces, la roue aura de la chûte, & sans qu'on puisse y apporter d'autre remède que de refaire un ancre. C'est pour éviter cet inconvénient, qu'il faut les tenir presque de la moitié de l'intervalle des dents, ainsi que le donnent les dimensions que nous avons indiquées, & on les amincit ensuite petit-à-petit, en en ôtant seulement du dedans 4., & du dehors 1, ensorte que l'échappement se fasse sans chûte, & sans accotter le derriere des dents, comme on verra que cela se fait lorsqu'on exécutera un pareil échappement : nous observerons même qu'avant de tremper l'ancre, il doit rester un léger accrochement à chaque palette, afin que lorsqu'il sera trempé & poli, les dents ne fassent qu'échapper sans accottement.

1397. Il faut, dans un tel échappement, qu'à mesure qu'une dent 1 abandonne la palette C 1, la dent 3 ne fasse qu'anticiper de très-peu sur la portion de cercle D 3, & qu'elle ne tombe pas sur l'angle ni sur le plan incliné sur lequel elle ne doit agir qu'à mesure que la palette D s'écarte de la roue, & la même chose pour l'autre côté.

1398. Comme par la construction les deux palettes sont nécessairement de même épaisseur, puisqu'elles sont formées par les mêmes portions de cercle, on jugera de l'égalité de levée, par la quantité dont les dents anticipent fur les portions de cercle, & qui doivent être les mêmes fur chaque palette : fi cela n'eft pas, on changera l'inclinaifon des plans, & felon que l'arc total de levée fera plus grand ou plus petit qu'il n'eft befoin ; ce qui fe verra par le mouvement de la fourchette, laquelle étant au moins de fix pouces, on faura le nombre de degrés qu'elle parcourt : on fe fervira très-avantageufement du chemin de la fourchette, pour régler les arcs de levée, & les rendre égaux des deux côtés.

1399. L'ancre étant ainfi fait, & les faces bien dreffées avec des limes douces, on le trempera en ne faifant chauffer que les palettes, le refte n'ayant pas befoin d'être trempé ; on laiffera ces palettes de toute leur dureté, & fans les faire revenir ; on dreffera les portions de cercle concaves avec des limes de fer que l'on fera de même courbure ; & en employant de la pierre broyée, on adoucira toutes les autres faces ; enfuite on préfentera l'ancre en place ; & s'il arrivoit qu'en le faifant chauffer, les palettes fe fuffent écartées, & que l'échappement eût trop de chûte, on frapperoit en E & F les bords extérieurs comme pour l'écrouir ; ce qui rapprocheroit les palettes ; fi au contraire elles accrochoient, on uferoit, avec la pierre à huile, l'extrémité 4 & 1 des plans inclinés ; ou fi l'accrochement étoit plus fort qu'avant de le tremper, ce feroit une marque que la chaleur auroit rapproché fes palettes du centre du rochet ; & en ce cas, en frappant en G comme pour écrouir le bord intérieur du cercle FE, on l'écarteroit.

1400. Quand l'échappement fera ainfi rendu jufte, on examinera fi les dents viennent tomber également fur les portions de cercle au moment de la chûte ; fi cela n'étoit pas, il faudroit ufer l'un des plans inclinés avec une lime de fer & de la pierre à huile broyée, de la même maniere qu'on le feroit à la lime : cela fait, on polira les faces de l'ancre avec une lime d'étain, & du rouge fin d'Angleterre.

1401. Quoique nous ayons effayé de donner toutes les

regles & attentions à fuivre pour exécuter l'échappement ifochrone & celui à repos, il pourra très-bien arriver que l'on ne faifira pas tout ce que nous avons dit; ce que j'attribuerai & à la difficulté de la matiere, & au peu de clarté que j'y aurai répandue ; j'avoue que je n'ai pu faire mieux. Mais pour fuppléer à ces difficultés, il faudra faire différents effais d'échappement, en ne faifant d'abord les ancres qu'en cuivre, afin de pouvoir en élargir ou rapprocher les parties que l'on auroit trop limées, & jufqu'à ce que l'on foit parvenu à rendre les effets tels que nous les avons prefcrits ; & c'eft fur-tout en travaillant que l'on commencera à appercevoir l'application de ces regles, pour peu que l'on veuille y réfléchir; ce qui eft très-néceffaire pour cette matiere qui n'eft pas du tout facile à faifir, felon tous les points de vue, & de maniere à tout prévoir : ainfi l'attention opérera ce que je n'ai fait qu'ébaucher.

Fin de la premiere Partie.

TABLE PREMIERE.

Équation de l'Horloge, ou Table du Temps moyen à l'instant du Midi vrai.

ANNÉE BISSEXTILE.

Jours.	JANVIER. H. M. S.	Diff. croiss. S.	FÉVRIER. H. M. S.	Diff. croiss. S.	MARS. H. M. S.	Diff. décr. S.	AVRIL. H. M. S.	Diff. décr. S.	MAI. H. M. S.	Diff. décr. S.	JUIN. H. M. S.	Diff. croiss. S.
1	0 3 59	28	0 14 1	8	0 12 31	13	0 3 44	18	11 56 47		11 57 25	
2	0 4 27	28	0 14 9	6	0 12 18	13	0 3 26	18	11 56 40	7	11 57 34	9
3	0 4 55	27	0 14 15	6	0 12 5	14	0 3 8	18	11 56 33	7	11 57 44	10
4	0 5 22	27	0 14 21	5	0 11 51	14	0 2 50	18	11 56 27	6	11 57 54	10
5	0 5 49	27	0 14 26	4	0 11 37	15	0 2 32	17	11 56 22	5	11 58 4	10
6	0 6 16	26	0 14 30	3	0 11 22	15	0 2 15	18	11 56 17	4	11 58 15	11
7	0 6 42	26	0 14 33	3	0 11 7	15	0 1 57	17	11 56 13	4	11 58 26	11
8	0 7 8	25	0 14 36	2	0 10 52	15	0 1 40	17	11 56 9	3	11 58 37	11
9	0 7 33	24	0 14 38	1	0 10 37	16	0 1 23	16	11 56 6	3	11 58 48	12
10	0 7 57	24	0 14 39	0	0 10 21	16	0 1 7	17	11 56 3	2	11 59 0	12
11	0 8 21	24	0 14 39	0	0 10 5	17	0 0 50	16	11 56 1	1	11 59 12	13
12	0 8 45	23	0 14 39	1	0 9 48	17	0 0 34	15	11 56 0	1	11 59 25	12
13	0 9 8	22	0 14 38	2	0 9 31	17	0 0 19	16	11 55 59	0	11 59 37	13
14	0 9 30	21	0 14 36	3	0 9 14	17	0 0 3	15	11 55 59	0	11 59 50	12
15	0 9 51	21	0 14 33	4	0 8 57	18	11 59 48	14	11 55 59	1	0 0 2	13
16	0 10 12	20	0 14 29	4	0 8 39	18	11 59 34	14	11 56 0	1	0 0 15	13
17	0 10 32	19	0 14 25	5	0 8 21	18	11 59 20	14	11 56 1	2	0 0 28	13
18	0 10 51	19	0 14 20	6	0 8 3	18	11 59 6	14	11 56 3	3	0 0 41	12
19	0 11 10	18	0 14 14	6	0 7 45	18	11 58 52	13	11 56 6	3	0 0 53	13
20	0 11 28	17	0 14 8	7	0 7 27	19	11 58 39	12	11 56 9	4	0 1 6	13
21	0 11 45	16	0 14 1	8	0 7 8	18	11 58 27	13	11 56 13	4	0 1 19	13
22	0 12 1	16	0 13 53	8	0 6 50	19	11 58 14	11	11 56 17	4	0 1 32	13
23	0 12 17	15	0 13 45	9	0 6 31	19	11 58 3	11	11 56 21	5	0 1 45	13
24	0 12 32	14	0 13 36	10	0 6 12	18	11 57 52	11	11 56 26	6	0 1 58	12
25	0 12 46	13	0 13 26	10	0 5 54	19	11 57 41	10	11 56 32	6	0 2 10	13
26	0 12 59	12	0 13 16	10	0 5 35	19	11 57 31	10	11 56 38	7	0 2 23	12
27	0 13 11	12	0 13 6	11	0 5 16	18	11 57 21	9	11 56 45	7	0 2 35	12
28	0 13 23	11	0 12 55	12	0 4 58	19	11 57 12	9	11 56 52	8	0 2 47	12
29	0 13 34	10	0 12 43	12	0 4 39	18	11 57 3	8	11 57 0	8	0 2 59	12
30	0 13 44	9			0 4 21	19	11 56 55	8	11 57 8	8	0 3 11	12
31	0 13 53	8			0 4 2	18			11 57 16	9		

TABLE PREMIERE.

Équation de l'Horloge, ou Table du Temps moyen à l'instant du Midi vrai.

ANNÉE BISSEXTILE.

Jours.	JUILLET.			Diff. croiss. S.	AOUST.			Diff. décr. S.	SEPTEMBRE.			Diff. décr. S.	OCTOBRE.			Diff. décr. S.	NOVEMBRE.			Diff. croiss. S.	DÉCEMBRE.			Diff. croiss. S.
	H.	M.	S.		H.	M.	S.		H.	M.	S.		H.	M.	S.		H.	M.	S.		H.	M.	S.	
1	0	3	23	11	0	5	48		11	59	33		11	49	27	18	11	43	50	1	11	49	43	24
2	0	3	34	11	0	5	44	4	11	59	14	19	11	49	9	18	11	43	49	1	11	50	7	24
3	0	3	45	11	0	5	39	5	11	58	55	19	11	48	51	18	11	43	50	2	11	50	31	25
4	0	3	56	10	0	5	34	6	11	58	36	20	11	48	33	17	11	43	52	2	11	50	56	25
5	0	4	6	10	0	5	28	6	11	58	16	20	11	48	16	17	11	43	54	3	11	51	21	26
6	0	4	16	10	0	5	22	7	11	57	56	20	11	47	59	17	11	43	57	4	11	51	47	26
7	0	4	26	9	0	5	15	8	11	57	36	21	11	47	42	16	11	44	1	5	11	52	13	27
8	0	4	35	9	0	5	7	8	11	57	15	20	11	47	26	16	11	44	6	6	11	52	40	27
9	0	4	44	8	0	4	59	9	11	56	55	20	11	47	10	15	11	44	12	6	11	53	7	28
10	0	4	52	8	0	4	50	9	11	56	35	20	11	46	55	15	11	44	18	8	11	53	35	28
11	0	5	0	8	0	4	41	10	11	56	15	21	11	46	40	14	11	44	26	8	11	54	3	28
12	0	5	8	7	0	4	31	10	11	55	54	21	11	46	26	14	11	44	34	9	11	54	31	29
13	0	5	15	7	0	4	21	11	11	55	33	21	11	46	12	14	11	44	43	10	11	55	0	29
14	0	5	22	6	0	4	10	12	11	55	12	21	11	45	58	13	11	44	53	11	11	55	29	29
15	0	5	28	6	0	3	58	12	11	54	51	21	11	45	45	12	11	45	4	12	11	55	58	29
16	0	5	34	5	0	3	46	12	11	54	30	21	11	45	33	11	11	45	16	12	11	56	27	30
17	0	5	39	4	0	3	34	13	11	54	9	21	11	45	22	11	11	45	28	13	11	56	57	30
18	0	5	43	4	0	3	21	13	11	53	48	20	11	45	11	10	11	45	41	14	11	57	27	30
19	0	5	47	4	0	3	8	14	11	53	28	21	11	45	1	10	11	45	55	15	11	57	57	30
20	0	5	51	3	0	2	54	14	11	53	7	21	11	44	51	9	11	46	10	16	11	58	27	30
21	0	5	54	2	0	2	39	15	11	52	46	21	11	44	42	8	11	46	26	16	11	58	57	30
22	0	5	56	2	0	2	24	15	11	52	25	20	11	44	34	8	11	46	42	17	11	59	27	29
23	0	5	58	2	0	2	9	16	11	52	5	21	11	44	26	7	11	46	59	18	11	59	56	30
24	0	6	0	0	0	1	53	16	11	51	44	20	11	44	19	6	11	47	17	19	0	0	26	30
25	0	6	0	0	0	1	37	17	11	51	24	20	11	44	13	6	11	47	36	20	0	0	56	30
26	0	6	0	0	0	1	20	17	11	51	4	20	11	44	7	5	11	47	56	20	0	1	26	30
27	0	6	0	1	0	1	3	17	11	50	44	20	11	44	2	4	11	48	16	21	0	1	56	29
28	0	5	59	2	0	0	46	18	11	50	24	19	11	43	58	3	11	48	37	21	0	2	25	29
29	0	5	57	2	0	0	28	18	11	50	5	19	11	43	55	3	11	48	58	22	0	2	54	29
30	0	5	55	3	0	0	10	18	11	49	46	19	11	43	52	1	11	49	20	23	0	3	23	29
31	0	5	52	4	11	59	52	19					11	43	51	1					0	3	52	28

TABLE II.

Équation de l'Horloge, ou Table du Temps moyen à l'instant du Midi vrai.

Pour la premiere Année après la BISSEXTILE.

Jours	JANVIER H. M. S.	Diff. croiss. S.	FÉVRIER H. M. S.	Diff. croiss. S.	MARS H. M. S.	Diff. décr. S.	AVRIL H. M. S.	Diff. décr. S.	MAI H. M. S.	Diff. décr. S.	JUIN H. M. S.	Diff. croiss. S.
1	0 4 20	28	0 14 7	7	0 12 34	13	0 3 48	18	11 56 49	7	11 57 23	9
2	0 4 48	28	0 14 14	6	0 12 21	13	0 3 30	18	11 56 42	7	11 57 32	10
3	0 5 16	27	0 14 20	5	0 12 8	14	0 3 12	18	11 56 35	6	11 57 42	10
4	0 5 43	27	0 14 25	4	0 11 54	14	0 2 54	18	11 56 29	6	11 57 52	10
5	0 6 10	26	0 14 29	4	0 11 40	14	0 2 36	18	11 56 23	5	11 58 2	10
6	0 6 36	26	0 14 33	3	0 11 26	15	0 2 18	17	11 56 18	4	11 58 12	11
7	0 7 2	25	0 14 36	2	0 11 11	15	0 2 1	17	11 56 14	4	11 58 23	11
8	0 7 27	24	0 14 38	1	0 10 56	16	0 1 44	17	11 56 10	3	11 58 34	12
9	0 7 51	24	0 14 39	0	0 10 40	16	0 1 27	17	11 56 7	3	11 58 46	12
10	0 8 15	24	0 14 39	0	0 10 24	16	0 1 10	16	11 56 4	2	11 58 58	12
11	0 8 39	23	0 14 39	1	0 10 8	16	0 0 54	16	11 56 2	2	11 59 10	12
12	0 9 2	22	0 14 38	2	0 9 52	17	0 0 38	16	11 56 1	1	11 59 22	12
13	0 9 24	22	0 14 36	3	0 9 35	17	0 0 22	15	11 55 59	0	11 59 34	12
14	0 9 46	21	0 14 33	3	0 9 18	17	0 0 7	15	11 55 59	0	11 59 46	13
15	0 10 7	20	0 14 30	4	0 9 1	18	11 59 52	15	11 55 59	1	11 59 59	13
16	0 10 27	20	0 14 26	5	0 8 43	18	11 59 37	14	11 56 0	1	0 0 12	12
17	0 10 47	19	0 14 21	6	0 8 25	18	11 59 23	14	11 56 1	2	0 0 24	13
18	0 11 6	18	0 14 15	6	0 8 7	18	11 59 9	14	11 56 3	2	0 0 37	13
19	0 11 24	17	0 14 9	7	0 7 49	18	11 58 55	13	11 56 5	3	0 0 50	13
20	0 11 41	16	0 14 2	7	0 7 31	18	11 58 42	13	11 56 8	3	0 1 3	13
21	0 11 57	16	0 13 55	8	0 7 13	19	11 58 29	12	11 56 11	4	0 1 16	13
22	0 12 13	15	0 13 47	9	0 6 54	18	11 58 17	12	11 56 15	5	0 1 29	13
23	0 12 28	14	0 13 38	9	0 6 36	19	11 58 5	11	11 56 20	5	0 1 42	13
24	0 12 42	14	0 13 29	10	0 6 17	19	11 57 54	11	11 56 25	6	0 1 55	12
25	0 12 56	13	0 13 19	11	0 5 58	18	11 57 43	10	11 56 31	6	0 2 7	13
26	0 13 9	12	0 13 8	11	0 5 40	19	11 57 33	10	11 56 37	6	0 2 20	12
27	0 13 21	11	0 12 57	11	0 5 21	19	11 57 23	9	11 56 43	7	0 2 32	13
28	0 13 32	10	0 12 46	12	0 5 2	18	11 57 14	9	11 56 50	8	0 2 45	12
29	0 13 42	9			0 4 44	19	11 57 5	8	11 56 58	8	0 2 57	12
30	0 13 51	8			0 4 25	18	11 56 57	8	11 57 6	8	0 3 9	11
31	0 13 59	8			0 4 7	19			11 57 14	9		

TABLE II.

Équation de l'Horloge, ou Table du Temps moyen à l'instant du Midi vrai.

Pour la premiere Année après la BISSEXTILE.

Jours.	JUILLET. H. M. S.	Diff. croiss. S.	AOUST. H. M. S.	Diff. décr. S.	SEPTEMBRE. H. M. S.	Diff. décr. S.	OCTOBRE. H. M. S.	Diff. décr. S.	NOVEMBRE. H. M. S.	Diff. croiss. S.	DÉCEMBRE. H. M. S.	Diff. croiss. S.
1	0 3 20	11	0 5 49	4	11 59 38	19	11 49 32	19	11 43 50	1	11 49 38	23
2	0 3 31	11	0 5 45	4	11 59 19	19	11 49 13	18	11 43 49	1	11 50 1	24
3	0 3 42	11	0 5 41	5	11 59 0	19	11 48 55	18	11 43 48	2	11 50 25	25
4	0 3 53	11	0 5 36	6	11 58 41	20	11 48 37	17	11 43 50	3	11 50 50	25
5	0 4 4	10	0 5 30	6	11 58 21	20	11 48 20	17	11 43 53	3	11 51 15	26
6	0 4 14	10	0 5 24	6	11 58 1	20	11 48 3	17	11 43 56	4	11 51 41	26
7	0 4 24	9	0 5 17	8	11 57 41	20	11 47 46	16	11 44 0	5	11 52 7	26
8	0 4 33	9	0 5 9	8	11 57 21	21	11 47 30	16	11 44 5	6	11 52 33	27
9	0 4 42	8	0 5 1	8	11 57 0	20	11 47 14	16	11 44 11	6	11 53 0	28
10	0 4 50	8	0 4 52	9	11 56 40	21	11 46 58	15	11 44 17	7	11 53 28	28
11	0 4 58	8	0 4 43	10	11 56 19	20	11 46 43	14	11 44 24	8	11 53 56	28
12	0 5 6	7	0 4 33	10	11 55 59	21	11 46 29	14	11 44 32	9	11 54 24	29
13	0 5 13	7	0 4 23	11	11 55 38	21	11 46 15	13	11 44 41	10	11 54 53	29
14	0 5 20	6	0 4 12	11	11 55 17	21	11 46 2	13	11 44 51	10	11 55 22	29
15	0 5 26	6	0 4 1	12	11 54 56	21	11 45 49	12	11 45 1	11	11 55 51	29
16	0 5 32	5	0 3 49	12	11 54 35	21	11 45 37	12	11 45 12	12	11 56 20	30
17	0 5 37	5	0 3 37	13	11 54 14	21	11 45 25	11	11 45 24	13	11 56 50	30
18	0 5 42	4	0 3 24	13	11 53 53	20	11 45 14	11	11 45 37	14	11 57 20	29
19	0 5 46	4	0 3 11	14	11 53 33	21	11 45 3	10	11 45 51	15	11 57 49	30
20	0 5 50	3	0 2 57	15	11 53 12	21	11 44 53	9	11 46 6	16	11 58 19	30
21	0 5 53	3	0 2 42	15	11 52 51	21	11 44 44	9	11 46 22	16	11 58 49	30
22	0 5 56	2	0 2 27	15	11 52 30	20	11 44 35	7	11 46 38	17	11 59 19	30
23	0 5 58	1	0 2 12	16	11 52 10	21	11 44 28	8	11 46 55	18	11 59 49	30
24	0 5 59	1	0 1 56	16	11 51 49	20	11 44 20	6	11 47 13	19	0 0 19	30
25	0 6 0	0	0 1 40	16	11 51 29	20	11 44 14	6	11 47 32	19	0 0 49	30
26	0 6 0	1	0 1 24	17	11 51 9	20	11 44 8	5	11 47 51	20	0 1 19	30
27	0 6 0	1	0 1 7	17	11 50 49	20	11 44 3	4	11 48 11	21	0 2 49	29
28	0 5 59	2	0 0 50	18	11 50 29	19	11 43 59	3	11 48 32	21	0 2 18	29
29	0 5 57	2	0 0 32	18	11 50 10	19	11 43 56	3	11 48 53	22	0 2 47	29
30	0 5 55	3	0 0 14	18	11 49 51	19	11 43 53	2	11 49 15	23	0 3 16	29
31	0 5 52	3	11 59 56	18			11 43 51	1			0 3 45	28

Juillet: Différences croissantes; puis décroissantes. Aoust: Différences décroissantes. Septembre: Différences décroissantes. Octobre: Différences décroissantes. Novembre: Différences croissantes. Décembre: Différences croissantes.

I. Partie.   Ppp

TABLE III.

Équation de l'Horloge, ou Table du Temps moyen à l'instant du Midi vrai.

Pour la seconde Année après la BISSEXTILE.

Jours.	JANVIER. H. M. S.	Diff. croiss. S.	FÉVRIER. H. M. S.	Diff. croiss. S.	MARS. H. M. S.	Diff. décr. S.	AVRIL. H. M. S.	Diff. décr. S.	MAI. H. M. S.	Diff. décr. S.	JUIN. H. M. S.	Diff. croiss. S.
1	0 4 13	28	0 14 5	7	0 12 37	13	0 3 53	18	11 56 51	8	11 57 21	9
2	0 4 41	28	0 14 12	6	0 12 24	13	0 3 35	18	11 56 43	7	11 57 30	9
3	0 5 9	27	0 14 18	5	0 12 11	13	0 3 17	18	11 56 36	6	11 57 39	10
4	0 5 36	27	0 14 23	5	0 11 58	14	0 2 59	18	11 56 30	5	11 57 49	10
5	0 6 3	26	0 14 28	4	0 11 44	14	0 2 41	18	11 56 25	5	11 57 59	11
6	0 6 29	26	0 14 32	3	0 11 30	15	0 2 23	18	11 56 20	5	11 58 10	11
7	0 6 55	25	0 14 35	2	0 11 15	15	0 2 5	17	11 56 15	4	11 58 21	11
8	0 7 20	25	0 14 37	2	0 11 0	16	0 1 48	17	11 56 11	4	11 58 32	11
9	0 7 45	25	0 14 39	0	0 10 44	16	0 1 31	17	11 56 7	3	11 58 43	12
10	0 8 10	24	0 14 39	0	0 10 28	16	0 1 14	16	11 56 4	2	11 58 55	12
11	0 8 34	23	0 14 39	1	0 10 12	16	0 0 58	16	11 56 2	2	11 59 7	12
12	0 8 57	22	0 14 38	2	0 9 56	17	0 0 42	16	11 56 0	1	11 59 19	12
13	0 9 19	22	0 14 36	2	0 9 39	17	0 0 26	16	11 55 59	0	11 59 31	12
14	0 9 41	21	0 14 34	3	0 9 22	17	0 0 10	15	11 55 59	0	11 59 43	13
15	0 10 2	20	0 14 31	4	0 9 5	17	11 59 55	14	11 55 59	0	11 59 56	13
16	0 10 22	20	0 14 27	5	0 8 48	18	11 59 41	14	11 55 59	1	0 0 9	12
17	0 10 42	19	0 14 22	5	0 8 30	18	11 59 27	14	11 56 0	2	0 0 21	13
18	0 11 1	18	0 14 17	6	0 8 12	18	11 59 13	14	11 56 2	2	0 0 34	13
19	0 11 19	18	0 14 11	7	0 7 54	19	11 58 59	13	11 56 4	3	0 0 47	13
20	0 11 37	17	0 14 4	7	0 7 35	18	11 58 46	13	11 56 7	4	0 1 0	13
21	0 11 54	16	0 13 57	8	0 7 17	18	11 58 33	13	11 56 11	4	0 1 13	13
22	0 12 10	15	0 13 49	9	0 6 59	19	11 58 20	12	11 56 15	4	0 1 26	13
23	0 12 25	14	0 13 40	9	0 6 40	19	11 58 8	11	11 56 19	5	0 1 39	13
24	0 12 39	14	0 13 31	10	0 6 21	19	11 57 57	11	11 56 24	5	0 1 52	12
25	0 12 53	13	0 13 21	10	0 6 3	19	11 57 46	11	11 56 29	6	0 2 4	13
26	0 13 6	12	0 13 11	11	0 5 44	18	11 57 35	10	11 56 35	7	0 2 17	12
27	0 13 18	11	0 13 0	11	0 5 26	19	11 57 25	9	11 56 42	7	0 2 29	13
28	0 13 29	10	0 12 49	12	0 5 7	19	11 57 16	9	11 56 49	7	0 2 42	12
29	0 13 39	9			0 4 48	18	11 57 7	8	11 56 56	8	0 2 54	12
30	0 13 48	9			0 4 30	19	11 56 59	8	11 57 4	8	0 3 6	12
31	0 13 57	8			0 4 11	18			11 57 12	9		

TABLE III.

ÉQUATION de l'Horloge, ou Table du Temps moyen à l'inſtant du Midi vrai.

Pour la ſeconde Année après la BISSEXTILE.

Jours.	JUILLET.			Diff. croiſſ. S.	AOUST.			Diff. décr. S.	SEPTEMBRE.			Diff. décr. S.	OCTOBRE.			Diff. décr. S.	NOVEMBRE.			Diff. croiſſ. S.	DÉCEMBRE.			Diff. croiſſ. S.
	H.	M.	S.		H.	M.	S.		H.	M.	S.		H.	M.	S.		H.	M.	S.		H.	M.	S.	
1	0	3	18	11	0	5	50	4	11	59	42	19	11	49	37	19	11	43	50	déc. 1	11	49	32	23
2	0	3	29	11	0	5	46	4	11	59	23	19	11	49	18	18	11	43	49	1	11	49	55	24
3	0	3	40	11	0	5	42	5	11	59	4	19	11	49	0	18	11	43	50		11	50	19	25
4	0	3	51	10	0	5	37	6	11	58	45	19	11	48	42	18	11	43	51	2	11	50	44	25
5	0	4	1	10	0	5	31	6	11	58	26	20	11	48	24	17	11	43	53	3	11	51	9	26
6	0	4	11	10	0	5	25	7	11	58	6	20	11	48	7	17	11	43	56	4	11	51	35	26
7	0	4	21	10	0	5	18	7	11	57	46	20	11	47	50	16	11	44	0	4	11	52	1	26
8	0	4	31	9	0	5	11	8	11	57	26	21	11	47	34	16	11	44	4	5	11	52	27	27
9	0	4	40	9	0	5	3	8	11	57	5	20	11	47	18	16	11	44	9	6	11	52	54	27
10	0	4	49	8	0	4	55	9	11	56	45	20	11	47	2	15	11	44	15	7	11	53	21	28
11	0	4	57	8	0	4	46	10	11	56	25	21	11	46	47	15	11	44	22	8	11	53	49	28
12	0	5	5	7	0	4	36	10	11	56	4	21	11	46	32	14	11	44	30	9	11	54	17	29
13	0	5	12	7	0	4	26	11	11	55	43	21	11	46	18	13	11	44	39	9	11	54	46	29
14	0	5	19	6	0	4	15	11	11	55	22	21	11	46	5	13	11	44	48	10	11	55	15	29
15	0	5	25	6	0	4	4	12	11	55	1	21	11	45	52	13	11	44	58	11	11	55	44	29
16	0	5	31	5	0	3	52	12	11	54	40	21	11	45	39	12	11	45	9	12	11	56	13	30
17	0	5	36	5	0	3	40	13	11	54	19	21	11	45	27	11	11	45	21	13	11	56	43	29
18	0	5	41	5	0	3	27	13	11	53	58	21	11	45	16	11	11	45	34	14	11	57	12	30
19	0	5	46	4	0	3	14	14	11	53	37	20	11	45	6	10	11	45	48	15	11	57	42	30
20	0	5	50	3	0	3	0	14	11	53	17	21	11	44	56	10	11	46	3	15	11	58	12	30
21	0	5	53	2	0	2	46	15	11	52	56	21	11	44	46	9	11	46	18	16	11	58	42	30
22	0	5	55	2	0	2	31	15	11	52	35	20	11	44	37	8	11	46	34	17	11	59	12	30
23	0	5	57	2	0	2	16	15	11	52	15	21	11	44	29	7	11	46	51	18	11	59	42	30
24	0	5	59	1	0	2	1	16	11	51	54	20	11	44	22	6	11	47	9	18	0	0	12	30
25	0	6	0	0	0	1	44	16	11	51	34	20	11	44	16	6	11	47	27	19	0	0	42	30
26	0	6	0	0	0	1	28	17	11	51	14	20	11	44	10	5	11	47	46	20	0	1	12	29
27	0	6	0	1	0	1	11	17	11	50	54	20	11	44	5	5	11	48	6	20	0	1	41	30
28	0	5	59	1	0	0	54	17	11	50	34	19	11	44	0	4	11	48	26	22	0	2	11	29
29	0	5	58	2	0	0	37	18	11	50	15	19	11	43	56	3	11	48	48	22	0	2	40	29
30	0	5	56	3	0	0	19	18	11	49	56	19	11	43	53	2	11	49	10	22	0	3	9	29
31	0	5	53	3	0	0	1	19					11	43	51	1					0	3	38	28

TABLE IV.

Équation de l'Horloge, ou Table du Temps moyen à l'instant du Midi vrai.

Pour la troisieme Année après la BISSEXTILE.

Jours.	JANVIER. H. M. S.	Diff. croiss. S.	FÉVRIER. H. M. S.	Diff. croiss. S.	MARS. H. M. S.	Diff. décr. S.	AVRIL. H. M. S.	Diff. décr. S.	MAI. H. M. S.	Diff. décr. S.	JUIN. H. M. S.	Diff. croiss. S.
1	0 4 6	28	0 14 4		0 12 39	12	0 3 57	18	11 56 53		11 57 19	9
2	0 4 34	28	0 14 11	7	0 12 27	13	0 3 39	18	11 56 45	8	11 57 28	9
3	0 5 2	27	0 14 17	6	0 12 14	13	0 3 21	18	11 56 38	7	11 57 37	10
4	0 5 29	27	0 14 22	5	0 12 1	14	0 3 3	18	11 56 32	6	11 57 47	10
5	0 5 56	27	0 14 27	5	0 11 47	14	0 2 45	18	11 56 26	6	11 57 57	10
6	0 6 23	26	0 14 31	4	0 11 33	15	0 2 27	17	11 56 21	5	11 58 7	11
7	0 6 49	25	0 14 34	3	0 11 18	15	0 2 10	17	11 56 16	4	11 58 18	11
8	0 7 14	25	0 14 36	2	0 11 3	15	0 1 53	17	11 56 12	4	11 58 29	11
9	0 7 39	25	0 14 38	2	0 10 48	16	0 1 36	17	11 56 8	3	11 58 40	12
10	0 8 4	24	0 14 39	1	0 10 32	16	0 1 19	17	11 56 5	2	11 58 52	12
11	0 8 28	23	0 14 39	0	0 10 16	16	0 1 2	16	11 56 3	2	11 59 4	12
12	0 8 51	23	0 14 38	1	0 10 0	17	0 0 46	16	11 56 1	1	11 59 16	12
13	0 9 14	22	0 14 37	1	0 9 43	17	0 0 30	16	11 56 0	1	11 59 28	12
14	0 9 36	21	0 14 35	2	0 9 26	17	0 0 14	15	11 55 59	0	11 59 40	12
15	0 9 57	20	0 14 32	3	0 9 9	17	11 59 59	15	11 55 59	1	11 59 52	13
16	0 10 17	20	0 14 28	4	0 8 52	18	11 59 44	14	11 55 59	1	0 0 5	13
17	0 10 37	19	0 14 23	5	0 8 34	18	11 59 30	14	11 56 0	2	0 0 18	13
18	0 10 56	19	0 14 18	6	0 8 16	18	11 59 16	14	11 56 2	2	0 0 31	13
19	0 11 15	18	0 14 12	6	0 7 58	18	11 59 2	13	11 56 4	3	0 0 44	13
20	0 11 33	17	0 14 6	7	0 7 40	18	11 58 49	13	11 56 7	3	0 0 57	13
21	0 11 50	16	0 13 59	8	0 7 22	18	11 58 36	13	11 56 10	4	0 1 10	13
22	0 12 6	15	0 13 51	9	0 7 4	19	11 58 23	12	11 56 14	4	0 1 23	13
23	0 12 21	14	0 13 42	9	0 6 45	19	11 58 11	12	11 56 18	5	0 1 36	13
24	0 12 35	14	0 13 33	9	0 6 26	19	11 58 0	11	11 56 23	5	0 1 49	12
25	0 12 49	13	0 13 24	10	0 6 7	18	11 57 49	11	11 56 28	6	0 2 1	13
26	0 13 2	12	0 13 14	11	0 5 49	19	11 57 38	10	11 56 34	6	0 2 14	12
27	0 13 14	12	0 13 3	12	0 5 30	19	11 57 28	10	11 56 40	7	0 2 26	13
28	0 13 26	11	0 12 51	12	0 5 11	18	11 57 18	9	11 56 47	7	0 2 39	12
29	0 13 37	10			0 4 53	19	11 57 9	8	11 56 54	8	0 2 51	12
30	0 13 47	9			0 4 34	18	11 57 1	8	11 57 2	8	0 3 3	12
31	0 13 56	8			0 4 16	19			11 57 10	9		

TABLE IV.

TABLE IV.

ÉQUATION de l'Horloge, ou Table du Temps moyen à l'inſtant du Midi vrai.

Pour la troiſieme Année après la Bissextile.

Jours.	JUILLET. H. M. S.	Diff. croiſſ. S.	AOUST. H. M. S.	Diff. décr. S.	SEPTEMBRE. H. M. S.	Diff. décr. S.	OCTOBRE. H. M. S.	Diff. décr. S.	NOVEMBRE. H. M. S.	Diff. croiſſ. S.	DÉCEMBRE. H. M. S.	Diff. croiſſ. S.
1	0 3 15	11	0 5 51	4	11 59 47	19	11 49 41	19	11 43 50	0	11 49 27	23
2	0 3 26	11	0 5 47	4	11 59 28	19	11 49 22	18	11 43 50	0	11 49 50	24
3	0 3 37	11	0 5 43	5	11 59 9	19	11 49 4	18	11 43 50	1	11 50 14	24
4	0 3 48	11	0 5 38	5	11 58 50	20	11 48 46	18	11 43 51	1	11 50 38	25
5	0 3 59	10	0 5 33	6	11 58 30	20	11 48 28	17	11 43 52	3	11 51 3	25
6	0 4 9	10	0 5 27	7	11 58 10	21	11 48 11	17	11 43 55	3	11 51 28	26
7	0 4 19	10	0 5 20	7	11 57 51	20	11 47 54	16	11 43 58	4	11 51 54	26
8	0 4 29	9	0 5 13	8	11 57 31	21	11 47 38	16	11 44 2	5	11 52 20	27
9	0 4 38	9	0 5 5	8	11 57 10	20	11 47 22	16	11 44 7	6	11 52 47	27
10	0 4 47	8	0 4 57	9	11 56 50	21	11 47 6	15	11 44 13	7	11 53 14	28
11	0 4 55	8	0 4 48	10	11 56 29	20	11 46 51	15	11 44 20	8	11 53 42	28
12	0 5 3	7	0 4 38	10	11 56 9	21	11 46 36	14	11 44 28	8	11 54 10	29
13	0 5 10	7	0 4 28	10	11 55 48	21	11 46 22	14	11 44 36	10	11 54 39	29
14	0 5 17	7	0 4 18	11	11 55 27	21	11 46 8	13	11 44 46	10	11 55 8	29
15	0 5 24	6	0 4 7	12	11 55 6	21	11 45 55	13	11 44 56	11	11 55 37	29
16	0 5 30	5	0 3 55	12	11 54 45	21	11 45 42	12	11 45 7	12	11 56 6	29
17	0 5 35	5	0 3 43	13	11 54 24	20	11 45 30	11	11 45 19	12	11 56 35	30
18	0 5 40	5	0 3 30	13	11 54 4	21	11 45 19	11	11 45 31	13	11 57 5	30
19	0 5 45	4	0 3 17	14	11 53 43	21	11 45 8	10	11 45 44	14	11 57 35	30
20	0 5 49	3	0 3 3	14	11 53 22	21	11 44 58	10	11 45 58	15	11 58 5	30
21	0 5 52	3	0 2 49	14	11 53 1	21	11 44 48	9	11 46 13	16	11 58 35	30
22	0 5 55	2	0 2 35	15	11 52 40	20	11 44 39	8	11 46 29	17	11 59 5	30
23	0 5 57	2	0 2 20	16	11 52 20	21	11 44 31	8	11 46 46	18	11 59 35	30
24	0 5 59	1	0 2 4	16	11 51 59	20	11 44 24	7	11 47 4	18	0 0 5	30
25	0 6 0	0	0 1 48	16	11 51 39	20	11 44 17	6	11 47 22	19	0 0 35	30
26	0 6 0	0	0 1 32	17	11 51 19	20	11 44 11	5	11 47 41	20	0 1 5	29
27	0 6 0	1	0 1 15	17	11 50 59	20	11 44 6	5	11 48 1	20	0 1 34	30
28	0 5 59	1	0 0 58	17	11 50 39	19	11 44 1	4	11 48 21	21	0 2 4	29
29	0 5 58	2	0 0 41	18	11 50 20	20	11 43 57	3	11 48 42	22	0 2 33	29
30	0 5 56	2	0 0 23	18	11 50 0	19	11 43 54	2	11 49 4	23	0 3 2	29
31	0 5 54	3	0 0 5	18			11 43 52				0 3 31	28

Juillet: Différences croiſſantes / Décroiſſantes.
Aoust: Différences décroiſſantes.
Septembre: Différences décroiſſantes.
Octobre: Différences décroiſſantes.
Novembre: Différences croiſſantes.
Décembre: Différences croiſſantes.

I. Partie,   Qqq

TABLE V.

DE l'accélération des Etoiles fixes sur le moyen mouvement du Soleil, pour servir à vérifier la marche de l'Horloge, en laissant écouler plusieurs jours entre les observations, depuis 1 jusqu'à 45 jours.

Jours.	H. M. S.	Jours.	H. M. S.	Jours.	H. M. S.
1	0 3 56	16	1 2 54	31	2 1 53
2	0 7 52	17	1 6 50	32	2 5 49
3	0 11 48	18	1 10 40	33	2 9 45
4	0 15 44	19	1 14 42	34	2 13 40
5	0 19 39	20	1 18 38	35	2 17 36
6	0 23 35	21	1 22 34	36	2 21 32
7	0 27 31	22	1 26 30	37	2 25 28
8	0 31 27	23	1 30 26	38	2 29 24
9	0 35 23	24	1 34 22	39	2 33 20
10	0 39 19	25	1 38 17	40	2 37 16
11	0 43 15	26	1 42 13	41	2 41 12
12	0 47 11	27	1 46 9	42	2 45 8
13	0 51 7	28	1 50 5	43	2 49 4
14	0 55 3	29	1 54 1	44	2 52 59
15	0 58 58	30	1 57 57	45	2 56 55

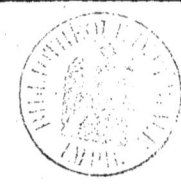

TABLE DES PLANCHES
DE LA PREMIERE PARTIE.

Cette Table indique le numéro du Livre dans lequel les Figures de ces Planches font expliquées.

PLANCHE I, Fig. 1, n°. 13. Fig. 2, n°. 20. Fig. 3, n°. 24. Fig. 4, n°. 48. Fig. 5, n°. 124. Fig. 6, n°. 125. Fig. 7, n°. 126.

PLANCHE II, fig. 1, n°. 68. fig. 2, n°. 59.

PLANCHE III, Fig. 1, n°. 62. Fig. 2, n°. 64. Fig. 3, n°. 69. Fig. 4, n°. 69. Fig. 5 & 6, n°. 423. Fig. 7, 8 & 9, n°. 77 & fuiv.

PLANCHE IV, Fig. 1, n°. 93. Fig. 2 & 3, n°. 514. Fig. 4 & 5, n°. 100 & 101.

PLANCHE V, Fig. 1, 2, 3, n°. 110 & fuiv. Fig. 4, 5, 6, n°. 122 & 123.

PLANCHE VI & VII, Chap. IX, n°. 155 & fuiv.

PLANCHE VIII, Fig. 1, n°. 177 & fuiv. Fig. 4 & 5, n°. 328.

PLANCHE IX, Fig. 1, n°. 182. Fig. 2, n°. 184. Fig. 3, n°. 195. Fig. 4, n°. 189. Fig. 5, 6, 7, n°. 194.

PLANCHE X, Fig. 1, 2, 3, 4 & 5, n°. 200 & fuiv.

PLANCHE XI, Fig. 1, n°. 218. Fig. 2, n°. 221. Fig. 3, n°. 261. Fig. 4, n°. 257. Fig. 5, n°. 259. Fig. 6, n°. 261.

PLANCHE XII, Fig. 1, n°. 238. Fig. 2, 3, 4, n°. 240. Fig. 5 & 6, n°. 245. Fig. 7, n°. 246. Fig. 9, n°. 254.

PLANCHE XIII eft relative au Chap. XVIII, n°. 300 & fuiv.

TABLE DES PLANCHES.

PLANCHE XIV, Fig. 1, 2, n°. 265. Fig. 3, n°. 281. Fig. 4, n°. 285. Fig. 5, n°. 541. Fig. 6, n°. 692. Fig. 7, n°. 701.

PLANCHE XV, Fig. 1, 2, 3, 4, 5, 6, n°. 401 & fuiv. Fig. 8, n°. 397. Fig. 10, n°. 395.

PLANCHE XVI, n°. 428 & fuiv.

PLANCHE XVII, Fig. 1, n°. 455. Fig. 2, n°. 470. Fig. 3 & 4, n°. 504. Fig. 5, 6, n°. 447 & fuiv.

PLANCHE XVIII. Fig. 1, n°. 475. Fig. 2, n°. 478. Fig. 3, n°. 479. Fig. 4, n°. 480. Fig. 5, n°. 481. Fig. 6, n°. 482. Fig. 7, n°. 483. Fig. 8, n°. 484. Fig. 9, n°. 485. Fig. 10, n°. 486. Fig. 12, n°. 487. Fig. 13 & 14, n°. 512 & 513. Fig. 15, n°. 508.

PLANCHE XIX, Fig. 1, n°. 488. Fig. 2 & 3, n°. 493. Fig. 4 & 5 n°. 496. Fig. 6, 7, 8, 9 & 10, n°. 497 & fuiv.

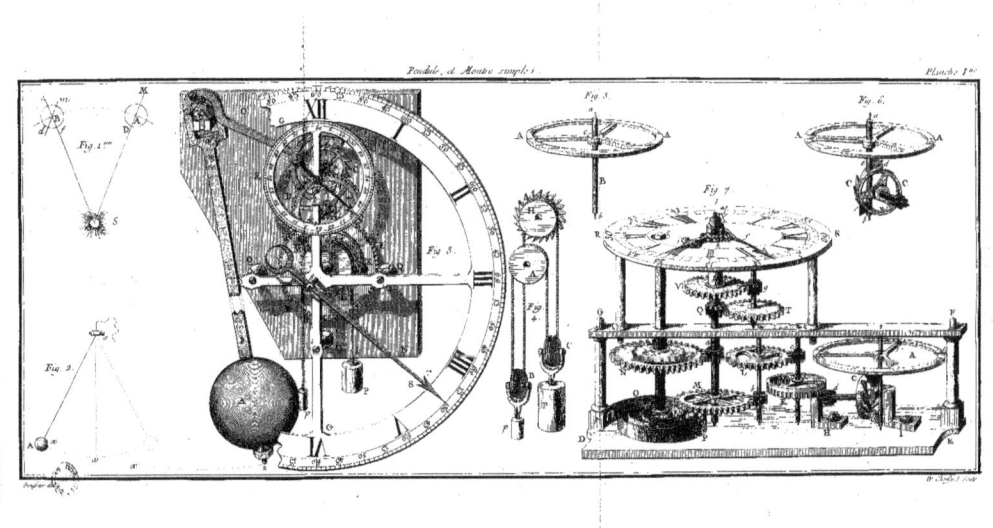

Pendule, et Montre simples.

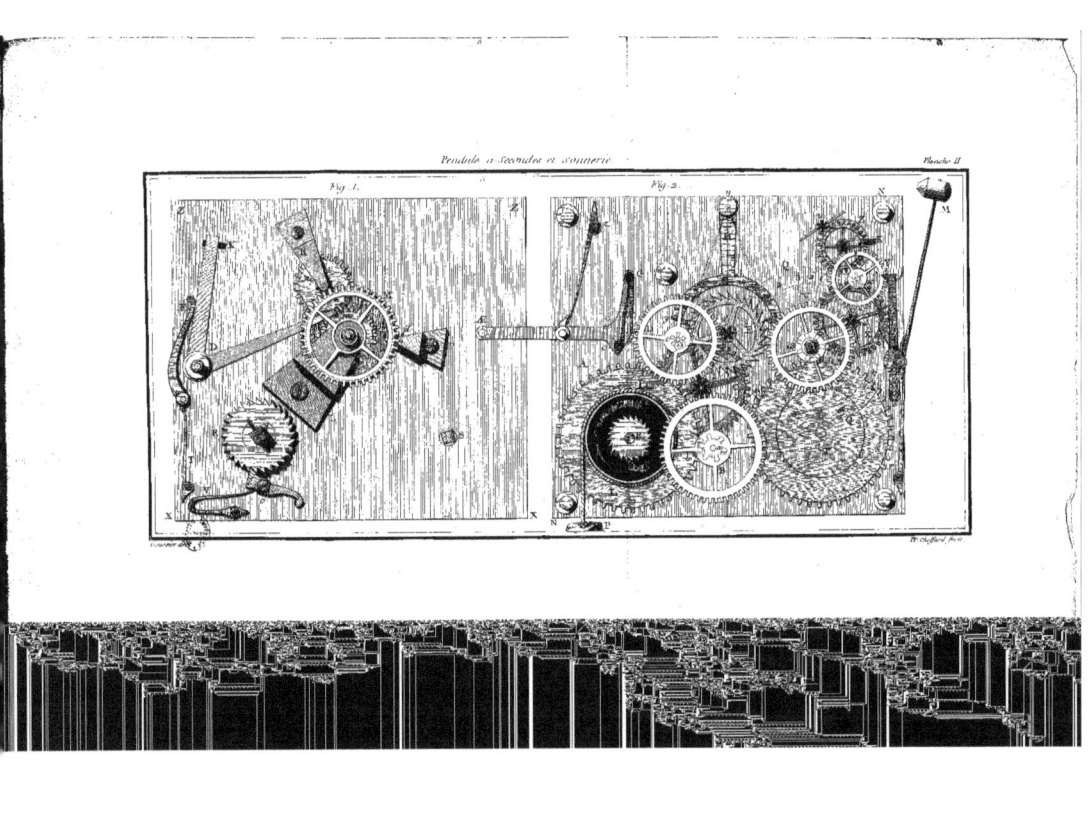

Pendule à Secondes et Sonnerie

Planche II

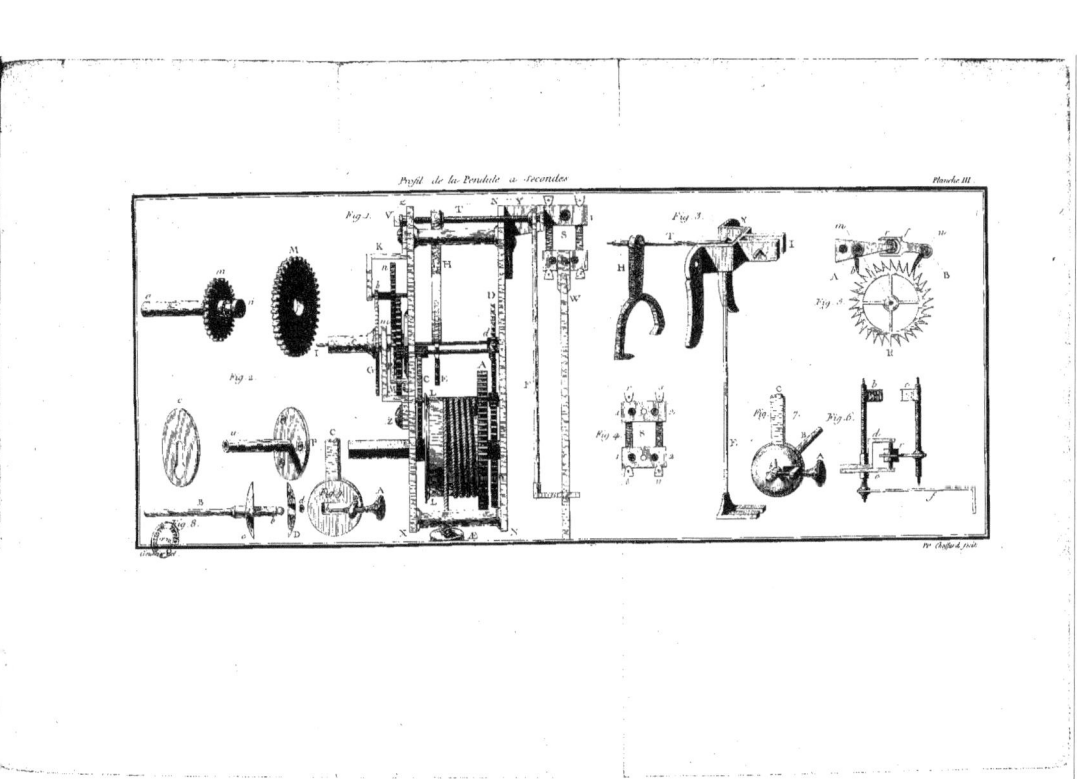

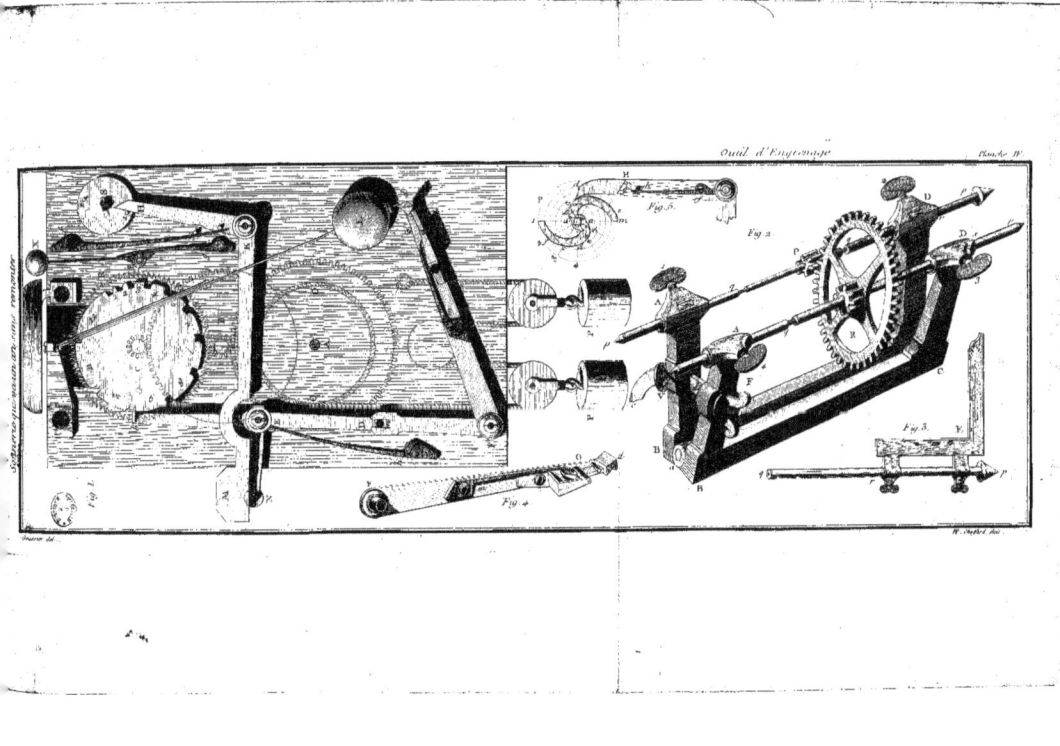

Outil d'Engrenage

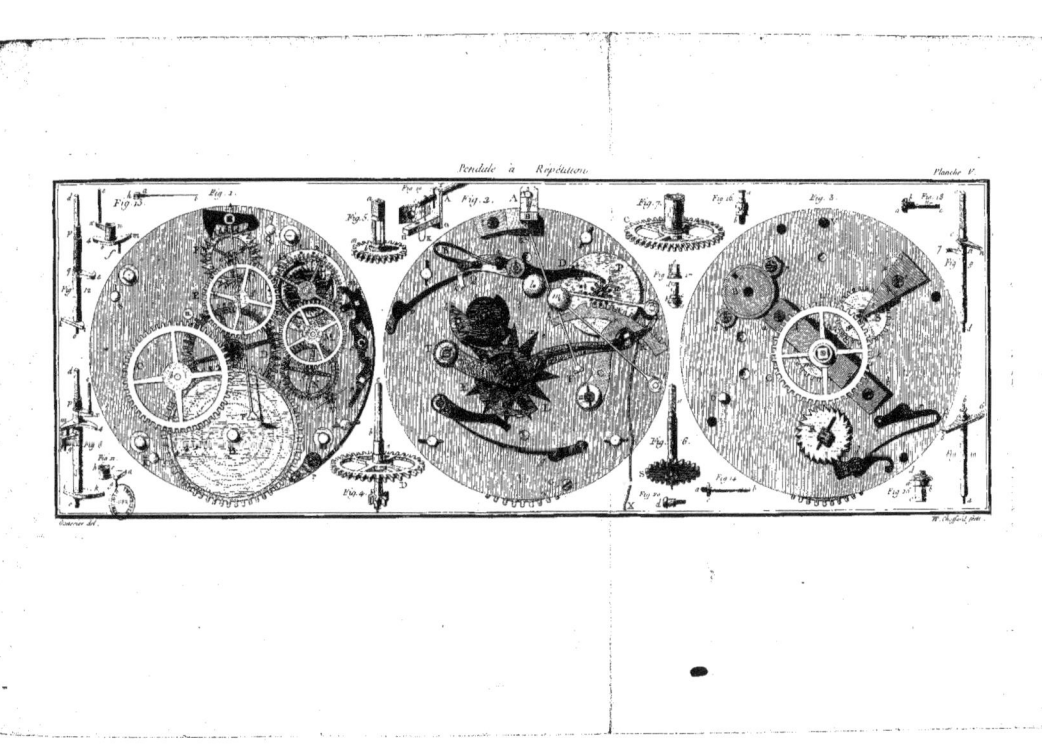
Pendule à Répétition.

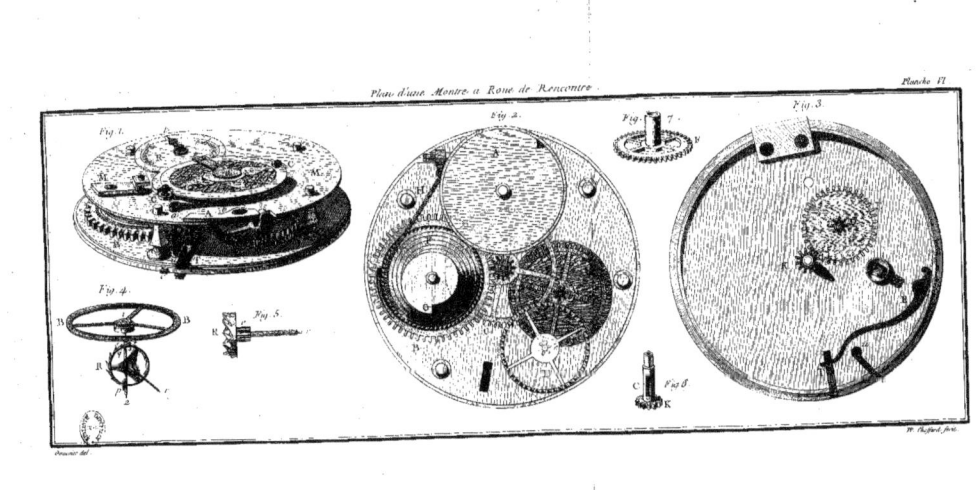

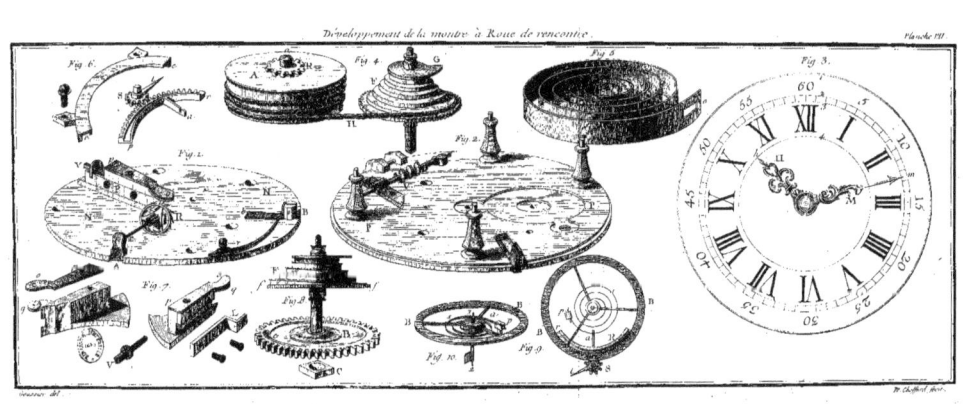

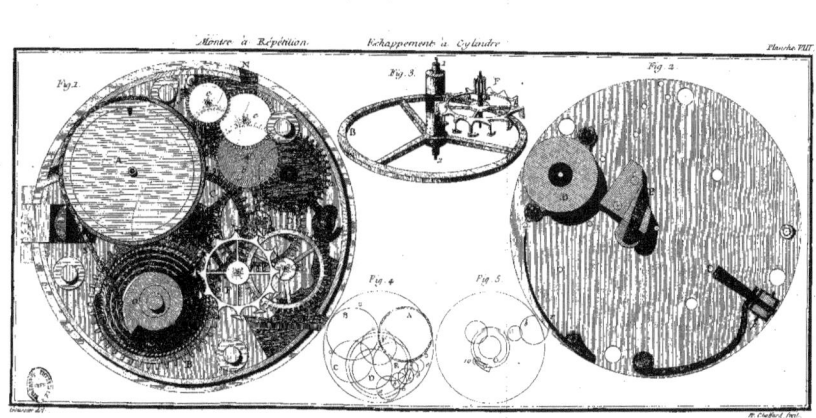

Cadrature de la Montre à Répétition.

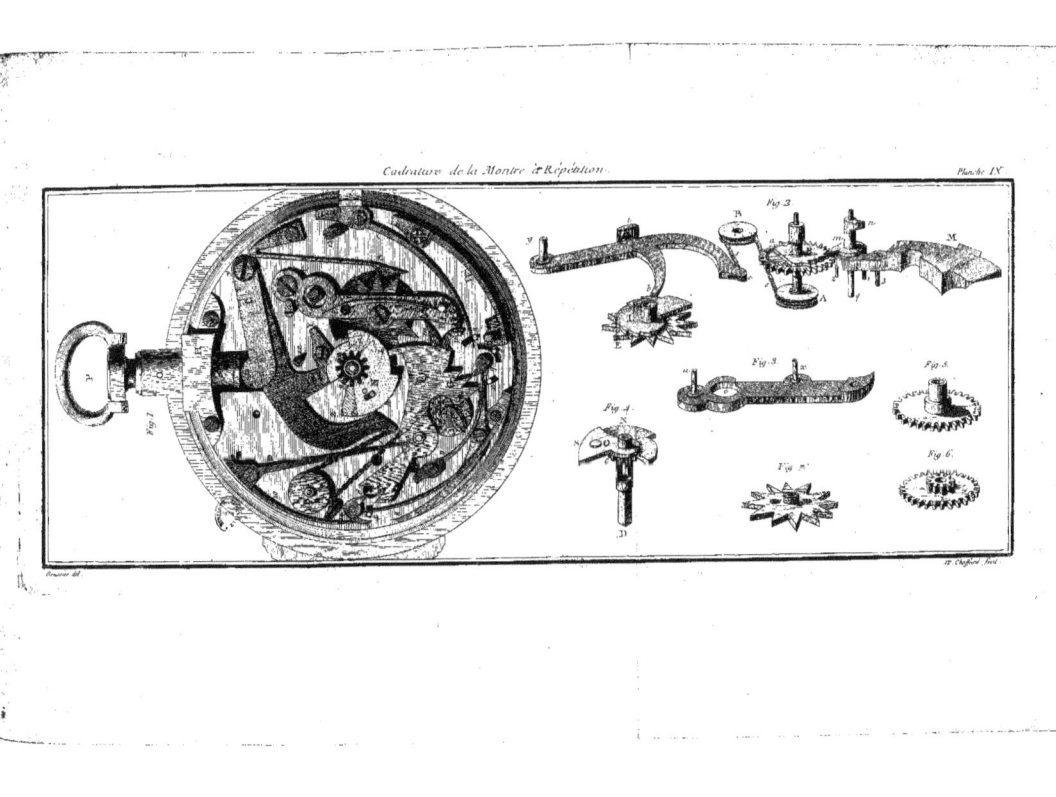

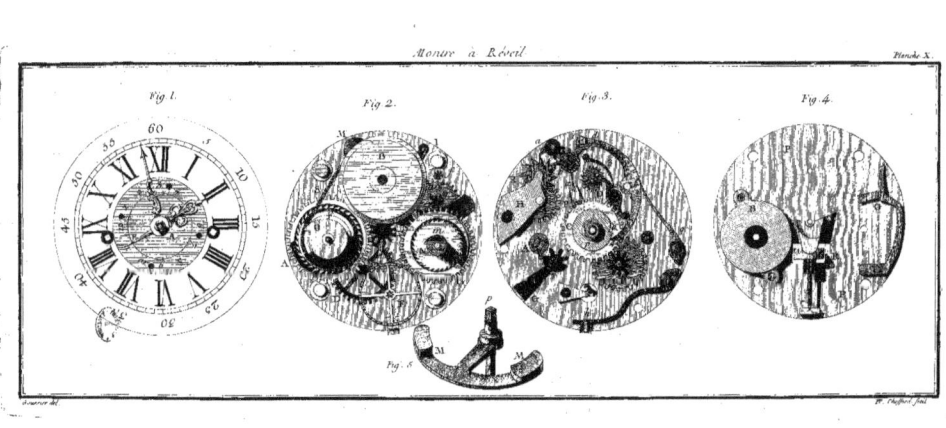

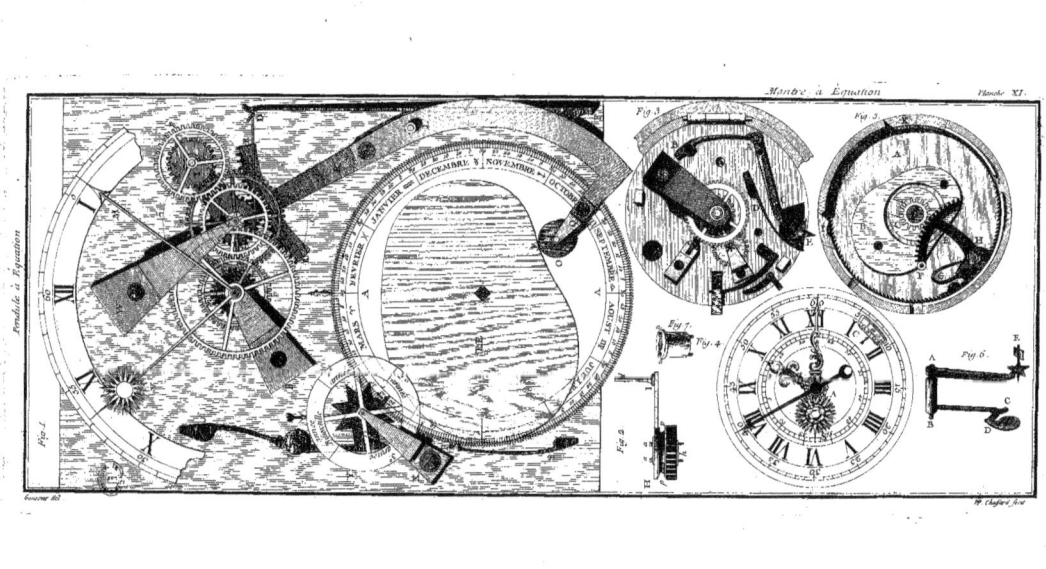

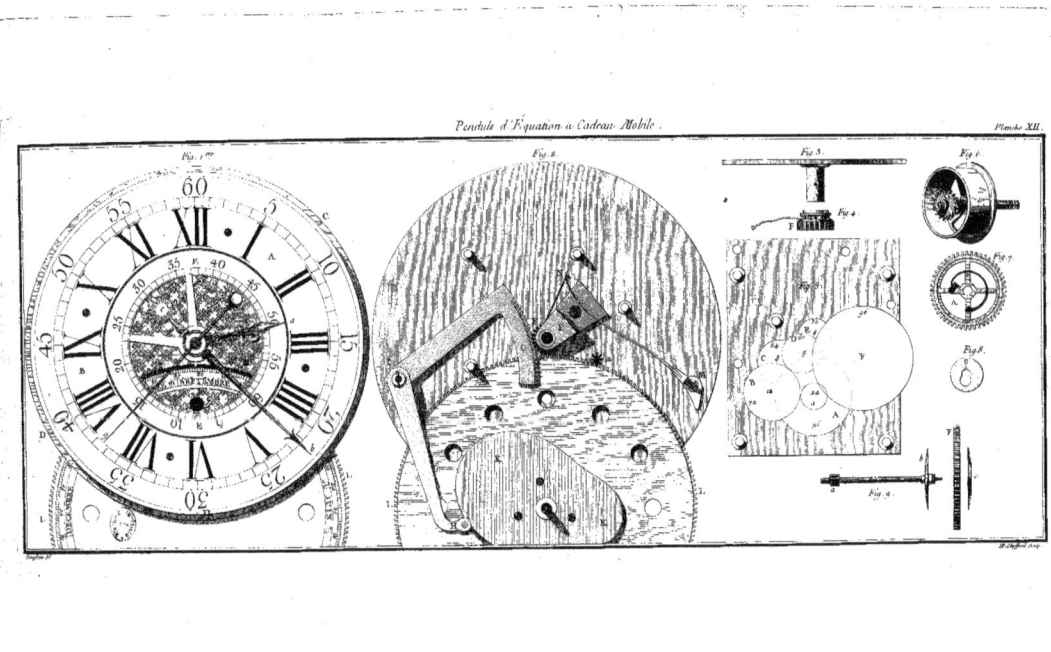

Pendule d'Équation à Cadran Mobile.

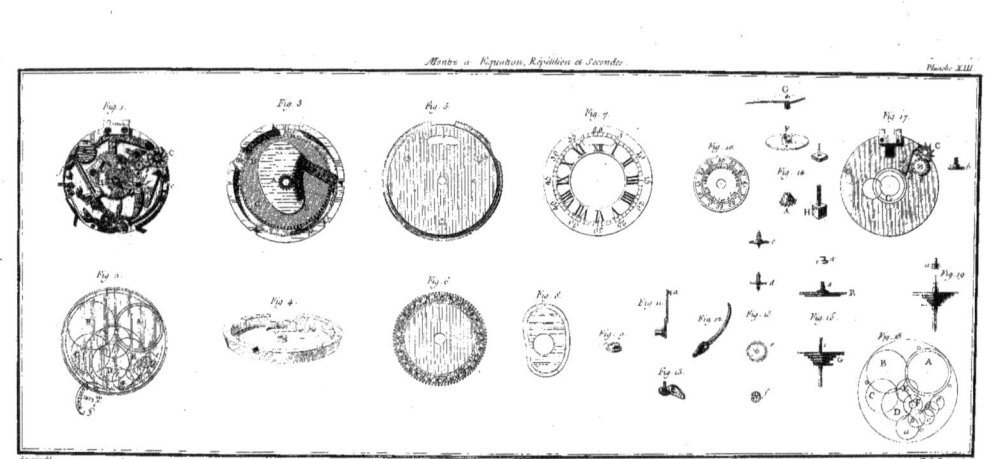

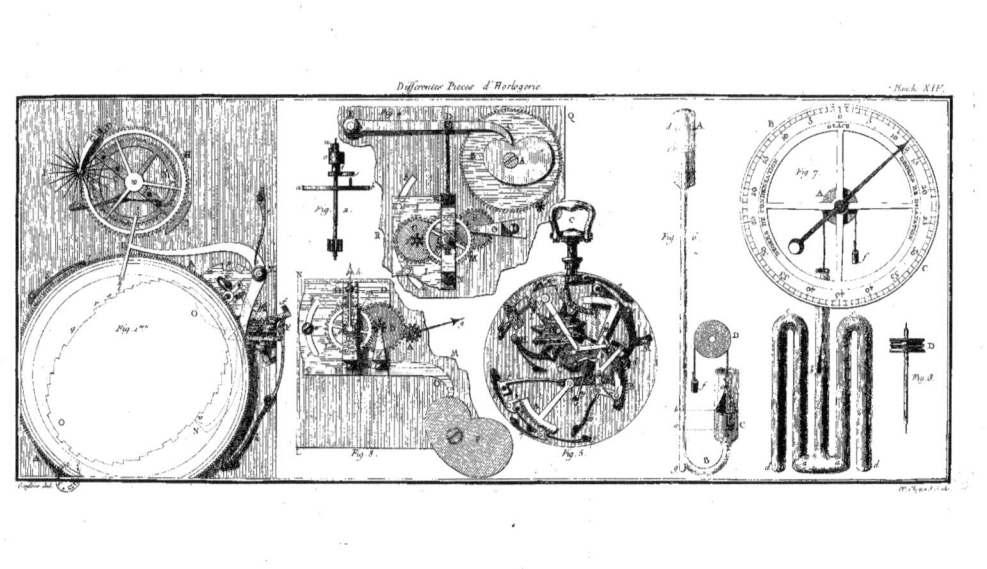

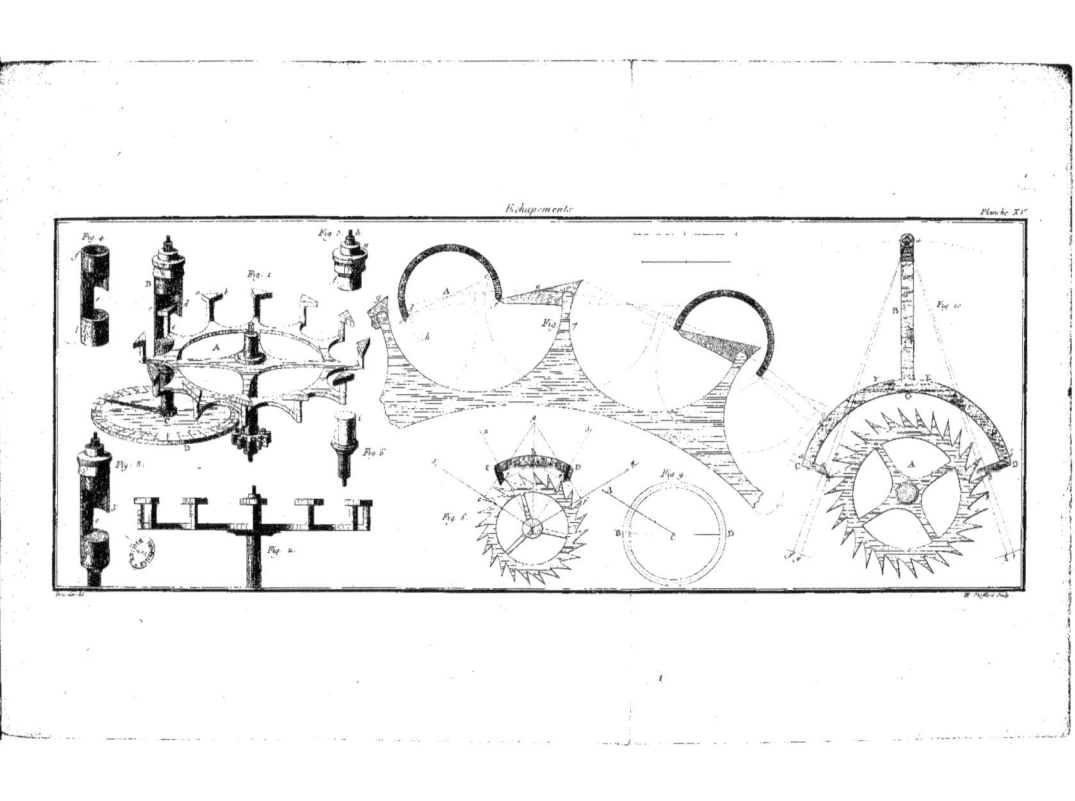

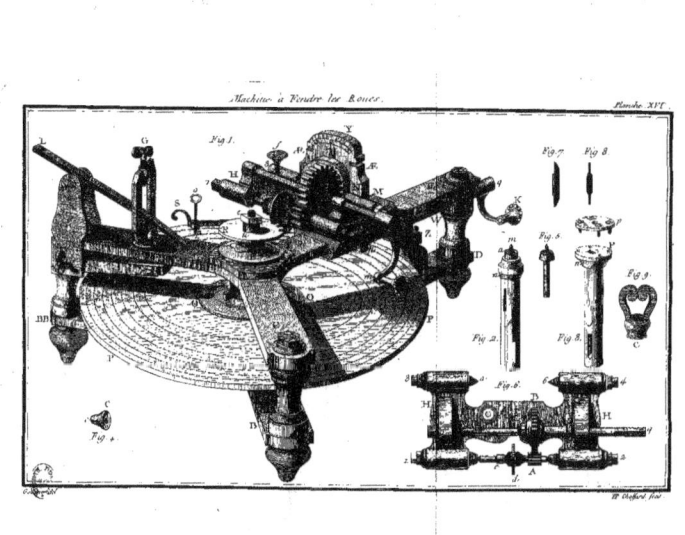

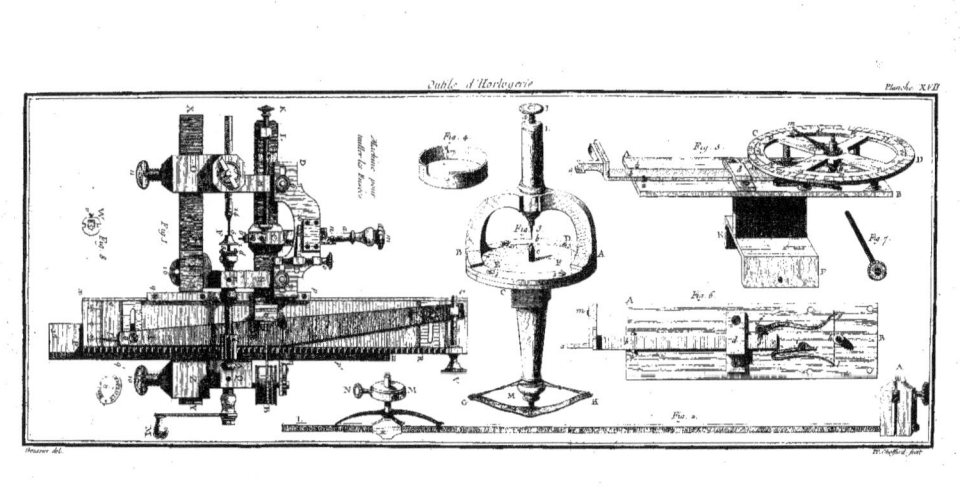

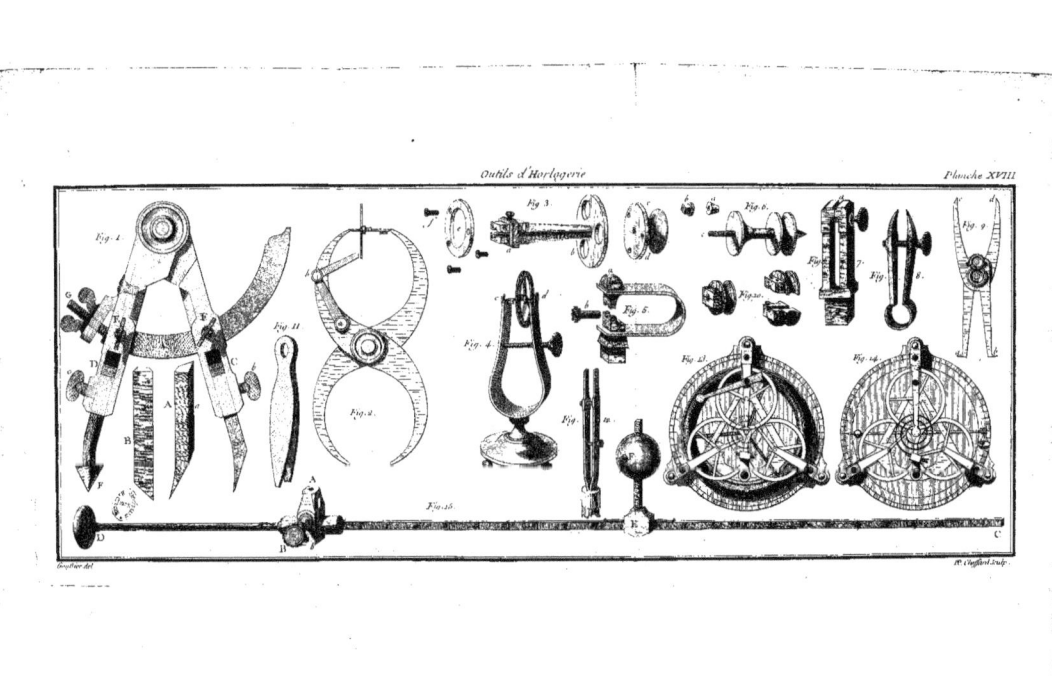

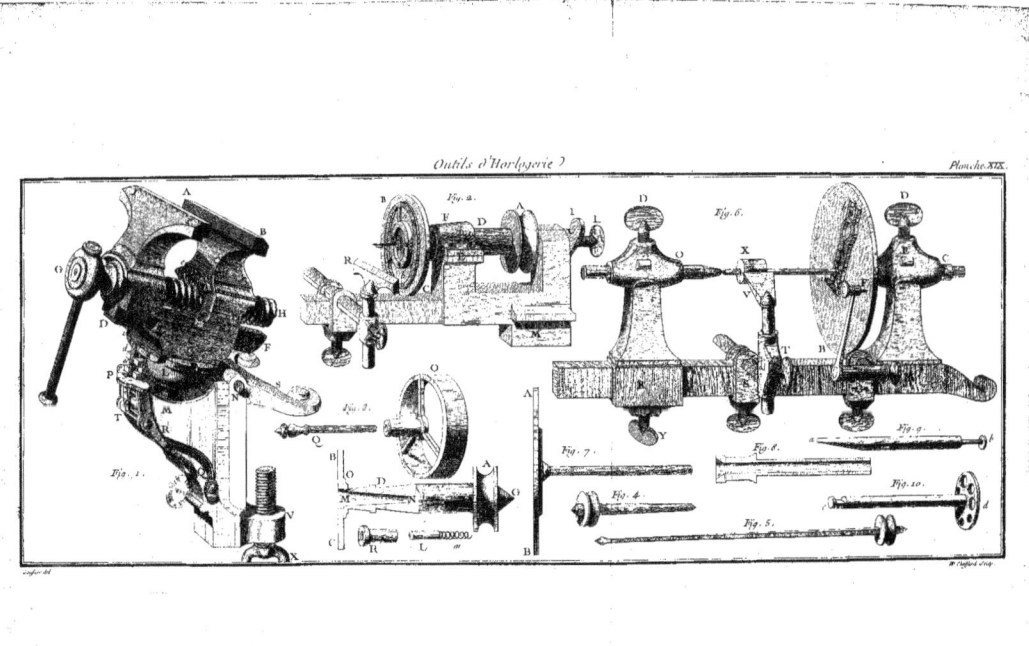

www.ingramcontent.com/pod-product-compliance
Lightning Source LLC
Chambersburg PA
CBHW060302230426
43663CB00009B/1556